内蒙古农业大学

◉ 内蒙古农业大学年鉴编委会 编

年鉴

2014

中国农业科学技术出版社

图书在版编目（CIP）数据

内蒙古农业大学年鉴.2014/《内蒙古农业大学年鉴》编委会编. —北京：中国农业科学技术出版社，2016.6
ISBN 978-7-5116-2442-0

Ⅰ.①内… Ⅱ.①内… Ⅲ.①内蒙古农业大学—2014—年鉴 Ⅳ.①S-40

中国版本图书馆CIP数据核字（2015）第308335号

责任编辑　徐定娜　续维国
责任校对　贾海霞

出　　版　中国农业科学技术出版社
　　　　　北京市中关村南大街12号　　邮编：100081
电　　话　（010）82109707　82105169（编辑室）
　　　　　（010）82109702（发行部）　（010）82109709（读者服务部）
传　　真　（010）82106650
网　　址　http://www.castp.cn
经　　销　各地新华书店
印　　刷　北京教图印刷有限公司
开　　本　787 mm×1092 mm　1/16
印　　张　25.25
字　　数　725千字
版　　次　2016年6月第1版　2016年6月第1次印刷
定　　价　98.00元

《内蒙古农业大学年鉴(2014)》
编纂委员会

主　任　邬建刚　王万义

副主任　郑俊宝　侯晨曦　任　强　李金泉　芒　来　王春光
　　　　乔　彪　哈斯巴根　王效亮　葛茂悦

委　员　(各职能部门负责人,各学院部党委(党总支)书记)
　　　　修长百　汪建平　郑培亮　王永明　吕清禄　王忠东
　　　　赵云虎　靳小平　石钟琴　牟献友　赵柏峰　周欢敏
　　　　刘廷玺　杜健民　陈世体　韩瑞平　冀兆荣　张　文
　　　　付建军　姜体忠　赵学刚　周忠祥　张　生　额尔敦
　　　　包国荣　马　强　吴恒志　秦富仓　那森巴雅尔
　　　　陆海平　黄金田　赵国年　张星杰　包革命　林　宝
　　　　吴玉红　曹渊清　孟　和　韩铁荣　朱守林　潘海波
　　　　席锁柱　赵萌莉　云荣义　史海滨　李俊霞　刘文俊
　　　　郝锁柱　高　静　丁雪华　武晓东　李立峰　苏德毕力格

编写人员

主　编　邬建刚　王万义

副主编　王永明　郭松朋　周　浩　安　达

特约编审　续维国　乌　恩

组稿人　(按姓氏笔画排序)
　　　　于　涛　马书申　马建荣　王　雁　王俊生　王雪鹏
　　　　卢满意　邬　磊　刘美英　吕志男　吕学理　孙云霞
　　　　巴特尔　阮培刚　佛　力　李一吉　李冬香　李海军
　　　　李得宙　李长春　张　多　张卫中　张　鹏　张丽萍
　　　　张祺乐　李明哲　杨莲茹　邢晋凌　林晓丽　金宝明
　　　　屈丰富　赵国芬　姚占全　赵海萍　赵殿武　赵秋霞
　　　　徐　付　徐　峰　郭文瑞　郭政文　萨如拉　麻海雷
　　　　黄　华　曹　恪　梁永杰　塔　娜　彭　恩　彭　静
　　　　斯日古楞　路冠军　霍　霏　燕　飞

编辑说明

  盛世修典,是我国优秀的文化传统。史志修编工作具有存史、资治、教化、宣传、传承的重要功能,是大学文化建设的重要基础性工作。内蒙古农业大学党委高度重视学校史志修编工作,分别于 2002 年建校 50 周年和 2012 年建校 60 周年之际,先后编纂出版了《内蒙古农业大学校史(1952—2002)》和《内蒙古农业大学校史(1952—2012)》。为提供更加翔实可靠的年度校情信息资料,为未来编纂史志奠定坚实基础,校党委决定从 2015 年开始编纂《内蒙古农业大学年鉴》(2013 卷、2014 卷)。2015 年 6 月,学校成立了以现任校党委书邬建刚和校长王万义为主任、现任校级领导干部和职业技术学院党委书记、院长为副主任的年鉴编纂委员会,主持启动《内蒙古农业大学年鉴》编纂工作,旨在体现信息密集、连续出版、材料准确、内容新颖的年鉴编写特点,逐年记述学校基本面貌、发展成就和重大事项,进一步加强学校史志编纂工作。

  《内蒙古农业大学年鉴》(2013 卷、2014 卷)在学校年鉴编纂委员会主持下,由学校年鉴编辑部具体负责,学校党政办公室承担年鉴编纂工作,年鉴的主要撰稿人为校内各单位负责同志和熟悉情况的工作人员。为提高年鉴编纂质量,特聘请续维国(编审、一级作家)和乌恩(研究馆员)为特约编审。

  《内蒙古农业大学年鉴》(2013 卷、2014 卷)选题时间范围,2013 卷起止时间:2013 年 1 月 1 日—12 月 31 日;2014 卷起止时间:2014 年 1 月 1 日—12 月 31 日,年鉴部分内容依据实际情况前后略有延伸。全书共设有 15 个篇目,分别为学校概况、机构与干部、党建与思想政治工作、教育教学、学科建设、师资与人才队伍建设、科学研究与社会服务、学生工作与招生就业工作、交流与合作、管理与服务、表彰与奖励、毕业生与学位获得者名单、重要媒体报道、大事记、附录等要目。稿件由各单位确定专人负责提供,并经单位负责人审定。

  《内蒙古农业大学年鉴》(2013 卷、2014 卷)的顺利出版离不开全校各有关单位和广大教职工的大力支持,是各部门通力合作的结果。在此,谨表示深深的谢意。由于年鉴涉及面广,时间紧,任务重,内容多,加之编辑人员经验不足,年鉴中错误遗漏之处在所难免,敬请广大读者批评指正。

《内蒙古农业大学年鉴》编辑部

2015 年 12 月

目　　录

内蒙古农业大学概况

机构与干部

党建与思想政治工作

教育教学

学科建设

师资和人才队伍建设

科学研究与社会服务

学生工作与招生就业工作

交流与合作

管理与服务

表彰与奖励

2014 年毕业生、学位获得者名单

重要报道选辑

大 事 记

附 录

内蒙古农业大学概况

学校简介

内蒙古农业大学成立于1952年,是内蒙古自治区成立最早的本科高等学校,是一所以农为主,以草原畜牧业为优势和特色,具有农、工、理、经、管、文、法、艺等8个学科门类的多科性大学,具备高职高专、学士、硕士及博士的完整人才培养体系。学校现设动物科学学院等21个院部,职业技术学院是全国高等职业教育示范院校建设单位。2001年学校成为国家西部大开发"一省一校"重点支持建设的大学,2012年成为国家林业局和自治区人民政府"省部共建"高校,2013年进入国家"中西部高等教育振兴计划"支持院校行列。

历史沿革

1952年,经当时的国家政务院批准,由原河北农学院、平原农学院的畜牧、兽医系和山西农学院的兽医专业合并迁至呼和浩特,创办了内蒙古自治区第一所本科高等学校——内蒙古畜牧兽医学院,毛泽东主席签署任命了第一任院长。1958年原内蒙古林学院成立。1959年内蒙古呼和浩特农业学校、内蒙古农业干部学院、内蒙古牧业干部合作学院等3所学校并入内蒙古畜牧兽医学院。1960年内蒙古畜牧兽医学院更名为内蒙古农牧学院。1971年,内蒙古林学院并入内蒙古农牧学院。1978年,内蒙古自治区党委决定,恢复内蒙古林学院,从此,农林两校进入了各自的恢复、发展和振兴期。1999年,内蒙古农牧学院和内蒙古林学院合并组建内蒙古农业大学。

办学规模

学校现有全日制在校生34227人,其中,硕士、博士研究生2486人。学校总占地面积1.5万余亩(15亩=1公顷,全书同),包括呼和浩特校区、萨拉齐校区和海流科技园区;现有建筑面积108.9万平方米,教学仪器设备价值6.88亿元。

学科专业

学校现有1个国家级重点学科、3个国家重点培育学科、30个省部级重点学科,有77个本科专业,其中蒙汉双语授课专业14个,英汉双语授课专业18个。现有一级学科博士学位授权点11个,一级学科硕士学位授权点23个,有博士后科研流动站10个。

师资队伍

现有教职工2687人,其中,专任教师1268人。硕士以上学位教师占教师总数的75%;专任教师占有正高级职称266人,副高级职称459人。现有博士生导师128人、硕士生导师423人;有"长江学者"特聘教授1人,享受国家特殊津贴专家66人,国家突出贡献的中青年专家3人,自治区有突出贡献的中青年专家37人;入选国家百千万人才工程5人,"333人才引进工程"首席专家3人,自治区"321人才工程"第一、第二层次入选17人,自治区"111人才工程"第一、第二层次入选21人,获教育部新世纪优秀人才支持计划6人、自治区优秀学科带头人支持计划2人;入选自治区"草原英才工程"51人,自治区"草原英才工程"创新团队16个。获得自治区科学技术突出贡献奖3人、自治区杰出人才奖7人。

教学工作

2002年和2008年,学校两次接受教育部本科教学工作水平评估,均获得"优秀"。目前,学校现有国家级教学团队1个,国家级教学名师1人,国家级特色专业7个,获国家级特色优势学科实验室专项资助专业 2 个、人才培养模式改革创新实验区 1 个、实验教学示范中心 1 个、专业综合改革试点项目 1 个；国家级精品课程 5 门、"精品资源共享课" 1 门。获国家"卓越农林人才培养计划"项目 2 个，共 8 个专业。自治区品牌专业 40 个，自治区重点建设专业 3 个；自治区精品课程 78 门。获得国家级教学成果一等奖 1 项，二等奖 7 项。

科学研究和社会服务

"十二五"以来，学校获得国家"973""863"、科技支撑计划、自然科学基金等国家及省部级重点重大项目 796 项，总经费 4.8 亿元（500 万元以上项目 16 项）；国家自然科学基金 267 项，总经费 1.36 亿元，居全国农林院校第 6 位。学校现有 1 个国家级野外观测站，2 个教育部省部共建重点实验室，1 个国家林业局重点实验室，9 个自治区重点实验室，2 个自治区级工程实验室，3 个自治区工程技术中心；2 个高校重点实验室，2 个自治区人文社科基地。有 1 人获得国家杰出青年基金资助，1 人入选"长江学者"奖励计划，9 位专家入选国家"十二五"现代农业产业技术体系。1 个团队入选科技部重点领域创新团队，3 个团队列入教育部创新团队。2014 年，学校被科技部、教育部联合批准为国家级"新农村发展研究院"立项建设单位，成为内蒙古自治区唯一获准建设高校。

学校先后获得省部级科技奖 125 项，作为主要完成单位获得国家科技进步二等奖 2 项。绘制完成了国内首个乳酸菌全基因组序列图谱、"蒙古高原 4 个特色物种全基因组序列图谱"和"世界首例蒙古族人全基因组序列图谱"，建立了国内第一个具有自主知识产权的乳酸菌菌种资源库、世界首例低乳糖转基因奶牛、蜘蛛丝细胞羊和国内首例"成年体细胞克隆绵羊"在学校诞生。2013 年英国著名杂志《Nature》（《自然》）评选出 2012 年度自然出版指数中国前 100 强单位，我校名列全国高校第 52 位。

开放办学

近年来，学校先后与亚洲基金会、美国自然科学基金委、加拿大农业和农业食品部等 50 多个国际组织和国家签定了科技合作协议，主办和承办了世界草原草地大会、国际荒漠化治理大会、国际有毒植物大会等各类国际学术研讨会 30 余次。2007 年，学校与加拿大农业与农业食品部成立了"中加可持续农业研究与发展中心"；2010 年，学校被科技部认定为"国际科技合作基地"；2012 年，启动建设"中加可持续农业科技创新示范基地"；2013 年，国际著名管理咨询机构马利克管理中心在我校设立了马利克管理中心分中心。2006 年以来，学校每年拿出 200～300 万元支持教师出国培训、进修，累计选派教师 370 人，极大地开阔了教师的学术视野，提升了教育教学能力。

社会荣誉

学校党委先后被授予"全区先进基层党组织""全国先进基层党组织"、国内首所"雷锋大学"等光荣称号，职业技术学院获"全国教育系统先进集体"荣誉称号；动物科学与医学学院被授予"全国'五一'劳动奖章"，学校团委被评为"全国五·四红旗团委"，并连续 20 年获"全国高校社会实践活动先进单位"。

学校基本数据情况一览表

在校学生人数

单位：人

普通教育学生						在职攻读硕士学位研究生	成人教育学生	外国留学生	民族预科生
本专科生			研究生						
普通本科	普通专科	合计	博士生	硕士生	合计				
27984	3362	31346（职院6776）	453	2033	2486	1541	13248	132	263

全校教职工人数

单位：人

校本部教职工数												分院教职工数	其他人员	总计
专任教师						管理人员	教辅人员	工勤人员	科研机构人员	合计				
正高级	副高级	中级	初级	无职称	合计									
266	459	440	26	77	1268	375	190	0	364	929		480	10	2687

学科专业情况

单位：人

博士后科研流动站	博士学位授予权一级学科	博士学位授予权二级学科	硕士学位授予权一级学科	硕士学位授予权二级学科	本科专业	省部级以上重点实验室
10	11	2	23	7	76	28

科研情况

国家、省部级科研获奖项目（项）	省部级以上项目验收（项）	鉴定成果（项）	授权专利（项）	审定品种（个）	SCI、EI、SSCI论文（篇）	专著（部）
10	11	13	23	30	77	28

资产情况

固定资产（万元）	校舍面积（平方米）	占地面积（亩）	学校藏书（万册）	教学科研仪器设备（万元）
138673.74（职院28732）	1089489（职院209987）	13617.9（职院3271.9）	178.06（职院25.1）	60054.77（职院5022.94）

学院（部）简介

动物科学学院

【概况】动物科学学院的前身为畜牧系，成立于1952年11月，主要由畜牧学和水产学等2个一级学科组成。学院设动物科学（国家级特色专业）、动物科学（动物营养与饲料科学方向）、动物生产学（国家教改试点）和水产养殖学等4个本科专业，拥有动物遗传育种与繁殖学、动物营养与饲料科学、动物生产学、农业推广（养殖领域）等4个硕士学位授权点；畜牧学一级学科博士点下设动物遗传育种与繁殖学、动物营养与饲料科学、动物生产学等3个二级学科博士学位授权点；畜牧学一级学科为博士后流动站。拥有国家级重点（培育）学科1个、自治区一级重点学科1个、自治区二级重点学科2个。学院现有自治区重点实验室1个、重点（培育）实验室1个，自治区马业科学工程技术研究中心1个。《家畜育种学》为国家级精品课程，也是国家级精品视频资源共享课程，《动物营养学》《家畜繁殖学》《禽生产学》《生物统计学附试验设计》《家畜环境卫生学》等5门课程为自治区级精品课程，动物遗传育种教学团队为国家级教学团队。

学院现有教职工70人，其中专任教师63人。专任教师中，教授16人、副教授（包括高级实验师）26人，博士生导师9人、硕士生导师17人，硕士以上学历教师59人。在校生1125人，其中，研究生191人（博士生43人，硕士生148人），本科生934人。

【党建与思想政治工作】2014年，动物科学学院党委下设11个党支部，其中教工党支部4个、学生党支部7个。党员190人，其中教工党员37人，学生党员153人。党建工作的完成情况，一年中举办积极分子和重点培养对象培训班各2期，共培训学员109名和32名。发展党员30人，转正党员41名。一年共开展中心组学习活动6次。同时抓好全院师生的政治理论学习工作，每学期8次集中学习，不断提高师生对当前党的方针、政策的理解程度。2013年年底制定的《学院领导班子党的群众路线教育实践活动整改任务书》的7项整改项目的21条整改措施全部完成。在庆祝中国共产党成立93周年表彰活动中，1个基层党支部、2名优秀党务工作者、8名优秀共产党员获校级表彰。2014年7月份召开了动物科学学院第一届二次教职工暨工会会员代表大会，并审议通过了5项规章制度。按照学校的文件要求及时成立了学院教授委员会、在党委领导，院长负责、民主管理，教授治学方面迈进了一步。工会结合教职工的特点组织教职工参加了春季运动会、乒乓球和羽毛球比赛，组织2名教师参加了全校教学技能竞赛，获得了优异的成绩。2名教师获评"三育人"先进个人。在校运会上竞赛成绩获得了第6名，还获得了体育道德风尚奖的好成绩。

【教学工作】2014年，教学工作基本思路是以人才培养为根本，以改革、发展为主题，以创新为动力，坚持走内涵发展、特色发展、创新发展道路，实施"质量立院""科技兴院""人才强院"战略，深化教育教学改革，建立"招生、培养、就业（创业）"联动机制，不断提高办学水平、办学质量和服务自治区经济社会发展的能力。

在日常的管理方面。一是执行教学秘书与各班级学习委员的联系制度，执行教学院长接待学生制度。二是建立系主任担任教学督导制度，学院印制了动物科学专业选课指导手册并分学期组织了选课解读推介会；三是建立了学院的"教学管理与督导微信平台"对教学运行中存在的问题及早发现，及时总结，确保教学正常运行。四是严格执行教学计划，教师在学生评教中名列前茅。加强教学过程管理，确保教学非学分制和学分制教学环境平台平稳过渡。在毕业论文答辩环节严把质量关。我们组织了本科生论文二次答辩,"抓两头带中间",较好地提升了毕业论文质量和论文答辩水平。同时对优秀教师和优秀学生同时给予奖励,很好促进了学院的教学工作。2014 年 5 月学院有 222 位毕业生参加本科论文答辩工作,共 198 人取得学位证。实践教学方面。严格执行各系自查与学院重点听课相结合的办法进行检查评课活动,促进教师严谨教学和充分备课。今年组织全院 295 名大一新生和两个批次的青年教师赴内蒙古正大集团、萨拉齐职业技术学院、优牧特生物饲料、包头大地饲料、包头北辰饲料、四子王赛诺羊业、临河富川羊业等实习基地开展为期 1 周的专业认知和实训。还举办了教师说课和授课比赛,共有 12 名教师参赛和参与授课示范。完成"动物科学实验技术教材"初稿。教学大纲修订方面。制订专业人才培养方案,组织教授委员会开展了教学大纲修订工作。对一些课程内容设置等做了大量工作。为落实 3 年完成专业学习,1 年完成实践提升的总目标做了大量工作。教学成果方面。成功申报教育部动物科学拔尖创新人才建设项目 1 个并获得了学校的好评。获批自治区教学成果一等奖 1项,内蒙古农业大学教学成果一等奖 3 项。承担国家级中职骨干教师培训项目 2 个,获得参评教师的一致认可。2014 年,对 18 名中青年教师进行了 57 人次的全面听课,并给予细心的指导。2014 年 7 月学院承担了省级中职骨干教师培训班。

【学科及师资队伍建设与研究生工作】2014 年,国家和自治区投入用于国家重点(培育)学科和自治区重点学科建设的 900 万元的仪器设备全部到位,并开始使用。由于建立了稳定的专业硕士实训实验基地,使得全日制专业硕士的培养质量和实践动手能力有了新的提升。根据学校的安排,修订完成了学院农业推广硕士、全日制专业硕士、全日制学术硕士和博士研究生的培养方案。

2014 年学院赵艳红副教授和高峰副教授晋升为教授,安晓萍讲师晋升为副教授。公开招聘 1 名教师、1 名教辅人员和 1 名教学秘书,进一步优化了相关学科的梯队结构。学院张玉教授和娜仁花副教授被聘为动物福利国际合作委员会评审专家。圆满完成了 2014 年度各类研究生的招生工作;完成了2014 年度硕士研究生和博士研究生的毕业论文审核、答辩工作;完成了全日制研究生的中期考核工作和开题报告;完成了 2012 级农业推广硕士的开题报告和专业课授课任务。

【科研工作】2014 年,学院申报内蒙自然基金 13 项,获得资助项目 2 项;申报国家自然科学基金 22项,获得资助项目 6 项。2014 年 3 月 29 日学院在西区书缘会议室举办了首届 2014 年校企合作高峰论坛。3 月 29 日下午我院举行了普瑞纳班成立仪式;2014 年 5 月 11 日我院与内蒙古优牧特农牧科技股份有限公司举行"实践教学基地"挂牌仪式;5 月 30 日我院与农标普瑞纳(内蒙古)公司举行普瑞纳班挂牌仪式;9 月 7 日我院与北京福乐维生物科技股份有限公司举行"实践教学基地"挂牌仪式。11 月 22日我院举办了第二届校企合作高峰论坛。获国家科技支撑项目 1 项,经费 100 万元。自治区重大项目 3项,经费 200 万元;内蒙古自然基金项目 3 项;教育厅项目 2 项。我院引导和支持青年教师申报科研项目,有 2 位教师获校内青年基金;搭建学院与企业共同申报项目的平台,有 5 位教授签订与企业合作项目。承办内蒙古农业大学首届校企合作高峰论坛,有 20 家农牧业企业参加,其中有 8 家上市企业发言。学院积极组织教师去达茂旗进行科技讲座,并开展饲养管理手册的编写工作。另外,与赛诺公司建立"院企"合作项目。

【学生工作】2014 年,学生工作的总体思路是坚持把德育教育、素质教育和职业教育三条主线贯穿学生工作始终。以学生党建为龙头、以基础文明教育为核心、以学风建设为重点、以职业规划为导向、以学生的全面成长成才为目标,开展专业思想教育、学生科技创新教育、心理健康教育、职业生涯规划和就业指导教育、法制安全教育、校纪校规教育、民族团结教育等系列活动。顺利完成了 2014 届毕业生的文明离校和 2014 级新生的迎新、军训工作,扎实开展了毕业生文明离校教育和新生入学、专业思想教育,精心配备了 10 位新生班班主任,选拔了 9 位辅导员充实学生工作队伍。学生活动紧紧围绕学校和学院育人为中心工作开展,主题突出、特色鲜明、效果明显,全年获校级以上表彰的共计 15 项。其中,在文化艺术活动方面：成功承办内蒙古农业大学第二届"扬五四风帆，圆青春之梦"广场舞大赛并获得团体第一名的好成绩；另外再次成功承办第八届校园"那达慕"大会并荣获"优秀组织奖"；我院学生参加内蒙古农业大学"思辨青春，感悟人生"首届辩论赛获得冠军。体育运动方面：我院学生积极参加学校组织的各项体育比赛并获得优异的成绩。同时注重大学生社会实践工作，今年共组织2个校级直属队和三个院级直属队走进企业、牧区进行社会实践活动，新创办校企合作联合班2个，组织《畜牧讲坛》6期。

【招生就业工作】2014年，毕业生292人，其中研究生数70人（博士生18人、硕士生52人）、本科生222人。招生376人，其中研究生81人（博士生8人，全日制硕士生58人，农业推广硕士15人），本科生295人。并结合2014年度招生情况制订2015年招生计划，共计划招生300人。就业方面我院总结2013年的工作经验，继续创新拓展就业工作，承办校企合作高峰论坛，通过校企合作模式，引进区内外行业的龙头企业及上市公司，为2014届毕业生提供更多的优质就业岗位，将校企合作推向新的台阶；进一步加强"教学实习基地"建设，利用企业的优势资源，为学生提供更广阔的实习就业岗位；创建校企联合班，着重突出蒙古语授课毕业生比重大的特点，将企业班与蒙古语授课班相结合，为蒙授毕业生提供主动面向工作岗位的机会，全面提升自我素质；努力转变人才输出方式，将人才输出向团队输出转变，使得人才培养达到优势互补、协同发展、作用突出的目的，更好地迎合市场和企业的需求；对于就业不积极的毕业生，并实行指纹识别系统跟踪管理，督促其参加专场招聘会，使其及时掌握就业动态，加强主动的就业意识。2014年通过一系列的探索与实践，不断地完善就业服务体系，创新就业服务方式，提升就业服务水平，就业率达96.99%，受到学校的表彰。

【合作交流】2014年，先后有美国墨西哥州立大学1位、美国得克萨斯大学2位和澳大利亚阿德莱德大学2位教授来我院进行教学洽谈，共同研讨本科生和研究生教育方面的工作。继续推动"招生培养就业（创业）"联动机制工作，制定了青年教师到企业挂职锻炼试行管理办法。2014年我院共有30余名教师外出参加学术交流会、教学改革会议、农业博览会以及国际交流会，10月份与蒙古国生命科学大学贺如嘎校长与巴特尔朝格图院长签订"校校"全面战略合作框架协议。

【重大事件】2014年，学院与赛诺公司建立"院企"合作项目，赛诺公司每年给学院100万元资助，共500万元；获批自治区马遗传资源保护及马产业工程实验室，经费支持500万元；10月份，敖长金院长代表学院与蒙古国生命科学大学动物科学和生物技术学院巴特尔朝格图院长签订了全面战略合作框架协议；学院承办两次内蒙古农业大学"校企合作高峰论坛"，先后有40余家农牧业企业参加，其中包括15家上市企业。全面规划海流图实践教学基地建设，绒山羊、肉羊实践教学基地建设，并到位900万元主席项目经费；申报国家自然科学基金22项，获得资助项目6项；舞蹈《biangbiang面》获第28届内蒙古农业大学大学生校园文化艺术节"金马杯"文艺会演一等奖；10月份获批"卓越农林人才教育培养计划改革试点"项目（动物科学专业，拔尖创新型人才培养）。

兽医学院

【概况】兽医学院成立于1952年11月。学院设有基础兽医学、预防兽医学、临床兽医学3个系，在兽医学一级学科下拥有基础兽医学、预防兽医学、临床兽医学3个内蒙古自治区重点学科。设有动物医学（五年制）、动物医学（四年制）、动物药学、动植物检疫（动物检疫方向）3个本科专业，其中动物医学专业和动物药学专业分别用蒙、汉语授课，动植物检疫专业为汉、英双语授课。拥有基础兽医学、预防兽医学、临床兽医学博士和硕士学位以及兽医硕士专业学位授予权，建有兽医学科博士后流动站。拥有农业部动物疾病临床诊疗技术重点实验室，财政部与地方共建高校特色优势学科——草食家畜诊断实验室,兽医疫苗国家工程实验室工艺技术研究室。学院设有1个实验研究中心和基础兽医学、预防兽医学、临床兽医学3个实验室,其中基础兽医学实验室为自治区重点实验室。附设教学动物医院和实验动物园等校内教学实习基地,内蒙古正大集团、内蒙古赛科星繁育生物技术股份有限公司、天津瑞普生物技术股份有限公司、内蒙古富川饲料科技股份有限公司、内蒙古富源牧业有限责任公司、山东泰安澳亚现代牧场有限公司等校外教学实习基地。

2014年,学院在职教职工80人,其中专任教师60人。专任教师中,教授24人,副教授20人,博硕士生导师49人,硕士以上学历教师59人。2014年毕业生178人,其中研究生74人(博士生12人、硕士生62人),本科104人。招生375人,其中研究生85人(博士生15人、硕士生70人),本科生290人。在校生1322人,其中研究生171人(博士生27人、硕士生144人),本科生1151人。

2014年,学院新开设动物医学专业(宠物方向)并招生,5月10日与内蒙古乌拉特戈壁红驼事业专业合作社签订了"研究生培养基地"和"实践教学基地"合作协议,承办了"生泰尔"杯全国大学生第三届动物医学专业技能大赛,选举成立了兽医学院第一届教授委员会。

【党建与思想政治工作】 2014年,学院党委共有11个支部,其中教工党支部4个、学生党支部7个。党员291人,其中教职工党员49人,学生党员242人,入党积极分子710人,发展党员32人。

学院党委结合学院的实际贯彻落实党的路线、方针、政策,以创建"学习型、服务型、创新型"党组织为核心,围绕教育教学这一中心任务,积极开展党的群众路线教育活动,落实班子及个人整改任务,改进党的作风,发挥党组织的核心作用和党员的骨干力量,学院的教学、科研、管理等工作成绩显著。2014年,学院党委被学校评为先进基层党组织,被自治区党委组织部命名为区级"基层服务型党组织"示范点。

组织开展了支部牵头,党员带头,创新教学模式和艺术,提高教育教学质量活动。引导党员愿于先、敢于先、发挥党员的模范带头作用,为学院教风、学风的改善做出应有的贡献。2014年,2人被评为优秀党务工作者,9人被评为优秀共产党员。

学院党委通过组织生活会、教职工政治学习、学生形势政治课、党团组织开展的活动等,组织师生理论学习和实践活动。集中学习了党的十八大报告及三、四中全会精神,习总书记系列讲话、《中国共产党高等学校基层组织工作条例》《关于坚持和完善普通高等学校党委领导下的校长负责制实施意见》及建立"招生、培养、就业(创业)"联动机制系列文件等。采取集中学习和自学相结合形式,撰写学习笔记与心得体会,相互交流,提高认识,统一了思想。

认真落实党的群众路线教育活动整改任务,领导班子及个人整改任务都按时保质保量得到了落实,对党的群众路线教育活动进行了认真地总结,创建了风清气正的良好环境。

坚持领导班子每两周1次例会制度,班子内部开展工作交流会,要求每个领导汇报自己近期工作思路、采取的措施、存在的问题,其他成员提建议,帮助完善工作思路、措施、办法,促进班子成员之间工作交流,相互鞭策,团结协作,提高班子整体工作水平和能力。

严明纪律,转变作风。组织学习中纪委会议精神、有关法律法规和违纪违规案例,做到警钟长鸣。制定了《兽医学院班子建设意见》,规范工作作风。党政联席会议制度和八项规定落实较好。

加强基层组织建设,调整党支部建制。根据兽医学科特点,二级学科层面设系和党支部,三级学科层面设教研室,党支部书记兼系主任,解决了系行政活动与党支部两张皮的问题。党支部工作紧密结合教研室工作,做到同部署、同落实,各有重点共同完成,如基础兽医系党支部开展了我为学院献计献策党日活动等。

充分发挥教授委员会的作用,学院教学改革、教师聘岗、评定职称等重大问题都要经教授委员会讨论或通过,教授的治学作用在逐步推进。

建立学院领导联系学生班级制度,定期深入所联系班级,了解教育教学情况,听取学生的意见和建议,完善教学改革。坚持落实《院领导与学生谈话制度》,每学期初班子每位成员分工约谈问题学生(补考多者、旷课多者、有违纪处分者)。领导班子成员分工联系统战对象,定期与联系对象谈心,听取意见和建议。

坚持每两周一次全院大会,采取专题讲座、观看录像讲座片、解读国际国内形势政策等多种形式,学习宣传中央、自治区及学校的有关精神,正面引导广大教职工,科学理性看待国家和高等教育发展中存在的问题,抵制消极思想的侵蚀,坚定社会主义信念。严把发展党员质量关,在规范考核的基础上,把政治课课堂表现和考试成绩及主动为他人提供帮助纳入培养考核内容,增强了学生党员、积极分子用理论武装头脑的意识和自觉性。年终召开了领导班子专题民主生活会,学校分管校长参加了会议,指出存在的问题并提出了下一步的工作目标。

组织学院工会在春节前看望并慰问了离退休教职工,举办了元旦迎新晚会、"三八"妇女节插花艺术比赛等丰富多彩的教职工文化活动。开展了"博爱一日"捐款,募捐 9500 元。

【学科建设】学院拥有农学门类兽医学一级学科博士学位授权点 1 个,兽医学一级学科博士后流动站 1 个,基础兽医学、预防兽医学、临床兽医学 3 个二级学科博士和硕士学位授权点及兽医硕士专业学位授权点。拥有内蒙古自治区"草原英才"团队 1 个,"草原英才"奖获得者 4 人,内蒙古自治区"321 人才工程"第一层次入选 1 人及第二、三层次入选 4 人,内蒙古自治区"青年科技领军人才"1 人,有突出贡献中青年专家 3 人。

按照学校要求选举成立了兽医学院第一届教授委员会,并多次组织召开会议,讨论学院教职工聘岗、学生招生就业、教学改革等重要事项。

组织专家编写了教育部研究生教学改革项目之一"马属动物案例库",已经国家兽医专业学位指导委员会验收通过,并列入该系列项目中第一批印刷计划。

修订了博士、硕士研究生培养方案,实现了研究生以课题方向选课,并在研究生课程中大幅度增加了实验课,强化了研究生的课程管理。

根据学院教职工队伍的结构现状及发展需求,引进 1 名药物化学博士,补充了一名实验员。3 名教师晋升为副教授。

为了提高研究生培养质量,学院组织开展并监督博、硕士生开题及中期考核工作。采用学院奖励及奖学金倾斜等办法,吸引本校优秀毕业生和 211、985 院校学生报考学院相关专业研究生。

学院教师年内分别参加了 11 次国际、国内专业学术会议。

【教学工作】2014 年,教学工作的基本思路是推行以本科生教学为重点的各项教学管理工作改革,重点抓了教师教学责任意识的提高工作。

为了更好地落实各项教学管理工作,学院对原有教学机构设置进行了改革,把基础兽医学、预防兽医学、临床兽医学 3 个二级学科教研室设为 3 个系,三级学科课程组经过合并和升格设成了 12 个教研室。改革本科生毕业答辩工作,由教研室组织,学院督查形式完成。

为了提高教师的教学责任意识,学院成立教学督导检查工作组,采取奖励学院级"教学名师、教坛新秀"及优秀试卷等措施提高教学质量。组织 4 位教师参加了学校第九届教师教学技能大赛,其中 1 人获一等奖、1 人获三等奖。

试点运行中青年教师下基层校外实践教学基地实训,本科毕业生集体在校外实践教学基地教学实践的工作,为中青年教师培养和本科生实践教学开辟了新模式。

在 2014 年教学改革项目申报中,获教育部批准"卓越农林人才教育培养计划改革试点"和"内蒙古农业大学虚拟仿真实验教学中心"2 项获批教育部资助。

完成了内蒙古自治区教育厅对教育部《动物医学专业(马兽医方向)》教改试点项目的中期检查工作。承担了蒙古国动物疾病防疫技术培训班、中等职业学校骨干教师国家级培训班和蒙牛奶源系统资源技术中心班的培训任务。

拓展校外本科生和研究生实习场所,学院与内蒙古乌拉特戈壁红驼事业专业合作社签订了"研究生培养基地"和"实践教学基地"合作协议。年内4个班次的实践教学任务在校外实践教学基地完成。加强高校间开放合作,与华南农业大学互换本科毕业实习生23人。招收2名蒙古国研究生(博士1人,硕士1人)。

组织专业教师修订了学院2012级新版培养方案中114门课程的教学大纲。

【科研工作】2014年,学院获批各类科研项目19项,其中国家自然科学基金资助项目5项,内蒙古自治区自然科学基金资助项目6项,内蒙古自治区科技厅专利转化项目、教育厅项目、农业综合开发项目、产业创新创业人才团队项目、"草原英才"项目、内蒙古农业大学优秀青年科学基金项目各1项,内蒙古农业大学科技成果转化启动资金项目2项。年内学院课题资金总额379万元,发表科技论文123篇,其中被SCI收录11篇。

为了做好学院的校企合作和对外服务工作,年内先后走访了内蒙古华天制药有限公司、内蒙古富川饲料科技股份有限公司、内蒙古金宇集团生物制药厂、内蒙古富源牧业有限责任公司、内蒙古正大集团、优牧特饲料公司等企业做了市场调研工作。

学院与内蒙古富川饲料科技股份有限公司密切进行校企合作,年内双方就"肉羊常发主要疫病防控、传染性胸膜肺炎防制、微生态制剂关键技术"三个应用领域展开新模式的合作。

本着优势互补,在实践中培养高科技人才,促进学校、企业和社会共同发展的目标,学院与内蒙古华天制药厂就战略合作协议等相关问题进行了初步洽谈。完成了与内蒙古硕高生物科技有限责任公司"子宫内膜炎治疗仪在临床上应用"的部分合作协议。

【学生工作】2014年,学院学生工作的总体思路是创建和谐、积极、竞争、向上的良好学习氛围。工作重点是抓稳定、促学习,以科技创新全面提升学生的整体素质。

加强党组织建设和党员思想建设,组织了2次入党积极分子培训、2次重点培养对象培训、1次全体学生党支部党委委员培训、1次学生党支部书记培训、4次党课培训。在全体学生党员中开展了以"了解生产实践,如何所学致用,促进学风建设,发挥党员先锋作用"为主题的大型党日活动。

创建优良学风班集体,给予其一定数量评奖评优名额倾斜以资鼓励。及时约谈补考课程较多的学生,补考率较上年下降34%。每学期考试周之前,召开全院教师大会,对学生进行诚信教育,严肃考风考纪。学院安排年级辅导员、学生会成员以轮班跟班的方式指导和管理学生,加强晚自习督察,晚自习平均出勤率达90%。

建立心理健康教育管理梯队,完善了学校心理中心—学院心理辅导站—学院心理工作助理—学生会心育部—班级心育委员的梯队式管理队伍,及时发现心理危机个案,并针对5名在线心理测评预警学生给予了心理援助。

开展新生入学教育、学生安全教育、民族团结教育、文明教育。针对新生实施了分专业思想教育、职业病预防讲座、大学生适应性讲座等活动,邀请学校学生工作处老师为全体新生举办了1次校纪校规教育讲座。新生报到当日学院党政领导与新生家长举行了1次专业咨询面谈会。邀请内蒙古正大集团董事长为全体一年级学生做了专业思想教育及行业前景报告。邀请学校保卫处老师为学生举办了1次安全教育讲座。

建立了全院学生QQ群,定期上传就业单位招聘信息。邀请了60余家企事业单位来学校召开专场招聘会,提供岗位1000余个,2014届本科毕业生总就业率达92%。

开展了丰富多彩的校园文化活动,举办了"协力杯"篮球赛、万米障碍越野赛、"妙笔剪影"书法及摄影大赛。承办了学校"我为社会主义核心价值观代言"为主题的演讲比赛。年内累计开展内容丰富的主题团日活动 20 项。

积极为学生设立企业奖助学金,在原有的企业奖助学金基础上又争取到天津瑞普生物技术股份有限公司奖学金 25 万元,学院奖助学金总数达 108.5 万元。

指导学生积极参加大学生"挑战杯"科技创新活动,选送的"挑战杯"参赛作品获得自治区二等奖。组建了 3 个社会实践直属队伍,其中辽宁辉山社会实践支队被评为校级和自治区级优秀社会实践直属分队。

组织学生积极参加学校举办的校园文化活动,获"金马杯"文艺会演三等奖,广场舞比赛二等奖,校园那达慕优秀组织单位,精品团日活动第三名以及多项个人奖。

学院精心选拔优秀学生,邀请英语教师及专业课教师专门培训,为我国在北京承办的世界"汗血马"大会选送了 65 名志愿者。

【重要事件】2014 年 7 月 15—16 日,学院在内蒙古农业大学文体馆承办了"生泰尔"杯全国大学生第三届动物医学专业技能大赛。该赛事是全国动物医学专业学子实践技能竞技的重要平台,来自全国 42 所高校动物医学类专业的 168 名大学生参加了"病原菌检查""病理解剖""绵羊瘤胃手术"3 项技能竞赛。大赛设特等奖、一等奖、二等奖和优秀奖。内蒙古农业大学兽医学院参赛代表队获得大赛特等奖。

农学院

【概况】农学院前身为 1958 年成立的内蒙古农牧学院农学系,1999 年 4 月原内蒙古农牧学院农学系、园艺系和原内蒙古林学院植物生理、植物遗传育种、植物保护教研室合并组建而成,是学校组建院(系)早、办学规模大的学院之一。学院现有教职员工 100 人,其中教授 32 人,副教授 35 人,已取得博士学位的 61 人,有博士生导师 14 人,硕士生导师 56 人。2014 年本科毕业生 319 人,招生 409 人。学院设有农学、园艺、观赏园艺植物保护、植物科学与技术、种子科学与工程、设施农业科学与工程 7 个本科专业。设有作物学一级学科博士学位教授权点(自治区重点一级学科),植物栽培学与耕作学(自治区重点学科)、植物遗传育种(自治区重点学科)、蔬菜学(自治区重点学科)、植物学(理学)4 个二级学科博士学位授权点。设有作物学、园艺学、作物保护学 3 个一级学科和植物学、作物栽培学与耕作学、作物遗传育种、蔬菜学、果树学、观赏园艺学、植物病理学、农业昆虫与害虫防治(自治区重点培育学科)、农药学 9 个二级学科硕士学位授予权(种植领域)。学院设有"内蒙古自治区植物栽培与遗传改良重点实验室"、"内蒙古自治区野生动物特有蔬菜种质资源与种质创新 重点实验室"2 个。

【党建与思想政治工作】新一届学院分党委班子,立足学院实际,在总结上一届班子经验的基础上,对薄弱环节和存在的问题进行了分析,确定了工作的基本原则为:坚持贯彻落实校党委的领导,"围绕中心、把握方向、凝聚力量、监督保障"。一年来,主要做了以下工作:党的群众路线实践教育活动整改项目已基本落实,成效显著。注重加强基层党组织建设和干部队伍建设,通过多策并举,实现固本强基。加强政治学习。在坚持原有学习方式的基础上,利用新媒体开展政治理论学习。尤其是在校党委部署的"招生—培养—就业"大学习大讨论中,每位具有副高级以上教师在认真学习的基础上都要交流学习体会,最终形成了学院"招生—培养—就业"方案。在学生党员思想教育方面,学院开展了"我来讲党课""风雨同舟济,鼓舞三代人"等系列党日活动。获得学校一等奖和三等奖。在学习型党组织建设方面,学院分党委组织学生党员和入党积极分子利用假期开展读书活动,并要求写好心得体会,经评比确定的优秀心得体会将结集出版。完善选用机制。党支部换届,科级干部聘任等都采取了自我推荐、民主测评、组织考核相结合的方式,调整力度近70%。推进院领导交叉联系学科工作,把带动相对薄弱学科发展作为院领导业绩考核的一项重要指标。落实党政联席会议制度,对职称评定、岗位聘任等事关学院建设和发展、师生员工切身利益的重大事项,认真调研、论证,广泛听取意见。通过党政联系会议制度,积极参与、主动作为,努力做到公开、公平、公正。成立了学院教授委员会,召开首届教职工大会,通过了影响学院发展改革的两个重要文件《农学院本科生导师制实施细则》和《农学院教师教学质量评价体系》。加强工会工作。一是积极参加学校开展的各项文体比赛,并屡创佳绩。二是自办一些具有专业特色的活动,如"绿色果蔬采摘""新年职工大联欢"等。建立健全了院领导联系民主党派和党外代表人士工作制度。开展对困难教师慰问活动,特别是加大了对离退休教师的慰问力度。元旦春节期间,对全院所有离退休人员进行走访慰问。协助校党委在国家首个烈士纪念日期间举办"纪念烈士郝龙彪、学习英雄班集体活动"。

一年来,学院党建工作扎实推进,涌现出一批先进集体和个人,1人被推荐为"自治区优秀共产党员";2人被校党委评为"教书育人先进个人";16人为优秀党员和优秀党务工作者;2个组织被评为"先进党组织"。

截至2014年年底,农学院研究生党员98人,本科生党员65人,共有10个学生党支部,4个党小组,保证了高年级党支部建在班级,本学年农学院分党校共举办了4次党课培训,4次讨论课,2次重点培训班,累计培训48学时。

农学院分党委组织全院学生深入学习贯彻党的十八大、十八届三中全会及习近平总书记系列讲话精神和学校党委有关要求,积极开展"学思想,凝党心,传承中国梦"主题座谈会,将传统的延安精神发扬光大。举办"我来讲党课"等主题党日活动,端正其入党动机;坚持贴近实际、贴近生活、贴近师生,转变作风、求真务实、开拓进取,为学院改革、发展和稳定提供强有力的思想组织保证。

【学科建设和研究生教育】深化研究生教育教学改革,改革了研究生教育人才培养模式,修订了博士、硕士人才培养方案。2014年又有蔬菜、向日葵2个科研团队获校级科技创新团队,博士招生12人,硕士招生72人,新进博士3人;32名推广硕士获得硕士学位。举办两期国家中职培训班,37名学员顺利结业。获批作物学一级学科博士后科研流动站,完成中央、地方共建重点学科建设750万元仪器设备招标。农学院尚衍重教授著作《种子植物名称》荣获中国出版政府奖图书提名奖,同时荣获"三个一百"原创图书奖。学院"玉米高产高效创新人才团队"在自治区党委组织部"草原英才"工程中期考核评估中受到表彰颁发牌匾。根据"十二五"发展规划目标,以发挥强势学科的带动和辐射作用为契机,突出特色优势,统筹学科建设体系,注重多学科间的良好互动,促进学科交叉融合,加大对弱势学科的扶持力度,全面提升学科建设水平。

【教学工作】学院全面贯彻落实"教学质量管理年"实施方案,严格教学质量管理,不断提升教学质量。

根据学校学分制建设的精神和要求,完善了农学院农学、园艺、植保等8个专业及方向的本科培养方案。在此基础上,组织我院各专业任课教师,讨论编订了200余门课程的教学大纲。

2014年度组织选派14名双语教学的教师前往荷兰进行短期教学及实践培训,收效甚好。另外有4名青年教师赴海外学习。2014年度还选拔2名优秀本科生赴海外实习。

为配合学校"教学质量管理年"的总体工作,学院讨论研究制定了"青年教师实践技能提升计划""教学质量考核方案""教学技能竞赛制度""课程组建设及调停课规则"。举办了首次"农学院中青年教师教学技能大赛";在学校教学督导组抽查中我院多份试卷得到优秀评价。组织教研室负责人制定了新校区实验室建设规划,同时组织申报了新校区4个实验室的新增仪器设备项目。学院综合实验室

开始了试运行。

2014年，在教学改革方面，在申报国家留学基金管理委员会的ISEC项目中，农学、园艺2个专业申报了该项目，通过项目的实施，必然带来教师、课程、学教理念和方法的国际化，促进了学院普通本科教学的改革。为进一步加强教学实践，我院于2014年11月22—23日召开学院、企业（地方）合作研讨会，针对目前我区农业生产中存在的问题，院企（地方）合作形式、内容、实习基地、订单培养、毕业生或实习生就业安置等相关问题开展深入研讨；为推动学院教学质量的不断提升，积极响应学校的本科教学质量工程年，加强青年教师的课堂教学技能，学院举办了第二届"青年教师教学技能大赛"。

【科研工作】2014年，获批12项国家自然科学基金，9项内蒙古自治区自然科学基金，5项自治区应用项目，2项自治区重大专项，1项自治区高校"青年科技英才支持计划"，1项教育厅一般项目，1项科技专利转化项目，1项自治区科技创新团队建设项目，1项学校成果转化项目，6项农业综合开发项目。2014年在国内及国外期刊共发表文章132篇，其中SCI收录12篇，出版专著3本。新进青年教师3名，分别属于植物保护、园艺、农学三个学科。1人被评为"第六届全国优秀科技工作者"。组织承办科技研讨会11次，邀请国外专家做学术交流6次。新建校外实习基地5个，12月召开内蒙古农业大学农学院与企业（地方）合作研讨会，邀请企业来我院进行研讨、接洽和合作事宜。参会企业、地方共计53个，人员近100人，共商学生实践教学（实习）与企业对接，达成许多共识。此外由农学院主办、内蒙古中天机电设备科技有限公司、自治区设施园艺产业科技服务体系协办的新型温室及温室装备技术研讨会在我校召开，来自自治区设施园艺产业技术服务体系综合试验站的骨干成员及相关企事业单位人员共80余人参加了会议，并接受了现场培训。

【学生工作】学生工作迈上新台阶。依托第二课堂，提升学生的科研水平和就业能力。在2014年全国大学生创业大赛上我院学生获国家级三等奖1项，自治区级金奖1项、铜奖5项；成功举办一年一度的农艺文化节，有效地提升了学生的专业技能；举办2014年优良学风表彰暨"青春岁月，由我启程"颁奖晚会，共对学风建设、科技创新和社会实践、共青团工作三类奖项28个班集体，8个学生宿舍，25名教师个人和50名学生进行了表彰。组织参加第十届大学生心理文化月活动，积极开展"宿舍文化月"系列活动；认真组织2014级新生参加军训；积极参加我校第二届广场舞比赛；参加第十四届田径运动会，农学院余佳蓉女同学在立定跳远比赛中以2.32米的成绩打破了校级纪录。积极开展国家公祭日暨"12.14"英雄集体事迹纪念活动，清明节为我院英雄郝龙彪扫墓（已坚持12年）；每周去看望残疾人叶大姐（已坚持13年）。此外，志愿者定期赴呼和浩特市福利院开展看望老人活动。

2014年学生就业率达90%以上，有20名学生参加了呼和浩特市大学生自主创业计划；圆满完成暑期社会实践工作。学院被学校评为优秀组织单位，社会实践队被学校评为优秀社会实践分队，1人被评为自治区级优秀指导教师，学生分获"优秀组织者""优秀宣传报道员""优秀志愿者服务队员""优秀挂职副村长"及"优秀论文作者"奖项；以师生双向选择的形式全面推行导师制，构建导师、各学科学生管理人员、年级辅导员、学生干部、学生信息员五位一体的管理模式。

林学院

【概况】林学院于1999年内蒙古林学院与内蒙古农牧学院合并为内蒙古农业大学时成立，前身是原内蒙古林学院林学系，主要培养林学及相关专业的蒙、汉专门人才。经过50多年的建设和发展，学院目前拥有林学一级学科博士学位授权点，涵盖林木遗传育种、森林培育、森林保护学、森林经理学、园林植物与观赏园艺、水土保持与荒漠化防治、野生动植物保护与利用7个二级学科博士点，一个博士后科研流动站；具有风景园林一级学科硕士学位授权点和林木遗传育种、森林培育、森林保护学、森林经理学、园林植物与观赏园艺5个二级学科硕士学位授权点及生态学(森林生态学方向)硕士点。学院目前开设林学、园林、森林保护、城乡规划、消防工程5个本科专业,其中林学专业为国家级特色专业,园林专业为自治区品牌专业。在校本科生1915人,博士、硕士研究生150人。学院面向29个省区招生,毕业生分布在全国各地,许多毕业生已成为政府部门和企、事业单位的主要负责人和技术骨干,受到用人单位的普遍好评。

为满足本科及研究生教学需要,设有森林培育、森林资源管理2个学校级实验中心;有森林培育、森林经理、森林保护、森林生态与气象、林木遗传育种、城乡规划、园林、消防工程8个教研室;还具有大兴安岭森林生态系统国家野外观测研究站和森林培育林木菌根生物技术自治区重点实验室。

学院注重师资队伍建设,目前已经建成一支结构合理、业务素质高、善于协作攻关的师资队伍。现有教职工74人,其中教授17人,副教授19人,具有博士学位的教师32人,具有硕士学位的教师29人,博士生导师5人,硕士生导师21人,自治区"草原英才"资助人才2人,自治区有突出贡献的中青年专家2人。

【党建与思想政治工作】2014年,林学院党委(党总支)共有13个支部,其中教工党支部5个、学生党支部8个。党员325人,其中教职工党员41人,学生党员281人,入党积极分子213人。发展党员59人。

在党建和思政工作中,始终突出社会主义核心价值观体系这条主线,坚持育人为本,德育为先,扎实推进党建思政工作。被学校评为先进基层党组织。

学院党委开展了以改善服务态度为重点,以提高服务意识和服务质量为目标的窗口服务示范活动。通过严格考勤,抓机关作风,整顿工作纪律。制定了《林学院完善规章制度工作方案》和《林学院党支部考核指标体系》《教研室工作考核评比办法》等七项制度。按照学院党的群众路线教育实践活动整改方案和整改任务书,积极落实18项整改任务。加强调查研究,率先召开了党建工作研讨会,上上下下近10次调研座谈,了解情况,解决问题,并研究出台了《林学院分党委关于进一步加强和改进新形势下党建工作的意见》。

坚持教工党支部建在教研室,本科生党支部按专业设置,研究生党支部按年级设置。积极创新党日活动形式,今年4月19—20日和4月26日学院分党委分别组织学院教职工开展了主题为"践行党的群众路线,把课堂搬到田间地头""沿着习近平总书记足迹,探寻建设美丽生态环境之道路"党日活动,做到了党建工作与课堂教学、社会实践的有机结合,一年来累计开展精品党日活动18次,学院荣获党日活动评选优秀组织奖,林学专业本科生党支部党日活动被评为校级二等奖。

12月25—26日召开了林学院第三届第一次教职工代表大会暨工会会员代表大会。在学校第十四届田径运动会上获得教工团体第三名,并获得了体育道德风尚奖。在万米接力赛中,取得了第二名。"绿色怀抱,倡导低碳生活"系列活动被校工会评为二等奖。

【学科建设】2014年根据教育部及学校整体部署,组织修订了各学科研究生培养方案。按照林学一级学科调整学科研究生培养方案,公共课以林学一级学科安排,选修课考虑二级学科的特色确定几门课程由各不同学科选择。加强案例课程建设,注重研究能力提升。

【教学工作】2014年学院充分发挥管理职能作用,加强教学管理和教学质量监控,突出本科教学过程管理、动态管理及精细化管理。2014学年重点工作有:强化教研室的管理职能、教学检查、学风建设、教学督查工作、学分制改革及学生重修、课程考试管理与改革、课程改革与教学方法研究、实习基地建设、青年教师及新入职教师能力提升计划的实施、专业培养方案的研讨及教学大纲编制等。

2014年学院共开出223门课程(含实验实习课程),理论教学和实践教学的效果得到明显的提高。学院继续实行全院教师听评课制度,全年听评课542人次。通过教师听评课制度,任课教师的教学效果明显提高。

本学年学院第一次采用准考证制度,在补考时,能有效地减少个别学生(如缓考学生)因没有及时关注学院补考信息而造成的缺考,同时有效避免出现替考现象。2014年9月,2011级消防工程专业学生在内蒙古工业大学森海消防实训基地进行城市消防实习,到北京在中国武警警种指挥学院进行森林消防实习。

2014年5月24日,在逸夫楼举办了《城市规划设计》课程的教学观摩。通过此次观摩开拓了任课教师的授课思路。

继续落实"全员育人",加强教风学风建设。通过多措施的实施和全员育人的深入开展,进一步规范了学院的教学秩序,加强了学风建设,营造了良好的学习氛围。本学年部分课程开展了"镶嵌式"教学。学院部分任课教师针对实践性强的部分课程内容聘请校外专家授课,收到了很好的效果。

教学质量工程建设取得了一定成效。截至2014年年底,学院具有自治区级教学团队1个,校级教学团队5个;自治区级精品课程4门,校级精品课程12门,获批校级教改项目2项,获批大学生创新基金项目3项,校级教学名师2人,教坛新秀2人。

2013年恢复"森林保护"本科专业招生。停止"森林资源保护与游憩"本科专业招生。

【科研工作】2014年,学院承担国家、自治区各类科研课题13项,科研经费300余万元,主编出版专著教材4部,发表科技论文156篇。其中核心期刊论文:124篇,SCI论文3篇。

【学生工作】2014年,学院学生工作的总体思路是以加强思想政治教育为主,以强化日常管理为重,以学风建设为主线,以校园文化建设工程为载体,以培养合格建设者和可靠接班人为目标,工作重点进一步加强学生的教育管理,努力为学生的成长成才服务。采取了在新生中开展"青春起航,梦想实现"新生入学系列教育和专业思想教育活动,开办《绿色讲坛》,邀请专家、学者做思想教育、专业教育和在乌兰夫纪念馆建立青年马克思主义者培训基地以及极力打造"每日管理工程"等措施,举行了《勤奋助我 实现梦想》等主题报告会13场次,毕业生就业指导讲座7场,召开专场招聘会17场,开展了"铭记历史,再受教育,牢记使命"主题教育活动和学雷锋活动等,学生遵规守纪意识进一步增强,违纪情况明显减少。

【重要事件】

1. 学院分党委被校党委评为先进基层党组织,学院被学校评为2013年度业绩突出单位。

2. 学院荣获2013年度学生工作先进单位、共青团工作实绩突出单位;2010级林学汉班孙涛同学获得第四届梁希优秀学子奖,2013级林学项目一班杨嘉妮荣获第三届最美青城人暨2013年度呼和浩特市道德模范荣誉称号。

3. 张国盛教授入选2013年度自治区"草原英才"。

4. 林学专业在国家实施的第一批"卓越农林人才教育培训计划"中,被批准为复合应用型农林人才培养模式改革试点。

5. 学院在学校第十四届田径运动会上获得教工团体第三名的好成绩,取得历史性突破。

6. 学院与中国人民武装警察警种学院森林系签订了合作办学协议,2011级消防工程专业学生首次在该基地完成了综合实习。

7. 12月25—26日召开了林学院第三届第一次教职工代表大会暨工会会员代表大会。

8. 内蒙古和信园蒙草抗旱股份有限公司董事长王召明校友个人捐赠100万元,帮助学院建设根河教学实习基地。

9. 依托内蒙古大兴安岭森林生态系统国家野外观测研究站申请的《内蒙古自治区研究生联合培养基地》获批。

生态环境学院

【概况】生态环境学院于 1999 年 4 月由原内蒙古农牧学院草业科学系和内蒙古林学院沙漠治理系等 5 个系、所、专业的 7 个单位合并组建而成。学院设草业科学、水土保持与荒漠化防治、农业资源与环境、土地资源管理及人文地理与城乡规划管理 5 个本科专业,学院下设草学、沙漠治理与水土保持、土壤与植物营养、土地资源管理、资源环境与城乡规划、植物学 6 个系和草地资源、牧草生产、土壤学、植物学、地理信息系统、水土保持与荒漠化防治 6 个教学实验室。拥有草学、生态学 2 个一级学科博士学位授权点和水土保持与荒漠化防治、土壤学、野生动植物保护与利用 3 个二级学科博士学位授权点;草学、水土保持与荒漠化防治、生态学、土壤学、野生动植物保护与利用、土地资源管理、植物营养学 7 个硕士学位授权点;有草学、生态学以及水土保持与荒漠化防治学科博士后流动站。拥有草学国家重点学科和水土保持与荒漠化防治重点(培育)学科。

学院现有"草业与草地资源教育部重点实验室"、国家林业局重点开放实验室"沙地生物资源保护和培育实验室""内蒙古自治区沙地(沙漠)生态系统与生态工程重点实验室"、植物学国家级实验教学示范中心。

学院现有教职工 123 人,其中专任教师 94 人。专任教师中,教授 38 人,副教授 37 人,博硕士生导师 62 人,硕士以上学历教师 62 人。2014 年毕业生 775 人,其中研究生数 83 人(博士生 19 人、硕士生 64 人)、本科生 692 人。招生 648 人,其中研究生 106 人(博士生 25 人,硕士生 81 人),本科生 542 人。在校生 2804 人,其中,研究生 366 人(博士生 103 人,硕士生 263 人,留学生 23 人,分别来自蒙古国、俄罗斯、波兰和加拿大),本科生 2438 人。

【党建与思想政治工作】2014 年,生态环境学院党委共有 22 个支部,其中教工党支部 8 个、学生党支部 14 个。党员 479 人,其中教职工党员 73 人,学生党员 406 人,入党积极分子 1137 人。发展党员 78 人。

2014 年,在学院班子内部进行党风和廉政建设等方面的教育,以强化支部建设为核心,通过精品党日活动、专题民主生活会等形式加强党支部建设,创新党日活动,鼓励各支部结合学科、专业建设、学风教风建设开展党日活动。重视分党校工作,制订详细的教学计划,共举办了 8 期各类培训班,涉及学生党员、入党积极分子和重点培养对象共 1200 余人次。

根据群众路线教育实践活动查找问题,根据学院实际将全部整改内容落实到人,完成 11 项整改内容。加强学院宣传工作,成立了学院新闻信息中心,并对学院二级网站进行了改造。

积极开展精神文明创建活动,各办公室开展了以改善服务态度为重点,以提高服务意识和服务质量为目标的窗口服务示范活动;在任课教师中开展了以师德建设为重点,以教书育人为目标的师德建设活动;在学生中开展了以提高基础文明素质为重点,以营造校园良好氛围为目标的"三文明"竞赛活动。强化民族团结教育,召开多项针对少数民族学生的活动。开发了《生态环境学院综合信息服务系统》,应用现代数字化手段,提升学院综合管理水平。

【学科建设】明确学科建设目标和任务,继续凝练学科方向和学科特色,积累和培养学科优势,加强导师队伍建设和管理,规范研究生的全过程培养。"生态学"一级学科博士后科研流动站获批。研究生培养方案按一级学科目录进行全面修订。有 12 名研究生获批"2014 年度内蒙古自治区研究生科研创新项目"。2014 年"自治区优秀论文评选"工作中有 11 人通过学校初审上报教育厅。完成 2014 年度各类奖助学金的评定工作。圆满完成自治区级"优秀研究生指导教师"的评选工作。

【教学工作】2014 年,紧紧围绕教学改革与建设和教学运行与管理两方面开展工作。一是深化教学改革。在原有实习基地建设的基础上，进一步开拓新的实习基地，以适应学生实践教学的需要。2个实习基地被列为校级重点实习基地，改善了基础设施条件。白旗实习基地正在积极建设中。推行分级教学改革，打破原有的混合编班教学模式，确保所有核心课的分级教学。改革考试方式，实施多元化考核考试方式，强化了学习过程的管理。严把毕业论文（设计）质量关。结合教师科研课题和生产实际，根据专业特点，实行毕业论文与毕业设计两个模式。

加强教学运行与管理。为加强对教学过程和质量的监控，学院推行《院领导值周制度》《教师集中听评课制度》《院领导随机听评课制度》，通过课堂听课、听课教师一对一反馈意见、网络教学监控、教学督导检查、各系召开教学研讨会、学生问卷调查和组织学生座谈会等形式及时掌握教学运行过程，了解教学工作中存在的问题，有针对性地开展工作，促进教学质量的提高。探索各专业综合实习成绩考核、评定的多样化方式。首次对2011级学生的综合实习报告进行了10%的抽查，以掌控综合实习的效果。

【科研工作】2014年，科研方面获批的国家自然科学基金11项，社会化服务课题一项，科研经费累计3110万元。获得实用新型专利一项。以第一作者（通讯作者）在中文核心期刊上发表论文90余篇，SCI收录论文4篇。积极筹办成立了内蒙古自然资源学会，组织和协调了第二届内蒙古牧草产业博览会，举办2次牧草产业协会研讨会和2次现场观摩考察活动。邀请国外专家做科研研讨会10次，国内知名专家学术报告会5次。对外作专题报告4次。赛罕乌拉生态站2014年晋升为内蒙古自治区赛罕乌拉森林生态系统国家定位观测研究站，一期建设基本完成，目前正在准备项目验收，综合实验室已对外开放，实验室设备进一步完善。野外定位观测全面展开。目前有7项科研课题正在赛罕乌拉生态站进行。

【学生工作】2014年，学院学生工作的总体思路是以服务青年学生成长成才为目标，以综合素质培养为主线，以学风建设为重点，在进一步优化和实施"生态环境学院学生工作12345工程"管理运行模式的基础上，强调"精品化教育，精准化管理，精细化服务"的教育、管理、服务理念，加强思想引领，锤炼优良作风，收到预期效果。2014年学院获得奖项：校"五四红旗团委"、校2014年大学生暑期"三下乡"社会实践活动"优秀组织奖"、校第十四届运动会"体育道德风尚奖"和体育总分第五名、校2014年"学生军训工作先进单位""内务单项评比优胜奖"和"宣传报道单项评比优胜奖"、校第二届大学生广场舞比赛一等奖等奖励20余项。

2014年结合"教学管理质量年"，进一步落实《学生工作干部抓学风促学业工作方案》，制定《加强课堂秩序的相关规定》《学院领导班子值周制度》等，通过系列教育活动，辅导员查课、班主任深入课堂等活动进一步加强以教风带学风，以管理促学风，以考风正学风，以活动倡学风的良好形势。创新学生专业素质培养模式，创办了"学风讲坛""校友讲坛"和"生态讲坛"等载体，举办教育讲座、报告会20场。举办了学院第一届专业技能大赛，参与学生达到1000余人。积极组织参加"挑战杯"全区大学生科技创新大赛，有2件作品分别获得自治区一等奖和三等奖。组织申报学校《大学生科技创新基金项目》，共有3项获批。创建"四子王旗科技局"大学生科技创新基地。

2014年制定了《生态环境学院班主任考核办法》《生态环境学院班主任考核细则》《生态环境学院辅导员工作制度》《重大节假日前后安全检查考勤制度》，开展教育活动精品化，开展日常工作精准化，为学生提供精细化服务的指南。

2014年通过组织开展专场招聘会、实施就业援助小组计划，588名毕业生，一次性就业率为89.5%。学院新建立"四子王旗中加现代农业科技园区"就业实训基地。学院全体学生工作干部共同申报的《特殊群体大学生就业援助以内蒙古农业大学为例》课题获批自治区思想政治教育项目。

【重要事件】2014年调整了学院教学科研机构，将原有的7个教研室调整为6个，通过竞聘选配了环节干部。完成了重点实验室、工程中心、研究所、国家植物学教学示范中心等机构的人员配置，增设了蒙汉双语教学办公室、英汉双语教学办公室和实践基地办公室。成立了学院教授委员会。成立了学院新闻信息中心，并对学院网站进行了改造。开发了《生态环境学院综合信息服务系统》。草业科学专业获批国家卓越农林人才培养计划"拔尖创新"人才培养改革试点项目；水土保持与荒漠化防治专业获批自治区级专业综合改革试点专业；水土保持与荒漠化防治专业获批自治区重点建设专业。高永老师获全国优秀教师和全国高校思想政治优秀工作者。韩国栋老师获自治区中青年科学技术创新奖，由韩国栋主持的"生态与经济双赢的家庭牧场新型管理模式研究与示范"项目获内蒙古科技进步 2 等奖，贾玉山主持的"天然草地牧草青贮增效技术应用与推广"项目获内蒙古科技进步 3 等奖。

机电工程学院

【概况】机电工程学院成立于 1960 年 9 月。学院设有农业机械化及其自动化、机械设计制造及其自动化、工业设计、农业电气化与自动化、电气工程及其自动化、车辆工程 6 个本科专业，拥有机械工程一级学科硕士学位授权点 1 个，农业机械化工程、农业电气化与自动化、农业生物环境与能源工程、机械设计及理论、机械电子工程、机械制造及其自动化、车辆工程 7 个硕士学位授权点。同时，农业工程学科具有工程硕士学位授予权，农业机械化工程学科是农业推广硕士学位和高等学校教师在职攻读硕士学位授予学科。拥有农业工程一级学科博士学位授权点 1 个，农业机械化工程、农业电气化与自动化、农业生物环境与能源工程 3 个二级学科博士学位授权点，1 个农业工程博士后流动站。拥有农业机械化工程、农业电气化与自动化 2 个内蒙古自治区重点学科。学院现有农业机械化及其自动化专业、机械设计制造及其自动化、农业电气化与自动化和电气工程及其自动化 4 个自治区品牌专业。有 5 门自治区精品课程，1 个自治区教学团队，1 个自治区产业创新人才团队。学院下设农业机械化、电气化与自动化、机械设计与制图、机械制造、车辆工程 5 个教研室。学院还下设农业工程成套设备、湖泊与环境工程、新能源技术、畜牧工程 4 个研究所。

教职工 103 人，其中专任教师 86 人。专任教师中，教授 22 人，副教授 29 人，博硕士生导师 23 人，硕士以上学历教师 48 人。2014 年毕业生 515 人，其中研究生数 50 人（博士生 1 人、硕士生 49 人）、本科生 465 人。招生 585 人，其中研究生 55 人（博士生 7 人，硕士生 48 人），本科生 530 人。在校生 2113 人，其中，研究生 137 人（博士生 33 人，硕士生 104 人），本科生 1976 人。

【党建与思想政治工作】2014 年，机电工程学院党委共有 16 个党支部，其中教工党支部 6 个，学生党支部 10 个。党员 245 人，其中教职工党员 61 人，学生党员 184 人，入党积极分子 1036 人。发展党员 62 人。

党建工作依托"五个一工程"（一个党支部承担一项专业技能大赛、一个党支部成立一个创新协会、一名党员辅导一项科技创新项目、一个支部承担一个教改项目、每名教师利用课前一分钟进行互动交流）、党员"四个联系"制度（院领导分别联系一个教工党支部、一个问题班级，教工党员分别联系一名非党员教工，教工党员分别联系一名困难学生，高年级学生党员分别联系一名低年级学生党员），加强学科、专业的精细化建设，促进学院内涵发展，努力提升办学质量与水平。

【学科建设】学院学科建设的重点放在加强现有学科的内涵建设，并确立了学科研究主要集中在"草原畜牧业机械""北方干寒地区农业机械"及"农牧业智能化技术与装备"三大研究方向上。完成了学科实验室和学科平台的筹建、规划等工作，结合工科平台建设，正在筹建 4 个学科平台和两个公共平台实验室。完成了中央支持地方高校重点学科 444 万元设备及教育厅农业工程一级学科建设 25 万元设备的论证、采购等。完成了博士研究生和学术型硕士研究生培养方案的修订工作，实现了按一级学科设置制订研究生的培养方案。获自治区优秀硕士论文 1 篇，获自治区优秀博士论文提名奖和优秀硕士论文提名奖各 1 篇。

【教学工作】2014年，教学工作的基本思路，围绕学校"教育质量管理年"相关要求以及学院"教育质量管理年实施细则"和"青年教师能力提升计划"，开展本科教学工作。

成立学院二级教学督导组，制订督导组工作计划以及实施细则。落实新的学分制下6个专业本科生人才培养方案的修订完善以及课程教学大纲的编写工作；组织申报教育部第一批卓越农林人才教育培养计划项目，农业机械化及其自动化专业被批准为复合应用型农林人才培养模式改革试点项目，争取到学校建设经费20万元。组织申报国家留学基金管理委员会东方国际教育交流中心的"国际本科互认课程（International Scholarly Exchange Curriculum（Undergraduate））"车辆工程专业项目（ISEC）。

组织学院2014年度自治区级、校级精品课程、农大教改项目等教学质量与教学改革工程申报工作。督促完成已立项的教改课题及验收工作。1门课程《电气控制技术》被批准为自治区级精品课程，1个电工电子系列课程教学团队被批准为自治区级教学团队，3个项目被批准为校级教改项目。1人荣获自治区级教坛新秀奖，3人荣获学校第三届"教坛新秀"。组织实施学院课程建设与教学改革项目、实验室建设和师生科技创新项目的立项与验收工作，2014年度结题验收7项，申报10项。

组织开展学院中青年教师教学技能大赛和第2届实践教学技能大赛，为学院4位新进教师制订个性化培养方案和提升计划。组织完成2014年度"农业机械使用与维护"专业国家级骨干教师培训工作；实施科技部和财政部两部重点项目"职教师资本科专业培养标准、培养方案、核心课程和特色教材开发项目"工作；申报全国重点建设职教师资培养培训基地专业点建设项目"电气运行与控制"，获得建设经费200万元；落实全国重点建设职教师资培养培训基地专业点建设项目"农业机械使用与维护培训基地建设项目"的设备招标、验收工作。

组织完成学校2014年度实验设备以及工科大楼通用设备申报工作；组织实施了实训中心大型设备培训、使用及维护工作；申请并获批学校第一批虚拟实验室建设项目。

【科研工作】学院获批国家自然科学基金项目2项、国家科技成果转化资金项目1项、内蒙古自治区草原英才团队1个、内蒙古自然科学基金4项、内蒙古科技计划项目1项，自治区高等学校科学研究项目2项，校优秀青年科学基金项目1项，总经费近400万元。组织申报2015年内蒙古自然科学基金项目、内蒙古科技计划等项目。开展学术交流活动，先后邀请加拿大专家及学院5名教师为全院教师、研究生做了学术报告。继续开展横向联合及产、学、研活动，与内蒙古蒙拓牧业科技开发有限公司、内蒙古苏尼特右旗嘉利农牧机械有限责任公司等企业协作，解决企业存在的问题及合作开发产品。

【学生工作】2014年学生工作的思路：围绕学风建设，加强制度建设，规范团学工作流程，增强学生文明行为意识，形成全员育人的氛围，提升学生综合素质。

鼓励学生参加教师科研项目和自治区级、国家级专业科技竞赛；完善考勤三联动制度、实行学院学业警告预警、为班级配发手机收纳袋，将学生的出勤率和课堂纪律作为学生评奖评优、困难生资助、发展党员及预备党员转正等的重要参考指标，切实推进学风建设；积极申报团中央项目，加强与其他高校的交流，开拓新的社会实践基地，创新社会实践形式；围绕学风建设开展形式多样的教育活动，巩固专业思想、丰富课余生活。

学院教育实践队在2014年"井冈情·中国梦"全国大学生暑期实践季专项行动中中标，获得全额补贴，在团中央井冈山教育基地进行的评比中荣获"优秀团队"称号，实践队获得校级、自治区级暑期社会实践优秀直属队和第三届全国大学生社会实践评选三等奖；4件作品入围校级"挑战杯"竞赛评审，获批8项"学生科技创新基金"，获得国际旅游商品创意设计大赛全国三等奖、全国大学生"飞思卡尔"杯智能汽车竞赛东北赛区三等奖和优胜奖、中国机器人大赛暨RoboCup公开赛分项选拔赛三等奖、自治区大学生机器人大赛二等奖和三等奖、中国机器人大赛暨RoboCup公开赛决赛季军和一等奖、全国大学生数学建模竞赛全国二等奖、全区工程实训大赛二等奖和三等奖。

完善《机电工程学院考勤三联动制度》，采取班级日查、任课教师普查、班主任辅导员抽查，每四周汇总的管理方式，实现执勤班委—班主任、辅导员，班主任、辅导员—任课教师，班主任、辅导员—学院的三级联动，建立每名同学的出勤数据库，学生上课出勤率明显提高；为维护课堂良好秩序，促使学风进一步好转，为每一个班级配发手机收纳袋，要求上课时任课教师和学生将手机关机或保持静音状态后放在收纳袋对应位置，课堂纪律明显改善；实施"学业警告提前预警"，4月份由教学办公室统计各年级补考后大挂学分，班主任、辅导员针对性开展预警和帮扶工作，及时通报家长，与家长共同做好督促工作；班级成立困难生认定小组、奖助学金评定小组和综合测评小组，班主任、辅导员牵头，成员包括班级主要干部和宿舍代表，代表的广泛性可以实现最大化的透明和公平公正。

以《机电工程学院发展党员工作实施细则》为准则，进一步完善发展党员的各项工作程序，发展党员工作力求保质保量，注重过程管理，学生党员获奖评优率达到85%。

开展丰富多彩的文体娱乐和知识竞赛活动：组织三维建模设计大赛、CAD制图大赛、PLC大赛、工程训练综合技能竞赛等专业技能竞赛，承办蒙语演讲比赛、校园读书月、"疯狂英语"创始人李阳老师的英语学习讲座等校级活动，举办宿舍文化节、师生田径运动、最有魅力班集体等院级活动，积极参与校级各类活动。

水利与土木建筑工程学院

【概况】水利与土木建筑工程学院始建于1958年，前身是内蒙古农牧学院农田水利系。学院下设水利工程系、资源环境系、土木工程系、测绘工程系等4个教学系和1个实验教学中心（水利土木工程综合实验中心）。水利土木工程综合实验中心下设4个综合实验室，共21个功能实验室。

水利与土木建筑工程学院现有农业水利工程、水文与水资源工程、给排水科学与工程、环境工程、土木工程、测绘工程、农业水利工程（双语）、建筑学、水利水电工程、地质工程、工程造价等共11个本科专业。其中农业水利工程、水文与水资源工程、给排水科学与工程、环境工程、土木工程和测绘工程共6个专业为自治区品牌专业。农业水利工程专业为国家特色专业建设点、自治区重点建设专业，2014年通过教育部工程教育专业认证，并入选国家第一批卓越农林人才教育培养"复合应用型"农林人才计划项目试点专业；水文与水资源工程专业为国家特色专业建设点，2009年通过教育部工程教育专业认证，2012年通过延期认证。学院现有9门自治区精品课程和4个自治区教学团队。

学院现有教职工107人，其中专任教师82人。专任教师中，教授27人，副教授34人，博硕士生导师39人。有自治区级教学名师5人，自治区级教坛新秀3人，自治区杰出人才奖获得者1人，新世纪"百千万人才工程"国家级人选1人，教育部新世纪优秀人才支持计划1人，享受政府特殊津贴和自治区有突出贡献的中青年专家12人，自治区培养"草原英才"二、三类入选5人。截至2014年12月，学院在校生2679人。其中本科生2479人，硕士生160人，博士生40人。

水利与土木建筑工程学院现有农业工程博士后科研流动站1个，农业工程一级学科博士学位授权点1个，农业水土工程、农业水资源利用与保护、农业水利工程和农业生物环境与能源工程4个二级学科博士学位授权点；水利工程一级学科以及农业水土工程、水文学及水资源、水工结构工程、水利水电工程、水力学及河流动力学、结构工程、市政工程、水利测绘信息与技术、农业水资源利用与保护、农业水利工程和农业生物环境与能源工程11个二级学科硕士学位授权点；农业工程、水利工程、建筑与土木工程领域3个在职工程硕士学位授权点。

农业水土工程学科为国家重点（培育）学科，农业水土工程和水文学及水资源学科为自治区重点学科，水工结构工程学科为自治区重点（培育）学科；测绘信息实验中心为自治区级实验教学示范中心，水资源保护与利用实验室为自治区重点实验室。现有1个教育部创新团队,3个自治区"草原英才"创新团队。2010年以来共承担1项国际合作项目,1项国家科技支撑项目,50项国家自然科学基金项目,其中2项为重点项目。获省部级科技进步一等奖2项,二等奖1项,大禹水利科学技术二等奖、三等奖各1项,自治区教学成果一等奖1项,二等奖3项。在国内外学术期刊上发表科技论文685篇,编写出版专著和教材48部;其中,5部教材获省部级优秀教材奖。

【党建与思想政治工作】截至2014年年底,水利与土木建筑工程学院分党委共有20个党支部,其中教工党支部5个,学生党支部15个。党员414人,其中教职工党员64人,学生党员350人。2014年全年发展党员75人,转正预备党员98人。

2014年,学院分党委坚持以建设有中国特色社会主义理论为指导,围绕中心工作,构建和谐校园,加快改革、建设和发展步伐,各项工作均取得了好成绩。一是坚持民主集中制,加强班子团结。执行《党政联席会议制度》,召开党政联席会议17次,坚持民主集中制原则,重要事项集体决策。二是遵守党的纪律,加强作风建设。实行党风廉政建设责任制,严格遵守中央和自治区有关规定及我校《关于严禁共产党员、领导干部收受礼金严格婚丧喜庆活动》等规定,制定了《学院党政领导干部廉洁自律规定》等制度。严肃工作纪律,整顿工作作风。组织开展了6次党员(全院教职工)集体学习会和为期2天的党建工作研讨会,6次中心组集体学习会和累计为期6天的学习研讨会,集中收看了习近平系列重要讲话辅导报告视频,学习了习近平教师节讲话、十八届四中全会《关于全面推进依法治国若干重大问题的决定》和《关于坚持和完善普通高等学校党委领导下的校长负责制的实施意见》及校发学习资料等,撰写了心得体会,编印了教师理论学习论文集。班子成员经常深入到教学科研生产第一线,开展调查研究,平均每人听课21次。三是加强基层组织建设,开展精品党日活动。组织参加了教工党支部书记培训班,召开了教工党支部基层组织工作研讨会,开展了"升国旗、唱国歌","学习党章·重温党史·践行社会主义核心价值观"等主题党日活动,评选推荐优秀精品党日活动案例4个。四是完成群众路线教育实践活动整改落实、建章立制工作。新制定了9项党建工作制度、15项教学管理制度和10项科研、管理等制度,完成了群众路线教育实践活动提出的11项整改任务,召开了总结大会。五是开展思想政治教育工作,创建和谐学院,采取措施调动师生员工的积极性。院领导召开师生代表座谈会20余次,研究解决学生合理诉求。制定了加强统一战线工作,党员领导干部联系党外代表人士工作制度,召开了民主党派和无党派教师代表座谈会,推荐了党外知识分子联谊会理事。学院领导、班主任、辅导员深入学生,了解思想动态,做深入细致的思想工作。六是成立学院新闻中心,加强宣传工作。积极响应全国宣传思想工作会议精神,加强网站建设和宣传工作,牢牢把握宣传舆论阵地和意识形态领域的领导权,坚持社会主义核心价值观,弘扬主旋律。

【教学工作】2014年,学院继续贯彻落实"教学质量管理年"实施方案,严格教学质量管理,提升教学质量。召开深化教育教学改革,建立"招生、培养、就业(创业)"联动机制研讨会,制定招生、培养、就业(创业)的新举措。成立由王耀强、杨利田、郭历生、潘和平、马太玲、金淑青、吕志远、韩克平和史小红等9位教师组成的学院第三届教学督导组。全面启动督导员听课、教师听课、学生评教工作,并制定了"5311"教学质量评价体系。学院资助教学质量工程项目建设,精品课程0.5万元/年/门,品牌专业3.3万元/年/个,教学团队1.0万元/年/个,特色专业3.3万元/年/个,连续资助3年。举办了2014年度青年教师教学技能大赛。共邀请了6位外籍教师为学院农业水利工程双语专业本科生授课。制定和修订了《水利与土木建筑工程学院教师教学质量评价方案》《水利与土木建筑工程学院课程管理制度实施方案》《教学督导组工作制定实施方案》等规章制度。

2014年,制订了工程造价专业本科人才培养计划,完成相应教学大纲撰写。组织毕业答辩,评选出院级优秀论文14篇。组织并完成3000学时的测量实习、认识实习、施工实习、地质实习等实习任务。

梅小乐、周海龙获得第四届全国水利类专业青年教师讲课竞赛一等奖,杨红获二等奖。周海龙主讲的《结构力学》;课程试卷被评为校级优秀试卷。周海龙、李为萍和李超获批内蒙古农业大学教育教学改革研究项目各 1 项。3 名博士研究生获得自治区优秀博士论文奖,3 名硕士研究生获优秀硕士论文奖。

【师资队伍建设】2014 年,白燕英、周海龙二位讲师晋升副教授职称。张生教授、杨树青教授新增为博士生指导教师,姚占全副教授新增为硕士生指导教师。霍星老师光荣退休。引进或公开招聘闫建文、王冠丽、赵胜男、于建楠、苏腾飞、任凯等 6 名教师,进一步优化了学科梯队结构。学院邀请国内外知名专家及学院教师做学术报告 10 场。裴国霞、贾文亮等 14 位毕业论文(设计)指导教师获得"优秀毕业论文(设计)指导教师"荣誉称号。

【学科与科研工作】2014 年,获批各类科研项目 31 项,经费达 1776 万元。其中,获批国家自然科学基金 10 项,经费 747 万元;其中,李畅游教授获批国家基金重点项目 1 项,经费 330 万元;内蒙古重大专项 1 项,经费 350 万元;内蒙古科技厅应用项目 3 项,经费 45 万元;内蒙古自然科学基金 4 项,经费 23 万元。有 1 人获得自治区草原英才,经费 10 万元,水利厅科研项目 340 万元,教师在全国各类刊物上发表论文 90 余篇,其中 SCI 收录 9 篇。

【学生工作】2014 年学院根据学校学生工作要点,坚持以服务学生成长成才为主线,学生全面发展为目标,加强学风建设,深入开展"践行社会主义核心价值观"教育活动,扎实做好党建带团建、就业以及安全稳定工作,开创学生工作新局面。

2014 年学院获得全国第三届高等学校大学生测绘技能竞赛"导线测量"二等奖、"四等水准测量"三等奖和"团体总成绩"三等奖、全国第八届大学生结构设计竞赛优秀奖、全国第三届大学生地质技能大赛——野外地质技能竞赛单项赛优胜奖;获得全区高等院校学生斯维尔杯 BIM 系列软件建筑信息模型大赛设备设计与暖通专项奖二等奖、结构设计与结构分析奖二等奖、建筑设计专项奖二等奖、安装算量与清单计价二等奖、学生专项奖二等奖;获得学校先进基层党组织、五四红旗团委、学生军训工作先进单位及学生军训内务单项评比优胜奖、共青团工作实绩突出单位、暑期"三下乡"社会实践活动优秀组织单位、第 28 届大学生校园文化艺术节"金马杯"文艺会演优秀组织单位及金马杯文艺会演一等奖、第二届办公系统自动化应用技能竞赛优秀组织单位、第二届"新途径"杯公务员模拟挑战大赛优秀组织单位、第六届"艺·青春"艺术节优秀组织单位、首届"水是生命之源"主题演讲比赛冠军、第五届"腾飞桥梁"结构设计竞赛一等奖、第九届"学知识、长才干"测量技能大赛一等奖、第十四届田径运动会学生组团体总分第四名、"阳光长跑"学生万米接力第三名、"扬五四风帆 圆青春之梦"大学生广场舞比赛第三名、"毕业杯"足球赛季军。

柴慧祥同学荣获内蒙古年度大学生"桃李之星"称号并获得 10000 元学习基金,高栓伟同学荣获"挑战杯"创业技能大赛全区金奖,塔娜同学荣获 2014 年度"十佳毕业生"荣誉称号。

【招生就业工作】2014 年,学院招生 649 人,其中本科生 549 人,全日制研究生 69 人(博士生 8 人,硕士生 61 人),在职工程硕士 31 人。学院毕业学生 795 人,其中本科生 740 人,研究生 55 人(博士生 7 人、硕士生 48 人)。学院通过多种方式拓宽就业渠道,毕业生一次就业率达到了 72.97%。

【对外合作交流】2014 年,先后有葡萄牙里斯本大学路易斯·佩雷拉教授、美国克拉克森大学沈洪道和奚海莉教授、美国南伊利诺州立大学张世光教授、美国欧道明大学王喜喜教授及德国的布仁斯凯勒教授来我院为农业水利工程双语专业学生及研究生授课,为师生做了 10 场专题讲座,探讨双语授课教师和研究生的联合培养,并与相关教师开展科学研究工作;学院选派高瑞忠、李凤玲老师到美国欧道明大学学习。

【年度十大新闻】

1. 农业水利工程专业顺利通过国家工程教育专业认证,并获批自治区重点建设专业和教育部首批卓越农林人才支持计划项目。

2. 学院获批国家自然科学基金项目10项；成功申请科技部国际合作专项1项；李畅游教授主持的1项课题获自治区自然科学二等奖、史海滨教授作为第二主持人的1项课题获自治区科技进步二等奖。

3. 刘廷玺教授荣获内蒙古自治区杰出人才奖；屈忠义教授与杨树青教授荣获内蒙古自治区草原英才称号。

4. 史海滨教授的"北方旱区农业节水技术与环境效应研究"创新团队获批内蒙古自治区草原英才创新创业人才团队。

5. 成功举办第18届CIGR国际农业工程大会水土工程分会暨第2届水土资源挑战区域性国际学术研讨会。

6. 成功召开第四届第一次教职工代表大会暨工会会员代表大会，选举产生了学院第四届教职工代表大会常设委员会、第四届工会委员会。

7. 学院分团委荣获自治区五四红旗团委。

8. 加强制度建设，新制定了《学院招生、培养、就业（创业）联动机制实施方案》《课程管理制度实施方案》《教师能力提升计划》《教师教学质量评价方案》《学生评教实施细则》《实验室管理系列制度》等15项制度。

9. 学院获内蒙古农业大学首届教职工柔力球竞赛一等奖。

10. 2010级农业水利工程专业1班学生柴慧祥同学荣获内蒙古年度大学生"桃李之星"称号，高栓伟同学荣获"挑战杯"创业技能大赛全区金奖。

材料科学与艺术设计学院

【概况】材料科学与艺术设计学院成立于2008年1月，主要由林业工程、材料科学与工程和设计学等3个二级学科组成。学院设木材科学与工程、产品设计、环境设计、视觉传达设计、材料科学与工程、服装设计与工程等6个本科专业，拥有木材科学与技术、设计学、材料加工工程、林业工程硕士、林产化学加工工程、材料工程硕士等6个硕士学位授权点，木材科学与技术、林产化学加工工程等2个博士学位授权点。拥有木材科学与技术国家林业局和内蒙古自治区重点学科。学院现有沙生灌木纤维化和能源化利用自治区重点实验室、内蒙古自治区沙生灌木资源开发利用工程技术中心、内蒙古工艺美术研究基地和内蒙古森林文化研究和示范基地等4个研究平台。

教职工75人，其中专任教师70人。专任教师中，教授14人、副教授23人，博硕士生导师17人，硕士以上学历教师53人。2014年毕业生293人，其中硕士研究生数24人、本科生269人。招生411人，其中研究生18人（博士生2人，硕士生16人），本科生393人。在校生1342人，其中，研究生87人（博士生7人，硕士生80人），本科生1255人。

【党建与思想政治工作】2014年，材料科学与艺术设计学院党委共有9个党支部，其中教工党支部3个，学生党支部6个。党员175人，其中教职工党员37人，学生党员138人，入党积极分子154人。发展党员35人。

2014年，学院进一步梳理了党的群众路线教育实践活动整改方案，根据班子成员的分管情况逐项进行落实。

加强党的基层组织建设，在学校新一轮干部聘任的基础上，分党委进行了换届；结合专业特点，对教工党支部进行了换届工作，把教研室党支部工作的核心与教学工作的重心结合起来，发挥基层党组织的战斗堡垒作用。

【学科建设】国家人事部批准设立"林业工程"博士后流动站。

【教学工作】2014年,学院以制度建设为突破口,规范教学过程,制定和完善了青年教师导师制度,相应修订了"青年教师导师遴选办法""青年教师导师责任书""教学质量提升办法""教学评价细则""教学督导员工作细则""学院青年教师培养方案"等制度;编制了"本科教学管理计划流程""毕业设计(论文)管理流程";实施了青年教师实践教学能力提升计划,有10名青年教师在学院的实训中心完成培训任务;学院完成了实验室搬迁工作,新增校外实习基地2个。

【科研工作】2014年,学院教师共获得科研经费合计人民币469.5万元,其中包括国家自然科学基金项目2项,国家科技支撑计划1项,内蒙古科技创新引导项目1项,内蒙古社会科学专项基金、内蒙古应用技术开发2项、内蒙古自然科学基金3项,内蒙古人才基金1项,内蒙古教育厅项目2项,学校青年基金2项,校成果转化基金1项,校内社科基金4项。

学院教师发表SCI收录论文4篇、EI收录6篇、其他24篇,其他奖和入选10项,出版专著和教材14部,授权发明专利2件。

【学生工作】2014年,学院学生工作以"育人"工作为中心,以确保安全稳定为底线,在认真做好各项具体工作的基础上,不断加强教育的针对性、实效性,管理的科学化、规范化,服务的主动性、高效性,逐步架构"教育、管理、服务"三位一体的工作格局。

将学风建设作为学生工作的重点,召开毕业生、预科生、新生等层面的座谈会了解学生学习状况及教师授课情况,以教风建设促进学风建设。积极鼓励支持学生参与科技创新活动,有2个学生科技创新基金项目立项、4个学生科技创新基金项目结题。邀请国内外知名专家举办专业讲座8次。举办丰富多彩的校园文体活动,承办了"艺真·艺善·艺美"内蒙古农业大学第六届艺术节,学院在学校各类文体活动中获奖10项。

创新工作模式,以互利共赢深化校企合作,为学生搭建与企业深入接触的平台,提高用人单位和毕业生之间双向选择的成功率和满意率。借助华日家具公司来学校进行专场招聘的契机,由企业方为60名毕业生上了一天公开课;举办了"时代·变"首届万恒通家具创意设计大赛,万恒通公司出资的5万元全部作为奖金发给获奖学生,推动了毕业生就业工作。

学生工作干部加强职业能力提升,在内蒙古农业大学第二届辅导员职业技能大赛中,学院学办主任王雪鹏荣获一等奖,同时获得单项奖4项,辅导员孙宁荣获二等奖。

2014年学院办公地点和实验室等整体搬迁到新建的工科大楼。

经济管理学院

【概况】经济管理学院初创于1981年8月,1999年4月由原内蒙古农牧学院经济管理系和原内蒙古林学院经济管理系合并组建。学院共设农林经济管理系、工商管理系、会计系、金融学系、市场营销系、经济学系等6个教学系,蒙汉、英汉等2个双语教研室和1个实验教学中心。学院设农林经济管理、工商管理、经济学、金融学、会计学、财务管理、物流管理、电子商务等8个本科专业和市场营销1个专科专业。拥有农林经济管理、工商管理、管理科学与工程、应用经济学等4个一级学科。有农业经济管理、林业经济管理、区域经济学、产业经济学、金融学、会计学、企业管理、管理科学与工程、技术经济管理等9个学术硕士学位授权点,有农业推广、项目管理、会计学等3个专业硕士学位授权点,有农业经济管理和林业经济管理2个博士学位授权点。拥有1个农林经济管理博士后流动站。学院现有农林经济管理专业1个自治区重点学科,农林经济管理专业1个自治区重点实验室,以及内蒙古畜牧业经济研究基地和内蒙古农村牧区发展所等2个省级人文社科研究中心。

学院共有教职工98人,其中专任教师81人。专任教师中,教授15人,副教授33人,博硕士生导师23人,硕士以上学历教师61人。2014年毕业生1299人,其中研究生240人(博士生6人、硕士生234人),本专科生1059人。2014年招生842人,其中研究生191人(博士生13人,硕士生178人),本专科生651人。2014年在校生4324人,其中,研究生360人(博士生22人,硕士生338人),本专科生3964人。

【党建与思想政治工作】截至2014年年底,经济管理学院分党委共有33个党支部,其中教工党支部7个,学生党支部26个。党员453人,其中教职工党员62人,学生党员391人。2014全年发展党员135人,转正预备党员155人。

2014年学院深入开展党的群众路线教育实践活动整改落实工作,认真落实学院领导班子党风廉政建设责任制,坚决执行党政联席会议制度,坚持教授委员会治学制度。

年内,制定和落实了《经济管理学院党政工作职责和工作制度》《青年教师能力提升计划》《经济管理学院实践教学实施方案》《经济管理学院加强学风建设的办法》和《考试管理办法》等20余项制度文件。开展了教工党支部与学生党支部红色1+1活动和廉政文化进校园等活动。

2014年度学院召开党委会15次、党政联席会议13次、院务会30次、教授委员会会议4次和全院教职工大会28次。

6月份,组织全院教职工为患病教师朝鲁捐款3.7万元。12月份,召开学院第三届第一次教职工代表大会暨工会会员大会,选举产生了新一届工会委员会,同月,马志艳、贾凤菊、张卫中三位老师在校级工会干部知识技能竞赛中获二等奖。

【学科建设】新增会计学专业硕士,胡日查、根锁2位同志晋升为教授,赵丽霞同志晋升为副教授。新增校外硕士生导师4名。新增农林经济管理一级学科博士后流动站。9月份承办了全国畜牧业经济理论高峰论坛会议。

【教学工作】学院进一步深化"教学质量管理年"活动,开展了"招生、培养、就业"联动机制大讨论,探索建立教学工作与学生工作联动机制。

2014年,在7个盟市建立了民丰马铃薯有限公司、河套酒业等25个固定的教学实习实践基地,完成了2300名学生的实习。召开了实践教学工作会议,研讨进一步加强实践教学工作事宜。与上海安劲管理咨询公司合作设立了"安劲"班,探索校企合作的新模式。

组织开展了文献查阅、数据库使用、PPT制作、讲课发音技巧等教师教学科研技能提升专题培训。选派郭慧、马梅2名教师分别到蒙草抗旱、锡盟草监局等单位进行了为期1个月的挂职锻炼,提升教学实践能力。

在内蒙古农业大学第九届教师教学技能大赛中,教师白静、张春梅、包慧敏分获文科组第二、双语组第三、蒙古语组并列第四的成绩;张建成副教授被评为我校第三届"教坛新秀";石芳、冯静蕾获学校"教书育人"先进个人称号;工商管理专业教学团队被评为校级"教学团队";计量经济学和证券投资学课程被评为校级精品课程。编写统编规划教材5部。

继续与蒙古国国立农业大学互派6批次86名师生进行了学术交流和实践教学活动。2014年度,与蒙古国达尔罕农业大学签署了互换师生实践交流项目协议。

2014年度共邀请了7个国家的11位外籍教师、专家为学生授课和作专题讲座。

【科研工作】2014年发表各类专业论文80篇,其中CSSCI论文8篇、中文核心期刊论文18篇。张心灵教授主持申报的《草原生态补偿标准确定与实现途径研究——基于会计视角》项目和乌云花教授主持申报的《奶牛不同养殖模式的演化、影响因素及效益的实证研究——以内蒙古为例》项目获得国家自然科学基金资助。

【学生工作】2014年度,学生工作以夯实基础、突出重点、抓好关键为主线,牢牢以学风建设为中心,依托党建带团建、考风倒逼学风、法治建设等系列工作载体,深入细致地开展教育。

全年举办党课培训 18 次,举办"经管讲坛"和"大学生人生课堂"13 期。3 月初学院召开全年学风建设大会,部署系列工作。全年对 600 余场考试实行"全程巡考",严肃处理考试违纪学生 118 人。

2014 年度毕业生 1299 人,就业率 92.03%,且学生就业质量高。

2014 年度获得自治区级集体奖 3 项,校级集体奖 22 项。2012 级会计专业学生马跃腾获全国大学生"自强之星"荣誉称号。

食品科学与工程学院

【概况】食品科学与工程学院,其前身为内蒙古农牧学院食品工程系,始建于 1988 年。学院下设食品科学与工程系、食品质量与安全系、包装工程系、酿酒工程系等 4 个教学系和 1 个实验管理中心。拥有"畜产品加工"国家级特色优势学科专项资助实验室、"乳品生物技术与工程"教育部重点实验室、"乳品生物技术"教育部工程研究中心、农业部东北区域农业微生物资源利用科学观测实验站、"乳酸菌与乳品发酵剂"自治区工程实验室、"乳制品研究"自治区重点开放实验室、"畜产品加工"内蒙古工程技术研究中心。

学院设有食品科学与工程、食品质量与安全、包装工程和酿酒工程 4 个本科专业,其中食品科学与工程专业为一级学科。拥有食品科学与工程一级博(硕)士学位授权点,食品科学、农产品加工及贮藏工程、粮食油脂及植物蛋白工程、水产品加工及畜产品安全、酿酒工程等 5 个二级博(硕)士学位授权点。食品科学与工程专业是自治区品牌专业,农产品加工及贮藏工程学科是自治区重点建设学科,内蒙古乳酸菌学会、内蒙古畜产品加工研究会挂靠在本院。

现有教职工 81 人(少数民族 32 人),其中专任教师 52 人。专任教师中,教授 21 人、副教授 18 人,博士生导师 9 人,硕士生导师 31 人,有 32 位博士学位获得者,具有博硕士学位教师占专任教师总数的 92.3%。专任教师中有 1 人入选"长江学者奖励计划"特聘教授、1 人入选"百千万人才工程"国家级人选,1 人获得国家杰出青年科学基金,6 人荣获自治区"草原英才"荣誉称号,2 人享受国务院特殊津贴,3 人入选自治区"新世纪 321 人才工程"一、二层次人选,2 人入选自治区"333 人才引进工程"首席专家,1 人获"内蒙古自治区科学技术特别贡献奖"。学院现有 1 个国家级重点领域创新团队、1 个教育部科技创新团队、2 个自治区创新创业人才团队、1 个自治区科技创新团队、1 个自治区高等学校科技创新团队和 2 个内蒙古农业大学科技创新团队。

2014 年有在校生 2017 人,其中,研究生 223 人(博士生 40 人,硕士生 183 人),本科生 1794 人。2014 年毕业生 567 人,其中研究生 118 人(博士生 8 人、硕士生 110 人)、本科生 449 人。招生 620 人,其中研究生 124 人(博士生 10 人,硕士生 114 人),本科生 496 人。有 41 名同学考上研究生,9 名同学获得免试推荐研究生资格。

【党建与思想政治工作】学院党委共有 11 个党支部,其中,教工党支部 4 个,学生党支部 7 个,共有党员 244 人,教职工党员 42 人,学生党员 202 人,2014 年度发展党员 55 人。

利用校园广播台、校园网、QQ 群、微信群、短信平台以及宣传栏、展板等宣传阵地,并通过悬挂横幅、张贴标语、散发宣传品等形式,加强对大学生思想教育和行为引导,实施了系列校园精神文明建设精品工程,举办了"学生广角沙龙",初步形成"我的大学"主题教育系列活动方案。

学院设立了"学生党建工作领导小组",全面负责学院学生党建工作;加强了辅导员和班主任等思政队伍建设,建立了严格的选拔考核制度;调整和创新基层党组织机构设置形式,把条件具备的教工党支部设在教研室和科研团队;把条件不成熟的教研室联合起来设置联合党支部;坚持每两周一次的全院大会和每月一次的支部生活会制度;修订完善了《食品科学与工程学院学生党支部工作条例》《食品科学与工程学院分党校培训班学员管理制度及考核办法》《食品科学与工程学院党员考核办法》，制定并完善了党员理论学习、民主评议、亮牌示范、"一帮一"等制度。确立了一批党员示范岗位，开展了"创先争优——从我做起""我是党员，向我看齐""缅怀先烈，传承革命精神——预备党员赴乌兰夫纪念馆入党宣誓""用心构筑精神家园"的专题讲座和"现代大学教师的历史使命"等主题党日活动，开展了"学生党员亮牌示范"、"听老党员讲革命传统"、"学习习近平总书记系列讲话"座谈会、"奉献爱心，走入敬老院"青年志愿者活动、"心中的旗帜"接力传递等活动。开展了主题为"扬青春旗帜，塑党员风范"践行社会主义核心价值观系列教育活动，既教育了广大学生党员，又使党支部的战斗堡垒作用和共产党员的先锋模范作用得到有效发挥。

【工会工作】充分发挥工会和群团工作的作用，切实维护教职工权益，积极开展创建模范教工之家活动。先后组织教职工开展了"拥抱绿色、拒绝垃圾"、"赛专业技能、展才艺风采"、"奔跑吧 党员"等主题党日活动。定期组织教师进行学术观摩，教学技能大赛。

获校田径运动会获团体总分第四名和道德风尚奖。在第三届教职工万米接力赛上，获 B 组第四名。获首届"太极柔力球"二等奖。获校工会干部知识竞赛三等奖。在学校工会"三八"表彰中，学院有 3 名教师受到表彰，有 2 名教师分获"教书育人"和"服务育人"先进荣誉称号。

【学科建设】成功获批"食品科学与工程"自治区特色优势专业，获得自治区特色优势专业建设经费 25 万元。申报了"食品科学与工程"博士后流动站。"食品科学与工程"专业入选国家卓越农林人才教育（拔尖创新型）培养计划项目。认真组织国家科技支撑、863、973 计划项目、国家自然科学基金、内蒙古自然科学基金等项目的申报工作，完成了 2014 年度"西部之光"人才培养计划项目和内蒙古农业大学优秀青年科学基金项目候选人工作。"乳酸菌与发酵乳制品创新团队"入选科技部重点领域创新团队。"高效绿色肉与肉制品生产和加工关键技术与产业化开发创新人才团队"和 3 名教师入选自治区"草原英才"工程。招标完成学科建设设备共计 305 万元及重点实验室 1100 万元的 PacbioRS 第三代测序系统。学校拨付 1500 万元科研平台建设经费购置了相关仪器设备。

【教学工作】制定了《食品科学与工程学院教师素质提高计划专项资金管理暂行办法》，资助教师参加国内外学术交流培训、国内外进修。获 2 项学校精品课程建设项目。新上专业酿酒工程首届招生 60 人；成立学院二级教学督导组，督促检查指导学院教学运行情况；重新制定了《食品科学与工程学院教学实验中心设置方案》。组织申报新增实验室房屋计划，已获批 1600 平米。招标本科实验室仪器设备 500 万元，组织申报酿酒工程专业本科实验室建设资金 50 万元以及设备款项 150 万元。自筹 13 万元资金配套监控设施，对三处实验室进行改造。

与内蒙古神牛乳业发展有限公司合作，启动了神牛益得乳制品实验厂。投资 10 万元建成了内蒙古蒙伊萨肉品加工公司教学生产实习基地。同内蒙古乌拉特戈壁红驼事业专业合作社共建了"研究生培养基地"和"实践教学基地"。安排学生在职业技术学院酿酒发酵基地进行顶岗实习。承担了 1 期援外培训项目《乳品与食品加工技术》的教学任务，同时，编写出了 1 部援外培训班使用自编教材。

研究生工作。制订了新的研究生培养方案。增建研究生联合培养实践基地，从国内外邀请相关专家为研究生举办专题讲座。派选研究生导师和博士研究生到美国、加拿大等国内外知名产学研机构进行学习和交流。导师以 1:1 的配备自助金额方式鼓励研究生申报科研课题。年内获得校级优秀博士学位论文 1 篇；校级优秀硕士学位论文 4 篇，自治区级优秀博士、硕士学位论文各 1 篇。分别与内蒙古乌拉特戈壁红驼事业专业合作社和内蒙古骆驼研究院签订了研究生联合培养基地的合同；申报了内蒙古自治区农产品加工及贮藏工程技术研究中心。获得"内蒙古自治区畜产品加工工程实践教学和研究平台"。连续派送 2 名导师和 2 名博士研究生到美国、加拿大学习深造，派送 4 名中青年导师到南京农业大学、中国农业大学、天津大学访问深造，导师水平取得了突破性提升。本学年有 1 名博士和 5 名硕士获国家奖学金；2 名博士和 4 名硕士获自治区奖学金。

【科研工作】

立项和在研情况

2014 年在研项目

酸马奶中肠球菌所产细菌素特性及其相关基因的研究（31260391）	国家自然科学基金
酸马奶中屎肠球菌抗菌相关基因的克隆及原核表达研究（2014MS0329）	内蒙古自然科学基金
植物先天免疫基因 CBP60g 在番茄抗（耐）晚疫病中的应用	内蒙古科技厅
裸燕麦蛋白酶解产生抗氧化活性肽的研究	内蒙古科技厅
乳杆菌抑真菌活性物质的结构鉴定及抑菌机理的研究	国家自然科学基金
LuxS\AI－2 群体感应系统在乳酸菌与酵母菌共培养中调控机理的研究	国家自然科学基金
农业科技成果转化资金项目监理及数据库建设	科技部
环境响应性包装材料的构建及其对肉品质的影响	
环境响应性智能包装材料的构建及其对肉品品质的控制	
广谱抗菌活性瑞士乳杆菌 AJT 所产抗菌物质及发酵提取工艺的研究	自治区
广谱抗菌活性瑞士乳杆菌 AJT 产生细菌素的发酵条件优化研究	自治区
发酵乳中风味物质指纹图谱的构建及其相关功能基因调控机理的研究	国家自然科学基金
植物乳杆菌 LIP－1 微胶囊制备及其对抗冻及降血脂活性影响的研究	国家自然科学基金
中国西部地区自然发酵乳中乳酸菌资源相关功能基因分析研究	中科院
马奶酒抑菌活性物质多样性及其抑制机理的研究	自治区
中俄自然发酵乳中乳酸菌资源的收集级开发利用	国家国际科技合作专项
传统乳制品现代化生产技术研究与示范	公益性行业（农业）科研专项
牧区家畜肠道有益菌的筛选及产业化	内蒙古自治区科技重大专项
德氏乳杆菌保加利亚亚种后酸化功能基因及其调控机制研究	高等学校博士学科点专项科研基金（优先发展领域）
乳酸菌与发酵乳制品应用基础研究	内蒙古自治区草原英才创新人才团队
乳品生物技术与工程	内蒙古自治区科技创新团队

续表

发酵乳制品乳酸菌菌种与发酵剂的研究与开发	国家科技支撑计划
德氏乳杆菌保加利亚亚种后酸化功能基因定位及其表达调控研究	内蒙古自治区自然科学基金
德氏乳杆菌保加利亚亚种抗冷冻性及相关冷激蛋白的研究	内蒙古自治区自然科学基金
发酵乳制品加工技术研究	过埃及现代农业产业技术体系建设项目
青藏高原特色有机畜产品生产技术与产业模式	公益性行业（农业）科研专项
乳酸菌特色资源库及乳酸菌发酵剂和代谢工程技术研究	国家高技术研究发展计划（863 计划）
乳品生物技术与工程	内蒙古自治区高等学校创新团队发展计划
发酵食品生物危害物的形成机制与消除策略——食品加工过程安全控制理论与技术的基础研究	国家重点基础研究发展计划（973 计划）
具有抗高血压活性益生乳酸菌的选育及抗高血压发酵乳开发	内蒙古自治区科技计划项目
乳酸菌与乳品发酵剂	内蒙古自治区工程实验室建设项目
乳酸菌与乳品发酵剂基础研究	国家杰出青年科学基金
乳品生物技术与工程	内蒙古自治区重点实验室提升计划
植物乳杆菌 LIP－1 微胶囊制备及其对抗冷冻及降血脂活性影响的研究	国家自然科学基金
瑞士乳杆菌遗传多样性与 ACE 抑制活性相关性研究	国家自然科学青年科学基金
弱后酸化酸奶发酵剂的选育及产业化基础研究	内蒙古自治区科技计划项目
益生乳酸菌菌种遗传稳定性的评价及其潜在变异机理的研究	教育部科学研究重点项目
益生菌发酵乳及益生菌发酵剂生产技术与开发	内蒙古自治区应用技术研发资金计划项目
具有 Lactobacillus helveticus H9 体内降血压效应研究	内蒙古自然科学基金项目
不同来源发酵乳杆菌基因多样性研究	内蒙古自然科学基金项目
高产双乙酰嗜热链球菌的选育及其代谢调控	内蒙古自治区自然科学基金
优良益生菌高效筛选与应用关键技术	863 计划
益生乳酸菌长期连续传代过程中遗传稳定性的研究	国家自然科学基金
保加利亚乳杆菌噬菌体的生物学特性及其侵染机理的研究	国家自然科学基金

续表

传统发酵乳制作过程中微生物的群落结构及功能动态变化研究	国家自然科学基金
乳酸菌发酵剂制备过程中 VBNC 状态的研究	国家自然科学基金
内蒙古地方良种羊屠宰性能和肉用品质的差异和变化规律研究	国家自然科学基金
肉羊肌内胶原蛋白特性研究	国家自然科学基金
鲜活农产品安全低碳物流技术与配套设备	国家科技部
尼龙高阻隔膜用于食品包装项目	企、事业单位委托
"畜产品加工"中心能力提升计划	内蒙古科技厅
补偿生长模式下蒙古绵羊肌纤维类型转化与肉品质的关系研究	内蒙古科技厅
鲜活农产品物流过程中的减损及新型防震包装材料的开发	其他
高阻隔性生物可降解复合膜的制备及其在食品包装中的应用	国家自然科学基金
俄罗斯布里亚特地区自然发酵乳中乳酸菌生物	省、市、自治区
骆驼特异性重链抗体产生规律及其免疫乳的功能研究	国家自然科学基金
国际国内科技合作培育项目	省、市、自治区
驼乳 EETs 含量变化规律及抗糖尿病作用机理研究	国家自然科学基金

2014 年国家基金立项项目

立项人	项目名称
张和平	德氏乳杆菌保加利亚亚种重要生产特性及其相关基因的研究
孙天松	嗜热链球菌基因多样性及其风味物质代谢多样性的研究
丹彤	发酵乳中风味物质指纹图谱的构建及其相关功能基因调控机理的研究
郭丽如	基于肠道微生物基因组学和代谢组学对不同动物乳营养和功能的研究
双全	乳酸菌降血压肽的理化特性及生物医学应用基础研究
包小兰	植物蛋白源肽促进钙吸收的生物学功效及其机制的研究

2014 年,学院获得国家自然科学基金科研项目立项资助 5 项,其中重点项目 1 项,内蒙古自然科学基金科研项目立项资助 6 项。张文羿老师入选"西部之光"人才培养计划,张文羿和孙文秀 2 名老师获得内蒙古农业大学优秀青年科学基金项目支持。张和平团队应出版社 Springer 约稿,编著完成《Lactic Acid Bacteria:Fundamentals and Practice》专著。张和平教授荣获"内蒙古自治区五一劳动奖"和首届"内蒙古自治区科技标兵"称号。2014 年 12 月 3 日,张和平教授被确定为 2013 年度自治区科学技术特别贡献奖推荐授奖人。全院教师发表自然科学类学术论文总计 131 篇,其中国内 109 篇、国外 22 篇、SCIE 24

篇、EI 3 篇;发表工程与技术类学术论文总计 7 篇,其中国内 6 篇、国外 1 篇、SCIE 1 篇。

2014 年,学院合作研究派遣人员总计 43 人次,其中国内 42 人次,国际 1 人次;合作接收总计 36 人次,其中国内 27 人次,国际 9 人次。出席学术会议总计 45 人次,其中国内 29 人次,国际 16 人次。论文交流总计 14 篇,其中国内 10 篇,国际 4 篇。国际特邀报告合计 2 次。

科研基地建设。重点实验室承担了"公益性行业科研专项""国家杰出青年基金""863 计划""国家自然科学基金"等省部级以上科研项目共计 24 项。按项目类型,人才培养、团队建设和平台建设项目 5 项;按项目级别,国家级科研项目 14 项,省部级科研项目 10 项。年内,张和平教授带领实验室团队成员获得了"国家自然科学基金"等 4 项科研项目立项资助,累计科研经费达到 515 万元,张和平教授申报的国家自然科学基金重点项目"德氏乳杆菌保加利亚亚种重要生产特性及其相关基因的研究",获得 332 万元的资助。

在科研基地建设方面,重点实验室购置了 Pacbio RS 第三代测序系统等共 1100 万元的仪器设备。同时,"乳酸菌与发酵乳制品创新团队"入选科技部创新人才推进计划重点领域创新团队。结合"教育部创新团队""内蒙古自治区科技创新团队""内蒙古自治区创新创业人才团队""内蒙古自治区高等学校创新团队"的基础,年内又申报了"内蒙古自治区科技创新团队建设计划项目"。"乳品生物技术与工程"重点实验室年内共接待国内外来宾 100 余次。

乳品生物技术与工程教育部重点实验室毕业博士 9 人、硕士 8 人,总计毕业 17 人;参与科研活动机构人员,高级职称 8 人,中级职称 7 人,初级职称 1 人,其他 2 人。培养研究生 73 人,经费内部支出 536 万元,承担项目 31 项。

畜产品加工工程技术研究中心:毕业博士 25 人,硕士 10 人,总计毕业 35 人;参与科研活动机构人员,高级职称 16 人,中级职称 12 人,初级职称 7 人,其他 2 人。培养研究生 23 人,经费内部支出 5 万元,承担项目 9 项。

科研成果转化和社会服务。科技成果在内蒙古伊利实业集团股份有限公司和内蒙古蒙伊萨食品公司得到了推广和转化,同伊利公司合作生产的"QQ 星儿童益生菌乳饮料"已实现产业化生产。张和平教授主持的国家公益性行业科研专项"传统发酵乳制品现代化生产技术研究与示范"项目年内顺利实施。乳研中心历经两年时间完成了墨竹工卡县雪林多吉牧场的乳品加工车间改造,设计、购置、安装了酸奶、酥油、奶酪、曲拉加工设备以及 CIP 系统等相关辅助设备,2014 年 7 月 14 日成功试生产。参加了中国奶牛体系在湖北黄冈举办的奶牛金钥匙培训,向相关技术人员讲授了题为"益生乳酸菌在奶牛乳房炎治疗中的应用"报告。

【学生工作】开展"学雷锋宣传活动""重温誓词,奉献爱心"青年志愿者活动、"社会主义核心价值观"宣传、"我为社会主义核心价值观代言"、新生入学教育大会、"教授讲坛"等活动。陈璐同学在"我为社会主义核心价值观代言"演讲比赛中获二等奖。

校园文化活动。开展第九届校园饮食文化节、迎新晚会暨校园饮食文化节表彰大会、"食话实说""走出宿舍、走下网络、走向操场"系列体育活动等校园文化活动。学院荣获"金马杯"文艺会演"金马奖""扬五四风帆、圆青春之梦"大学生广场舞大赛第二名、"化学技能"大赛优秀组织单位奖,阳光体育学生毛键比赛第一名,阳光长跑万米接力赛第五名,大学生排球比赛男团第六名,女排比赛第一名。陈美瑄等三位同学在全区大学生数学建模竞赛中获一等奖。

民族团结教育活动。开展了"团结杯"篮球赛,第六届"心中的旋律"蒙语歌曲大赛、"实现理想创造未来"主题学习经验交流会、与蒙古语授课班同学座谈会等。完成新生心理排查工作,完善了"心理问题学生档案"。举办了"大一新生入学心理教育""大学生如何适应大学生活"专题讲座及"心语之约"座谈会。

举办了第六届大学生"挑战论坛"。第六届"挑战杯"全区大学生创业计划竞赛银奖一项、铜奖一项。学院大学生科技创新团队被自治区团委评为全国"小平科技创新团队"。学院共组建社会实践和生产实习直属队6支,赴准格尔旗实践队获学校优秀直属分队。学院团委被评为"五四红旗团委"。2014年,学院有456人获国家助学金,其中国家奖学金3人,励志奖学金49人,企业奖学金50人。实行辅导员周例会制和月汇报制度并完善《辅导员考核条例》。加强毕业生就业指导和服务工作。举办"2014届毕业生就业形势分析暨动员大会"和"2015届毕业生就业形势分析暨动员大会",完成学校下达的85%就业率的任务,学院被度评为"2013年度就业工作先进单位"。

【重要事件】

1. 2014年3月22日,学院在校工会举办的第三届教职工万米接力赛中荣获了B组第四名。

2. 2014年3月29日,学院"食品与健康"社团在大青山开展环保活动。

3. 2014年4月2日,科技部网发布了2013年创新人才推进计划入选名单,学校以张和平教授为首席专家的"乳酸菌与发酵乳制品创新团队"入选科技部创新人才推进计划重点领域创新团队,这是学校第一个入选该计划的科研团队。

4. 2014年4月4日,学院从本学期开始启动"食品科学与工程学院教授讲坛",即定期(每月至少一次)邀请一位教授为本科生开展一次学术讲座。

5. 2014年4月15日,内蒙古农业大学第28届校园文化艺术节开幕式暨"金马杯"文艺会演在西区文体馆隆重举行。学院选送的舞蹈"妞啊,扭"在比赛中荣获第一。

6. 2014年4月18日,在各省级团委推报基础上,经团中央专家评审,学院由任文明老师指导的"食品科技创新团队"获得2014年大学生"小平科技创新团队"支持项目。

7. 2014年4月24日,学院召开全体教职工大会,安排部署了2014年毕业生就业工作。学院党委书记张星杰主持会议。

8. 2014年5月10日,与内蒙古乌拉特戈壁红驼事业专业合作社共建"研究生培养基地"和"实践教学基地"揭牌仪式在巴彦淖尔市乌拉特后旗潮格温都尔镇隆重举行。

9. 2014年5月,张和平教授荣获自治区五一劳动奖章。

10. 2014年5月28日,张和平、吉日木图、双全、孟和毕力格等当选第七届委员会委员,其中张和平当选第七届委员会常务委员。

11. 2014年5月29日,孙文秀老师荣获第九届教师教学技能大赛理科组一等奖。

12. 2014年6月18日,靳烨带领的"高效绿色肉与肉制品生产和加工关键技术与产业化开发创新人才团队"和吉日木图、孟和毕力格、格日勒图等3名教师入选"草原英才"工程。

13. 2014年6月,张和平教授应国际知名出版社Springer约稿出版专著。

14. 2014年7月1日,学院在校"劳动托起—中国梦·农大梦·我的梦"书画摄影展中取得优异成绩。在摄影作品的评比中,学院获得了4个一等奖、3个三等奖;在书法比赛的评比中获得了1个三等奖。

15. 2014年8月29日,学院多名教师主持项目获得2014年度国家自然科学基金项目资助,由食品科学与工程学院张和平教授主持申报的"德氏乳杆菌保加利亚亚种重要生产特性及其相关基因的研究"获得了重点项目资助,总经费332万元,这是学校首次在生命科学领域获得重点项目。学院获得2014年度国家自然科学基金项目的教师名单如下:包小兰、丹彤、双全、孙天松(面上)、张和平(重点)。

16. 2014年9月10日,李少英、斯日古冷两位老师分别被评为校级"三育人"之教书育人、管理育人。

17. 2014年9月22日,举办"Changing Dynamics of the US Dairy Industry"专题报告。主讲人是来自

美国得克萨斯农工大学乳制品研究方面的著名专家 Michael Tomaszeweki 教授。

18.2014 年 10 月 12 日,由学校团委主办、食品院承办、内蒙古神牛乳业发展有限公司协办的第十届校园饮食文化节于学校西区大食堂广场顺利开幕。

19.2014 年 10 月 14 日,本院学生在 2014 年"创青春"全国大学生创业大赛中取得优异成绩,共获得"创青春"全区大学生创业大赛创业计划竞赛银奖三项。

20.2014 年 10 月 17 日,学院召开全院大会学习习近平总书记重要讲话。

21.2014 年 10 月,"食品科学与工程"专业获批为拔尖创新型农林人才培养模式改革试点项目。

22.2014 年 11 月 13 日,学院选手在"我为社会主义核心价值观代言"演讲比赛中取得第二名和第八名的成绩。

23.2014 年 11 月 16 日,学院选手在第六届校园歌手大赛中荣获第五名。

24.2014 年 12 月,以张和平教授为学术带头人的"乳酸菌与发酵制品创新团队"在第五届全国杰出专业技术人才评选表彰中荣获第五届"全国专业技术先进集体"荣誉称号。

25.2014 年 12 月 27 日,举办迎 2015"赛专业技能、展才艺风采"首届"食品之星"技能大赛。

计算机与信息工程学院

【概况】计算机与信息工程学院成立于 1996 年 1 月,主要由计算机科学与技术、软件工程两个一级学科组成。学院设有计算机科学与技术、信息管理与信息系统、软件工程、网络工程 4 个本科专业,拥有计算机科学与技术、软件工程两个一级学科硕士学位授权点、农业信息化领域专业学位硕士授权点、农业信息技术二级学科博士学位授权点。学院现有高性能计算中心、软件测试中心、网络与通信技术实验室、图像处理等实验室。

教职工 60 人,其中专任教师 49 人。专任教师中,教授 8 人、副教授 19 人,博硕士生导师 7 人,硕士以上学历教师 49 人。2014 年毕业生 216 人,其中研究生数 18 人(硕士生 18 人)、本科生 198 人。招生 292 人,其中研究生 15 人(硕士生 12 人、博士 3 人)

【党建工作】2014 年,计算机与信息工程学院党委(党总支)共有 10 个党支部,其中教工党支部 6 个、学生党支部 4 个。党员 130 人,其中教职工党员 41 人,学生党员 89 人,入党积极分子 227 人。发展党员 21 人。

2014 年,学院党委切实把"围绕中心抓好党建,抓好党建促进工作"作为学院党建工作的基本思路,认真研究制订学院年度工作计划,进一步明确工作中心和工作重点、学院未来发展方向和奋斗目标。认真抓好干部队伍建设。通过做好教育实践活动的整改落实工作,深入开展创建双型党组织即"创建学习创新型和解决问题型党组织建设"活动,充分调动教工党支部书记,教学、团学、工会、系中心主任,班主任、辅导员队伍和党员积极分子学生干部队伍的工作积极性和创造性。从党支部思想建设、组织建设、作风建设和制度建设抓起,狠抓党支部日常工作,通过经常性的基层党建工作来促进队伍建设,通过一级抓一级,抓班子带队伍,突出抓好教风和学风,建章立制,推进工作科学化。切实做好青年教师和学生的思想政治教育工作,不断加强维稳和综合治理工作。通过深入细致的党建和思想政治工作,学院逐步形成了心齐、气顺、劲足的良好局面。

2014 年,学院坚持党建带团建,学生党支部充分发挥战斗堡垒作用,进一步带动团支部建设,主动参与迎新、安全稳定、学风建设等学院各项工作。一年来,我院共举办四次党课培训,培训形式多样、内容丰富,共有 209 名学员结业;严格坚持党员发展原则,2014 年度共有 24 名同学成为预备党员、38 名同学按期转正;党日活动、团日活动异彩纷呈,学院每月进行评选,并给予一定奖励,其中学生第一党支部和预科班团支部联合举办的"我的大学"主题演讲比赛,受到广大同学一致好评。将大学生思想教育工作与时政紧密结合,逐步培养学生树立社会主义核心价值观,一年来,我院坚持组织学生每月集中学习制度,共学习党的十八届三中全会、四中全会精神,习近平同志重要讲话等,共计6次。

计算机与信息工程学院分会2014年在学校组织的万米接力赛中获得了优异的成绩(B组第3名的成绩)这对于学院是历史性的突破;组织了"做党和人民满意的好老师"征文比赛等5次丰富多彩的主题活动。2014年,党委制定了《教职工理论学习制度》等十余项规章制度。

【学科建设】 2014年,计算机与信息工程学院共有50余人次申报各类项目。新增科研项目7项:国家自然科学基金项目2项(总经费90余万元),内蒙古自然科学基金1项(3万元),留学归国人员科研启动基金项目1项(3万元),内蒙古农业大学基础学科研究项目3项(8万元),总计科研经费达110余万元;2014年,我院独立招收第一批博士生3名,2008级赵宏宇同学的毕业论文被评为"内蒙古自治区优秀硕士论文";2007级王悦东、苏娜同学的毕业论文被评为"内蒙古农业大学优秀硕士论文";周艳青同学获得内蒙古自治区研究生科技创新支持项目1项;毕业首届全日制农业信息化专业硕士8名。

【教学工作】 2014年,教学工作的基本思路:紧紧围绕学校开展的"深化教学质量管理年"及"招生、培养、就业(创业)"联动机制的工作要求开展教学工作。

注重学术梯队的建设,在科技创新(培育)团队的建设下,不断吸收年轻的骨干教师,特别注重高层次人才的培养,逐步培养出一批学科、专业带头人。学院现有专任教师49人,教授7人,占到总人数的14.2%;副教授19人,占到总人数的38.7%。副高以上职称占到总人数的53%左右,专业教师中获博士学位的教师9人,获硕士学位的教师36人,另外还有6名教师正在攻读博士学位,专业教师队伍在学历、职称、年龄等结构逐步趋向合理。

2014年度聘请了美国北达科他州州立大学和加拿大萨斯喀温大学2位教授为本科生讲授专业课程。今年有2名青年教师攻读博士学位,2名青年教师前往美国加州大学圣地亚哥分校进行6个月课程进修,7名中青年教师到国内知名IT企业进行培训学习,在秋季开学之初做了学习心得讲座,并将国外高校和IT企业的学习心得、理念、实践操作技能等有机融合到实践教学过程中。

学院成立了由院长、书记为主要负责人的教学质量工程管理委员会,在征求广大教职员工意见的基础上,制订了"计算机与信息工程学院2014年教学工作计划和实施方案"。认真组织学习了"内蒙古农业大学教师能力提升"的文件要求,开展了系列活动;学院通过多次召开全院大会、系主任和专业负责人在内的研讨会等,共同谋划教学工作的发展。

2014年度,学院新增教学改革研究项目2项;薛河儒老师获得自治区级"教学名师"称号,白戈力、张立倩两位教师荣获校级"教坛新秀"称号,白云莉老师荣获学校"教书育人"先进个人称号。我院获得自治区级教学成果二等奖1项;我院订阅教材37种,其中国家(省、部)级规划教材占90%,英汉双语授课专业使用"英文原版教材"的占36%;共有3名教师参加了西部计划公派出国;学院为调整专业结构,适应人才需求,申报并获批一个新增本科专业"物联网工程",计划明年招生。我院共派出4个专业163余名同学赴北京、上海两个实训基地进行为期2周的教学实习,学院给予路费、住宿费的全额补贴。同时顺利完成我院2015届本科毕业生和双学位毕业生的毕业设计准备工作。

深入推进了教学质量提升与教学管理工作,按照学校制定的教学管理重心下移精神,学院落实了以系为中心,课程组为单位的教学过程监督与反馈机制,同时成立了学院督导组,重点检查督促学院教学、实践环节、学校、学院在教学质量工程建设方面有关措施的落实与执行情况。制定了本科生毕业设计质量与过程监管、试卷检查、学院领导听课、本科生综合实践能力提升以及我院中青年教师能力提升等制度。今年有7篇本科生论文被评为优秀。规划设计了专业及基础实验室设备采购方案,为搬迁新校区做了大量准备工作。

【科研工作】2014年，计算机与信息工程学院共有50余人次申报各类项目。新增科研项目7项：国家自然科学基金项目2项（总经费90余万元），内蒙古自然科学基金1项（3万元），留学归国人员科研启动基金项目1项（3万元），内蒙古农业大学基础学科研究项目3项（8万元），总计科研经费达110余万元。建设完成了4个研究方向的专业研究室，大数据中心、高性能研究室、图像处理实验室以及网络与通信研究室，总投资1000多万元。

【学生工作】2014年，学院学生工作的总体思路是以"重教育、抓管理、强服务、促学业、创文明"为指导方针，以培养人才为核心，以加强学风建设为重点，以"立德树人、成才圆梦"为主线，以促进大学生全面发展为根本目标。始终把重教育作为开展各项工作的首要抓手，充分发挥教育之育人作用。把思想政治教育放在首位，利用大学生思想动态调查问卷等方式及时掌握学生的思想状况，将大学生思想教育工作与时政紧密结合，逐步培养学生树立社会主义核心价值观，一年来，学院坚持组织学生每月集中学习制度，共学习十八届三中全会、四中全会精神，习近平同志重要讲话等，共计六次。坚持党建带团建，学生党支部充分发挥战斗堡垒作用，进一步带动团支部建设，主动参与迎新、安全稳定、学风建设等学院各项工作。一年来，学院共举办四次党课培训，培训形式多样、内容丰富，共有209名学员结业；严格坚持党员发展原则，2014年度共有24名同学成为预备党员、38名同学按期转正；党日活动、团日活动异彩纷呈，学院每月进行评选，并给予一定奖励，其中学生第一党支部和预科班团支部联合举办的"我的大学"主题演讲比赛，受到广大同学一致好评。推进素质教育。将"立德树人、成才圆梦"主题教育活动与校园文化活动相结合，主题鲜明，内容丰富，充分发挥第二课堂的育人作用。

2014年，学院先后举办了第二届英语美文朗诵大赛等三十多项活动，承办了第十届大学生程序设计竞赛等两项校级活动，有效发挥了校园文化活动的载体作用。有效利用大学生社会实践开展素质教育，共组建了两支院级直属队，分别是"学习右玉精神、成就青春梦想"赴山西右玉暑期社会实践直属队、"激扬青春百项行"暑期社会实践直属队，将思想教育和专业教育有机结合，培养了学生为祖国勤学修德，以实践明辨笃实的高尚情操。常抓心理健康教育，切实加强对单亲、父母离异、孤儿、"低保"等情况摸底和关注，及时解决他们实际困难；建立学院全体领导与问题学生联系制，做好学生心理档案的建立与保密工作，2014年成功干预了两起较严重心理问题事件。完成了新生心理在线测评工作及全院的排查工作，努力做好心理健康的普及型教育，邀请侯振虎老师做题为"积极适应，成长历程的美丽蜕变"专题报告；举办了形式多样的主题教育活动，包括"来自荧幕心灵鸡汤"观影、寒冬"暖"心签名留影活动等。

坚持把"抓管理"作为推进各项工作的有利保障，充分发挥管理之育人作用。推陈出新，制定了《计算机与信息工程学院学生教育管理一年级专项计划》。针对一年级学生特点制订专项计划，帮助新生适应大学生活，对于加强全院学生的日常管理发挥了重要的作用。建立与挂机超过三科的学生家长联系预警机制。学院定期与家长进行沟通，并以书信的形式将成绩单寄到学生家中，形成学校—家长齐抓共管的有效模式，帮助学业困难的学生解决问题。院加强学生管理工作制度化、科学化建设，制定了《计算机与信息工程学院学生干部考核办法》《计算机与信息工程学院班主任考核办法》等制度。

注重把服务作为完成各项工作的必要手段，充分发挥服务之育人作用。高质量的提供就业服务，帮助学生顺利就业。学院成立"模拟面试工作坊"、建立学院就业服务微信公众平台等指导学生进行面试，提供及时有效的就业信息；2014年5月，学院举办了专场招聘会，提供了400多个用人岗位，极大地缓解了毕业生的就业压力；学院出台了《建立计算机与信息工程学院大学生创业孵化基地》的方案；划拨专项资金资助本科生科技创新基金项目立项，2014年度我院获得校级科技创新基金项目四项、院级科技创新基金项目十项，金额达23000元，极大地调动了学生的积极性。

学生学习状态和精神面貌明显好转，学生补考率较上一年降低了七个百分点，其中有两个班级实现零补考;无一人受到学校学籍劝退和试读处理;国家英语四级通过率为42.1%;2014年学院举办学风建设表彰大会上共表彰了"三最学生"以及"科技创新"等优秀个人180名,及"诚信考试班级""优良学风班"等优秀班集体。科技创新氛围不断加强。学院形成了以兴趣为驱动,以科技创新项目为平台,以团队建设为切入点,有效地使用科技创新实验室,大力支持学生开展科技创新,成绩显著。形成了以ACM团队和机器人团队为导向的科技创新新模式,学生参加科技创新率为50%左右;2014年我院获批校级大学生科技创新基金项目4项、院级10项,2014年学生获得科技创新自治区级奖两项、国家级奖三项,其中2014年11月获华北五省(市、自治区)机器人大赛二等奖。学生就业质量明显提高,从事本专业就业人数逐年增加,学院就业率达92.27%。

【重要事件】选举产生新一届党委领导班子,党建和思想政治工作不断加强,深入开展创建"学习创新型党组织和解决问题型党组织建设"活动,认真做好教育实践活动整改落实工作,团学工作,就业工作,综合治理工作和党建工作都受到学校表彰。1人荣获自治区教育工委、教育厅表彰,5人荣获校党委表彰。

突出教学中心地位,加强内涵建设,建立"招生、培养、就业(创业)"联动机制,全面深化教育教学改革,新增教学改革项目2项,获得自治区教学成果二等奖1项,新增了物联网工程本科专业。

薛河儒教授获得自治区级教学名师,2位青年教师荣获校级教坛新秀,1位老师荣获学校"三育人"先进个人。

新增科研项目7项,其中国家自然科学基金2项,内蒙古自然科学基金1项,留学归国人员启动基金项目1项,学校基础学科研究项目3项,总计科研经费110余万元。

独立招收第一批博士研究生3人,在校全日制硕士研究生数达到39人,在职硕士20人,赵宏宇等6位研究生荣获自治区优秀论文、国家奖学金等表彰奖励。

深入开展"做党和人民满意的好老师"征文等系列活动,加强青年教师思想政治教育,倡导良好的师德师风。

认真做好学生教育管理顶层设计,完善学生教育管理体制机制,规范管理制度,学生学风明显好转,学生补考率较上年降低了7个百分点,国家英语四级通过率42.1%,无一人受到学校学籍劝退和试读处理。学生获得学校科技创新基金项目4项,学院资助项目10项,获得自治区级科技创新奖2项,国家级奖项3项。

建立教授委员会,完成全员聘任,研究制定十余项规章制度,不断提高学院各项工作规范化、制度化和科学化水平。

认真完成新校区公开机房,实验室的安排布局,购买仪器设备等重大事项,积极筹备新校区搬迁前期准备工作。此外,圆满完成了国家计算机等级考试等各项工作,成效显著。

生命科学学院

【概况】生命科学学院始建于1996年,原名生物工程学院,2009年12月正式更名为生命科学学院,主要由生物学一级学科组成。学院设生物技术、生物工程、制药工程、生物科学4个本科专业,拥有生物化学与分子生物学、微生物学、遗传学、发育生物学、细胞生物学和发酵工程6个硕士学位授权点,生物化学与分子生物学、微生物学、遗传学、发育生物学4个博士学位授权点,生物学博士后流动站1个。生物化学与分子生物学学科为省级重点学科。学院现有"自治区高校生物技术重点实验室"和"自治区生物制造重点实验室"2个重点实验室、"自治区新型家畜种质创制工程实验室"1个。内蒙古农牧渔业生物实验研究中心1个。

教职工88人，其中专任教师55人。专任教师中，教授19人，副教授19人，博硕士生导师26人，硕士及以上学历教师51人。2014年本年毕业生349人，其中研究生数58人（博士生3人、硕士生55人、本科生288人。招生342人，其中研究生57人（博士生8人，硕士生49人），本科生285人。在校生1252人，其中，研究生164人（博士生20人，硕士生144人），本科生1088人。教师学缘结构合理，分别来自美国、德国、日本和国内20多所知名高校和科研院所，从事18种不同专业。教师中有享受国务院特殊津贴的专家、中国青年女科学家奖获得者、全国三八红旗手、内蒙古十大杰出青年、内蒙古青年五四奖章获得者、内蒙古有突出贡献的中青年专家、内蒙古优秀教师、自治区优秀教育工作者、优秀研究生指导教师、全国优秀科技工作者等。

完成了教授委员会成员的民主选举和委员会成立工作，并认真履行其职责，参政议政，在奖学金评定、聘岗条件制定和聘岗、学科仪器设备购置、职称评定、学位授予、学院师生协同创新项目评审等工作发挥了重要的作用。

【党建与思想政治工作】2014年，生命科学学院党委（党总支）共有14支部，其中教工党支部7个、学生党支部7个。党员188人，其中教职工党员44人，学生党员146人，入党积极分子660。发展党员36人。

学院党建工作本着"围绕中心抓党建，抓好党建促中心"的原则，不断改进工作方法、创新工作机制，充分发挥分党委的政治保障作用、党支部的战斗堡垒作用、共产党员的先锋模范作用。采取多种形式开展理论学习，学习党的十八大、十八届三中、四中全会精神，学习学校的有关文件；组织完成了生命学院群众路线教育活动的总结和整改、落实等各个环节的工作，把调研中征集到的意见和建议以及发现的问题归纳梳理后，逐步在各项具体工作中得以解决；在学院调整系建制后，及时调整了教工支部。根据本科生组织发展从严的需要，及时调整了学生支部，同时加强了研究生支部的工作。学院积极鼓励和支持教工党支部积极开展活动，各支部开展了形式多样的党日活动和组织生活会，2个教工支部和2个学生支部的党日活动被学校评为优秀。在学生支部中贯彻"党员学长制"已初见成效。从教师到学生，大多数党员在创建优良院风、学风、教风中能起到模范带头作用。

【学科建设】2014年，完成了研究生免推、招生、毕业、答辩、学位授予、开题、中期考核等日常工作。留学归国博士和211学校毕业博士各1名。组织所有硕士生和博士生导师讨论并修订了各学科硕士和博士研究生培养方案和各门课程教学大纲。按照学科建议、党政联席会议讨论和教授委员会审核的程序，完成生物学一级学科25万元建设费采购工作。承办了首届自治区生命科学类研究生论坛，有7个高校的164名研究生参加。年内邀请3位国外及台湾学者进行研究生双语教学，并邀请来自美国、英国、加拿大的6位学者来访，进行学术报告15次。开展了院内研究生论坛10次。

【教学工作】2014年，本着提高本科教学质量的目的，成立了院级督导组，制定了教师听课表和三级听课制度，制定了高校教师师德评价表。组织全员教职工反复讨论历经半个多月后完成了本科生教学培养方案及39门课程教学大纲的修订。认真完成了毕业论文、试卷、课堂教学和日常教学中期检查工作。设立了5个系1个中心6个教学单位，民主选举了系或中心主任，制定了主任职责，强化了系在教学工作中的重要性。4月10日举办了青年教职工教学经验交流会。5月8日举办了年度"青椒达人秀"教师技能大赛，选出选手参加校级技能大赛，其中一位教工获得双语组一等奖，完成新生按类招生计划方案、本科教学仪器设备的清理和统计、新生命科学大楼的部分内部设计。获批校级教改项目3个，1位老师被评为校级教坛新秀。7月7日至9日，配合学校郑俊宝副书记带队的调研组的工作，召开了系主任层面为期3天的教育教学改革研讨会，推动招生、人才培养与就业联动机制。2014年年底，开展了为期2天的全院教学工作研讨会，对今后教学工作的重点做出了规划。年内分别选派教师、实验员20人参加各种教学与教改会议3次，回来后在学院展开了学习经验交流会2次，使教工们受益匪浅。

年内,圆满完成了全部的理论教学、实验教学、野外实习、实训和实践任务。

【科研工作】2014 年,组织申报了国家、自治区和校内基金项目 60 项,获批国家自然科学基金 4 项、自治区基金 5 项、校内基金项目 3 项,总经费 220 万元。发表的学术论文被 SCI 收录 10 篇,EI 收录 1 篇。蒙古绵羊、蒙古牛、双峰驼基因组研究通过自治区科技厅评定;两个科研团队分别入选内蒙古自治区草原英才创新团队和学校科技创新培育团队;组织教师参加第二届内蒙古绿色农畜产品博览会和草原畜牧业先进科技成果展示会,6 项成果参展;成功承办了自治区自然科学年会暨内蒙古自治区生物工程学会 2014 年学术年会。首次设立学院师生协同创新项目,批准立项 3 项,合计经费 6 万元,并制定了考核条件。

【学生工作】2014 年,学生工作紧紧围绕生命科学学院中心工作,以"抓学风促学业"为主线,充分发挥教师的主导作用、学生骨干的示范作用、学生的主体作用,将学风建设落到实处,被评为"内蒙古农业大学学生工作先进单位""军训工作先进单位"、暑期"三下乡"社会实践优秀组织单位等。

以优良教风带动优良学风,实施"教学互动、师生共进"的学风建设模式,发挥教师在学风建设中的主导和本科生导师制核心作用,相继开展了"绿色课堂手机收纳""我与导师面对面""生科好声音"实验室开放日等特色活动,减少了课堂违纪行为,改善了课堂学习环境,增强了学生学习的积极性,学生的挂科率由上年的 8.67% 降为 6.7%,毕业生的就业率达到 91%,比上年提高了约 5 个百分点;考研率与上年持平,为 17.9%。

通过制定《学生干部选拔、考核办法》《优秀学生干部考核办法》等制度,发挥优秀骨干的榜样作用,带动周围同学形成"从众从优"的积极效应。充分利用导师制的优势,开展了"高低年级对接""学习考研经验交流""党员学长制"等活动,

开展了推进"我的中国梦"主题教育实践活动,承办了第五届生化实验技能大赛;在学校第二十八届"金马杯"文艺会演中获三等奖;在学校精品团日活动评选中两次获得二等奖。组建生科院"科技创新团队",推动学风建设、培养学生专业兴趣。深入开展暑期"三下乡"社会实践活动,获优秀组织单位和校级优秀团队。在星级文明宿舍评比中获得"优秀组织单位"称号。建立健全各级团组织的 QQ 群、微博、微信、微信公众平台等新媒体宣传平台,推动团学工作数字化、高效化和智能化,传递正能量,荣获2014 年度内蒙古农业大学五四红旗团委荣誉称号。

【社会服务工作】2014 年,测试中心完成价值 900 万元的 20 台实验设备的安装工作。为 47 个单位提供了测试服务,完成测试分析样本 45672 份。为本学院各专业开设《仪器分析》实验 6 个,培训学生255 人次。学院教师和研究生志愿者参加了自治区科技厅组织的"内蒙古科技活动周"活动,做了转基因安全性方面的科普宣传活动,并获得优秀组织奖。

【工会工作】2014 年,18 位代表参加了学校工会组织的"三八"专题讲座。24 位教师参加了教职工万米接力赛并荣获第 6 名。6 个工会小分会举办了女教职工跳绳比赛。年内举办社团活动 3 次。8 名教职工代表参加了学校四届二次教代会。学校工会组织的"柔力球"比赛中获得第 8 名。组织参加了校乒乓球和羽毛球比赛。协助学院举办了青年教师授课经验交流研讨会和青年教师教学技能比赛。与学办联合承办了内蒙古农业大学第五届生化技能大赛。年内探望住院病人 10 人、生孩子的 5 人、父母及亲属去世的 5 人。6 月 28 日校工会组织全校分会主席赴职业技术学院召开上年"教职工之家"创建总结交流会。在 2014 年年底的工会干部知识竞赛,获得第 10 名。学院的社团结合老师的科研课题前往和林格尔县的和盛生态育林有限公司、内蒙古和信责任有限公司、黑牛沟、哈达门参观和考察。年底召开了学院二级教代会生命科学学院分会,院长作了财务和工作汇报,工会主席也作了工作、财务汇报。2014 年,学院分会获模范"教职工之家"称号。摄影作品大赛获优秀奖。品牌活动策划二等奖。

人文社会科学学院

【概况】人文社会科学学院(简称"人文院"下同)成立于2001年11月,2009年11月学院一分为二,成立了人文社会科学学院、马克思主义教学研究部(现为马克思主义学院)。主要由公共管理等一个一级学科组成。学院设行政管理、社会工作、法学等3个本科专业,拥有教育经济管理、行政管理等两个硕士学位授权点。

教职工32人,其中专任教师30人。专任教师中,教授4人、副教授12人。博硕士生导师12人。硕士以上学历教师28人。2014年毕业生189人,其中研究生数7人(硕士生7人、本科生182人。)招生329人,其中研究生61人(硕士生61人),本科268人。在校生1140人,其中,研究生108人(硕士生96人),本科生1032人。

【党建与思想政治工作】2014年,人文社会科学学院党委共有8个党支部,其中教职工党支部3个,学生党支部5个。截至12月份,党员99人,其中教职工党员23人,学生党员76人,入党积极分子110人。发展党员29人。

学院党委按照"围绕中心抓党建,抓好党建促中心"的工作思路,推动党建与教学有机结合,收到了良好的效果。

以"党员论坛暨学术交流会"为平台,加强政治理论学习。学院党委以建设学习型党组织为目标,制定了政治理论学习制度。发挥基层大讲堂的作用,根据学科特点,把人文社会科学知识与习近平总书记系列重要讲话精神等内容结合起来,每逢双周四下午举办"党员论坛暨学术交流会",通过学术交流推进政治理论学习。此外,还建立了"人文论坛"微信群,进行学习心得交流。

强化监督,加强党风廉政建设。院党委落实主体责任,组织班子成员学习廉政新规等制度。每学期对党风廉政建设进行研究部署,督促班子成员认真履行"一岗双责",抓好财务审批、科研经费管理、选人用人等领域的党风廉政建设。

以教学为中心,深化联动机制。学院成立了"招生、培养、就业(创业)"联动机制领导和调研小组,先后在呼和浩特市、鄂尔多斯市、包头市走访校友开展调研并组织校友座谈,就深化教育教学改革征求校友意见。还组织在校师生召开了"教与学"座谈会。针对校友和师生提出的建议采取了相应的措施,如重新制作了学院网站、出台了《教师能力提升计划》《外聘教师管理办法》等制度,与司法厅合作成立大学生法律援助中心,新增2个大学生就业实践基地。同时,通过开展MPA研究生与大学生职场面对面等活动加强就业教育,开拓就业市场,学生就业率达到85%。

推进民族教育教学工作。我院现有48%的少数民族学生,如何办好民族教育是学院的一件大事。目前存在的主要瓶颈是蒙班学生上大学后大部分课程直接用汉语授课,由于语言跨度大,导致出现许多学习问题。通过问卷调查、访谈等发现,87%的蒙班学生希望大学期间尤其是大一的时候用蒙古语授课。针对教和学不匹配的问题,学院专门成立了民族教育教学工作领导小组,组织召开了民族教育教学工作研讨会和蒙汉双语教师培训会,出台了《关于提高蒙古语授课生教学质量的意见》,给教师配备了蒙文电脑软件、蒙汉双语字典等教学工具。

实践,实践突出党建引领作用。例如,教工党支部承办了教学技能大赛;赴儿童福利院、特殊学校开展以"弘扬社工精神、践行专业使命"的主题党日活动;指导大学生法学专业比赛,荣获全区法学大学生辩论赛亚军以及全区大学生法律知识竞赛冠军的好成绩。学生党支部通过举办读书报告会、"重温入党誓词"等主题党日活动把党建工作与学风建设结合起来。学院在此基础上还召开了精品党日活动评比暨党建研讨会。

以工会活动为依托,进一步加强师德师风建设。学院组织召开了师德师风座谈会和教职工代表大会,开展了"重塑师德、文明先行"师德师风评比活动。同时把文体活动也作为师德师风建设的一项内容,通过迎新生文艺演出、插花比赛等活动提升师德修养,还组织教职工参加学校的柔力球、万米接力赛、校运会等活动并荣获体育道德风尚奖。

【学科建设】举行了第七届教育经济与管理硕士研究生毕业答辩,共有 7 位同学获得硕士学位。选举产生了七名教授委员会委员。盖志毅当选为自治区社科联第六届委员会委员。邀请日本著名学者小长谷有纪作学术交流讲座。法学专业邀请内蒙古英南律师事务所主任张若冰作了法学认知教育讲座,邀请内蒙古自治区法学会常务副会长王辉同志一行莅临我院商讨 2015 年成立内蒙古农村牧区法律研究会事宜。

【教学工作】2014 年,教学工作的基本思路是坚持与时俱进的办学理念和以人为本的育人理念,以深化"招生、培养、就业"联动机制为目标,不断提高人才培养质量,推进学院本科教育教学工作迈上新台阶。重点工作是进一步完善规范化制度化的教学管理措施,认真研讨学院蒙古语教育教学工作,实施了教学督导制度,加强对外聘教师的管理,并制定出台了完善教学管理和提高蒙语教育教学质量的相关政策措施。教学工作取得的成效有,在学校评选中,张美英老师获得第三届本科教学"教坛新秀奖",并获得学校第九届教学技能大赛二等奖,四位教师申请的校级教改项目批准立项,两位教师的课程试卷被评为学校优秀试卷。法学专业学生代表学校参加 2014 年度学科竞赛,分别获得内蒙古高校大学生第五届法律辩论赛亚军、全区首届大学生法律知识竞赛冠军。2014 年度学院举办了教学技能大赛和赛前说课指导会,结合期中教学检查,对试卷、论文指导情况、考试改革方案的落实情况及实施效果进行了检查,还分别召开了提高教学质量、强化教学管理的"教与学"座谈会和师德师风座谈会,组织开展了第六期教学观摩日活动,顺利完成了 2011 级 216 名学生的专业实习任务。教学方面形成的成果包括,制定实施了《内蒙古农业大学人文社会科学学院"教师教学能力提升计划"实施方案》《人文社会科学学院 2014 学年教学质量评价方案(试行)》,《人文社会科学学院关于提高蒙古语授课学生教学质量的意见》,并结合学校的统一要求,制定了学院内使用的听课表、试卷评价表、论文评价表等。实验室及实习基地建设方面有明显成效,在学校的大力支持下,学院不断加强实验室的硬件建设和软件建设,2014 年新增了服务器、交换机、音响和笔记本电脑等硬件设施的同时,行政管理模拟实验室配备了《行政管理案例分析系统》《公共关系案例分析教学软件》《公共危机应急处理演练系统》《电子政务教学实践平台》共四个教学软件,相关课程运用这些软件进行教学,取得了良好的效果。实习基地又新增加社会工作专业与鄂尔多斯鑫海颐和院、鄂尔多斯中华情老年公寓联合共建的 2 个校外实习基地,三个专业现有实习基地运行良好。

【科研工作】张银花主持的教育部人文社会科学研究规划基金一般项目顺利结题并出版专著《乌兰夫民族思想研究》。张银花申报的国家社科一般项目《边疆民族地区城市社区公共安全治理机制创新研究》获批,获得 20 万元资助。

【学生工作】2014 年,人文学院学生工作的总体思路是人文学院学生工作紧紧围绕学校中心工作,坚持科学发展观的原则,以大学生就业为导向,依托教学和实训基地,以学院精品活动和依靠专业特色开展活动,提高学生的社会竞争力。学院学生工作重点是:抓稳定、促学风,建平台。具体措施:加强民族学生教育工作,强化诚信考试教育,抓好学风建设;加强学生宿舍管理和五个节点(奖惩评定、节假日和纪念日、学生出现困难、学生有意见和建议、学生出现思想情绪时)的管理;把好形势政策教育关,入学教育关,毕业教育关;积极开展大学生就业创业教育,搭建好服务学生平台。在内蒙古大学生法学知识大赛中荣获一等奖,同时获得了内蒙古农业大学学生工作先进单位、第五届"东鸽 e 购"杯法学大学生辩论赛亚军、内蒙古农业大学学生军训工作先进单位等荣誉。

【重要事件】

1. 进一步加强政治理论学习。我院党委为了加强教职工政治理论学习,把每逢双周四下午规定为政治理论学习日,以"党员论坛暨学术交流会"形式开展教职工政治理论学习6次。

2. 深入开展党的群众路线教育实践活动。制订了学院领导联系师生等多个制度并逐步实施。学院领导经常深入学生班级、宿舍、教学、实习一线了解情况并帮助解决问题。

3. 教学工作再上新台阶。我院两学期的期中教学检查评比结果都在文科类学院中名列第一。重视蒙古语授课教学工作,召开蒙语教学工作专题会议,出台了《人文社会科学学院关于提高蒙古语授课学生教学质量的意见(试行)》。重视实践教学工作,落实国家"双千计划"。先后建立了2个实践基地、成立了法律援助中心。与内蒙古自治区法学会达成了初步合作意向。

4. 科研工作有了新突破。我院选举产生了七名教授委员会委员。一位教授当选为自治区社科联第六届委员会委员。新增科研课题16项、科研经费40余万元,出版3部专著。

5. 对外合作交流不断加强。邀请日本著名学者小长谷有纪教授、内蒙古英南律师事务所张若冰律师作了学术交流讲座;邀请内蒙古自治区法学会常务副会长兼秘书长王辉同志莅临我院研讨2015年成立内蒙古农村牧区法律研究会事宜。

6. 围绕中心抓党建,抓好党建促中心。我院以精品党日活动为依托,把党建工作与教学紧密结合。各党支部召开形式多样的党日活动;学院党委组织召开了"精品党日"活动评比暨党建研讨会。

7. 深化"招生、培养、就业(创业)"联动机制。院党委成立了联动机制调研小组,制定了调研方案。2014年10月召开调研活动两次,一是赴鄂尔多斯市、包头市看望校友,走访毕业生就业(创业)单位;二是在学院召开了呼市地区校友座谈会。这两次调研活动对完善人才培养方案起到了促进作用。

8. 工会工作有声有色。我院党委以工会为平台,把每一次教职工活动都当成是凝心聚力的机会,组织教职工参加学校太极柔力球比赛;组织开展了首届迎新生晚会、跳绳、呼啦圈比赛、"三八"妇女节座谈会、师德师风座谈会等一系列丰富多彩的文体活动。荣获了体育道德风尚奖、校工会干部知识技能竞赛冠军等荣誉。成功召开了我院二届一次教职工大会暨工会会员大会。

9. 学院网站建设取得了新成效。成立了学院网站工作小组,重新制作了学院网站,及时更新学院网页内容。定期检查网站动态,审核上传稿件,保证网络安全工作。

10. 学生工作成绩显著。开展各类教育活动100余次,各类讲座19次,获得在"东鸽电器杯"内蒙古自治区法学大学生辩论赛总决赛亚军、全区大学生法律知识竞赛一等奖、校级学生工作、就业工作先进集体等荣誉。

外国语言学院

【概况】外国语言学院前身为内蒙古农业大学外语教学部,2001年11月成立农业大学外语系,2004年12月改系为院。外国语言学院下设大学英语第一教研室、大学英语第二教研室、双语授课生基础英语教研室、英语专业教研室、日俄教研室、语言实验中心、学院办公室、教学管理办公室和学生工作办公室。外国语言学院面向全校全日制本、硕士生、博士生及英语专业学生授课。

学院现有教职工108人,其中正副教授27人,讲师70人,助教2人。硕士以上学历教师60人,国外留学回国任教22人,在北京航空航天大学等全国重点院校进修硕士课程教师28人,国家级同声传译员2人。此外,学院常年聘用外籍英语教师3人。学院下设英语本科专业。拥有现代化语言实验室、多媒体网络自主学习中心、声像室、图书资料室等。学院与北京航空航天大学、西安外语学院合作办学,每年选派品学兼优的学生到该学校插班学习。

外国语言学院设英语本科专业（学制四年）。现有在校生262人。

【党建与思想政治工作】学院党委共有7个党支部，其中教职工党支部4个，学生党支部3个。截至12月份，党员84人，其中教职工党员52人，学生党员32人；发展党员12人，其中教工2人，学生10人；学生党员违纪率为0。

学院成立以院党委书记为顾问、党委副书记为组长的学生党务工作领导小组，加强对学生党支部的指导和监督。根据年级和班级特点设有学生党支部3个，符合高年级支部建在班级上，低年级有支部的要求。2014年，分党校共开展入党积极分子培训班2次，结业34人；重点培养对象培训班2次，结业28人；预备党员和党员培训班2次、学生支部书记和支部委员培训班2次，大大提高了学生的思想理论水平和政治觉悟。

学院党委按照"围绕中心抓党建，抓好党建促中心"的工作思路，以"教学质量管理年"活动为契机，结合党的群众路线教育实践活动整改落实阶段的工作任务，进一步加强基层党组织建设，强化学校的教学中心地位，充分发挥党组织的战斗堡垒作用和党员的先锋模范作用，有力推进了学院各项事业的发展。

注重政治理论学习，加强党风廉政建设。学院党委以建设学习型党组织为目标，制定了政治理论学习制度。同时，学院党委落实主体责任，组织班子成员学习廉政新规等制度。每学期对党风廉政建设进行研究部署，督促班子成员认真履行"一岗双责"，抓好财务审批、科研经费管理、选人用人等领域的党风廉政建设。

强化教学中心地位，深化教育教学改革。学院成立了"招生、培养、就业（创业）"联动机制领导小组，并开展学习讨论活动。就如何进一步优化学科专业结构，如何深入推进人才培养模式、课程体系、教学大纲、教学内容和实践教学改革，如何深化就业指导和创业教育、提高教师教育教学能力进行了研究探讨；并立足自身实际，就深化教育教学改革、建立"招生、培养、就业（创业）"联动机制、推动毕业生就业创业的工作重点、目标任务和方案措施提出了建议。同时，为引导和动员广大教师积极参与学术课题研究，学院邀请首都师范大学博士生导师贾洪伟教授做了《高校英语教师科研项目申报》和《高校英语教师学术论文写作》的专题讲座；开展学校第九届教师技能大赛院内选拔赛，促进教师教学水平进一步提升，如学院教师李伟在学校教师技能大赛中获得文科组第一名的好成绩。

以精品党日活动为载体，服务好教学工作。教工党支部指导学生英语演讲和写作大赛，成绩优异，尤其是荣获2014年"外研社杯"全国英语演讲大赛自治区复赛特等奖、全国三等奖。学生党支部开展"拒作屏奴，学好专业"的绿色课堂和"英语专业四级学习月"等主题活动，与学风建设相结合，抓学风、促学业，切实服务好教学工作。学院获得内蒙古农业大学精品党日活动优秀组织奖。同时，于5—6月与教务处、学生处联合开展"本科生学风建设行动计划·大学生英语学习力提升"活动，包括"魅力清晨，激情晨读""英语过级学习经验交流论坛"和"大学英语四级助学班"三项内容，进一步调动学生学习英语的主动性，营造良好地"比学赶帮超"氛围。

以工会活动为依托，营造浓郁文化氛围。学院举办了首届亲子运动会，组织召开了师德师风座谈会和教职工代表大会，开展了"重塑师德、文明先行"师德师风评比活动。同时，把文体活动也作为师德师风建设的一项内容，通过迎新生文艺演出、插花比赛等活动提升师德修养，还组织教职工参加学校的柔力球、万米接力赛、校运会等活动并荣获体育道德风尚奖。

【学科建设】组织英语专业教研室进行《英语专业人才培养方案》的第二次修订工作。组织教师进行大纲完善工作,并于7月份组织专业教研室对大纲终稿讨论定稿。在学校、研究生院、人文学院的大力支持下,在人文学院教育经济管理专业下开设英语教育方向,从2015年开始招收硕士研究生2名。

继续履行与北京洪恩公司、北京师范大学网络教育中心以及武汉传神翻译公司签订的合作协议,规范实习报告形式,拓展更多的实习基地。

农业英语翻译研究所继续承担了学校援外培训项目的翻译工作,对2014年度三期培训班拉美、加勒比及南太地区乳品与食品加工技术培训班(2014年9月2~29日)、蒙古国动物疾病防疫技术培训班(2014年10月10日~11月6日)和蒙古国农业节水灌溉技术培训班所涉及到的名单、须知、教材、项目简介、日程安排和结业典礼等进行了翻译。同时,在7月还翻译了《家畜屠宰福利标准》:绵羊(苏格兰)。9月应用语言学与跨文化交流研究中心教师及学生志愿者为由中国商务部主办,内蒙古农业大学承办的2014年拉美、加勒比及南太地区乳品与食品技术培训班的二十几位外国友人提供口译服务。10月13—17日我中心李伟老师参加第十四届中国认知语言学国际论坛,并积极参与学术讨论。与会后,把所学所见与学院全体教师分享。11月,李建军老师赴武汉参加族裔文学与文学的族裔视角:第二届族裔文学国际研讨会并在会上作了题为《创伤再现与身份重建》的主题发言。与会后,把所学所见与学院全体教师分享。

【教学工作】成立学院教学检查小组,检查教师开学上岗情况;成立听课小组,实行听课常态化。积极总结2013级大学英语分级教学经验,通过去兄弟院校调研等方式广泛吸取先进经验,完善分级方案,成功、高效完成2014级英语分级教学。完善学院二级评价,设计教师评价表,并分发给一定比例的班级,了解学生对教师的整体看法,广泛接纳学生的建议。组织英语专业教研室进行《英语专业人才培养方案》的第二次修订工作。组织教师进行大纲完善工作,并于7月份组织专业教研室对大纲终稿讨论定稿。组织"外研社杯"内蒙古农业大学英语辩论赛、英语演讲赛和写作大赛,带领学生参加2014年自治区英语演讲赛和写作大赛,取得优异成绩。

专业教研室组织学生参加了全国英语演讲比赛,写作比赛,辩论赛的选拔赛,并选派出优秀的学生参加了这三项比赛的复赛,最终取得了令人满意的成绩。在学院领导的安排和组织下,英语专业大三和大四的学生分别去北京和武汉进行了实习,使学生从中学到了许多在校园里学不到的知识。通过不断实践与探索,对2012级及以下年级的课程进行了一系列的调整,尤其是拓展课。黄慧丽老师参编了蒙英基础教程1部(第一册)。李建军老师在国家核心期刊及非核心期刊发表论文5篇。教材一部,担任副主编。李伟老师6月获得内蒙古农业大学第九届教师技能大赛文科组一等奖。

日俄教研室完成全校公共日语、俄语;英语专业第二外语;.通识教育人文拓展课:俄罗斯文学赏析,基础俄语、俄罗斯电影赏析、俄罗斯民俗、日语视听说、日语入门;研究生日语俄语课。

双语教研室组织安排好学校教学技能大赛。进一步完善双语教学大纲。完成2014届新生英语水平前测试工作。做好双语教学教学大纲的修订工作。完成一年两次的双语学生四级通过率统计分析工作。开展教学研讨活动。申报自治区科研项目《大学英语》考试改革之探索 ——"全语言"测试下考试"反拨效应"的实证研究(刘海红)获批学校教育教学改革项目共计4项。获批学校哲学社会科学项目2项。参与自治区科研项目3项。参与学校两类项目多项。成功申报学校教学教改项目4项。成功申报学校哲学社会科学项目2项。

大学英语第一、第二教研室继续实践分级教学,大学英语第一教研室依据分级教学的情况申请教育厅项目一项。

研究项目

序号	姓名	研究项目	来源	研究类别	批准时间
1	邢冠英	西方悲剧理论的功用及对当今社会的价值研究	内蒙古社科规划项目	应用性	2014 年 6 月
2	常云	蒙古族大学生外语能力标准和评价研究	内蒙古社科规划项目	语言学	2014 年 6 月
3	阿荣	双语授课班大学英语读写课课堂活动设计研究——基于任务型教学法	内蒙古农业大学教务处教改项目	应用性	2014 年 6 月
4	陈颖	大学英语分级教学模式下教学内容和教学方法的改革与实践	内蒙古农业大学教务处教改项目	应用性	2014 年 9 月
5	李若白	慕课背景下的双语教学在线教育平台研究	内蒙古农业大学教务处教改项目	应用性	2014 年 6 月
6	刘向辉	文化导向型模式在大学英语教学中的应用研究	内蒙古农业大学教务处教改项目	应用性	2014 年 6 月
7	任云岚	提高双语生英语四级首次通过率促进其与国际化接轨	内蒙古农业大学教务处教改项目	应用性	2014 年 6 月
8	石晓媛	非英语专业学生英语写作及毕业论文写作的实证性研究	内蒙古农业大学教务处教改项目	基础研究	2014 年 9 月
9	张虹	通用英语向学术英语的过渡——双语大学生专业英语词汇的构建	内蒙古农业大学教务处教改项目	应用性	2014 年 9 月
10	徐丹丹	背诵式语言输入对培养英语专业低年级学生语感的有效性研究	内蒙古农业大学教务处教改项目	基础研究	2014 年 9 月
11	田原	双语授课生大学英语课程微课资源有效应用策略的研究	内蒙古农业大学教务处教改项目	应用性	2014 年 9 月
12	孙玉伟	校园文化视阈下高校英语专业学生实践能力探索与培养	内蒙古农业大学教务处教改项目	应用性	2014 年 6 月
13	斯琴巴图	英语趣味阅读对蒙古语授课大学生英语成绩的影响	内蒙古农业大学教务处教改项目	应用性	2014 年 9 月

【学生工作】学院学生工作紧紧围绕学校的中心工作,以素质教育为核心,以学校教学质量管理年为契机,坚持立德树人,德育为先,创新工作思路、方法,提升服务水平,积极引导和教育学生并为其搭建

了以国内外重大赛事活动为契机的实践平台,打造了学院届次化品牌活动——内蒙古农业大学英语文化节,深入推进学院双"一二三"目标管理学习机制等具有学院特色的校园文化活动和工作模式,抓学风,促学业,不断提高学生的教育管理水平,为学生的健康成长和全面成才创造条件、提供保障,做了大量富有成效的工作,学生工作取得了可喜的成绩。(详见院2014年学生活动获奖一览表)

一年来,学院学生工作获集体奖21项,其中自治区级奖项3项、校级奖项18项;学生获奖551人次,其中国家级13人次、自治区级159人次、校级379人次;承办校级及其以上大型活动7项,其中自治区级1项、校级6项。

12月8日,学院承办了由校大学生心理辅导与服务中心主办的内蒙古农业大学"心灵之约"大讲堂第一讲,邀请内蒙古"心灵之旅"热线主持人寒星为2014级学生作了"谈大一新生的成长励志与心态管理"主题讲座。

学院承办了学校2014"外研社杯"全国英语演讲和写作大赛内蒙古农业大学赛区选拔赛,学院姗娜等12名同学在校内选拔赛中脱颖而出,其中马彩云、姗娜分获演讲大赛和写作大赛的一等奖,马彩云、姗娜和王珂等三名同学代表学校参加自治区复赛分别获得特等奖、一等奖和二等奖;马彩云获得全国三等奖。

学院承办了由内蒙古教育厅、自治区教育学会素质教育专业委员会和英语周报社主办的内蒙古自治区第八届"英语周报杯"英语作文大赛,学校共征集稿件272篇,获奖234篇;其中,我院学生取得了可喜的成绩,共投稿163篇,获奖149篇(一等奖8篇、二等奖22篇、三等奖33篇、优秀奖86篇),学院连续七年被大赛组委会评为"最佳集体组织单位"。

学院在暑期社会实践工作中,以深入开展"我的中国梦"主题教育实践活动为载体,动员各班级以不同形式开展社会实践活动,学院共选出四支院级重点支持实践分队,同时也积极向学校申报社会实践重点团队,其中赴巴彦淖尔"践行卓越"社会实践服务队因活动开展的扎实有效,成效显著,分别被学校、自治区评为"优秀社会实践分队"。

当年毕业学生65人、就业率为89.23%,招生94人(含专升本5人)。

第十一届分团委副书记 孙远鹏、王树飞;学生会主席孙远鹏

辅导员队伍建设成果显著:学院专兼职辅导员申请并获批学校教改课题、哲学社会科学基金项目各1项,在研自治区科研课题2项,发表论文1篇,1篇论文获得全区高校思想政治教育优秀论文二等奖;学院专职辅导员孙玉伟代表学校参加2014年第二届自治区高校辅导员职业技能大赛以总分第一名的成绩获得一等奖,并在第三届全国高校辅导员职业能力大赛东北赛区比赛中获得三等奖;学院专职辅导员孙玉伟代表学校参加2014年全区普通高等学校军事理论课教学竞赛以第八名的成绩获得三等奖。

外国语言学院 2014 年学生活动获奖一览表

级别	时间	学院获奖内容及等级
自治区	2014 年 5 月	2012—2013 年度全区优秀青年志愿者服务队
	2014 年 11 月	2014 年全区大中学生志愿者暑期"三下乡"和"四个一"社会实践活动优秀志愿者服务队
	2014 年 12 月	内蒙古自治区第八届"英语周报杯"英语作文大赛最佳集体组织奖
学校	2014 年 3 月	内蒙古农业大学精品党日活动优秀组织奖
	2014 年 3 月	内蒙古农业大学 2013 年星级文明宿舍创建优秀组织单位
	2014 年 4 月	内蒙古农业大学 2013 年学生工作先进单位
	2014 年 5 月	2014"外研社杯"全国英语辩论赛内蒙古农业大学决赛团体一等奖
	2014 年 5 月	2014"外研社杯"全国英语辩论赛内蒙古农业大学决赛团体二等奖
	2014 年 5 月	2014"外研社杯"全国英语辩论赛内蒙古农业大学决赛团体三等奖
	2014 年 5 月	内蒙古农业大学"五四红旗团委"
	2014 年 5 月	内蒙古农业大学第二十八届大学生校园文化艺术节"金马杯"会演优秀奖
	2014 年 5 月	内蒙古农业大学第二十八届大学生校园文化艺术节"金马杯"会演"优秀组织单位"
	2014 年 5 月	内蒙古农业大学第十四届田径运动会学生组"体育道德风尚奖"
	2014 年 5 月	内蒙古农业大学"扬五四风帆,圆青春之梦"——第二届大学生广场舞比赛第三名
	2014 年 5 月	内蒙古农业大学"彩虹星之最强大脑"趣味竞答活动第二名
	2014 年 5 月	内蒙古农业大学饮食文化月模特表演一等奖
	2014 年 9 月	内蒙古农业大学二〇一四年学生军训"内务评比优胜奖"
	2014 年 9 月	内蒙古农业大学二〇一四年学生军训工作"先进单位"
	2014 年 10 月	内蒙古农业大学暑期"三下乡"社会实践活动"优秀社会实践分队"
	2014 年 11 月	内蒙古农业大学精品团日活动评比第五名
	2014 年 11 月	内蒙古农业大学第十届大学生校园心理剧大赛一等奖

【重要事件】

1. 2010 级毕业生杨希桐获 2014 年度"十佳毕业生"的殊荣

2. 2011 级学生马彩云获 2014 年度全自治区"外研杯"演讲大赛第一名的骄人成绩,因此获得前往新加坡学习的机会

3. 新增了 3 名正教授

4. 制订了"外语学院海外学习经历全覆盖计划"

5. 年末拟定了 12 项院务制度,为"十三五"规划的建章立制,依规治院提供了基础文件。

理学院

【概况】理学院组建于2004年11月，下设数学与统计学系、物理与电子科学系、化学化工系和一个实验中心。现有教职工129人，其中专任教师113人。专任教师中，教授18人，副教授41人，博士生导师1人，硕士生导师13人，享受国务院政府特殊津贴专家1人，自治区有突出贡献中青年专家1名，入选自治区"草原英才"工程1人，硕士以上学历教师86人。现有应用统计学、应用化学、电子科学与技术、化学工程与工艺4个本科专业；有生物物理学博士点1个，有生物物理学、农业资源应用化学、经济数学3个硕士点。2014年毕业生135人，其中硕士研究生数2人，本科生133人。其中校级优秀毕业生7人，自治区优秀毕业生8人。2014年招生154人，其中硕士研究生7人，本科生147人。在校生583人，其中，硕士研究生19人，本科生564人。

【党建与思想政治工作】2014年，理学院党委（党总支）共有6支部，其中教工党支部4个、学生党支部2个。党员120人，其中教职工党员66人，学生党员54人，入党积极分子409人。发展党员32人。

【学科建设】2014年在"生物学"一级学科博士点下增设"生物物理"二级学科博士点，制订培养方案，编制了教学大纲。

【教学工作】2014年度我院"概率论与数理统计"（主持人：吕雄）被评为自治区级精品课程，"化工原理"（主持人：王克冰）被评为校级精品课程。线性代数教学团队（带头人：吴国荣），物理化学教学团队（带头人：张秀芳）被评为校级教学团队。新增校级教学名师2名（吕雄、布和额尔敦），校级教坛新秀2名（刘菊红、马文斌）。

在内蒙古农业大学第九届教师教学技能竞赛中，我院王丽荣、刘菊红获得理科组三等奖，刘海军获得优秀奖；邹爱健获得文科组三等奖；蒙语组布和获得三等奖，额尔德木图获得优秀奖。在内蒙古自治区高等学校物理基础课程青年教师讲课比赛中石磊获得一等奖，白海平获得二等奖。2014年4月19日理学院在西区旧教学楼开展了青年教师"教学观摩"活动。全院45岁以下的62名教师参加了此次活动，每位教师自行选定一个相对完整的教学内容，在15分钟内完成授课，后由评委组进行点评。教师们互相切磋，相互增进，收获颇丰。

2014年5月4日，甘肃农业大学理学院赵有益副院长一行到访我院。两院领导就实验教学、毕业生考研与就业、课程设计、教学计划和人才培养方案等方面进行了探讨。共同探讨两院发展建设中遇到的共同问题，以实现相互学习、相互借鉴的目的，为加强合作、共同发展奠定基础。

2014年5月23—26日，理学院数学与统计学系承办了内蒙古农业大学第五届数学建模大赛。40余份作品经过后期命题组老师严格认真评判，10份作品脱颖而出，大赛最终评出一等奖1组，二等奖3组，三等奖6组。

2014年11月11日，理学院与呼和浩特市统计局就专业实习、科研合作等事宜在理学院二楼会议室进行洽谈。双方认为在已有合作的基础上，应该进一步规范学生实习的有关管理规定，力争做到学生实习工作的常态化。同时，根据学院现有师资的情况，对下一步科研方面的合作提出了一些框架性建议。

【科研工作】2014年，理学院获批国家自然科学基金3项，共145万元；内蒙古自治区自然科学基金面上项目4项，共15万元；教育厅高校研究项目2项，共7万元；学校引进人才科研启动金1项，共12万元；校优秀青年科学基金项目1项，15万元；学校基础学科启动基金4项，共10万元；学校博士科研启动资金2项，共6万元。共计各类项目17项，总经费210万元（详情见表）。

2014 年科研项目情况统计表

2014 年项目			
项目名称	主持人	项目来源/类别	经费（万元）
蛋白质亚核定位及其特征信息的理论研究	李凤敏	国家自然科学基金（地区项目）	50.0
亚/超临界流体中煤与沙生灌木共液化行为和规律的研究	王克冰	国家自然科学基金（地区项目）	50.0
应变纤锌矿半导体量子点异质结中电子—声子相互作用及光学性质	闫祖威	国家自然科学基金（地区项目）	45.0
淀粉接枝 PPC 的制备及其增容的淀粉/PPC 共混材料性能研究	代红光	内蒙古自治区自然基金博士	3.0
三元混晶量子线和量子点系统的表面和界面声子极化激元及其相关问题	包锦	内蒙古自治区自然基金博士	3.0
生物神经元网络模型中行波解的稳定性研究	戴云仙	内蒙古自治区自然基金面上项目	3.0
一维载体等离子光催化剂在有机物转化中的应用研究	盛显良	内蒙古自治区自然基金面上项目	6.0
QD－DNA 系统光学性质的研究	官布	校引进人才科研启动基金	12.0
壳聚糖新型衍生物作为抗菌兽药研究	钟志梅	校优秀青年科学基金项目	15.0
杭锦 2 号土改性负载锆制备固体酸催化剂合成生物柴油的研究	丁立军	学校博士科研启动资金项目	3.0
壳聚糖新型衍生物作为农业抑菌剂的研究	李金梅	学校博士科研启动资金项目	3.0
部分边界受力情况下经典弹性与准晶材料复杂缺卸问题的精确研究	赵新平	学校基础学科科研启动基金	2.0
大豆胶黏剂改性研究	安丽平	学校基础学科科研启动基金	3.0
大气压下利用高压静电场结合介质阻挡放电等离子体进行牛奶杀菌的机理及工艺研究	吕晓桂	学校基础学科科研启动基金	2.0
四氮唑配位聚合物的合成及光、电、磁性质研究	刘娜仁	学校基础学科科研启动基金	3.0

续表

2014 年项目			
沙柳直接醇解法制备乙酰丙酸酯的研究	张秀芳	自治区教育厅一般项目	2.0
多场耦合智能材料的断裂力学问题及广义复变方法研究	杨丽英	自治区教育厅重点项目	5.0

2014 年 1 月 2 日,理学院数学与统计学系举办学术及教学研讨报告活动。我院留日归国学者任爱珍博士作了题目为"高速双倍自助法及其在评价分子系统树的信赖度中的应用"的报告,归国访问学者刘海军副教授作了题目为"广义凸性的研究及其相关问题"的报告,拥有多年教学经验的朱艳霞教师作了题目为"关于工科高等数学教学内容改革的探讨"的报告。

2014 年 5 月 20 日,理学院化学化工系召开了科研与教学研讨会。钟志梅教授作了题为《抗癌性多甲氧基黄酮类化合物药代动力学研究》的学术报告,高学艺老师作了题为《开放课程背景下的化学教育新模式的探讨》的教学研讨报告。

2014 年 6 月 24—25 日,理学院邀请美国墨西哥州立大学王通会教授在主楼 146 作专题讲座,内容包括统计学的历史、现状与发展;统计学的知名期刊、杂志及研究热点;分位数回归(Quantile Regression)三部分。

【学生工作】2014 年,学院学生工作的总体思路是"关注学生成长成才,落实教育管理方针",工作重点一是完善充实学院学生工作的规章制度;二是开展思政教育,注重文明建设;三是保持传统学风,树立学习榜样;四是加强日常教育,保持安全稳定;五是关注心理健康,畅通交流渠道;六是学生资助用心,评奖评优民主;七是丰富学生活动,促进全面发展;八是加强就业教育,拓展就业途径;九是发挥党校作用,探索教育形式。开展丰富多彩的课余活动,采取了加强组织建设、强化学生思想阵地建设、采取多种促进学风的方法、积极拓展就业渠道、开展大学生社会实践等措施,举行"心怀感恩,立志成才"主题教育、"我的中国梦"主题讲座、"爱国,爱区,爱校"主题团日活动、数学建模竞赛、"我是一面旗帜——大学生党员在行动"主题教育活动、"内蒙古农业大学数学建模大赛""内蒙古农业大学首届辩论赛""内蒙古农业大学妙笔剪影大赛""内蒙古农业大学 2014 届十佳毕业生晚会"、宿舍达人秀、2014 届毕业生晚会、理学院迎新篮球赛、学院主持人大赛、2014 级迎新晚会、"爱国爱区爱校"团日活动、三院联合冬季越野赛、公益讲座、宿舍文化节等活动,通过一系列的活动,在学生的思想政治建设、优良学风建设、招生就业等工作上均取得了良好的效果,得到了学院师生的一致好评。

能源与交通工程学院

【概况】能源与交通工程学院成立于 2008 年 11 月,主要由交通运输工程、林业工程 2 个一级学科组成。学院设森林工程(公路工程机械方向)、新能源科学与工程、道路桥梁与渡河工程、交通工程、交通运输 5 个本科专业,其中,森林工程专业和交通运输专业为内蒙古自治区品牌专业。拥有森林工程、林业工程和建筑与土木工程硕士学位授权点、森林工程博士学位授权点、林业工程博士后流动站。学院现有相关专业 30 个实验室。

教职工 39 人,其中专任教师 31 人。专任教师中,教授 9 人、副教授 9 人,博硕士生导师 8 人,硕士以上学历教师 28 人。2014 年毕业生 240 人,其中研究生数 13 人(博士生 1 人、硕士生 12 人)、本科生 227 人。招生 314 人,其中研究生 13 人(博士生 2 人,硕士生 11 人),本科生 301 人。在校生 1275 人,其中,研究生 41 人(博士生 6 人,硕士生 35 人),本科生 1234 人。

【党建与思想政治工作】2014 年,能源与交通工程学院党委共有 6 个支部,其中教工党支部 2 个、学生党支部 4 个。党员 145 人,其中教职工党员 27 人,学生党员 118 人,入党积极分子 514 人。发展党员 32 人。

学院紧紧围绕人才培养这一中心工作,以"围绕教学抓党建,抓好党建促教学"的指导思想来开展学院的党建工作。建章立制,重视制度建设。坚持每学期组织一次民主生活会制度,落实"三重一大"党政联席会议集体决策制度,落实院务公开制度,坚持定期组织中心组成员和全体师生学习制度,制定并落实《能源与交通工程学院领导班子横向沟通和交流制度》《能源与交通工程学院党委中心组政治理论学习制度》《能源与交通工程学院领导联系学生班级制度实施办法》等一些制度措施。建立了《能源与交通工程学院党的群众路线教育实践活动整改事项台账》,并落实到具体责任人,逐一完成了整改事项。

2014 年,学院邀请了内蒙古自治区老教授报告团团长、内蒙古大学原党委书记吕安全教授为学院学生党员、学生干部作了青年马克思主义者培训工程专题报告。组织学生党员、学生干部学习了习总书记"五四"讲话精神以及十八届四中全会精神。组织了学生和教工党员到大青山抗日根据地旧址及纪念馆接受了一次革命传统教育和爱国主义教育。

加强基层党组织建设,注重培养优秀青年加入党组织,组织了两期入党积极分子培训班,邀请了校党委统战部部长史晴等多位教师担任党课授课教师,对 187 名入党积极分子进行了入党培训,2014 年共发展学生党员 32 名。

及时更新能源与交通工程学院网页上的"教工之家"栏目,作为建设活动园地。组织召开了能源与交通工程学院第一届教职工代表大会暨工会会员代表大会。组织教职工参加各类体育比赛、健康保健知识讲座、三八妇女节座谈会等各类活动。组织了 40 岁以下青年教师教学技能赛。开展了"博爱一日捐"和"科学道德和学风建设"宣讲等系列活动。积极开展了一系列关心困难与特殊教工的送温暖活动。

【学科建设】明确学科建设目标和任务,继续凝练学科方向和学科特色,积累和培养学科优势,加强导师队伍建设和管理,规范研究生的全过程培养。通过努力使整体学科水平、研究生培养质量都有了一定程度的提高。同时,在学校的大力支持下,争取到学科建设经费 500 万元,极大改善了研究生培养条件。注重研究生培养基地建设,已与内蒙古路桥工程技术检测有限公司签订联合培养协议。

【教学工作】规范教学管理、加强质量监控。为了加强教学工作的规范化管理,使教师明确自己的职责、教学工作规范和要求,严谨治学,认真执教,稳定教学秩序,深化教学改革,提高教学质量,制定了"能源与交通工程学院教师教学工作规范",在理论教学、实验教学、实习教学、课程设计(或大作业)和毕业设计(论文)等方面提出了具体要求。为提高我院实践教学质量,制定了实践教学质量评价体系。

加强教风、学风建设。制定了"能源与交通工程学院教师教学能力提升措施",并根据青年教师情况,提出了个人教学能力提升措施;通过举办说课、观摩课、青年教师教学技能大赛、以老带新、学科部研讨、教学检查等方法,逐步提高教师教学水平;通过严抓考勤,课堂管理,兴趣培养,科技活动等形式,加强学风建设;严把毕业论文(设计)质量关,制定了《毕业设计(论文)质量评价体系》,进一步明确了毕业设计(论文)质量标准和要求,提出了新的答辩办法和要求,每个专业抽出 20% 的学生进行论文查重。

注重实习基地建设。2014 年度与玫瑰营风电公司达成合作办学协议,并取得企业支持,获赠 2 台退役风力发电机组,加强了新能源科学与工程本科专业的实践教学能力;与内蒙古公路路桥工程技术检测有限责任公司签订了本科实践教学基地,为提升道路桥梁与渡河工程及森林工程(公路工程机械方向)专业的实践教学,打下良好基础;加强校内实习基地建设,在完成了前期规划工作的同时,完成了"海流图"新能源科学与工程及森林工程(公路工程机械方向)实验室用房的初步审批工作。

加强实践性教学。加强本科实验室建设，完成了"中央财政支持地方高校发展专项基金"——教学试验平台建设项目的建设工作；在实验室条件比较困难的情况下，课程实验严格按教学大纲要求进行，实验开出率达100%，同时，加大实践教学的监控力度，以便逐步提高实践教学质量。

其他教学工作。注重"教学质量工程"建设，2014年度有2门课程被评为自治区精品课程；积极落实学校教学改革，按时完成了"学分制"教学大纲制定工作；进行了考试模式改革的探讨，同时为了防止利用平时成绩及其他考核方式弄虚作假，以达到提高及格率的目的，逐步加强其他考核方式的监控与管理；认真落实学校"诚信考试"工作意见，严格考试管理，在2012级和2013级全员推行"诚信考试"；组织教师间相互听课、评课，并将其作为教研室工作的重要内容之一；重视教学质量监控，定期组织教学检查，对发现的问题及时进行整改。

【科研工作】以纵向课题为核心，以横向课题为重点，支持和鼓励教师积极申报各类纵向课题。争取到国家自然科学基金1项、内蒙自然科学基金1项、教育厅课题1项、内蒙交通厅课题2项、其他横向课题2项，累计130余万元。

【学生工作】2014年，能源与交通工程学院学生工作的总体思路是：以中共中央《关于进一步加强和改进大学生思想政治教育的意见》16号文件精神为指导，坚持"以人为本"的工作理念，以学生党建为龙头，以爱国主义教育、理想信念教育、人生观、价值观教育为切入点，全面抓好大学生思想政治教育工作，以抓学风为主要工作，培养综合素质全面发展的优秀大学生。

重视制度建设，出台了《能源与交通工程学院年级辅导员考核办法（试行）》。建立了学生安全管理台账，重点关注存在心理问题和有特殊家庭情况的学生。开通了班级QQ群、飞信群、微博和学院学生工作微信公众平台，利用新媒体手段提高了工作效率。实行年级辅导员入住学生公寓制度、重大节假日前后安全检查制度等措施，确保学生安全。能源与交通工程学院本年度无任何学生安全事故发生；做好了因学籍处理、违反校规被退学的学生及其家长的思想工作，没有发生任何意外情况。

开展了党员宣誓、烈士陵园扫墓、安全教育、新生家长座谈会、青年志愿者活动等一系列工作，承办了内蒙古农业大学"阿雅伦"蒙汉文化知识竞赛、驻呼高校及中小学生"哈斯格"蒙古象棋比赛等民族团结教育活动。针对不同年级不同类型的学生，采取了"为学生制定大学生涯规划""绿色课堂""诚信考试""新生上晚自习""承办内蒙古农业大学第五届交通科技大赛以及全区第五届交通科技大赛"等措施，分层次地推进了学风建设。

建立了毕业生就业情况统计表、用人单位招聘信息统计表等档案。及时将就业信息以及国家、自治区有关毕业生的就业政策发布给毕业生。邀请了中铁十九局、中环光伏等用人单位来学院举办了5次专场就业洽谈会。本年度学院有227名本科生顺利毕业，一次性就业率达86.3%。

【重要事件】

2014年1月，学校对能源与交通工程学院领导班子进行了换届，朱守林任党委书记、塔娜任院长、常亮任党委副书记、王国忠任副院长。

2014年4月，出台了《能源与交通工程学院教师教学能力提升措施（讨论稿）》《能源与交通工程学院教师教学质量评价体系（讨论稿）》《毕业设计（论文）质量评价体系（讨论稿）》。

2014年5月8日，能源与交通工程学院举办"第三届青年教师教学技能大赛"，屈冉老师获得本次比赛的第一名。

2014年5月12日，制定了《能源与交通工程学院本科生毕业论文（设计）写作与印制规范》。

2014年7月11日，能源与交通工程学院召开第一届教职工代表大会。

2014年12月，能源与交通工程学院王国忠所指导的研究生綦举胜毕业论文"基于车辙试验的沥青混合料高温稳定性评价指标研究"被评为内蒙古自治区优秀硕士论文。

2014年12月,能源与交通工程学院承办"第五届全区大学生交通科技大赛"。董贺、刘彬、祝文君的作品"路肩培土机的设计与应用",付文海、何玉林、刘方的作品"自行车调用APP手机软件"均获二等奖;韩磊、郝少荣、陈德刚作品"空调公交车逃生门窗的改进设计"获得优秀奖。

2014年,能源与交通工程学院修订完成各专业学分制培养方案制订工作。

2014年,能源与交通工程学院教师塔娜获得国家自然科学基金(地区基金)1项;裴志永获得国家自然科学基金(青年基金)1项。

2014年,能源与交通工程学院获得建筑与土木工程专业硕士学位授权点。

2014年,能源与交通工程学院教师陈松利主持的《汽车保险与理赔》、刘树民主持的《交通工程学》被评为内蒙古自治区精品课程。

2014年,能源与交通工程学院教师屈冉参加学校教学技能大赛,获得一等奖。

2014年,能源与交通工程学院与玫瑰营风电公司达成合作办学协议,并取得企业支持,获赠2台退役风力发电机组;与内蒙古公路路桥工程技术检测有限责任公司签订了研究生及本科实践教学基地协议;完成了"海流图"实验室用房的初步审批工作。

2014年,能源与交通工程学院教师辛海升被学校评为"教坛新秀"。

体育教学部

【概况】体育教学部是学校直属教学单位。下设办公室、体育普修课教研室、体育选项课教研室、竞训管理中心、康体中心、场馆科6个科级部门。共有教职工47人,其中教师37人(具有正高级职称的3人,副高级职称21人,中级职称11人,初级职称2人),行政和教辅人员9人。体育教学部承担着全校本、专科和成人教育的体育教学、课外体育活动、群体竞赛、健康指导以及高水平运动队的建设等工作。

体育教学部始终坚持"以科研为先导,以教学为中心,以群体竞赛为基础"的工作方针。在深化体育教学改革的过程中,坚持贯彻"健康第一"的教育理念,积极鼓励教师进行科学研究。群众性体育活动开展得有声有色,定期举办各类比赛,吸引了广大学生参与到体育活动当中,极大地丰富了校园体育文化氛围。

【党政与思想政治工作】体育教学部共设2个党支部,均为教师党支部,共有教师党员24人。

2014年,体育教学部坚持民主集中制原则,坚持党务、部务、财务公开制度。每周五例行召开党总支会及党政联席会议,全年共召开党总支会8次和全部教职工大会42次。体育教学部党总支严格履行职责,保证党的方针政策及学校的各项决定在本单位贯彻执行,积极组织党员和要求入党的积极分子采取集体学习和个人自学相结合的方式进行学习。认真领会党的群众路线教育实践活动和十八届三中、四中全会精神,提高思想觉悟,在工作中较好地发挥了党支部的战斗堡垒作用。

本年度,在校工会的号召下,体育教学部分会注册成立了2个社团:"极速冰球协会"和"羽翔羽毛球协会"。

【教学工作】学校以《全国普通高校体育课程指导纲要》和《高等学校体育工作基本标准》为指导,以体育精品课程和专项教学团队为切入点,不断深化体育教学改革,优化课程结构,提高教学质量,提升体育科研水平,构建了包括健体课、太极拳和体育选项课等15个科目的体育课程体系,并不断探索和开设更多学生感兴趣的课程,如瑜伽课程、拓展训练课程等。

2014年,体育教学部圆满完成836个课程班,共计26572学时的教学任务。也是在这一年,我部健美操和太极拳课程获批校级教学团队。

2014年,体育教学部全年相继派出21名教师去北京体育大学等专业体育院校和培训机构参加体育教学管理研讨会、精品课程建设研讨会、慕课设计和建设培训、CUBA 篮球训练营、全国高水平田径教练员培训班、运动康复课程培训、学生体质健康培训、瑜伽师资培训等,帮助中青年教师开阔视野、加强同先进学校的学习和交流,进而提升中青年教师的教学和科研能力。

【科研工作】2014 年体育教学部坚持实行为在核心期刊上发表文章的教师报销版面费,给获得教学成果奖的教师发放奖金等激励措施,大力支持教师进行科研和教学创新活动,鼓励教师拿出优秀、高水平的科研成果。本年度我部教师共在核心期刊发表文章 8 篇,申请和完成课题项目 6 项,其中校级科研项目 5 项,自治区级科研项目 1 项,教师参与科研的积极性和科研水平较之前有了大幅提高。

【群体工作】在群众性体育活动方面,体育教学部每年举办一次全校最盛大的群体活动——校运会,并根据大学生年龄特征和兴趣爱好开展了 11 项大学生群体竞赛活动,主要包括:学生阳光长跑万米接力赛、大学生趣味运动会、排球赛、篮球赛、乒乓球赛、羽毛球赛、跳绳比赛、毽球比赛等,做到每个月都举办学生体育竞赛活动。

【体质健康测试工作】《国家学生体质健康标准》测试是国家学校教育工作的基础性指导文件和教育质量基本标准,是评价学生综合素质、评估学校工作和衡量各地教育发展的重要依据。

2014 年,体育教学部共完成全校 21986 名在校生的体质健康测试工作,及格率达到 93.63%。

2014 年 11 月,学校迎接了教育部体质健康工作组前来检查工作,我校的大学生体质健康标准测试工作得到了国家教育部的好评,2014 年 11 月末,内蒙古自治区教育厅在我校挂牌建立了大学生体质健康监测基地。

【竞训工作】2014 年,学校共有 8 个项目的运动队,分别为田径、篮球、足球、排球、网球、毽球、搏克、乒乓球,其中田径、篮球具备国家高水平运动员招生资格。学校运动队完成运动训练的总课时数为 6778 学时,取得的竞赛成绩如下表所示。

2014 年内蒙古农业大学体育运动竞赛成绩汇总表

竞赛名称	获奖级别	成绩	取得时间
内蒙古自治区第十三届运动会（高校组）	省级	获得内蒙古自治区第十三届运动会（高校组）团体总分第一名（田径团体总分第一名、女足第一名、女网第一名、男篮第二名、女篮第三名、女排第三名、男网第三名,男子搏克第三名）	7 月
中国高等农业院校第八届大学生田径运动会	国家级	获得团体总分第一名（女子团体总分第一名、男子团体总分第三名）	7 月
青春校园行全国大学生网球赛分区赛	全国	获得混合团体第一名	6 月
青春校园行全国大学生网球赛总决赛	全国	获得团体第三名、男子单打第二名、混合双打第二名、女子双打第三名	7 月
第十九届全国大学生网球锦标赛	全国	获得女子丁组团体第三名、女子丁组双打第三名	8 月

续表

竞赛名称	获奖级别	成绩	取得时间
韩国仁川亚运会软式网球	国际	我校运动员施小霖获得男子第三名	10 月
全国大学生网球联赛总决赛	全国	获得男子甲组团体第三名、女子甲组团体第三名、女子丙组团体第二名	10 月
内蒙古自治区大学生 CUBA 篮球预选赛	省级	获得男子组第一名、女子组第三名。	11 月

【体育场馆】2014 年度,体育教学部本着一切为学校活动、体育课教学、运动队训练服务的宗旨,围绕优化服务,拓展体育馆和体育场地的功能,从为教学服务、场地管理、组织校园活动、提高人员素质入手,通过一年扎扎实实的工作,圆满完成了学校下达在场馆的各项任务,全区的毕业生洽谈会、各种形式的文艺演出、开学典礼、毕业典礼、表彰会、报告会、军训、体育赛事等全年达到 80 次,占用场馆达160 天。

本年度体育教学部重点对游泳池深水池的瓷砖和下水管道进行了维护、维修,体育馆、东、西区篮球场地、排球场地、网球场地、轮滑场地、田径场地等进行了常规维修维护工作,保证了场馆的正常运行,为学生宿舍区域安装了 60 张乒乓球台,30 副单杠。

马克思主义学院

【概况】2014 年 3 月马克思主义教学研究部更名为马克思主义学院。有马克思主义基本原理、思想政治教育 2 个二级学科,拥有马克思主义基本原理、思想政治教育 2 个硕士学位授权点。学院现有马克思主义原理教研室、当代马克思主义教研室、中国近现代史教研室、德育教研室、民族理论与民族政策教研室、文化素质教育中心等教学实体和学科实验室、研究生综合实验室等。

教职工 40 人,其中专任教师 36 人。专任教师中,教授 5 人,副教授 17 人,博硕士生导师 5 人,硕士以上学历教师 22 人。本年毕业硕士研究生 14 人,招研究生 8 人。在校研究生 30 人。

【党建与思想政治工作】2014 年,马克思主义学院党总支共有 7 个支部,其中教工党支部 5 个、学生党支部 2 个。党员 48 人,其中教职工党员 30 人,学生党员 18 人,入党积极分子 1 人,发展党员 1 人。

领导班子建设。学院领导班子按照"守土有责"的要求,不断加强思想政治建设,注重学习党的路线方针政策,学习了党的十八大报告、十八届三中、四中全会决定、习近平总书记系列重要讲话精神、深入学习了习近平总书记考察内蒙古重要讲话精神以及《中国共产党普通高校基层组织工作条例》《关于坚持和完善普通高等学校党委领导下的校长负责制的实施意见》等文件。在教学过程中,对任课教师始终提出"学术研究无禁区,课堂讲授有纪律"的要求;在研究生培养过程,特别是学位论文审核、答辩环节上,强调政治性和学术性的统一。班子成员先后参加了"2014 年内蒙古自治区高层次人才培训班""教育部思想政治理论课骨干教师(院长)培训班""全区哲学社会科学教学科研骨干研修班""内蒙古团委青少年培育和践行社会主义核心价值观研讨会",提高了思想政治素质,从思想上与中央保持一致。学院领导班子注重学习党的路线方针和政策,不断加强思想建设、政治建设、组织建设、作风建设和廉政建设。先后组织了 5 次中心组理论学习,组织了 6 次全体教职工的理论学习和 2 次全体研究生理论学习专题辅导，用中国特色社会主义理论体系武装广大师生，进一步统一了思想，提高了认识。

领导班子坚持民主集中制原则，自觉维护班子团结，能够按照党政共同负责的要求开展工作，认真执行《党政联席会议制度》，凡属重大事项均召开党政联席会议商讨，形成一致意见，然后组织实施。实行教授治学，选举产生了学院第一届教授委员会，充分发挥教授委员会在学院学术事项上的决策作用和学院改革、建设、发展等重大事项上的咨询作用，在全员岗位聘任、职称评聘、教学改革等工作中，多次征询教授委员会的意见。班子成员能够认真学习并执行中央、自治区和学校的有关廉政建设规定，在各自分管的工作中能够秉持公开、公平、公正的原则，廉洁自律，坚持院务公开，利用各种会议通报学校和学院的各项工作进展情况。按照学校的要求，认真落实领导干部报告个人有关事项工作，班子成员未发生违规违纪现象。

不断加强制度建设和作风建设。按照校党委党的群众路线教育实践活动的部署，学院领导班子制订了整改落实方案，对照查出来的问题，形成了十项整改措施，目前均已得到落实。建立了中心组学习制度、党政领导联系教研室和党支部制度、领导接待日制度，认真执行学校关于领导干部外出请假制度，本学期以来在学院网页上每周按时通报学院领导去向。领导班子成员要经常参加教研室和党支部的活动，带头进行听课、评教、考场监督、试卷检查等工作，发现问题，及时解决。

注重基层党组织建设。以深化延安精神学习成果为主题，加强基层党组织建设。学院把深化延安精神学习成果作为下半年的一项重要工作进行了部署，要求各教研室、党支部组织教师进行交流，写出个人心得体会。近现代史、原理、素质教育中心党支部策划并实施了较好的党日活动。一年来学院先后组织了6次教学研讨会，8次专题讲座及5次座谈会，1次全体教师实地考察。年内还进行了党总支、各支部委员的选举工作。当代教研室党支部、思想政治教育研究生党支部与机关党总支学报编辑部党支部实现了共建。年内发展研究生党员1名。

加强教职工思想政治。每两周召开一次全院教职工例会，传达、学习学校及上级部门下发的文件精神。2014年，组织教职工学习了习近平总书记系列重要讲话精神和党的十八大报告、十八届三中、四中全会决定，要求思想政治理论课教师在教学实际中予以宣传贯彻，为全体教师及研究生发放了《习近平总书记系列重要讲话读本》，将相关文献放在学院网页上，以方便师生学习。要求全体师生制订学习计划，采取自学、集体研讨等方式，认真学习领会。

2014年9月25日，马克思主义学院领导班子组织全体教师开展了集中学习活动，党总支书记曹渊清与全体教师共同学习了习近平总书记教师节重要讲话——"做党和人民满意的好老师"。2014年10月30日，学院组织全体教师集中学习了习近平总书记系列重要讲话精神解读。2014年11月13日，学院组织全体教师集中学习了十八届四中全会的决定。

为提升教师的教学技能，丰富教师课堂教学素材，增强思政理论课的教学效果，学院于暑假前夕组织思政理论课教师赴延安干部培训学院进行了为期一周的延安精神学习培训。本次学习培训班采用专题教学、现场教学、情景教学、激情教学、体验教学等方式，涵盖了培育和践行社会主义核心价值观、延安窑洞有马列主义、毛泽东与毛岸英感天动地的父子情、延安时期水乳交融的党群干群关系、民族精神与红色文化传承、弘扬抗大精神坚定正确的政治方向、《黄河大合唱》创作始末、三五九旅开发南泥湾与南泥湾精神、知青时代的延安精神等内容。学习培训期间，全体学员到宝塔山举行了"重温入党誓词，增强党员意识"党日活动，到习近平总书记当年下乡的延川县梁家河体验了知青岁月。

工会、教代会工作。2014年学院党总支组织，重新选举产生了新一届工会成员。学院工会以"教工之家"为平台，积极组织集体活动，丰富教职工的业余生活，举办了健康知识讲座等活动，组织教职工参加了学校的各项活动。领导班子支持工会参与学院重大问题和涉及教职工利益问题的决策，讨论重大事项的会议，都邀请工会主席参加。年底，召开了教职工全体大会。

综合治理工作。综合治理工作能够严格落实学校工作部署,与学校和各教研室签订了责任状,落实假期值班制度,年内,综合治理、防火、计划生育以及学生工作未出现任何问题。

【学科建设】修订完善了硕士点的培养方案。2014 年招收了 8 名研究生,14 位研究生全部完成学业顺利毕业。在研究生论文质量、培养环节方面从严把关,强调政治性和学术性的统一,逐步探索出适合学院实际的研究生教育管理的模式。2014 年在校研究生 30 人。

马克思主义基本原理专业与思想政治教育专业召开了 4 次学科建设研讨会。为学科发展和研究生培养提供良好的平台。

【教学工作】工作思路:以提高教学效果、教学技能为核心,以加强师德建设为保障,进一步加强课程建设,建设优秀教学团队。

4 月 27 日组织开展学院教学技能大赛,并选送优胜者参加全校的比赛。在学校教学名师、教坛新秀和青年教师教学技能大赛评比活动中,有 2 名教师获校级教坛新秀荣誉称号,在学校青年教师教学技能大赛中 1 名教师获得蒙文组 2 等奖,1 名教师获得汉文组 3 等奖。

修订了课程教学大纲。从 2013 年开始学院根据学校要求讨论和修改教学大纲,到现在完成了思想政治理论课、跨专业必修课、人文素质选修课共 15 门课程的教学大纲修订工作。2014 年获批 2 项学校教改项目。

开展教研室集体听评课活动和教学观摩活动。上学期近现代史教研室和当代马克思主义教研室开展了集体听评课活动。全学年各教研室集体听课共计 6 次。为了发挥优秀教师的教学示范作用,学院组织教师观摩了 3 位教坛新秀的课堂教学。11 月 5 日,学院领导和德育教研室全体教师及承担该课程相关老师一起观摩了德育教研室段兴华教师的《思想道德修养与法律基础》课程。11 月 10 日,学院领导和督导员苏娅老师和文化素质教育中心的梁晓涛老师一同观摩了文化素质教育中心陈秋枫老师的《预科写作》课程,11 月 17 日下午观摩了王莉老师的《公文写作》课程。

开展教学研讨。结合 7 月份的延安社会实践考察活动,开展了"弘扬延安精神,提升思想政治理论课教学效果"的理论研讨会。2014 年进行了 3 次提升思想政治理论课教学效果的理论研讨会。

加强教学管理。完成了思想政治理论课和文化素质教育必修课的教学任务,开展了学期初教学检查和期中教学检查,全年无教学事故。已经连续三个学期统计获取全院一周教学运行数据(包括上课出勤情况、教师上课情况、课堂管理、多媒体课件应用),为教学管理提供有效的基础数据。

成立了教学督导组,同时制定了督导工作职责和计划,开展了督导听课、检查试卷等工作。11 月 20 日下午召开了督导组的工作总结会议。督导们分别汇报了听课、检查试卷的情况,督导们提出了课堂教学、课堂管理、多媒体课件制作和试卷评阅中存在的问题及改进措施,并对下一步工作提出了意见和建议。尤其针对:要加强对外聘教师、兼职教师的管理;要加强对蒙古语授课班学生的管理;要增强年轻教师管理课堂的能力等方面提出了宝贵意见。

建立教学评价体系,实行多层次的听课评课方式。学院制订了评价方案,采取院领导听课、督导听课、同行评价、学生评教相结合的方式,比例为:4∶2∶4,开展了全面评价教学的质量监控活动。全年听课达到 145 人次,其中院领导听课 44 人次。本学年通过教师自查、教研室集中检查和督导全面检查的方式检查试卷近 3 万份。

继续实施青年教师导师制,加强对青年教师的培养,为 10 名 40 岁及以下青年教师配备了导师,建立了导师制档案。

加强外聘教师管理。建立了外聘教师管理制度,建立档案,加强了平时监管,同时,通过资助课程建设费和参加社会实践考察等方式激励外聘教师。

完成了近 90 门全校人文素质选修课和跨专业选修课的课程安排和教学日常管理工作。

【科研工作】2014 年 10 月,霍如涛教授于 2011 年 9 月出版于新华出版社的《民族文化与和谐心理》一书,被评为内蒙古自治区第四届哲学社会科学优秀成果政府二等奖。2014 年 12 月,李红霞的《从理论主题变化认识马克思主义中国化的历史进程》(论文)被评为内蒙古自治区第四届哲学社会科学优秀成果政府奖三等奖。2014 年 6 月,高丽萍的《学分制模式下如何增强思想政治理论课的时效性》(论文),获内蒙古高教学会高校思想政治教育专业委员会 2013 年学术年会优秀论文一等奖 。学院共获得自治区级以上的科研项目 4 项。

【学生工作】学生工作的总体思路:积极研究新形势下学生思想政治工作的新情况、新特点,不断探索思想政治工作的新途径、新形式和新方法。

两个专业现有研究生 30 名,有两个党支部。为了做好研究生的思想政治工作,配备了一名专任研究生班主任,加强和引导研究生学习、工作及日常生活。学院定期召开研究生大会,组织学习有关文件,加强学生教育管理。2014 级研究生入学之际,在 9 月份组织召开了研究生新生与导师见面会。通过新生与导师见面会,加强了研究生与导师的交流,也为日后研究生的学习工作打下良好的基础。加强了研究生党员的教育和管理,在发展党员工作中,研究生辅导员及各党支部书记负责积极分子和重点培养对象的各个环节的教育培养工作,今年发展了 1 名研究生党员。在国家、自治区和企业等奖学金、学业奖学金评定工作中,学院严把质量关,坚持正确的导向和激励。2014 年学院的整体工作及学生管理、稳定等方面没有出现任何问题。

【重要事件】2014 年 3 月 13 日上午,校党委副书记侯晨曦专程到马克思主义学院与学院领导班子座谈,对学院所开设的课程,特别是思想政治理论课的建设情况进行调查研究。马克思主义学院领导班子全体成员参加了座谈。

马克思主义学院第一届教授委员会成立。根据内农大校办发〔2014〕10 号文件精神,马克思主义学院于 2014 年 6 月 26 日召开会议,选举产生了第一届教授委员会,组成情况如下:

主任委员:包庆丰;副主任委员:霍如涛;委员:娜日斯、付国强、嘎布拉、刀丽芳、孙霁;秘书:乌兰巴特尔。

为提升教师的教学技能,丰富教师课堂教学素材,增强思政理论课的教学效果,按照教育部《高等学校思想政治理论课建设标准(暂行)》的要求,马克思主义学院于暑假前夕组织思政理论课教师赴延安干部培训学院进行了为期一周的延安精神学习培训。校党委副书记侯晨曦、宣传部部长王忠东、学工部部长张文参加了本次培训。为进一步深化延安精神学习成果,提升学院教学质量,2014 年 10 月 16日,马克思主义学院领导班子组织全体教职工开展了"弘扬延安精神,做好本职工作"研讨会。

国际教育学院

【概况】国际教育学院成立于 2004 年,主要负责学校的中外合作办学出国项目和留学生教育。2005 年开始招收中外合作办学出国项目学生,截至目前已有 179 名学生赴 University of Alberta、University of Manitoba、University of Saskatchewan 和 Massey University 完成后两年的学业,87 名学生已顺利毕业,获得双方大学的毕业证和学位证,其中 16 名学生继续在加拿大、美国和澳大利亚的大学攻读硕士和博士学位。学院自 2006 年"内蒙古自治区政府奖学金"项目实施起,开始招收来华留学生。目前,学院有131 名留学生,其中 33 名博士,71 名硕士,27 名本科生,其中 104 名外国留学生获得中国政府奖学金,27名蒙古留学生获得内蒙古政府奖学金。正式在编教职工 5 人,2 +2 学生辅导员 1 人。

【教学工作】教学工作以提高中外合作办学出国项目质量为主,重点抓英语教学工作,保证托福教学师资质量,帮助学生在短期内达到国外大学要求的语言水平,为完成国外的学业打下坚实的基础。

2012 年开始尝试采用英语分级教学模式,通过英语水平测试,结合学生的实际情况,进行分班分级教学。2013 年和 2014 年继续完善和强化托福教学分级模式,成立托福教学团队,由分管教学的副院长负责,聘请有多年托福教学经验的校聘外教 David Morris 做托福课程设计,聘请了 6 位我区多年从事英语教学的知名教师,分别负责托福听、说、读、写四个部分的教学。托福团队定期开会讨论教学中存在的问题以及解决问题的办法,根据实际情况及时调整教学内容及教学进度。在学生参加正式的托福开始前 2 周安排了托福模拟考试,让学生熟悉考试形式和环境,并提前适应长达 4 小时的考试强度。通过学院和师生的共同努力,托福教学取得了一定的成效。

为了加大中外合作办学出国项目的宣传和咨询工作,4 月份制作中外合作办学项目宣传册,把新增的项目加了进去,以便学生及学生家长更好地了解 2＋2 合作项目,做出正确的留学决定。聘请加拿大麦吉尔大学和新西兰梅西大学的两位教授来学院给学生讲授《农业科学概论》和《金融学基础》,作为学生出国留学前的一个很好的过渡,同时还可以把这两门课程的学分转到国外大学。

【学生工作】国际教育学院学生工作紧紧围绕学校的中心工作,在校党委的关怀下,在校团委、学生处的指导下,学院的学生工作坚持教育领先,管理从严,服务到位的原则,大力推进素质教育和创新教育,努力提高人才培养质量。工作重点除了学院常规性工作外,开展特色学生活动是学生工作的一项重要内容。如为了做好与海外学子的联络工作,搭建海内外校友交流的平台便成为学院学生工作中一项重要内容。学院在此项工作中实行"联络员"负责制,指定学院负责学生工作的辅导员为专门责任人,并且在加拿大每届学生中委任一名学生为联络员,利用专用 QQ、MSN 等途径进行定期交流、节日问候等形式,达到互通信息,及时掌握海外学子动态的目的。在 2014 级学生中实行导师制,聘请 4 位有海外留学经历的老师做导师,每位负责指导 4 名学生,要求导师定期与学生见面,了解学生的思想动态和学习情况,督促学生完成各自的学习任务。

2014 年主要学生活动:在学院旧图书馆 201 教室组织学生学习习近平总书记"五四讲话"精神;参加"阅读成就梦想"的读书心得交流会并荣获全校二等奖;在学校组织的十佳歌手大赛中荣获最佳组织奖;组织了出国留学经验交流会、英语单词竞赛和趣味运动会等多项活动,定期举办英语角,并以邀请外教和学校知名英语教师作主题讲座、点评英文电影等系列活动的形式开展;11 月 21 日,新西兰梅西大学商学院金融学教授、博士生导师、新西兰全国高校优秀教学奖获得者 Hamish Anderson 博士,廖静博士和梅西在读博士魏艺来访我校并开展了系列梅西日活动。

【重要事件】

1.5 月顺利完成我校中外合作办学项目的延期工作,为我校保留住了 300 个项目生的招生名额。

2.6 月年学院协调学校有关部门组织召开招生会议,拟订新形势下国际教育学院的招生计划,大力宣传,在全校范围内二次招生录取。

3. 通过学院和学生的共同努力,19 名 2012 级学生顺利前往加拿大阿尔伯塔大学、曼尼托巴大学和新西兰梅西大学出国留学。

4. 学院通过二次录取招收 17 名 2014 级学生,其中包括二本和三本项目生。

5.9 月中旬我校外事工作组承担了教育部"2014 年出国人员行前培训会"和"2014 年出国留学行前培训总结及工作推进会"。作为我校外事工作组的主要成员单位,国际教育学院圆满完成了外事组分配的各项任务,受到教育部和留学服务中心的一致好评。

6. 2014 年 10 月以后,学校多次召集教务处、招生就业处、经济管理学院和食品学院等相关单位领导就学院不出国学生的转学院问题进行讨论,最终制定了不出国学生转学院的相关规定,妥善解决了这部分学生的转学院问题,进一步规范了学生转学院转专业的制度。

7. 受内蒙古教育厅的委托,成功地完成了 2014 年西部人才出国项目英语培训任务。

8. 国际教育学院 2014 级留学生招收和毕业基本情况。2014 年，我校招收来华留学生 42 名，其中博士 11 名、硕士 28 名、本科生 3 名。柬埔寨籍留学生 2 名(硕士)，俄罗斯籍留学生 1 名(硕士)，蒙古国籍学生 39 名。

2014 届来华留学毕业生共 42 名，其中博士研究生 14 名、硕士研究生 21 名、本科生 7 名。俄罗斯籍留学生 4 名(3 名博士、1 名硕士)、蒙古国籍留学生 38 名。

继续教育学院
（中央农业干部教育培训中心内蒙古农业大学分院）

内蒙古农业大学继续教育学院(干部分院)是于 2012 年 12 月由原继续教育学院和中央农业干部教育培训中心内蒙古农业大学分院合并而成立的，一个机构，两个牌子。学院下设办公室、教学管理科、培训部、学生工作办公室(兼团总支)4 个科室。既是学校成人高等教育招生计划申报、教学管理和学籍管理的一个职能部门和办学机构，又是从事在职人员教育培训的实体型学院，是服务社会的重要桥梁，是构建终身教育体系和建设学习型社会的重要渠道，是提高干部、科技人员素质的重要平台。

学院开设有植物生产类、动物生产类、工程技术类、经济管理类、计算机类等成人教育本、专科专业 34 个，有函授、业余两种学习形式。为方便学生就近学习，在区内各盟市设置了 6 个教学点，在籍学生 1 万余人，本、专科毕业生 2 万多人，为社会培养了大批生产、技术和管理方面的人才。还承担高等教育自学考试主考院校的任务，主考专业有本科 7 个，专科 4 个，毕业生近万人。

学院自创办以来，依托学校良好的师资力量、科研成果、学校品牌等优质教育资源，本着"团结、协作、求实、创新"的学院精神，理顺关系，加强管理，积极改革，创新发展，履行管理职能，拓展办学领域，稳定学历教育规模，大力发展非学历继续教育。相继成立了"全国重点建设职教师资培养培训基地"、"内蒙古自治区职教师资培养培训基地"、"科技部科技特派员培训基地"、"自治区干部自主选学培训基地"、"自治区农牧业厅基层农技推广人员培训基地"、"甘肃省甘南藏族自治州干部培训基地"、"国家职业技能统一鉴定报名培训机构"和"职业技能鉴定所"等。学院始终以草原畜牧业可持续发展、农牧业产业化和生态保护建设为主题，结合国家和自治区经济社会发展需要，积极探索和开展各级农牧业系统领导干部、中等职业学校专业骨干教师(国家级和省级)及管理人员、基层农技推广人员、职业技能鉴定、农村牧区致富带头人、科技特派员以及自治区党委组织部干部自主选学等培训工作，积极为自治区经济社会发展培养培训"留得住，用得上"的各类科技人才。共培训学员 13160 人次。学院已发展成集成人学历教育和职教师资培训、农牧业系统干部培训、农技人员培训、农村牧区后备干部、科技致富带头人培训等非学历教育为一体的较为完整的成人教育体系。得到了上级教育行政部门和学校党政领导的好评和肯定。实现了社会效益和经济效益的双丰收。

为适应国家构建全民学习、终身学习的学习型社会，加快建设小康社会的步伐，学院将秉承"团结、求实、博学、创新"的校训精神，以"教育服务社会"为宗旨，坚持"多层次、多形式、高质量、高效益"的办学思想，全面提升办学理念，突出继续教育办学特色，依托校内外优质教育资源，借助现代教育技术手段，抢抓机遇，加快发展，努力为社会提供多层次、高质量的教育培训服务，以饱满的工作热情和昂扬的拼搏精神开创继续教育工作的新局面。

【培训工作】先后承办职教师资国家级和省级培训、自治区党委组织部干部自主选学培训、自治区农牧业厅基层农技推广人员培训、甘南州州委组织部乡村干部培训、新疆畜牧业厅、青海海西州科技局畜牧兽医专业技术人员培训；面向在校学生举办职业资格鉴定培训；承办高职教师省级培训。培训类型层次在传统领域基础上，青海海西州、新疆农牧业厅、陈旗等培训业务得到进一步开展，培训区域范围不断扩展。全年共举办各类培训班 17 期 30 个班次,培训学员 1157 人,培训班次和人数较 2013 年均有所增长,取得了预期的培训效果。

【教学管理工作】为确保成人高等教育函授点的质量,于 3 月份召开校外教学点工作会议,对教学检查、评估工作进行了总结,对各教学点普遍存在的问题,提出了整改意见,对存在的问题较为严重和办学规模较少的教学点,给予责令其暂停招生的处理。对各教学点涉及招生、教学、考试、成绩登记、毕业资格审查等各环节提出了"四个必须、三个规范、两个建立、一个上报"的 4321 管理办法。

根据自治区教育厅《关于进一步加强我区成人教育函授站和校外教学点建设与管理工作通知》(内教高字〔2014〕51 号)精神,结合检查、评估情况,决定将原来的 20 个教学点,撤销 14 家,仅保留 6 家,为下一步规范教学点的办学行为,加强教学管理、提高质量和声誉奠定了良好的基础。

严格按学籍管理规定完成 2014 级 3530 名本科、2300 名专科新生注册、资格复查和 2014 届 5193 名本专科毕业生信息核对、电子信息采集、注册、毕业证办理及发放等工作,此外,完成 59 名本科生学位申请登记和证书发放工作。完成 37 门课程 5217 份自学考试评卷工作以及本科生的考核、论文答辩等。

【后勤服务工作】进一步改善培训楼学员宿舍条件,更新设备,装修了教室、会议室、活动室;开展楼宇文化建设,改善、美化了办公、教学、住宿环境。为学员提供舒适、整洁的学习和生活条件。学院适时进行机构调整,优化人员结构,加强团队建设,提升工作效率。坚持以服务为宗旨,以管理为根本,以学员为中心,以提高教学质量为目的,推动成教(培训)工作协调发展。

【学生工作】根据成人教育的特点,按照"安全、成人、成才"的工作理念,强化学风建设,推进素质教育,严抓学生安全、心理健康教育,不断提高成人教育办学质量。注重学风建设,优化育人环境。开展学习经验交流会、"一帮一"结对活动;加强普法安全教育,提高学生安全防范意识。通过校园宣传、主题班会、普法安全知识问卷、安全知识问卷等形式,不断增强学生安全防范意识;关注学生身心健康,注重学生心理健康教育。认真开展学生心理危机排查,准确掌握学生的思想、心理动态。对问题生,给予科学有效的心理咨询和辅导,培养学生健全的人格和良好的心理品质;开展丰富多彩的校园文体活动。丰富学生的课余文化生活,激发学生学习热情,保证了学业的如期完成。

2014 年各类培训班举办情况表

培训班名称	委托办班部门	培训对象	人数	开班时间	结束时间	天数
2013 年中职教师国家级培训班(畜牧兽医、计算机及应用、设施农业生产技术)	教育部	全国中职教师	73	2014.3.15	2014.6.6	84
2014 年中职教师国家级培训班(畜牧兽医、计算机及应用、设施农业生产技术、农业机械使用与维护)	教育部	全区中职教师	76	2014.9.13	2014.12.5	84
基层农技推广人员培训——种植一期	内蒙古农牧业厅	全区农技人员	68	2014.3.28	2014.4.1	5

续表

培训班名称	委托办班部门	培训对象	人数	开班时间	结束时间	天数
基层农技推广人员培训——种植二期	内蒙古农牧业厅	全区农技人员	73	2014.4.8	2014.4.12	5
基层农技推广人员培训——种植三期	内蒙古农牧业厅	全区农技人员	62	2014.4.15	2014.4.19	5
基层农技推广人员培训——养殖一期	内蒙古农牧业厅	全区农技人员	69	2014.4.22	2014.4.26	5
基层农技推广人员培训——养殖二期	内蒙古农牧业厅	全区农技人员	47	2014.5.6	2014.5.10	5
基层农技推广人员培训——农机班	内蒙古农牧业厅	全区农技人员	27	2014.5.13	2014.5.17	5
干部自主选学——农牧业可持续发展专题	内蒙古党委组织部	全区干部	67	2014.10.8	2014.10.11	4
干部自主选学——项目管理专题	内蒙古党委组织部	全区干部	62	2014.10.13	2014.10.14	2
干部自主选学——农村牧区区域经济发展专题	内蒙古党委组织部	全区干部	56	2014.9.22	2014.9.25	4
干部自主选学——农牧经济专题	内蒙古党委组织部	全区干部	49	2014.10.29	2014.11.1	4
甘南州新牧区建设与畜牧业可持续发展培训班	甘南州委组织部	乡村干部	47	2014.6.6	2014.6.12	7
新疆畜牧技术推广人才培训班	新疆畜牧厅	畜牧技术推广人员	29	2014.10.21	2014.10.28	8
青海海西州畜牧业产业发展技术培训班	青海海西州科技局和科协	畜牧科技人才	41	2014.11.11	2014.11.18	8
职业资格培训(公共营养师、食品检验员、饲料检验化验员、动物检验检疫员、蔬菜工、农机修理工)		本校学生	392			

成人本科专业设置

层次	专业名称	科类名称	学制	学习形式
高起专	林业技术、畜牧兽医、水利工程、建筑工程技术、机电一体化技术、计算机应用技术、食品加工技术	理工类	二年半	函授
	会计、工商企业管理、行政管理、人力资源管理	文史类	二年半	函授
高起本	土木工程、工商管理	理工类	五年	函授
专升本	经济学、金融学、工商管理、财务管理、行政管理、人力资源管理、会计学	经济管理类	二年半	函授
	电气工程及其自动化、计算机科学与技术、土木工程、测绘工程、环境工程、食品科学与工程、农业水利工程	理工类	二年半	函授
	农学、草业科学、林学、园林、动物科学	农学类	二年半	函授

职业技术学院

【**概况**】职业技术学院成立于1985年5月,设19个本科专业,45个专科专业。现有教职工480人,其中专任教师283人。专任教师中,教授9人,副教授42人,硕士生导师11人,硕士以上学历教师159人。本年毕业生1785人,其中本科生821人,专科生964人;招生2090人,其中本科生908人,专科生1081人,专升本101人。与联办院校合作招收五年制高职学生578人,首批161名转段学生入校学习。在校生6776人,其中本科生3564人,专科生3212人。学院现有14个功能齐全、规模较大的校内实训基地,73个相对稳定的校外实训基地。

学院坚定不移地走以质量提升为核心的内涵式发展道路,各项工作都取得了新进展,2014年被批准为自治区级高技能人才培训基地、包头市就业(创业)培训定点机构。

【**党建与思想政治工作**】学院党委设35个党支部,其中教师党支部19,学生党支部16个。截至2014年年底学院有学生党员413名,其中正式党员304名,预备党员109名;教工党员279名。2014年发展学生党员110名,教职工党员4名。

2014年,学院党委继续加强党的建设和思想政治工作,认真抓好党的群众路线教育实践活动整改落实、学习型领导班子建设、干部队伍整体建设、基层党组织建设和党风廉政建设等工作。以党的十八大、十八届三中、四中全会精神、习近平总书记系列重要讲话和习近平总书记视察内蒙古时的重要讲话精神,以及自治区"8337"发展思路和全区党建工作会、教育工作会议精神为重点,加强理论学习。开展了"招生、培养、就业(创业)"联动机制学习研讨。完成了新一轮中层领导干部和科级干部聘任工作。对党总支委员、党支部委员进行了改选,加强了党务工作者的培训。选派处级干部参加各级各类培训、到地方政府挂职锻炼等11人次。充分发挥教代会、工会、共青团、学生会和党外人士参与学院管理的积极性,汇聚师生员工的智慧和力量推动学院科学发展。学院34人被评为校级优秀共产党员,11人被评为校级优秀党务工作者,9人被评为校级"三育人"先进个人。

【**专业建设**】加强专业建设,优化专业结构布局。"园艺技术"专业被批准为自治区级重点建设专业,"电子商务"专业被批准为校级品牌专业。学院现有高职自治区级重点建设专业1个,自治区级品牌专业10个,校级品牌专业18个。2014年新增本科专业5个,其中申报新增汽车维修工程教育本科专业1个,新增网络工程、产品设计、动物医学和食品质量与安全等与校本部共享本科专业4个,新增旅游英语、观光农业、多媒体制作与设计专科专业3个。专业总数达到64个,其中本科专业19个,专科专业45个。

【教学工作】学院继续实施"教学质量提升行动计划",提升内涵建设水平,完善了教学管理制度。起草学分制下导师制、教学管理、学籍管理、成绩管理、学分奖励、选课等制度。制订五年制高职(专科段)教学计划原则意见,为五年制高职转段后(专科段)人才培养提供制度依据。批准院级精品课程8门,院级教学团队1个,院级品牌专业3个;批准院级教育教学改革研究项目10项。其中,推荐获批校级精品课程2门,校级品牌专业1个,校级教学团队1个,校级教学名师1人,校级教坛新秀1人;推荐获批校级教育教学改革研究项目3项。获批自治区级重点建设专业1个,自治区级精品课程1门,自治区教学名师1人。截至2014年年底,共有自治区级教学团队2个,自治区级精品课程11门,自治区级教学名师3人,自治区级教坛新秀3人。积极申报自治区教学成果奖,《高职院校教学质量提升关键要素集成的研究与实践》获自治区教学成果一等奖;《高职教育"实践导向、阶梯培养"双师型教师队伍建设模式的创新与实践》获自治区教学成果二等奖。继续推行激励机制,对2014年度在教学质量工程、教学实践以及教学技能竞赛等活动中取得优异成绩的集体和个人予以表彰奖励。共表彰获奖团体14个,获奖个人46人次,指导学生实践竞赛获奖团队20个。新增校外实训基地23个,总数达到73个。2014年800元以上教学仪器设备总值60793410.79元,比2013年增加7227201.00元。

【科研工作】学院获批各级各类项目20项,经费总额216.5万元。其中国家自然科学基金项目1项,内蒙古自治区自然科学基金项目4项,内蒙古自治区科技计划项目2项,内蒙古自治区软科学项目1项,内蒙古自治区教育厅高等学校科学研究项目2项,内蒙古自治区教育厅高等学校科学研究项目——思政专项2项,校哲学社科项目6项,校科技成果转化启动资金项目1项,校基础科学研究项目1项。"折叠式科研用捕鼠笼""一种科研用野外捕获鼠类保护装置""一种汽车冷启动的尾气后处理净化装置"和"水膜滤网式汽车尾气净化装置"获实用新型专利。各级各类项目结题27项,其中内蒙古自治区自然科学基金项目获"良好"等级。

【学生工作】学院以中央16号等文件精神为指导,以培养学生创新创业能力为重点,以服务学生成长成才为宗旨,不断加强学生工作。本年度学生工作的重点是坚守校园稳定、学生安全底线,积极开展学生教育管理、综合素质教育、心理健康、学生资助、公寓管理工作。组织开展了学习党的十八大精神报告会、纪念"五·四"运动94周年合唱比赛等活动,开展以"专业技能竞赛、社会实践和创业实践"为载体的"一系一品"实践教育活动。以"安全教育活动月"为契机,开展了安全教育宣讲、安全知识竞赛、交通安全与消防安全知识宣传、收缴管制刀具等活动,组织了安全知识考试、消防知识培训工作,开展了法律法规、校纪校规教育,强化公寓安全管理教育。增设勤工助学岗位,发放校内勤工助学基金200余万元、国家奖助学金640余万元,10696人次获得各类奖助学金,资助金额共计1230.074万元。协助银行为1868名同学办理生源地助学贷款。修订完善了《班主任管理办法》,制定了《学生校外实习实训安全管理规定》《"星级文明宿舍"创建活动实施方案》。

【科技园区工作】加强以内蒙古农牧业科技园区为主体的校内实训基地建设。对园艺园林实践教学基地20栋日光温室和1栋自控温室进行了修缮,增加花卉、蔬菜品种和温室数据自动化监测等系统。教学果园改造荒地50余亩,移植油松1390株,定植杨树1000株,引进11个葡萄品种,为学校新校区建设提供山桃、云杉等共计1779株,加强了基地建设,完善了相关专业的教学实训内容。养殖实训基地根据实习实训要求优化种猪品系,调整养殖结构。获批内蒙古农业大学科技成果转化项目1项,资助经费10万元。校内实训基地承担完成学院教学实训16000人次、学校园艺等10个专业学生实习实训1600人次。承担中职骨干教师国家级培训班部分授课任务,培训人员41人。组织教师赴内蒙古乌兰察布市四子王旗和兴和县实地调研,提出两个旗县各行政村的扶贫开发实施方案。组织教师赴兴安盟科右前旗太平山嘎查、科右中旗海龙屯嘎查进行扶贫开发调研,完成2个嘎查的精准扶贫实施方案。对土右旗明沙淖乡蒙家营村进行科技扶贫定点帮扶工作,在甜菜种植、肉羊养殖、蔬菜病虫害防治等方面培训村民860人次。2014年学院对外科技培训人员达4850人次。

【基础建设】申请政府专项补贴资金315万元(学院配套资金80万元),对实验楼、图书馆、体育馆、学生食堂进行了节能改造。申请政府专项补贴资金244万元(学院配套资金100万元),新建了1500平方米标准化幼儿园。新建了18825平方米渔池,完成了饮食服务部标准化厨房改造和南校门喷泉建设等项目。积极与包头华亿天然气公司协商,完成了学院饮食服务部、教职工住宅区的天然气入网工程。

【图书馆工作】加强图书馆建设,密集库投入使用。充实库藏书刊资源,采购纸质图书37991册,期刊612种,报纸57种。全年借阅书、刊、报24238人次,借还书16677人次,借还书25254册。加强图书馆人才队伍建设,聘任1名图书馆专业工作人员,选派人员参加国家图书馆等举办的各类相关培训28人次。

【对外交流合作】积极实施开放办学战略,加快开放办学步伐,大力拓展对外交流与合作,为学院提供更加广阔的发展平台。深化与中欧农业交流基金会、香港赛马会的合作,与欧中农业交流基金会签署了学生海外实习合作框架协议,首批7名学生赴荷兰进行为期3个月的海外实习,9名教师到荷兰进行为期1个月的培训,选派2名教师到香港赛马会进行了为期3个月的培训。与加拿大北阿尔伯特理工学院就学生海外实习、教师海外培训达成了合作意向。走访了香港田家炳基金会,积极争取师资培训方面的支持。与澳大利亚维多利亚州Goulburn Ovens职业技术教育学院取得联系,寻求园艺园林专业学生在澳实习项目支持。与法国马协、法国国家马业联盟、美国夸特马协会、中国马协、自治区马协以及国外育马企业和马术学校积极寻求合作。承担世界汗血宝马大会、国际马业博览会相关工作,承办了首届内蒙古马术节"农大杯"全区青少年马场地障碍锦标赛暨"蒙马杯"全区大学生马术盛装舞步挑战赛。与自治区文化厅合作,组织专业学生参演中国首创大型马文化全景式综艺演出《千古马颂》。

机构与干部

学校机构设置

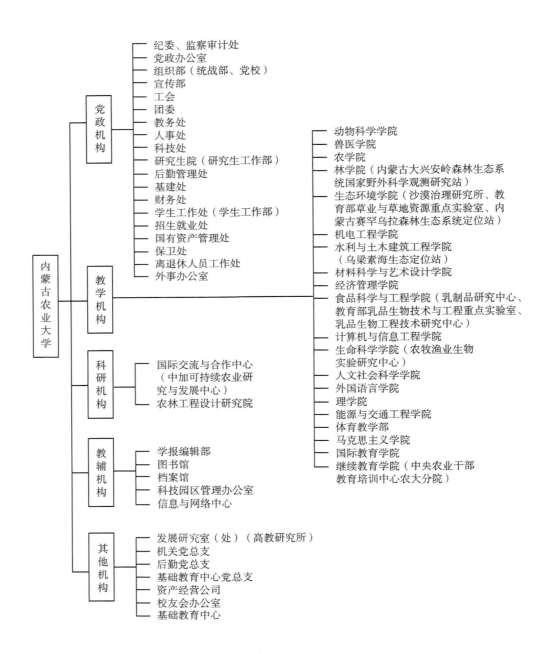

党政机构
- 纪委、监察审计处
- 党政办公室
- 组织部（统战部、党校）
- 宣传部
- 工会
- 团委
- 教务处
- 人事处
- 科技处
- 研究生院（研究生工作部）
- 后勤管理处
- 基建处
- 财务处
- 学生工作处（学生工作部）
- 招生就业处
- 国有资产管理处
- 保卫处
- 离退休人员工作处
- 外事办公室

教学机构
- 动物科学学院
- 兽医学院
- 农学院
- 林学院（内蒙古大兴安岭森林生态系统国家野外科学观测研究站）
- 生态环境学院（沙漠治理研究所、教育部草业与草地资源重点实验室、内蒙古赛罕乌拉森林生态系统定位站）
- 机电工程学院
- 水利与土木建筑工程学院（乌梁素海生态定位站）
- 材料科学与艺术设计学院
- 经济管理学院
- 食品科学与工程学院（乳制品研究中心、教育部乳品生物技术与工程重点实验室、乳品生物工程技术研究中心）
- 计算机与信息工程学院
- 生命科学学院（农牧渔业生物实验研究中心）
- 人文社会科学学院
- 外国语言学院
- 理学院
- 能源与交通工程学院
- 体育教学部
- 马克思主义学院
- 国际教育学院
- 继续教育学院（中央农业干部教育培训中心农大分院）

科研机构
- 国际交流与合作中心（中加可持续农业研究与发展中心）
- 农林工程设计研究院

教辅机构
- 学报编辑部
- 图书馆
- 档案馆
- 科技园区管理办公室
- 信息与网络中心

其他机构
- 发展研究室（处）（高教研究所）
- 机关党总支
- 后勤党总支
- 基础教育中心党总支
- 资产经营公司
- 校友会办公室
- 基础教育中心

内蒙古农业大学

现任学校党政领导

姓名	职务	分管工作、部门	联系学院
邬建刚	党委书记	主持学校党委工作,分管党政办公室、组织部	材料科学与艺术设计学院
李畅游	党委副书记 校长	主持学校行政工作,分管监察审计处、农林工程设计研究院	计算机与信息工程学院
郑俊宝	党委副书记	协助党委书记工作,分管统战部、党校、工会、人事处、国资处、离退休人员工作处、校友会办公室、校内管理体制和人事分配制度改革	职业技术学院 林学院
侯晨曦	党委副书记	协助党委书记工作,分管宣传部、团委、学生工作处(部)、招生就业处、马克思主义学院和科技园区管理办公室	人文社会科学学院
任强	党委委员 副校长	协助校长工作,分管后勤管理处、保卫处和后勤党总支	动物科学学院 理学院
李金泉	党委委员 副校长	协助校长工作,分管研究生院(研究生工作部)、发展规划室(高等教育研究所)、继续教育学院(中央农业干部教育培训中心内蒙古农业大学分院)、信息与网络中心	农学院 食品科学与工程学院
刘淑芬	党委委员 纪委书记 (—2014.07)	主持纪律检查委员会工作,分管监察审计处、档案馆和机关党总支	经济管理学院 生命科学学院
哈斯巴根	党委委员 纪委书记 (2014.07—)	主持纪律检查委员会工作,分管监察审计处、档案馆和机关党总支	经济管理学院 生命科学学院
芒来	党委委员 副校长	协助校长工作,分管科技处、学报编辑部、图书馆	机电工程学院 水利与土木建筑工程学院
王春光	党委委员 副校长	协助校长工作,分管教务处、体育教学部	兽医学院 生态环境学院
乔彪	党委委员 副校长	协助校长工作,分管财务处、基建处、基础教育中心、基础教育中心党总支和资产经营公司	外国语言学院 能源与交通工程学院
特木尔	巡视员 (—2014.02)		
高晓英	副巡视员 (—2014.10)		

处级干部任职情况一览表

（2014.01.01—12.31）

一、党政管理机构

序号	单位名称	职务	姓名	备注
1	纪委、监察审计处	副书记兼处长	郑培亮	正处级
		副处长	刘玉春	副处级
		副处长	靳国斌	副处级
2	党政办公室	主任	王永明	正处级
		副主任	安达	副处级
		副主任	郭松朋	副处级
3	组织部（统战部、党校）	部长	吕清禄	正处级
		统战部部长兼组织部副部长	史晴	正处级
		副部长兼党校教务长	赵云虎	正处级
		组织员	王雁	副处级
4	宣传部	部长	王忠东	正处级
		副部长	叶德成	副处级
5	工会	主席	靳小平	正处级
		副主席	乌拉	副处级
		调研员	陈国祯	副处级
6	团委	书记	石钟琴	正处级
		副书记	李伟威	副处级
7	教务处	处长	牟献友	正处级
		副处长	金宝明	正处级
		副处长	张旭	副处级
		副处长	高讷	副处级
8	人事处	处长	赵柏峰	正处级
		副处长	屈丰富	副处级
		副处长	郗福兵	副处级
9	科技处	处长	周欢敏	正处级
		副处长	王俊生	正处级
		副处长	王瑞刚	副处级

序号	单位名称	职务	姓名	备注
10	研究生院（研究生工作部）	院长（兼）	李金泉	副厅级
		常务副院长兼部长	杜健民	正处级
		副院长	闫素梅	副处级
		副院长	郭文瑞	副处级
11	后勤管理处	处长	陈世体	正处级
		副处长	康雪伟	副处级
12	基建处	处长	韩瑞平	正处级
		副处长	郭炜	副处级
13	财务处	处长	冀兆荣	正处级
		副处长	哈斯图雅	副处级
		副处长	张心灵	副处级
14	学生工作处（学生工作部）	处长兼学生工作部部长、武装部部长	张文	正处级
		副处长	乌力吉	副处级
		副处长	郭政文	副处级
		副处长	侯振虎	副处级
		副部长（兼）	石钟琴	正处级
		调研员	孟斌	正处级
15	招生就业处	处长	付建军	正处级
		副处长	杨红蕾	副处级
16	国有资产管理处	处长	姜体忠	正处级
17	保卫处	处长	赵学刚	正处级
		副处长	云彪	正处级
		副处长	白海林	副处级
18	离退休人员工作处	书记	席锁柱	正处级
		处长	周忠祥	正处级
		副处长	李淑玲	副处级
19	外事办公室	主任	张生	正处级
		副主任	孙云霞	副处级

二、教学机构

序号	单位名称	职务	姓名	备注
1	动物科学学院	书记	额尔敦	正处级
		院长	敖长金	正处级
		副书记	王锐	副处级
		副院长	张文广	副处级
		副院长	齐景伟	副处级
		组织员	张大鹏	正处级
2	兽医学院	书记	包国荣	正处级
		院长（特聘）	贾幼陵	
		常务副院长	曹金山	正处级
		副书记	额尔敦木图	副处级
		副院长	王彩云	副处级
		副院长	刘大程	副处级
3	农学院	书记	马强	正处级
		院长	高聚林	正处级
		副书记	燕飞	副处级
		副院长	崔世茂	副处级
		副院长	樊明寿	副处级
4	林学院 （内蒙古大兴安岭森林生态系统国家野外科学观测研究站）	书记	吴恒志	正处级
		院长	铁牛	正处级
		副书记	王志强	副处级
		副院长	李钢铁	副处级
		副院长	岳永杰	副处级
		站长兼 副院长	张秋良	正处级
		组织员	何金花	正处级

续表

序号	单位名称	职务	姓名	备注
5	生态环境学院（沙漠治理研究所、教育部草业与草地资源重点实验室、内蒙古自治区赛罕乌拉森林生态系统定位站）	书记	秦富仓	正处级
		院长兼实验室主任	韩国栋	正处级
		副书记	杨毅	副处级
		副院长	红梅	副处级
		副院长	左合君	副处级
		所长兼副院长	李青丰	正处级
		站长	周梅	副处级
		组织员	李崇	正处级
6	机电工程学院	书记	那森巴雅尔	正处级
		院长	陈智	正处级
		副书记	许驭	副处级
		副院长	武佩	副处级
		副院长	郁志宏	副处级
		组织员	孙小平	正处级
7	水利与土木建筑工程学院（乌梁素海生态定位站）	书记	陆海平	正处级
		院长	刘廷玺	正处级
		副书记	陈立永	副处级
		副院长	屈忠义	副处级
		站长兼副院长	史小红	副处级
		组织员	陈爱和	正处级
8	材料科学与艺术设计学院	书记	黄金田	正处级
		院长	王喜明	正处级
		副书记	李振威	副处级
		副院长	薛振华	副处级
		副院长	毕力格巴图	副处级
		组织员	郝向宏	正处级

序号	单位名称	职务	姓名	备注
9	经济管理学院	书记	赵国年	正处级
		院长	乔光华	正处级
		副书记	王智广	副处级
		副院长	宝音都仍	副处级
		组织员	王瑞梅	副处级
10	食品科学与工程学院（乳制品研究中心、教育部乳品生物技术与工程重点实验室、乳品生物工程技术研究中心）	书记	张星杰	正处级
		院长兼乳制品研究中心主任	靳烨	正处级
		副书记	杨建军	副处级
		实验室主任、乳品生物工程技术研究中心主任兼副院长	张和平	正处级
		副院长	双全	副处级
		副院长	董同力嘎	副处级
11	计算机与信息工程学院	书记	包革命	正处级
		院长	薛河儒	正处级
		副书记	王永江	副处级
		副院长	付学良	副处级
		组织员	关绥安	正处级
12	生命科学学院（农牧渔业生物实验研究中心）	书记	李俊霞	正处级
		副院长（主持工作）	李国婧	副处级
		副书记	任燕刚	副处级
		副院长	曹贵方	副处级
		副院长	张峰	副处级
13	人文社会科学学院	书记	吴玉红	正处级
		院长	盖志毅	正处级
		副书记	李金华	副处级
		副院长	张银花	副处级

序号	单位名称	职务	姓名	备注
14	外国语言学院	书记	孟和	正处级
		院长	徐莉林	正处级
		副书记	曹立军	副处级
		副院长	吴中文	副处级
		副院长	张晓华	副处级
15	理学院	书记	韩铁荣	正处级
		院长	闫祖威	正处级
		副书记	邹爱婕	副处级
		副院长	敖特根巴雅尔	副处级
		副院长	吴国荣	副处级
		组织员	王静泉	正处级
16	能源与交通工程学院	书记	朱守林	正处级
		院长	塔娜	正处级
		副书记	常亮	副处级
		副院长	王国忠	副处级
17	体育教学部	书记	潘海波	正处级
		主任	彭恩	正处级
		副主任	王勇	副处级
18	马克思主义学院	书记	曹渊清	正处级
		院长	包庆丰	正处级
		副院长	高丽萍	副处级
19	国际教育学院	院长	赵萌莉	正处级
		副院长	刘翠兰	副处级
20	继续教育学院（中央农业干部教育培训中心内蒙古农业大学分院）	院长	云荣义	正处级
		副院长	张玉	副处级
		副院长	吕学理	副处级

三、科研机构

序号	单位名称	职务	姓名	备注
1	国际交流与合作中心（中加可持续农业研究与发展中心）	校长助理、主任	修长百	正处级
		副主任	佛力	副处级
		副主任（兼）	赵萌莉	正处级
		副主任（兼）	贾克力	正处级
2	农林工程设计研究院	院长（兼）	李畅游	正厅级
		副院长	史海滨	正处级
		副院长	马凯	副处级
		副院长	吕忠义	副处级

四、教辅机构

序号	单位名称	职务	姓名	备注
1	学报编辑部	主任	苏德毕力格	正处级
		副主任	苏双平	副处级
2	图书馆	书记	刘文俊	正处级
		馆长	王明玖	正处级
		副馆长	范长岭	副处级
		副馆长	李新	副处级
		副馆长	申志军	副处级
3	档案馆	馆长	刘占波	副处级（—2014.10.21）
		馆长（兼）	王永明	正处级（2014.10.21—）
4	科技园区管理办公室	主任	郝锁柱	正处级
		副主任	胡宁宝	副处级
		副主任	秦海英	副处级
5	信息与网络中心	主任	高静	正处级
		副主任	石瑞峰	副处级
		总工程师	麻海雷	副处级

五、其他机构

序号	单位名称	职务	姓名	备注
1	发展研究室（处）（高等教育研究所）	主任	丁雪华	正处级
		副主任	米继伟	正处级
2	机关党总支	书记	周浩	正处级
3	后勤党总支	书记	王平平	正处级
4	基础教育中心党总支	书记	李立峰	正处级
5	资产经营公司	校长助理、总经理	汪建平	正处级
		副总经理	石建荣	副处级
6	校友会办公室	主任	武晓东	正处级
		副主任	曹恪	副处级
7	基础教育中心	主任	林宝	正处级
		副主任	于涛	副处级

学校重要委员会

序号	机构名称	组长（主任）	副组长（副主任）	成员	办公室	办公室主任（秘书长）
1	学术委员会	李畅游	李金泉 王春光 芒 来（常务）	丁雪华 王明玖 王林和 王春光 王喜明 付建军 包庆丰 史海滨 刘廷玺 芒 来 闫祖威 张和平 李畅游 李金泉 李培锋 杜健民 陈 智 周欢敏 侯先志 修长百 敖长金 铁 牛 高聚林 曹金山 盖志毅 塔 娜 葛茂悦 韩国栋 靳 烨 薛河儒	科技处	周欢敏
2	学位评定委员会	李畅游	侯晨曦 李金泉 芒 来 王春光	葛茂悦 修长百 牟献友 赵柏峰 周欢敏 杜健民 张 文 付建军 敖长金 曹金山 高聚林 铁 牛 韩国栋 陈 智 刘廷玺 王喜明 乔光华 靳 烨 薛河儒 李国婧 盖志毅 徐莉林 闫祖威 塔 娜 彭 恩 包庆丰 云荣义 赵萌莉 高 静 丁雪华	研究生院	杜健民

各学院教授委员会

序号	学院	主任委员	副主任委员	委员	秘书
1	动物科学学院	敖长金	敖日格乐	史彬林 闫素梅 张家新 娜仁花 高爱琴	斯日古楞
2	兽医学院	曹金山	杨银凤	巴音吉日嘎拉 王凤龙 关平原 张七斤 杨英 哈斯苏荣 郝永清 莫内 韩润林	王秀珍
3	农学院	高聚林	张胜	马庆 云兴福 张少英 李连国 庞保平 赵君 霍秀文	刘志华
4	林学院	铁牛	高润宏	方亮 白玉娥 张国盛 段广德 常金宝	白玉娥
5	生态环境学院	韩国栋	高永	卫智军 刘果厚 张武文 李跃进 崔向新	杨霞
6	机电工程学院	陈智	张永	田海清 张云 李旭英 李海军 杜文亮 赵满全 钱珊珠	李海军（兼）
7	水利与土木建筑工程学院	刘廷玺	申向东	史海滨 牟献友 张生 李平 贾德彬 葛岱峰 裴国霞	郑晓波
8	材料科学与艺术设计学院	王喜明	高晓霞	王丽 宁国强 多化琼 吴日哲 张明辉	李军
9	经济管理学院	乔光华	修长百	乌云花 田艳丽 刘秀梅 张心灵 杜富林 赵元凤 赵益平	周杰
10	食品科学与工程学院	靳烨	贺银凤	吉日木图 孙天松 陈忠军 孟和毕力格 格日勒图 郭军 韩育梅	李莉
11	计算机与信息工程学院	薛河儒	潘新	刘霞 李宏慧 周根宝 罗小玲 倪小钢	赵海萍
12	生命科学学院	李国婧	段开红	王茅雁 冯福应 白薇 陈有君 赵国芬	赵鸿彬
13	人文社会科学学院	盖志毅	郭宝亮	王利清 张建新 杨慧兰 阿茹罕 格日勒图	谢碧青
14	外国语言学院	徐莉林	娜日苏	王爱枝 李冰玉 杨俊恒 武彦君 常云	孙杨
15	理学院	闫祖威	盛显良	布和额尔敦 吕雄 许辉 李凤敏 苏金梅 阿木古楞 姚贵平	吕世杰
16	马克思主义学院	包庆丰	霍如涛	刀丽芳 付国强 孙雳 娜日斯 嘎布拉	乌兰巴特尔
17	能源与交通工程学院	塔娜	辛海升	刘树民 陈松利 厚福祥 戚春华 梁鸿	刘文忠

非常设机构（领导小组）

序号	机构名称	组长（主任）	副组长（副主任）	成员	办公室	办公室主任（秘书长）
1	党务公开工作领导小组	邬建刚	李畅游 刘淑芬	郑俊宝 侯晨曦 任 强 李金泉 侯晨曦 芒 来 王效亮 葛茂悦 吕清禄 郑培亮 王永明 王忠东 靳小平 赵柏峰 张 文	纪委	刘淑芬
2	民主评议行风工作领导小组	邬建刚	李畅游 郑俊宝 侯晨曦 任 强 李金泉 刘淑芬 芒 来 王春光 乔 彪 王效亮 葛茂悦	吕清禄 郑培亮 王永明 王忠东 靳小平 石钟琴 牟献友 赵柏峰 周欢敏 杜健民 陈世体 韩瑞平 冀兆荣 张 文 付建军 姜体忠 赵学刚 席锁柱 张 生 丁雪华 樊文斌 额尔敦 包国荣 马 强 吴恒志 秦富仓 那森巴雅尔 陆海平 黄金田 赵国年 张星杰 包革命 李俊霞 吴玉红 曹渊清 孟 和 韩铁荣 朱守林 潘海波 刘文俊 周 浩 王平平 李立峰 刘占波	纪委	刘淑芬
3	保密工作委员会	邬建刚	刘淑芬	王效亮 吕清禄 郑培亮 王永明 王忠东 牟献友 赵柏峰 周欢敏 杜健民 付建军 赵学刚 张 生 高 静 云占林 郭松朋 张祺乐	党政办公室	王永明
4	人才工作领导小组	邬建刚	李畅游	王效亮 吕清禄 史 晴 王忠东 牟献友 赵柏峰 周欢敏 杜健民 陈世体 冀兆荣 姜体忠 张 生 丁雪华	组织部	吕清禄
5	党校校务委员会	邬建刚	郑俊宝（常务） 侯晨曦 刘淑芬	吕清禄 郑培亮 王永明 史 晴 赵云虎 王忠东 石钟琴 杜健民 张 文 樊文斌 王 雁	组织部	赵云虎
6	精神文明建设委员会	邬建刚	侯晨曦	王效亮 吕清禄 郑培亮 王永明 王忠东 靳小平 石钟琴 牟献友 赵柏峰 杜健民 陈世体 冀兆荣 张 文 赵学刚 席锁柱 张 生 周 浩 叶德成	宣传部	王忠东
7	教职工思想政治工作领导小组	邬建刚	郑俊宝 侯晨曦（常务）	王效亮 吕清禄 王永明 王忠东 靳小平 石钟琴 牟献友 赵柏峰 周欢敏 杜健民 陈世体 冀兆荣 张 文 曹渊清 叶德成	宣传部	王忠东

续表

序号	机构名称	组长（主任）	副组长（副主任）	成员	办公室	办公室主任（秘书长）
8	宗教工作领导小组	邬建刚	郑俊宝 侯晨曦	史　晴　王忠东　石钟琴　张　文 张　生　樊文斌　曹渊清　刘文俊 金宝明　屈丰富　王瑞刚　郭文瑞 白海林　刘翠兰	统战部	史晴
9	党风廉政建设工作领导小组	邬建刚	李畅游 刘淑芬	王效亮　吕清禄　郑培亮　王永明 王忠东	监察审计处	郑培亮
10	维护稳定工作领导小组	邬建刚	侯晨曦 任强（常务）	王效亮　吕清禄　郑培亮　王永明 史　晴　王忠东　靳小平　石钟琴 牟献友　赵柏峰　杜健民　陈世体 冀兆荣　张　文　付建军　赵学刚 周忠祥　张　生　高　静	保卫处	赵学刚
11	思想政治理论课建设工作领导小组	邬建刚	侯晨曦 王春光	王忠东　石钟琴　牟献友　赵柏峰 周欢敏　杜健民　冀兆荣　张　文 樊文斌　曹渊清 包庆丰	马克思主义学院	包庆丰
12	校务公开工作领导小组	李畅游	郑俊宝 刘淑芬（常务）	葛茂悦　吕清禄　郑培亮　王永明 王忠东　靳小平　牟献友　赵柏峰 周欢敏　杜健民　陈世体　韩瑞平 冀兆荣　张　文　付建军	监察审计处	郑培亮
13	信访工作领导小组	李畅游	郑俊宝 刘淑芬（常务）	葛茂悦　吕清禄　汪建平　郑培亮 王永明　靳小平　赵柏峰　陈世体 张　文　赵学刚　周忠祥　赵福顺	监察审计处	郑培亮
14	计划生育工作委员会	李畅游	任强	葛茂悦　王永明　王忠东　靳小平 赵柏峰　冀兆荣　张　文　屈丰富 孟　斌	党政办公室	王永明
15	教学工作委员会	李畅游	郑俊宝 侯晨曦 任　强 李金泉 芒　来 王春光（常务） 乔　彪	葛茂悦　郑培亮　王永明　石钟琴 牟献友　赵柏峰　周欢敏　杜健民 陈世体　韩瑞平　冀兆荣　张　文 付建军　姜体忠　张　生　郝锁柱 高　静　丁雪华　金宝明　张　旭 高　讷	教务处	牟献友

续表

序号	机构名称	组长（主任）	副组长（副主任）	成员	办公室	办公室主任（秘书长）
16	外聘工管理委员会	李畅游	郑俊宝（常务）侯晨曦 任强 刘淑芬 乔彪	葛茂悦 汪建平 郑培亮 王永明 赵柏峰 陈世体 冀兆荣 林 宝 郗福兵 康雪伟	人事处	赵柏峰
17	科技工作领导小组	李畅游	侯晨曦 李金泉 芒来（常务）	葛茂悦 修长百 汪建平 郑培亮 王永明 石钟琴 牟献友 赵柏峰 周欢敏 杜健民 陈世体 韩瑞平 冀兆荣 高 静 郝锁柱 丁雪华 王俊生 王瑞刚	科技处	周欢敏
18	新校区项目建设领导小组	李畅游	郑俊宝 侯晨曦 任 强 刘淑芬 乔 彪	郑培亮 王永明 王忠东 靳小平 牟献友 周欢敏 杜健民 王永康 王平平 陈世体 韩瑞平 冀兆荣 张 文 姜体忠 赵学刚 史海滨 郝锁柱 高 静 丁雪华 康雪伟 郭 炜 李占元 李明哲		
19	招生工作委员会	李畅游	侯晨曦（常务）刘淑芬 王春光	葛茂悦 郑培亮 王永明 牟献友 杜健民 陈世体 冀兆荣 张 文 付建军 赵学刚 高 静 丁雪华 杨红蕾	招生就业处	付建军
20	毕业生就业工作领导小组	李畅游	侯晨曦（常务）李金泉 王春光	葛茂悦 王永明 王忠东 石钟琴 牟献友 赵柏峰 杜健民 陈世体 冀兆荣 张 文 付建军 赵学刚 丁雪华 杨红蕾	招生就业处	付建军
21	政府采购工作领导小组	李畅游	郑俊宝 刘淑芬 乔彪	郑培亮 王永明 靳小平 牟献友 周欢敏 陈世体 韩瑞平 冀兆荣 姜体忠	国有资产管理处	姜体忠

续表

序号	机构名称	组长（主任）	副组长（副主任）	成员	办公室	办公室主任（秘书长）
22	校园治安综合治理委员会	李畅游	侯晨曦 任强（常务）	葛茂悦 吕清禄 郑培亮 王永明 王忠东 靳小平 石钟琴 赵柏峰 牟献友 周欢敏 杜健民 陈世体 韩瑞平 冀兆荣 张 文 付建军 姜体忠 赵学刚 席锁柱 张 生 高 静 额尔敦 包国荣 马 强 吴恒志 秦富仓 那森巴雅尔 陆海平 黄金田 赵国年 张星杰 包革命 李俊霞 吴玉红 孟 和 韩铁荣 朱守林 潘海波 曹渊清 刘文俊 周 浩 王平平 李立峰 云 彪 白海林	保卫处	赵学刚
23	外事工作领导小组	李畅游	修长百	葛茂悦 吕清禄 郑培亮 牟献友 赵柏峰 周欢敏 杜健民 冀兆荣 张 生 赵萌莉	外事办公室	张生
24	引进国外优质教育资源工作领导小组	李畅游	李金泉 芒来 王春光 修长百（常务）	葛茂悦 王永明 牟献友 赵柏峰 周欢敏 杜健民 陈世体 冀兆荣 张 文 付建军 张 生 赵萌莉 丁雪华 贾克力 刘翠兰 孙云霞 佛 力	国际交流与合作中心	修长百
25	校园网与信息化建设管理委员会	李畅游	侯晨曦 任强 李金泉（常务） 乔彪	葛茂悦 吕清禄 郑培亮 王永明 王忠东 石钟琴 牟献友 赵柏峰 周欢敏 杜健民 陈世体 冀兆荣 张 文 付建军 姜体忠 赵学刚 王明玖 高 静 丁雪华 申志军 石瑞峰 麻海雷	信息与网络中心	高静
26	全国重点建设职教师资培养培训基地工作领导小组	李畅游	李金泉 葛茂悦	修长百 牟献友 杜健民 陈世体 冀兆荣 云荣义 王明玖 敖长金 曹金山 高聚林 铁 牛 韩国栋 陈 智 刘廷玺 王喜明 乔光华 靳 烨 薛河儒 李国婧 塔 娜 王 耀	继续教育学院	云荣义
27	内部管理体制改革工作组	郑俊宝	侯晨曦 任强 刘淑芬 王春光 王效亮	吕清禄 郑培亮 王永明 王忠东 靳小平 牟献友 赵柏峰 周欢敏 杜健民 陈世体 冀兆荣 张 文 丁雪华 屈丰富 郜福兵 胡 敏	人事处	赵柏峰

序号	机构名称	组长（主任）	副组长（副主任）	成员	办公室	办公室主任（秘书长）
28	老龄工作委员会	郑俊宝	吕清禄 赵柏峰	王永明 靳小平 陈世体 冀兆荣 席锁柱 周忠祥 樊文斌 孟　斌 李淑玲	离退休人员工作处	周忠祥
29	关心下一代工作委员会	郑俊宝	于绍祥 谭培祯 廖永三	吕清禄 王忠东 石钟琴 张　文 席锁柱 林　宝 齐海光 云月华 乌　兰 达楞浩雅尔 刘佩恒 吕凤山 袁秀英 孙长仁 张海升 张德绵 李业喜 李宗信 杨耿玺 林仁材 武生辉 金曙光 郭历生 康长志 董　英 郭　玲	离退休人员工作处	周忠祥
30	法制宣传教育（普法依法治理）领导小组	侯晨曦	任强 刘淑芬	郑培亮 王永明 王忠东 赵云虎 靳小平 石钟琴 牟献友 张　文 赵学刚 樊文斌 盖志毅 包庆丰 叶德成	宣传部	王忠东
31	校园文化建设领导小组	侯晨曦	任强 王春光 乔彪	郑培亮 王永明 王忠东 靳小平 石钟琴 牟献友 赵柏峰 周欢敏 杜健民 陈世体 韩瑞平 冀兆荣 张　文 赵学刚 樊文斌 盖志毅 包庆丰 彭　恩	宣传部	王忠东
32	大学生社会实践和科技创新活动领导小组	侯晨曦	李金泉 芒来 王春光	王忠东 石钟琴 牟献友 周欢敏 杜健民 陈世体 冀兆荣 张　文 付建军 樊文斌 杨海升 李伟威	团委	石钟琴
33	学生工作委员会	侯晨曦	李金泉 王春光	王忠东 赵云虎 石钟琴 牟献友 杜健民 陈世体 冀兆荣 张　文 付建军 赵学刚 樊文斌 杨海升 乌力吉 郭政文 侯振虎 孟　斌	学生处	张文
34	奖学金管理委员会（勤工助学活动管理委员会）	侯晨曦	李金泉	郑培亮 石钟琴 牟献友 杜健民 陈世体 冀兆荣 张　文 付建军 樊文斌 杨海升 郭文瑞 乌力吉 郭政文 侯振虎	学生处	张文
35	助学贷款工作领导小组	侯晨曦		石钟琴 杜健民 冀兆荣 张　文 付建军 樊文斌 杨海升 郭文瑞 乌力吉 郭政文 侯振虎	学生处	张文

续表

序号	机构名称	组长（主任）	副组长（副主任）	成员	办公室	办公室主任（秘书长）
36	学生公寓管理工作委员会	侯晨曦	任强	王忠东 石钟琴 牟献友 杜健民 陈世体 张　文 樊文斌 康雪伟 乌力吉 车艳秋	学生处	张文
37	征兵工作领导小组	侯晨曦		王忠东 石钟琴 牟献友 冀兆荣 张　文 付建军 樊文斌 杨海升 乌力吉 郭政文 侯振虎 孟　斌	学生处	张文
38	科技园区建设领导小组	侯晨曦	芒来 乔彪 葛茂悦	汪建平 郑培亮 王永明 牟献友 周欢敏 杜健民 陈世体 韩瑞平 冀兆荣 姜体忠 郝锁柱 丁雪华 胡宁宝 秦海英	科技园区管理办公室	郝锁柱
39	网络与信息安全工作领导小组	侯晨曦	李金泉	王永明 王忠东 靳小平 石钟琴 牟献友 周欢敏 杜健民 陈世体 冀兆荣 张　文 付建军 姜体忠 赵学刚 王怀栋 王明玖 高　静 申志军 石瑞峰 麻海雷	信息与网络中心	高静
40	节约型校园建设工作领导小组	任强	乔彪	汪建平 郑培亮 王忠东 靳小平 周欢敏 陈世体 韩瑞平 冀兆荣 张　文 姜体忠 郭奇斌 史海滨 丁雪华 康雪伟 郭　炜	后勤管理处	陈世体
41	食品卫生安全工作领导小组	任强	乔彪	汪建平 石钟琴 陈世体 张　文 赵学刚 郭奇斌 林　宝 李立峰 康雪伟 孟　斌	后勤管理处	陈世体
42	安全生产工作领导小组	任强	乔彪	汪建平 牟献友 陈世体 韩瑞平 赵学刚 郭奇斌 郝锁柱 陈　智 康雪伟 郭　炜 乌力吉 孟　斌 周春生 吴中立 杨利平 寇起旺	后勤管理处	陈世体
43	爱国卫生绿化工作委员会	任强	乔彪	王忠东 石钟琴 陈世体 韩瑞平 张　文 赵学刚 郭奇斌 李立峰 康雪伟 郭　炜 乌力吉 孟　斌	后勤管理处	陈世体

续表

序号	机构名称	组长 （主任）	副组长 （副主任）	成员	办公室	办公室 主任 （秘书长）
44	防范和处理邪教问题工作领导小组	任强	侯晨曦	吕清禄 王永明 史 晴 王忠东 靳小平 石钟琴 赵柏峰 陈世体 张 文 赵学刚 席锁柱 高 静 云 彪 白海林	保卫处	赵学刚
45	消防安全委员会	任强	乔彪	汪建平 王忠东 石钟琴 牟献友 赵柏峰 杜健民 陈世体 韩瑞平 冀兆荣 张 文 姜体忠 赵学刚 周忠祥 郭奇斌 王明玖 郝锁柱 高 静 云 彪 安 达 康雪伟 白海林	保卫处	赵学刚
46	红十字会理事会	任强	靳小平 石钟琴	王忠东 靳小平 石钟琴 冀兆荣 张 文 杨海升 孟 斌 冯文进	校医院	孟斌
47	档案工作委员会	刘淑芬	刘占波	吕清禄 郑培亮 王永明 王忠东 靳小平 石钟琴 牟献友 赵柏峰 周欢敏 杜健民 陈世体 韩瑞平 冀兆荣 张 文 付建军 姜体忠 赵学刚 周忠祥 张 生 高 静 丁雪华 云占林 安 达	档案馆	刘占波
48	学生申诉委员会	刘淑芬	郑培亮 石钟琴	刘淑芬 郑培亮 石钟琴 牟献友 宁国强 学生代表3人	监察 审计处	郑培亮
49	蒙古语言文字工作委员会	芒来	王春光	吕清禄 王忠东 石钟琴 牟献友 杜健民 张 文 冯贵宗 包庆丰 苏德毕力格 高静 安达 金宝明	教务处	金宝明
50	图书馆工作委员会	芒来	王明玖	石钟琴 牟献友 周欢敏 杜健民 冀兆荣 张 文 付建军 姜体忠 冯贵宗 刘文俊 高 静 丁雪华 范长岭 李 新 申志军	图书馆	王明玖
51	教学基本建设委员会	王春光	李金泉 芒来 乔彪	葛茂悦 郑培亮 王永明 石钟琴 牟献友 赵柏峰 周欢敏 杜健民 陈世体 韩瑞平 冀兆荣 张 文 付建军 姜体忠 张 生 高 静 丁雪华 金宝明 张 旭 高 讷	教务处	牟献友

续表

序号	机构名称	组长 （主任）	副组长 （副主任）	成员	办公室	办公室 主任 （秘书长）
52	文化素质教育领导小组	王春光	侯晨曦	吕清禄 王永明 王忠东 靳小平 石钟琴 牟献友 赵柏峰 周欢敏 杜健民 陈世体 韩瑞平 冀兆荣 张　文 付建军 赵学刚 樊文斌 盖志毅 包庆丰 高　静	教务处	牟献友
53	实践教学工作委员会	王春光	侯晨曦 芒　来 乔　彪	牟献友 周欢敏 杜健民 陈世体 韩瑞平 冀兆荣 姜体忠 冯贵宗 郝锁柱 张　旭 高　讷	教务处	牟献友
54	教材建设委员会委员名单	王春光	牟献友	郑培亮 周欢敏 杜健民 冀兆荣 付建军 冯贵宗 王明玖 金宝明	教务处	牟献友
55	体育运动委员会	王春光	侯晨曦	王永明 王忠东 靳小平 石钟琴 牟献友 赵柏峰 杜健民 陈世体 韩瑞平 冀兆荣 张　文 付建军 赵学刚 冯贵宗 潘海波 彭　恩	体育教学部	彭恩
56	援外培训工作领导小组	乔彪	修长百 汪建平	冀兆荣 张生 赵萌莉	资产经营公司	汪建平

党建与思想政治工作

组织工作

【党的群众路线教育实践活动整改落实】 学校对照"两方案一计划一措施",建立了整改工作台账,逐条逐项抓好落实,按时限完成了整改任务;文风会风明显转变,与2013年同期相比,压缩会议38%、文件15%、评比表彰活动23%、"三公经费"35.9%;清理超标公务用车3辆,腾退校领导超标办公用房175平方米。认真开展"回头看"工作,制定和完善规章制度27项。

学校严格按自治区党的群众路线教育实践活动领导小组的要求,从严从实推进整改落实工作。一是按时上报整改落实情况。每月下旬对照整改方案,与相关责任单位沟通协调,对已按时完成的及时销账,对未完成的了解原因后及时做出调整,对即将到期的进一步督促,按时完成我校整改落实情况的月报工作,及时上报群众路线整改任务完成情况的统计数据和专题报告。二是坚持从严督导。6月中上旬,由组织部负责人牵头,抽调9位同志成立了3个小组,对全校48个处级单位的整改落实情况、整改中存在的问题进行了督查。三是加强调查研究。组织部班子成员多次深入各分党委对深化整改情况进行督查调研。10月中旬,组织部班子成员陪同校党委书记深入基层开展调研,掌握整改落实进展情况,调查了解基层党建开展情况,并就进一步推进整改落实和基层党建工作进行交流研讨。

【干部队伍建设】 干部队伍建设与管理。按照新一轮干部聘任的有关规定,完成了182名处级干部的聘任工作,与人事处共同完成了135名科级干部的聘任工作,并对新提拔的65名处级干部进行了岗前培训;完成了196名处级以上干部个人重大事项的报告工作,并建立了数据库;对全校因私出国(境)证件持有情况进行了专项清理和统计,并对处级干部因私出国(境)证件进行了收缴并集中保管;对全体教职工特别是处级以上干部的配偶、子女移居国(境)外情况进行了摸底统计和上报工作;对处级以上领导干部在企业兼职和担任社会职务的情况进行了摸底和清理;严格执行处级干部请销假制度,制定了处级干部去向告知制度。

干部教育培训。共安排25名处级干部参加自主选学,选派12名同志分别参加自治区组织的干部培训,18名处级以上干部参加自治区双休日讲座,1名干部到内蒙古信访局挂职,1名同志到学校四子王旗扶贫点扶贫。完成了"西部之光"访问学者的推荐上报工作,其中1人入选。

【基层党组织建设】

1. 完成了新一轮分党委(党总支)和党支部换届工作,开展了精品党日活动评选和观摩交流活动,积极探索创新基层党组织的工作机制,组织召开了学校党建工作研讨会。继续推进精品党日创建活动,尝试搭建党员服务工作站平台。通过发动广大党员订阅使用共产党员微信、共产党员易信等途径,调动基层抓党建工作的积极性,努力打造一批具有农大特色的党建工作品牌。

2. 制定了学校《发展党员工作实施细则》,加强和改进在优秀大学生、学科带头人、学术骨干和青年教职工中发展党员工作。全年共发展教工党员16名;学生党员867名,按期转正党员1607名,延期转正党员27名,延长预备期党员28名,取消预备党员资格8名。

3. 下发了《关于加强新形势下党员教育管理服务工作的意见》,在学生党员中开展了学习践行社会主义核心价值观主题教育活动,在全校范围内开展了处置不合格党员工作,下发了学校《关于做好处置不合格党员工作的通知》;与机关党总支共同开展了"1+2"支部结对共建活动,拓宽了机关党员干部与

学院师生联系沟通的渠道;以纪念建党93周年为契机进行了七一表彰,表彰奖励了30个先进基层党组织,252名优秀共产党员和61名优秀党务工作者;在庆祝新中国成立65周年之际,校领导走访慰问了19名我校新中国成立前参加革命工作的老党员和生活困难党员,发放慰问金1.9万元。共完成毕业生、新生等党组织关系转接3000余人。

【党校工作】按照上级的指示精神,结合我校干部培训、党员发展和教育的实际,认真抓好各项教育培训及相关工作。订购了《新编入党培训学习辅导讲座》《党课参考》《入党培训教材》等图书音像学习材料,举办了新提任处级干部培训班、教职工入党积极分子培训班、新生党员培训班和党支部书记培训班等,累计培训300余人次。同时,加强分党校规范化建设,指导分党校举办支部委员培训班、入党积极分子培训、重点培养对象培训班等,累计培训1.1万余人次。

附录:

各基层党组织、党员分类情况统计表

序号	基层党组织	党员人数(人)							党员比例(%)			
		合计	教工党员			学生党员			在岗职工党员比例	学生党员比例	研究生党员比例	本专科学生党员比例
			小计	在职	离退休	小计	研究生	本专科生				
	合计	5532	1984	1540	444	3548	1242	2306	50.81	10.43	50.84	7.30
1	动物科学学院党委	207	38	38	0	169	103	66	60.32	14.76	55.08	6.89
2	兽医学院党委	291	49	45	4	242	141	101	58.44	17.74	63.51	8.84
3	农学院党委	271	62	62	0	209	113	96	62.63	12.21	42.48	6.64
4	林学院党委	249	37	37	0	212	85	127	51.39	10.11	49.71	6.59
5	生态环境学院党委	474	75	75	0	399	144	255	63.56	14.40	43.37	10.46
6	机电工程学院党委	245	61	61	0	184	79	105	60.40	8.14	49.07	5.00
7	水利与土木建筑工程学院党委	459	64	64	0	395	121	274	64.65	14.81	64.02	11.05
8	材料科学与艺术设计学院党委	174	38	37	1	136	37	99	50.68	10.13	46.84	7.83
9	经济管理学院党委	454	62	62	0	392	128	264	64.58	9.33	54.24	6.66

序号	基层党组织	党员人数（人）						党员比例（%）			
		合计	教工党员			学生党员			在岗职工党员比例	学生党员比例	研究生党员比例	本专科学生党员比例
			小计	在职	离退休	小计	研究生	本专科生				
10	食品科学与工程学院党委	286	42	42	0	244	118	126	55.26	12.28	59.30	7.05
11	生命科学学院党委	189	45	44	1	144	61	83	51.16	11.50	37.65	7.61
12	计算机与信息工程学院党委	130	41	40	1	89	30	59	67.80	9.25	76.92	6.39
13	人文社会科学学院党委	119	28	23	5	91	30	61	71.88	7.99	27.52	5.92
14	外国语言学院党委	81	49	49	0	32	0	32	45.79	8.94	0	8.94
15	理学院党委	122	67	67	0	55	7	48	53.60	9.39	41.18	8.44
16	能源与交通工程学院党委	145	27	27	0	118	27	91	71.05	9.40	67.50	7.49
17	职业技术学院党委	692	279	279	0	413	0	413	60.39	6.17	0.00	6.17
18	体育教学部党总支	24	24	24	0	0	0	0	52.17	0	0	0
19	马克思主义学院党总支	48	30	29	1	18	18	0	76.32	52.94	52.94	0
20	图书馆党总支	36	36	36	0	0	0	0	42.86	0	0	0
21	机关党总支	202	196	196	0	6	0	6	47.23	2.94	0	2.94
22	后勤党总支	138	138	138	0	0	0	0	60.79	0	0	0
23	基础教育中心党总支	59	59	59	0	0	0	0	13.75	0	0	0
24	离退休人员工作处党总支	437	437	6	431	0	0	0	66.67	0	0	0

各党支部基本情况统计表

截至 2014 年 12 月 31 日

序号	基层党组织	党支部总数	学生党支部数			教职工党支部数	
			总数	研究生	本专科生	在岗职工党支部数	离退休党支部数
合计	313	151	46	105	145	17	
1	动物科学学院党委	11	7	3	4	4	0
2	兽医学院党委	11	7	3	4	4	0
3	农学院党委	20	12	6	6	8	0
4	林学院党委	13	8	3	5	5	0
5	生态环境学院党委	22	14	7	7	8	0
6	机电工程学院党委	16	10	3	7	6	0
7	水利与土木建筑工程学院党委	18	13	3	10	5	0
8	材料科学与艺术设计学院党委	9	6	1	5	3	0
9	经济管理学院党委	27	20	5	15	7	0
10	食品科学与工程学院党委	11	7	3	4	4	0
11	生命科学学院党委	14	7	3	4	7	0
12	计算机与信息工程学院党委	10	4	1	3	6	0
13	人文社会科学学院党委	7	4	1	3	3	0
14	外国语言学院党委	7	3	0	3	4	0
15	理学院党委	11	7	1	6	4	0
16	能源与交通工程学院党委	6	4	1	3	2	0
17	职业技术学院党委	35	16	0	16	19	0
18	体育教学部党总支	2	0	0	0	2	0
19	马克思主义学院党总支	7	2	2	0	5	0
20	图书馆党总支	6	0	0	0	6	0
21	机关党总支	19	0	0	0	19	0
22	后勤党总支	10	0	0	0	10	0
23	基础教育中心党总支	3	0	0	0	3	0
24	离退休人员工作处党总支	18	0	0	0	1	17

各基层党组织年度发展党员情况统计表

截至 2014 年 12 月 31 日

序号	基层党组织	总计	其中		在岗职工	学生			其他
			女	少数民族		合计	研究生	本科生	
	合计	883	551	206	16	867	56	811	
1	动物科学学院党委	31	21	15	0	31	1	30	0
2	兽医学院党委	32	21	9	0	32	4	28	0
3	农学院党委	46	31	9	0	46	10	36	0
4	林学院党委	59	41	21	0	59	3	56	0
5	生态环境学院党委	78	50	28	0	78	5	73	0
6	机电工程学院党委	62	23	16	0	62	5	57	0
7	水利与土木建筑工程学院党委	81	34	9	0	81	5	76	0
8	材料科学与艺术设计学院党委	36	23	7	0	36	2	34	0
9	经济管理学院党委	130	93	30	0	130	7	123	0
10	食品科学与工程学院党委	55	42	14	0	55	3	52	0
11	生命科学学院党委	37	23	4	0	37	2	35	0
12	计算机与信息工程学院党委	22	13	0	1	21	1	20	0
13	人文社会科学学院党委	30	20	13	0	30	3	27	0
14	外国语言学院党委	12	1	2	2	10	0	10	0
15	理学院党委	18	11	0	0	18	1	17	0
16	能源与交通工程学院党委	31	12	8	0	31	3	28	0
17	职业技术学院党委	113	85	21	4	109	0	109	0
18	体育教学部党总支	0	0	0	0	0	0	0	0
19	马克思主义学院党总支	1	1	1	0	1	1	0	0
20	图书馆党总支	0	0	0	0	0	0	0	0
21	机关党总支	0	0	0	0	0	0	0	0
22	后勤党总支	5	0	0	5	0	0	0	0
23	基础教育中心党总支	4	4	2	4	0	0	0	0
24	离退休人员工作处党总支	0	0	0	0	0	0	0	0

宣传思想工作

【概况】2014年学校宣传思想工作高举中国特色社会主义伟大旗帜，以邓小平理论、"三个代表"重要思想、科学发展观为指导，深入贯彻落实党的十八大和十八届三中、四中全会精神，贯彻落实习近平总书记系列讲话精神，贯彻落实全国、全区宣传思想工作会议精神，贯彻落实学校第二次党代会精神，坚持稳中求进、改革创新，围绕中心、服务大局，贴近实际、贴近师生，弘扬主旋律、传播正能量，积极推进理论武装、宣传舆论、校园文化建设、思想政治工作、精神文明创建、法制宣传教育等重点工作，为学校的改革、建设、发展提供有力的思想保证、舆论氛围、精神动力和文化环境。

【理论武装】一是狠抓习近平总书记系列重要讲话精神和党的十八大和十八届三中、四中全会精神的学习宣传和贯彻落实。通过各种宣讲会、报告会、座谈会、研讨会等形式，组织全校师生开展学习活动，购买下发学习宣传材料1000余本（份），并通过校园网、校报、橱窗、电子显示屏及时宣传学习内容，报道广大师生的学习活动和学习情况。二是以校院两级中心组学习为重点，组织好师生员工理论学习。制定印发了学校《2014年党委中心组学习计划》和《教职工政治理论学习制度》等文件，加强对校院两级中心组学习的指导，为全体副处级以上干部购买发放了学习资料7套，整理编印《党委中心组学习资料汇编》一册。组织校中心组集体学习11次，包括习近平总书记视察内蒙古自治区讲话精神学习辅导等7场专题报告，还结合学校中心工作，围绕深化"教学质量管理年"、建立"招生·培养·就业"联动机制，组织了学校中心组（扩大）学习会3次。

【宣传舆论工作】一是以网络宣传为主，加强对重点和热点问题的宣传。全年在学校汉文新闻网共发布日常新闻综合报道500余条、学院动态600余条、通知公告100余条，发布新闻图片近万张。学校蒙古文网共刊发各类文章、信息500多条。新闻网字数共达120余万字，单条新闻平均点击量900次以上。设立根植沃土、中心组学习、普法专栏、学风建设专题、中国高等农业院校第八届大学生田径运动会专栏专题网页5个，共计刊发400多条信息。深入挖掘典型，报道教师中的先进人物专访20余篇、优秀学子10篇，字数达8万余字。二是借力国家、自治区主流媒体，加强对外宣传工作。据统计，2014年《光明日报》《中国科学报》《中国新闻周刊》《东方早报》《内蒙古日报》《北方新报》，内蒙古电视台、呼和浩特电视台，人民网、新华网、中国新闻网、中国青年网、内蒙古新闻网、正北方网、塞北新闻网等媒体有关学校的首发宣传报道达80余条（其他媒体和网站转载次数不计在内）。协助或主动报送国家和自治区主流新闻媒体完成媒体各类采访，为主流媒体推荐各类专家咨询40余人次。在《内蒙古日报》上发表了纪念朝伦巴根教授文章一篇，在《天下内蒙古影响力人物》，组织上报朝伦巴根、云锦凤、张和平事迹材料3篇。三是加强网站与新媒体建设。与网络中心合作，共同完成了学校主页和各单位二级网站站群系统的建设与培训工作，预计2015年内完成全部数据迁移。注重发挥微博微信等新型媒体作用，积极整合各二级微博、微信平台，建立了学校的官方微博微信平台。加强宣传队伍建设，邀请了内蒙古日报首席记者、"范长江新闻奖"获得者刘少华，自治区摄影家协会主席、著名的摄影家额博为全校学生记者举办专题培训。四是进一步规范工作机制，加强舆论监控。坚持"谁主办、谁负责"、"谁审批，谁监督"的原则，认真落实教育部《关于高校举办形势报告会和哲学社会科学报告会、研讨会、讲座管理暂行办法》，加强学校各级各类宣传载体、社科类报告和社团的管理监督。组织专人负责，进一步加强农大贴吧、微博、微信的监控，不断建立健全网上舆论引导、网上舆情研判和处置工作机制。

【思想政治教育】一是抓好教工思想政治工作。以继续深化教学质量管理年为契机，不断加大师德师风的宣传教育力度。在 2013 年青年教师思想政治状况调查的基础上,组织制定出台了《内蒙古农业大学党委关于加强和改进青年教师思想政治工作的具体措施》,坚持政治培养和业务提高相结合,严格管理与关心服务相结合,切实解决教师的实际问题。组织开展了学校 2014 年"三育人"评选表彰工作,在教师节期间对 60 名优秀教师进行隆重表彰。并在校园网、橱窗开辟了"教师风采"专栏,对获得"长江学者""教学名师""劳动模范""草原英才"等教师的学术造诣、敬业精神进行宣传。二是做好思政研究会工作,加强对全校思想政治工作的宏观指导。组织参加了全国农业院校、华北地区和自治区思想政治教育年会,上报了交流论文(材料、讲话稿)20 余份,并提前开展了承办 2015 年全国高等农林水院校党建与思政研究年会的有关筹备工作。与马克思主义学院共同组织了思想政治理论课和形势政策课建设研讨会,围绕进一步加强和改进课程建设和改革进行了专题研讨。三是充分发挥校史馆的教育功能。全年共接待参观人数达 6000 多人次,包括全区乃至全国来访领导、兄弟院校来宾、校友等。组织2014 级全体新生和新进教师开展了"走进校史馆,感受学校精神,树立爱校情怀"活动。校史馆被命名为赛罕区"爱国主义教育示范基地"。

【校园文化建设宣传舆论工作】一是加强学校文化建设总体规划和大学精神凝练。组织开展了《内蒙古农业大学校园文化建设总体规划》的修订工作,经过反复酝酿修改,将纳入学校"十三五"规划统一出台。在已经明确的校徽、校训、校歌、办学理念、办学方针等基础上,正在继续组织提炼我校六十多年发展历史中具有学校特色的校园精神,提炼完善教师、学生行为规范、校风表述语和校园标识系统。二是加强人文环境建设和文化设施建设。面向全校师生员工征集校园建筑物、道路命名,并经过调研考察、校史文化资料查证和专家遴选评审、征求部门学院意见和学校研究决定等环节,东西校区部分道路、楼宇、广场命名方案已经公布并组织实施。三是充分发挥好主题活动的育人功能。广泛开展社会主义核心价值观宣传教育活动,与团学等有关部门紧紧围绕"中国梦·尽责圆梦"这一主题,分层次开展了"担当尽责、兴校圆梦""立德树人,立教圆梦"和"敦品励学,成才圆梦"等富有学校特色和贴近师生需求的教育实践活动。组织开展了"和为贵、俭为德,模范引领;承传统、兴美德,德润校园"的礼敬中华传统文化主题系列活动。承办了自治区《英雄年少》图书首发仪式。四是加强民族团结进步教育。与团学等有关部门共同举办了校园那达慕、蒙汉语知识竞赛、蒙古语演讲比赛、蒙古语歌曲大赛等活动,促进了同学之间的交流,增进了友谊。以习近平视察内蒙古的重要讲话为契机,在自治区党委宣传部、高校工委(教育厅)的指导下,承办了弘扬"蒙古马精神"全区征文活动,拟于 2015 年年初召开全区弘扬"蒙古马精神"学术研讨会。

【精神文明创建和法制宣传教育】一是抓好精神文明建设工作。继续实施以改进职能部门工作作风、改善服务态度、加强师德建设、校园绿化美化、提高学生基础文明素质为重点内容的五项文明创建工程。组织登记注册了自治区文明动态管理系统,严格按照指标测评体系,完成数据上报与新闻宣传稿件上传工作。结合自治区"德润草原·文明之行"主题实践活动,在师生中开展"爱党·爱国·爱校·爱家乡"和"爱学习、爱劳动、爱祖国"活动。完成了自治区"道德模范""桃李之星"等活动的组织、评选、推荐和宣传。二是强化法制教育,提高法治理念。全面落实"六五"普法依法治理规划,积极营造法治校园建设的良好氛围。加强学校普法专栏建设,发布信息 18 条。为宣传今年首个国家宪法日,会同团委、人文社会科学学院等组织了"增强法制意识,促进和谐校园"为主题的征文、演讲、座谈、报告等活动。主办了全校大学生法律知识竞赛,并组织人文社会科学学院代表队参加全区大学生法律知识大赛,并获得冠军。会同生态环境学院承办了全区《新环保法》进校园宣传系列活动。

统一战线工作

【概况】贯彻落实中央四号文件精神，组织召开了党外代表人士学习贯彻"两会"精神座谈会，组织了两次《内蒙古农业大学章程（草案）》党外人士代表征求意见座谈会，订购了《高校统战工作创新与名校经验集萃实用手册》，编印了《内蒙古农业大学党外人士坚持和发展中国特色社会主义学习实践活动学习资料汇编》，筹备内蒙古农业大学党外知识分子联谊会。还多次深入分党委（党总支）调研了解党外人士情况并及时更新信息库，督促落实党员领导干部联系党外代表人士制度，积极推进联系交友。关心关注归国留学人员和归侨侨眷，对10名归侨、侨眷、台属开展了送温暖慰问活动。坚持重点人选优先培训，选送了李国婧等4位同志参加自治区统战部组织的培训学习，举办了党外代表人士骨干培训班。

协助各民主党派搞好自身建设，协助民建内蒙古区委完成了基层组织负责人换届选举工作。完成自治区党委统战部等上级交予的任务，统计报送了52名少数民族代表人士，协助完成"社会主义协商民主"调查问卷工作。

【党外人士学习贯彻"两会"精神座谈会】3月28日下午，学校在图书馆书仲会议室召开党外人士学习贯彻"两会"精神座谈会。学校全国政协委员、自治区各级政协委员代表、呼市和赛罕区人大代表、各民主党派代表、无党派代表、学校侨联和统战部负责人等30余人出席会议，校党委副书记郑俊宝同志主持会议。我校全国政协委员、科技处处长、党外代表人士周欢敏同志传达了全国"两会"精神。周教授从会议要求、会风改变和参会体会等方面谈了自己的感想和认识，并重点提出了参会党外人士的提案和诉求。参加座谈会的各位党外人士围绕周教授的讲话，结合学校中心工作和自身实际，畅所欲言，对加强学风建设、提高教学管理水平、提升人才培养质量发表了自己的看法，提出了具体的意见建议。

【举办党外代表人士培训班】11月5日至11日，学校党委统战部与自治区党委统战部共同举办了党外代表人士骨干培训班，组织了19名同志赴中央统战部苏州培训中心参加培训学习，专家们围绕"中国经济新常态""培育和践行社会主义核心价值观""吴文化"等专题作了辅导报告。

【协助各民主党派搞好自身建设】鼓励和支持各民主党派为自治区和学校的科学发展建言献策、参政议政，参与社会服务。区直农大支部被授予"民进内蒙古自治区社会服务先进组织"，支部主委张润生被评为"民进内蒙古自治区参政议政先进个人"；学校的九三学社直属高教二支社被九三学社区委评为信息工作先进集体一等奖，刘静、白薇提交的信息分别被全国政协和九三社中央采纳，获优秀信息一等奖；民革呼市副主委张伟华在盐碱地治理中卓有成效，呼市政协主席贾英祥为此对他进行了专访；推荐呼和巴特尔、张润生参加自治区统战部在兴安盟开展的科技咨询与服务工作，受到自治区统战部和当地政府及农牧民的好评。

【筹备自治区党外知识分子联谊会农大分会】9月，到各分党委（党总支）进行调研，对学校各单位党外副高级以上职称人员情况进行摸底，要求学院推举学校党外知识分子联谊会负责人的候选人；为学习兄弟高校统战工作经验，专程到内蒙古大学就民主党派工作、党外知识分子联谊会成立等相关事宜进行调研学习。

【完成社会主义协商民主调查问卷工作】5月，根据自治区党委统战部的要求，协助完成"社会主义协商民主"调查问卷工作，调查范围包括各分党委（党总支）书记、统战委员、党外处级干部、各民主党派成员以及无党派教职工代表，共发放问卷173份，收回171份，并就调查结果进行了简要的分析。

附录：

内蒙古农业大学各级人大代表政协委员名单

名称	姓名	备注
第十二届全国政协委员	周欢敏	
第十一届内蒙古政协委员	邬建刚	中共党员
	闫伟	常委
	呼和巴特尔	常委
	张和平	常委
	刘静	
	张润生	
内蒙古第十二届人大常委委员	特木尔	中共党员
呼市第十二届政协委员	张润生	常委
	张伟华	
	许辉	
	赵文礼	
呼市第十三届人大代表	张和平	
赛罕区第三届政协委员	任文明	
	王建光	
	杨军	
	赵远汾	
赛罕区第三届人大代表	张少英	常委
	任强	中共党员

学校各民主党派负责人及部分成员

序号	姓名	单位	党派	所在党内职务	职称	备注
1	张伟华	生态院	民革	民革呼市副主委	副教授	呼市政协委员
2	侯先志	动科院	民盟	民盟十届中央委员、民盟自治区常委、民盟农大总支主委	教授	
3	王利清	人文学院	民盟	总支委员、一支部主委	副教授	
4	董占源	生态院	民盟	总支委员、二支部主委	高级实验师	
5	吕学理	继教院	民建	民建内蒙古区委直属工委副主委	副教授	
6	杜文亮	机电院	民建	民建区委工委高校支部主任委员	教授	
7	张润生	农学院	民进	支部主委	副教授	自治区政协委员、呼市政协党委
8	任文明	食品院	农工党	支部主委	副教授	赛罕区政协常委
9	刘静	生态院	九三学社	区委常委、区委教育委员会主任、高教二支社主任	教授	自治区政协委员

内蒙古农业大学侨联负责人

序号	姓名	党派	职务	职称	单位	备注
1	魏江生	无	侨联主席	教授	生态院	自治区党外知识分子联谊会理事
2	赵远玢	无	侨联副主席	副研究馆员	图书馆	赛罕区政协委员

纪检监察工作

【概况】2014年,学校认真贯彻党的十八大和党的十八届三中、四中全会精神,中纪委十八届四次全会精神和自治区纪委九届四次、五次全会精神,坚持标本兼治、综合治理、惩防并举、注重预防的方针,紧紧围绕学校中心工作,理清思路,真抓实干,强化监督执纪问责,较好地完成了全年工作任务。

【制度建设】研究制定了《内蒙古农业大学关于严禁共产党员、领导干部收受礼金、严格婚丧喜庆活动的规定》,要求全校党员、领导干部办理婚丧喜庆活动前,必须向所属党组织申报,承诺遵守相关纪律规定。研究制定了《内蒙古农业大学领导干部问责实施办法》,实行"一岗双责"、责任追究。

结合教学质量管理年,深入教学一线,检查教学工作落实情况,着力整顿学校教学、管理和服务工作中存在的纪律松弛、作风不实和敷衍推诿等突出问题的监督检查;根据《教育部关于近三年教育系统纪检信访和案件工作情况的通报》,全校各单位针对《通报》中的违纪违法案例认真反思,严格遵守有关规定,自觉抵制公款旅游、公车私用等活动。

【廉政教育】召开2014年党风廉政建设会议,研究部署了2014年纪检监察工作任务,下发了《内蒙古农业大学2014年纪检监察工作要点》,校党委与各单位签订廉政建设责任状;开展党风廉政教育,组织廉政教育专题学习会,邀请内蒙古纪委宣传部部长郝朝暾作廉政教育专题讲座;学校为每位副处级以上干部订购了《十八大以来廉政新规定》等10余本学习材料;在行政办公楼张贴了33块廉政宣传展板。

召开纪委全委会议,集中学习了十八届四中全会、中纪委十八届四次全会和《内蒙古自治区关于落实党风廉政建设党委主体责任和纪委监督责任的意见》等会议和文件精神。依托纪委监察审计处网页,将本单位工作动态、工作职责、规章制度、案件查处、党务政务公开等及时在网上宣传公布。

【监督检查】制定了《内蒙古农业大学关于贯彻落实〈建立健全惩治和预防腐败体系2013—2017年工作规划〉的实施方案》。认真抓好述职述廉、民主评议、诫勉谈话、民主生活会等党内监督制度,进一步促进领导干部廉洁自律,也规范了领导干部的从政行为。加强对关键环节、重点岗位、重大事项的监督和检查,加强风险点的防控。对学校招生录取、对教学仪器设备采购、大型基建维修项目、干部任用、教师招聘、职称评聘等环节进行监督。坚持学校的重大行政事务在校务公开栏中及时公开。一年来,在学校党务校务公开栏公开党务校务12期。

【信访举报】制定了《内蒙古农业大学纪检监察信访举报工作实施办法》,通过网络举报、接收举报信、接听举报电话、接待来访等多种形式,认真受理信访举报工作。本年度共受理举报件15件,给予违纪人员党政纪处分,其中给予党内处分2人,行政处分6人。

【行风建设】印发了《内蒙古农业大学关于2014年民主评议行风工作方案》,对全校行风建设工作进行了部署。起草了《内蒙古农业大学2014年政风行风建设情况的工作报告》,整理汇总了政风行风建设情况的备查材料,组织召开了政风行风工作汇报会、民主测评会、教师代表座谈会和学生代表座谈会。

维护稳定和综合治理工作

【概况】为加强对维护稳定与综合治理工作的领导,分别设立了内蒙古农业大学维护稳定工作领导小组、校园治安综合治理委员会、防火工作委员会、防范和处理邪教问题领导小组等四个安全稳定工作机构,办公室均设在学校保卫处。学校保卫部门现有专职保卫干部51人,从事门卫和校园巡逻工作的外聘工60人,设有6个科、队、中心,配备3账辆制式警车和40辆电动警用单车,与驻校公安警务室、交警中队密切配合并有效开展工作,确保了校园的安全与稳定。

【安全检查与防控】5月份,集中开展了学校内部及周边环境的清理整顿工作。清理了西校区住宅区零散摊点4个,对校园内的违章经营(出售白酒、啤酒,跨店门经营,乱加装广告灯箱)进行了纠正,对存在的防火安全隐患、向校园内排污排烟污染校园环境、向校内私自开窗出售食品等突出问题,进行了摸底排查并责令限期整改,进一步净化了校园环境。10月份,根据内蒙古自治区教育厅《关于开展打非治违专项行动督查工作的通知》的工作部署,对校园内部及周边存在的防火安全、食品安全、校舍安全、交通秩序、校园秩序等方面的安全隐患进行了集中检查和梳理,并将在检查中发现的问题和隐患情况汇总后上报教育厅。

加强校园"110联动"制度化、规范化建设,继续发挥校园"110"有警必接、有难必帮、有灾必救的工作职能。110联动中心一年来,累计行程5万余公里,接出警71次。共处理偷盗案件23起,治安拘留5人,调解纠纷120余起,成功扑救校园各类火灾、火情11起。对部分安防监控设备进行了更新和增设,对分散在全校各区的监控设备进行统一管理,远程操控。对校园进行24小时不间断监控,利用校园监控设施破获各类治安案件13起,抓获嫌疑人5名。

【校园消防安全】一是年初与各单位签订了《内蒙古农业大学消防安全责任书》,制定下发了《年度防火工作要点》和《内蒙古农业大学灭火和应急疏散预案》。坚持实行《安全检查月报制度》和责任追究制度,有力地促进了学校消防安全工作的深入开展。二是开展消防安全大检查和专项治理相结合,有效消除火险隐患。今年针对西区学生公寓9号楼一楼商户使用大功率电器问题,联合大学西路派出所进行了5次消防专项治理工作,取缔使用大功率电饼铛4家。暂扣电饼铛6台,电磁炉13台。对瑞地南菜市场消防通道进行了清理整顿,并对图书馆、材艺学院、能源交通学院等单位下达《火险隐患整改通知书》6份。三是积极开展消防安全教育活动。2014年针对师生员工火灾自救自护能力差这一薄弱环节,聘请呼市防火中心专业老师,分别对经管、生态、水建等学院的教职工开展了消防器材使用技能培训和灭火器材实地操作演练,使其能够正确掌握防火、灭火、应急疏散等自救逃生常识和技能。四是做好消防设施维护工作,2014年为文体馆、幼儿园等部门更换了消防应急灯及安全出口指示标志,对全校3000余具灭火器进行了重新登记造册及维修,并对全校各单位缺损的消防灭火器材进行了统计和补充。

【校园交通设施管理】为了维护好校园内部及校门周边的交通安全,在已实行校园交通隔离管理,严格控制机动车辆进入教学区、学生公寓区的基础上,10月份西校区通过制定校门管理规定、张贴通知通告、安装道闸系统、办理校园通行证、严格控制外来车辆、加强校门和沿途交通管理等途径,加强了西校区机动车出入和停放管理,现已初见管理成效。2014年,农大交警中队对校园机动车辆乱停乱放和违章行驶现象,及时进行疏导和违章抓拍,共抓拍、处理校园违法违章车辆372起。使校园交通秩序混乱状况得到明显改观。

【制度建设】不断健全各项规章制度,制定了学校《突发公共事件应急预案》,其中包括《社会安全类应急预案》《事故灾难类应急预案》《公共卫生类应急预案》《自然灾害类应急预案》《网络和信息类应急预案》《考试类应急预案》和各个预案的相应流程图,通过相关预案的建立和完善,使我校针对突发事件应急工作形成

有章可循，做到有效预防、及时控制和妥善处置，提高快速反应和应急处理的能力。制定出台了《内蒙古农业大学校园秩序管理若干规定》和《内蒙古农业大学消防安全管理规定》。

工会与教代会工作

【概况】教代会日常工作机构是教代会执行委员会和工会委员会，专职工会干部8人，基层分会26个，工会小组157个，分会兼职干部171人，会员2683人。学校工会被自治区教科文卫工会授予"2013年度目标考核实绩突出单位"称号。

【四届三次双代会】5月23日在新教学楼报告厅举办内蒙古农业大学四届三次教职工代表大会暨工会会员代表大会，大会主要任务是以十八大精神为指导，贯彻党的十八届三中全会和学校第二次党代会精神，推进教育教学改革和内部管理体制改革，深化"教学质量管理年活动"。参加本次大会的有代表300人、列席人员102人、特邀人员9人。

大会的主要议题是：听取校长工作报告；学校财务工作报告；教代会、工会工作报告；工会经费使用情况报告；审议四届二次提案办理和四届三次提案征集情况报告；讨论专业技术岗位定编定岗方案。本次教代会共收到代表议案43件，确定为提案的议案22件；建议30件。会后按《内蒙古农业大学教职工代表大会提案办理规程》办理。

【二级教代会工作】修订了《内蒙古农业大学二级教代会实施办法》，考核各教学单位二级教代会落实情况。2014年召开二级教代会的学院有职业技术学院、生命科学学院、机电工程学院、食品科学与工程学院、材料科学与艺术设计学院、动物科学学院、人文社会科学学院、马克思主义学院、水利与土木建筑工程学院、理学院、农学院、经济管理学院、能源与交通工程学院、体育教学部、林学院。完成本单位教代会各项工作。

【职工素质提升】举办第九届教师教学技能竞赛，大赛分"文、理、蒙、双"四个组，400余名教师参加。张剑柄等11人分别获理科组一、二、三等奖，李伟等6人分别获文科组一、二、三等奖，赵金花等5人分别获蒙语组一、二、三等奖，王玉珍等4人分别获双语组一、二、三等奖。

5月22日，向教职工发出了"爱国爱校、爱岗敬业、诚实守信、团结友善，以实际行动践行社会主义核心价值观"的倡议书。开展"从我做起'六大创建'"活动。各分会开展"做党和人民满意的好老师"征文活动、"重树师德、文明先行"创建活动、"青年教工学术道德讲座""重温革命足迹、践行伟大中国梦"集体备课活动。

开展"一帮一"结对子助学、新老教师结对子帮带、"为人、为学、为师"座谈会、"课堂把控能力"交流会等活动。"一帮一"助学结对子286对，新老教师帮带结对子57对。

10月9日，西区操场举办"三育人"表彰会，教工8个节目参加演出，全区高校260老教授代表、7000名师生员工参加。

【校园文化建设】7月1日，320件反映教职工"爱国、爱校、爱生活"、突出"劳动托起——中国梦·农大梦·我的梦"书画摄影作品在西区博学楼二楼大厅展出，精选三幅作品参加全区高校比赛，李智野、李军的书法、摄影分别获得两个一等奖，霍如涛的绘画获二等奖。各分会分别举办"艺由心生"服装设计、家庭装饰创意设计作品展、建筑艺术节、"织韵华繁锦，享青春盛宴""汇人文梦想，让青春起航"师生同台文艺晚会等。

3月，举办以"新时代、新女性、新风采"为主题的纪念"三·八"系列活动；3月22日，西区操场23个分会共800名教工参加第三届教职工万米接力赛；12月6日750名教职工参加柔力球比赛，；12月底，举办"第三届教职工乒乓球、羽毛球团体赛"。41个教工社团开展球类、摄影、农艺、插花、自行车、动物保护等活动；开展教职工"一会一品"品牌申报和评比活动，评出一等奖6个，二等奖15个。

【安康工程】组织职工体检（女职工 5—6 月；男职工 10—11 月）、女教职工专项体检、办理"女职工大病保险"。11 月，开展"职工健康文化活动月"系列活动、"专家上门送健康"活动，举办"生命在于平衡""教师肩颈保护""科学用嗓""增进睡眠疗法"专题讲座。建立"单亲抚养孩子""没房租房""父母、孩子或爱人有大病""重病在家修养""带病坚持在岗""大龄青年"6 个特殊档案。完善困难职工档案，慰问生病住院、带病在岗职工等 61 人，安抚关照困难遗属 54 人，发放慰问金 10.3 万元。

继续实行经费下移，根据基层分会开展活动的绩效划拨活动经费，为各分会活动奖励经费 30 多万元；开辟体育馆活动场地，预支经费 5.2 万元，职工持校园卡入馆不限时活动。开展"博爱一日捐"、"扶贫日"捐款活动，校本部捐款 16.625 万元；职院捐款 5.1635 万元，共计 21.7885 万元。

【工会自身建设】开展新一轮创建"教职工之家"活动，增加投入 11 余万元设备费。根据《内蒙古农业大学建设"教工之家"考核指标体系》对校本部 25 个基层分会考核验收，理学院等 7 个分会获模范创建单位；经济管理学院等 8 个分会获先进创建单位；生态环境学院、林学院获达标创建单位。

6 月 27 日在职业技术学院会议室 26 个分会干部交流工作经验。12 月 12 日，在书缘会议室 23 个基层分会干部参加工会干部知识技能竞赛。发挥女职工发展研究会作用，在全校开展女职工发展问卷调查，举办"做新时代靓丽女性"座谈会。

【特殊党日活动】11 月 5 日工会党员干部与 11 名带病坚持岗位、特困党员共同开展"坚守信仰、甘于奉献、勤奋工作，做党和人民满意的好老师"主题党日活动。共同观看《信仰》片，畅谈教书与责任，慰问困难党员。

共青团工作

【概况】2014 年，共青团内蒙古农业大学委员会（以下简称"校团委"）紧密围绕学校党政中心工作，团结和带领广大团员青年，深入开展了思想教育、科技创新、社会实践、校园文化、志愿服务等一系列卓有成效的工作，全面履行了组织青年、引导青年、服务青年和维护青少年合法权益的工作职能。

【组织建设】加强制度建设，制定《内蒙古农业大学社会实践章程》，修改《共青团工作考核体系》。响应团中央的号召，在全校范围内开展了内蒙古农业大学共青团工作创新试点项目申报及审核工作，最终确定了 12 个方向 31 个小项的创新试点项目。组织内蒙古农业大学第十一期青年马克思主义者培养工程培训班，选派主要学生骨干参加全区第七期大学生骨干培训班。

【思想教育】校团委邀请团中央学校部副部长李骥为农大团学干部作"关于培育和践行社会主义核心价值观的思考"的主题讲座，举行了"我为社会主义核心价值观代言"主题演讲比赛等活动。5 月 4 日，召开了五四表彰暨共青团工作交流会，畅谈当代青年的使命与责任。在全国首个"烈士纪念日"举行了全校范围内的爱国主义教育活动。将 2014 年的 12 月定为"法制宣传月"，通过法律知识竞赛、座谈会、讲座等形式引导同学们自觉遵法守法，维护法制权威。举办了"心怀母校、扬帆起航"十佳毕业生颁奖晚会，承办了"圆梦农大" 2014 年迎新生晚会暨"三育人"表彰大会。举办了第六届大学生"心中的旋律"蒙古语歌曲大赛，第八届校园那达慕、第十届"大地母亲"大学生蒙古语诗歌那达慕等活动，这些活动有效地促进了各民族学生之间的团结和友谊。开通校团委、学生会等微信公众号，通过"微校园"、"微生活"等栏目，提高思想政治教育的针对性与实效性。

【科技创新】5—6 月，校团委主办了第六届学生科技节，全校 18 个学院万余名学生参与其中，学生优秀课外学术科技作品展展出了近几年我校学生在全国和全区"挑战杯"大学生课外学术科技作品竞赛、全国水利创新大赛的部分获奖作品和研究成果。各学院先后开展了"农艺文化节"、"测量技能大赛"、"腾飞桥梁"结构设计大赛、"生物化学实验技能大赛"等活动。2014年，在第七届"挑战杯"全区大学生创业大赛和第九届"挑战杯"全国大学生创业大赛中本科组获国家级三等奖作品1件，自治区级金奖作品4件，自治区级银奖作品3件，自治区级铜奖作品9件。职业技术学院获得国家级三等奖作品1件，自治区级金奖作品2件，自治区级银奖作品2件，自治区级铜奖作品3件。2014年4月我校食品科学与工程学院学生科技创新团队获得首届中国"小平科技创新团队"荣誉称号。

【社会实践】2014年年初，我校被团中央确定为我区唯一一家社会实践创新试点单位。校团委被评为全国大学生暑期三下乡社会实践"优秀组织单位"；由动物科学学院、水利与土木建筑工程学院、农学院、生态环境学院、人文社会科学学院的博导、博硕士与学生会同学们组成赴鄂尔多斯市伊金霍洛旗苏布尔嘎镇的"专家博硕团"被评为全国重点团队。机电工程学院"井冈情·中国梦"教育实践队是首支入驻全国青少年井冈山革命传统教育基地的内蒙古高校，实践队员完成了小井红军医院、朱毛挑粮小道两个子课题，并被列为重点课题，在人民网强国社区联合共青团中央学校部、人民日报政文部共同举办的"知行天下 激扬青春——第三届全国大学生社会实践评选"中，获得三等奖。人文社会科学学院联合校医院共同组队中标内蒙古第二期红十字青年暑期志愿服务项目，以"急救知识进社区，人文服务为民生"为主题，开展了为期一周的"法律进社区，社工促和谐，践行群众路线"社会实践活动。2014年10月30日，组织开展了我校2014年暑期"三下乡"社会实践总结表彰暨交流分享会。新建社会实践基地33个。

【青年志愿者工作】2014年，选拔了5名同学参与到研究生支教团的志愿服务工作中，大学生志愿服务西部计划招募工作中共有81人被正式录取。学校被评为"大学生志愿服务西部全国高校优秀项目办"。学校现有120多支大学生志愿者服务队，先后开展了"善行100""七彩课堂""交通文明月""绿舟环保"等志愿者服务活动。8月份，出色地完成了全国农林院校第八届田径运动会志愿者工作。12月，举办了内蒙古农业大学大学生青年志愿者服务总队启动仪式、防控艾滋病志愿者宣传活动、"预防艾滋病 你我共参与"主题晚会、新《环境保护法》宣传进高校暨"环保绿青城使者在行动"启动仪式。

【校园文化】2014年，校团委精心组织了"金马杯"文艺会演等十大校园品牌活动。将"高雅艺术进校园"系列活动深入开展下去。邀请教育部艺术委员会委员、四川大学艺术学院院长、教授、博士生导师黄宗贤为广大学生作了"与信仰对话——艺术与人生"专题讲座、邀请内蒙古爱乐乐团为农大学子演出了精彩的交响乐音乐会。举办了第十二届"新星魅力秀"校园主持人大赛、校园十佳歌手大赛、安全知识竞赛等文艺活动。各学院先后举办了生物化学实验技能大赛、第五届道路交通创意大赛、第六届艺术节、第六届农艺文化节等。继续实施精品社团活动的招投标机制，指导鼓励学生社团自主举办多种形式的社团文化活动，促进学生社团活动蓬勃健康地向前发展。

附录：

2014 年五·四红旗先进集体及个人

五·四红旗团委（共 7 个）

农学院分团委

生态环境学院分团委

机电工程学院分团委

水利与土木建筑工程学院分团委

食品科学与工程学院分团委

生命科学学院分团委

外国语言学院分团委

共青团工作创新奖（共 2 个）

动物科学学院分团委

理学院分团委

五·四红旗团支部（共 34 个）

动科院：11 级动物科学双语班、11 级水产养殖班

兽医院：12 级动物医学汉 2 班、13 级汉药班

农学院：12 级植科班

生态院：13 级水土保持与荒漠化防治 1 班、12 级资源环境与城乡规划管理项目 3 班

机电院：12 级电气 1 班、12 级农机汉班

林学院：12 级城市规划 X1 班、11 级城市规划 X3 班

水建院：10 级水电 1 班、11 级土木 2 班

材艺院：12 级广告设计班、13 级材料科学与工程班

能源院：10 级交工 1 班、11 级道桥 2 班

经管院：13 级经济项目 1 班、农林经济管理双语项目 2 班

食品院：12 级安二 1 班、12 级食项 1 班

计算机院：11 级网络工程 2 班、12 级信息管理 2 班

生科院：13 生物科学 S1 班、13 生物科学 1 班

人文院：12 级行政管理蒙 2 班、13 级行政管理汉 1 班

外语院：11 级 2 班、13 级 2 班

理学院：12 级应用化学班、13 应用统计学班

国教院：13 级国教项目班

职　院：13 级园艺甲班、12 级系统维护班

五·四优秀团干部（共 200 人）　动科院：阿苏日呼　刘　洋　南　丁　王月娇　张　江　王彦东

兽医院：李薛强　邢梦春　乌吉木吉　乌达木　王　越　庄雨鑫

农学院：马鹏飞　白　鹏　白　杰　曲家良　冯　彪　白国庆

生态院：高培馨　王　莹　凤一鸣　田梦妮　张　超　张　岩　路又嘉　牛小辉　刘一宁

　　　　王瑞瑞　刘丹丹　李　菲　万　利　苗茗凯

机电院：刘　铸　边　疆　刘志远　杨懿　丽丽　黄　勇　乔吉群　海　梅　徐　越

温　强　王景铎　段宝磊　杜银全　李　鑫　王　旭　马龙兴

林学院：乌艺恒　马丽静　王惠玲　海　涵　吴小红　郭锁洁　袁　媛　姜　珊　巩胤辰
　　　　张　颖　郝思文　刚额日德尼　王超越　赵佳琪　王慧玲　张轶铭　马中冀　王文博

水建院：李　跃　李升虎　叶　杨　陈浩宇　李春江　田　旭　马晓凯　逯铭旭　马伯乐
　　　　高亚洲　李欣雨　孟　岳　艾晨亮　张亨年　孙战国　赵　鑫　岳彤钢　王建树
　　　　刘子龙　王　飞

材艺院：张振新　任　佳　侯雨东　路　婧　扈佳琪　郭艳年　陈　楠　张　超　韩敏讷
　　　　姜　萌

能源院：张景舜　王丽娇　杨　雯　张钰乐　高　楠　梁　文

经管院：刘星铭　刘香玉　姜昊雯　崔　宇　崔　波　张　洋　张　琳　徐　青　曲凌昕
　　　　朱　玲　李睿兆　李金瑞　樊诗洁　武　庭　沙如拉　王　琼　白　雪　董彩霞
　　　　蔡　磊　赵芸莹　钟师聪　闫少杰　马翰博　刘苏毓方　吴映萱　刘　洋

食品院：乔苑敏　刘　健　宋　徽　王文宇　王　婷　刘云山　阿斯哈　杜　宝　陈美瑄

计算机院：李海霞　侯志莹　韩璐璐　钱森鹏　孙艳君

生科院：鲁　姗　白　杨　马志霞　杨忠喆　赵　江　张　欣　沙日娜　潘　亮

人文院：顺布尔　梁红旭　宗　昊　林　洁　邵瑞霞　李欣圆　云灏媛　雪　梅

外语院：孙远鹏　王树飞　张　鑫　郝　婕

理学院：史思琦　张　爽　王志雄　崔　涛

国教院：李思奇

职院：冷国城　刘丽影　刘亚东　刘安琪　刘文波　包乌友娜　博子华　姚　明　康　禄
　　　张晓燕　张洪林　张金龙　张　静　曲志鹏　李志荣　李春广　李翔宇　杨　虹
　　　梁　丽　渠文星　王艳君　腾格尔　蔡玲玲　贾明耀　郝广利　郝永亮　郭二佳
　　　郭瑞峰　韩娟霞　马秀娟　高　岩　高晓菲

继教院：孟　和

五·四优秀共青团员（共343人）

动科院：郭宝珠　康德措　康瑞芬　刘波洋　那日苏　恩克孟都　其其日勒格　萨其日拉图
　　　　沈亚军　白嘎力　梁　玉

兽医院：武天鑫　王　丹　何小军　志　明　胡晓凤　青克尔　吴洛滨　何晓峰　彩丽干　赵乐凯

农学院：郑　伟　赵万凯　萨日耐　秦智远　祁文涛　白氏杰　王东升　温　新　武晓文
　　　　方　洁　张　婷　张　婷　党媛玥　丁翙羽

生态院：张素毓　王檬檬　于志强　张婷婷　张　欣　吴柯炎　戴旭光　薛慧芳　侯美丽
　　　　张　平　王淑娟　路　捷　白一杰　李　镯　刘宏利　闫伟岳　牛　凯　郭　月
　　　　常　成　姚　莹　麦莉斯　伊丽古玛　左彻力木格　石图布新

机电院：乔渝涵　王　帅　肖　滨　宋欣玥　师启飞　乌云达来　李大鹏　冯晓宇　刘　骁
　　　　赵文龙　雷禾雨　王　波　付晓楠　贾勇晨　刘小雪　敖木格图　王志研　邢慧超
　　　　杜晓雪　丁嘉伟　边　成　张文杰　雷龙韦征　贺　立　刘文杰

林学院：毕秀竹　姚建丽　达琳娜　王姝柠　毛虹禹　王丽宏　孙春丽　霍　宇　高悦茜
　　　　孙　翔　杨嘉妮　宝力德巴特尔　刘　洋　潘光琪　尤文阳　王川国　秦旦旦

韩阿茹娜　张萌萌　贾　澳　柳斌普宁

水建院:郭弋瑄　赵宏烨　张志强　那日苏　裴　哲　陈亭艳　霍静博　冯　浩　王琪雯
高栓伟　刘晶晶　辛　帅　任飞跃　刘　鹏　白文燕　张少华　代丽萍　赵越龙
崔　健　杨苏元　宇文静　王皓月　黄明娥　稼湘圆　崔动听　田云弟　苏晓春
朱容含　李海敏　曹晓强　景四乐　陈佳乐

材艺院:丰丽　伊拉图　李东鸣　梁志华　海　洋　王　伟　荣佳旭　赵叔军　郑东璞
卢江思嘉　王艺鸿　田　昕　薛　艳　任士明

能源院:任翔宇　陈　颖　陈荣智　阿勇嘎　王晓敏　刘　强　郑乾勇　夏　天　江　薇
张志强　金　星

经管院:乔　婧　乔新露　伊日贵　刘佳宁　刘洪亮　刘　臻　包木林格日乐图　潘　晨
史彧坤　周　平　哈布拉　回梓琪　国　伟　孙　亮　安　妮　崔　洁　康作如
张　天　张雨微　文　峰　朝鲁蒙　李　艳　李越鹏　杨彦平　杨雪娇　樊云腾
武耀莹　潘　博　王宁捷　王建茹　王雪娟　白锦旭　石　佳　石文秀　苏丹娜
范　敏　董雅婷　袁振洁　许　可　边　静　郑　爽　闫　鑫　陆天阳　陈璐璐
陈　阳　韩　鹏　马佳丽　高　义

食品院:张　永　张　宇　赵　哲　张　强　春　艳　董安利　哈丽娜　哈斯巴日苏　刘　娜
刘美莹　米轩熠　莫日更　苏日古嘎　王晨宇　王云铎　翟　桂　孟令慧　乔惠田
陈小青　邬春汀　赵　敏

计算机院:包婉莹　陈雅蓉　储少靖　郭建男　姜界磊　亢　杰　梁　艺　孙隆蚨　朱亚楠
杨惠婷

生科院:米丽媛　张一帆　李玉波　贺志云　李　晨　梁　欢　孙荆晶　田晓光　张科文
李　哲　刘　磊　陈　伟

人文院:于小丽　万　博　张双玲　锡林夫　雪　梅　董靖愉　于洪祥　青和乐　郭有森
王嘉滨　苏　颖　杜欣原

外语院:刘　静　石悦欣　贺　凯

理学院:于　佳　杜梅娟　兰晓晶　张素芳　赵　旭　高月霞

国教院:宿冉昀　何温心

职院:于　倩　刘　洁　刘　芳　刘芳芳　刘　韦　刚宝力道　吕翰东　吕鹏慧　吴冬梅
周子熇　周智双　呼伦塔拉　夏　甜　孙志文　尹瑞芳　张东琦　张思雨　张薇
张金影　张雪东　昝小静　李海燕　李项飞　杜　娟　杜烨然　杜　飞　杨　瑞
杨　静　樊翔茹　段海涛　段馨予　温瑞霞　王一麒　王佳瑶　王少泽　王瑞婷
王艺颖　班艳玲　田　通　白　微　白　雪　石荣荣　秋　雷　罗荣君　胡丹丹
胡飞雄　薛　烨　詹生伟　贾　媛　赵　婧　赵宇娜　赵　旭　赵钧实　郝运利
郭有超　郭福英　鄂佳琦　陈　辛　陈　鹏　陶　鹏　马海峰　高　欣　龙金飞

“五·四”优秀学生社团(共10个)

校级:爱心社、音乐嘉年华、微博协会、青春—在路上旅行社、晨雁话剧社、“conquer crew”街舞社、双节棍协会

经管院:企业经营模拟协会

食品院：唐思格艺术团

职院：百慧社团

"学雷锋"先进班集体（共34个）

动科院：13级动物科学试点蒙二班、13级动物科学汉二班

兽医院：13级检疫二班、12级动植物检疫S2班

农学院：12级园艺二班、13级植保二班

生态院：12级资源环境与城乡规划管理项目五班、13级农业资源管理蒙班

机电院：11级工业设计班、12级车辆工程双语班

林学院：13级园林双语二班、12级园林项目二班

水建院：10级水电一班、11级土木二班

材艺院：11级木材科学与工程双语班、12级环境艺术设计二班

能源院：13级新能源科学与工程班、13级森工班

经管院：13级农经SX1班、13级会计项目五班

食品院：13级安项2班、12级食蒙二班

计算机院：13级计科二班、13级软件工程二班

生科院：13生物工程1班、13生物工程2班

人文院：12级行政管理三班、13级行政管理汉二班

外语院：12级二班、13级一班

理学院：12级化学工程与工艺学班、12级统计学一班

职　　院：11级食教乙班、12级汽检乙班

教 育 教 学

本科生教育教学

【**本科生教育教学工作概述**】学校牢固树立教学工作的中心地位,切实把提高教育教学质量放在更加突出的位置,全面落实"教学质量管理年"实施方案,基本形成了"学校为指导、学院为主体、教研室(系)为核心"的三级教学管理体系。强化各级领导听课制度、校院两级教学督导制度,初步建立了覆盖全体教师和教学环节的监督评价机制。探索并建立了教学管理系统与学生工作系统联动机制。完善教学运行管理,取消了"二次清考",首次实施"结业离校"制;实施学分制下的弹性学制,进一步完善了学生学习成绩评定办法。制定并发布了学校《2013年度本科教学质量报告》,社会反馈意见较好。不断深化人才培养模式改革,完成了学分制下的本科专业"人才培养方案"及其配套教学大纲的修订工作,进一步优化了课程体系和教学内容,实施了《大学英语教学改革方案》。

一年来,学校不断加大教学基本建设,全年教学运行经费支出5100余万元,新增教学科研仪器设备值1.72亿元。认真落实学科专业建设规划,投入500万元建设新办专业教学条件(毕业生不足3届)。加大实验条件建设,完成了基础课实验教学中心、能源与交通工程技术实验教学中心和水利类国家特色专业实验教学平台等3项中央财政支持地方高校发展专项资金建设项目,"动物医学实验教学中心"获批国家级实验教学示范中心。加强实践教学条件建设,投入270万元建设了磴口、万家沟、赛罕乌拉等实习基地,完成了土右旗现代农业科技示范园区1360余万元的节水灌溉、护坡排水沟等项目。积极引进国外优质教育资源,制定了学校《聘请外国教师管理办法》,全年聘请外籍教师46人次,引进原版教材及参考书4318册,接待国外专家学者200余人次。加强教学研究改革,获自治区教学成果一等奖4项、二等奖5项、三等奖3项。推进质量工程项目建设,获批自治区专业综合改革试点项目1项、重点建设专业3个、精品课程6门、教学团队2个,有2人入选自治区级教学名师、1人入选自治区级教坛新秀。

【**本科专业设置**】2014年,为了适应社会需求,新增物联网工程专业。至此,学校设有本科专业78个,其中:农学类17个,工学类38个,理学类4个,经济学类2个,管理学类10个,法学类2个,文学类1个,艺术类4个。专业涵盖44个大类,形成了与内蒙古自治区经济社会发展相适应的门类齐全,布局合理,优势互补,特色鲜明的多科性本科教育体系。有11个一级、49个二级学科博士学位授权点,23个一级、99个二级学科硕士学位授权点,为本科专业提供强有力的支撑。

内蒙古农业大学普通高等教育本科专业设置情况一览表(2014)

专业代码	专业名称	年限	授予学位门类	专业设置	所在院系名称
130502	视觉传达设计	4	艺术学	1998	材料科学与艺术设计学院
130503	环境设计	4	艺术学	1998	材料科学与艺术设计学院
130504	产品设计	4	艺术学	1998	材料科学与艺术设计学院
082402	木材科学与工程	4	工学	1958	材料科学与艺术设计学院
080401	材料科学与工程	4	工学	2004	材料科学与艺术设计学院
081602	服装设计与工程	4	工学	2007	材料科学与艺术设计学院

专业代码	专业名称	年限	授予学位门类	专业设置	所在院系名称
082803	风景园林	4	艺术学	2012	材料科学与艺术设计学院
090301	动物科学	4	农学	1952	动物科学学院
090601	水产养殖学	4	农学	2000	动物科学学院
080202	机械设计制造及其自动化	4	工学	1994	机电工程学院
080205	工业设计	4	工学	2000	机电工程学院
080601	电气工程及其自动化	4	工学	2003	机电工程学院
082302	农业机械化及其自动化	4	工学	1960	机电工程学院
082303	农业电气化	4	工学	1960	机电工程学院
080207	车辆工程	4	工学	2006	机电工程学院
080901	计算机科学与技术	4	工学	1996	计算机与信息工程学院
080902	软件工程	4	工学	2006	计算机与信息工程学院
080903	网络工程	4	工学	2009	计算机与信息工程学院
120102	信息管理与信息系统	4	管理学	2000	计算机与信息工程学院
80905	物联网工程	4	工学	2014	计算机与信息工程学院
120201K	工商管理	4	管理学	1994	经济管理学院
120801	电子商务	4	管理学	2001	经济管理学院
120301	农林经济管理	4	管理学	1981	经济管理学院
120204	财务管理	4	管理学	2005	经济管理学院
120601	物流管理	4	管理学	2006	经济管理学院
120203K	会计学	4	管理学	2008	经济管理学院
020101	经济学	4	经济学	1993	经济管理学院
020301K	金融学	4	经济学	2002	经济管理学院
080702	电子科学与技术	4	工学	2006	理学院
081301	化学工程与工艺	4	工学	2006	理学院
071202	应用统计学	4	理学	2003	理学院
070302	应用化学	4	理学	2004	理学院
083102K	消防工程	4	工学	2005	林学院
082802	城乡规划	4	工学	2007	林学院
090501	林学	4	农学	1958	林学院
090503	森林保护	4	农学	1999	林学院
090502	园林	4	农学	1996	林学院
081801	交通运输	4	工学	1999	能源与交通工程学院
082401	森林工程	4	工学	1958	能源与交通工程学院
081802	交通工程	4	工学	2005	能源与交通工程学院
080503T	新能源科学与工程	4	工学	2010	能源与交通工程学院
081006T	道路桥梁与渡河工程	4	工学	2010	能源与交通工程学院

续表

专业代码	专业名称	年限	授予学位门类	专业设置	所在院系名称
090101	农学	4	农学	1958	农学院
090102	园艺	4	农学	1993	农学院
090106	设施农业科学与工程	4	农学	2004	农学院
090103	植物保护	4	农学	1959	农学院
090104	植物科学与技术	4	农学	2003	农学院
090105	种子科学与工程	4	农学	2003	农学院
030101K	法学	4	法学	2004	人文社会科学学院
030302	社会工作	4	法学	2003	人文社会科学学院
120402	行政管理	4	管理学	1999	人文社会科学学院
083001	生物工程	4	工学	1998	生命科学学院
081302	制药工程	4	工学	2006	生命科学学院
071002	生物技术	4	理学	1996	生命科学学院
071001	生物科学	4	理学	2003	生命科学学院
120404	土地资源管理	4	管理学	1999	生态环境学院
070503	人文地理与城乡规划	4	管理学	2000	生态环境学院
090701	草业科学	4	农学	1958	生态环境学院
090203	水土保持与荒漠化防治	4	农学	1960	生态环境学院
090201	农业资源与环境	4	农学	1995	生态环境学院
082701	食品科学与工程	4	工学	1993	食品科学与工程学院
081702	包装工程	4	工学	1999	食品科学与工程学院
082702	食品质量与安全	4	工学	2003	食品科学与工程学院
082705	酿酒工程	4	工学	2013	食品科学与工程学院
090403T	动植物检疫	4	农学	2005	兽医学院
090401	动物医学	4.5	农学	1952	兽医学院
090402	动物药学	4	农学	2012	兽医学院
081001	土木工程	4	工学	2001	水利与土木建筑工程学院
081003	给排水科学与工程	4	工学	1994	水利与土木建筑工程学院
081102	水文与水资源工程	4	工学	1978	水利与土木建筑工程学院
082502	环境工程	4	工学	1995	水利与土木建筑工程学院
082305	农业水利工程	4	工学	1958	水利与土木建筑工程学院
081201	测绘工程	4	工学	2005	水利与土木建筑工程学院
082801	建筑学	5	工学	2008	水利与土木建筑工程学院
081101	水利水电工程	4	工学	2009	水利与土木建筑工程学院
081401	地质工程	4	工学	2010	水利与土木建筑工程学院
120105	工程造价	4	工学	2012	水利与土木建筑工程学院
050201	英语	4	文学	2001	外国语言学院

【课程开设及任课教师职称结构】

任课教师职称结构如下表所示：

内蒙古农业大学2013年任课教师职称结构统计表

项目 学年度	总人数	教 授 （或相当职称）		副教授 （或相当职称）		讲师 （或相当职称）		助教 （或相当职称）	
		人数	%	人数	%	人数	%	人数	%
2014	1268	266	21	459	36	440	35	103	8

【课堂教学】 2014年,组织师生开展了对多媒体设备、网络课程平台、综合教务系统的培训。通过网络教学,增强了师生的互动与交流;以示范课程为标准,优化教学方法和教学手段,提高了教师专业水平和能力,起到了相互学习、相互促进作用。开展了"绿色课堂"等活动,采取了多媒体教学改革等提高课堂教学效果的各种措施,加强了课堂教学的管理。完成教学安排、排课记录7000多条;辅导338人次应届毕业生人文、计算机类拓展课程。全年开出3229门、8117门次课程,其中,核心课程1812门、5316门次;拓展课程1419门、2784门次。

在考试考核方式上,针对课程特点,丰富考试考核形式,选择科学合理的考试考核方式。根据课程的不同性质和特点,采用了开卷、闭卷、机考、网考等考试形式。

在考试考核方法上,改变以往的期末考试"一考定成败",将学生学习过程出勤情况、课堂讨论、课堂提问、课堂测验、作业等作为平时成绩,使平时成绩或平时成绩加期中考试成绩占到了总成绩的30%～40%,以综合评定成绩。

学校大力推行诚信考试教育,通过校园大屏幕视频宣传,设立诚信考场,集中安排专业课程考试,成立校、院两级考试领导小组,进一步加强考务管理,加大考场巡查力度,强化巡视检查的力度,严肃校纪校规,整顿考风考纪,严格对教职工和学生的教育和管理,鼓励教师改革考试考核方式、方法等举措,使考风考纪得到了明显的改善。

完成了双学位班的教学安排及608名双学位班学生的毕业论文答辩和毕业审核工作。组织10个双学位专业招收本年度双学位学生共计957名。

【实践教学】 学校在各专业课程体系中,构建了"四层次"(基本技能训练、专业基础训练、专业能力训练、综合素质训练)和"两课堂"(课堂、实践)立体式实践教学架构,形成层次分明,前后衔接,循序渐进,由单一到综合,由简单到复杂,由一般设计到研究创新,贯穿始终的利于培养学生创新精神和实践能力的实践教学体系。将0.5学分以上的实验单列为课程,与理论教学科学搭配。增加了实践教学环节的比重,除英语专业18%以外,其他专业都达到26%～38%。学校拨给各学院充足的实验、实习经费,有力地支持了实践教学环节能够按培养计划要求开展。多数学院在校外建立实践教学基地,安排学生到企业开展实践教学,既提高了教师和学生的实践动手能力,又使学生了解企业,毕业后很快胜任工作。同时,通过加强对实验、实习、实训、科研训练等实践环节的管理,有效地保证了实践教学质量。

【毕业论文(设计)】 为落实教育部《学位论文作假行为处理办法》有关规定,学校对《毕业论文(设计)工作条例》进行了修订,明确了质量标准和要求,加强了过程管理,着重强调学术道德和学术规范,严格要求学生在教师指导下独立完成毕业论文。同时,要求各学院根据专业特点,针对毕业论文(设计)选题、开题、撰写、评阅、答辩和成绩评定等各个环节制定了相应的补充规定。学校坚持督查毕业论文(设计)的同时,使用"大学生论文抄袭检测系统"进行筛查,收到显著效果。目前,毕业生论文(设计)选题广泛,覆盖面宽,难易适中,反映了本科毕业生专业知识的综合运用及分析问题和解决问题的能力。

【教学团队】 学校以教学团队建设作为教学队伍建设的抓手,并要求校级教学团队要建立有效的团队合作机制,积极改革教学内容和方法,开发教学资源,促进教学研讨和教学经验交流,推进教学工作的传、帮、带,建立老中青相结合的教学梯队,不断提高教师的教学水平,有效提高教育教学质量。

内蒙古农业大学2014年校级"教学团队"建设项目一览表

序号	团队名称	教学单位	团队带头人
1	园艺专业英汉双语课程教学团队	农学院	霍秀文
2	植物病理学教学团队	农学院	周洪友
3	遥感技术应用教学团队	林学院	安慧君
4	电力电子与电力传动系列课程教学团队	机电工程学院	宗哲英
5	工商管理专业教学团队	经济管理学院	乔光华
6	线性代数教学团队	理学院	吴国荣
7	物理化学教学团队	理学院	张秀芳
8	健美操教学团队	体育教学部	杨 静
9	建筑工程技术专业教学团队	职业技术学院	贾克力

内蒙古农业大学2014年推荐自治区级"教学团队"建设项目汇总表

排序	团队名称	带头人	类别	一级学科	二级学科
1	电工电子系列课程教学团队	李海军	本科	工学	电气信息类
2	森林资源经营管理教学团队	铁 牛	本科	农学	森林资源类

【教学名师】

内蒙古农业大学2014年校级教学名师和教坛新秀

序号	年度	类别	学院	姓名
1	2014	校级教学名师	动物科学学院	闫素梅
2	2014	校级教学名师	兽医学院	哈斯苏荣
3	2014	校级教学名师	兽医学院	杨银凤
4	2014	校级教学名师	林学院	白淑兰
5	2014	校级教学名师	理学院	吕 雄
6	2014	校级教学名师	理学院	布和额尔敦
7	2014	校级教学名师	马克思主义学院	霍如涛
8	2014	校级教学名师	职业技术学院	付和平
9	2014	校级教坛新秀	动物科学学院	娜仁花（小）
10	2014	校级教坛新秀	农学院	刘 艳
11	2014	校级教坛新秀	林学院	萨如拉

续表

序号	年度	类别	学院	姓名
12	2014	校级教坛新秀	生态环境学院	刘瑞香
13	2014	校级教坛新秀	机电工程学院	侯占峰
14	2014	校级教坛新秀	机电工程学院	曲 辉
15	2014	校级教坛新秀	机电工程学院	葛丽娟
16	2014	校级教坛新秀	能源与交通工程学院	辛海升
17	2014	校级教坛新秀	经济管理学院	张建成
18	2014	校级教坛新秀	计算机与信息工程学院	张立倩
19	2014	校级教坛新秀	计算机与信息工程学院	白戈力
20	2014	校级教坛新秀	生命科学学院	刘惠荣
21	2014	校级教坛新秀	外国语言学院	李 剑
22	2014	校级教坛新秀	外国语言学院	常 云
23	2014	校级教坛新秀	理学院	刘菊红
24	2014	校级教坛新秀	理学院	马文斌
25	2014	校级教坛新秀	人文社会科学学院	张美英
26	2014	校级教坛新秀	马克思主义学院	陈秋枫
27	2014	校级教坛新秀	职业技术学院	杨忠仁

内蒙古农业大学 2014 年自治区级教学名师和教坛新秀

序号	年度	类别	学院	姓名
1	2014	自治区教学名师	计算机与信息工程学院	薛河儒
2	2014	自治区教学名师	职业技术学院	郝拉柱
3	2014	自治区教坛新秀	机电学院	宗哲英

【品牌专业】根据品牌专业建设管理规定,学校对校级品牌专业给予政策倾斜和经费支持,在招生简章上注明品牌专业;学校坚持"准确定位、注重内涵、突出优势、强化特色"的原则,以课程体系和教学内容的改革为核心,以人才、教材和器材建设为主要内容,通过开展培养模式、教学内容、教学方法、考试方式等方面系列化建设与改革,形成了一批特色鲜明的专业群,以及 10 个第二学位辅修专业。品牌专业的教师在申报学校教学成果奖、精品课程评选、教学研究立项等方面优先。各教学单位要加强对品牌专业建设的指导和支持,加大经费投入,落实相关政策,在师资队伍建设、教学条件改善、教学改革和管理等方面给予重点支持。各专业建设要明确目标,理清思路,按照《申报表》中的规划,开展建设并保证按期达到目标,充分发挥品牌专业的示范和带动作用。

2014 年,学校新增本科专业 2 个;评定校级"品牌专业"1 个;新增自治区级"重点建设专业"3 个,自治区级"专业综合改革试点项目"1 个;获批教育部"卓越农林人才教育培养计划"试点项目 2 项,其中,草业科学、动物科学、动物医学、食品科学与工程专业为"拔尖创新型人才培养计划试点项目";农学、林学、农业机械化及其自动化、农业水利工程专业为"复合应用型人才培养计划试点项目"。

内蒙古农业大学 2014 年"校级品牌专业"建设项目一览表

专业名称	学院	类别	专业负责人	设置时间
电子商务	职业技术学院	高职	樊文斌	2001 年

内蒙古农业大学 2014 年推荐自治区级重点建设专业汇总表

排序	专业名称	专业负责人	类别	一级学科	二级学科
1	农业水利工程	史海滨	本科	工学	农业工程类
2	水土保持与荒漠化防治	高 永	本科	农学	自然保护与环境生态类
3	园艺技术	葛茂悦	高职	农林牧渔类	农业技术类

截至 2014 年年底,学校共有自治区级品牌专业 40 个;自治区级"专业综合改革试点项目"1 个;自治区级"实验教学示范中心"8 个,国家级实验教学示范中心 1 个。

【特色专业】学校现有国家级特色专业 7 个,国家级"人才培养模式创新试验区"1 个,国家级"专业综合改革试点项目"1 个,国家级"卓越农林人才教育培养计划"试点项目 2 项 8 个专业。

【精品课程】学校重视课程建设,注重理论联系实际,力求更新教学内容,优化知识结构,提高学生动手能力,课程建设取得显著成效。精品课程建设主要是网络资源的建设与开发,课程负责人按照《国家精品课程建设评估指标》要求,登录学校"网络教学综合平台",点击"精品课程"栏目,进入编辑页面开展建设。至少上传 3 位主讲教师的教学录像,每人不少于 45 分钟,教学录像使用录播教室自行录制。必须同步建设网络课程,开展网络辅助教学。每门课程建设经费 5000 元,由教务处统一管理,保证年内完成建设。

2014 年,评定 16 门校级精品课程建设项目,获批 6 门自治区级精品课程。

内蒙古农业大学 2014 年校级"精品课程"建设项目一览表

序号	课程名称	教学单位	课程负责人
1	水生生物学	动物科学学院	齐景伟
2	兽医微生物学	兽医学院	格日勒图
3	城市绿地规划	林学院	白恒勤
4	营林学	林学院	德永军
5	土壤侵蚀学	生态环境学院	秦富仓
6	汽车设计	机电工程学院	陈 智
7	电气控制技术	机电工程学院	李海军
8	证券投资学	经济管理学院	孟凡杰
9	计量经济学	经济管理学院	乌云花
10	乳制品工艺学	食品科学与工程学院	双 全
11	农产品加工学	食品科学与工程学院	张美莉
12	化工原理	理学院	王克冰
13	风力发电原理	能源与交通工程学院	塔 娜
14	24 式太极拳	体育教学部	青 春
15	种子检验与储藏加工	职业技术学院	黄修梅
16	生产与运作管理	职业技术学院	高翠玲

内蒙古农业大学2014年推荐自治区级"精品课程"建设项目汇总表

排序	课程名称	负责人	类别	一级学科	二级学科
1	电气控制技术	李海军	本科	工学	电气信息类
2	概率论与数理统计	吕雄	本科	理学	数学类
3	汽车保险与理赔	陈松利	本科	工学	交通运输类
4	森林生态学	高润宏	本科	农学	环境生态类
5	交通工程学	刘树民	本科	工学	交通运输类
6	市场营销学	吴光宇	高职	财经大类	市场营销类

　　截至2014年年底，学校共有校级精品课程227门，自治区精品课程78门，国家级精品课程5门；2门课入选"国家级精品资源共享课立项项目"。

　　【省部级资源共享课程】学校共有2门入选首批"国家级精品资源共享课立项项目"，其中1门（《家畜育种学》已上线教育部"爱课程网"）；有4门自治区级"优质精品课程"。

　　【教材建设】学校始终重视教材质量，鼓励教学经验丰富，学术造诣深厚，理论有高度，实践有招术的教师编写教材。2014年，编写实验实习指导书30种；完成内蒙古高校蒙编委规划选题6项；完成主编教材15种，正式出版9种；有2部教材被教育厅推荐为"十二五"国家规划教材第二次遴选选题；有《大学物理学》《线性代数》《家畜解剖学及组织胚胎学》《金融学基础》等4部教材，获中华农业科教基金会"优秀教材资助项目"。

　　自"十一五"以来，有42部教育部面向21世纪课程教材，1部国家百门精品课程教材，2部获中华科教基金奖，3部获国家级教材奖，95部国家规划教材，其中，7部国家级重点教材。

　　教材选用方面，坚持优先选用国家规划教材，省部级优秀教材或国家各大出版社最新版教材，并严格选用过程管理，杜绝了劣质教材进课堂，使选用教材优秀率达85%，英文原版教材选用率达到70%。从而，保证了教材质量，满足了教学需要。

内蒙古农业大学2014年度教师编写教材目录

序号	教材名称	单价（元）	主编	参编	文字	出版社	出版时间	版次	千字数	备注
1	古典音乐欣赏	19	高宏宇		汉	中国林业出版社	2014.2	1	200	
2	工程力学	36	申向东		汉	中国水利水电出版社	2014.1	1	427	十二五规划
3	工程地质实习指导书	18	黄磊		汉	黄河水利出版社	2014.4	1	156	
4	畜产食品加工学	45		田建军	汉	中国轻工业出版社	2014.1	1	519	十二五规划
5	普通化学	29	敖特根		汉	中国农业出版社	2014.8	1	362	十二五规划

序号	教材名称	单价（元）	主编	参编	文字	出版社	出版时间	版次	千字数	备注
6	风景园林制图	38		闫晓云	汉	中国林业出版社	2014.8	1	500	十二五规划
7	兽医药理学	38	哈斯苏荣		汉	中国林业出版社	2014.4	1	490	十二五规划
8	土木工程测量学习指导	38		李瑞平	汉	人民交通出版社	2014.4	1	310	十二五规划
9	灌溉排水工程学	38	史海滨		汉	黄河水利出版社	2014.5	1	381	

【民族教育】2014 年，校本部在 40 个专业开展民族教育，其中有 14 个本科专业开设蒙汉双语授课班，26 个专业开设民族预科班。共有蒙古语授课在校生 2863 人（含民族预科生 261 人），占在校生的10.34%。对于蒙古语授课少数民族学生，采取了"削枝强干，单独编班，小班上课，蒙汉双语授课，配发蒙汉两种文字教材，加大 10% 的授课学时，实施外语、计算机、汉语文长线教育"等措施，教育教学过程充分体现了"以人为本，因材施教"的理念，实现了"蒙汉兼通专业人才"的培养目标。教改项目《草原畜牧业蒙汉兼通专业人才培养模式的探索与实践》获第六届国家级教学成果二等奖。

内蒙古农业大学蒙汉双语授课专业一览表

专业代码	专业名称	学科门类	所在学院
090301	动物科学	农学	动物科学学院
090401	动物医学	农学	兽医学院
090402	动物药学	农学	兽医学院
090501	林学	农学	林学院
090502	园林	农学	林学院
090503	森林保护	农学	林学院
090701	草业科学	农学	生态环境学院
090201	农业资源与环境	农学	生态环境学院
082302	农业机械化及其自动化	工学	机电工程学院
110401	农林经济管理	管理学	经济管理学院
082701	食品科学与工程	工学	食品科学与工程学院
110301	行政管理	管理学	人文社会科学学院
030302	社会工作	法学	人文社会科学学院

【英汉双语教学】近年来，学校以中外合作办学项目为载体，加强与国外大学的办学合作，积极引进国外优质教育资源，不断加强"英汉"双语授课课程和专业建设，目前"英汉"双语授课的专业已发展到 18个。实施了"英汉"双语授课教师出国培训计划，先后派出 380 名教师、管理干部赴国外培训学习。教改项目《以引进国外优质教育资源为动力，促进本科教育质量的提高》获第七届自治区级教学成果一等奖。

内蒙古农业大学英汉双语授课专业一览表

代码	名称	专业学科门类	所属院系
130504S	产品设计S	艺术学	材料科学与艺术设计学院
082402S	木材科学与工程S	工学	材料科学与艺术设计学院
090301S	动物科学S	农学	动物科学学院
080207S	车辆工程S	工学	机电工程学院
080901S	计算机科学与技术S	工学	计算机与信息工程学院
080902S	软件工程S	工学	计算机与信息工程学院
080903S	网络工程S	工学	计算机与信息工程学院
020301KS	金融学S	经济学	经济管理学院
120301S	农林经济管理S	管理学	经济管理学院
090502S	园林S	农学	林学院
090101S	农学S	农学	农学院
090102S	园艺S	农学	农学院
030101KS	法学S	法学	人文社会科学学院
071002S	生物技术S	理学	生命科学学院
071001S	生物科学S	理学	生命科学学院
090701S	草业科学S	农学	生态环境学院
082701S	食品科学与工程S	工学	食品科学与工程学院
090403TS	动植物检疫S	农学	兽医学院
082305S	农业水利工程S	工学	水利与土木建筑工程学院

【本科教学质量工程】2014年4月23日,为贯彻落实《教育部财政部关于"十二五"期间实施"高等学校本科教学质量与教学改革工程"的意见》(教高〔2011〕6号)文件精神,加强教学质量工程项目的各项建设,深化教育教学改革,有的放矢地解决问题,有效提高人才培养质量,学校印发了《关于申报2014年校级精品课程、教学团队和品牌专业的通知》(内农大教字〔2014〕8号),继续组织开展了精品课程、教学团队、品牌专业和教育教学改革研究选题申报工作,收到显著效果。

学校以校级质量项目建设为基础,构建了学校、自治区、国家三级的质量工程建设体系,开展质量工程项目建设工作扎实有效。各级"质量工程"项目建设,通过全程监控管理,已形成了有效的工作机制和管理规范,保证了质量工程的实施效果。

截至2014年年底,学校共批准立项教育教学改革项目232项,资助资金81.4万元,获得内蒙古高等学校公共课教学改革立项8项,已完成并结题;批准大学生科技创新基金项目立项192项,资助资金38.4万元;立项建设或评定校级"质量工程"项目446项,其中,"精品课程"227门,"教学团队"82个,"品牌专业"56个,"教学名师"25名,"教坛新秀"56名;荣获自治区级"质量工程"项目183项,其中,"精品课程"78门,"优质精品课程"4门,"教学团队"16个,"品牌专业"40个,自治区重点建设专业3个,"教学名师"21名,"教坛新秀"12名,实验教学示范中心8个,"专业综合改革试点"项目1个;荣获国家级"质量工程"项目23项,其中,"精品课程"5门,"精品资源共享课"2门,"教学团队"1个,"特色专业"7个,"教学名师"1名,"大学生文化素质教育基地"1个,"国家人才培养试验区"1个,实验教学示范中心 2 个,"专业综合改革试点"项目 1 个,"卓越农林人才教育培养计划项目试点"2 个(首批获得拔尖创新型农林人才培养模式改革试点项目 1 项,涵盖动物科学、动物医学、草业科学、食品科学与工程等四个专业;复合应用型农林人才培养模式改革试点项目 1 项,涵盖农学、林学、农业机械化及其自动化、农业水利工程等四个专业)。国家级和自治区"质量工程"项目数量,位居全区高校前列。

内蒙古农业大学"质量工程"项目汇总表

项目类型	自治区级(省部级)		国家级	
	总数	2014 年新增数	总数	2014 年新增数
教学团队	16	2	1	
教学名师奖	21	2	1	
教坛新秀奖	12	1		
精品课程	78	6	5	
实验教学示范中心	8		1	
品牌专业	40			
专业综合改革试点	2	1	1	
卓越计划			2	2
特色专业建设点			7	
获奖教材	13		19	
人才培养模式创新实验区			1	
大学生校外实践教育基地建设项目				
农科教合作人才培养基地			1	
优质精品课程	4			
国家精品资源共享课程			2	1
自治区重点建设专业	3	3		
国家规划教材			95	
国家级重点教材			7	
教育部面向 21 世纪课程教材			42	
国家百门精品课程教材			1	
中华科教基金奖			2	
教学成果奖	59	12	8	
国家级野外观测站			1	
教育部省部共建重点实验室			2	
国家林业局重点实验室			1	
自治区重点实验室	8			
自治区工程技术中心	3			

续表

项目类型	自治区级（省部级）		国家级	
	总数	2014 年新增数	总数	2014 年新增数
高校重点实验室	2			
自治区人文社科基地	2			
自治区高校重点实验室（工程研究中心）培育基地	2			
教育部科技创新团队			1	
自治区候选科技创新团队	7			
大学生文化素质教育基地			1	
教育部教学工作水平评估优秀			2	
全国普通高等学校优秀教务处			2	

【教学成果】2014 年,内蒙古自治区人民政府办公厅《关于公布 2013 年高等教育自治区级教学成果奖评审结果的通知》(内政办字〔2014〕46 号)称:高等教育自治区级教学成果奖是自治区高等教育教学领域的最高奖励,授予在高等教育教学工作中做出突出贡献,取得显著成果的集体和个人。获奖成果是广大教师和教学管理人员等在教学及教学管理工作中取得的创造性成果,体现了各高等学校对提高教育教学质量和教学研究水平的高度重视。本届评审结果:学校共获得自治区级教学成果奖 12 项,其中一等奖 4 项、二等奖 5 项、三等奖 3 项。

值得一提的是,学校因始终坚持"教学、科研、社会实践三结合"的育人途径,着力建立专业教育、能力培养、人文素养有机融合的课程体系和校企合作、产学融合的培养模式,培养下得去、留得住、用得上、懂经营、善管理、能创业的农牧林业适用型高级专业技术人才。教改项目《创新实习基地建设途径,稳步提高实践教学水平》获第七届自治区级教学成果一等奖,而其相关教改项目《面向经济建设,坚持"教学、科研、社会实践三结合"的探索和实践》早在 1993 年曾获第二届国家级教学成果一等奖。

截至 2014 年,学校共获国家级"质量工程项目"36 项,自治区级"质量工程项目"189 项,位居全区高校前列;共获国家级教学成果奖 8 项,自治区级教学成果奖 59 项。

研究生教育教学

【学位与研究生教育工作概述】内蒙古农业大学研究生教育始于 20 世纪 60 年代,1979 年恢复研究生招生,1981 年被国务院学位委员会批准为首批硕士学位授予单位,1993 年获得博士学位授予单位。学校的研究生德育培养目标是"保障学生身心健康,促进学生德、智、体、美全面发展"。硕士研究生学术培养目标是在本门学科领域掌握坚实的基础理论和系统的专门知识,具有从事科学研究工作或独立担负专门技术工作的能力;博士研究生学术培养目标是在本门学科领域掌握坚实的基础理论和系统深入的专门知识,具有独立从事科学研究工作的能力,能够在科学或专门技术上做出创造性的成果。

2014 年在校博士研究生和硕士研究生人数共计 4027 人。其中,博士研究生 453 人,硕士研究生 3574 人。硕士研究生中,全日制学术型硕士研究生和全日制专业学位硕士研究生 2033 人,非全日制专业学位研究生 1541 人。

2014 年学校共招收博士研究生和硕士研究生 1329 人。其中,博士研究生 109 人,硕士研究生 1220 人。录取的硕士研究生中,全日制学术型硕士研究生 497 人,全日制专业学位硕士研究生 278 人,;非全日制专业学位研究生 445 人。

2014 年学校共有研究生导师 431 人,其中博士生导师 126 人(含联合培养导师 12 人),硕士生导师 431 人(含联合培养导师 38 人)。2014 年学校博士研究生和硕士研究生的生师比分别是 3.4 : 1 和 4.7 : 1。

研究生导师中,具有国家专家称谓的导师有 88 人。其中,有"新世纪百千万人才工程"国家级人选 6 人,全国教学名师、全国师德标兵、长江学者特聘教授、国家杰青及中国青年女科学家各 1 人,教育部 新世纪优秀人才资助计划 6 人,教育部科技创新团队 2 个,教育部教学团队 3 个。享受国务院特殊津贴 68 人,全国"优秀科技工作者" 3 人,自治区五一劳动奖章获得者 1 人。获得自治区专家称谓和省部级 及其以上级别荣誉称号的导师有 177 人。其中,自治区"333 人才引进工程"首席专家 3 人,自治区"321 人才工程"第一、第二、第三层次人选 21 人,自治区"111 人才工程"第一、第二、第三层次人选 87 人,自 治区优秀研究生导师 7 人,自治区级教学名师 17 人,自治区级优秀教师 11 人,自治区优秀科技工作者 5 人,自治区深入生产第一线做出突出贡献的科技人员 15 人,列入自治区优秀学科带头人支持计划 2 人, 入选自治区草原英才工程人选 51 人,自治区有突出贡献的中青年专家 40 人,自治区产业创新创业团队 16 个。

学校研究生的规定学制为:博士研究生 3 年,最长期限为 6 年;学术型硕士研究生 3 年,最长期限为 5 年;全日制专业型硕士学位研究生 2 年,最长期限为 3 年。2014 年共毕业博士 93 名,授予博士学位 62 名。2014 年共毕业硕士 694 名,其中毕业学术型硕士 453 名,专业型硕士 241 名,高校教师攻读硕士学 位 2 名。授予硕士学位 971 名,其中,授予学术型硕士学位 458 名,全日制专业型硕士学位 240 名,非全 日制专业型硕士学位 273 名。

学校实行博士学位论文校外专家盲审制度,盲审通过率为 88.6% ;全日制硕士学位论文校内与校 外盲审通过率是 99.7% ,非全日制专业学位论文外校盲审通过率为 84% 。2014 年学校 12 篇校级优秀 博士学位论文和 35 篇校级优秀硕士学位论文参加自治区优秀学位论文评选,其中,入选自治区优秀博 士学位论文 4 篇,自治区优秀硕士学位论文 12 篇。2014 年国家教育部抽查的 11 篇博士学位论文全部 合格。

2014 年学校有 62 名研究生获得了国家奖学金,826 名研究生获得了自治区学业奖学金。

内蒙古农业大学博士后科研流动站一览表

序号	名称	批准时间
1	畜牧学	2001 年
2	农业工程	2003 年
3	林学	2007 年
4	兽医学	2009 年
5	草学	2012 年
6	生物学	2012 年
7	林工工程	2014 年
8	农业经济管理	2014 年
9	生态学	2014 年
10	作物学	2014 年

内蒙古农业大学授予博士学位一级学科目录

序号	一级学科代码	一级学科名称	批准时间
1	0710	生物学	2011 年
2	0713	生态学	2011 年
3	0828	农业工程	2003 年
4	0829	林业工程	2006 年
5	0832	食品科学与工程	2011 年
6	0901	作物学	2006 年
7	0905	畜牧学	2000 年
8	0906	兽医学	2003 年
9	0907	林学	2006 年
10	0909	草学	2011 年
11	1203	农林经济管理	2011 年

内蒙古农业大学授予博士学位二级学科目录

序号	一级学科代码	一级学科名称	二级学科代码	二级学科名称	批准时间
1	0902	园艺学	090202	蔬菜学	2006 年
2	0903	农业资源与环境	090301	土壤学	2006 年

内蒙古农业大学授予硕士学位一级学科目录

序号	一级学科代码	一级学科名称	批准时间
1	0202	应用经济学	2011 年
2	0710	生物学	2006 年
3	0713	生态学	2011 年
4	0802	机械工程	2011 年
5	0812	计算机科学与技术	2011 年
6	0815	水利工程	2011 年
7	0828	农业工程	2003 年
8	0829	林业工程	2006 年
9	0832	食品科学与工程	2006 年
10	0834	风景园林学	2011 年
11	0835	软件工程	2011 年
12	0901	作物学	2006 年

续表

序号	一级学科代码	一级学科名称	批准时间
13	0902	园艺学	2006 年
14	0903	农业资源与环境	2006 年
15	0904	植物保护	2011 年
16	0905	畜牧学	2000 年
17	0906	兽医学	2003 年
18	0907	林学	2006 年
19	0909	草学	2011 年
20	1201	管理科学与工程	2006 年
21	1202	工商管理	2011 年
22	1203	农林经济管理	2006 年
23	1204	公共管理	2011 年

内蒙古农业大学授予硕士学位二级学科目录

序号	一级学科代码	一级学科名称	二级学科代码	二级学科名称	批准时间
1	0305	马克思主义理论	030501	马克思主义基本原理	2006 年
2	0305	马克思主义理论	030505	思想政治教育	2006 年
3	0805	材料科学与工程	080503	材料加工工程	2003 年
4	0814	土木工程	081402	结构工程	2006 年
5	0814	土木工程	081403	市政工程	2006 年
6	0822	轻工技术与工程	082203	发酵工程	2003 年
7	1305	设计学	1305L1	设计艺术学	2006 年

内蒙古农业大学目录外增设学科目录

序号	学科门类	一级学科名称	增设学科名称	授权点类别
1	经济学	应用经济学	经济数学	硕士点
2	工学	水利工程	水利信息与测绘技术	硕士点
3	工学	农业工程	农业信息技术	博士硕士点
4	工学	农业工程	农业水资源利用与保护	博士硕士点
5	工学	农业工程	农业水利工程	博士硕士点
6	农学	作物学	种子科学与技术	博士硕士点
7	农学	作物学	作物保护学	博士硕士点
8	农学	园艺学	观赏园艺	硕士点
9	农学	畜牧学	动物生产学	博士硕士点

内蒙古农业大学专业学位授权点目录

序号	学位类别（代码）	专业领域（代码）	批准时间
1	工程硕士（0852）	机械工程（085201）	2010 年
2		材料工程（085204）	2010 年
3		水利工程（085214）	2009 年
4		建筑与土木工程（085213）	2014 年
5		轻工技术与工程（085221）	2009 年
6		农业工程（085227）	2004 年
7		林业工程（085228）	2005 年
8		食品工程（085231）	2005 年
9		生物工程（085238）	2009 年
10		项目管理（085239）	2010 年
11	农业硕士（0951）	植物（095101）	2000 年
12		园艺（095102）	2001 年
13		农业资源利用（095103）	2001 年
14		植物保护（095104）	2001 年
15		养殖（095105）	2000 年
16		草业（095106）	2005 年
17		林业（095107）	2002 年
18		种业（095108）	2010 年
19		农村与区域发展（095110）	2004 年
20		农业科技组织与服务（095111）	2006 年
21		农业信息化（095112）	2006 年
22		渔业	2011 年
23		设施农业	2010 年
24		食品加工与安全（095113）	2006 年
25	兽医硕士（0952）	兽医（095200）	2000 年
26	风景园林硕士（0953）	风景园林（095300）	2010 年
27	林业硕士（0954）	林业（095400）	2010 年
28	公共管理硕士（1252）	公共管理（125200）	2010 年
29	会计硕士（1253）	会计（125300）	2014 年

博士研究生指导教师

学科名称	博士研究生指导教师
生物学	周欢敏、张焱如、韩　冰、李国婧、刘惠荣、万　方、张　峰、王瑞刚、冯福应、王茅雁、张少英、樊明寿
生态学	周　梅、邬建国、沃特威尔斯、韩国栋、赵萌莉
农业工程	武　佩、王春光、张　强、杜文亮、赵满全、杜健民、姬宝霖、陈　智、史海滨、申向东、魏占民、屈忠义、高占义、李畅游、刘廷玺、朱仲元、裴国霞、薛河儒、付学良、高　静
林业工程	王喜明、安　珍、黄金田、朱守林、戚春华
食品科学与工程	张和平、张美莉、贺银凤、董同力嘎、靳　烨、格日勒图、孙天松、孟和毕力格、吉日木图
作物学	陈　勤、庞保平、赵　君、康　乐、逯晓萍、侯建华、于　卓、高聚林、官春云、蒙美莲、张永平、刘景辉
畜牧学	敖日格乐、史彬林、李金泉、芒　来、闫祖威、娜仁花、张家新、张文广 侯先志、敖长金、闫素梅、王加启
兽医学	李培锋、曹贵方、王凤龙、王纯洁、刘淑英、曹金山、杨银凤、李云章、杨　英、巴音吉日嘎拉、贾幼陵、杨晓野、郝永清、夏威柱、呼和巴特尔 韩润林
林学	白淑兰、张国盛、段立清、张秋良、安慧君、闫　伟、王林和、姚云峰、高　永、汪　季、刘　静、李钢铁、刘果厚、周材权
草学	李青丰、卫智军、米富贵、武晓东、贾玉山、王明玖、石凤翎、宛　涛
农林经济管理	包庆丰、盖志毅、修长百、张心灵、乔光华、李主其、赵元凤
蔬菜学	云兴福、郝丽珍、崔世茂、李连国
土壤学	李跃进、索全义

硕士研究生指导教师

学科名称	硕士研究生指导教师
应用经济学	赵益平、张建成、刘亚钊、黄先俊、根　锁、张　立、姚凤桐、杜富林、张彩琴、苏金梅
生物学	周欢敏、张焱如、张　立、刘迎春、曹俊伟、张子义、张　峰、魏建民、王玉珍、王瑞刚、王桂花、万　方、刘惠荣、李国婧、丛靖宇、闫祖威、李凤敏、冯永娥、包　锦、阿木古楞、宝力德、赵国芬、姚庆智、冯福应、韩冰、尹　俊、杨　燕、王茅雁、白　薇、张少英、张力君、史树德、樊明寿
生态学	周　梅、赵萌莉、张　昊、岳永杰、邬建国、沃特·威尔斯、王明玖、蒙　荣、马秀枝、刘瑞香、李青丰、高润宏
机械工程	张　永、郁志宏、张　云、塔　娜、高　雄、杜文亮、杜建民、卜乐平
计算机科学与技术	薛河儒、付学良、潘新、周根宝
水利工程	邹春霞、申向东、李晓丽、李　平、刘全明、李瑞平、张志澍、牟献友、郝拉柱、张圣微、张　生、贾德彬、马　龙、刘小燕、贾克力、郭中小、魏永富、朱仲元、刘廷玺、李畅游、冀鸿兰、高瑞忠
农业工程	钱珊珠、李海军、郭　永、毕玉革、武　佩、赵士杰、赵满全、张　强、吴桂芳、王　芳、王春光、田海清、刘伟峰、李　林、李旭英、姬宝霖、韩巧丽、杨树清、魏占民、史海滨、屈忠义、吕志远、李仙岳、李和平、何京丽、郭克贞、高占义、陈　智
林业工程	王　丽、盛显良、张明辉、张桂兰、于建芳、王雅梅、王　欣、冯利群、多化琼、安　珍、王喜明、朱守林、张　雁、王国忠、戚春华、梁　鸿、高明星
食品科学与工程	张美莉、包小兰、赵丽芹、赵丽华、张和平、张凤梅、杨晓清、杨　军、孙文秀、萨丽娜、李正英、吉日木图、白　英、贺银凤、韩育梅、范贵生、董同力嘎、张智武、高爱武、殷文政、邢黎明、吴　敬、王俊国、双　全、陈　霞、乌云达来、孟和毕力格、李少英、靳　烨、郭　军、格日勒图、云占友
风景园林学	张秀卿、韩轶、张鸿翎、段广德
软件工程	李美安、高静
作物学	武俊英、盛晋华、陈　勤、康　乐、张　辉、王树彦、齐冰洁、马艳红、马　庆、逯晓萍、侯建华、何丽君、白　晨、于　卓、郭世华、赵沛义、张永平、张　胜、张润生、王志刚、孙继颖、蒙美莲、李立军、高聚林、官春云、刘景辉
园艺学	李晓燕、贺学勤、郭金丽、白瑞琴、马　强、刘志华、刘　艳、李连国、樊　丽、云兴福、王　萍、石　岭、霍秀文、郝丽珍、崔世茂
农业资源与环境	钟志梅、许　辉、王克冰、代红光、安丽平、敖特根巴雅尔、张伟华、魏江生、李跃进、红　梅、包　翔、郑海春、乌　恩、李　斐、索全义、妥德宝

续表

学科名称	硕士研究生指导教师
植物保护	郑红丽、李海萍、赵建兴、史 丽、孟瑞霞、郝树光、白全江、段立清庞保平、景 岚、胡 俊、陈立红、周洪友、赵 君
畜牧学	张志刚、张 玉、张润厚、双 金、史彬林、齐景伟、娜仁花(小)、高爱琴、敖日格乐、安玉君、刘海涛、郑云胜、赵艳红、张燕军、张文广、张家新、娜仁花(大)、李玉荣、赖双英、金 凤、菊林花、芒 来、李金泉、闫素梅、敖长金、王海荣、吐日根白乙拉、李大彪、金 海、霍鲜鲜、胡明、王加启、侯先志、高 民、高 峰、孙海洲
兽医学	杨银凤、徐晓静、王凤龙、王纯洁、苏布登格日乐、刘淑英、李培锋、李海军、么宏强、曹金山、杜晨光、额尔敦木图、哈斯苏荣、曹贵方、杨 英、吴树清、莫 内、刘俊平、李云章、呼格吉乐图、巴音吉日嘎拉、周雨霞、周伟光、张七斤、杨晓野、杨连茹、夏威柱、希尼尼根、王晓钧、王 瑞、申之义、刘大程、金 山、呼和巴特尔、韩润林、郝永清、关平原、杜雅楠、格日勒图
林学	张文波、张国盛、白玉娥、白淑兰、姜海燕、张 韬、张秋良、张明铁铁 牛、安慧君、叶冬梅、闫 伟、田有亮、方 亮、德永军、左和君姚云峰、许 丽、王林和、汪 季、罗于洋、刘 静、李钢铁、格日乐高 永、崔向新、周材权、燕 玲、刘果厚、李造哲、蓝登明、金 洪贺 晓、付和平、亲富仓
草学	张 众、占布拉、云 岚、武晓东、卫智军、王俊杰、王建光、王成杰宛 涛、石凤翎、米福贵、贾玉山、海 棠、格根图、白永飞、敖特根
管理科学与工程	郑喜喜、赵元凤
工商管理	董佳宇、张心灵、刘秀梅、段 跃、乔光华、田 洁、胡尔查
农林经济管理	张 微、孙志宏、包庆丰、修长百、乌云花、刘 英、姜冬梅、宝音都仍
公共管理	张建新、杨慧兰、席锁柱、王利清、郭宝亮、阿茹罕、格日勒图、苏双平、丁雪华、鲍晓艳、盖志毅、张武文、孙紫英、包 亮、阿如旱、孙 旭
马克思主义基本原理	张银花、高丽萍、包羽
思想政治教育	霍如涛、段兴华
材料加工工程	黄金田、薛振华、李 奇
结构工程	姚占全、王海龙、李红云、韩克平、白 英
市政工程	裴国霞
发酵工程	田瑞华、孙天松、段开红、陈忠军、陈有君
设计艺术学	张欣宏、吴日哲、庞大伟、宁国强、高晓霞、毕力格巴图

2014年度优秀博士学位论文名单

序号	学生姓名	专业	导师姓名	奖励类别
1	万东莉	071001 植物学	李国婧	校级
2	谢岷	082802 农业水土工程	魏占民	校级
3	王芳	082801 农业机械化工程	王春光	校级
4	薛强	120301 农业经济管理	乔光华	校级
5	周春生	090301 土壤学	史海滨	校级
6	何江峰	090201 草业科学	赵萌莉	校级
7	郭晓霞	090101 植物栽培学与耕作学	刘景辉	校级
8	乔良	090502 动物营养与饲料科学	闫素梅	校级
9	王珍	090503 草业科学	韩国栋	自治区级
10	张岩	082802 农业水土工程	李畅游	自治区级
11	王记成	083203 农产品加工及贮藏工程	张和平	自治区级
12	刘明强	090601 基础兽医学	李培锋	自治区级

2014年度优秀硕士学位论文名单

序号	学生姓名	专业	导师姓名	奖励类别
1	于涛	071010 生物化学与分子生物学	韩冰	校级
2	冯伟	090707 水土保持与荒漠化防治	高永	校级
3	焦巍	080203 机械设计及理论	武佩	校级
4	忻泓	020205 产业经济学	张心灵	校级
5	闫彬	083203 农产品加工与贮藏工程	贺银凤	校级
6	姚国强	083203 农产品加工及贮藏工程	张和平	校级
7	包维臣	083201 食品科学	孙天松	校级
8	阿木日吉日嘎拉	090301 土壤学	红梅	校级
9	王萧萧	081402 结构工程	申向东	校级
10	曹雅娴	081402 结构工程	申向东	校级
11	杨阳	071012 生态学	韩国栋	校级
12	党晓宏	090707 水土保持与荒漠化防治	汪季	校级
13	李赛男	120100 管理科学与工程	赵元凤	校级
14	刘慧军	090101 作物栽培学与耕作学	刘景辉	校级
15	武霞霞	090502 动物营养与饲料科学	闫素梅	校级
16	王玉杰	090401 植物病理学	赵君	校级
17	于萍	090522 动物生产与管理	史彬林	校级

续表

序号	学生姓名	专业	导师姓名	奖励类别
18	林清芳	071007 遗传学	王茅雁	校级
19	朱香园	071010 生物化学与分子生物学	刘惠荣	校级
20	康霞	090707 水土保持与荒漠化防治	姚云峰	校级
21	刘声	090701 林木遗传育种	白淑兰	校级
22	王一	090702 森林培育	德永军	校级
23	邹暑光	120405 土地资源管理	秦富仓	校级
24	格根图雅	030505 思想政治教育	席锁柱	自治区级
25	孙婷	083203 农产品加工及贮藏	张和平	自治区级
26	陈志芳	071012 生态学	赵萌莉	自治区级
27	张志杰	082802 农业水土工程	史海滨	自治区级
28	綦举胜	082901 森林工程	王国忠	自治区级
29	李伟	082801 农业机械化工程	王春光	自治区级
30	姜圆圆	090503 草业科学	王成杰	自治区级
31	苏宁	030505 思想政治教育	席锁柱	自治区级
32	周丹丹	090707 水土保持与荒漠化防治	刘静	自治区级
33	闵师	020205 产业经济学	修长百	自治区级
34	赵欢欢	071007 遗传学	王茅雁	自治区级
35	赫文秀	081503 水工结构工程	申向东	自治区级

研究生奖学金汇总表
2014 年"蒙草抗旱"励志奖学金名单

序号	学院	专业	学号	姓名	性别	类别
1	动科院	动物遗传育种与繁殖	2012301003	王志英	女	博士
2	经管院	农业经济管理	2013308003	张旭光	男	博士
3	材艺院	木材科学与技术	2013307001	潘艳飞	男	博士
4	机电院	机械设计及理论	2012205008	常荣	女	硕士
5	食品院	食品科学与工程	2013209015	李贞	女	硕士
6	水建院	结构工程	2012206002	高矗	男	硕士
7	材艺院	木材科学与技术	2012207014	张路	男	硕士
8	能源院	森林工程	2012215002	陈晓静	女	硕士
9	兽医院	基础兽医学	2012216006	宋瑾	女	硕士
10	计算机	软件工程	2012210007	焦雅	女	硕士

2014 年 BIAD 奖学金名单

序号	学院	专业	学号	姓名	性别	类别
1	动科院	动物生产与管理	2012301005	陈玉洁	女	博士
2	材艺院	林产化学加工工程	2012207016	陈建梅	女	硕士
3	水建院	结构工程	2012206005	薛慧君	男	硕士
4	动科院	动物遗传育种与繁殖	2012201016	郑竹清	男	硕士
5	生科院	生物化学与分子生物学	2012211033	张燕娜	女	硕士
6	生态院	草学	2012204054	张颖超	女	硕士
7	经管院	林业经济管理	2012208067	冯彦	女	硕士
8	经管院	管理科学与工程	2012208049	李舒	女	硕士
9	计算机	软件工程	2012210010	王芳	女	硕士

2014 年国家奖学金名单

序号	姓名	性别	学院	专业	学号	奖学金类别
1	黄金龙	男	动物科学学院	动物遗传育种与繁殖	2012301001	博士国家奖学金
2	丛姗	女	兽医学院	基础兽医学	2012316001	博士国家奖学金
3	王雪飞	男	兽医学院	临床兽医学	2012316012	博士国家奖学金
4	高晓敏	女	农学院	蔬菜学	2012302013	博士国家奖学金
5	韩平安	女	农学院	植物遗传育种	2013302011	博士国家奖学金
6	孙林	女	生态环境学院	草业科学	2013304015	博士国家奖学金
7	党晓宏	男	生态环境学院	水土保持与荒漠化防治	2013304004	博士国家奖学金
8	蒙建国	男	机电工程学院	农业机械化工程	2012305003	博士国家奖学金
9	乌兰图雅	女	机电工程学院	农业机械化工程	2013305009	博士国家奖学金
10	宋小园	女	水利与土木建筑工程学院	农业水资源利用与保护	2013306007	博士国家奖学金
11	潘艳飞	男	材料科学与艺术设计学院	木材科学与技术	2013307001	博士国家奖学金
12	张旭光	男	经济管理学院	农业经济管理	2013308003	博士国家奖学金
13	李京华	女	经济管理学院	林业经济管理	2013308008	博士国家奖学金

序号	姓名	性别	学院	专业	学号	奖学金类别
14	靳志敏	女	食品科学与工程学院	食品科学	2012309001	博士国家奖学金
15	郑竹清	男	动物科学学院	动物遗传育种与繁殖	2012201016	硕士国家奖学金
16	张静	女	动物科学学院	动物生产与管理	2012201036	硕士国家奖学金
17	张梅梅	女	动物科学学院	动物营养与饲料科学	2012201030	硕士国家奖学金
18	阿娜	女	动物科学学院	动物遗传育种与繁殖	2012201001	硕士国家奖学金
19	张胜男	女	兽医学院	临床兽医学	2013216039	硕士国家奖学金
20	胡月	女	兽医学院	预防兽医学	2012216021	硕士国家奖学金
21	郭鹏	女	兽医学院	预防兽医学	2013216019	硕士国家奖学金
22	宋瑾	女	兽医学院	基础兽医学	2012216006	硕士国家奖学金
23	康立茹	女	农学院	蔬菜学	2012202047	硕士国家奖学金
24	周磊	男	农学院	植物栽培学与耕作学	2012202025	硕士国家奖学金
25	王德慧	男	农学院	植物栽培学与耕作学	2013202020	硕士国家奖学金
26	东保柱	男	农学院	农药学	2013202054	硕士国家奖学金
27	呼斯乐	男	农学院	植物遗传育种	2012202029	硕士国家奖学金
28	郑舒文	女	林学院	森林培育	2012203012	硕士国家奖学金
29	马月林	女	林学院	风景园林学	2013203006	硕士国家奖学金
30	范菁芳	女	林学院	森林培育	2012203009	硕士国家奖学金
31	安海波	男	生态环境学院	生态学	2012204002	硕士国家奖学金
32	刘福全	男	生态环境学院	水土保持与荒漠化防治	2012204033	硕士国家奖学金
33	任乐	女	生态环境学院	生态学	2012203005	硕士国家奖学金
34	李云	女	生态环境学院	水土保持与荒漠化防治	2012204031	硕士国家奖学金
35	张颖超	女	生态环境学院	草业科学	2012204054	硕士国家奖学金
36	高阳	男	机电工程学院	机械制造及其自动化	2012205001	硕士国家奖学金
37	张旭	男	机电工程学院	农业机械化工程	2012205021	硕士国家奖学金
38	杜嘉楠	男	机电工程学院	机械工程	2013205042	硕士国家奖学金

序号	姓名	性别	学院	专业	学号	奖学金类别
39	王福香	女	机电工程学院	机械电子工程	2012205007	硕士国家奖学金
40	高矗	男	水利与土木建筑工程学院	结构工程	2012206002	硕士国家奖学金
41	姚姣转	女	水利与土木建筑工程学院	水文学及水资源	2012206018	硕士国家奖学金
42	李昌建	男	水利与土木建筑工程学院	水利工程	2013206044	硕士国家奖学金
43	薛慧君	男	水利与土木建筑工程学院	结构工程	2012206005	硕士国家奖学金
44	陈建梅	女	材料科学与艺术设计学院	林产化学加工工程	2012207016	硕士国家奖学金
45	陈刚	男	材料科学与艺术设计学院	林产化学加工工程	2012207015	硕士国家奖学金
46	刘月	女	经济管理学院	产业经济学	2012208014	硕士国家奖学金
47	李舒	女	经济管理学院	管理科学与工程	2012208049	硕士国家奖学金
48	冯彦	女	经济管理学院	林业经济管理	2012208067	硕士国家奖学金
49	邹子建	男	经济管理学院	金融学	2013208009	硕士国家奖学金
50	李贞	女	食品科学与工程学院	食品科学	2013209015	硕士国家奖学金
51	王德宝	男	食品科学与工程学院	食品科学	2012209016	硕士国家奖学金
52	辛雪	女	食品科学与工程学院	食品科学	2012209017	硕士国家奖学金
53	霍冬雪	女	食品科学与工程学院	农产品加工及贮藏工程	2012209024	硕士国家奖学金
54	于海静	女	食品科学与工程学院	食品工程	2013209047	硕士国家奖学金
55	周艳青	女	计算机与信息工程学院	计算机应用技术	2012210006	硕士国家奖学金
56	邢丹丹	女	生命科学学院	生物化学与分子生物学	2012211028	硕士国家奖学金
57	张燕娜	女	生命科学学院	生物化学与分子生物学	2012211033	硕士国家奖学金
58	杜颖	女	生命科学学院	微生物学	2012211001	硕士国家奖学金
59	付艺峰	男	生命科学学院	生物化学与分子生物学	2012211023	硕士国家奖学金
60	李澈力格尔	男	人文社会科学学院	行政管理	2012212004	硕士国家奖学金
61	张建华	女	人文社会科学学院	行政管理	2013212005	硕士国家奖学金
62	王星支	女	理学院	生物物理学	2012214003	硕士国家奖学金

2014 年自治区奖学金名单

序号	姓名	性别	学院	专业	学号	奖学金类别
1	王志英	女	动物科学学院	动物遗传育种与繁殖	2012301003	博士自治区奖学金
2	李侗宇	男	动物科学学院	动物生产与管理	2013301007	博士自治区奖学金
3	杨斯琴	女	动物科学学院	动物生产与管理	2013301010	博士自治区奖学金
4	吴铁梅	女	动物科学学院	动物营养与饲料科学	2013301002	博士自治区奖学金
5	丁月霞	女	兽医学院	基础兽医学	2012316002	博士自治区奖学金
6	吴建美	女	兽医学院	基础兽医学	2012316004	博士自治区奖学金
7	红梅	女	兽医学院	预防兽医学	2012316009	博士自治区奖学金
8	张宇飞	男	兽医学院	基础兽医学	2013316009	博士自治区奖学金
9	崔阔澍	女	农学院	植物遗传育种	2012302010	博士自治区奖学金
10	青格尔	女	农学院	植物栽培学与耕作学	2013302013	博士自治区奖学金
11	于博	男	农学院	植物栽培学与耕作学	2012302006	博士自治区奖学金
12	杨志刚	男	农学院	蔬菜学	2013302008	博士自治区奖学金
13	屈佳伟	女	农学院	植物栽培学与耕作学	2013302014	博士自治区奖学金
14	刘怀鹏	男	林学院	森林经理学	2013303001	博士自治区奖学金
15	王晓丽	女	林学院	森林保护学	2012303002	博士自治区奖学金
16	张新杰	女	生态环境学院	生态学	2012304020	博士自治区奖学金
17	曾楠	女	生态环境学院	森林生态学	2013304016	博士自治区奖学金
18	王志军	男	生态环境学院	草业科学	2013304005	博士自治区奖学金
19	刘哲荣	女	生态环境学院	野生动植物保护与利用	2013304018	博士自治区奖学金
20	侯建伟	男	生态环境学院	土壤学	2013304014	博士自治区奖学金
21	包乌云	女	生态环境学院	生态学	2012304002	博士自治区奖学金
22	乌云塔娜	女	生态环境学院	草业科学	2012304019	博士自治区奖学金
23	陈伟	男	机电工程学院	农业机械化工程	2013305002	博士自治区奖学金
24	宋涛	男	机电工程学院	农业机械化工程	2013305008	博士自治区奖学金
25	张娜	女	水利与土木建筑工程学院	农业水土工程	2013306011	博士自治区奖学金
26	王萧萧	女	水利与土木建筑工程学院	农业水工建筑物	2012306010	博士自治区奖学金

序号	姓名	性别	学院	专业	学号	奖学金类别
27	甄志磊	男	水利与土木建筑工程学院	农业资源利用与保护	2013306013	博士自治区奖学金
28	王哲	男	材料科学与艺术设计学院	木材科学与技术	2013307002	博士自治区奖学金
29	陈小方	男	经济管理学院	农业经济管理	2012308002	博士自治区奖学金
30	高博	男	经济管理学院	农业经济管理	2013308007	博士自治区奖学金
31	乔健敏	女	食品科学与工程学院	农产品加工及贮藏工程	2013309007	博士自治区奖学金
32	姚国强	男	食品科学与工程学院	农产品加工及贮藏工程	2012309009	博士自治区奖学金
33	侯嘉骅	男	生命科学学院	生物化学与分子生物学	2012311006	博士自治区奖学金
34	于秀敏	女	生命科学学院	生物化学与分子生物学	2013311006	博士自治区奖学金
35	贾丽丽	女	动物科学学院	动物遗传育种与繁殖	2011201007	硕士自治区奖学金
36	张璐	女	动物科学学院	动物遗传育种与繁殖	2012201015	硕士自治区奖学金
37	谢天宇	男	动物科学学院	动物营养与饲料科学	2012201027	硕士自治区奖学金
38	许金朋	男	兽医学院	预防兽医学	2012216031	硕士自治区奖学金
39	李斌	男	兽医学院	预防兽医学	2013216034	硕士自治区奖学金
40	刘丹丹	女	兽医学院	临床兽医学	2012216039	硕士自治区奖学金
41	王赫	男	兽医学院	临床兽医学	2012216040	硕士自治区奖学金
42	潘静	女	农学院	蔬菜学	2012202049	硕士自治区奖学金
43	朱冠宇	女	农学院	果树学	2012202044	硕士自治区奖学金
44	王立雪	女	农学院	植物栽培学与耕作学	2012202021	硕士自治区奖学金
45	陈龙	男	农学院	植物遗传育种	2012202026	硕士自治区奖学金
46	刘晓芳	女	农学院	作物学	2013202065	硕士自治区奖学金
47	王硕韬	女	林学院	风景园林学	2012203057	硕士自治区奖学金
48	曾超	男	林学院	林木遗传育种	2012203008	硕士自治区奖学金
49	陈丹	女	林学院	风景园林学	2012203052	硕士自治区奖学金
50	陈曦	女	生态环境学院	水土保持与荒漠化防治	2012204025	硕士自治区奖学金
51	苏秋霞	女	生态环境学院	生态学	2012204010	硕士自治区奖学金
52	贺明辉	男	生态环境学院	水土保持与荒漠化防治	2012204028	硕士自治区奖学金
53	李龙	男	生态环境学院	生态学	2012204006	硕士自治区奖学金

续表

序号	姓名	性别	学院	专业	学号	奖学金类别
54	德海山	男	生态环境学院	土壤学	2013204018	硕士自治区奖学金
55	王丹	女	生态环境学院	草学	2012204046	硕士自治区奖学金
56	庄新斌	男	机电工程学院	农业生物环境与能源工程	2012205028	硕士自治区奖学金
57	张涛	男	机电工程学院	农业机械化工程	2013205025	硕士自治区奖学金
58	赵圆圆	女	机电工程学院	农业机械化工程	2012205022	硕士自治区奖学金
59	王祚	男	水利与土木建筑工程学院	水利水电工程	2012206026	硕士自治区奖学金
60	李彪	男	水利与土木建筑工程学院	农业水土工程	2012206031	硕士自治区奖学金
61	常春龙	男	水利与土木建筑工程学院	农业水土工程	2012206027	硕士自治区奖学金
62	董喜平	男	水利与土木建筑工程学院	结构工程	2012206001	硕士自治区奖学金
63	邵朱伟	男	材料科学与艺术设计学院	材料加工工程	2012207003	硕士自治区奖学金
64	贺仕飞	男	材料科学与艺术设计学院	木材科学与技术	2012207008	硕士自治区奖学金
65	朱新宇	女	经济管理学院	管理科学与工程	2012208051	硕士自治区奖学金
66	陈晓燕	女	经济管理学院	企业管理	2013208057	硕士自治区奖学金
67	董扬	女	经济管理学院	金融学	2013208006	硕士自治区奖学金
68	翟志芳	女	经济管理学院	企业管理	2013208059	硕士自治区奖学金
69	黄卫强	男	食品科学与工程学院	农产品加工及贮藏工程	2012209023	硕士自治区奖学金
70	张晓燕	女	食品科学与工程学院	农产品加工及贮藏工程	2012209037	硕士自治区奖学金
71	马春艳	女	食品科学与工程学院	食品科学	2012209010	硕士自治区奖学金
72	宋继宏	女	食品科学与工程学院	农产品加工及贮藏工程	2012209029	硕士自治区奖学金
73	孟明	女	计算机与信息工程学院	软件工程	2012210009	硕士自治区奖学金
74	岳文冉	女	生命科学学院	生物化学与分子生物学	2013211021	硕士自治区奖学金
75	韩利东	男	生命科学学院	发育生物学	2012211010	硕士自治区奖学金
76	郭婷	女	生命科学学院	遗传学	2012211006	硕士自治区奖学金
77	朱和平	女	生命科学学院	发育生物学	2012211018	硕士自治区奖学金
78	白云	男	人文社会科学学院	行政管理	2013212002	硕士自治区奖学金
79	林海颖	女	人文社会科学学院	行政管理	2012212005	硕士自治区奖学金
80	陈晓静	女	能源与交通工程学院	森林工程	2012215002	硕士自治区奖学金

校长奖学金名单

序号	学院	专业、领域	学号	姓名	研究生类别
1	动科院	动物遗传育种与繁殖	20143020100001	任秀娟	博士
2	动科院	动物遗传育种与繁殖	20143020100002	萨如拉	博士
3	动科院	动物营养与饲料科学	20143020100004	白晨	博士
4	动科院	动物营养与饲料科学	20143020100005	石惠宇	博士
5	动科院	动物生产学	20143020100008	阿琪玛	博士
6	动科院	动物生产学	20143020100009	张鹏飞	博士
7	农学院	植物学	20143020200001	朱芳慧	博士
8	农学院	植物栽培学与耕作学	20143020200003	米俊珍	博士
9	农学院	植物遗传育种学	20143020200004	董婧	博士
10	农学院	作物遗传育种学	20143020200005	姜超	博士
11	农学院	作物保护学	20143020200007	杨叔青	博士
12	农学院	作物保护学	20143020200008	张贵	博士
13	农学院	蔬菜学	20143020200010	潘璐	博士
14	农学院	蔬菜学	20143020200011	孙潜	博士
15	农学院	蔬菜学	20143020200012	郑清岭	博士
16	林学院	林木遗传育种	20143020300001	刘敏	博士
17	生态院	生态学	20143020400002	古琛	博士
18	生态院	生态学	20143020400004	舒阳	博士
19	生态院	生态学	20143020400005	乌力吉	博士
20	生态院	野生动植物保护与利用	20143020400009	刘冠志	博士
21	生态院	水土保持与荒漠化防治	20143020400011	韩彦隆	博士
22	生态院	水土保持与荒漠化防治	20143020400012	李龙	博士
23	生态院	水土保持与荒漠化防治	20143020400013	刘宝河	博士
24	生态院	草学	20143020400015	侯美玲	博士
25	生态院	草学	20143020400017	刘雪娇	博士
26	生态院	草学	20143020400022	徐振朋	博士
27	生态院	草学	20143020400024	于洁	博士
28	生态院	草学	20143020400025	岳闯	博士
29	机电院	农业机械化工程	20143020500001	麻乾	博士

续表

序号	学院	专业、领域	学号	姓名	研究生类别
30	机电院	农业机械化工程	2014302050002	王海超	博士
31	机电院	农业机械化工程	2014302050003	谢胜仕	博士
32	机电院	农业电气化与自动化	2014302050006	刘艳秋	博士
33	机电院	农业电气化与自动化	2014302050007	苏赫	博士
34	水建院	农业水土工程	2014302060002	李祯	博士
35	水建院	农业水土工程	2014302060003	王志超	博士
36	水建院	农业水资源利用与保护	2014302060006	梁丽娥	博士
37	水建院	农业水资源利用与保护	2014302060007	刘禹	博士
38	材艺院	木材科学与技术	2014302070001	郭同诚	博士
39	材艺院	木材科学与技术	2014302070002	李新宇	博士
40	经管院	农业经济管理	2014302080003	祁晓慧	博士
41	经管院	农业经济管理	2014302080004	王黎黎	博士
42	经管院	林业经济管理	2014302080006	徐玮	博士
43	食品院	食品科学	2014302090001	顾悦	博士
44	食品院	食品科学	2014302090002	郭慧玲	博士
45	食品院	食品科学	2014302090003	苏日娜	博士
46	食品院	农产品加工及贮藏工程	2014302090007	宋宇琴	博士
47	食品院	农产品加工及贮藏工程	2014302090008	伊丽	博士
48	食品院	农产品加工及贮藏工程	2014302090009	云雪艳	博士
49	食品院	农产品加工及贮藏工程	2014302090010	赵洁	博士
50	生科院	微生物学	2014302110002	张胜男	博士
51	生科院	发育生物学	2014302110003	凌宇	博士
52	生科院	发育生物学	2014302110004	潘静	博士
53	能源院	森林工程	2014302150002	王玉化	博士
54	兽医院	基础兽医学	2014302160001	毕艳楠	博士
55	兽医院	基础兽医学	2014302160005	孙晓林	博士
56	兽医院	基础兽医学	2014302160006	田巧珍	博士
57	兽医院	预防兽医学	2014302160008	冯陈晨	博士
58	兽医院	预防兽医学	2014302160010	王晓晖	博士
59	兽医院	预防兽医学	2014302160011	张伟	博士

职业技术教育

【概述】2014 年,学校高职教育坚持以提高教育教学质量为核心,以建设自治区级示范性高等职业院校为契机,继续深入实施"教学质量提升行动计划",坚定不移地走以质量提升为核心的内涵式发展道路,高职教育工作都取得了新进展,学校职业技术学院被批准为自治区级高技能人才培训基地、包头市就业培训定点机构。

【教育教学改革】深化教育教学改革。修订完善了农牧类(园艺园林技术系、畜牧兽医技术系和食品工程技术系)、理工类(建筑工程技术系、计算机技术与信息管理系和车辆工程技术系)和文科类(经济管理系、艺术设计系和旅游管理系)3 个专业大类的学分制人才培养方案。引导广大教师积极参与教育教学改革,确定校级教改项目 3 项,获自治区级教学成果一等奖 1 项、二等奖 1 项。

内蒙古农业大学 2014 年教育教学改革研究项目一览表(高职)

序号	项目名称	主持人	所在单位
1	学分制模式下建筑类专业模块化课程体系的构建与应用	贾克力	职业技术学院
2	学分制下高职院校工商管理专业课程体系的构建	张建英	职业技术学院
3	"思维导图"教学法在高职高专数学教学中的应用	于荣娟	职业技术学院

【师资队伍】加强师资队伍建设,提高师资队伍素质。选派 9 名高职骨干教师赴荷兰学习培训,选派 11 名教师分别参加国培、企业锻炼和专业知识等培训;聘用教师 26 人,其中研究生及以上学历 12 人。截至 2014 年年底,高职专职教师共 283 人,其中教授 9 人,副教授 42 人,硕士生导师 11 人,硕士及以上学历教师 171 人。全年聘请校外兼职教师 69 人,其中正高级职称 5 人,副高级职称 16 人。遴选 8 名教师拟任相关专业硕士生导师。新增校级教学团队 1 个。1 人被评为自治区级教学名师,1 人被评为校级教学名师,1 人被评为校级教坛新秀。截至 2014 年年底,学校职业技术学院有自治区级教学团队 2 个,校级教学团队 10 个,有自治区教学名师 3 人,自治区教坛新秀 3 人。

内蒙古农业大学 2014 年校级"教学团队"建设项目(高职)

团队名称	所在单位	团队带头人
建筑工程技术专业教学团队	职业技术学院	贾克力

内蒙古农业大学 2014 年校级和自治区级教学名师、教坛新秀名单(高职)

序号	类别	所在单位	姓名
1	自治区级教学名师	职业技术学院	郝拉柱
2	校级教学名师	职业技术学院	付和平
3	校级教坛新秀	职业技术学院	杨忠仁

【专业建设】加强专业建设,优化专业结构布局。1 个专业被批准为自治区级重点建设专业,1 个专业被批准为校级品牌专业,学校职业技术学院有自治区级重点建设专业 1 个,自治区级品牌专业 10 个,校级品牌专业 18 个。新增汽车维修工程教育、网络工程、产品设计、动物医学和食品质量与安全等 5 个本科专业,新增旅游英语、观光农业、多媒体制作与设计等 3 个专科专业。专业总数达到 64 个,其中本科专业 19 个,专科专业 45 个。

内蒙古农业大学 2014 年本科专业设置情况一览表（高职）

序号	专业代码	专业名称	年限	授予学位门类	所在单位
1	080901	计算机科学与技术	4	工学	职业技术学院
2	080212	汽车维修工程教育	4	工学	职业技术学院
3	080903	网络工程	4	工学	职业技术学院
4	130503	环境设计	4	艺术学	职业技术学院
5	090109	应用生物科学	4	理学	职业技术学院
6	130502	视觉传达设计	4	艺术学	职业技术学院
7	120214	市场营销教育	4	管理学	职业技术学院
8	120201	工商管理	4	管理学	职业技术学院
9	120904	旅游管理与服务教育	4	管理学	职业技术学院
10	090401	动物医学	4	农学	职业技术学院
11	130504	产品设计	4	艺术学	职业技术学院
12	090102	园艺	4	农学	职业技术学院
13	090502	园林	4	农学	职业技术学院
14	082702	食品质量与安全	4	工学	职业技术学院
15	120213	财务会计教育	4	管理学	职业技术学院
16	082707	食品营养与检验教育	4	理学	职业技术学院
17	082701	食品科学与工程	4	工学	职业技术学院
18	090301	动物科学	4	农学	职业技术学院
19	081001	土木工程	4	工学	职业技术学院
本科合计			19		

内蒙古农业大学 2014 年专科专业设置情况一览表（高职）

序号	专业代码	专业名称	年限	所在单位
1	520110	工程机械运用与维护	3	职业技术学院
2	580402	汽车检测与维修技术	3	职业技术学院
3	580403	汽车电子技术	3	职业技术学院
4	580405	汽车技术服务与营销	3	职业技术学院
5	590102	计算机网络技术	3	职业技术学院
6	590103	计算机多媒体技术	3	职业技术学院
7	590104	计算机系统维护	3	职业技术学院
8	590106	计算机信息管理	3	职业技术学院
9	590108	软件技术	3	职业技术学院
10	560301	建筑工程技术	3	职业技术学院
11	560403	建筑电气工程技术	3	职业技术学院
12	560501	建筑工程管理	3	职业技术学院

序号	专业代码	专业名称	年限	所在单位
13	560502	工程造价	3	职业技术学院
14	560603	给排水工程技术	3	职业技术学院
15	620203	会计	3	职业技术学院
16	620305	国际商务	3	职业技术学院
17	620401	市场营销	3	职业技术学院
18	620405	电子商务	3	职业技术学院
19	620501	工商企业管理	3	职业技术学院
20	620505	物流管理	3	职业技术学院
21	640101	旅游管理	3	职业技术学院
22	640102	涉外旅游	3	职业技术学院
23	640106	酒店管理	3	职业技术学院
24	640107	会展策划与管理	3	职业技术学院
25	660108	商务英语	3	职业技术学院
26	660109	旅游英语	3	职业技术学院
27	660112	文秘	3	职业技术学院
28	610301	食品加工技术	3	职业技术学院
29	610302	食品营养与检测	3	职业技术学院
30	610303	食品贮运与营销	3	职业技术学院
31	610305	食品生物技术	3	职业技术学院
32	510301	畜牧兽医	3	职业技术学院
33	510303	饲料与动物营养	3	职业技术学院
34	510308	兽药生产与营销	3	职业技术学院
35	510353	运动马驯养与管理	3	职业技术学院
36	560105	环境艺术设计	3	职业技术学院
37	670101	艺术设计	3	职业技术学院
38	670110	雕刻艺术与家具设计	3	职业技术学院
39	670112	广告设计与制作	3	职业技术学院
40	510102	种子生产与经营	3	职业技术学院
41	510105	园艺技术	3	职业技术学院
42	510202	园林技术	3	职业技术学院
43	510206	自然保护区建设与管理	3	职业技术学院
44	670113	多媒体设计与制作	3	职业技术学院
45	510104	观光农业	3	职业技术学院
专科合计			45	

内蒙古农业大学2014年自治区级重点建设专业、校级品牌专业一览表(高职)

序号	专业名称	专业负责人	所在单位	备注
1	园艺技术	葛茂悦	职业技术学院	自治区级重点建设专业
2	电子商务	樊文斌	职业技术学院	校级品牌专业

【课程建设】加大课程建设力度,确立校级精品课程2门,新增自治区级精品课程1门。以更新教育理念为先导,以提高课程教学质量为目标,以课程内容改革和课程开发为重点,启动"136工程"中39门课程的教学大纲、实验、实训、考试大纲修订试点工作,为全面实施学分制,系统规范教学实施,充分发挥课程教学大纲对实现人才培养目标起到了示范支撑作用。加强精品课程建设过程管理,对精品课程进行中期检查,重点对课程教学资源建设过程、精品课程网站建设进度、学生访问量情况等进行了评估,提升课程示范作用。

内蒙古农业大学2014年校级和自治区级精品课程一览表(高职)

序号	课程名称	课程负责人	所在单位	级别
1	种子检验与储藏加工	黄修梅	职业技术学院	校级
2	生产与运作管理	高翠玲	职业技术学院	校级
3	市场营销学	吴光宇	职业技术学院	自治区级

【教学管理】加强教学管理,提高教学管理工作水平。修订了高职教学工作考核评估指标体系,进行了考核评估。开展了期初、期中、期末教学检查和实验(实训)教学组织实施情况等专项检查、评估。进一步加强了课程表编排、教材征订、教室管理等工作。完善了教师业务档案。注重发挥教研室在教学管理、改革工作中的作用,对新任教研室主任(副主任)进行了集中培训。

【招生工作】2014年,学校高职本专科专业计划招生2090人,其中本科900人,专升本100人,专科1090人。录取2090人,其中本科908人,专升本101人;专科1081人,区内专科1058人,区外专科23人(河北省6人,山西省10人,陕西省7人)。本专科新生注册2014人,报到率为96.36%。其中,本科注册906人,专升本注册94人;区内专科注册1014人,区外15人(河北省6人,山西省6人,陕西省3人)。与10所联办院校合作招收五年制高职学生,招生计划500人,实际录取608人,注册578人,注册率95.07%。五年制高职专科段学生首次计划转入学院就读188人,实际注册161人,报到率85.64%。高职在校生人数6776,其中本科3564,专科3212。

HT5"H|【学籍管理】修订5个学籍管理文件,对2175名新生进行了网上学籍注册。完成学年学籍异动注册工作,2013—2014学年学籍异动学生共116人。完成了2014届毕业生毕业资格审核工作。对近10年的学籍档案进行了整理。完成了2015届1951名毕业生信息初审和信息采集工作。

【教材建设】教师编写教材26部,其中主编编写教材1部,副主编编写教材15部,参编编写教材10部。

内蒙古农业大学 2014 年教师编写教材目录（高职）

序号	教师姓名	教材名称	主编/参编	出版社
1	张俊友	建筑施工组织与进度控制	主编	哈尔滨工业大学出版社
	闫永利		副主编	
2	张建英	人力资源管理概论	副主编	中国商业出版社
3	吴光宇	市场调查与预测	副主编	中国商业出版社
4	刘建国	统计学原理	副主编	天津大学出版社
5	高翠玲	管理沟通	副主编	中国传媒大学出版社
6	张 洁	人力资源管理	副主编	电子科技大学出版社
7	郝 婷	室内设计基础（第二版）	副主编	南京大学出版社
8	姜海涛	旅游市场营销	副主编	旅游教育出版社
9	姜海涛 乌兰敖登	旅游服务礼仪	副主编	教育科学出版社
10	银 花	旅游英语	副主编	北京理工大学出版社
11	王昭庆	建筑施工测量放线	副主编	哈尔滨工业大学出版社
12	张燕斌	土木工程制图	副主编	哈尔滨工业大学出版社
13	武俊英	生物化学及实验技术	副主编	重庆大学出版社
14	武俊英	生物化学	副主编	科学出版社
15	宝秋利	园林植物繁育技术	副主编	中国农业大学出版社
16	杨忠仁	阳台蔬菜栽培——叶菜	副主编	内蒙古出版社
17	王 新 库银柱	汽车发动机构造与维修	参编	西安交通大学出版社
18	牛文学 高 伟	汽车电器系统维修	参编	西安交通大学出版社
19	蔡永敏	肉制品加工（再版）	参编	化学工业出版社
20	张 洁	现代企业管理	参编	东北师范大学出版社
21	赛吉拉夫	市场营销学	参编	中国传媒大学出版社
22	于 淼	消费者行为学	参编	中国传媒大学出版社
23	王润莲	生态农业技术	参编	中国农业大学出版社
24	杨 丽	园林艺术	参编	中国农业出版社
25	黄修梅	植物组织培养教程	参编	中国农业大学出版社
26	侯 佳	退耕还林工程建设对县域的影响	参编	水利水电出版社

【实训基地】学校职业技术学院现有功能齐全规模较大的校内综合性实训基地 14 个,实验实训室 17 个;2014 年新增校外实训基地 23 个,相对稳定的校外实训基地达到 73 个。2014 年 800 元以上教学仪器设备总值 60793410.79 元,比 2013 年增加 7227201.00 元 。

内蒙古农业大学 2014 年新增校外实训基地一览表（高职）

序号	合作单位	所在单位
1	包头九州大地生物技术有限公司	职业技术学院
2	农标普瑞纳（内蒙古）饲料有限公司	职业技术学院
3	包头市茂泉建筑工程劳务有限公司	职业技术学院
4	美克国际家私（天津）制造有限公司	职业技术学院
5	包头市元丰家俱有限责任公司	职业技术学院
6	内蒙古富源牧业有限责任公司	职业技术学院
7	星网锐捷网络有限公司	职业技术学院
8	上海绿地建筑工程有限公司内蒙腾飞一号项目部	职业技术学院
9	中航长城大地建工集团	职业技术学院
10	包钢集团设计研究院（有限公司）	职业技术学院
11	内蒙古新飞跃建筑安装有限责任公司	职业技术学院
12	上海云峰建设有限公司	职业技术学院
13	深圳现代建设监理有限公司第四十二监理处	职业技术学院
14	内蒙古蒙能有限公司	职业技术学院
15	鄂尔多斯市锦业装饰有限公司	职业技术学院
16	东亚联合控股（集团）有限公司呼市绿地中央广场新建工程项目部	职业技术学院
17	北京中城建建设监理有限公司	职业技术学院
18	包头市建筑业联合会	职业技术学院
19	深圳风向标汽车教具有限公司	职业技术学院
20	中粮家佳康（赤峰）有限公司	职业技术学院
21	天津市现代天骄农业科技有限公司	职业技术学院
22	包头市信实建筑工程技术咨询有限公司	职业技术学院
23	北京华联综合超市股份有限公司	职业技术学院

　　【职院继续教育】积极推进"双证制"人才培养，组织完成了 1215 人次的职业技能培训鉴定工作，初次获证率为 82.5%。学校职业技术学院普通话测试工作站通过教育厅验收，选派 8 名教师参加自治区普通话水平测试骨干教师培训班，测试站"机测"培训教师及测评师资队伍建设得到加强。职业技术学院应届毕业生获批参加农艺工等 13 个职业工种的就业培训工作，并享受包头市就业培训补贴。

内蒙古农业大学 2014 年职业资格培训与鉴定情况一览表（高职）

序号	职业培训工种或类别	主考单位	类别	报名人数	获证人数	获证率（%）
1	企业人力资源管理师	自治区人力资源和社会保障厅	职业资格证书	156	98	62.82
2	物流师	自治区人力资源和社会保障厅	职业资格证书	8	8	100
3	理财规划师	自治区人力资源和社会保障厅	职业资格证书	126	112	88.89
4	秘书	自治区人力资源和社会保障厅	职业资格证书	34	29	85.29
5	景观设计师	自治区人力资源和社会保障厅	职业资格证书	147	143	97.28
6	会展策划师	自治区人力资源和社会保障厅	职业资格证书	17	14	82.35
7	公共营养师	自治区人力资源和社会保障厅	职业资格证书	244	175	71.72
8	农艺工	自治区人力资源和社会保障厅	职业资格证书	73	73	100
9	花卉园艺师	自治区人力资源和社会保障厅	职业资格证书	85	56	65.88
10	动物疫病防治员	自治区人力资源和社会保障厅	职业资格证书	27	17	62.96
11	汽车维修工	自治区人力资源和社会保障厅	职业资格证书	60	53	88.33
12	乳品检验工	自治区人力资源和社会保障厅	职业资格证书	167	146	87.43
13	饲料检验工	自治区人力资源和社会保障厅	职业资格证书	8	6	75
14	施工员	自治区住房和城乡建设厅	岗位证书	47	41	87.2
15	普通话等级考试	自治区教育厅汉语委	水平等级证书	1382	1365	98.8

继续教育

【培训工作】先后承办了职业教育师资国家级和省级培训、自治区党委组织部干部自主选学培训、自治区农牧业厅基层农技推广人员培训、甘南州州委组织部乡村干部培训、新疆畜牧业厅、青海海西州科技局畜牧兽医专业技术人员培训；面向在校学生举办了职业资格鉴定培训；承办高职教师省级培训。培训类型层次在传统领域基础上，青海海西州、新疆农牧业厅、陈旗等培训业务得到进一步开展，培训区域范围不断扩展。全年共举办各类培训班 17 期 30 个班次，培训学员 1157 人，培训班次和人数较2013 年均有所增长，取得了预期的培训效果。

【教学管理工作】为确保成人高等教育函授点的质量，于 3 月份召开校外教学点工作会议，对教学检查、评估工作进行了总结,对各教学点普遍存在的问题,提出了整改意见,对存在的问题较为严重和办学规模较少的教学点,给予责令其暂停招生的处理。对各教学点涉及招生、教学、考试、成绩登记、毕业资格审查等各环节提出了"四个必须、三个规范、两个建立、一个上报"的4321管理办法。

根据 自治区教育厅《关于进一步加强我区成人教育函授站和校外教学点建设与管理工作通知》(内教高字〔2014〕51号)精神,结合检查、评估情况,决定将原来的20个教学点,撤销14家,仅保留6家,为下一步规范教学点的办学行为,加强教学管理、提高质量和声誉奠定了良好的基础。

严格按学籍管理规定完成2014级3530名本科、2300名专科新生注册、资格复查和2014届5193名本专科毕业生信息核对、电子信息采集、注册、毕业证办理及发放等工作,此外,完成59名本科生学位申请登记和证书发放工作。完成37门课程5217份自学考试评卷和本科生的考核、论文答辩等工作。

【办公室与后勤服务工作】办公室紧扣学院中心工作,强化目标责任制,明确工作重点,严格业务工作流程,科学规范制度管理,注重协调管理,确保完成综合职能工作任务。

进一步改善培训楼学员宿舍条件,更新设备,装修了教室、会议室、活动室;开展楼宇文化建设,改善、美化了办公、教学、住宿环境。为学员提供舒适、整洁的学习和生活条件。学院适时进行机构调整,优化人员结构,加强团队建设,提升工作效率。坚持以服务为宗旨,以管理为根本,以学员为中心,以提高教学质量为目的,推动成教(培训)工作协调发展。

【学生工作】根据成人教育的特点,按照"安全、成人、成才"的 工作理念,强化学风建设,推进素质教育,严抓学生安全、心理健康教育,不断提高成人教育办学质量。

注重学风建设,优化育人环境。开展学习经验交流会、"一帮一"结对活动;加强普法安全教育,提高学生安全防范意识。通过校园宣传、主题班会、普法安全知识问卷、安全知识竞赛等形式,不断增强学生安全防范意识;关注学生身心健康,注重学生心理健康教育。认真开展学生心理危机排查,准确掌握学生的思想、心理动态。对问题生,给予科学有效的心理咨询和辅导,培养学生健全的人格和良好的心理品质;开展丰富多彩的校园文体活动。丰富学生的课余文化生活,激发学生学习热情,保证了学业的如期完成。

成人本科专业设置

层次	专业名称	科类名称	学制
高起专	林业技术、畜牧兽医、水利工程、建筑工程技术、机电一体化技术、计算机应用技术、食品加工技术	理工类	二年半
	会计、工商企业管理、行政管理、人力资源管理	文史类	二年半
高起本	土木工程、工商管理	理工类	五年
专升本	经济学、金融学、工商管理、财务管理、行政管理、人力资源管理、会计学	经济管理类	二年半
	电气工程及其自动化、计算机科学与技术、土木工程、测绘工程、环境工程、食品科学与工程、农业水利工程	理工类	二年半
	农学、草业科学、林学、园林、动物科学	农学类	二年半

2014 年各类培训班举办情况表

培训班名称	委托办班部门	培训对象	人数	开班时间	结束时间
2013 年中职教师国家级培训班（畜牧兽医、计算机及应用、设施农业生产技术）	教育部	全国中职教师	73	2014—3—15	2014—6—6
2014 年中职教师国家级培训班（畜牧兽医、计算机及应用、设施农业生产技术、农业机械使用与维护）	教育部	全区中职教师	76	2014—9—13	2014—12—5
基层农技推广人员培训——种植一期	内蒙古农牧业厅	全区农技人员	68	2014—3—28	2014—4—1
基层农技推广人员培训——种植二期	内蒙古农牧业厅	全区农技人员	73	2014—4—8	2014—4—12
基层农技推广人员培训——种植三期	内蒙古农牧业厅	全区农技人员	62	2014—4—15	2014—4—19
基层农技推广人员培训——养殖一期	内蒙古农牧业厅	全区农技人员	69	2014—4—22	2014—4—26
基层农技推广人员培训——养殖二期	内蒙古农牧业厅	全区农技人员	47	2014—5—6	2014—5—10
基层农技推广人员培训——农机班	内蒙古农牧业厅	全区农技人员	27	2014—5—13	2014—5—17
干部自主选学——农牧业可持续发展专题	内蒙古党委组织部	全区干部	67	2014—10—8	2014—10—11
干部自主选学——项目管理专题	内蒙古党委组织部	全区干部	62	2014—10—13	2014—10—14
干部自主选学——农村牧区区域经济发展专题	内蒙古党委组织部	全区干部	56	2014—9—22	2014—9—25
干部自主选学——农牧经济专题	内蒙古党委组织部	全区干部	49	2014—10—29	2014—11—1
甘南州新牧区建设与畜牧业可持续发展培训班	甘南州委组织部	乡村干部	47	2014—6—6	2014—6—12
新疆畜牧技术推广人才培训班	新疆畜牧厅	畜牧技术推广人员	29	2014—10—21	2014—10—28
青海海西州畜牧业产业发展技术培训班	青海海西州科技局和科协	畜牧科技人才	41	2014—11—11	2014—11—18
职业资格培训（公共营养师、食品检验员、饲料检验化验员、动物检验检疫员、蔬菜工、农机修理工）本校学生			392		

学 科 建 设

【工作概述】学校坚持为地方经济建设和社会发展服务的学科建设方向,抓住国家西部大开发以及实施生态建设工程等机遇,突出学科的特色和优势,重点围绕草地畜牧业、荒漠化治理与生态环境保护、乳业等进行学科方向调整和建设,形成了具有明显特色的学科群。使得农、林、牧学科优势得以加强,学科层次不断提高;新兴和交叉学科快速成长;学科特色更加鲜明,学科整体水平和科技创新能力明显提升。学校现有1个国家重点学科、3个国家重点(培育)学科、1个农业部重点学科、3个国家林业总局重点学科、5个自治区重点一级学科、22个自治区重点学科、4个自治区重点(培育)学科。

【国家和省部级重点(培育)学科】

国家重点学科

序号	名称	批准时间
1	草业科学	2002 年

国家重点(培育)学科

序号	名称	批准时间
1	农业水土工程	2007 年
2	动物遗传育种与繁殖	2007 年
3	水土保持与荒漠化防治	2007 年

农业部重点学科

序号	名称	批准时间
1	草业科学	2007 年

国家林业局重点学科

序号	名称	批准时间
1	木材科学与技术	2006 年
2	森林培育	2006 年
3	水土保持与荒漠化防治	2006 年

内蒙古自治区级一级重点学科

序号	名称	批准时间
1	畜牧学	2008 年
2	兽医学	2008 年
3	林学	2008 年
4	作物学	2008 年
5	农业工程	2008 年

内蒙古自治区重点学科

序号	名称	批准时间
1	农业机械化工程	1998 年
2	农业水土工程	1994 年
3	动物遗传育种与繁殖	1998 年
4	动物营养与饲料科学	1984 年
5	草业科学	1994 年
6	基础兽医学	1984 年
7	森林培育	1994 年
8	水土保持与荒漠化防治	1984 年
9	农业电气化与自动化	2008 年
10	植物栽培学与耕作学	2008 年
11	植物遗传育种	2008 年
12	预防兽医学	2008 年
13	临床兽医学	2008 年
14	森林保护学	2008 年
15	森林经理学	2008 年
16	生物化学与分子生物学	2008 年
17	水文学及水资源	2008 年
18	木材科学与技术	2008 年
19	农产品加工及贮藏工程	2008 年
20	果树学	2008 年
21	蔬菜学	2008 年
22	农业经济管理	2008 年

自治区级重点(培育)学科

序号	名称	批准时间
1	野生动植物保护与利用	2008 年
2	园林植物与观赏园艺	2008 年
3	农业昆虫与害虫防治	2008 年
4	水工结构工程	2008 年

【国家和省部级重点（培育）学科介绍】

草学

  草学学科创建于 1958 年，是在我校首创的全国第一个草原本科专业的基础上发展起来的，为国家重点学科，国家特色重点建设学科，农业部和自治区重点学科。1966 年开始招收国外留学生，1979 年开始招收研究生，1981 年获得硕士学位授予权，1993 年获得博士学位授予权，2011 年成为一级学科博士授权点，设一级学科博士后流动站，形成了完备的学科教育体系。2013 年 4 月，由教育部学位与研究生教育发展中心提供的第三轮学科评估"学科分析报告"表明，草学学科整体水平在自治区参评高校中位列第一，在全国同类有博士授权学科中位列第五。学科的发展，具有得天独厚的区位优势，彰显出明显的地方特色、民族特色和文化特色。

  至 2014 年，学科具有专任教师 33 人。其中，教授 17 人，博士生导师 10 人，具有博士学位 28 人。主要研究方向包括草地资源、生态与管理；牧草及药用植物；草坪与植被恢复；草原保护与环境；草类种质资源与遗传育种等，每个方向都形成稳定的团队。已毕业博士研究生 126 名，硕士研究生 347 名。建有国家级"植物学实验教学示范中心"、教育部"草地资源重点实验室"、自治区"内蒙古草品种育繁工程技术研究中心"及多处研究基地，具备完善的研究条件。近年来，在国际交流和合作方面也异常活跃并逐渐深入。依托这些条件，承担了大量国家和自治区科研项目，取得丰富的研究成果，使学科在教学、科研、社会服务、文化传承、对外交流等方面，均走在了全国的前列。

农业水土工程

  农业水土工程学科于 1986 年获得硕士学位授予权，1990 年被批准为校级重点学科，1995 年被批准为内蒙古自治区重点学科，1998 年获得博士学位授予权，2003 年获批设博士后科研流动站，2007 年被批准为国家重点培育学科。农业水土工程学科是内蒙古自治区第一个工学博士学位授权点，也是国内该学科第二个博士学位授权点，截至 2014 年已招收博士研究生 13 届，硕士研究生 26 届，博士研究生毕业人数累计 73 名，硕士研究生毕业人数累计 132 名，在校博士后研究人员 4 名。

  农业水土工程专业目前有专任教师 47 人，其中：博士生导师 11 人，硕士生导师 17 人。教师中具有博士学位 19 人，硕士学位 11 人。副高级以上职称教师占 74.5%，45 岁以下年轻教师占 45%；拥有国家级教学名师 1 人，自治区级教学名师 5 人。享受政府特殊津贴和自治区有突出贡献的中青年专家 5 人，自治区"草原英才"7 人，自治区"青年科技英才计划"2 人。

  经过 50 多年的建设，特别是国家重点培育学科、自治区重点学科、重点实验室和教育部教学工作水平评估建设，农业水土工程专业已具有先进、完备的办学条件。实验室面积达 3131 平方米，各类仪器设备 1590 台套，设备资金总额 3100 余万元。目前有 1 个自治区级实验教学示范中心。

  本学科面向干旱、半干旱区农业，以改善农业水土环境，提高农业用水效率，应对水资源缺乏，保持农业可持续发展为目标。主要研究方向为节水灌溉理论与新技术研究，灌溉排水原理与管理决策，农业水土资源利用与水土环境调控等。学科教师主持国家自然科学基金项目 18 项，其中重点项目 1 项，

国家"十一五""十二五"科技支撑重点课题、农业部、水利部行业专项、国家成果转化项目、国家重大专项(水专项)子课题及省部级科研项目80余项。获省部级科技进步一等奖2项,二等奖4项。

动物遗传育种与繁殖

内蒙古农业大学的动物遗传育种与繁殖学科于1986年和2000年分别被国务院批准为硕士和博士学位授权点,1998年被批准为自治区重点学科,1999年和2003年学科所属的动物遗传育种与繁殖实验室分别被批准为自治区教育厅重点实验室和自治区重点实验室,2007年学科被评为国家级重点(培育)学科。

学科始终密切结合内蒙古自治区的畜牧业生产实际,立足我区草原特色家畜开展相关科学研究,以应用基础研究为主开展了许多创新性研究,在乳肉兼用三河牛、内蒙古细毛羊、锡林郭勒马、草原红牛、乌珠穆沁羊、内蒙古白绒山羊、苏尼特肉羊和巴美肉羊等新品种培育和本品种选育等重大项目研究中获得多项科技成果,在草原家畜品种遗传育种原理与方法研究领域形成了自己的特色。

本学科现有教师21人,其中教授8人,副教授4人,讲师8人,高级实验师1人。具有博士学位者10人,具有硕士学位者6人,2人入选国家"百千万"人才工程。学科为国家和自治区培养了大批优秀创新型人才,截至目前,共培养博士研究生32人,硕士研究生164人。近五年来,主持承担了国家"863"计划、国家自然科学基金、内蒙古自治区科技、内蒙古自然科学基金、内蒙古"十二五"攻关项目共27项,总经费3000万元;获国家科技进步二等奖1项、自治区科技进步一等奖2项、自治区教学成果一等奖1项,国家级教学成果二等奖2项;发表学术论文380多篇,其中核心期刊270余篇,SCI收录10篇,国际会议收录16篇;主编或参编出版教材10部,专著12部。

水土保持与荒漠化防治

水土保持与荒漠化防治学科的前身是原内蒙古林学院沙漠治理专业和水土保持专业。沙漠治理专业设立于1960年,在国内具有明显的学科优势,在国际上具有一定的影响力。经过50多年的建设、发展和积淀,学科整体水平明显提升,特色和优势进一步显现,在国内、国际上的影响日益扩大,为地区经济、社会发展和我国的防沙治沙事业做出了突出贡献。

本学科是内蒙古自治区重点学科、国家林业局重点学科、国家重点(培育)学科。1984年开始招收硕士研究生,2000年12月被国务院学术委员会批准为具有博士学位授予权学科;2005年被评为自治区品牌专业;2007年本学科的骨干课程"治沙原理与技术"被评为国家级精品课程;2013年被评为自治区级教学团队,2014年获批自治区重点建设专业,并成为自治区级本科专业综合改革试点。

水土保持与荒漠化防治学科目前拥有沙漠治理和水土保持2个本科方向,1个硕士点和1个博士点;研究方面形成荒漠化防治、沙地植物资源保护与利用、水土保持与水土资源利用、工矿废弃地植被恢复、地表供沙供尘机制与植被阻沙滞尘过程5个稳定研究方向。

本学科的学术队伍是一支在国内有一定学术影响的稳定的研究队伍,在职人员全部为中、高级以上职称,其中教授9名、副教授8名、讲师2名和实验师1名;具有博士学位的成员16名、硕士学位2名,其中博士生导师5人,硕士生导师13人;2位成员为联合国荒漠化防治公约科学技术委员会中国独立专家,全国优秀教师2人、享受国务院特殊津贴1人,全国高校优秀思想政治教育工作者1人,当选全国水土保持与荒漠化防治学科教学指导委员会副主任委员,全国水土保持与荒漠化防治学科教材编审委员会委员,全国防沙治沙标准委员会委员,中国治沙暨沙业学会常务理事,中国水土保持学会风蚀防治委员会主任,内蒙古"草原英才"各1人,内蒙古自治区突出贡献专家1人。"水土保持与荒漠化防治教学团队"入选自治区级教学团队。

近五年来学科成员获得国家和省部级科技纵向课题共35项,经费总计2100万元,其中国家自然科学基金5项、自治区重大项目1项、自治区自然科学基金6项,国家科技支撑、行业公益专项等21项;横向课题22项,合计经费600多万元。科研成果获得内蒙古科学技术进步一等奖2项、三等奖2项。在核心期刊上发表论文133篇,其中SCI收录6篇,EI收录9篇;主编出版教材2部,专著7部,副主编出版3部,参编7部。颁布国家林业行业标准1项;获得国家发明专利5项,实用新型专利2项。学科五年来共培养博士23名,硕士119名,目前在读博士14名,硕士59名。

本学科的3个实验室"沙地生物资源保护与培育实验室"于1995年被批准为国家林业局重点实验室;"内蒙古自治区风沙物理与防沙治沙工程重点实验室"于2003年被评为内蒙古自治区重点实验室;"风沙物理实验室"于2008年被批准为中央与地方共建优势特色学科重点实验室;并且于2006年在乌兰布和沙漠建立固定的实践教学基地。目前3个实验室的实验仪器共计3400多台套,总值1240多万元。

近五年学科成员参加国内外学术交流30多次,其中出国讲学、交流7次;2014年6月,聘请美国田纳西大学的庄杰为本学科的客座教授。

本学科不光在科学研究领域发挥着重要作用,同时很好地与教学结合,并为教学服务,使我校的水土保持与荒漠化防治专业教学能力大幅提升,同时本学科的研究成果为国家西部大开发和内蒙古区域经济的发展及全国荒漠化防治进步起到了不可替代的作用,是内蒙古自治区实施的生态治理工程、京津沙源治理工程、退耕还草工程、退牧还草工程等重大工程的重要科技支撑力量。

木材科学与技术

木材科学与技术学科是林业工程一级学科下设的二级学科博士点,为国家林业局重点学科、内蒙古自治区重点学科。本学科专业1958年开始招生。现有教授10人,副教授16人;博士导师6人,硕士生导师9人;现有博士学位20人,有从美国普度大学、日本京都大学、中国科学院等知名院校引进优秀博士生;培养博士研究生15名,硕士研究生80余人。承担科技部、国家自然科学基金等各级各类科研课题60余项,累计科研经费1500多万元。主要研究领域为木材物理学与干燥理论、木质材料加工技术及装备、生物质能源与材料、家具设计与工程等方面的基础理论与应用技术。现有6个功能实验室,1个中央与地方共建高校特色优势学科实验室,1个加工中心,1个内蒙古自治区沙生灌木资源开发利用工程技术研究中心,1个内蒙古自治区沙生灌木资源纤维化和能源化开发利用重点实验室;现有核磁共振、博立叶红外光谱仪、动态热机械分析仪、原子力显微镜、红外线光谱仪、X射线衍射仪、微力学测试仪等世界一流实验仪器。学科与加拿大国家林产品研究院、加拿大阿尔伯特研究院、加拿大阿尔伯特大学、美国艾洲大学、美国农业部南方实验站、美国路易斯安州立大学、美国弗吉尼亚大学、美国普都大学、日本鸟取大学、日本京都府立大学、日本名古屋大学、澳大利亚墨尔本大学等国际知名院校有着长期的技术合作与学术交流。本学科主要特色是针对我国西部干旱和半干旱地区沙生灌木资源进行开发利用及其产业化开展学科建设,在沙生灌木微观构造及其产业化利用和木材干燥理论方面取得重要成果,曾多次主办全国性木材科学学术会议,已形成完整的学科体系,彰显出明显的区域特色。

森林培育

森林培育学科成立于 1958 年。1994 年成为内蒙古自治区重点学科,1995 年获硕士学位授予权,2003 年获博士学位授予权,2005 年成为国家林业局重点学科,2006 年依托林学一级学科成为博士后科研流动站。

本学科具有合理结构的师资队伍,其中:教授 4 人,副教授(含高级实验师)3 人,讲师(含实验师)3 人;具有博士学位 6 人,硕士学位 2 人;研究生导师 5 人。学科有内蒙古森林培育林木菌根生物技术重点实验室和林木组织培养、林木种苗、树木生理生态等实验室和先进的仪器设备。学科承担国家科技计划课题、国家自然科学基金项目、948 项目、国家林业局科研项目、内蒙古重大项目等科研课题。在读的 30 余名博士和硕士研究生是科学研究的有生力量。

本学科针对内蒙古和我国西部地区自然条件和林业生态与环境保护的要求,与国家六大林业重点工程建设,西部大开发,生态和环境保护、修复、改善,特别是国家"双增长"和民生林业战略紧密结合,坚持基础研究与应用研究并重,解决林业生产中的理论与技术问题,并根据学科实际,在全面发展过程中,有所侧重、强化优势、突出特色。学科以干旱半干旱地区森林培育理论与技术为重点,研究干旱半干旱地区树木对干旱缺水的反应和适应,选择抗旱树种,研究土壤蓄水保墒、节水技术;研究林草复合系统营建和经营理论与技术;探讨林木菌根基础理论及应用技术。学科立足于提高科技水平,恢复和发展森林资源,优化环境,促进社会经济发展,形成国内先进或地方特色鲜明的 3 个稳定的研究方向:森林培育理论与技术,林木菌根生物技术,城市林业。

畜牧学

畜牧学一级学科成立于 1952 年,由动物遗传育种与繁殖学、动物营养与饲料科学、动物生产学等 3 个二级学科组成。1963 年开始招收硕士研究生,1993 年开始招收博士研究生,2000 年被批准为一级学科博士学位授权点,2001 年设立博士后科研流动站,2008 年动物遗传育种与繁殖学科被批准为国家重点(培育)学科,2013 年被批准为自治区优势特色和一级重点学科。

学科拥有国家级教学团队 1 个、国家级精品课程 1 门、自治区级精品课程 6 门、自治区级教学团队 1 个、自治区重点实验室 1 个、自治区重点(培育)实验室 1 个。现有教授 16 名,博士生导师 12 名,硕士生导师 21 名,具有博士学位的教师 40 人,1 人获得"全国师德标兵"称号,2 人入选国家"百千万"工程;已培养博士研究生 116 名、硕士研究生 770 名,1 篇博士学位论文获教育部"百篇优秀博士学位论文"。

畜牧学一级学科有 8 个稳定的研究方向,研究的内容涉及学科的前沿,已初步建成在国内有重要影响、独具特色的产学研相结合的科研基地和畜牧业人才培养基地,并形成了一套完整的"学士—硕士—博士—博士后"人才培养体系。目前承担着国家"973""863"、科技支撑、重大专项、国际合作、国家自然科学基金、自治区重点等项目 80 余项,立项科研经费近 5000 万元。曾获自治区教学成果一等奖 3 项、国家教学成果二等奖 2 项;省部级科技进步一等奖 12 项、国家科技进步二等奖 1 项、国家科技进步三等奖 1 项、自治区科技进步二等奖 21 项。

兽医学

兽医学学科创建于 1952 年,是建校时最早建立起来的一级学科之一。该学科初建时期汇聚了全国著名的兽医病理学、解剖学、药理学、微生物及免疫学、传染病学、寄生虫学及临床兽医学等各方面的专家,经过 60 余年、几代人的共同努力和长期研究工作的积累,该学科已形成了 15 个以草食动物为研究对象的、具有鲜明地区和民族特色的研究方向。

本一级学科拥有基础兽医学、预防兽医学和临床兽医学三个二级学科,均为内蒙古自治区重点学科。1998 年基础兽医学科被批准为博士学位授权点,2002 年兽医学被批准为一级学科博士学位授权点。2007 年基础兽医学科所属实验室被批准为内蒙古自治区重点实验室。2009 年兽医学科被国家人事部批准为博士后流动站。现每年平均招收博士研究生 11 名,硕士研究生 70 名。

本学科现有教职员工 81 人。其中教授 25 人,副教授 26 人,讲师 9 人;高级实验师 4 人,实验师 6 人,助理实验师 1 人;博士生导师 15 人(其中内蒙古优秀博士生导师 1 人),硕士生导师 35 位。专任教师中具有博士或硕士学位的教师 66 位,占专任教师的 91.7%。享受国务院政府特殊津贴人员 2 名,有突出贡献的中青年专家 3 名,内蒙古草原英才 4 人。迄今为止,已培养博士研究生 90 余名,硕士研究生 800 余名,培养的人才已遍布全国各地、各行各业。

目前,正在承担的科研项目中,国家基金项目 33 项;教育部博士点基金 1 项;农业部支撑项目 1 项,科技部支撑项目参加 2 项,内蒙古科技攻关项目 1 项;内蒙古自然科学基金项目 14 项;横向联合项目 3 项。总金额达 1900 余万元。发表科研论文中被 SCI 和 EI 收录 20 余篇。

自 1952 年建校以来,取得了大量科研成果,获得内蒙古自治区科技进步奖一等奖 3 项、二等奖 5 项、三等奖 7 项,取得农业部新兽药证书 2 个,国家发明专利 3 项。为内蒙古及周边地区解决了大量的畜牧业生产中出现的重大关键问题,创造了巨大的社会及经济效益。

林学

林学学科创办于 1958 年,包含林木遗传育种、森林培育、森林保护学、森林经理学、野生动植物保护与利用、园林植物与观赏园艺、水土保持与荒漠化防治七个二级学科。从 1984 年开始陆续招收硕士研究生,2000 年开始招收博士研究生;2006 年获得林学一级学科博士学位授予权,2006 年获批林学学科博士后流动站。

现有 1 个国家级野外观测站,3 个省部级重点实验室。1 个国家重点(培育)学科,5 个省级重点学科,2 个国家林业局重点学科。近 5 年发表学术论文 700 余篇,有 20 篇论文被 SCI 收录。主编、参编教材和专著 60 部。先后获得多项国家和自治区教学和科研奖励。近 5 年已毕业研究生 386 人,在校研究生 165 人。目前有教授 31 名,博士生导师 12 名,硕士生导师 46 名。

作物学

作物学一级学科创建于 1958 年,是以内蒙古自治区特色优势作物研究为主攻方向的学科。从 1979 年开始招收研究生,1982 年开始招收硕士研究生,2004 年开始招收博士研究生,2006 年被国务院学位委员会批准为一级学科博士学位授权点,2007 年成为内蒙古自治区重点学科,2014 年被人事部批准为博士后流动站。作物学一级学科现包含植物栽培学与耕作学、作物遗传育种学、种子科学与技术和作物保护学 4 个二级学科,各学科研究方向稳定,科研经费充足。

作物学一级学科多年来一直重视师资队伍建设,现已形成一支年龄、职称和学历结构合理的师资队伍,现有教授 15 人、副教授 16 人、讲师 9 人、中级实验师 2 人,博士生导师 10 人。入选内蒙古"草原英才"工程 3 人、新世纪"321"人才工程第二层次 3 人。先后有 7 名教师赴美国、加拿大、日本、荷兰等国留学深造或进行合作研究。

加强科学研究,承担国家自然科学基金 3 + 3 + 1 项、自治区自然科学基金 3 + 3 + 2 项、国家 973 计划子课题 1 项,主编出版学术专著 6 部,审定作物新品种 3 个,在国内外核心期刊上发表研究论文 91 篇,其中 SCI 收录论文 12 篇,,获得自治区科技进步奖二等奖 1 项、内蒙古农业大学优秀教学成果奖一等奖 1 项,内蒙古农牧业丰收奖一等奖 2 项。完成科研项目鉴定或结题 16 项。

本年度招收博士研究生 11 人、毕业博士研究生 12 人,招收硕士研究生 29 人,毕业硕士研究生 25 人。随着学科研究研条件的改善和指导教师的严格要求,毕业生的质量明显提高。

注重条件建设,2014 年作为一级学科综合研究平台——内蒙古自治区作物栽培与遗传改良重点实验室,在国家财政部重点实验室建设立项经费支持下,新购置了 280 万元的仪器设备,极大地改善了学科的研究条件,研究手段先进。

注重学术交流,成功举办了内蒙古自治区遗传学年会,年内累计参加大型学术会议 12 人次,交流学术论文 5 篇,邀请国内外专家作学术交流报告 6 次。

农业工程

农业工程学科已初步建成在国内有重要影响、独具特色的产学研相结合的科研基地和人才培养基地。并形成了一套完整的"学士—硕士—博士—博士后"人才培养体系。农业工程学科业务范围涉及水利与土木建筑工程学院、机电工程学院、林业工程学院 3 个学院。由农业机械化工程、农业水土工程、农业电气化与自动化、农业生物环境与能源工程和自设的农业水资源利用与保护、农业信息技术和农业水利工程 7 个二级学科博士点组成,农业工程学科师资力量雄厚,学术梯队组成结构合理,现有教授 33 名,博士导师 18 名,硕士导师 28 名。

农业水土工程为国家重点(培育)学科。农业机械化工程、农业电气化与自动化和农业水土工程学科均为内蒙古自治区重点学科,农业工程一级学科有 7 个稳定的研究方向,研究的内容涉及学科的前沿,主要有节水灌溉原理及水盐空间变异理论,农业水土资源评价体系及承载力研究,干旱寒冷地区农牧业机械化与自动化,牧区能源,农业机械测试与控制,农业信息技术等。近五年主持完成了多项国家、自治区自然科学基金项目和重大项目。其中国家及国务院各部门项目 10 项,国家自然科学重点基金 3 项,面上基金 13 项,横向联合大型项目 22 项。获省部级奖共 10 项,其中国家科技进步二等奖 1 项,省级科学技术进步一等奖 2 项。省级优秀教学成果奖 7 项。

该一级学科已形成学科配套、年龄和职称以及学历结构等合理的学术队伍,培养出的博士、硕士生正在为自治区、国家农业工程的教学、科研和生产做出贡献。

农业机械化工程

农业机械化工程学科创建于 1960 年,1986 年开始招收硕士研究生,分别于 1990 年、2000 年获得硕士、博士学位授予权,1998 年被确定为自治区重点学科。本学科现有教授 8 人,博士研究生指导教师 5 人,具有博士学位的教师 6 人。截至 2014 年年底已培养博士研究生 21 人、硕士研究生 128 人,有在读博士研究生 22 人、硕士研究生 27 人。

学科坚持以草原畜牧业机械化和北方干旱寒冷地区农牧业机械化为研究特色,坚持"产、学、研"相结合,对农牧业机械的工作机理、设计理论、工作性能等进行探索和研究。学科的研究范围包括:农牧业机械新技术研究,农牧业机械性能设计与试验研究,农业装备及工作过程的计算机辅助分析和虚拟样机分析,农业物料机械特性和流变特性研究,农牧业机械工作过程的仿真分析,保护性耕作机械化技术研究等。

学科下设农业工程成套设备、畜牧工程两个研究所,并设有"农业机械化工程""工程测试与控制"及"草原畜牧业装备智能技术"学科实验平台,拥有 2000 余万元的设备。主持、参加的项目获国家科技进步二等奖 1 项、三等奖 1 项,内蒙古自治区科技进步二等奖 2 项,开发研制了 20 余种适于农牧林业生产的新机具,有的设备畅销华北五省区,取得了良好的经济效益和社会效益。主持和完成国家自然科学基金项目 14 项。

与国内外开展了广泛的学术交流,有外聘院士 1 人,国外外聘导师 1 人,每年以访问学者、公派交流博士等身份出国交流平均 5 人次以上。

动物营养与饲料科学

动物营养与饲料科学学科于 1983 年和 1993 年分别被国务院批准为硕士、博士学位授权点,1984 年被批准为内蒙古自治区重点学科。

学科立足于我国北方牧区草原畜牧业特色和饲料资源优势,始终以反刍动物的营养调控、饲料资源利用和畜产品品质研究为主攻目标,并兼顾单胃动物的营养与饲料研究,在长期的教学科学研究实践中形成了明确而具有地区特点和民族特色的稳定的研究方向。研究方向主要有:反刍动物营养生理与瘤胃微生态、反刍动物营养与畜产品品质、反刍动物的矿物质与维生素营养、动物营养与免疫及粗饲料研究和开发应用等。

学科师资力量雄厚,学术梯队的年龄、职称、学历结构合理,学科现有教师 19 人,其中教授 3 人、副教授 8 人、高级实验师 1 人、讲师 5 人、实验师 3 人;博士生导师 2 人,硕士生导师 7 人;具有博士学位的教师 13 人,具有硕士学位者 3 人。学科为国家和自治区培养了大批优秀创新型人才,截至目前,共培养博士研究生 81 名,硕士研究生 307 名,其中 1 篇博士学位论文被评为"全国百篇优秀论文"、2 篇博士和 2 篇硕士学位论文分别被评为"自治区优秀博、硕士学位论文"。近 5 年来主持承担多项国家和自治区科研项目,其中主持 973 项目 1 项,国家公益性行业项目 1 项,国家自然科学基金项目 10 项,现代农业产业技术体系项目 2 项,总经费 1732 万元。发表学术论文 187 余篇,其中 SCI 论文 20 篇,中文核心期刊论文 111 篇,国内外学术会议论文 26 篇,非核心期刊论文 30 篇。

基础兽医学

基础兽医学科始建于 1952 年,历经了 60 多年的发展建设,是我校最早的硕士授权点和早期的博士授权点。基础兽医学科于 1963 年开始招收研究生,从此开创了内蒙古自治区研究生教育的先河。1981 年获全国首批硕士学位授予权,1998 年获博士学位授予权,从 1999 年开始招收博士研究生。1984 年 12 月获批至至今基础兽医学科一直为自治区重点学科,2007 年学科所属的基础兽医学实验室被批准为内蒙古自治区重点实验室,2009年家畜病理学获批国家级精品课程,2012年和2013年动物生理学和家畜解剖学分别获批自治区级精品课程。

目前基础兽医学科包括家畜病理学、家畜解剖学、家畜组织胚胎与发育生物学、家畜生理学、兽医药理学与毒理学。学科培养出的各类人才,在教学、科研和生产实践中发挥着重要的作用。基础兽医学科现有专任教师30名,其中博士生导师7人,硕士生导师15人(含7名博导)。本学科正在进行的国家自然科学基金、自治区自然科学基金等项目课题20余项,各类科研课题总经费合计500多万元。本学科教师和研究生近3年来在国内重要期刊上发表论文100余篇,其中SCI收录论文10篇。

在几代人的不懈努力下,基础兽医学科在全国同类院校中享有较高的学术声誉和影响,基础兽医实验室设备齐全,实验条件好,并以教材建设成绩卓著、教学实物标本丰富、专业人才辈出、教学质量好、科研水平高、积极服务于畜牧业生产等特色而享誉全国。

农业电气化与自动化

农业电气化与自动化学科创建于1993年,2003年获博士学位授予权,2004年开始招收博士和硕士研究生,2007年被确定为自治区重点学科。本学科现有教授6人、博士研究生指导教师2人,具有博士学位的教师5人。截至2014年已培养博士8名、科学硕士60人,有在读博士研究生10人、硕士研究生12人。

学科以电工电子、测试与控制、计算机及信号处理等技术为基础,研究农牧业装备设施的性能测试与控制、智能化农牧业技术及装备等。目前的主要研究方向包括:农业工程测试与控制、农牧业智能化关键技术及装备、微电网技术。

学科设有"农业电气化与自动化""工程测试与控制"及"草原畜牧业装备智能技术"学科实验平台,拥有2000余万元的设备。主持和参加的科研项目获内蒙古自治区科技进步二等奖2项、内蒙古自治区科技进步三等奖1项,呼和浩特市丰收二等奖1项。主持和完成国家自然科学基金项目8项。

作物栽培学与耕作学

作物栽培学与耕作学学科始建于1958年,1984年经国务院学位委员会批准为硕士学位授权学科,2003年建成为博士学位授权学科,2007年获批成为内蒙古自治区级重点学科。目前该学科已成为支撑内蒙古农业大学"作物学一级学科博士点"的重要二级学科之一,同时也是"内蒙古自治区作物栽培与遗传改良重点实验室"的重要支撑学科之一。

经57年的不懈发展,本学科已形成一支治学严谨、学术思想活跃、理论联系实际、学风正派、业务素质优良的师资队伍。年内共有专任教师14人,其中教授7人,副教授4人,讲师2人,高级实验师1人;具有博士学位教师10人,硕士学位1人;博士生导师4人,硕士生导师9人。获自治区"草原英才"工程创新团队带头人1人,内蒙古优秀研究生指导教师1人。

加强科学研究,学科设有"作物生理生态及决策系统、耕作制度与农业生态系统、马铃薯栽培生理与品种改良、油料作物生理与品种改良、药用植物生理与繁育、作物节水高产高效栽培理论与技术"5个稳定研究方向。年内新上973、国家自然科学基金、国家科技支撑、内蒙科技攻关等科研项目15项,获批经费1863万元。累计发表研究论文51篇,其中SCI论文2篇。参编出版学术著作和教材4部,获得自治区科技进步奖二等奖 1 项、内蒙古农业大学优秀教学成果奖一等奖 1 项,内蒙古农牧业丰收奖一等奖 2 项。完成科研项目鉴定或结题 12 项。

学科各方向结合研究内容多途径加强人才培养,年内累计招收硕士研究生 14 名,博士研究生 6 名,毕业硕士生 12 名,博士生 8 名,指导本科毕业论文 44 人。

注重学术交流,学科内各课题组结合课题研究需求,积极参加国内外相关研究领域的学术会议及活动。年内累计参加大型学术会议 12 人次,交流学术论文 5 篇,邀请国内外专家作学术交流报告 6 次。

作物遗传育种

作物遗传育种学科创建于 1958 年,1979 年开始招收硕士研究生,1992 年经国务院学位委员会批准为硕士学位授权点,2005 年获博士学位授权点,2007 年成为内蒙古自治区重点学科。根据自治区农牧业发展需要、学科国内外发展趋势及本学科优势,设立了作物育种理论与技术、作物抗性及品质产量等目标性状的遗传改良、作物种质资源研究与创新、特色作物新品种选育 4 个研究方向,作为本学科的重点发展方向。

几十年来,学科非常重视师资队伍建设,现已形成一支职称与学历结构合理、学风严谨、学术思想活跃、高素质的师资队伍。现有教师 13 名,其中教授 5 名、副教授 5 名、讲师 2 名、中级实验师 1 名,已获博士学位 10 人,博士生导师 3 人,入选内蒙古"草原英才"工程和新世纪"321"人才工程第二层次各 1 人,先后有 6 名教师赴美国、日本、荷兰等国留学深造或进行合作研究。

不断提高科学研究水平。2013 年度结题国家自然科学基金项目 2 项,新获准国家自然科学基金 2 项、自治区自然科学基金 2 项、自治区科技攻关项目 1 项,审定作物新品种 3 个,在国内外核心期刊上发表研究论文 22 篇,其中 SCI 收录论文 3 篇。荣获内蒙古自治区科学技术进步一等奖 1 项。

本年度招收博士研究生 3 人,毕业博士研究生 2 人,招收硕士研究生 10 人,毕业硕士研究生 12 人。研究生在国内外核心期刊上发表论文 13 篇。

2013 年度学科新购置电泳成像系统 1 套、PCR 仪 1 台、冰箱 4 台。

2013 年 10 月学科成功举办了内蒙古自治区遗传学年会,学科多数教师参加了中国遗传学会在郑州举办的遗传学进展讨论会。

预防兽医学

预防兽医学科隶属于内蒙古农业大学兽医学院兽医一级学科,1982 年开始招收硕士研究生,2003 年获博士学位授予权。2007 年成为内蒙古自治区重点学科,现已发展为我国西部地区具有地方和民族特色的重要学科。

预防兽医学科包括兽医寄生虫学、兽医微生物与免疫学、兽医传染病学、兽医公共卫生学 4 个三级学科,有教职员工 27 名,包括教授 11 人,副教授 7 人,讲师 5 人,高级实验师 2 人,实验师 2 人。其中享受政府特殊津贴人员 2 名,有突出贡献的中青年专家 3 名。学科中有博士生导师 7 人,硕士生导师 18 人(含 7 名博导)。

在科学研究方面,承担了科技部、国家自然科学基金、农业部、内蒙古科技厅等部门的科研项目,取得了许多科研成果。获得内蒙古自治区科技进步奖一等奖 2 项、二等奖 4 项、三等奖 2 项,2 项科研成果获农业部新兽药证书并已转让投产。近 10 年共发表科技论文 400 多篇,其中被 SCI 和 EI 收录 20 余篇;编写出版专著 40 余部。

预防兽医学科年均招收博士研究生 7 名、硕士研究生 20 余名,同时还承担着兽医、动植物检疫、兽医药学等专业的 20 余门本科生的专业基础课、专业课的教学工作。本学科培养的人才许多在大专院校、研究机构、兽医防疫部门、各种检验检疫机构和大型企业等单位工作,不仅满足了内蒙古自治区的需要,而且还输送到黑龙江、辽宁、吉林、北京、天津等地。

从 1952 年建校以来,预防兽医学科一直坚持社会服务,为内蒙古自治区及其周边地区动物疫病的防控做出了突出贡献,特别是在动物疫病诊断和防控方案制订方面做了大量卓有成效的工作。

临床兽医学

内蒙古农业大学兽医学学科始建于 1952 年,是内蒙古自治区最早设立的两个本科学科之一。临床兽医学科是兽医学学科的重要组成部分。历经 60 多年的发展建设历程,在几代人的不懈努力下,临床兽医学科在全国同类院校中享有一定的学术威望和影响。本学科于 1985 年开始招收研究生,1997 年获硕士学位授予权,2003 年获博士学位授予权。

临床兽医学科作为兽医学科的二级学科,涵盖了兽医内科学(包括兽医诊断学)、兽医外科学(包括小动物疾病学)、兽医产科学和中兽医学四个三级学科。目前有专任教师 15 名,其中博士生导师 3 人,硕士生导师 7 人(含 3 名博导),任教教师中有教授 5 人、副教授 8 人、讲师 2 人。具有博士学位的教师 8 人。本学科研究方向有:运动马、奶牛肢蹄病与宠物疾病研究;中蒙药药理学与免疫学研究;胚胎工程与奶牛、运动马繁殖及疾病研究;绒山羊疾病研究等。自 2012 年至今共招收培养硕士研究生 72 名,博士研究生 12 名。

本学科在研的课题有国家自然科学基金 2 项,教育部博士点基金 1 项、内蒙科技厅项目 2 项。总经费达 155 万余元。

临床兽医学科拥有农业部动物疾病临床诊疗技术重点实验室、现代化的宠物医院、运动马驯养基地和奶牛实习基地,为研究生学习使用新仪器设备,开展不同动物疾病诊疗实习和科技创新活动提供了优厚的条件。临床所有教师在教学科研的同时经常带领学生深入农村牧区生产一线,利用自己的知识为农牧民咨询诊治病例和对外技术服务。同时本学科培养出的人才,不仅能满足内蒙古自治区民族教育、行政部门和科技发展的需要,还输送到黑龙江、辽宁、吉林、青海、甘肃、西藏、新疆等省区,这对加强民族教育、推动地方经济发展、稳定边疆地区具有重要的战略意义。国家和自治区对临床兽医学科高级人才需求旺盛,尤其是在伊利蒙牛两大乳品企业的带动下,学科发展前景十分光明。

森林保护学

森林保护学科于 1997 年招生硕士研究生,2005 年获博士学位授予权,并于次年招生,2008 年评为自治区重点学科,目前有森林病害持续防治和森林害虫综合防治 2 个培养方向。本学科密切结合我区在森林灾害控制方面的科技和人才需求,为保护森林生态系统健康持续生长、防治森林外来有害生物入侵培养教学、科研、生产服务等不同层次的合格人才,在自治区森林保护战线上发挥着重要的作用。

本学科现有专职教师 6 名,其中教授 1 名、副教授 3 名、讲师 1 名,实验师 1 名,获博士学位 4 人。

围绕林业有害生物的监控预警体系、检疫御灾体系和防灾减灾体系,学科开展林木重大病虫害发生理论与防治技术的科学研究,近 5 年完成国家自然科学基金、林业行业公益专项、948 项目、内蒙自然科学基金等各类科研项目 10 多项,研究经费 230 多万元,发表论文 60 多篇,其中 3 篇被 SCI 收录。

近 5 年该学科培养博士研究生 6 名、硕士研究生 9 名,在校研究生 8 名,蒙古国留学生 1 名。学生发表论文 30 多篇,2 名研究生获学校创新科研项目,1 名博士论文获自治区优秀博士论文提名奖;多名学生获国家、自治区奖学金;培养的学生在科研、政府、生产等单位工作努力,成绩优异,受到用人单位的好评。

抓住自治区重点学科的建设机遇,积极开展学科建设工作,目前拥有 700 多平方米的实验室,有光照培养箱、显微镜、气相色谱仪、农药残留测定仪等 300 多万元的仪器设备。

学科坚持服务于社会,1 名教师担任自治区昆虫学会副理事长,2 名教师为自治区森林病虫害普查顾问、指导专家。

森林经理学

森林经理学科于 1999 年获硕士学位授予权,2005 年获博士学位授予权,2007 年被内蒙古自治区遴选为自治区级重点学科。该学科以培养林业建设的高级人才、特别是适应森林资源调查、监测和管理的高级技术人才为目标。主要研究方向:森林可持续经营理论与技术、基于"3S"技术的资源环境监测与评价和森林结构与功能研究。学科拥有国家级大兴安岭科学观测研究站教学科研实训基地、"3S"等实验室,有年轮分析系统、光谱仪、树木激光直径测量仪和遥感图像处理与 GIS 软件等仪器设备基本可满足学科人才培养的需要。

学科团队现有 13 人,具有博士学位 8 名,副教授以上 8 名,形成具较高学历结构且涵盖林学、生态学、环境科学、计算机科学、管理科学领域的学术团队。在研项目有《过伐林可持续经营关键技术研究与示范》《森林生态系统生态服务功能评价》《兴安落叶松复层异龄林形成机理及其经营活动响应研究》等国家科技支撑、公益性行业专项和国家自然科学基金等 8 项,总经费达到了 234.5 万元,发表学术论文 15 篇。学科与国内外阿尔贝塔大学、牛津大学、北京林业大学、中国林业科学院、中国科学院等有良好的科研协作和学术交流。目前,在校博士研究生 7 名,硕士研究生 20 名,博士后 1 名,2014 年毕业硕士 5 名,招收博士 1 名,硕士生 6 名。森林生态服务功能计量、天然林保护效益评价、次生林抚育和人工林近自然林改造模式、林下经济植物开发与利用等可持续经营技术与示范等研究成果在科技支撑、科技服务工作中发挥了重要的作用。

生物化学与分子生物学

学科始建于 2002 年,2003 年获批硕士学位授权点,2008 年成为自治区重点学科,2011 年获批博士学位授权点。学科现有在岗教师 15 人,其中教授 7 人,副教授 5 人,讲师 3 人,已取得博士学位的教师 11 人,入选自治区"新世纪 321"人才工程的 2 人,入选"教育部新世纪优秀人才支持计划"的 2 人,入选"内蒙古自治区草原英才支持计划"的 3 人,赴美国、法国、日本留学深造的 10 人。

注重科学研究,学科在资源植物抗逆功能基因的挖掘与利用、微生物资源筛选与应用、生物医药应用开发等方向上形成了鲜明的地方特色;主持各级项目 24 项;学术论文被 SCI 收录 25 篇,EI 收录 5 篇;

成果获得内蒙古科技进步二等奖 1 项、内蒙古自然科学奖 2 项；获发明专利 3 项。

学科高度重视理论与实践相结合，形成了理论教学以应用为目的、为实践教学服务的教学模式；有组织、有计划地组织学生去科研合作单位、生产基地进行参观与实习，提高学习的兴趣，巩固理论知识。

学科有自治区实验示范中心 1 个、植物分子生物学实验室 1 个、校内外试验实习基地 3 个，拥有先进仪器设备 467 台，总价值 1200 万元。

加强学术交流，学科组成员积极参加国内外的相关学术会议、并邀请国内外知名专家进行学术交流年均 10 次以上。

学科始终坚持"产、学、研"相结合的道路，为区内一些企业如五原县酒厂、奥醇生物技术有限公司、大圣生物技术有限公司提供技术支持。

水文学及水资源

水文学及水资源学科，其前身依托于 1978 年创建的地下水开发利用工程专业，该专业 1998 年更名为水文与水资源工程，2006 年被评为自治区品牌专业，2009 年成为国家特色专业建设点。1989 年开始在农业水土工程学科设立水土资源优化利用方向，招收硕士研究生，1999 年招收该方向博士研究生，2001 年获得硕士学位授予权，1998 年被评为内蒙古农牧学院重点学科，2008 年被评为内蒙古自治区重点学科，2012 年在农业工程一级学科下自设农业水资源利用与保护博士点。主要研究方向有：水文过程与生态效应、水资源可持续利用与规划、水环境科学与工程、地下水科学与工程。

现有教师 22 人，其中教授 8 人，副教授 8 人，博士 16 人，博士生导师 4 人，硕士生导师 11 人。本学科积极进行水文学及水资源专业课程设置及培养模式的改革，注重学生的培养质量，在农业水土工程学科共培养水土资源优化利用方向的博士 37 名，硕士 13 名，在水文学及水资源学科共培养硕士 82 名，目前在校硕士生 37 名。2014 年度，发表学术论文 30 余篇，其中 SCI 收录 6 篇，EI 收录 3 篇。

2014 年新增省部级以上项目 9 项，其中：国家自然科学基金 1 项，国家自然科学基金重点项目 1 项，自治区重大专项 1 项，内蒙古自然基金面上项目 1 项，地区科学基金项目 3 项，教育部创新团队 1 项，内蒙古水利科学研究院项目 1 项。

农产品加工及贮藏工程

农产品加工及贮藏工程学科是 2008 年批准的自治区级重点学科，同时也是我校的重点扶持学科。该学科现有乳品生物技术与加工工程、肉品生物技术与加工工程、植物资源加工与保鲜技术和食品包装与储运等 4 个研究方向，涵盖了乳、肉、果、蔬的加工、贮藏和包装等工程。

2014 年该学科有专职科研人员 51 名，其中教授 18 名，副教授 18 名，博士生导师 9 名，硕士生导师 31 名，其中博士学位获得者为 27 人，19 名人员具有国外学习和工作经历，建立了学历与职称相匹配、学习和创新相融合的学科团队。该学科承担国家"863"计划项目 2 项，"973"计划项目 1 项，高等学校博士学科点专项科研基金（优先发展领域）1 项，国家国际科技合作转型 1 项，科技部项目 3 项，国家自然科学基金 16 项，教育部科学研究重点项目 1 项，国家杰出青年科学基金 1 项，现代农业产业技术体系建设项目 1 项，农业部公益性行业（农业）科研专项 2 项，内蒙古自然科学基金 6 项等多个国家、自治区重点项目，2014 年拨入经费总计 2452.66 万元。2014 年该学科师生在国内学术刊物发表论文 109 篇，国外学术刊物发表论文30篇,SCI收录24篇,EI收录3篇。该学科2014年国内外合作研究派遣43人次,出席国际学术交流45人次,交流论文12篇,特邀报告2篇。2014年该学科完成培养的博士研究生8人,硕士研究生45人。经过长期不懈的努力,本学科获得了突破性成果,学科的学术水平取得了长足进步和显著提高,优势领域的研究取得显著成果。

果树学

果树学学科创建于1958年,1985年开始招收硕士研究生,1990年经国务院学位委员会批准为果树学硕士学位授权点,同时被列为校级重点学科。2007年晋升为自治区级重点学科。现已发展成为能够培养包括博士和硕士研究生的教学研究型学科。本学科紧密结合内蒙高原地区气候特点和果树生产实际情况,已逐步形成果树优质高效栽培技术与理论基础研究、果树种质资源与现代育种技术研究、果树抗性生理生态机制研究、观光果树的理论与技术研究4个主要的研究方向。目前在国内外同领域研究中,本学科已初步形成了具有明显地区特色和区域优势的"高原地区抗寒抗旱优质生态果树栽培及生态生理"的学科特色。

学科逐步形成一支学术思想活跃,治学严谨,学风正派,业务素质优良的学术队伍。学科现有教师12名,其中教授4名,副教授5名,讲师2名,高级实验师1名;博士研究生导师1名,硕士研究生导师8名;具有博士学位教师9名;入选内蒙古自治区"321"人才工程第二层次人选1名,第三层次人选1名,本年度有3名教师赴荷兰、法国等国进行学习。

加强条件建设,现有自治区重点实验室1个,拥有大中型仪器设备80台。

先后承担国家自然科学基金9项、自治区自然科学基金、自治区科技攻关和教育厅项目等30多项,主编专著10余部,参编全国统编教材10部;共发表学术论文200多篇,其中SCI收录5篇。先后获得农业部中华农业科技一等奖1项、教育部科技进步二等奖1项、自治区科技进步二等奖2项、自治区农业科技进步一等奖。学科在发展过程中积极开展推广科技,社会服务工作,李连国和李小燕2名教授被内蒙古农业大学授予"推广科技,服务社会"先进个人称号。

蔬菜学

蔬菜学学科创建于1958年,1982年开始招收硕士研究生,1996年被国务院学位委员会批准为硕士学位授权点,2006年批准为博士学位授权点。为自治区重点学科。园艺专业为自治区品牌专业。

现有教师16名,其中教授5名,副教授4名,讲师6名,实验师1名;博士学位12名,硕士学位1名;自治区中青年专家1名,自治区"321"工程二层人员2名,自治区"111"工程二层人员2名,博士生导师3名,硕士生导师6名。

近10年来先后主持完成国家、自治区自然科学基金、自治区科技攻关和教育厅项目等45项,各项研究经费共计600万元。先后获自治区科技进步二等奖2项,三等奖6项。目前承担着国家、自治区自然基金项目、自治区科技攻关等项目21项。

加强人才培养。几十年来,学科始终把培养高素质的合格人才作为根本任务,已为博士和硕士研究生、本、专科开出了学位课、专业课等课程14余门类。已培养硕士140余名,博士35余名。

注重条件建设,现有自治区级重点实验室1个,拥有大中型仪器设备80台套。

加强学术交流，参编教育部"十一·五"全国统编教材《蔬菜栽培学各论》（北方本），先后出版学术著作10部，在国内外学术刊物发表学术论文300余篇。

不断提高社会服务能力，近10年来，在全区进行蔬菜新技术开发和成果推广近30项，推广面积达120多万亩，经济、社会、生态效益显著。

农业经济管理

农业经济管理传统上主要研究农业经济及相关的管理问题，目前该学科的研究领域已经扩展到了涉农经济、社会、环境等领域，涉及"三农"问题的各个方面，包括农村改革发展理论与政策、土地制度、合作社制度、农业现代化、农村中小企业与县域经济发展、农村城镇化与农村社区建设、农村社会发展与社会保障、农村国民教育与人力资源开发、农村文化发展与新农村建设、农村基层民主政治建设、农村反贫困与区域协调发展、食品质量与供给安全、生态文明、资源与环境经济、应对气候变化的战略研究、碳汇、全球环境变化等。

目前该学科已经成为应用经济学和管理学的重要分支。在研究方法上，本学科逐步借鉴政治学、法学、心理学等社会科学学科和信息技术、生态学等自然科学学科的方法，在定性分析的基础上，广泛采用以现代数理经济学和计算机技术为基础的计量经济模型与分析方法，十分重视实证和案例分析。

本学科是学院首批硕士点和博士点学科，1986年开始招收硕士研究生，2006年招收博士生，2011年成为一级学科博士点。

野生动植物保护与利用

野生动植物保护与利用是林学一级学科下设的二级学科，研究领域主要针对干旱、半干旱地区野生动植物资源，特别是内蒙古自治区的野生动植物资源进行保护与利用研究。重点研究该区域内的珍稀濒危动植物和具有开发利用价值的资源动植物。现开设三个研究方向：植物多样性保护与利用、野生植物繁育与资源利用、野生动物资源保护与利用。从2004年开始在三个方向招收硕士生，2006年开始在植物多样性保护与利用、野生动物资源保护与利用两个方向招收博士生。

本学科现有专任教师及实验技术人员19人，其中教授9人，副教授6人、高级实验师2人、讲师2人，其中具有博士学位的9人，具有硕士学位的6人。现有博士生导师3名，硕士生导师8名。

有相对稳定、特色明显的研究方向，承担了多项国家级和省部级课题，以及一些横向联合课题，科研经费比较充足。取得了一定的成绩，出版和发表了较高水平的专著和论文，获省部级科技进步奖多项，其中一项于2008年获国家科技进步一等奖。

已毕业博士生10余名、硕士生50余名，在区内外相关学科领域的业务及管理岗位工作，多数已成为所在部门的骨干力量；目前在读博士生9名、硕士生20名。

多年来一直本着多渠道筹措学科建设经费的原则，极大地改善了办学条件，在原有的课程实验室、研究室、标本室和切片室的基础上，成功地组建并升级为"国家级植物学实验教学示范中心"。注重学术团队建设，加强年轻学术带头人和学术骨干的培养，积极创造条件帮助青年教师攻读更高级别学位、出国学术交流和科研合作。

经常邀请校内外的专家学者进行讲学和交流，积极参加国内外相关学术会议。积极参加社会服务,特别是在矿区植被恢复、珍稀濒危动物保护与利用、良种繁育等方面发挥学科优势,承担和参与了多项地方重点项目,得到了有关部门的好评。

园林植物与观赏园艺

园林植物与观赏园艺学科是研究园林植物和园林设计的理论与实践的学科。重点是结合自治区的地区特点和民族特色,结合我国北方干旱、寒冷地区园林植物特点以及城市绿地系统、城市公园、居住区绿化、风景名胜区、旅游区、城市规划等发展要求,对园林植物和园林设计的理论和技术等进行研究,改善人居环境,促进现代城市建设可持续发展。

本学科具有 6 名指导教师,具有高级职称的 3 人,副高级专业技术职称的 3 人,均具有丰富的教学和实践经验。近三年的招生周期内,共有 26 项科研课题或生产实践项目,发表论文 30 余篇。参加了国家留学基金公费委派出国留学,西部计划项目和教育部对口支援西部大学计划等相关的师资培训,积极开展各项教学研讨交流活动。

该学科培养德、智、体全面发展的园林植物与观赏园艺专业高级专门人才。近几年生源充足,就业稳定,通过实际的培养成果证实,培养方案科学合理,可操作性强。学科基础设施齐全,教学资源丰富。专业教室、工作空间及公共展览空间占地面积将近 500 平方米,仪器设备总价值 1584 万元。学科与内蒙古和信园蒙草抗旱绿化有限责任公司、鄂尔多斯市住房和建设委员会园林科学研究所、呼和浩特市园林科学研究所等 12 个科研院所和企业单位,签订了生实训基地协议。基地具备一定规模和实训条件,能够满足研究生实践和毕业论文需要。本学科依托实践基地及相关生产实践积极开展社会服务,获得了社会的广泛认可。

农业昆虫与害虫防治

农业昆虫与害虫防治学科创建于 1958 年,1999 年开始招收硕士研究生,2000 年经国务院学位委员会批准为农业昆虫与害虫防治学科硕士学位授权点,2007 年成为内蒙古自治区重点培育学科,2012 年获得作物保护学学科博士授予权,2014 年与中国科学院动物研究所康乐院士团队合作成立草原昆虫研究中心。根据自治区农牧业发展需要、学科国内外发展趋势及本学科优势,设立了昆虫生态与分子生物学、害虫综合治理、害虫生物防治、昆虫毒理学和昆虫分类与系统进化等 5 个研究方向作为本学科的重点发展方向。

几十年来,学科非常重视师资队伍建设,现已形成一支职称与学历结构较合理、学风严谨、学术思想活跃、高素质的师资队伍。现有教职工 11 名,其中教授 3 名、副教授 4 名、讲师 2 名、高级实验师 1 名、实验师 1 名,已获博士学位 9 人,入选内蒙古自治区高等院校"111"人才工程和内蒙古新世纪"321"人才工程第二层次各 1 人,先后有 5 名教师赴加拿大、荷兰、比利时和美国等国留学深造或进行合作研究。2014 年度有 1 名教师赴美国加州大学做访问学者 1 年。

加强科学研究,2014 年度验收国家公益性行业(农业)项目 1 项。在国内外核心期刊上发表研究论文 18 篇,其中 SCI 收录 6 篇。

注重人才培养,2014 年度招收硕士研究生 8 人,毕业硕士研究生 6 人。由于科研条件的改善和教师的严格要求,毕业生的质量有了很大的提高。硕士生在国内外核心期刊上发表论文 8 篇。

加强条件建设,购置电泳仪、酶标仪、回旋振荡器、昆虫呼吸测定仪、台式高速离心机、喷雾塔、超低温冰箱及超声波清洗机各 1 台、恒温水浴锅 4 台,极大地提高了本学科的科研水平。

积极推进学术交流,2014 年度积极组织教师参加中国昆虫学会年会、中国作物保护学年会、国际昆虫基因组学术会议、国际昆虫分子生态学与害虫治理学术会议等学术会议,扩大了对外交流,拓宽了教师的视野,了解了国内外相关的研究动态,使教师的学术水平有了较大的提高。

水工结构工程

水工结构工程学科创建于 1986 年,1993 年开始招收硕士研究生,2003 年经国务院学位委员会批准为硕士学位授权点,2007 年成为内蒙古自治区重点培育学科。根据自治区水利工程的发展需要、学科国内外发展趋势及本学科优势,设立了寒区工程结构新体系、寒区岩土设计理论与防灾科学技术、寒区工程材料、土木工程材料的力学特性与行为等 4 个研究方向,作为本学科的重点发展方向。

几十年来,学科非常重视师资队伍建设,现已形成一支职称与学历结构合理、学风严谨、学术思想活跃、高素质的师资队伍。现有教师 15 名,其中教授 6 名、副教授 5 名、讲师 3 名、高级实验师 1 名,已获博士学位 5 人,博士生导师 1 人,硕士生导师 7 人。

2014 年度结题自治区自然科学基金 1 项,新获准国家自然科学基金 1 项,内蒙古自治区自然科学基金 1 项,在国内外核心期刊上发表研究论文 20 篇,其中 EI 收录论文 2 篇。

2014 年度招收硕士研究生 7 人,毕业硕士研究生 6 人。由于学科研究研条件的改善和指导教师的严格要求,毕业生的质量提高很大。研究生在国内外核心期刊上发表论文 12 篇。

新购置振动台 1 套、冷冻箱 1 台,改善了本学科的科研及教学条件。

加强学术交流。2014 年度组织教师参加第 18 届 CIGR 国际农业工程学会世界大会、第 15 届北方七省市区力学学会学术会议等学术会议,了解国内外相关的研究动态,努力扩大对外学术交流,拓宽了教师的科学研究思路和视野。

师资和人才队伍建设

【工作概述】师资队伍建设以党的十八大精神为统领,围绕学科建设规划,坚持人才引进与培养并重的理念,大力实施人才强校战略,取得新的积极进展。

加强教师队伍支持与培养,全力提升师资队伍水平。支持青年教师在职攻读学位,全年获得博士学位10人,在职获得硕士学位1人。有15人通过了自治区教育厅高等学校教师资格认定。开展专业技术资格推荐、评审工作,取得正高级专业技术资格23人,取得副高级专业技术资格34人,取得中级专业技术资格40人,取得初级专业技术资格7人。

加强高层次人才队伍建设,做好各类人才的申报、推荐工作。获得全国优秀教师1人,自治区优秀教师3人,自治区优秀教育工作者1人,自治区高校优秀辅导员1人;全国专业技术人才先进集体1个。获批2013年度自治区杰出人才奖2人;"草原英才"工程培养人选13人,其中培养三类人选11人,柔性引进三类人选2人。"草原英才"工程创新团队8个,均为团队三类。接受了自治区党委组织部对我校入选"草原英才"工程培养人选及创新团队进行的中期考核。

【师资培养与队伍建设】2014年,师资培训工作主要以网络培训、岗前培训、说课活动、在线学习、教学技能竞赛、进修培训、出国留学、攻读学位、普通话培训等形式和途径开展,取得显著成绩。组织39位新进教师参加了"新进教师教学能力与科研素养提升"网络集中培训,并获得"高等学校教师培训证书";组织26位新进教师参加自治区教育厅高校师资培训中心组织的青年教师岗前培训班;组织39位新进教师开展说课活动,通过说课,促进青年教师钻研教学方法,提高教学能力;筹建了"内蒙古农业大学教师在线学习中心",要求40周岁以下的教师(含40周岁),每学年至少选择一门课程作为必修内容;组织2014年教育部"质量工程"对口支援工作教师进修及干部学习锻炼工作,共派14名教师到中国农业大学进修学习;组织推选教师参加了自治区和全国的"微课"教学比赛,获自治区一等奖1名,二等奖3名,三等奖3名,其中1名教师获全国"微课"大赛三等奖;组织第三届校级教学名师、教坛新秀的评选工作,共评选出校级教学名师8位,校级教坛新秀19位;获批自治区教学名师2位,自治区教坛新秀1位;2位教师获得国家资助,到国内重点大学访问学习。开展国家留学基金委出国留学及西部地区人才培养特别项目的申报工作,共获批出国留学教师14名,博士研究生6名。为新教师举办普通话培训班,并参加普通话测试获得证书。

【教职工基本情况统计】

2014年内蒙古农业大学教职工基本情况统计

人员及分类	数量(人)	比例(%)
总规模	3130	
在职总人数	2217	70.83
其中:女性	985	31.47
教学科研人员	1173	37.48
非教学科研人员	571	18.24
党政管理人员	329	10.51
工勤技能人员	144	4.60
离退休人员	913	29.17
离休人员	34	1.09
退休人员	883	28.21

截至 2014 年年底,全校在册教职工 2217 人,按岗位类别划分:专业技术岗位 1744 人,管理岗位 329 人,工勤技能岗位 144 人,专业技术岗位中,教学、教研岗位 1173 人,其他专业技术岗位 571 人。专业技术岗位按职务级别划分:高级 813 人,占 46.62%;中级 720 人,占 41.28%;初级及以下 211 人,占 12.1%。按学位划分:专业技术岗位中具有博士学位 486 人,占 27.87%;具有硕士学位 572 人,占 32.80%;具有学士学位 681 人,占 39.04%。按年龄划分:专业技术岗位中 35 岁以下的 425 人,占 24.37%;36~40 岁的 275 人,占 15.77%;41~50 岁的 558 人,占 32.38%;51~60 岁的 481 人,占 27.58%;60 岁以上的 5 人,占 0.29%。

【专业技术资格评审】

取得专业技术资格 104 人,其中正高级 23 人,副高级 34 人,中级 40 人(考核认定 32 人),初级 7 人(均为考核认定)。

正高级专业技术资格

教授(20 人)

赵艳红　高　峰　刘　艳　马秀枝　乌　恩　葛丽娟　王雅梅　冯利群　胡尔查　根　锁
王俊国　李宏慧　杨　燕　娜日苏　李春兰　刘翠兰　杨丽英　李蜀眉　辛海升　万　方

思政研究系列研究员(1 人)

侯晨曦

研究员(1 人)

范秀琴

主任医师(1 人)

孟　斌

副高级专业技术资格

副教授(29 人)

安晓萍　斯日古楞　王彩云　赵红霞　樊　丽　张笑宇　王　飞　杨海峰　蒙仲举　王忠武
刘　涛　周海龙　白燕英　许春雷　赵丽霞　苏　琳　张立倩　吴凯峰　孟建宇　房文双
张　燕　刘菊红　丁立军　冯雪彬　张玉香　李龙梅　高翠玲　鲁富宽　武建林

自然科学研究系列副研究员(1 人)

孙志宏

副研究馆员(3 人)

档案系列:宋丽珍

图书系列:旭荣花　董尚媛

中学高级教师(1 人)

王　葳

中级专业技术资格

讲师(32 人)

张春梅　王屹博　任　刚　吉日木吐　康耀武　白玉廷　冯　爽　刘　博　贺鹏飞　于肖夏
王　振　贾立国　孙晓华　刘洋刘飞　永　梅　周杰陈鹏武洁杨　阳
杨宝音图　杨　帆　李　涛　苏　荣　官　布　李士珍　魏磊张茜陆冰心　周　晶
张思来　王雪玉

实验师(3 人)

秦永林　赵鹏武　刘慧艳

自然科学研究系列助理研究员(2 人)

赵一萍　杨　杞

思政研究系列助理研究员职务(2人)

雷雨澎　白艳茹

馆员(1人)

图书系列:胡　敏

初级专业技术职务

助教(7人)

康　超　董朝乐　周雪梅　邢　泰　庄　重　王　勃　张　颖

【各类专家、人才】

特聘院士

聘用单位	姓名	名称	聘用时间	备注
机电工程学院	汪懋华	中国工程院院士	2010 年	
生态环境学院	尹伟伦	中国工程院院士	2010 年	
农学院	官春云	中国工程院院士	2010 年	
水利与土木建筑工程学院	刘鸿亮	中国工程院院士	2010 年	
兽医学院	夏咸柱	中国工程院院士	2010 年	
水利与土木建筑工程学院	王　浩	中国工程院院士	2011 年	
农学院	康　乐	中国科学院院士	2011 年	
材料科学与艺术设计学院	李　坚	中国工程院院工	2012 年	
机电工程学院	罗锡文	中国工程院院士	2012 年	

国家和自治区级教学名师

序号	姓名	职称	名称和级别	获评时间(年)	备注
1	朝伦巴根	教授	国家级教学名师	2007	去世
2	裴喜春	教授	自治区级教学名师	2007	
3	申向东	教授	自治区级教学名师	2008	
4	王耀强	教授	自治区级教学名师	2009	
5	王立群	教授	自治区级教学名师	2009	
6	王春光	教授	自治区级教学名师	2010	
7	裴国霞	教授	自治区级教学名师	2010	
8	苏　娅	教授	自治区级教学名师	2011	
9	徐莉林	教授	自治区级教学名师	2011	
10	葛茂悦	教授	自治区级教学名师	2011	

续表

序号	姓名	职称	名称和级别	获评时间（年）	备注
11	郑宏奎	教授	自治区级教学名师	2011	退休
12	李培锋	教授	自治区级教学名师	2012	
13	杜健民	教授	自治区级教学名师	2012	
14	史海滨	教授	自治区级教学名师	2012	
15	闫祖威	教授	自治区级教学名师	2012	
16	苏金梅	教授	自治区级教学名师	2013	
17	许辉	教授	自治区级教学名师	2013	
18	李平	教授	自治区级教学名师	2013	
19	冯贵宗	教授	自治区级教学名师	2013	
20	薛河儒	教授	自治区级教学名师	2014	
21	郝拉柱	教授	自治区级教学名师	2014	

自治区级教坛新秀

序号	姓名	职称	名称和级别	获评时间（年）	备注
1	邹春霞	教授	自治区级教坛新秀	2011	
2	郁志宏	教授	自治区级教坛新秀	2011	
3	张玉香	教授	自治区级教坛新秀	2011	
4	刘翠兰	教授	自治区级教坛新秀	2012	
5	李海军	教授	自治区级教坛新秀	2012	
6	姚占全	教授	自治区级教坛新秀	2012	
7	胡敏	教授	自治区级教坛新秀	2012	
8	霍秀文	教授	自治区级教坛新秀	2013	
9	陈忠军	教授	自治区级教坛新秀	2013	
10	李瑞平	教授	自治区级教坛新秀	2013	
11	郭艳光	教授	自治区级教坛新秀	2013	
12	宗哲英	教授	自治区级教坛新秀	2014	

"全国先进工作者"入选者

单位	姓名	入选年份	备注
生态环境学院	那顺	2000	

"享受国务院政府特殊津贴"入选者

单　位	姓　名	入选年份	备　注
原校党政办	耿庆汉	1991	
动物科学学院	霍澍田	1991	
动物科学学院	王守清	1991	
动物科学学院	乌　尼	1991	
动物科学学院	赵志恭	1991	
动物科学学院	李祚煌	1991	
计算机与信息工程学院	朱必文	1991	
林学院	冯　林	1991	
农学院	林维申	1991	
农学院	邵金旺	1991	
生态环境学院	章祖同	1991	
原校党政办	马恩伟	1992	
动物科学学院	嘎尔迪	1992	
动物科学学院	林　曦	1992	
动物科学学院	沙　里	1992	
动物科学学院	税世荣	1992	
理学院	李东根	1992	
科技处	马成麟	1992	
林学院	郭连生	1992	
农学院	李心文	1992	
农学院	李学渊	1992	
农学院	门福义	1992	
农学院	王丽雪	1992	
农学院	张家骅	1992	
原农林工程设计院	关　俏	1992	
原设计院	张国汉	1992	
生态环境学院	富象乾	1992	
生态环境学院	高炳德	1992	

续表

单　位	姓　名	入选年份	备　注
生态环境学院	汪玖文	1992	
生态环境学院	周世权	1992	
原校党政办	那仁敖其尔	1993	
动物科学学院	布　和	1993	
动物科学学院	付德兴	1993	
动物科学学院	刘震乙	1993	
动物科学学院	王文元	1993	
动物科学学院	赵振华	1993	
原高教研究所	崔纯璞	1993	
机电工程学院	柏大榮	1993	
机电工程学院	闻长复	1993	
理学院	布音贺喜格	1993	
教务处	赵美华	1993	
经济管理学院	王秉秀	1993	
农学院	李春林	1993	
农学院	刘克礼	1993	
农学院	刘梦云	1993	
农学院	赵清岩	1993	
生态环境学院	陈世璜	1993	
生态环境学院	乌力更	1993	
生态环境学院	张奎壁	1993	
水利与土木建筑工程学院	朝伦巴根	1993	
动物科学学院	郝先谱	1994	
生态环境学院	许清云	1994	
水利与土木建筑工程学院	舒子亨	1994	
生态环境学院	那　顺	1995	
生态环境学院	张秀芬	1995	
水利与土木建筑工程学院	陈亚新	1995	

单　位	姓　名	入选年份	备　注
机电工程学院	窦卫国	1996	
农学院	赵廷芳	1996	
生态环境学院	李青丰	1997	
生态环境学院	乌云飞	1997	
机电工程学院	田　德	1997	
机电工程学院	王竹瑛	1998	
材料科学与艺术设计学院	张海升	1998	
农学院	田自华	1998	
机电工程学院	郭凤祥	1999	
生态环境学院	刘德福	2000	
兽医学院	呼和巴特尔	2000	
水利与土木建筑工程学院	桑以琳	2000	
动物科学学院	侯先志	2001	
生态环境学院	云锦凤	2001	
学报编辑部	续维国	2001	
农学院	郑克宽	2002	
动物科学学院	李金泉	2004	
动物科学学院	芒　来	2004	
食品科学与工程学院	德力格尔桑	2004	
兽医学院	杨晓野	2004	
水利与土木建筑工程学院	史海滨	2006	
农学院	高聚林	2008	
生命科学学院	周欢敏	2008	
林学院	闫　伟	2010	
食品科学与工程学院	张和平	2010	
水利与土木建筑工程学院	刘廷玺	2010	
机电工程学院	赵士杰	2012	
水利与土木建筑工程学院	李畅游	2012	

国家级"百千万人才工程"入选者

单位	姓名	职称	入选年份	备注
生态环境学院	李青丰	教授	1996	
机电工程学院	田　德	教授	1996	
农学院	田自华	教授	1998	去世
动物科学学院	芒　来	教授	2004	
动物科学学院	李金泉	教授	2004	
水利与土木建筑工程学院	刘廷玺	教授	2006	
食品科学与工程学院	张和平	教授	2013	

"长江学者奖励计划"特聘教授

单位	姓名	职称	入选年份	备注
食品科学与工程学院	张和平	教授	2011	

"全国优秀教师"入选者

单位	姓名	职称	入选年份	备注
水利与土木建筑工程学院	汪建平	研究员	2007	
生态环境学院	高　永	教授	2014	

"全国高校优秀思想政治教育工作者"入选者

单位	姓名	入选年份	备注
工会	刘恩贵	1991	
水利与土木建筑工程学院	汪建平	2007	
宣传部	包革命	2009	

"全国教育系统先进工作者"入选者

单位	姓名	入选年份	备注
宣传部	包革命	2009	

"全国模范教师"入选者

单位	姓名	入选年份	备注
农学院	王丽雪	1993	
机电工程学院	窦卫国	1999	
生态环境学院	高炳德	2001	
生态环境学院	云锦凤	2007	

"国家级有突出贡献中青年专家"入选者

单位	姓名	职称	入选年份	备注
农学院	邵金旺	教授	1986	
农学院	李心文	教授	1992	
农学院	田自华	教授	1996	去世
食品科学与工程学院	张和平	教授	2013	

"全国优秀科技工作者"入选者

单位	姓名	入选年份	备注
生态环境学院	云锦凤	2005	
食品科学与工程学院	张和平	2010	
农学院	高聚林	2012	

国家杰出青年基金获得者

单位	姓名	职称	入选年份	备注
食品科学与工程学院	张和平	教授	2010	

全国杰出专业技术人才先进集体

单位	团队名称	入选年份
食品科学与工程学院	乳酸菌与发酵乳制品创新团队	2014

"自治区杰出人才奖"入选者

单位	姓名	职称	入选年份	备注
生态环境学院	高炳德	教授	2006	
生态环境学院	云锦凤	教授	2007	
水利与土木建筑工程学院	朝伦巴根	教授	2007	
食品科学与工程学院	张和平	教授	2009	
动物科学学院	芒 来	教授	2010	
生态环境学院	韩国栋	教授	2011	
动物科学学院	李金泉	教授	2013	
水利与土木建筑工程学院	刘廷玺	教授	2013	

"自治区草原英才"培养人选

单位	姓名	职称	入选年份	备注
动物科学学院	李金泉	教授	2010	培养 2 类
农学院	高聚林	教授	2010	培养 3 类
农学院	刘景辉	教授	2010	培养 3 类
农学院	陈 勤	教授	2010	柔性引进 3 类
林学院	闫 伟	教授	2010	培养 3 类
生态环境学院	韩国栋	教授	2010	培养 3 类
水利与土木建筑工程学院	史海滨	教授	2010	培养 3 类
经管管理学院	修长百	教授	2010	培养 3 类
食品科学与工程学院	张和平	教授	2010	培养 2 类
食品科学与工程学院	杜 敏	教授	2010	柔性引进 3 类
食品科学与工程学院	Jae Hyeong Ko	教授	2010	柔性引进 3 类
生命科学学院	周欢敏	教授	2010	培养 3 类
动物科学学院	芒 来	教授	2011	培养 2 类
动物科学学院	张文广	教授	2011	培养 3 类
兽医学院	曹金山	教授	2011	培养 3 类
兽医学院	曹贵方	教授	2011	培养 3 类
农学院	于 卓	教授	2011	培养 3 类
生态环境学院	王成杰	教授	2011	培养 3 类
水利与土木建筑工程学院	刘廷玺	教授	2011	培养 2 类
水利与土木建筑工程学院	魏占民	教授	2011	培养 3 类
食品科学与工程学院	董同力嘎	教授	2011	刚性引进 3 类
生命科学学院	李国婧	教授	2011	培养 3 类
生命科学学院	王瑞刚	教授	2011	培养 3 类
生命科学学院	张 峰	副教授	2011	刚性引进 3 类
生命科学学院	傅海安		2011	柔性引进 3 类

续表

单位	姓名	职称	入选年份	备注
动物科学学院	张润厚	教授	2012	柔性引进 3 类
兽医学院	夏咸柱	教授	2012	柔性引进 1 类
兽医学院	刘淑英	教授	2012	培养 3 类
农学院	康 乐	教授	2012	柔性引进 1 类
生态环境学院	李青丰	教授	2012	培养 2 类
生态环境学院	贾玉山	教授	2012	培养 3 类
生态环境学院	石凤翎	教授	2012	培养 3 类
机电工程学院	罗锡文	教授	2012	柔性引进 1 类
水利与土木建筑工程学院	王 浩	教授	2012	柔性引进 1 类
材料科学与艺术设计学院	李 坚	教授	2012	柔性引进 1 类
经济管理学院	盖志毅	教授	2012	培养 3 类
经济管理学院	乔光华	教授	2012	培养 3 类
经济管理学院	包庆丰	教授	2012	培养 3 类
动物科学学院	闫素梅	教授	2013	培养 3 类
兽医学院	刘大程	教授	2013	培养 3 类
林学院	张国盛	教授	2013	培养 3 类
生态环境学院	高 永	教授	2013	培养 3 类
水利与土木建筑工程学院	屈忠义	教授	2013	培养 3 类
水利与土木建筑工程学院	杨树青	教授	2013	培养 3 类
食品科学与工程学院	吉日木图	教授	2013	培养 3 类
食品科学与工程学院	孟和毕力格	教授	2013	培养 3 类
食品科学与工程学院	格日勒图	教授	2013	培养 3 类
食品科学与工程学院	郭丽如	副教授	2013	柔性引进
生命科学学院	段开红	教授	2013	培养 3 类
理学院	闫祖威	教授	2013	培养 3 类
农学院	任长忠	研究员	2013	柔性引进 3 类

"草原英才"工程产业创新创业人才团队

单位	姓名	职称	团队名称	入选年份	备注
动物科学学院	李金泉	教授	草原家畜遗传资源保护创新团队	2011	团队3类
生态环境学院	韩国栋	教授	草地资源可持续利用创新团队	2011	团队3类
动物科学学院	芒来	教授	马科学研究与马业产业化创新人才团队	2012	团队3类
农学院	刘景辉	教授	燕麦种质资源利用创新人才团队	2012	团队3类
水利与土木建筑工程学院	李畅游	教授	河湖湿地水环境保护与修复技术研究创新人才团队	2012	团队3类
水利与土木建筑工程学院	刘廷玺	教授	半干旱地区影响水资源高效利用及其调控技术创新人才团队	2012	团队3类
食品科学与工程学院	张和平	教授	乳酸菌与发酵乳制品应用基础研究团队	2012	团队2类
生命科学学院	周欢敏	教授	家畜种质材料创制创新人才团队	2012	团队3类
兽医学院	曹金山	教授	天然药物有效成分的提取工艺及其药理学研究创新人才团队	2013	团队3类
农学院	高聚林	教授	玉米高产高效创新团队	2013	团队3类
机电工程学院	武佩	教授	草原畜牧业装备智能化技术创新团队	2013	团队3类
水利与土木建筑工程学院	史海滨	教授	北方旱区农业节水技术与环境效应研究创新团队	2013	团队3类
材料科学与艺术设计学院	王喜明	教授	沙生灌木纤维化能源化开发利用技术创新团队	2013	团队3类
经济管理学院	修长百	教授	牧区草原畜牧业产业组织体系研究和草原畜牧业理论与实践创新团队	2013	团队3类
食品科学与工程学院	靳烨	教授	高效绿色肉与肉制品生产与加工关键技术与产业化开发创新团队	2013	团队3类
生命科学学院	李国婧	教授	旱生植物遗传资源挖掘与利用技术创新团队	2013	团队3类

"自治区深入生产第一线做出突出贡献的科技人员"入选者

单位	姓名	入选年份	备注
后勤管理处	李继光	1993	
农学院	魏景云	1993	
职业技术学院	王效亮	1995	
机电工程学院	王竹瑛	1995	
农学院	郑克宽	1995	
职业技术学院	葛茂悦	1997	
机电工程学院	杜文亮	1999	
农学院	张　胜	1999	
生态环境学院	敖特根	2001	
生态环境学院	索全义	2001	
机电工程学院	赵满全	2001	
生态环境学院	刘果厚	2003	
保卫处	侯海旺	2005	
农学院	支中生	2005	
农学院	刘景辉	2007	
食品科学与工程学院	任文明	2007	
水利与土木建筑工程学院	田存旺	2009	
兽医学院	祁生旺	2011	

"自治区优秀教师"入选者

单位	姓名	入选年份	备注
生命科学学院	周欢敏	1997	
水利与土木建筑工程学院	申向东	2004	
兽医学院	马学恩	2009	
食品科学与工程学院	张和平	2009	
机电工程学院	王春光	2009	
经济管理学院	修长百	2009	
职业技术学院	葛茂悦	2009	
动物科学学院	菊林花	2012	
农学院	刘景辉	2012	
机电工程学院	童淑敏	2012	
理学院	许　辉	2014	
理学院	苏金梅	2014	
机电工程学院	赵卫东	2014	

"自治区优秀教育工作者"入选者

单位	姓名	入选年份	备注
水利与土木建筑工程学院	王耀强	2004	
机电工程学院	杜健民	2009	
人文社会科学学院	席锁柱	2012	
生命科学学院	李国婧	2014	

"自治区新世纪321人才工程"入选者

单位	姓名	职称	入选年份	备注
动物科学学院	芒来	教授	2012	第一层次
农学院	高聚林	教授	2012	第一层次
农学院	刘景辉	教授	2012	第一层次
生态环境学院	贾玉山	教授	2012	第一层次
水利与土木建筑工程学院	刘廷玺	教授	2012	第一层次
经济管理学院	盖志毅	教授	2012	第一层次
食品科学与工程学院	张和平	教授	2012	第一层次
兽医学院	刘淑英	教授	2012	第二层次
农学院	张永平	教授	2012	第二层次
农学院	王萍	副教授	2012	第二层次
农学院	孟瑞霞	教授	2012	第二层次
材料科学与艺术设计学院	毕力格巴图	教授	2012	第二层次
经济管理学院	乌云花	教授	2012	第二层次
计算机与信息工程学院	高静	教授	2012	第二层次
生命科学学院	张峰	副教授	2012	第二层次
生命科学学院	王瑞刚	教授	2012	第二层次
生命科学学院	李国婧	教授	2012	第二层次

"自治区有突出贡献的中青年专家"入选者

单位	姓名	职称	入选年份	备注
理学院	李东根	教授	1988	
农学院	门福义	教授	1988	
计算机与信息工程学院	朱必文	教授	1988	
科技处	马成麟	教授	1990	
动物科学学院	嘎尔迪	教授	1992	
生态环境学院	周世权	教授	1992	
水利与土木建筑工程学院	朝伦巴根	教授	1994	去世
生态环境学院	高炳德	教授	1994	
林学院	郭连生	教授	1994	
农学院	李岩涛	教授	1994	
生态环境学院	那 顺	教授	1994	
动物科学学院	金曙光	教授	1996	
水利与土木建筑工程学院	李畅游	教授	1996	
水利与土木建筑工程学院	桑以琳	教授	1996	
生态环境学院	王林和	教授	1996	
农学院	慈忠玲	教授	1998	
生态环境学院	刘果厚	教授	1998	
学报编辑部	续维国	编审	1998	
林学院	闫 伟	教授	1998	
农学院	张少英	教授	1998	
机电工程学院	赵士杰	教授	1998	
生命科学学院	段开红	教授	2000	
计算机与信息工程学院	裴喜春	教授	2000	
机电工程学院	田 德	教授	2000	
农学院	云兴福	教授	2000	
水利与土木建筑工程学院	姬宝霖	教授	2002	
水利与土木建筑工程学院	申向东	教授	2002	
兽医学院	申之义	教授	2002	

单位	姓名	职称	入选年份	备注
兽医学院	李云章	教授	2004	
生态环境学院	刘 静	教授	2004	
水利与土木建筑工程学院	刘廷玺	教授	2004	
理学院	闫祖威	教授	2006	
兽医学院	张七斤	教授	2006	
机电工程学院	赵满全	教授	2006	
食品科学与工程学院	张和平	教授	2008	
经济管理学院	修长百	教授	2008	
经济管理学院	乔光华	教授	2010	
材料科学与艺术设计学院	王喜明	教授	2010	
农学院	于 卓	教授	2010	
动物科学学院	李金泉	教授	2012	
水利与土木建筑工程学院	史海滨	教授	2012	
经济管理学院	包庆丰	教授	2012	

"自治区优秀专业技术人员"入选者

单位	姓名	入选年份	备注
林学院	田有亮	1999	
食品科学与工程学院	德力格尔桑	1999	
动物科学学院	李金泉	2003	
机电工程学院	王春光	2003	

"自治区优秀科技工作者"入选者

单位	姓名	入选年份	备注
生态环境学院	云锦凤	2005	
机电工程学院	赵满全	2010	
食品科学与工程学院	张和平	2010	
农学院	高聚林	2012	
水利与土木建筑工程学院	史海滨	2012	

"自治区高校优秀辅导员"入选者

单位	姓名	入选年份	备注
外国语言学院	孙玉伟	2014	

内蒙古农业大学 2014 年教授名录

动物科学学院

教授(16 人)

李金泉　芒　来　敖长金　闫素梅　敖日格乐　张文广　张家新　娜仁花　史彬林　赖双英
张　玉　齐景伟(推广,资格)　高爱琴　菊林花　赵艳红(资格)　高　峰(资格)

兽医学院

教授(25 人)

李培锋　王凤龙　郝永清　杨　英　呼和巴特尔　曹贵方　王纯洁　杨晓野　李云章　曹金山
刘淑英　杨银凤　关平原　张七斤　韩润林　巴音吉日嘎拉　格日勒图(资格)　申之义
莫　内　哈斯苏荣　额尔敦木图(资格)　刘大程(资格)　吴树清　杨莲茹　韩　敏

农学院

教授(31 人)

高聚林　于　卓　云兴福　刘景辉　段立清　庞保平　张少英　李连国　郝丽珍　崔世茂
樊明寿　马　庆　张　胜　霍秀文　周洪友(资格)　侯建华　逯晓萍　赵　君　蒙美莲
张永平　李立军(资格)　胡　俊　石　岭　孟瑞霞　白瑞琴(资格)　张力君　郭世华
李小燕　盛晋华　刘艳(资格)　田自华

林学院

教授(17 人)

闫　伟　张秋良　白淑兰　常金宝　铁　牛　德永军　高润宏　张国盛　白玉娥　田有亮
张秀卿(资格)　张　韬　方　亮　段广德　张明铁　安慧君　马秀枝(资格)

生态环境学院

教授(37 人)

王明玖　米福贵　周　梅　高　永　韩国栋　卫智军　石凤翎　刘果厚　刘　静　李青丰
李跃进　汪　季　张武文　赵萌莉　贺　晓　贾玉山　王俊杰　许　丽　李钢铁　武晓东
宛　涛　索全义　崔向新　王成杰(资格)　王建光　兰登明　红　梅　李造哲　李　斐(资格)
张　众　金　洪　秦富仓　海　棠(资格)　魏江生　敖特根　燕　玲　乌　恩(资格)

机电工程学院

教授(23 人)

王春光　武　佩　赵满全　杜文亮　杜建民　赵士杰　陈　智　郁志宏　田海清　李旭英
张　永　钱珊珠　张　云　李海军　刘伟峰　李　林　申庆泰　卜乐平　张丽春　韩进玉
郭　永　尚士友　葛丽娟(资格)

水利与土木建筑工程学院

教授(28 人)

李畅游　刘廷玺　史海滨　申向东　李平　裴国霞　魏占民　朱仲元　张　生　韩克平　姬宝霖
屈忠义　牟献友　吕志远　白英　冀鸿兰　贾德彬　李晓丽　葛岱峰　王永康　胡守忠　刘小燕
杨树青　李瑞平　赵占彪　邹春霞(资格)　李树荣(正高级工程师)　桑以琳

材料科学与艺术设计学院

教授(15 人)

王喜明　安　珍　黄金田　高晓霞　薛振华　张明辉　毕力格巴图　宁国强　多化琼
吴日哲(一级美术师)　王　丽　张桂兰　郑宏奎　王雅梅(资格)　冯利群(资格)

经济管理学院

教授(18 人)

修长百　乔光华　包庆丰　赵元凤　张心灵　盖志毅　姜冬梅　乌云花　姚凤桐　杜富林
刘秀梅　高　潮　赵益平　张　微　王　芳　田艳丽　胡尔查(资格)　根　锁(资格)

食品科学与工程学院

教授（21 人）

张和平　靳　烨　贺银凤　孟和毕力格　孙天松　格日勒图　张美莉　吉日木图　陈忠军　董同力嘎（低职高聘）　郭　军　双　全　范贵生　杨　军　殷文政　韩育梅　李少英　杨晓清　赵丽华　赵丽芹　王俊国（资格）

计算机与信息工程学院

教授（8 人）

薛河儒　付学良　刘　霞　高　静　周根宝　李美安（低职高聘）　王　健　李宏慧（资格）

生命科学学院

教授（18 人）

李国婧　周欢敏　王茅雁　王瑞刚　张焱如　段开红（正高级工程师）　刘惠荣　冯福应　王玉珍（资格）　赵国芬　魏建民　尹　俊　韩　冰　陈有君（研究员）　白　薇　张　峰（低职高聘）　杨　燕（资格）　万　方（资格）

人文社会科学学院

教授（5 人）

郭宝亮　格日勒图　丁雪华　张银花　席锁柱

外国语言学院

教授（6 人）

徐莉林　张晓华（资格）　薛世彪（资格）　娜日苏（资格）　李春兰（资格）　刘翠兰（资格）

理学院

教授（18 人）

闫祖威　许　辉　孙景琦　苏金梅　阿木古楞　李凤敏　敖特根巴雅尔　姚贵平　吕　雄　王克冰　姚　虹　布和额尔敦　阿　娟　盛显良　钟志梅（资格）　张彩琴　杨丽英（资格）　李蜀眉（资格）

能源与交通工程学院

教授（9 人）

朱守林　戚春华　塔　娜　刘树民　王国忠　梁　鸿　厚福祥　陈松利　辛海升（资格）

体育教学部

教授（5 人）

张进才　潘海波　巴雅尔晋格勒　龙苏江　张秀莲

马克思主义学院

教授（4 人）

霍如涛　高丽萍　付国强　娜日斯

2014 年退休人员名单（33 人）

张贵平　付忠实　龙苏江　白凤梅　孙丽萍　达　来　姚承芳　林美华　乌云哈沙　刘常乐　赵怀平　王景萍　王晓平　邢和平　韩　敏　李　茂　霍　星　郑宏奎　高晓英　李瑜华　菊林花　燕　玲　苏秀英　郭庆书　赵宪元　张秀莲　董　芳　敖特根　娜日斯　华丽娜　冯淑军　岳灵芝　杨　茂

2014 年去世人员名单（30 人）

杨天保　董新华　张万龙　王立新　张武英　张　沛　杨荫曾　张来军　贺春阳　日穆德　赵玉田　李东根　刘忠意　赵　松　王占标　王三奎　李福荣　朝伦巴根　孙丽萍　杨自力　刘培泰　费秀珍　闫　文　成俊德　周裕拯　田自华　高广亮　徐树林　吕志诚　孔祥理

科学研究和社会服务

【工作概况】2014 年度学校的科技工作以加强内涵建设、提升科研质量为重点。通过采取有效措施，积极争取科研立项，培育高水平创新成果，构建新型科研机构，努力促进成果推广转化。

一、科研立项保持稳定。新上包括国家科技支撑、国际科技合作专项、国家基金、公益性行业专项以及自治区重大科技专项等在内的各级各类科技项目 323 项，其中新上国家自然科学基金项目 73 项，总经费 3642 万元。学校新上科研项目总经费 1.1 亿元。配合项目下达部门完成了 163 个项目的结题、验收和鉴定工作。

二、特色学科领域的创新水平明显提高。"双峰驼、单峰驼和羊驼的高质量基因组序列"研究成果发表于《Nature Communications》；草地生态、蒙古马、乳酸菌以及肠道菌群等方面的研究成果发表于《Nature》子刊《Scientific Reports》。应国际知名出版社 springer（德国斯普林格出版社）约稿，张和平主编的《Lactic Acid Bacteria：Fundamentals and Practice》（乳酸菌：从基础研究到产业化应用）正式出版发行。

三、科技奖励获得全面丰收。获得 2013 年度自治区科技进步二等奖 2 项、三等奖 1 项，获得自治区自然科学二等奖 1 项。张和平获得自治区科学技术特别贡献奖，韩国栋获得自治区中青年科技创新奖。

四、创新团队建设取得新成绩。"乳酸菌与发酵乳制品创新团队"入选科技部创新人才推进计划重点领域创新团队，这是我校首个入选该计划的科研团队。新上自治区科技创新团队 3 个、自治区高校科技创新团队 1 个。组织完成了首批校优秀青年科学基金项目遴选、评审及立项工作，共资助了 21 位青年教师。

五、新型科研机构建设取得突破。学校申报的《内蒙古农业大学新农村发展研究院建设方案》获得科技部、教育部批准，成为第二批新农村发展研究院建设单位。组织申报了自治区"绿色农畜产品加工协同创新中心"。新上自治区工程技术研究中心和工程实验室各 1 个。依托学校建设的农业部"华北黄土高原地区植物栽培与耕种保育科学观测实验站"和"内蒙古自治区赛罕乌拉森林生态系统定位研究站"，进入涉农高校"大学实验站"建设计划，列入第一批布局站点。

六、强化科技推广和社会服务工作。与阿拉善盟行政公署、呼和浩特市新城区人民政府、民丰薯业公司等签署了框架合作协议，开展了科技合作。2014 年学校再次投入经费 100 万元，启动了第二批科技成果转化启动资金项目。

七、加强成果推介与展示。组织参加了"中国·内蒙古第二届绿色农畜产品博览会"，我校作为全区农牧业高技术研究和产业化基地，展出科技成果 110 项；组织参加了"中国新丝绸之路·锡林郭勒草原畜牧业创新品牌展示交易会"，会上推介了 6 项科技成果、完成 4 项签约和展出科技成果 10 项。

【科研项目及经费】

新上国家自然科学基金项目

序号	项目名称	主持人	起止年限	经费（万元）	项目类别	所属单位
1	应变纤锌矿半导体量子点异质结中电子—声子相互作用及光学性质	闫祖威	2014—2017	45	地区科学基金	理学院
2	基于声信号的母羊行为特征识别及数字化表达方法研究	宣传忠	2014—2017	53	地区科学基金	机电院
3	亚/超临界流体中煤与沙生灌木共液化行为和规律的研究	王克冰	2014—2017	50	地区科学基金	理学院
4	春玉米密植高产群体（15吨/公顷以上）弱势粒库特征及其调控机理研究	王志刚	2014—2016	25	青年科学基金	农学院
5	乳酸菌发酵剂制备过程中VBNC状态的研究	包秋华	2014—2016	21	青年科学基金	食品院
6	保加利亚乳杆菌噬菌体的生物学特性及其侵染机理的研究	陈霞	2014—2016	26	青年科学基金	食品院
7	传统发酵乳制作过程中微生物的群落结构及功能动态变化研究	刘文俊	2014—2016	24	青年科学基金	食品院
8	日粮限制与补偿对蒙古羔羊脂肪组织代谢与炎症反应的影响及机理	杨金丽	2014—2016	24	青年科学基金	动科院
9	苜蓿雄性不育相关基因的克隆及分子机理研究	高翠萍	2014—2016	24	青年科学基金	生态院
10	老芒麦与紫芒披碱草正、反交F1代育性恢复及后代选育研究	李小雷	2014—2016	24	青年科学基金	农学院
11	内蒙古地区棉革菌及其外生菌根多样性研究	魏杰	2014—2017	49	地区科学基金	林学院
12	AtMYB2在拟南芥与丁香假单胞菌互作中的作用及其与CBP60g的关系	李国婧	2014—2017	50	地区科学基金	生命院

序号	项 目 名 称	主持人	起止年限	经费（万元）	项目类别	所属单位
13	凋落物对荒漠草原生产力和土壤养分的影响	王静	2014—2017	52	地区科学基金	生态院
14	增温条件下荒漠草原短花针茅花期物候变化及其分子机响应机制	赵鸿彬	2014—2017	52	地区科学基金	生命院
15	沙生灌木枝条/液化物发泡体原态复合新型轻质墙体材料制备工艺研究	安珍	2014—2017	53	地区科学基金	材艺院
16	柠条锦鸡儿干旱和冷胁迫差减库候选基因筛选及功能鉴定	王瑞刚	2014—2017	53	地区科学基金	生命院
17	兴安落叶松复层异龄林形成机理及其经营活动响应研究	铁牛	2014—2017	50	地区科学基金	林学院
18	几种药用芳香植物对枸杞害虫的毒杀与生态调控作用研究	段立清	2014—2017	52	地区科学基金	农学院
19	利用拟南芥突变体鉴定木材发育相关基因功能研究	杨海峰	2014—2017	50	地区科学基金	林学院
20	蛋白质亚核定位及其特征信息的理论研究	李凤敏	2014—2017	50	地区科学基金	理学院
21	蒙古羊抗寒性状相关基因的筛选与功能研究	周欢敏	2014—2017	55	地区科学基金	生命院
22	uPA 和 uPAR 参与牛卵丘细胞和体外成熟卵母细胞对话的作用研究	李海军	2014—2017	56	地区科学基金	兽医院
23	内蒙古平原灌区春玉米土壤—根系—水分系统对深松响应的节水高产生理机制	孙继颖	2014—2017	50	地区科学基金	农学院
24	内蒙古阴山北麓地区膜下滴灌马铃薯水肥高效利用生理机制	张胜	2014—2017	46	地区科学基金	农学院
25	腐植酸水溶肥料对马铃薯抗旱增产机制研究	刘景辉	2014—2017	53	地区科学基金	农学院

续表

序号	项目名称	主持人	起止年限	经费（万元）	项目类别	所属单位
26	甜菜种质资源抗旱相关基因的发掘及功能分析	李国龙	2014—2017	51	地区科学基金	农学院
27	肉羊肌内胶原蛋白特性研究	格日勒图	2014—2017	46	地区科学基金	食品院
28	内蒙古地方良种羊屠宰性能和肉用品质的差异和变化规律研究	靳烨	2014—2017	58	地区科学基金	食品院
29	LuxS\,AI－2 群体感应系统在乳酸菌与酵母菌共培养中调控机理的研究	贺银凤	2014—2017	50	地区科学基金	食品院
30	骆驼特异性重链抗体产生规律及其免疫乳的功能研究	吉日木图	2014—2017	52	地区科学基金	食品院
31	向日葵—锈菌互作的转录组分析及抗病基因的挖掘	景岚	2014—2017	50	地区科学基金	农学院
32	内蒙古草原沙葱萤叶甲发生规律及抗寒性的研究	庞保平	2014—2017	58	地区科学基金	农学院
33	山药（Dioscorea spp.）种质资源遗传多样性分析及核心种质构建	霍秀文	2014—2017	50	地区科学基金	农学院
34	氮素营养对马铃薯块茎形成的影响及其机制	樊明寿	2014—2017	50	地区科学基金	农学院
35	山羊绒周期发育中 microRNA 的鉴定和功能研究	刘志红	2014—2017	47	地区科学基金	动科院
36	构建马亚属动物泛基因组序列图谱	芒来	2014—2017	52	地区科学基金	动科院
37	肉羊卵母细胞超低温冷冻保存及影响其冻后发育能力的机理研究	娜仁花	2014—2017	51	地区科学基金	动科院

序号	项 目 名 称	主持人	起止年限	经费（万元）	项目类别	所属单位
38	应用三维细胞培养模型研究脂肪酸和激素对奶牛乳腺上皮细胞乳脂肪合成的影响及分子机理	李大彪	2014—2017	51	地区科学基金	动科院
39	共轭亚油酸在绵羊脂肪组织中的形成机理及其对脂肪细胞凋亡过程的影响	张润厚	2014—2017	50	地区科学基金	动科院
40	蒙古冰草抗旱相关 microRNA 发掘与功能研究	马艳红	2014—2017	52	地区科学基金	农学院
41	苜蓿干草捆在不同时空条件下贮藏机制的研究	贾玉山	2014—2017	51	地区科学基金	生态院
42	阿拉善双峰驼 MHC – DRB 基因的多态性与其阴道蝇蛆病抗性的相关研究	额尔敦木图	2014—2017	50	地区科学基金	兽医院
43	17 – β 雌二醇调控绵羊输卵管上皮细胞 β – 防御素基因表达过程中 NF – κB 信号通路的研究	曹贵方	2014—2017	55	地区科学基金	生命院
44	绵羊内源性逆转录病毒调节胚胎滋养层细胞融合发育的机制	刘淑英	2014—2017	45	地区科学基金	兽医院
45	双峰驼通过 CYP2 – CYP4/EETs – 20 – HETE 途径耐受高血糖机制研究	斯日古楞	2014—2017	52	地区科学基金	兽医院
46	在乳杆菌 S – 层蛋白中嵌入 FM-DV 多型表位疫苗载体的构建及其相关研究	格日勒图	2014—2017	50	地区科学基金	兽医院
47	内蒙古地区骆驼盘尾丝虫病传播媒介研究	杨晓野	2014—2017	52	地区科学基金	兽医院
48	前列腺素 F2α 和 E2 对奶牛子宫内膜的修复与保护作用机制研究	曹金山	2014—2017	55	地区科学基金	兽医院

续表

序号	项目名称	主持人	起止年限	经费（万元）	项目类别	所属单位
49	ZD制剂对竞技运动赛马肢体非开放性软组织损伤（动物模型）作用机制的研究	李云章	2014—2017	55	地区科学基金	兽医院
50	内蒙古粘细菌资源多样性及其抗马铃薯晚疫病活性分析	刘惠荣	2014—2017	79	面上项目	生命院
51	采煤沉陷地复垦土壤团聚体固碳效应及有机碳库构成研究——以神府东胜矿区为例	刘美英	2014—2016	25	青年科学基金	生态院
52	锡林郭勒典型草原积雪与植被相互作用效应及机制	左合君	2014—2017	52	地区科学基金	生态院
53	基于无线传感网络的土壤风蚀监测系统及其关键技术研究	陈智	2014—2017	52	地区科学基金	机电院
54	基于光谱技术的滴灌马铃薯植株氮素营养诊断	李斐	2014—2017	52	地区科学基金	生态院
55	冻融过程中湖泊污染物多介质迁移转化规律及机制研究	李畅游	2014—2017	302	重点项目	水建院
56	根系固土抗蚀受损后自我修复的力学特性	刘静	2014—2017	48	地区科学基金	生态院
57	气吸式免耕播种机振动耦合特性与排种机理研究	赵满全	2014—2017	50	地区科学基金	机电院
58	基于动力学特性的弹齿滚筒式捡拾装置设计理论研究	郁志宏	2014—2017	50	地区科学基金	机电院
59	科尔沁沙地蒸散发时空分异规律及空间尺度提升研究	段利民	2014—2017	51	地区科学基金	水建院
60	黄河内蒙古段河冰生消机理与数学模型研究	冀鸿兰	2014—2017	51	地区科学基金	水建院
61	寒旱盐灌区覆盖秋浇后冻融土壤水热盐协同调控机制研究	李瑞平	2014—2017	51	地区科学基金	水建院

序号	项 目 名 称	主持人	起止年限	经费（万元）	项目类别	所属单位
62	盐渍化节水灌区氮磷互作效应及土壤微生物学特征反馈机理研究	杨树青	2014—2017	51	地区科学基金	水建院
63	京蒙沙源区风沙—水沙耦合作用下水库氮磷迁移转化机理及富营养化效应研究	马太玲	2014—2017	51	地区科学基金	水建院
64	多因素共同作用下黄河（内蒙段）河道演变特性及规律研究	郝拉柱	2014—2017	51	地区科学基金	水建院
65	桥（闸）墩上环翼式防冲板定型要素及防冲机理研究	牟献友	2014—2017	51	地区科学基金	水建院
66	天然浮石胶粉混凝土在寒旱区水工建筑物的适应性研究	王海龙	2014—2017	50	地区科学基金	水建院
67	水资源管理云计算任务调度算法及优化策略研究	付学良	2014—2017	46	地区科学基金	计算机院
68	寒冷干旱地区日光温室内环境因子数值模拟	塔娜	2014—2017	45	地区科学基金	能交院
69	农业现代化进程中农户兼业动机及影响因素研究——以内蒙古农村牧区为例	句芳	2014—2016	20	青年科学基金	经管院
70	科技进步对奶业收入分配影响研究	姚凤桐	2014—2017	35	地区科学基金	经管院
71	种植业保险中农户逆向选择及道德风险的检验	赵元凤	2014—2017	34	地区科学基金	经管院
72	干旱盐渍化地区液体地膜覆盖对农田水热盐迁移影响及机理研究	李仙岳	2014.1—2014.12	10	主任基金	水建院
73	遗鸥栖息地关键生境保护的预警系统研究	张巍	2014.1—2014.12	15	主任基金	机电院

新上国家社会科学基金项目

序号	项目名称	主持人	起止年限	经费（万元）	项目类别	所属单位
1	边疆民族地区城市社区公共安全治理机制创新研究	张银花	2014—2016	20	一般项目	人文院
2	成吉思汗苏力德信仰研究	那仁敖其尔	2014—2016	20	西部项目	马列部

首批学校优秀青年科学基金项目

序号	项目名称	主持人	起止年限	经费（万元）	所属单位
1	绒山羊次级毛囊生长发育分子调控机制研究	张燕军	2014—2016	15	动科院
2	高精料日粮模式下蒙古羔羊脂肪组织炎症反应及机理研究	杨金丽	2014—2016	15	动科院
3	PGF2α 和 PGE2 在奶牛乳腺上皮细胞 TLRs 介导的天然免疫中的调控作用	刘 博	2014—2016	15	兽医院
4	水分和腐植酸对燕麦产量和 β—葡聚糖协同调控机制	赵宝平	2014—2016	15	农学院
5	内蒙古大兴安岭北部森林生态系统稳定性的生态水文过程与阈值研究	臧传富	2014—2016	15	林学院
6	兴安落叶松形态收获模拟及林分可持续经营技术研究	刘洋	2014—2016	15	林学院
7	载畜率对荒漠草原生态系统物种功能多样性及固碳潜力的影响	王忠武	2014—2016	15	生态院
8	荒漠草原地表侵蚀特征及作用机理	蒙仲举	2014—2016	15	生态院
9	炭化秸秆不同还田方式对改良河套灌区土壤板结和向日葵生长效应的研究	崔红梅	2014—2016	15	机电院

续表

序号	项目名称	主持人	起止年限	经费（万元）	所属单位
10	呼伦湖水环境驱动因子及湿地生态演化研究	孙 标	2014—2016	15	水建院
11	半干旱草甸区水文—土壤—植被耦合机理研究	段利民	2014—2016	15	水建院
12	稀土杂化木质纤维素基质智能型水凝胶吸附机制	王 丽	2014—2016	15	材艺院
13	中草药抑制木材腐朽菌有效成分的提取及纳米中药防腐木材的制备	王雅梅	2014—2016	15	材艺院
14	劳动力流动、城镇化与半农半牧区生态环境改变研究	周 杰	2014—2016	7.5	经管院
15	基于主客体识别智能荧光材料在肉品保鲜中的应用	孙文秀	2014—2016	15	食品院
16	利用 MLST 技术对肠膜明串珠菌基因多样性的研究	张文羿	2014—2016	15	食品院
17	基于负载均衡结构的高速交换技术研究	申志军	2014—2016	15	计算机院
18	Vp－1A 和 Vp－1B 互作对种子休眠性的影响	杨 燕	2014—2016	15	生科院
19	地塞米松诱导肝损伤的机理及逆转研究	王玉珍	2014—2016	15	生科院
20	壳聚糖新型衍生物作为抗菌兽药研究	钟志梅	2014—2016	15	理学院
21	近代以来英国畜牧业发展研究	李士珍	2014—2016	7.5	马列学院

2014 年度学校成果转化启动资金项目

序号	项目名称	主持人	起止年限	经费（万元）	所属单位
1	河套灌区高产高效马铃薯复种技术体系的转化	陈 杨	2014—2016	10	生态院
2	燕麦新品种"蒙农大燕1号""蒙农大燕2号"中试与示范	齐冰洁	2014—2016	10	农学院
3	秸秆生物炭在土壤改良与水肥高效利用中的应用技术研究与推广	屈忠义	2014—2016	10	水建院
4	新疆传统特色风干肉制品关键技术研究与产业化示范	靳 烨	2014—2016	10	食品院
5	牛羊胆汁中提取有效成分的小试工艺放大关键技术开发	李培峰	2014—2016	10	兽医院
6	高繁殖力绵羊基因检测技术的应用与推广	张文广	2014—2016	10	动科院
7	新型颗粒微生物肥料开发与利用	冯福应	2014—2016	10	生命院
8	农大甜研6号甜菜栽培技术集成与示范推广	杜立峰	2014—2016	10	职技院
9	文冠果子壳活性炭负载KOH催化剂在文冠果生物柴油合成中的应用	郝一男	2014—2016	10	材艺院
10	抗旱节水地被石竹新品种推广示范	郭金丽	2014—2016	10	农学院

2014 年新上各类科技项目经费和项目来源结构比例表

来源 比例	国家基金	国家部委项目	自治区基金	自治区有关厅局项目	其他类项目
经费数	33.1%	11.7%	2.8%	44.5%	7.9%
项目数	23.3%	3.1%	15.5%	31.2%	26.9%

2014 年新批准的科技创新团队

序号	带头人	团队名称	所属学院	备注
1	张和平	乳酸菌与发酵乳制品创新团队	食品院	2014 年列为科技部重点领域科技创新团队
2	史海滨	农业节水技术与水土环境效应	水建院	2014 年列为自治区科技创新团队和自治区高校科技创新团队
3	刘景辉	燕麦种质资源创新与利用	农学院	2014 年列为自治区科技创新团队
4	王喜明	生物质材料纤维化和能源化利用	材艺院	2014 年列为自治区科技创新团队

2014 年新认定的工程技术研究中心和工程实验室

序号	名称	负责人	依托学院	发文机关	文号	发文时间
1	马业科学工程技术研究中心	芒来	动科院	自治区科技厅	内科发计字〔2014〕18 号	2014 年
2	蒙古马遗传资源保护及马产业工程实验室	芒来	动科院	自治区发改委	内发改高技字〔2014〕1408 号	2014 年

农植物新品种

序号	品种名称	第一完成人	审定部门	所属学院
1	蒙农 8 号高丹草	于卓	自治草品种委员会	农学院

授权专利项目

序号	专利名称	申请人	专利类型	所属学院
1	一种汽车冷启动的尾气后处理净化装置	赵永来	实用新型	职业学院
2	水膜滤网式汽车尾气净化装置	赵永来	实用新型	职业学院
3	一种反吹再生旋流捕集器	赵永来	实用新型	职业学院
4	一种 Lactobacillus casei Zhang（CGMCC 1697）的检测方法	张和平	发明专利	食品
5	一种干酪乳杆菌中肌醇代谢基因簇的快速定性检测方法	张文羿	发明专利	食品

续表

序号	专利名称	申请人	专利类型	所属学院
6	一株具有延缓后酸化作用保加利亚乳杆菌菌株及其应用	张和平	发明专利	食品
7	一种野外捕获鼢鼠的工具	武晓东	实用新型	生态
8	折叠式科研用捕鼠笼	付和平	实用新型	生态
9	野外全天候小型动植物样品称重装置	袁帅	实用新型	生态
10	一种研究鼢鼠习性的风光隔离器	柴享贤	实用新型	生态
11	一种用于科学研究的野外捕鼠保护盒	付和平	实用新型	生态
12	一种旋转式野外土壤风蚀梯度集沙仪	左合君	实用新型	生态
13	一种白酒酿酒酒窖池	万永青	实用新型	生命科学
14	一种多参数自由组合式网络传感器外壳	付学良	实用新型	计算机
15	漫透射光谱与图像信息融合的蜜瓜内部品质在线检测装置	田海清	实用新型	机电
16	精量免耕播种机振动式排种试验台	赵满全	实用新型	机电
17	小粒种子精量排种盘	赵满全	实用新型	机电
18	一种移栽机构	李旭英	实用新型	机电
19	交错植苗机构	李旭英	实用新型	机电
20	马鞍凳	王喜明	外观设计	材艺
21	一种穿刺针和滞留管组合装置	敖长金	实用新型	动科
22	一种奶牛垂直贯通式血插管	敖长金	实用新型	动科
23	向日葵黑茎病菌的鉴定方法	赵君	发明新型	农学
24	室内鉴定向日葵品种对菌核病抗性水平的方法	赵君	发明新型	农学

学生工作与招生就业工作

学生工作

一年来,学生工作牢牢把握稳中求进的工作总基调,以促进学生全面发展为目标,以服务学生健康成才为核心,加强队伍建设,狠抓学风建设,不断增强教育实效、提高管理水平、提升服务质量。

【大学生思想政治教育】坚持正面教育,正确引领大学生思想。紧密联系新中国成立65周年来的光辉历程,积极开展主题鲜明的教育活动。依托学生工作干部、辅导员、班主任、学生干部建立宿舍—班级—学院—学生工作处信息反馈渠道,实行学生信息动态报告制度;及时掌握学生的思想动态;对学生QQ群、微博、人人网、微信、贴吧、老乡会等学生自发性组织密切关注;及时了解和解决好学生的实际困难。通过以上措施极大地增强了我校学生工作的针对性和实效性。

【日常管理】一年来,根据严肃校纪、教育学生的原则,依据相关规定,先后对346名违纪学生进行教育处理,发放违纪学生处理文件7个;先后对45名受处分后表现突出的同学撤销处分。继续推行"安全教育月"活动,各学院坚持"安全第一、预防为主"的方针,全面落实安全教育的各方面内容,及时进行安全排查,并制定有效整改措施,相继召开了以安全为主题的动员会、座谈会、工作会,开展了安全事故警示讲座、展板,安全知识竞赛等安全教育活动,有效落实了安全教育的实施方案。各学院在全校学生范围内就新制定出台的《内蒙古农业大学学生违纪处分条例》逐班进行了宣讲,以此来强化学生的遵纪守法意识。组织人员编印并为全校8000余名新生发放了人手一册的《安全知识手册》。

学校举办了第八届"校园那达慕"大会和第三届"哈斯格"蒙古象棋比赛。

【学风建设】全力落实《学生工作部抓学风促学业工作方案》,全面开展、抓好诚信考试,促进学风建设;进一步开展"优良学风班集体创建"活动;继续开展"不让一名学生掉队"帮学活动;修订出台了《内蒙古农业大学学生违纪处分规定》。2014年学风建设成效显著,佳绩不断,在全区大学生法律知识大赛中我校人文院代表队获得冠军,2014年的"外研社杯"全国英语演讲大赛自治区复赛中我校学生马彩云获得特等奖,机电院代表队分别荣获中国机器人大赛暨Robcup公开赛的一等奖和第九届全国大学生智能汽车竞赛东北赛区三等奖,水建院学生在第三届全国高等院校大学生测绘技能竞赛中取得好成绩,计算机院学生获得ACM国际大学生程序设计竞赛东北赛区三等奖,在全国大学生数学竞赛中我校学生刘亚瑞和曾庆怡获得三等奖。

【征兵入伍工作】通过印刷《全国征兵工作宣传手册》,在全校范围内大力宣传征兵工作,毕业生42人,在校生40人光荣投身军营。2014年内蒙古农业大学获得全区征兵工作先进单位;郭政文获得全区征兵工作先进个人荣誉称号;孙玉伟、许驭在参加全区高校军事教师军事理论课教学竞赛中分别获得三等奖和优胜奖的佳绩。

【心理健康教育工作】在全区高校内率先开展了个体心理咨询案例督导,在心理健康教育工作中实现社会资源与学校互动,引进志愿者服务于我校的心理教育工作,构建了朋辈管理、朋辈培训、中心督导模式,在全校层面开展了第十届大学生心理文化活动月活动。调整以往心理中心为主的活动形式,增加院系参与性高的活动,调动各院系的积极性。例如"一院一精品""乐群·友情·成长"主题班级活动,电影展播,每院一播,尝试"525"爱不闲置,让幸福传递,爱的拥抱等活动。中心对6000余名2014级新生进行了在线测评;中心迎接了自治区高校大学生心理健康教育与咨询工作示范中心评估组的评估，并先后邀请北京师范大学聂振伟教授和台湾心理学家钟思嘉教授来我校授课。2014年中心对原有场地进行了改造，将原有的单一功能的功能室变为多用的功能室，建立了图书资料室，并在西区增加一个个案咨询室。

【助学工作】不断完善各项资助政策及以奖、贷、助、补、减、免、勤、偿及新生"绿色通道"的资助体系，2014年共评选出校级三好学生1651人，优秀学生干部954人，优秀毕业生566人；共评选出区级三好学生337人，优秀学生干部337人，优秀毕业生413人；全校受助学生30040人次，奖助金额3271.70万元；完成国家开发银行生源地信用助学贷款网上回执5979个，共收到各地生源地贷款5315笔，贷款金额2931.24万元；共报送应征入伍符合资助的学生206人，其中毕业生应征入伍149人，在校生应征入伍47人，退役复学学生10人，补偿款共计380.51万元，所有补偿款已经全部寄给学生本人。学校设有固定勤工助学岗位1793个，临时岗位约6500人次，平均每月发放勤工助学工资均在50万元以上。减免学费14人，减免全额10.96万。发放勤工助学补助、特殊困难补助、返乡补贴549.29万元。发放物价上涨伙食补贴141.23万元。2014年发放校内优秀学生奖学金584.75万元，获奖学生21451人次。2014年通过"绿色通道"为1739名新生办理了入学手续。

积极开展捐资助学活动。我校有BIAD奖学金、香港轩辕基金会种子基金助学金、香港应善良助学金、李莹奖学金、郝龙彪奖学金等奖助学金38项，新增新兴铸管和美国礼来两项奖学金，新增"凯虹成长"企业助学金一项。2014年共评选出企事业团体个人奖助学金842人，发放奖助学金总额227.35万元。

坚持坐实家庭经济困难学生的认定工作，严格按照《内蒙古农业大学家庭经济困难学生认定管理办法》，通过学生本人申请、班级民主评议、学院调查审核、院校两级公示的程序进行认定，建立学校和学院两级家庭经济困难学生数据库。2014年认定家庭经济困难学生8905人。

【辅导员队伍建设】制定出台了新的《内蒙古农业大学班主任管理办法》和《内蒙古农业大学本科生导师制实施办法》。在实际工作中，该工作重心下移至学院，由学院依据自身特点对于学生的日常管理出台了相应的细则。通过全校范围内的选拔，为2014级新生配备180名责任心强，耐心细致的班主任，同时对我校2013—2014学年度的703名班主任进行了考核，评选出了175名优秀班主任。依据《内蒙古农业大学辅导员考核办法》对我校的72名专职辅导员和205名学生辅导员进行了考核，通过学生评议日常工作记录等评选出了81名优秀辅导员。加大对辅导员的培训力度。实施"走出去，请进来"培训学习机制，2014年以教育部全国高校辅导员示范培训项目为主要依托，分批次组织23名辅导员前往哈尔滨、贵州、昆明、兰州、西安、太原、北京等地高校进行培训交流。

学生工作干部积极开展调查研究和理论探索，2014年刘漫中撰写的论文获得了第十三次全国高等农业院校学生工作研讨会二等奖，倪芳等同志撰写的论文获得了全区普通高等学生工作优秀论文一等奖，叶德成等同志撰写的论文获得了二等奖。我校5位辅导员申请到了自治区级的课题研究。学校积极筹备举办了第二届辅导员职业技能大赛。孙玉伟代表学校参加全区届辅导员职业技能大赛，荣获一等奖，学校被评为优秀组织单位。

招生就业工作

2014年学校开展了建立"招生—培养—就业（创业）"联动机制大学习、大讨论，深入贯彻落实国家及自治区关于做好高校毕业生就业创业工作的精神。进一步完善就业工作机制，以强化就业工作目标责任制为重点，充分调动校、院两级工作积极性和创造性，不断谋求工作思路、工作手段和工作方法的创新。就业工作稳步推进，开展了"基层就业拓展计划""少数民族学生就业能力提升工程"等项目，毕业生的就业能力和就业质量不断提升。

【招生工作】本专科（含蒙古语授课、中外合作办学、高职高专、少数民族预科）计划招生8310人，录取人数8423人，实际报到学生8284人，报到率98.3%，计划完成率达99.68%。全年录取全日制硕士研究生 790 人、博士研究生 110 人,招收外国留学生 39 人,其中博士研究生 14 人。

2014 年招生计划、录取、报到情况统计表（10 月 8 日）

		按层次分							按授课地点分					合计
		本科						专科	本部		职院			
		7190						1120	6060		1990			8050
计划	本科艺术	本科扶贫	本一	本二	本二C	专升本	高职	普专	高职	本科	专科	高职本科	专科普专	专科高职	
	120	63	1147	4300	300	100	900	790	900	6030	30	900	760	330	8050

		按层次分							按授课地点分					合计
		本科						专科	本部		职院			
		7311						1112	6086		2077			8163
录取	本科艺术	本科扶贫	本一	本二	本二C	专升本	高职	普专	高职	本科	专科	高职本科	专科普专	专科高职	
	128	56	1148	4377	302	132	908	781	331	6047	39	1004	742	331	8163

		按层次分							按授课地点分					合计
		本科						专科	本部		职院			
		7231						1053	6008		2016			8024
报到	本科艺术	本科扶贫	本一	本二	本二C	专升本	高职	普专	高职	本科	专科	高职本科	专科普专	专科高职	
	127	56	1145	4307	298	132	906	732	321	5969	39	1002	693	321	8024

【就业工作】就业工作坚持实施"一把手"工程,各学院都成立了由党政"一把手"任正副组长的毕业生就业工作领导小组,指定专职人员负责毕业生就业工作。4 月,组织召开了毕业生就业工作会,学校与各学院签订了就业目标责任状。积极开展就业服务,多角度全方位开拓市场。截至年底,学校已为毕业生组织校园专场招聘会 70 余场,累计提供岗位 1500 余个;各学院累计接待单位 100 多家,提供岗位 1700 余个。2014 年 3 月 30 日,学校举办了 2014 届毕业生双选会,共有来自区内外 207 家企业提供了近 4000 多个就业岗位;11 月 1 日,和君伟业秋季首府英才"就业有位来"现场招聘会在我校举办,共有来自区内外 134 家企业提供了近 1200 多个就业岗位。

鼓励毕业生到基层建功立业。目前,在各类国家和地方项目的招募中,学生的报名数量和录取数量始终位于全区各高校之首。据不完全统计,每年至少有 200 余名学生通过项目就业,另有 90 余名学生应征入伍,与往届相比比例有所上升。

继续研究实施五个重点项目。为深入贯彻落实国家及自治区关于做好高校毕业生就业创业工作的有关会议精神,探索建立"招生、培养、就业(创业)"联动机制,进一步推动我校教育教学改革,提高人才培养质量,学校开展了以深化教育教学改革、建立"招生、培养、就业(创业)"联动机制为主要内容的学习讨论活动,学校已汇总建议、归纳总结成果。

截至 9 月 1 日,全校 7418 名本专科毕业生中,就业人数达 6608 人,一次就业率为 89.08%,同比增长 2.9%。完成 62 名博士、403 名学术型硕士、232 名全日制专业硕士的学位授予工作,为 40 名国外留学生颁发了毕业证和学位证书。

2014 届本专科毕业生就业率统计表（截至 2014 年 9 月 1 日）

年度	学历	毕业生人数	考研	专升本	就业	待就业	就业率	总体就业率
2014	本科	6427	619	——	5649	778	87.89%	89.08%
	专科	991	——	44	959	32	96.77%	

2014 年研究生人数统计表

院（部）	硕士研究生			博士研究生			往届延期		合计	
	2012 级	2013 级	2014 级	2012 级	2013 级	2014 级	硕士研究生	博士研究生	硕士研究生	博士研究生
动物科学学院	33	53	58	9	12	9	4	11	148	41
兽医学院	35	66	71	11	13	14		14	172	52
农学院	53	76	74	16	17	12	2	21	205	66
林学院	23	54	75	5	2	4	4	8	156	19
生态环境学院	57	84	99	21	18	25	8	22	248	86
机电工程学院	26	57	48	6	9	7		13	131	35
水利与土木建筑工程学院	35	56	62	10	13	8		7	153	38
材料科学与艺术设计学院	23	30	19	3	2	2		2	72	9
经济管理学院	36	72	92	8	8	6	3	18	203	40
食品科学与工程学院	33	69	63	7	7	10	3	10	168	34
计算机与信息工程学院	8	15	13		3	1	0		37	3
生命科学学院	35	49	54	7	7	8	2	2	140	24
人文社会科学学院	16	34	62				1	0	113	0
理学院	3	8	8					0	19	0
能源与交通工程学院	8	12	12	1	1	2	2	2	34	6
马克思主义教学研究部	13	10	8				3	0	34	0
合计	437	745	818	104	109	110	33	130	2033	453

2014 年本科生人数统计表
本科生分院系、年级人数统计表

		动科	兽医	农学	林学	生态	机电	水利	材艺	经管	食品	计算机	生科	人文	外语	理学	能源	国教	总计
2010级	男	157	151	177	218	347	415	658	134	420	124	148	147	63	10	90	209	8	3476
	女	66	116	142	198	243	47	161	150	793	325	57	142	148	56	43	40	9	2736
	合计	223	267	319	416	590	462	819	284	1213	449	205	289	211	66	133	249	17	6212
2011级	男	132	119	188	280	385	401	537	144	398	108	101	123	49	9	72	232	12	3290
	女	83	104	162	310	319	48	151	130	666	249	60	165	168	87	65	30	13	2810
	合计	215	223	350	590	704	449	688	274	1064	357	161	288	217	96	137	262	25	6100
2012级	男	130	132	149	187	332	431	455	150	402	104	101	85	79	8	68	254	8	3075
	女	77	81	144	242	306	60	174	145	808	225	118	132	187	82	74	53	13	2921
	合计	207	213	293	429	638	491	629	295	1210	329	219	217	266	90	142	307	21	5996
2013级	男	137	132	210	203	271	477	403	163	316	230	110	133	94	6	77	234	9	3205
	女	95	118	178	233	232	75	125	138	595	369	127	158	174	77	62	46	15	2817
	合计	232	250	388	436	503	552	528	301	911	599	237	291	268	83	139	280	24	6022
2014级	男	176	159	178	242	303	439	415	203	196	191	149	99	82	12	86	262	11	3203
	女	99	127	195	226	250	70	161	188	473	273	116	181	193	76	59	56	6	2749
	合计	275	286	373	468	553	509	576	391	669	464	265	280	275	88	145	318	17	5952

本科生各类奖、助学金情况统计表

序号	项目	资助人数	资助标准（元/人·年）		资助金额（元）
1	国家奖学金	45	本专科	8000	360000
2	国家励志奖学金	745	本专科	5000	3725000
3	国家助学金	6957	本专科	3000	20871000
4	专业奖学金	21451	本专科	500，350，200	5487450
5	水利勤学奖学金	6	本专科	3000	50000
		16	本专科	2000 元/年	
6	美国礼来奖学金	2	博士	5000	50000
		1	硕士	4000	
		2	硕士	2000	
		4	本专科	4000	
		8	本专科	2000	
7	正大奖学金	10	研究生	2000	50000
		10	本科生一等	2000	
		10	本专科二等	1000	
8	78级刘桂兰奖学金	10	本专科	1000	10000
9	精储奖学金	10	本专科	2000	20000
10	张光斗奖学金	2	本专科	8000	16000
11	校友奖学金	100	本专科	3000	300000
12	何康奖学金	8	本专科	3000	24000
13	新兴铸管奖学金	12	本专科	3000	36000

续表

序号	项目	资助人数	资助标准（元/人·年）		资助金额（元）
14	"蒙草抗旱"励志奖学金	40	本专科	4000 元/年	200000
		10	研究生		
15	"乔泰"奖学金	5	本专科	4000 元/年	20000
16	"南方测绘"奖学金	3	本专科	3000 元/年	9000
17	刘光文奖学金	1	本专科	2000 元/年	2000
18	84 级校友奖学金	10	本专科	2000 元/年	20000
19	BIAD 奖学金	77	本专科	4000 元/人	308000
		9	研究生		36000
20	勃林格殷格瀚助学金	1	博士	5000 元/年	40000
		1	硕士一等	5000 元/年	
		1	硕士二等	2500 元/年	
		4	本专科一等	5000 元/年	
		3	本专科二等	2500 元/年	
21	爱德士助学金	6	研究生	5000 元/年	60000
		10	本专科	3000 元/年	
22	富川助学金	10	本专科	3000 元/年	30000
23	"凯虹成长"企业助学金	5	本专科一等	3000 元/年	50000
		10	本专科二等	2000 元/年	
		15	本专科三等	1000 元/年	
24	香港轩辕教育基金会种子助学金	60	本专科	3000 元/年	180000
25	中国建设银行少数民族地区大学生成才计划奖（助）学金	20	本专科	3000 元/年	60000
26	应善良助学金	90	本专科	1250 元/学期	112500
27	应善良助学金	120	本专科	1250 元/学期	150000
28	福彩草原情助学金	80	本专科	3000 元/年	240000
29	西部助学金	40	本专科	5000 元/年	200000
30	静远奖学金	—	—	—	—
31	中建 102 奖学金	—	—	—	—
32	安滕农业奖学金	—	—	—	—
33	海外学协奖学金	—	—	—	—
34	大禹奖学金	—	—	—	—
35	郝龙彪奖学金	—	—	—	—
36	李莹奖学金	—	—	—	—
37	新神农奖学金	—	—	—	—
38	正大助学金	—	—	—	—
合计		30040			32716950

注： 专业奖学金分为一等 500 元,二等 350 元,三等 200 元,单项 200 元,过六级 300 元,破校级体育赛事纪录 1000 元,破区级纪录 2000 元,每学期各评一次。

各类竞赛获奖情况

竞赛名称	获奖级别	参赛作品	授予单位	获奖时间
第二届全区高校辅导员职业技能大赛	自治区优秀组织单位		自治区教育厅	2014年3月
全区普通高等学校大学生征兵工作	先进集体		自治区教育厅	2014年7月
心理健康教育学会先进集体	先进集体		自治区教育厅	2014年7月
全区普通高校学生工作	先进单位		自治区教育厅	2014年10月
全区普通高校第三届大学生心理剧大赛	优秀奖		自治区教育厅	2014年12月
全区高校大学生心理健康教育与咨询工作示范中心评估验收	良		自治区教育厅	2014年12月
2014年自治区"创青春"创业计划竞赛	国家级三等奖	刘小雨、高奇奇、孙艳红、王亚娟、李楠、崔欢、兰景宇、郭娇、徐毓璞、邬燕同学的:《爱的告白》	内蒙古团委、内蒙古教育厅、人力资源和社会保障厅、科协、学联	2014年09月
	国家级三等奖	贺亮生、李东升、郑慧、杨鹏宇、赵立、王艳君、库小宇、严力俊同学的:《便携式抽拉活动育苗盘专利创业合作计划书》	内蒙古团委、内蒙古教育厅、人力资源和社会保障厅、科协、学联	2014年09月
	自治区金奖	石伟浩、刘志娟、要智超、董彩霞、杨皓天、董硕、王永丽、赵志强、刘建永、蔡磊同学的:《呼咕网创业计划》	内蒙古团委、内蒙古教育厅、人力资源和社会保障厅、科协、学联	2014年09月
	自治区金奖	刘小雨、高奇奇、孙艳红、王亚娟、李楠、崔欢、兰景宇、郭娇、徐毓璞、邬燕同学的:《爱的告白》	内蒙古团委、内蒙古教育厅、人力资源和社会保障厅、科协、学联	2014年09月

竞赛名称	获奖级别	参赛作品	授予单位	获奖时间
2014 年自治区"创青春"创业计划竞赛	自治区金奖	郭娜、牛小晖、王檬檬、郑娜、赵天启、吴柯炎、张亚静、梁燕同学的:《内蒙古乡土观赏事业科技有限公司》	内蒙古团委、内蒙古教育厅、人力资源和社会保障厅、科协、学联	
	自治区金奖	张叶、王颖、冯苗苗、雷晓宏、白晶晶、贾介博、尹俊琴、郝晓辉同学的:《新农村农牧业综合信息服务平台》	内蒙古团委、内蒙古教育厅、人力资源和社会保障厅、科协、学联	2014 年 09 月
	自治区金奖	贺亮生、李东升、郑慧、杨鹏宇、赵立、王艳君、库小宇、严力俊同学的:《便携式抽拉活动育苗盘专利创业合作计划书》	内蒙古团委、内蒙古教育厅、人力资源和社会保障厅、科协、学联	2014 年 09 月
	自治区金奖	高栓伟、武沛姜、于春晨同学的:《沙漠的治理与开发》	内蒙古团委、内蒙古教育厅、人力资源和社会保障厅、科协、学联	2014 年 09 月
	自治区银奖	陆浩然、王智永、史彬烨、王艳楠、郭艳荣、靳汝霖、王姝琦同学的:《内蒙古全益食品有限责任公司创业计划书》	内蒙古团委、内蒙古教育厅、人力资源和社会保障厅、科协、学联	2014 年 09 月
	自治区银奖	牛广胜、王建军同学的:《野猪养殖及营销》	内蒙古团委、内蒙古教育厅、人力资源和社会保障厅、科协、学联	2014 年 09 月

竞赛名称	获奖级别	参赛作品	授予单位	获奖时间
2014年自治区"创青春"创业计划竞赛	自治区银奖	李琳、赵明鸽、张悦、吕娇、郭楠、安然、王婷同学的:《内蒙古益发生物发酵有限责任公司》	内蒙古团委、内蒙古教育厅、人力资源和社会保障厅、科协、学联	2014年09月
	自治区银奖	田通、王艳君、李笑天、李永强、杨浩珍、李永鑫、腾格尔、马春桃同学的:《家庭农场筑民族复兴"中国梦"创业计划》	内蒙古团委、内蒙古教育厅、人力资源和社会保障厅、科协、学联	2014年09月
	自治区银奖	赵婧、李志荣、张永强同学的:《山西省晋中市平遥古城"兴盛久"名记写生基地项目计划书》	内蒙古团委、内蒙古教育厅、人力资源和社会保障厅、科协、学联	2014年09月
	自治区铜奖	吴娟、白羽、张梦玉、黄鑫慧、白玉婷、周祎、张洪瑞、党嫒玥同学的:《情感主题馆》	内蒙古团委、内蒙古教育厅、人力资源和社会保障厅、科协、学联	2014年09月
	自治区铜奖	王云铎、李晓猛、侯普馨、张孚嘉、毛元秀、曹旭、鄂晶晶同学的:《GREEN.FREE.营养餐厅俱乐部有限责任公司》	内蒙古团委、内蒙古教育厅、人力资源和社会保障厅、科协、学联	2014年09月
	自治区铜奖	焦伟、史福玲、于志强、王莹、张建伟、杨尚茹、高培馨同学的:《内蒙古天然饲料科技有限公司》	内蒙古团委、内蒙古教育厅、人力资源和社会保障厅、科协、学联	2014年09月

续表

竞赛名称	获奖级别	参赛作品	授予单位	获奖时间
2014年自治区"创青春"创业计划竞赛	自治区铜奖	李璐、闫学敏、贾庆奇、孟克巴图、王洋、暴朝乐盟同学的：《彩石花卉设计公司》	内蒙古团委、内蒙古教育厅、人力资源和社会保障厅、科协、学联	2014年09月
	自治区铜奖	王忠雪、闫烨、赵健汝、陈阳阳、艾丽南、杨梦雅、高磊、张轩同学的：《花语心苑》，	内蒙古团委、内蒙古教育厅、人力资源和社会保障厅、科协、学联	2014年09月
	自治区铜奖	许景荣、孙雯、冯粟禾、温新、王颖、刘婷婷同学的：《星空牌鲜食玉米》	内蒙古团委、内蒙古教育厅、人力资源和社会保障厅、科协、学联	2014年09月
	自治区铜奖	伏炎、陈俊萍、杨峥、张鹏慧、朱芳、宋仕斌、杨庆新同学的：《下一站"以梦为马，诗酒趁年华"网络有限公司》	内蒙古团委、内蒙古教育厅、人力资源和社会保障厅、科协、学联	2014年09月
	自治区铜奖	沙翔宇、张海斌、宋维敏、李星星、李楠、马春明、赵博同学的：《蓝天绿水旅游集团公司》	内蒙古团委、内蒙古教育厅、人力资源和社会保障厅、科协、学联	2014年09月
	自治区铜奖	段俊宇、张小明、张婷、秦智远同学的：《新健态 ZONE 俱乐部》	内蒙古团委、内蒙古教育厅、人力资源和社会保障厅、科协、学联	2014年09月
	自治区铜奖	王艳君、武翰林、田通、杨浩珍、郝永亮、李永鑫、马春桃、张亚鑫同学的：《翰林菜篮子商业计划书》	内蒙古团委、内蒙古教育厅、人力资源和社会保障厅、科协、学联	2014年09月

竞赛名称	获奖级别	参赛作品	授予单位	获奖时间
2014年自治区"创青春"创业计划竞赛	自治区铜奖	王艳君、田通、张景莲、杨浩珍、郝永亮、李永鑫、王雪、李永强、杜勤同学的:《宝原农民营业合作社、肉驴养殖》	内蒙古团委、内蒙古教育厅、人力资源和社会保障厅、科协、学联	2014年09月
	自治区铜奖	赵宏、王鑫磊、陈惠民、李亚茹、肖利东、郝晓亮、常惠、李冬梅同学的:《GT电动洗车科技有限责任公司》	内蒙古团委、内蒙古教育厅、人力资源和社会保障厅、科协、学联	2014年09月
第十届全国大学生"用友新道杯"沙盘模拟经营大赛	内蒙古赛区三等奖	经济管理学院李婷、陈晨、闫美君、赵志强、王永利同学	高等学校国家级实验教学示范中心联席会	2014年5月
	内蒙古赛区优秀奖	经济管理学院郝帅、李婷、段佳昉、于晓艳、底旺同学	高等学校国家级实验教学示范中心联席会	2014年5月
"东鸽电器杯"内蒙古自治区法学大学生辩论赛	亚军	人文院	内蒙古自治区党委政法委员会、内蒙古自治区政府法制办、内蒙古自治区人民检察院、内蒙古自治区高级人民法院、内蒙古自治区司法厅、内蒙古教育厅、内蒙古广播电视台	2014年6月
2014年大学生金融建模大赛	优秀奖	经济管理学院王超、马敏、王姝琦同学	罗兰贝格管理公司与上海金融业联合会	2014年7月

竞赛名称	获奖级别	参赛作品	授予单位	获奖时间
全国大学生数学建模竞赛	内蒙古赛区二等奖	理学院冉梦飞、赵洁、魏克静同学	中国工业与应用数学学会	2014年9月
	内蒙古赛区一等奖	理学院吴兴有、步雨昇、庞欣同学	中国工业与应用数学学会	2014年9月
	内蒙古赛区二等奖	理学院张攀、王莉、王柳燕同学	中国工业与应用数学学会	2014年9月
	内蒙古赛区一等奖	理学院王意飞同学	中国工业与应用数学学会	2014年9月
	内蒙古赛区二等奖	理学院杨承飞、刘文慧、李星贤同学	中国工业与应用数学学会	2014年9月
	内蒙古赛区一等奖	理学院刘高飞、王攀、唐冬艳同学	中国工业与应用数学学会	2014年9月
	内蒙古赛区一等奖	理学院唐建亮、赵亮亮、苗润浪同学	中国工业与应用数学学会	2014年9月
内蒙古自治区大学生法律知识竞赛	冠军	人文院	内蒙古团委	2014年10月

免试攻读硕士研究生从事辅导员工作人员选拔留用情况

序号	学院	姓名	性别	服务单位	本科所学专业	来校年月
1	动物科学学院	白音塔拉	男	动物科学学院	动物生产(蒙授)	2010年8月
2	林学院	包颖亮	女	林学院	林学	2010年8月
3	生态环境学院	娜娜	女	农学院	草业科学	2010年8月
4	机电工程学院	刘贵权	男	机电工程学院	电气工程及其自动化	2010年8月
5	水利与土木建筑工程学院	郭宇	男	材料科学与艺术设计学院	给排水科学与工程	2010年8月
6	水利与土木建筑工程学院	白勇	男	食品科学与工程学院	土木工程	2010年8月
7	经济管理学院	苏宁巴乐	男	经济管理学院	会计学	2010年8月
8	经济管理学院	三叶	女	水利与土木建筑工程学院	金融学	2010年8月
9	材料科学与艺术设计学院	奥亚茹	女	国际教育学院	艺术设计	2010年8月
10	食品科学与工程学院	高文婷	女	机电工程学院	食品科学与工程	2010年8月
11	计算机信息与工程学院	杨慧芳	女	人文社会科学学院	计算机科学与技术	2010年8月
12	生命科学学院	田志鹏	男	理学院	生物技术	2010年8月
13	理学院	张琪	女	水利与土木建筑工程学院	电子科学与技术	2010年8月
14	兽医学院	王怡靖	女	兽医学院	动物医学	2010年8月

校友会工作

【校友会简介】内蒙古农业大学校友会成立于2012年8月1日。是以内蒙古农业大学毕业的10万校友和在内蒙古农业大学前身学习、工作过的学生、教职工为会员,具有独立法人资格的社会组织团体。现在母校设有校友总会,设立常设办公室1个,在北京、天津、山东、呼和浩特、包头、鄂尔多斯、赤峰、乌海、通辽、二连浩特、呼伦贝尔、满洲里、乌兰察布、巴彦淖尔、阿盟、锡林郭勒盟、兴安盟、牙克石林管局等18个地区成立了校友分会。在校内各学院成立了由一名院领导和一名联络员组成的校友工作联络组织。

内蒙古农业大学校友会是依法在内蒙古自治区民政厅登记的非营利性法人社会团体,本会由符合本章程要求、承认并遵守本章程的内蒙古农业大学校友志愿组成。本会活动遵守国家的宪法、法律、法规和国家有关政策,遵守社会道德风尚。本会旨在加强母校和校友以及校友间的联系,增强热爱母校的凝聚力、校友间的合作力,为母校的人才培养、教育教学、科技创新、经济发展等,更好地为经济和社会发展服务。本会接受内蒙古自治区教育厅和内蒙古自治区民政厅的业务指导和监督管理。

【第一届校友会组成名单】

会长:李畅游

副会长:马红刚 戈锋(蒙古族) 王召明 邓月楼(蒙古族) 白永宽 许燕辉 那炜清(蒙古族) 吴浩峰 张月清 李守军 李秉荣 李荣禧 孟宪东 郑俊宝 金满仓(蒙古族)胡丰 贺志亮 贺福宝 赵永华(蒙古族) 赵存才 赵存发 赵宝军 赵金山(蒙古族) 徐景春 敖小孟(蒙古族) 高金祥 高锡林(蒙古族) 银孝 韩宪军(蒙古族) 蔡立新

理事:于海宇 于铁柱 马红刚 戈锋 王召明 王章 邓月楼 白永宽 白宝玉 刘恩贵 许燕辉 那炜清 吴浩峰 张月清 张虎 李兴亮 李守军 李畅游 李秉荣 李勇 李荣禧 杨文俊 陈海青 孟宪东 郑俊宝 金满仓 姚庆 胡丰 苟黎明 贺志亮 贺福宝 赵永华 赵存才 赵存发 赵宝军 赵金山 徐景春 敖小孟 贾凤翔 贾英祥 郭 堂 高金祥 高闻何 高锡林 常亮 曹恪 银孝 韩宪军 甄学军 蔡立新 樊忠 滕晓光 魏红军

秘书长:郑俊宝

【校友会网站建设】为进一步加强学校同校友之间、校友与校友之间的联系,建立校友信息平台和完善现有校友平台,建立校友网站(校友会、新闻、人物、印象、捐赠、活动、联系、校友会公告、校友会工作、校友风采、校友数据库等)并培养校友网站管理人员。通过互联网、短信、微信、电话等与校友进行亲密的沟通,达到学校与校友、校友与校友互通信息、互助发展、共同进步目的。(校友数据库可查阅以毕业的10万校友的有关信息)

【举办校友奖学金发放仪式】邀请知名校友科学院院士康乐、乌兰察布盟校友会秘书长王荣贵和校领导及有关处室的领导举办校友奖学金发放仪式大会及校友座谈等相关活动。在认真评选的基础上,对100名学生进行了表彰并颁发了校友奖学金。康乐院士为学生做了其成长经历的报告。在校友座谈会上校友对学校的建设、发展提出了宝贵意见,并加深了广大校友之间感情,加强了与广大校友间的密切联系。为校友今后继续关注和支持学校的建设、发展,努力为学校做出新的更大的贡献奠定了基础。

【开展2014年度社会组织评估工作】为进一步加强社会组织能力建设,促进社会组织健康有序发展,根据国家民政部《社会组织评估管理办法》(民发〔2011〕39号)和《关于推进民间组织评估工作的指导意见》(民发〔2007〕127号)的相关规定,自治区民政厅决定开展2014年度社会组织评估工作。根据民政厅要求,我会积极进行评估准备工作。

内蒙古农业大学各学院校友工作负责人、联络员情况报表　　**2014 年**

学院名称	姓名	性别	民族	职称	职务	
动物科学学院	额尔敦	男	蒙	研究员	书记	负责人
	斯日古楞	男	蒙	讲师	办公室主任	联络人
兽医学院	额尔敦木图	男	蒙	教授	副院长	负责人
	王秀珍	女	蒙	无	学办副主任	联络人
农学院	马强	男	汉	副教授	书记	负责人
	孟焕文	男	汉	高级实验师		联络人
林学院	铁牛	男	蒙	教授	院长	负责人
	萨如拉	女	蒙	副教授	院办主任	联络人
生态环境学院	李崇	汉	男	副研究员	副书记	负责人
	张永亮	汉	男		教学秘书	联络人
机电工程学院	那森巴雅尔	男	蒙	助理研究员	书记	负责人
	李海军	男	汉	教授	院办主任	联络人
水利与土木建筑工程学院	陈立永	男	汉		副书记	负责人
	王力	男	汉			联络人
材料科学与艺术设计学院	李振威	男	汉	助理研究员	副书记	负责人
	江格尔	男	蒙		老师	联络人
经济管理学院	王智广	男	汉	助理研究员	副书记	负责人
	任利军	男	汉	讲师	院办主任	联络人
食品科学与工程学院	杨建军	男	汉	助理研究员	副书记	负责人
	斯日古冷	男	蒙		团委副书记	联络人
计算机与信息工程学院	王永江	男	汉		副书记	负责人
	庄霞	女	汉	助理研究员	学办主任	联络人
生命科学学院	任燕刚	男	汉	助理研究员	副书记	负责人
	孙丽鹏	男	汉	实验师	学办主任	联络人
人文社会科学学院	李金华	男	汉		副书记	负责人
	马建荣	男	汉	讲师	院办主任	联络人
马克思主义教学研究部	曹渊清	男	汉	副研究员	书记	负责人
	乌兰巴特尔	男	蒙		院办主任	联络人
外国语言学院	曹立军	男	汉	副研究员	副书记	负责人
	孙玉伟	男	汉	助理研究员	学办主任	联络人
理学院	王静泉	男	汉	副教授	正处调研员	负责人
	倪芳	女	汉	助理研究员	团书记	联络人
能源与交通工程学院	王国忠	男	汉	教授	副院长	负责人
	张丽萍	女	汉	会计师	院办主任	联络人
国际教育学院	赵萌莉	女	汉	教授	院长	负责人
	李长春	男	汉		科长	联络人
继续教育学院	张玉	男	蒙	教授	副院长	负责人
	李曙东	男	汉		科长	联络人
职业技术学院	周艳秋	女	汉	讲师	就业中心副主任	负责人
	于荣娟	女	汉	讲师	就业中心办主任	联络人

内蒙古农业大学各地校友分会会长、秘书长名单

序号	姓名	单位、职务	备注	校友分会职务
1	徐景春	阿拉善盟副盟长	阿盟	会长
2	韩义明	阿拉善盟纪检委副书记	阿盟	秘书长
3	贺福宝	巴彦淖尔市副市长	巴彦淖尔市	会长
4	赵子斌	巴彦淖尔市政府副秘书长、办公厅主任	巴彦淖尔市	秘书长
5	金满仓	包头市市委常委、统战部部长	包头市	会长
6	郑瑾琛	内蒙古大青山管理局包头分局局长	包头市	秘书长
7	胡　荣	包头市市委宣传部常务副部长	包头市	秘书长
8	高金祥	赤峰学院党委书记	赤峰市	会长
9	白树森	赤峰市市委宣传部副部长	赤峰市	秘书长
10	吴云峰	鄂尔多斯市林业局纪检组组长	鄂尔多斯市	会长
11	张海滨	鄂尔多斯市水务局副局长	鄂尔多斯市	秘书长
12	孟宪东	中共锡林郭勒盟委委员、二连浩特市委书记	二连浩特市	会长
13	张　虎	二连浩特市兽医局局长	二连浩特市	秘书长
14	王恒俊	呼和浩特市人民政府副市长	呼和浩特市	会长
15	李晓东	呼和浩特市政府办公厅副秘书长	呼和浩特市	秘书长
16	韩宪军	呼伦贝尔市委常委、组织部部长	呼伦贝尔市	会长
17	钱瑞霞	呼伦贝尔市发改委党组书记、主任	呼伦贝尔市	秘书长
18	高闻何	满洲里市市委秘书长	满洲里市	秘书长
19	李守军	天津瑞普生物技术股份有限公司董事长	天津市	会长

序号	姓名	单位、职务	备注	校友分会职务
20	张丽红	瑞普（天津）生物药业有限公司总经理助理	天津市	秘书长
21	贺志亮	通辽市委常委、宣传部部长	通辽市	会长
22	张连宇	通辽市农牧业局副局长	通辽市	秘书长
23	林静春	通辽市林业局纪检组组长	通辽市	秘书长
24	白金海	乌海市委巡视员	乌海市	会长
25	邬晓惠	乌海市农牧业局局长	乌海市	秘书长
26	付涌泉	乌兰察布市政协副主席	乌兰察布市	会长
27	王荣贵	乌兰察布市农业推广站站长	乌兰察布市	秘书长
28	敖小孟	锡林郭勒盟政协副主席	锡盟	会长
29	劲松	锡林郭勒盟农牧业局副局长	锡盟	秘书长
30	赵金山	青岛市畜牧兽医研究所所长	山东	会长
31	戴玉才	青岛大学教授	山东	秘书长
32	邓月楼	兴安盟盟委副书记、行署盟长	兴安盟	会长
33	郭堂	兴安盟盟委组织部副部长	兴安盟	秘书长
34	赵宝军	内蒙古森工集团副总经理	牙管局	会长
35	张小平	内蒙古森工集团办公室主任	牙管局	秘书长
36	马红刚	北京九州大地生物技术集团股份有限公司董事长、总经理	北京	会长
37	乌彦龙	北京九州大地生物技术集团股份有限公司总经理助理	北京	秘书长

附录：

学生工作表彰

2014 年学生工作先进单位(8 个)

外国语言学院　生态环境学院　生命科学学院　林学院　机电工程学院　食品科学与工程学院
农学院　职业技术学院

2013－2014 学年度优秀辅导员

动科院:胡晓燕　张梅梅(学生)

兽医学院:王阿荣　宝力格(学生)　李继红(学生)　王怡靖(学生)

农学院:兰景宇　夏腾霄(学生)　周　磊(学生)　马志伟(学生)　高靖淳(学生)

林学院:海　明　王　莹(学生)　王丽丽(学生)　敖　敦(学生)　苏　柳(学生)
　　　　王　雎(学生)　朱丽丽(学生)

生态院:娜　乐　斯日古楞　韩蕴哲(学生)　汤　哲(学生)　邵丹丹(学生)　王云毅(学生)

机电院:毕力格图　韩恒(学生)　杜嘉楠(学生)　刘贵权(学生)　莫日根毕力格(学生)
　　　　韩伟秋(学生)　刘　薇(学生)　王正龙(学生)

水建院:叶德成　杨逸隆　郑　欢(学生)　刘　敏(学生)　陈潇洋(学生)　李根峰(学生)
　　　　贾腾月(学生)　王彦丹(学生)　王海瑞(学生)　赵水霞(学生)　魏云雷(学生)
　　　　郭少峰(学生)

材艺院:王雪鹏　王学明(学生)

经管院:张卫中　徐金鹏　岳彩富(学生)　曹　丹(学生)　王黎黎(学生)　王　洁(学生)
　　　　包尔曼(学生)　马文晶(学生)　祁晓慧(学生)

食品院:呼斯楞　苏日娜(学生)　吴青海(学生)　张　莉(学生)　苏　萌(学生)

计算机:庄　霞　冯百龙(学生)　曹　蕊(学生)　李乐彬(学生)　姜玉洋(学生)

生科院:刘　雷　舒立明(学生)　米秋雅(学生)　闫红霞(学生)　那宝丹(学生)

人文院:刘漫中

外语院:孙玉伟　金田田(学生)

理学院:唐　凯　陈　刚(学生)

能源院:付海东　王志强(学生)　杨小龙(学生)　姜　浩(学生)

国教院:袁永峰

继教院:李曙东

2013—2014 学年度优秀班主任

动物科学学院(8 人):

苏　蕊　李大彪　张燕军　王海荣　张大鹏　金　凤　那仁巴图　敖力格玛

兽医学院(6 人):

杨银凤　王智广　王秀珍　王　爽　毛　伟　哈斯苏荣

农学院(15 人):

褚义红　张　胜　樊　丽　于晓芳　孙亚卿　余国珍　陈立红　李国龙　兰景宇　周洪友
赵宝平　李海平　刘杰才　雷雪峰　乌兰巴特尔

林学院(20 人):

林　涛　张胜利　陈占仙　韩胜利　方　亮　李亚峰　何金花　魏　杰　王玉霞　张剑锋

海　明　王　韵　李英杰　李钢铁　王　晶　何炎红　赵红霞　江　玮　岳永杰　白玉娥

生态环境学院（6人）：

包　翔　乌　恩　王勇兴安　郭志成　特木尔布和

机电工程学院（10人）：

毕玉革　韩宝生　葛丽娟　徐晓旭　王　芳　张海军　张建超　李海军　刘　飞　毕力格图

水利与土木建筑工程学院（26人）：

张东华　屈忠义　贾永芹　张晓晶　李文宝　王慧明　吴青海　刘全明　杨逸隆　史小红
乌　云　陈小芳　刘耕耘　梁　文　赵占彪　郑晓波　李　平　王丽萍　张　松　李为萍
刘　霞　叶德成　贾德彬　葛岱峰　王玉芬　斯仁达来

材料科学与艺术设计学院（9人）：

姚利宏　王雪鹏　郝一男　贺　勤　厚福祥　赵喜龙　焦德凤　李维生　韩瑾琦

经济管理学院（25人）：

郭　慧　马志艳　郭晓燕　于洪霞　孟凡杰　张建成　朵　兰　董佳宇　蒋晓波　夏雨柱
雷娜庆　包慧敏　海日罕　许黎莉　张梅令　贾国辉　赵丽霞　闫文斌　张卫中　余汉龙
石　芳　周　杰　玮　菡　徐金鹏　乌吉斯古楞

食品科学与工程学院（13人）：

陈永福　王俊国　李广平　孙文秀　刘文俊　王英丽　赵丽华　张保军　田建军　萨如拉
乌　素　郭　军　董同力嘎

计算机信息与工程学院（6人）：

刘　岩　李宏慧　赵海萍　郗福兵　侯振虎　纪　冲

生命科学学院（11人）：

王茅雁　韩　冰　曹俊伟　杨丽华　王桂花　孟建宇　肖红梅　杨　燕　宝力德　李万春
巩　培

人文社会科学学院（3人）：

黄栓成　珠勒花　白萨如拉

外国语言学院（3人）：

李　伟　王兴刚　娜日苏

理学院（5人）：

王静泉　周兰锁　石　磊　王丽荣　高学艺

能源与交通工程学院（9人）：

张　雁　屈　冉　张丽萍　杨元亭　柴志虹　韩巧丽　陈松利　付海东　孙云峰

职业技术学院（71人）：

胡晓龙　王润莲　秦　丽　秦德志　张富荣　王利平　于翠玲　杨　进　黄修梅　包志刚
董尚军　云占林　郭志凯　雷雨澎　张　翀　沈向华　赵宇飞　程　亮　李艳梅　吕耀龙
蔡永敏　钟智敏　邹　寅　王春燕　杨俊峰　栗丽萍　王晓政　白艳茹　艾云辉　刘荣君
程　亮　于　淼　王怀栋　贺　斐　于荣娟　康耀武　秦　烨　张　帅　冯雪彬　郑　博
闫永利　刘玉玺　贾辛慧　王彦隽　张　玲　曹蔾梅　杨海升　孔繁懿　郭艳光　郎建华
高宏伟　郭　彬　刘玉敏　鲁晓波　杨中杰　王晓航　郑缇全　王　超　闫占军　周雪梅
包丹丹　牛文学　库银柱　丁亚庆　乔玉芳　达古拉　王艳丽　赵海州　银　花　赛吉拉夫
乌伦吉如嘎

2013—2014 学年度优良学风班集体创建"标兵班"

动科院:2011 级动科汉 2 班
兽医学院:2012 级动医汉 2 班　2013 级检疫 2 班
农学院:2012 级园艺双语班　2012 级农学双语班
林学院:2012 级林学汉班　2013 级林学汉 1 班
生态院:2012 级土管 1 班　2012 级草双班　2013 级土管 1 班
机电院:2011 级工设班　2012 级农机班　2013 级工设班
水建院:2011 级建筑班　2012 级双语 1 班　2013 级农水 2 班
材艺院:2012 级木材科学与工程双语班　2013 级视觉传达设计班
经管院:2011 级金融 1BS2 班　2012 级金融 S2 班　2013 级金融 1BS2 班
食品院:2011 级食品科学与工程一本双语 1 班　2012 级食品质量与安全二本 1 班
计算机:2011 级网工 1 班
生科院:2012 级生物工程 2 班　2013 级生物科学 S1 班
人文院:2012 级法学 2 班
外语院:2012 级 2 班
理学院:2012 级应用化学班
能源院:2013 级新能源科学与工程班

2013—2014 学年度优良学风班集体创建"优秀班"

动科院:2011 级动科汉 1 班　2011 级双语班　2012 级水产班
兽医学院:2011 级动医汉 2 班　2012 级检疫 2 班　2013 级动医蒙班　2013 级动物药学汉班
农学院:2011 级植保班　2011 级农学 1 班 2012 级植保班 2012 级植科班 2013 级农学 1 班
林学院:2011 级林学蒙 2 班　2011 级园林项目 4 班　2011 级园林双语项目班　2012 级森资汉班
　　　　2013 级园林双语 1 班
生态院:2011 级城规 4 班　2012 级土管 X2 班　2012 级城规 X1 班　2012 级水保 X1 班
　　　　2013 级农蒙班　2013 级土管 X1 班　2013 级水保 X1 班　2013 级城规 1 班
机电院:2011 级农机 2 班　2011 级机制 4 班　2011 级车辆班　2012 级农电班
　　　　2012 级机制 2 班　2013 级机制 3 班　2013 级农电班
水建院:2010 级建筑班　2011 级土木 X4 班　2012 级水电 1 班　2012 级水资 1 班
　　　　2012 级给排 1 班　2013 级环工 1 班　2013 级地质班　2013 级双语 1 班　2013 级双语
　　　　2 班
材艺院:2012 级木材科学与工程班　2013 级木材科学与工程班　2013 级服装设计与工程班
　　　　2013 级产品设计双语班
经管院:2011 级会计 3 班　2011 级会计 4 班　2011 级金融 1BS1 班　2012 级会计 X9 班
　　　　2012 级农经 S 班　2012 级金融 S1 班　2012 级会计 3 班　2013 级 1BS1 班
　　　　2013 级农经 S 班　2013 级物流 Y1 班
食品院:2011 级包装工程二本 1 班　2011 级食品科学与工程二本 1 班
　　　　2011 级食品质量与安全二本 1 班　2012 级食品科学与工程双语 1 班
　　　　2012 级食品科学与工程双语 2 班　2012 级包装工程二本 1 班

计算机:2012 级计科 2 班　2013 级计科 2 班　2013 级软工 2 班
生科院:2013 级生物技术 1 班　2013 级生物科学 1 班　2013 级生物工程 2 班
人文院:2011 级法学 2 班　2012 级行政管理蒙 2 班
外语院:2012 级 1 班
理学院:2013 级应用统计学班　2013 级应用化学班
能源院:2012 级交通工程 2 班　2012 级道路桥梁与渡河工程 2 班　2013 级森林工程班

2013—2014 学年度优良学风班集体创建"进步班"

动科院:2012 级动科蒙 1 班
兽医学院:2012 级动医项目 2 班
农学院:2013 级植保 1 班
生态院:2012 级土管 X1 班
机电院:2011 级机制 2 班　2012 级工设班
林学院:2012 级林学项目班
水建院:2011 级水资班　2013 级建筑班
材艺院:2011 级木材科学与工程班
经管院:2012 级会计四班　2013 级电商班
食品院:2012 级食品科学与工程蒙授 2 班
计算机:2012 级信管 1 班
生科院:2012 级制药工程 1 班
人文院:2013 级行政管理汉 1 班
外语院:2013 级 3 班
能源院:2012 级风能与动力工程班

交流与合作

国际交流与合作

【概况】学校历来重视国际合作交流与合作,开放办学,在建校初期,就选派了青年教师到苏联学习深造,为学校培养了第一批青年学术骨干。改革开放以来,通过建立校际间交流与合作关系、日本 JICA 项目和加拿大的 CIDA 项目等途径,与国外高等教育发达国家的大学和机构进行了科研、教学、教师学生交流和学术交流等交流与合作,目前已经与国际上 15 个国家的 55 个大学和机构签订了交流与合作备忘录或协议。

进入 21 世纪以来,学校为了加强对外交流与合作的力度,在"十一五"规划中提出了"1134 行动"战略,这一战略的核心内容是确立一个发展目标:以建设西部高水平院校为目标,实施一项措施:引进国外优质教育资源。为此,学校逐步增设英汉双语授课本科专业,目前共开设了 19 个英汉双语授课本科专业,加大引进国外高校的教授来我校开展教学和科研活动,应邀来我校任教、学术交流、科研合作和咨询活动的国外专家教授逐年增多,同时,学校一方面为中青年教师创造条件,鼓励争取国家留学基金委派出项目资助,另一方面自筹资金选派中青年教师赴海外进修,采取各种措施加大教师和管理干部海外研修和培训的力度。

2007 年与加拿大农业与农业食品部共同成立了"中加可持续农业研究与发展中心",2010 年国家科技部将我校命名为"国际科技合作基地",2010 年教育部批准我校与加拿大阿尔伯塔大学的本科生中外合作办学项目,2013 年成立了内蒙古农业大学马利克管理中心。

【签订协议】不断加强与国外院校与机构的合作,分别与日本鸟取大学、蒙古国生命科学大学、爱尔兰国立考克大学、加拿大阿尔伯塔大学续签或签订了校际合作与交流协议,就教师交流、学生交流和科研合作等方面达成了合作意向。截至 2014 年,与 15 个国家的 55 个大学和机构签订了交流与合作备忘录或协议。

【国际交流】2014 年共接待来访团组 13 个,分别为日本冈山大学校长森田·杰一行 4 人代表团、日本神户大学农学部一行 2 人代表团、爱尔兰考克大学院长一行 6 人代表团、澳大利亚莫道克大学副校长 David Morrison 一行 6 人代表团、加拿大农业部副部长助理 Gilles Saindon 一行 4 人代表团、加拿大农业部农业专家 8 人次、澳大利亚农业部专家 6 人次、瑞士圣加伦马利克管理中心 10 人次、美国犹他大学代表团、美国德州农工大学代表团、美国得克萨斯州代表团、蒙古国生命科学大学校长一行 10 人代表团和内蒙古农业大学特聘校长助理 H Arthur Quinney 博士和 C. Wayne Lindwall 博士。

2014 年,共派出了 29 位专家学者参加国际学术会议和学术交流,1 名校级领导被教育部和自治区选派赴美国进行为期 1 个月的培训。

2014 年,学校共有 14 人获得国家留学基金委各类项目的资助出国研修。

【中外合作办学项目】2010 年教育部批准我校与加拿大阿尔伯塔大学的本科生中外合作办学项目,2014 年招收项目学生 16 名,出国继续学习学生 23 名。

【其他工作】承办了教育部留学服务中心2014年出国留学行前培训总结及工作推进会。

国际科技合作项目

项目名称	负责人	时间	项目资金	项目类型	主管单位
中蒙合作高分子生物重点实验室建设	吉日木图	2014—2016年	488万元	国际合作项目	食品院
中俄自然发酵乳中乳酸菌资源的收集及开发利用	张和平	2014—2017年	240万元	国际合作项目	食品院

留学生教育

2014年度入学外国留学生基本情况

2014年，我校招收来华留学生42名，其中博士研究生11名、硕士研究生28名，具体如下：

序号	中文名	护照名	国籍	性别	学生类别
1	乌尼日吉日嘎拉	NATSAGDORJ UNURJARGAL	蒙古国	女	奖学金
2	贺西格达瓦	BADARCH KHISHIGDAVAA	蒙古国	男	奖学金
3	其其格玛	TSOGBADRAKH TSETSEGMAA	蒙古国	女	奖学金
4	策仁尼玛	TSERENNYAM MYAGMAR	蒙古国	女	奖学金
5	然德那	YADAM RADNAA	蒙古国	男	奖学金
6	齐仁罕达	ZORIGTBAATAR TSERENKHAND	蒙古国	女	奖学金
7	朝鲁门	NERGUI TSOLMON	蒙古国	女	奖学金
8	宝音德力格尔	ORGIL BUYANDELGER	蒙古国	女	奖学金
9	图门巴雅尔	PUREV TUMENBAYAR	蒙古国	女	奖学金
10	额尔登赛罕	TSEVEEN ERDENESAIKHAN	蒙古国	男	奖学金
11	阿拉坦其木格	ALTANGEREL ALTANCHIMEG	蒙古国	女	奖学金
12	菩提	KHEM PUTHY	柬埔寨	男	奖学金
13	久迪	KHIM JEUDI	柬埔寨	男	奖学金
14	达日玛	IAPTUEVA DARIMA	俄罗斯	女	奖学金
15	图布兴图日	GANTAATAR TUVSHINTUR	蒙古国	男	奖学金
16	乌达木巴雅尔	GOMBODORJ UUDAMBAYAR	蒙古国	男	奖学金
17	阿荣图雅	YONDONJAMTS ARIUNTUYA	蒙古国	女	奖学金

序号	中文名	护照名	国籍	性别	学生类别
18	尼玛苏荣	SER – OD NYAMSUREN	蒙古国	女	奖学金
19	淑仁其木格	ALTANSUMBEREL SHURENCHIMEG	蒙古国	女	奖学金
20	阿吉吉日嘎拉	BATAA AZJARGAL	蒙古国	女	奖学金
21	巴雅尔玛	BAT – IREEDUI BAYARMAA	蒙古国	女	奖学金
22	韩钦达木	BATSAIKHAN KHANCHANDMANI	蒙古国	男	奖学金
23	阿荣珠拉	BAYSGALAN ARIUNZUL	蒙古国	女	奖学金
24	阿木隆	BUND – OCHIR AMGALAN	蒙古国	男	奖学金
25	额尔登通拉嘎	BYAMBA SUREN ERDENE TUNGLAG	蒙古国	女	奖学金
26	彬巴苏荣	CHULUUNBAATAR BYAMBASUREN	蒙古国	男	奖学金
27	苏米亚道尔吉	DELGERSAIKHAN SUMIYADORJ	蒙古国	男	奖学金
28	傲日格勒宝拉嘎	TSERENBAT ORGILBULAG	蒙古国	女	奖学金
29	巴森达赖	GANBAATAR BAASANDALAI	蒙古国	女	奖学金
30	通拉嘎图雅	JARGALSAIKHAN TUNGALAGTUYA	蒙古国	女	奖学金
31	乌力吉	PUREVDORJ ULZII – ORSHIKH	蒙古国	女	奖学金
32	苏布达	DORJPUREV SUVDAA	蒙古国	女	奖学金
33	额尔登其木格	OYUN – ERDENE ERDENECHIMEG	蒙古国	女	奖学金
34	巴拉登奥斯日	BAT – ERDENE BALDAN – OSOR	蒙古国	男	奖学金
35	萨仁其木格	PUREVBAT SARANCHIMEG	蒙古国	女	奖学金
36	那木斯仁扎布	TSEVEGMID NAMSRAIJAV	蒙古国	女	奖学金
37	扎布胡郎	TUMURBAT JAVKHLAN	蒙古国	男	奖学金
38	乌仁图雅	UGTAABAYAR URANTUYA	蒙古国	女	奖学金
39	朱拉扎雅	ZORIGTBAATAR ZOLZAYA	蒙古国	女	奖学金
40	尼木巴图	BATMUNKH NAYMBAT	蒙古国	男	奖学金
41	特木金	BAYARJARGAL TEMUUJIN	蒙古国	男	奖学金
42	宾巴尼玛	BATBAYAR BYAMBAMYAM	蒙古国	男	奖学金

2014 年度毕业外国留学生基本情况

2014 年度,毕业外国留学生共 42 名,其中获博士学位 14 名、获硕士学位 21 名、获学士学位 7 名。

序号	中文名	护照名	国籍	性别	专业	导师
1	道尔吉帕格玛	SHAGDARSUREN DORJPAGMA	蒙古国	女	农学	高聚林
2	孟和德力格尔	BAT – OCHIR MUNKHDELGER	蒙古国	男	乳品工程	张和平
3	布拉根	TSEVEGEE BULGAN	蒙古国	女	蔬菜学	郝丽珍
4	扎布森道乐玛	CHIMEDSUREN JAVZANDULAM	蒙古国	女	乳品工程	孙天松
5	乌日格木拉	IVANOV URGAMAL	蒙古国	女	农业经济管理	乔光华
6	其木格	PUREV CHIMGEE	蒙古国	女	动物遗传育种与繁殖	周欢敏
7	叶夫根尼亚	OCHIROVA EVGENIYA	俄罗斯	女	农业经济管理	张心灵
8	斯门	OSIPOV SEMEN	俄罗斯	男	农业经济管理	修长百
9	斯坦尼斯拉夫	PAVLOV STANISLAV	俄罗斯	男	动物医学	曹金山
10	齐仁道力高尔	ALTANGEREL TSERENDOLGOR	蒙古国	女	产业经济学	根锁
11	巴亚尔吉雅	BATBAYAR BAYARZAYA	蒙古国	女	管理科学与工程	赵元凤
12	马纳尔苏仁	BAYARSAIKHAN MANALSUREN	蒙古国	男	农业机械化工程	刘伟峰
13	帕格玛	MYAGMAR PAGMA	蒙古国	女	土壤学	包翔
14	红格尔珠拉	ORGODOL KHONGORZUL	蒙古国	女	食品科学	陈忠军
15	宝勒尔图雅	DORJSURENKHORLOO BOLORTUYA	蒙古国	女	农业经济管理	张心灵
16	阿吉吉雅	ENKHSAIKHAN AZZAYA	蒙古国	女	食品科学	李少英
17	阿纳尔珠拉	TSETSENKHUU ANARZUL	蒙古国	男	管理科学与工程	郑喜喜
18	特目龙	SELENGE TEMUULEN	蒙古国	女	农产品加工及贮藏工程	吉日木图
19	巴图诺明	BATSAIKHAN BATNOMIN	蒙古国	男	动物营养与饲料科学	敖长金
20	奥都巴雅尔	DUGERRAGCHAA ODBAYAR	蒙古国	女	农业经济管理	姜冬梅
21	米嘎玛尔图亚	MAKHBARIAD MYAGMARTUYA	蒙古国	女	食品科学与工程	范贵生

序号	中文名	护照名	国籍	性别	专业	导师
22	索龙格	KHURELBAATAR SOLONGO	蒙古国	女	产业经济学	张建成
23	琪琪格	POVRON TSETSEGEE	蒙古国	女	植物学	易津
24	格日乐玛	BATTOGTOKH GERELMAA	蒙古国	女	动物营养与饲料科学	闫素梅
25	乌仁图雅	PUREVCHULUUN UURIINTUYA	蒙古国	女	乳品工程	孟和毕力格
26	图门乌力吉	MYAGMARDORJ TUMEN – ULZII	蒙古国	男	农业经济管理	修长百
27	伊根尼亚	MAKAROV EVGENIY	俄罗斯	男	农业经济管理	盖志毅
28	恩和布拉刚	BATBAYAR ENKHBULGAN	蒙古国	女	交通工程	本科生
29	尼玛其其格	BOLDBAATAR NYAMTSETSEG	蒙古国	女	水土保持与荒漠化防治	本科生
30	其温达日	SAMBUU TSEVEENDARI	蒙古国	女	工商管理	本科生
31	赛音吉雅	GOMBODORJ SAINZAYA	蒙古国	女	园林	本科生
32	孟和其其格	OCHIRDANZAN MUNKHTSETSEG	蒙古国	女	食品科学与工程	本科生
33	钢斯乐木	DASHRENTSEN GANSELEM	蒙古国	男	网络工程	本科生
34	宝乐日玛	BATJARGAL BOLORMAA	蒙古国	女	草业科学	本科生
35	阿玛尔特格思	BATAA AMARTUGS	蒙古国	男	农业经济管理	乔光华
36	道尔吉苏仁	DAIDIIKHUU DORJSUREN	蒙古国	男	动物遗传育种与繁殖	芒来
37	巴图其其格	SER – OD BATTSETSEG	蒙古国	女	食品科学	张和平
38	阿木尔图布兴	BUYANAA AMARTUVSHIN	蒙古国	男	草业科学	王明玖
39	钢宝力达	ERDENEBAYAR GANBOLD	蒙古国	男	森林经理学	段立清
40	苏友拉额尔德尼	PUREVDASH SOYOL – ERDENE	蒙古国	女	食品加工学	孙天松
41	图布兴吉日嘎拉	DANZAN TUVSHINJARGAL	蒙古国	女	草业研究	王成杰
42	阿茹娜	BATJARGAL ARIUNAA	蒙古国	女	农业经济管理	姜冬梅

援外培训

【概况】2014 年,拉美、加勒比及南太地区乳品与食品加工技术培训班从 9 月 2 日起,至 9 月 29 日结束,为期 28 天,培训语言为英语。学员来自 6 个国家共 12 名学员,分别是古巴（2 名）、巴巴多斯（1 名）、特立尼达和多巴哥（1 名）、多米尼加（2 名）、巴哈马（4 名）、圭亚那（2 名）。培训内容主要分为专题讲座、现场教学、参观考察和文化体验四个部分,评估结果显示本期培训整体效果良好。

【筹备工作】2014 年 3 月初,学校接到了商务部援外司下达的 2014 年度援外培训项目任务,学校援外培训工作领导小组随即启动了 2014 年拉美、加勒比及南太地区乳品与食品加工技术培训任务的准备工作,召开了援外培训组织动员会,要求全体工作人员提高认识、团结协作、精心组织,一定要圆满完成本期援外培训项目。8 月初商务部国际商务官员研修学院（商务部培训中心）通过了我校为期 28 天的培训方案,随后签订了援外培训合同。本期援外培训项目工作组由 11 人组成。组长由校长助理汪建平担任,全面负责援外培训工作,副组长由石建荣担任,具体负责援外培训项目的实施;工作人员的具体分工是:翻译及服务组 4 人,组织管理 2 人,后勤保障 2 人,摄像 1 人。

援外培训项目整体安排主要分为专题讲座、现场教学、参观考察和文化体验四个部分。其中,在专题讲座和现场教学环节中,集中安排 12 位教师完成了 12 个专题讲座和 5 个现场教学。负责授课的教师中有教授 7 人、副教授 5 人。在参观考察环节中,安排参观了 7 个相关企业。在文化体验环节中,主要安排了草原文化、沙漠观光、故宫长城游览、书法体验、蒙古舞蹈学习以及中国武术等 6 项内容。

【教学安排】本期培训内容设置以课堂专题讲授为基础进行理论研讨,通过部分乳品与食品实验室加工操作加深感性认识,辅助参观相关企业以达到整体学习效果。培训内容涵盖了乳品与食品加工技术及其发展现状,现场教学紧扣专题讲座,并组织参观了伊利、蒙牛等大型现代化乳品加工企业,也考察了中小型的乳品企业和奶牛牧场,同时也考察了乳品以外的其他食品加工企业的生产及发展情况,圆满完成了所有的培训环节。

专题讲座由内蒙古农业大学相关领域的专业教师承担,分别讲授了中国在乳品与食品加工方面的新成就、新技术、新成果应用和研究进展等,以及独具地方特色的乳制品加工方面的基础知识。专题讲座课件全部为英文制作,图文并茂,有效地提高了授课效果。学员们的学习气氛非常浓厚,大家认真听讲,仔细做笔记。课余时间,中外双方还就乳品与食品加工方面的一些问题展开热烈讨论,共同探讨乳品与食品生产与管理领域存在的现实问题。

管理与服务

发展规划工作

【概况】 2014 年,围绕学校发展目标及可持续发展需要,拟订学校近期、中长期发展规划及阶段性实施方案和细则,并做好规划执行、协调、检查、考核、评估等工作;统筹协调学科建设。组织优势学科群建设、重点学科建设,学科基地建设,重点实验室建设;及时了解、把握和深入研究国家教育发展战略、教育部关于高校改革与发展的重大方针政策,国家有关高等教育和高校工作的政策、法律、法规;收集、分析国内外高等教育发展的重要信息与动态,比较借鉴国内外著名大学在教学、科研、管理等方面的经验和做法,研究与学校发展密切相关的重要理论课题。紧紧围绕学校中心工作,广收信息,对国家有关政策和高等教育发展形势进行科学分析,并定期撰写《高教研究动态》;对涉及学校改革、建设与发展的重大问题(如学校发展战略规划、校园建设规划、重大经费投入与分配、重大建设项目等),提前开展广泛深入的调查研究、论证,为领导决策提供信息和咨询;负责高等教育基层统计报表、本科教学基本状态数据的采集工作、各类报表的管理和学校各类对外数据信息的审核、发布工作;协助、配合其他部门做好相关工作;完成上级组织和学校交办的其他工作。

发展研究室(处)下设发展规划科、综合管理科。现有职工 5 人,其中处长 1 人、副处长 1 人、科长 2 人、科员 1 人。

【主要工作】 2014 年,完成了内蒙古农业大学章程的制定。4 月份,由发展研究室(处)牵头,成立了内蒙古农业大学章程起草领导小组和编写小组,经过调研、请专家辅导、起草、校内两轮讨论,基本完成了大学章程的制定。

【重点项目】 完成了中西部高校基础能力建设工程项目的考核工作。组织我校有关专家申报了国家发改委中国清洁发展机制基金赠款项目。协助外事办公室、教务处申报批准了教育部留学服务中心的教师出国培训机构。协助教务处、国际教育学院申报了中英互认课程项目、双语授课专业、国外大学在华教育机构等项目。协助教务处申报了卓越农林建设专业 4 个。

【基层统计报表】 完成了 2014/2015 学年初高等教育基层统计报表。从 2014 年 9 月教育厅开完高等教育统计工作布置会后,由发展规划处牵头,会同教务处、图书馆、网络中心、研究生院、人事处、国有资产处、学生处、招就处、团委、继续教育学院、国际教育学院、科技处、保卫处和职业技术学院等多个处室,历时两个月,组织了全校学生、教师、资产等上万条数据,经认真审核,形成了 2014/2015 学年初高等教育统计报表。

【省部共建】 积极落实省部共建协议,加强与国家林业局的联系,取得支持。组织相关学院申报了 3 项国家林业局的项目。

【对口支援】 落实教育部 2012 年度对口支援工作会议精神,协调中国农业大学制订两校对口支援工作方案,确定了 16 项具体建设项目,把各项具体工作扎扎实实落到实处;选派 2 名专业教师去中国农业大学进修课程。

人事管理

【概况】人事管理工作结合党的群众路线教育实践活动"回头看"，紧紧围绕"人才强校""质量立校"工程，积极推动学校内部管理体制改革，促进学校内涵式发展。

【人事分配制度改革】2014年3月，启动了新一任期科级干部聘任工作，对科级机构进行了适当调整，设置科级机构167个（不含各单位内设的系、教研室等）。5月，对2013年度未完成的三级及以下科员、教学秘书、辅导员共43人进行了聘任。制定并实施《内蒙古农业大学工勤人员聘任普通管理岗位暂行办法》（内农大校发〔2014〕4号）。

2014年4月，启动了学校新一轮全员岗位聘任调研和方案制定工作，11月出台并实施《内蒙古农业大学全员聘任工作实施方案》《内蒙古农业大学教学单位人员编制核定办法》《内蒙古农业大学教学、科研岗位设置办法》。为特聘院士、长江学者等人员设置特聘教授岗位AT。在教学、科研专业技术岗位设置教学科研型、教学为主型和科研为主型三类，重新设置了各类岗位的层级，调整了岗位名称，制定了正高级各类各级岗位的上岗条件和岗位职责。12月，对岗位异动的116人进行了聘任。组织开展专业技术二级岗位聘用工作，经自治区人社厅审核、批复，我校12人聘用到专业技术二级岗位。

为有效解决部分岗位人员紧缺问题，学校积极探索建立新型用人制度，研究制定《内蒙古农业大学招聘编制外工作人员管理暂行办法》，对非教学、科研岗位实行不占编合同制招聘。

加强教职工年度岗位考核。2014年10月，对全校教学、科研岗位、党政管理岗位和教学辅助岗位共计2123人进行了年度岗位考核，其中，优秀311人，合格1730人，未定等次82人。

【人事调配】新增89人。其中公开招聘83人，自治区"绿色通道"3人，外单位调入3人（包括任命2人）。各类减员46人，其中退休33人，调出9人，在职去世4人。

【劳资与社会保险】正常完成教职工工资、岗位津贴的核算发放，完成自治区人社厅2013年度《机关、事业单位工作人员工资统计报表》工作和34名离休人员一次性生活补贴的发放工作；完成各类职务晋升人员的工资补发工作及基础津贴的变动工作；完成58名新录用教师（其中博士21人）和14名新来校学生辅导员的工资核算与补发工作，以及43名三级及以下科员、教学秘书、辅导员的工资变动和32名离休人员的护理费调整工作。完成2013/2014学年度1938人的基础津贴、业绩津贴（含课时津贴、实验人时津贴）的核算与发放工作；并发放了2012/2013学年度考核优秀人员的奖励津贴（含345名研究生导师津贴、10名博士及博士后特岗津贴的发放工作，68名博导特岗津贴的变动工作）；外聘人员月工资的发放工作。

完成我校内蒙本级事业单位的医疗保险划账、核定、变更业务工作，保障了教职工享受医疗保健待遇。全年财政划拨医疗保险2184名在职人员466万元。缴纳公务员医疗补助430万元。完成教职工养老、失业保险划拨、核定、变更、缴费、建账等工作。其中，在职人员2239名失业保险全年缴纳258万元，132名校聘人员，545名2004年以后来校人员。完成教职工工伤保险待遇的申请、审批及兑现等工作及去世教职工的丧葬费、抚恤金及医疗补助发放工作。完成了135名外聘工五项保险的审核、变更、缴纳等工作。对编制外用工进行了彻底清理、核查，接受了自治区、呼市两级的用工年检，重新核定了各单位共1053人的用工计划并签订劳动合同（协议）。

【人事档案】对全校2193名在职教职工的档案进行了专项审核，接受了自治区党委组织部对我校人事档案核查工作的完成情况和档案室建设情况的督查，规范了档案材料的收集整理工作。全年完成130余份专业技术职务评审材料的整理归档工作和9870余份个人零散档案（活页）的鉴别、收集、整理、归档工作。转递个人档案 6 卷,查(借)阅个人档案 3400 余卷,接收教职工各类档案 6000 余份。整理去世人员档案 25 卷,装订立卷归入校档案馆 25 卷。12 月制定实施了《内蒙古农业大学干部人事档案专项审核工作实施方案》(内农大人字〔2014〕40 号),组织开展了全校干部人事档案专项审核工作"回头看"。

【教授委员会】6 月 16 日出台《关于做好第一届内蒙古农业大学学院教授委员会选举工作的通知》(内农大校办发〔2014〕10 号)、《内蒙古农业大学学院教授委员会章程(试行)》(内农大校发〔2014〕3 号),动物科学学院等 17 个学院组建了教授委员会。10 月 21 日,根据《关于对各学院第一届教授委员会组成人员进行备案及聘任主任委员的通知》(内农大校办发〔2014〕19 号),对各学院教授委员会主任委员进行备案和聘任。

【其他工作】5 月启动了人事基础信息平台建设工作,进行了数据资料的收集、整理、转换、迁移等。

财务管理

【概况】学校实行"统一领导、分级管理、集中核算"的财务管理体制,财务处是学校财务管理的职能部门,作为学校的一级财务机构,在校党委、校行政的领导下,统一管理学校的各项财务会计工作,保证会计资料合法、真实、准确、完整。财务处负责全校的会计核算、资金运行以及各项财务管理工作,包括全校教育事业经费收支、专项经费收支、各非独立法人单位的财务收支、制定财务制度、编制财务收支预决算、财务分析等,实行财务监督,检查经济效益。

财务处下设 8 个直属科室和 3 个委派财务机构:财务管理科、事业经费核算科、专项资金核算科、收入管理科、基建财务科、结算中心、后勤财务科、校园卡服务中心、饮食服务中心财务部、校医院财务室、基础教育财务部。

【教育事业经费】2014 年教育事业经费预算收入 87555.37 万元,包括财政拨款和自筹收入。其中,财政拨款收入 62466.47 万元,占预算收入的 71.3%,包括:生均定额拨款 28248.3 万元,离退休经费拨款 4194.1 万元,财政专项经费拨款 28286.54 万元(含拨付 2013 年年末财政收回专项资金 7846.5 万元),其他部门拨入专款 1737.53 万元;自筹经费收入 25088.9 万元,占预算收入的 28.7%,包括:本专科生学费 19480.7 万元,研究生学费 1081.16 万元,其他办学学费用于补充学校经费(辅修等)160.94 万元,学生公寓收入 2252.4 万元,纳入预算管理的非税收入 2113.7 万元。

2014 年教育事业经费预算支出 87555.37 万元。其中,人员经费支出 36309.73 万元,占预算支出的 41.5%,包括:在职人员经费 21738.87 万元,离退休人员经费 4526.71 万元,学生助学金 7191 万元,住房公积金 1077.01 万元,工会经费、福利费、遗属生活费、社保费等经费 1776.14 万元;公用经费支出 51245.64 万元,占预算支出的 58.5%,包括:办公交通差旅等公务费 879.59 万元,后勤运行费(含水电暖物业电讯等费用)3610.5 万元,维修费 4241.13 万元,设备费 16639.64 万元,图书经费 587.26 万元,业务费 8108.61 万元,学生公寓费 1420 万元,其他费用 15758.91 万元(其中结转自筹基建 5015.63 万元,贷款本金及利息 8100 万元)。

【科研经费】2014 年科研经费收入 13849.35 万元。其中,国家科技支撑项目 3985.35 万元,农业部公益行业项目 1505.94 万元,国家自然科学基金 2878.65 万元,国家社科基金 81.3 万元,科技厅及其他科研专款 4668.6 万元,教育厅科研经费拨款 51 万元,委托科研项目 678.51 万元。

2014 年科研经费支出 9594.25 万元。其中,国家科技支撑项目 2887.93 万元,农业部公益行业项目

1325.93万元,国家自然科学基金1041.36万元,国家社科基金32.71万元,科技厅及其他科研专款3961.19万元,教育厅科研经费拨款42.36万元,委托科研项目302.77万元。

【基本建设经费】2014年基本建设经费收入16070.2万元。其中,财政拨款5130万元,学校教育事业费结转自筹基建经费10918.1万元,零星收回售房款等22.1万元。

2014年基本建设经费支出21695.2万元。其中,新校区建设项目16228.2万元,乳研中心乳制品发酵实验室设备款500万元,偿还新校区建设贷款本金4000万元,既有建筑节能改造项目111.2万元,能耗节能平台项目300万元,其他基建项目555.8万元。

【制度建设】根据国家新出台的财务管理制度和规定,结合学校自身发展特点和思路,完善学校的一系列财务管理制度。修订了《内蒙古农业大学差旅费管理办法》和《内蒙古农业大学科研项目经费管理办法》,制定了《内蒙古农业大学"三公经费"管理规定》和《内蒙古农业大学暂付款管理制度》。

认真做好新旧高等学校财务会计制度的衔接工作。为贯彻执行好新出台的财务制度和会计制度,财务处在认真学习相关制度的基础上组织全处人员对我校应用的会计科目、会计报表、项目等认真梳理、讨论,以国家制度为指导,结合我校实际情况,认真讨论财务会计制度转换过程中的问题并及时加以解决,认真做好新旧制度衔接的各项准备工作。同时,认真做好财务软件的升级工作,聘请专业人员对全处财务工作人员做相关业务知识培训,使财务工作人员较快地熟悉和掌握了新的财务会计制度及财务软件的操作,在短期内顺利地完成了新旧财务会计制度的转换工作。

【财务预算管理】2014年,由于项目生招生名额大幅度减少,国家、自治区财政对高校拨款并没有增加,导致我校实际预算收入减少,同时,新校区建设以及各项事业发展资金需求较大,在此情形下,财务处认真审核各单位的支出计划,分析以往资金支出情况,经过充分讨论、沟通和协商,努力挖掘资金潜力,压缩不必要的开支,较为科学和合理地编制了学校《2014年度教育事业经费收支预算》。

【资金筹措概况】积极争取国家财政追加拨款,努力开拓财源、多渠道筹集资金。2014年,从财政部门取得的教育事业追加经费2.04亿元,重新拨付2013年财政收回专项资金1.49亿元,为学校发展和建设提供资金保障。

【费用收缴与管理】学费是学校事业收入的重要来源,财务处不断完善各项收费制度和工作程序,认真做好各项费用的收缴与管理工作。2014年财务处继续实施数字化迎新系统,实行银行卡代扣和网上自主缴费等方式,取得了良好的效果。收取学生学费、住宿费、双学位学费等3大类,收费总金额2.5亿元,年度收费率94%。加大对往年欠费的催缴力度,全年共收缴往年欠费1339万元。

【暂付款清理】2014年10月,根据校长办公会和党委会指示与安排,财务处制定了《内蒙古农业大学暂付款管理制度》,并于10月份下发了《关于报账及清理借款的通知》,要求各部门、学院领导重视并做好本单位清理借款工作,特别要把工作重点放在后勤经费结算和设备费、差旅费、科研费借款及长期借款上。财务处工作人员以各种形式提供暂付款信息通知校内各单位及教职工。通知下发后至2014年年末,清理各类借款4000余万元。

【其他工作】不断加强资金支付管理,改进支付手段。我校由于新校区建设及设备采购项目多,财政直接支付资金量大,支付压力较大,为避免资金再度被收回,财务处会同国资处等部门与银行、中标商多次讨论、协商,与中标商签订了《内蒙古农业大学政府采购中标补充协议》,确保年终财政直接支付资金全部实现支付。除加强财政直接支付管理外,财务处继续加强建行网银系统和公务卡的支付管理。运用单位POS支付系统,对公务卡结算和一般报账、借款业务等实行银行卡支付,减少了现金取款近1亿元。

积极配合自治区相关部门的审计与检查。今年多次接受了内蒙古财政厅、审计厅、呼和浩特市地税局、国税局等有关部门的各类财务审计、检查等,财务处积极配合,获得了检查单位的好评。同时通过审计与检查,也促进了我校进一步改进工作中存在的问题,促进学校财务管理的规范化。

国有资产管理

【概况】2014年,学校根据国家与自治区有关国有资产管理规定,依据《内蒙古农业大学国有资产管理办法》《内蒙古农业大学土地房屋经营性资产管理规定》《关于进一步加强学校土地房屋出租管理的通知》和《内蒙古农业大学政府采购实施管理办法》等有关规定,进一步规范国有资产管理工作。

【土地房屋管理】根据《内蒙古自治区党政办公机关办公用房清理工作方案》和学校下发的《关于清理学校办公用房的通知》等文件精神,按照《党政机关办公用房建设标准》的规定,对全校行政办公用房进行了全面清查,严格按标准配置使用。严格按照《关于开展自治区党政机关办公用房清理验收工作的通知》的文件精神,根据《自治区党政机关办公用房验收标准》,全面开展了自查自验,填写了验收表格,提供了最新人员编制本和花名册复印件,绘制了各单位办公用房平面图,注明了使用人及职务、使用面积、用途和房间号。

全面清查了各单位教学、科研和行政办公用房的现状,绘制了各单位房屋使用情况平面图。根据各单位编制人数、职称状况及本科生、硕士生、博士生人数,详细计算了各单位应分的额定面积。根据计算的额定面积,研究制订了工科楼、教学A、B楼、生命科学大楼、东附楼、林学楼、中心实验楼和西区旧图书馆的初步分配方案,完成了工科楼和教学AB楼的分配。

严格按照学校制定的房屋租金标准(2014年度在去年标准的基础上上浮10%),截至到2014年11月10日全部收缴了合同到期的2014年房屋租赁费,总计291.26万元。根据呼和浩特市国土资源局下发的《关于清缴地租的通知》,对学校经营性房屋的占地面积进行了测量,并上报了呼和浩特市国土资源局。

根据综合治理相关规定,经常会同保卫处、后勤处、物业等部门对租赁户进行食品卫生、综合治理、消防大清查,及时处理了下水道不通、电线老化、突然断电、房屋噪声大等各种问题,避免了各种隐患的发生。及时终止了西区学生区有食品卫生和火灾隐患的三个出租合同。

【固定资产管理】严格按程序验收固定资产,严把价格关、质量关和数量关,进一步规范了教学、科研和行政固定资产登记手续。全年验收登记固定资产5303台件,合计金额17976.52万元。进一步规范固定资产处置的论证程序,科学合理处置固定资产,避免重复购置,提高设备使用率。全年报废固定资产276台件,账面原值138.95万元,捐赠调出固定资产76台件,账面原值214.36万元。

根据《内蒙古自治区财政厅关于报送本级行政事业单位国有资产处置计划的通知》的文件精神,进一步开展了全校的固定资产清查工作,对各单位的预报废仪器设备进行实地查看和集中处置,做到账物相符。根据《关于报送2013/2014学年高等学校实验室信息统计数据的通知》的文件精神,向教育部、自治区教育厅和学校有关部门报送了《高校教学仪器设备报表》、《国有资产报表》和《教学、科研仪器设备增减变动情况表》等报表和有关数据。根据《内蒙古自治区财政厅关于开展全区事业单位国有资产产权登记与发证工作的通知》(〔2014〕1148号)的文件精神,完成了我校的产权登记工作。

对学校财政专项资金涉及的设备采购项目的"付款方式及期限"进行调整,与供货方在原合同的基础上,签订了《内蒙古农业大学货物采购合同》补充协议,对2013年和2014年的40个政府采购项目进行了资产验收,提供了付款凭证,合同金额总计21961.23万元。避免了财政专项资金因跨年度被收回

的风险。

完善制度建设，修订了《内蒙古农业大学国有资产管理办法》，制定了《内蒙古农业大学公用房管理办法》《内蒙古农业大学固定资产验收管理办法》和《内蒙古农业大学固定资产处置实施细则》等规章制度。

组织科室相关工作人员进行国有资产管理平台的培训，建立了国有资产管理网络平台和大型精密仪器设备共享平台，目前该平台处于安装调试阶段。平台建成后可提高我校的国有资产管理水平，实现大型仪器设备共享，提高利用率，减少重复购置。

【政府采购管理】根据《政府采购法》《货物招投标采购管理办法》和《内蒙古农业大学政府采购实施管理办法》等文件精神，依法规范政府采购活动，完善政府采购制度，节约采购成本，提高工作效率。组织了以下采购项目：

1. 科技园区节水灌溉、道路护坡及排水沟工程、设施农业园艺示范区温室建设、控制性规划、用地岩土工程勘察项目。

2. 网络中心新校区机房建设、新区新建楼宇入网设备、新校区光纤工程、网站群系统软件和大数据技术研究中心设备。

3. 双语授课原版教材、图书期刊和数据库、图书馆财政资金支持项目、农大附中教学、办公设备及科技馆。

4. 新校区绿化工程（树木种植一期）、体育教学部维修操场、新建投掷场、后勤管理处可燃气体浓度检测报警、新校区食堂超薄灯箱工程、新校区食堂机械电气设备、东区800KVA箱变安装、图书馆卫生间维修、校园建筑节能监管平台建设工程（二期）、学生食堂500KVA箱变。

5. 本科教学装备建设（2014）、生科院显微镜互动系统、新校区教学楼配套设施、体育部运动器材、PVC地板。

6. 乳酸菌与发酵乳制品重点实验室、草原畜牧业装备智能化技术（机电）、畜产品加工工程实践教学和研究平台、职教师资设施（机电、计算机）、农业水利工程专业认证实验设备、水建院刘廷玺科研设备、新型种质材料创制工程实验室、中加可持续农业科技创新与产业化示范基地。

7. 2013中央财政支持地方高校和特色学科（草业重点学科、动物遗传育种与繁殖、能源与交通工程技术实验教学中心、农业水土工程、水土保持与荒漠化防治、理学院基础实验中心）、2014中央财政支持地方高校发展专项（机电院、农学院、水建院、经管院）。

截至目前，接收项目采购计划44个，财政已批准的采购项目38个，采购总预算：17043.2706万元，除去无法统计的图书（预算250万元），已开标的项目34个，采购金额（预算）14245.0846万元。

未开标或进行了一半的项目：中加肉羊养殖试验项目（土建安装工程）441.18万元、建筑节能监管平台建设项目371.0万元、新校区教学楼配套设备162.515万元、园区用地岩土勘察及控制性规划121.74万。

8. 根据《内蒙古自治区财政厅关于发展政府采购执法检查的通知》（内财购〔2014〕193号）精神，对2011年—2013年政府采购工作进行了自查，撰写了自查报告并上报财政厅，得到了上级部门的肯定和表扬。根据《内蒙古自治区财政厅、审计厅关于开展贯彻执行中央八项规定，严肃财经纪律和"小金库"专项治理自查自纠工作的通知》（内财监〔2014〕116号）文件精神，成立了由校领导牵头，相关部门参与的资产管理自查自纠领导小组，对我校国有资产管理情况进行了认真、细致的自查工作，撰写了自查报告并上报财政厅。

固定资产基本情况表（2014）

序号	资产名称	年初数			本年增加			本年减少			年末数		
		数量	单位	金额（元）	数量	单位	金额（元）	数量	单位	金额（元）	数量	单位	金额（元）
1	土地	2491	亩	0.00	7718	亩	8,305,015.00	0	亩	0.00	10209	亩	8,305,015.00
2	房屋及构筑物	616318	m²	613,771,712.49		m²	46,209,811.40		m²	0.00	616,318	m²	659,981,523.89
	其中:房屋	616318	m²	573,018,393.70	0	m²	0.00	0	m²	0.00	616,318	m²	573,018,393.70
	构筑物		m²	40,753,318.79		m²	46,209,811.40		m²	0.00		m²	86,963,130.19
3	仪器设备	54444	台	559,583,984.14	6268	台	171,107,281.99	401	台	4603398.66	60311	台	726,087,867.47
4	家具	16283	件	67,942,157.72	149973	件	9,524,461.00	104	件	48800.00	166152	件	77,417,818.72
5	图书	1392000	册	31,960,725.30	50000	册	1,158,926.13	0	册	0.00	1442000	册	33,119,651.43
6	软件	1072	套	37,318,627.85	218	套	15,337,986.54	0	套	0.00	1290	套	52,656,614.39
7	文物陈列品	14	件	121,509.20	11	件	68,525.00	0	件	0.00	25	件	190,034.20
8	标本模型	109	号/件	917,254.99	42	号/件	1,857,800.00	0	号/件	0.00	151	号/件	2,775,054.99
9	被服装具	2	件	16,200.00	0	件	0.00	0	件	0.00	2	件	16,200.00
10	牲畜	53	头	183,140.00	0	头	0.00	0	头	0.00	53	头	183,140.00

离退休管理工作

【概况】截至 2014 年 12 月 31 日,离退休人员共计 907 人,其中离休干部 30 人,退休人员 877 人;离退休人员工作处工作人员 9 人,设离休科、退休科两个业务科室和关心下一代工作委员会办公室 3 个科室。2014 年离退休工作以党的十八大精神为指导,认真学习四中全会精神,紧密结合学校的中心工作,围绕离退休人员的关注和需求,扎实开展工作,全面提高我校离退休人员的服务水平。

【党建与思想政治工作】离退休人员工作处党总支下设 18 个党支部,其中一个在职人员党支部,17 个离退休党支部,截至 2014 年 12 月 31 日有党员 426 名。党总支委员会由 7 人组成,席锁柱任书记,周忠祥、李淑玲、马福龄、包毅、张俊堂、刘佩恒任委员。2014 年党总支组织党员认真学习"习近平总书记系列重要讲话"精神,把教育实践活动整改任务与部门中心工作相结合。5 月份党总支委员、党支部书记参加了在内蒙古党校举办的直属机关离退休基层组织支部书记培训班,强化了正能量意识。

【离退休人员管理与服务】落实"四项待遇"。及时订阅报刊、杂志,供老同志阅读学习,为离休干部发放报刊订阅费、外出参观费;1 月份,校长李畅游向离退休人员代表通报了学校 2013 年教学、科研、基础建设等情况;6 月份,校党委书记邬建刚召开离退休人员代表座谈会,征求老同志对我校"大学章程'草案'"的建议和意见;坚持离休干部每月必访、生病住院必访、重大变故必访、重要节日必访。及时探视因病住院的退休人员。春节期间对 30 名离休老干部、20 名退休老领导、16 名因病住院的离休老干部、160 名困难老党员及家庭困难且患病的退休教职工进行了走访慰问并送去慰问金;对因病住院的 70 位退休老同志进行了探视,送去组织的关怀和温暖;国庆节校党委对 21 名新中国成立前入党的老党员进行了慰问;另外还在停暖后、供暖前走访了部分身体不好、生活困难的老同志。全年走访慰问老同志 680 人次;6 月份组织全体退休老同志进行了健康体检,11 月份为离休干部和 70 岁以上正教授及享受保健待遇的 120 名离、退休老同志进行健康体检;为 80 岁、90 岁高龄离休干部祝寿并敬献贺礼。

【老年文体协会】老年文体协会主要以丰富老同志文体娱乐生活为宗旨,有共同爱好、兴趣的老同志自发组成一个团体,实现老有所为、老有所学、老有所乐的目的。2014 年老年文体协会进行了换届改选,李义禄任主席,张德棉、刘吉元任副主席。2014 年 9 月新组建了交谊舞队,加上之前的老年文体社团组织共计 15 个团队,参加人数 485 人。支持老年文体协会参加或自行组织各类活动、比赛。老年门球代表队在呼市地区高校第 28 届"健康杯"门球比赛中获得第二名;在 2014 年区直机关离退休干部交谊舞比赛中获得优秀组织奖;承办了呼市地区高校离退休人员台球赛;书画协会举办了关亚农个人书画作品展和庆祝新中国成立 65 年书画、摄影作品展。在内蒙古农业大学首届柔力球大赛上,老同志代表队获得一等奖的好成绩。10 月份离退休人员工作处举办了文体系列比赛,150 多位老同志参加了比赛,取得了优异成绩。

【关心下一代工作委员会】2014 年内蒙古农业大学关心下一代工作委员会进行了调整,周忠祥任秘书长,齐海光任办公室主任。下设 19 个二级关工委也进行了调整,全校关工委有老同志 53 人。关工委坚持围绕中心、配合补充、因地制宜、量力而为、立足基层、注重实效的工作方针,落实教育部 20 号文件精神和自治区党委的指示精神,加强"五好关工委"的创建工作,把用社会主义核心价值观引领青年学生作为关工委的根本任务,在推进大学生读书活动,深入学院进行调研的方面做了大量工作。2014

年李宗信获自治区关心下一代委员会颁发的"关心下一代工作先进个人"纪念章。

【老教授协会】截至 2014 年 12 月,老教授协会有会员 113 人,协会始终坚持老教授协会的宗旨,充分发挥老教授协会作为党和国家联系老教授的桥梁和纽带作用,团结广大离退休老教授为老教授发挥余热搭建平台,在服务"三农"建设社会主义新农村及关心老教授、服务老教授等方面做出了积极贡献,取得了优异成绩。2014 年老教授协会被内蒙古自治区党委组织部、老干部局评为"全区离退休干部先进集体"。

【老年大学】倡导文化养老。老年大学分校开设适合老同志、受老同志欢迎的专业,2014 年又新增一个电子琴班,满足了退休人员"老有所学、老有所乐"的需求,丰富了老同志们的精神文化生活。

【重要事件】2014 年 1 月 18 日,学校党委下发文件,席锁柱任离退休人员工作处党总支书记,周忠祥任处长,李淑玲任副处长;2014 年 7 月,结合党的群众路线教育实践活动整改工作,健全规章制度,学校颁发了《离退休人员去世善后工作暂行办法》《走访慰问、联系离退休教职工制度》(内农大校发〔2014〕4 号)。

审计工作

【概况】认真履行内部审计监督职能,规范内部管理,加强廉政建设,维护学校合法权益,防范风险。根据《内蒙古农业大学 2014 年审计工作计划》中提出的任务和要求,在学校党委和行政的领导下,圆满完成了全年各项工作任务。

【全过程跟踪审计】按照《内蒙古农业大学建设工程项目全过程审计实施办法》,2014 年度新校区建设工程项目全过程跟踪审计的重点是,对前期设计、招标、合同签订和竣工决算等各个环节进行了审计监督。

【经济责任审计】根据校党委安排,对 35 名分管财务工作的处级领导干部进行了离任经济责任审计,对职业技术学院院长进行了任期经济责任审计。

【科研审计审签】对 2014 年拟结题的国家自然科学基金、教育部博士点基金课题进行了科研项目财务决算审计。对部分课题按要求进行了审签。

【工程审计】2014 年度,共实施基本建设、维修工程决算审计 109 项,报审总金额 8569 万元,核减金额 2280 万元,平均核减率为 26.7%。

网络信息工作

【概况】信息与网络中心是学校信息化建设规划、实施、管理与服务的职能机构。中心的前身是 2000 年成立的"网络与计算中心"(挂靠在计算机学院)和 2001 年成立的"现代教育技术中心",2007 年正式更名为"信息与网络中心",2014 年,教育技术、多媒体及声像制作等部门、职能和人员从中心剥离,归口到教务处。中心现设主任 1 名,副主任 1 名,总工程师 1 名,下设中心办公室、信息系统部、网络运行部和维护服务部,现有工作人员共 10 人,具有高级职称 4 人,中级职称 6 人。

【网络信息基本状况】校园网为核心层、汇聚层和接入层三层结构。核心层、汇聚层为万兆连接，东、西校区千兆光纤到楼宇，百兆到桌面，新校区万兆到楼宇，千兆到桌面。共有网络设备820台。布设信息点19000余个，光纤长度80公里，接入楼宇73栋。无线网络布设接入点（AP）共114个，其中：室内AP 94个、室外AP 20个，覆盖全部教学楼宇内部及部分室外区域。

校园网出口。校园网出口总带宽为3.2GB，通过UGS 9520万兆防火墙连接三个出口，分别是教育网200M、联通2000M、电信1000M。

信息化设施。服务器共计60台，其中物理服务器48台，虚拟化主机12台。4GB光纤磁盘阵列两套（HP EVA4400），16TB和8TB各1套，8GB光纤磁盘阵列2套（EMC VNX5500），容量各为30TB，总存储空间为84TB。

网络及数据机房。西校区信息与网络中心机房位于西校区图书馆三楼，作为数据中心灾备机房，面积260平方米。安装UPS4套：60KVA UPS 2套和10KVA UPS 2套，机房精密空调2台，5P普通空调2台，标准机柜25个。

新校区信息与网络中心机房位于综合教学楼B座，作为校园网及数据中心主机房，机房总面积为420平方米。配置机柜46个，配备2台120KVA UPS，3台60KVA和2台30KVA空调，有完善的消防、动力、环境、安防等监控系统。

应用系统与信息服务。开通有网站群、域名服务、邮件服务、统一身份认证、服务门户、数据交换平台、移动应用平台、微信服务平台、网络计费、VPN接入等公共网络服务。

各职能处室业务系统包括人事管理系统、科研系统、协同办公系统、学工系统、迎新系统、宿舍管理系统、图书管理系统等。用于教学管理的应用服务包括综合教务系统、网络教学平台、教学资源中心、外语自主学习系统等。财务相关业务系统包括财务报账系统、收费系统、支付系统、校园一卡通系统等。一卡通业务已覆盖了全校的就餐、消费、洗浴、打开水、会议、考勤、门禁、图书借阅、上机、上网等应用领域。

网络管理与运行。使用Whatsup、Cacti等自建网络管理系统，实现了流量监控、性能监控、拓扑监控和流量分析等功能。校园网对教师和学生账户分别按流量计费。访问校内资源无须开户，注册用户数31765人，高峰并发在线用户12000人左右。邮件系统托管至腾讯企业邮箱，教师和学生可用统一身份认证ID号自行注册，教师注册用户550人，学生注册用户15000人。开通了VPN接入服务，教职工学生用户可以使用上网账户通过VPN接入校园网。

【信息化发展规划】制定完成了《内蒙古农业大学2014—2016校园网络建设规划方案》和《内蒙古农业大学2014—2016数字校园建设规划方案》，通过了由北京大学计算中心主任张蓓、清华大学信息网络工程研究中心网络运行和管理技术研究室主任杨家海、北京师范大学信息网络中心主任刘臻、内蒙古工业大学网络中心主任王钢、内蒙古师范大学网络信息中心主任武俊明、我校计算机与信息工程学院院长薛河儒等六位专家组成的专家组的论证和评审。

【校园网络建设】网络基础设施建设方面。新校区新建信息与网络中心核心机房，作为校园网及数据中心主机房。机房建设于2014年3月份调研启动，8月份开始实施，12月底工程完工。项目总投资496.55万元，其中机房工程352.51万元，空调、UPS等设备144.04万元。机房总面积为420平方米，划分为数据机房区、配电区、外网接入区和测试维护区等区域。数据机房内配置机柜46个，采用上走线的布线方式,行间使用光纤互联,机柜间采用六类双绞线。配备 2 台 120KVA UPS,采用并机方式为机房供电。配备 3 台 60KVA 和 2 台 30KVA 空调,采用下送风方式为数据机房和配电区制冷。新校区建设了地下光纤管网系统,采用双环网设计,每栋楼宇均有两条 48 芯光纤连接到核心机房。建设跨校区光纤互联环网,项目总投资 82.4 万元。利用电信光纤资源,铺设新校区至西校区 96 芯光纤一条,新校区至东校区、西校区至东校区 48 芯光纤各一条。

校园网建设。新建的工科实验楼、新校区综合教学楼 A、B 和新校区食堂等 4 栋楼宇,安装万兆汇聚交换机 3 台,楼宇万兆接入校园网;安装千兆接入交换机 56 台,信息点全部采用六类布线,千兆到桌面;校园网出口进行万兆升级并将校园网的出口带宽:由 1.7G 扩容为 3.2G,部署了万兆出口防火墙,计费网关更换了万兆网卡,校园网出口整体升级为万兆;建设总投资 100 万元。

数据中心建设。利用建设银行一卡通合作项目投资 310 万元,在西校区核心机房建设基于 VMware vsphere 5.1 虚拟化系统的云平台,用以承载新建业务系统和替换陈旧的物理设备。该平台使用了 2 套容量为 30TB 的 EMC VNX 5300 磁盘阵列,服务器集群为 12 台四路 HP 服务器,整个平台的存储容量为 60TB,CPU 数为 384 核,CPU 运算资源 768GHz。已经运行了近 70 个虚拟业务,主要包括新建的数字化平台业务(数字化基础平台、人事系统、科研系统、学工系统、宿舍管理系统等)、站群系统、支付系统、校园网计费系统、协同办公系统等,并将部分原有业务系统迁移到数据中心云平台上。

【信息化建设】数字化校园一期建设启动。投资 300 万元启动了数字化校园一期建设,主要建设内容有:数字化校园基础平台(包括:信息标准、服务门户平台、统一身份认证平台和数据交换平台)、现有业务系统集成和新建应用系统(包括:迎新系统、人事系统、学工系统、科研系统、宿舍管理系统等)。

数字化校园基础平台建设与业务系统集成。制定了学校公共基础信息标准;完成数据交换平台和统一身份认证平台的建设。完成一卡通系统、图书管理系统、教务系统、网上支付系统、财务查询系统、缴费系统等业务系统数据集成,实现部门间数据共享和交换。

信息系统建设。建设完成了数字迎新系统,2014 年 8 月 25 日正式上线,并顺利完成 2014 级新生数字迎新工作。开始建设和未完成的信息系统有:学工系统、宿舍管理系统、科研管理系统、人事管理系统(基本人事系统、薪资系统、年终考核系统、职称评定系统)和协同办公系统等。将国资管理系统从单机版升级到网络版。

数字校园移动应用建设。正在进行基于手机等移动端的 APP 应用平台和数字校园微信服务平台的建设。

网站群管理系统建设。投资 41.28 万元购置、部署了网站群管理系统,将学校门户网站、学院、部、处二级网站及其他各类专题网站共计 80 个全部迁移到站群系统中进行统一管理,并部署网页防篡改系统保障网站的安全。由宣传部和信息与网络中心共同开展了网站群系统培训,培训网站管理人员 90 人。

信息系统改造。协助财务处对财务查询系统进行升级改造,并于 11 月部署实施;对校园卡支付平台进行升级改造,使其并发访问支持能力从 1000 人提升至 5000 人。完成邮件服务系统的迁移,将学校现用的亿邮邮件系统及垃圾邮件过滤系统全部迁移到腾讯企业级邮件系统中,老师和学生都拥有一个无限空间的邮箱,并且具有手机端收发邮件、绑定微信等功能,其垃圾邮件过滤功能也极大地改善了邮件过滤能力。

图书馆工作

【概况】内蒙古农业大学图书馆成立于1952年,前身为内蒙古畜牧兽医学院图书馆,藏书近万册,1953年随学校搬迁到昭乌达路306号,馆舍面积为400平方米,后又扩大馆舍面积达到1500平方米,1958年更名为内蒙古农牧学院图书馆。1999年4月由原内蒙古农牧学院图书馆、内蒙古林学院图书馆合并为现在的内蒙古农业大学图书馆,并于2003年建成新馆。

全馆现分设西、东、南三个校区分馆,总馆设在西校区,三个分馆共有馆舍面积22910平方米,馆藏纸质文献1062148册,可提供阅览座位1200余席,提供外界阅览、参考咨询、馆际互借、文献传递、学科服务、定题服务、学科导航、信息汇编报道、专题讲座、信息素养教育等多种形式的服务。

全馆现设有七个部室,分别为文献借阅部、蒙古文文献部、文献建设部、系统与数字化部、学科服务与用户教育部,现有职工86人,其中博士学位5人,硕士学位9人,本科学历55人;高级职称3人,副高级职称33人,中级职称39人。

内蒙古农业大学馆藏情况

	文献总量	当年新增
中文图书	954030 册	10045 种/29315 册
蒙古文图书	22736 册	682 种/1973 册
外文图书	31108 册	100 种/103 册
期刊	49378	1109 种(中文)、76 种(外文)
报纸		76 种/114 份
电子图书	163.5 万册	20 万册

图书馆服务情况

服务内容	数量统计
全年接待读者	748303 人次
借阅图书馆册数	58902 册
网站点击量	500729 次
文献检索课教学任务	75 个班,2235 人
查收、查引	193 人次/720 篇
论文检测	500 篇
博硕士论文提交	758 篇(博士 75 篇、硕士 683 篇)
为内农大文库收集图书	1236 种

续表

服务内容	数量统计
完成 2014 级新生利用指南	2505 人
举办讲座	8 次

经费使用情况

年度经费	1802.8 万元
文献资料购置	854.8 万元
新增设备、环境改造	948 万元

【重要事件】

1. 引进 RFID 智能管理系统,完成全馆共计 43 万册图书的消磁、贴标签、信息转换、图书定位、盘点等的加工工作,全面实现自助借还,提高图书资源利用率和流通速度。

2. 优化网络环境,实现全馆无线网络覆盖、监控覆盖。

3. 改造馆内空间环境,整理规划了学习空间、多媒体学术研讨室、视听欣赏区、休闲阅读区、草原文化展示区和传统文化展示区等多个区域,并引进自助服务管理软件进行管理。

4. 开展了"阅读成就梦想"为主题的读书月系列活动。

档案馆与校史馆工作

【概况】内蒙古农业大学档案馆成立于 2001 年 10 月,前身由内蒙古农牧学院档案科与内蒙古林学院档案科合并组成。既是学校的档案行政管理机构,同时也是集中统一永久保存和提供利用学校档案的科学文化事业机构,担负着全校的档案行政管理工作和学校各种门类档案的业务管理工作。

档案馆的基本职能是在全校范围内宣传、贯彻、执行国家有关档案工作的法令、法规,制定学校档案工作的规章制度,监督、指导和检查档案工作制度的执行情况,监督指导学校各部门做好各类档案的收集、整理、立卷和归档工作,对接收进馆的档案进行系统的整理、保管、鉴定和统计,保守档案的机密,确保档案的安全,最大限度地延长档案的寿命,编辑档案参考资料和检索工具,开展档案信息的开发与利用工作,开展档案学术研究和经验交流,努力提高档案工作人员的业务素质和理论水平。

档案馆属副处级建制,由校长分管,馆长由党政办主任兼任。现有在职档案工作人员 7 人,其中研究馆员 1 人,副研究馆员 2 人,馆员 2 人,助理馆员 2 人,全部具有本科学历。下设办公室、收集整理部、保管利用部、信息技术部。档案馆址暂设在学校行政楼一楼东侧,使用面积 200 平方米,其中有 150 平方米为档案库房,库存档案有 8 万余卷。库房内安装手动式密集架,配备空调、灭火器、报警器等。内蒙古农业大学档案工作实行部门立卷制度,学校各级级单位设专兼职档案人员共 100 名,负责本单位档案的收集、积累、立卷和归档工作。全校已形成以档案馆为中心,专兼职档案人员相结合的档案管理网络。

2000 年在内蒙古自治区高校中率先晋升为国家一级档案管理,并被评为"九五"期间内蒙古自治区档案工作先进集体;2002 年被内蒙古自治区评为全区档案利用服务考核优秀单位;2010 年内蒙古农业大学档案馆党支部被评为内蒙古农业大学先进基层党支部;2009—2014 年,连续六年被评为内蒙古农业大学消防工作先进单位。

【档案归档及利用服务】2014年，顺利完成2013年档案资料的收集、归档工作。共接收各门类档案4305卷（件），其中：教学档案1624卷（件），党群、行政档案1311件，科研档案91卷（件），财会档案25卷（件），实物档案3件，出版档案1744件，已故人员档案27卷，外事档案234件，基建档案7件，文件汇编27卷。已整理各门类档案2908卷（件）。除个别学院归档不全外，校属各单位基本做到了按时、齐全归档。

在档案利用方面，围绕学校中心工作，大力开发利用档案信息资源，为学校相关部门提供多种形式的档案利用服务。

为教职员工和社会人士评职称、转干、申报课题以及学生出国留学、找工作等提供学历认证和相关证明材料。接待档案利用者1137人次，利用档案1823卷、40件，其中出具各类相关证明902份，提供档案查询71次、复印材料3962页，制作中英文成绩表103份，为教育部学位认证中心等认证机构进行学历认证42份。

【档案数字化转入文件目录录入阶段】按照档案馆制定的档案数字化管理目标要求，利用现有档案管理软件，完成了2013年各门类档案文件级目录以及党群、行政及教学职能部门的文件汇编案卷级目录数据库建设，录入案卷级、文件级条目信息6千余条。同时，进行档案系统的录入和文件扫描归档工作。

【培训兼职档案员】2014年学校党政机关进行了改革，党政及学院干部均进行了换届，有些单位分管档案工作的领导和兼职档案员发生变化。针对这一情况，档案馆及时派专人与各单位进行沟通、协调，重新明确各单位档案工作负责人，落实兼职档案人员，在档案馆网页上重建档案工作网络图。在此基础上，分别采取集中和个别等不同方式进行档案业务培训或指导，为扎实搞好档案工作做好队伍建设工作，从而保证档案收集、归档工作的顺利进行。

【档案馆日常管理工作】按照内蒙古自治区档案局的要求，统计档案馆2013年度档案管理基本情况，汇总填报《内蒙古农业大学2013年档案事业统计综合年报》。

在"国际档案日"来临之际，与内蒙古自治区档案局等六家单位在学校联合举办了为期一周的"社科普及进大学校园"展览活动，通过展览向广大师生宣传档案工作，普及档案基本知识，展示精品档案的魅力，介绍档案与百姓故事，希望更多的人走进档案、了解档案、爱护档案、利用档案。

派专人去内蒙古农业大学职业技术学院档案科进行档案业务指导工作，帮助其进行党群、行政、教学档案的的分类、整理、鉴定工作。

完成对已到保管期限档案的鉴定、销毁工作以及学校2013年度大事记的编写和部分职能部门所发文件进行汇编。

【综合治理及档案安全工作】档案馆作为学校保密工作重点单位，根据学校保密委员会的要求，重视保密宣传教育，组织学习保密工作相关文件，加强日常管理，档案馆从未发生过泄密、丢失档案等事件，完成了涉及档案馆的社会治安与综合治理工作任务。

进一步完善对档案库房的规范化管理，对馆藏档案按目录抽查，及时发现存在的档案安全隐患，如缺失、损毁及字迹褪色等，并及时采取各种措施补救，保障档案的安全。档案馆被评为"内蒙古农业大学2014年度落实消防工作责任状先进单位"。

档案馆藏情况

类别		档案归档数	当年归档数	当年档案编研利用情况
综合档案	以卷/件为保管单位档案	89,040	4,305	1. 2014 年利用档案：1137 次，1823 卷、40 件。其中：复制档案、资料3962 页；提供查询71 次；制作中英文成绩表103 份；学历认证发传真42 页；出具各类证明902 份 2. 2014 年编研档案：20 卷
	录音、录像、影片档案(盘)	92	0	
	照片档案(张)	3,086	0	
	底图(张)	4,710	0	
	资料(册)	838	36	
	电子档案			
	其中：磁带(盘)	6	0	
	磁盘(张)	1	0	
	光盘(张)	156	45	

【校史馆工作】2014 年 1 月，经赛罕区考核验收组实地察看后，学校校史馆被命名为赛罕区级爱国主义教育示范基地。全校共接待参观人数达 2000 人次，包括全区乃至全国来访领导、兄弟院校来宾、校友等。2014 级新教师于 6 月走进校史馆感受学校精神，树立爱校情怀。校党委宣传部组织学生解说团进行了全校纳新、综合培训，形成了 18 位学生组成的解说队伍，赢得嘉宾广泛赞誉。

学报编辑出版工作

【概况】《内蒙古农业大学学报》创刊于 1957 年，当时刊名为《内蒙古畜牧兽医学院院刊》(内蒙古农业大学创建于 1952 年，当时校名为内蒙古畜牧兽医学院)。这是内蒙古高校创办最早的学报，也是内蒙古创办最早的科技期刊之一，后停刊。1965 年复刊时刊名定为《教学与科研》。主编：王鹤田；副主编：庄幼纯、哈斯。按畜牧、草原、兽医、农学、植保、等专业指定人员，分工负责本专业稿件的审定工作。学报日常工作设在教务处科研科。《教学与科研》共出版 2 期，于 1967 年停刊。1980 年复刊，同时更名为《内蒙古农牧学院学报》。主编：张荣臻；副主编：庄幼纯。学报复刊后为半年刊。1986 年 12 月被批准在国内公开发行，期刊登记号为内蒙古自治区期刊出期字第 102 号。1987 年经重新登记后，《内蒙古农牧学院学报》国内统一连续出版物号为：CN15 – 1062。1990 年 12 月被批准在国内外公开发行，同时改为季刊发行。1999 年《内蒙古林学院学报》(哲社版)创刊。1999 年，原内蒙古农牧学院和原内蒙古林学院合并成立新的多科性大学——内蒙古农业大学。学报更名为《内蒙古农业大学学报》，分自然科学版和社会科学版两种版本发行。《内蒙古农业大学学报》(自然科学版)国内统一连续出版物号为 CN15 – 1209/S，国际标准连续出版物号为 ISSN 1009 – 3575；《内蒙古农业大学学报》(社会科学版)国内统一连续出版物号：CN15 – 1207/G，国际标准连续出版物号：ISSN1009 – 4458。

内蒙古农业大学学报编辑部现为学校直接领导的二级教学科研机构，编辑部下设 3 个编辑室，即社会科学版编辑室、自然科学版编辑室和蒙古文综合版编辑室。

2002 年创办《内蒙古农业大学学报》(蒙古文综合版)，目前在内蒙古自治区内部交流发行，准印号

为内蒙古自治区内部资料 15 - 031/C。

现有人员 10 名。其中编审 2 人，副编审 3 人，副教授 1 人，编辑 1 人，助理编辑 2 人。

【编委会名单】3 月 31 日，学校下发《关于调整学报编委会组成人员的通知》（内农大校办发〔2014〕7 号文件）。调整后的学报编辑委员会组成人员名单如下：

《内蒙古农业大学学报（自然科学版）》编委会

编委会主任：李畅游

编委会副主任：芒来 苏德毕力格

编委：（按姓氏笔画为序）

丁雪华 王明玖 王春光 王喜明 史海滨 刘廷玺 牟献友 芒 来 闫祖威 张和平 李国婧 李畅游 李金泉 杜健民 苏双平 苏德毕力格 陈智 周欢敏 赵萌莉 敖长金 铁 牛 高聚林 高 静 曹金山 塔 娜 葛茂悦 韩国栋 靳 烨 薛河儒

主编：苏德毕力格

副主编：苏双平

《内蒙古农业大学学报（社会科学版）》编委会

编委会主任：李畅游

编委会副主任：芒来 苏德毕力格

编委：（按姓氏笔画为序）

王中东 王永明 王效亮 包庆丰 乔光华 乔 彪 任 强 刘文俊 刘淑芬 吕清禄 牟献友 芒 来 邬建刚 张 文 张 生 李畅游 杜健民 汪建平 苏双平 苏德毕力格 郑俊宝 郑培亮 侯晨曦 修长百 赵柏峰 徐莉林 高 潮 盖志毅 彭 恩 靳小平 冀兆荣

主编：苏双平

《内蒙古农业大学学报（蒙古文版）》编委会

编委会主任：芒来

编委会副主任：苏德毕力格

编委：（按蒙古文字母为序）

阿木古楞 额尔敦 额尔敦木图 敖特根巴雅尔 敖特根其木格 毕力格巴图 包庆丰 宝音都仍 布和额尔敦 格日勒图 芒来 苏德毕力格 苏双平 席锁柱 双全 塔娜 特木尔布和 铁牛

主编：苏德毕力格

副主编：敖特根其木格

【主要工作】2014 年学报编辑部认真落实党的群众路线教育实践活动整改方案，通过加强学习和管理，统一思想，转变作风，推动工作。突出专业性分工协作，对学报编委会进行了调整，并按版本分设主编，加强专业性管理和规范。2014 年，新任 2 名主编，新进 2 名编辑，参加国家和自治区新闻出版业务培训和继续教育培训及相关会议学习交流共 18 人次。全年学报编辑部编辑出版《内蒙古农业大学学报》（自然科学版）6 期，《内蒙古农业大学学报》（社会科学版）6 期，《内蒙古农业大学学报》（蒙古文·综合版）4 期。

【其他工作】为了进一步提高期刊质量，进一步规范了学报版式设计。重新设计学报封面、封底和版式，并在学报封二、封三上发布校内专家科研最新动态。设计更加符合规范要求，内容凸显本校学术特色。自 6 月起，《内蒙古农业大学学报》（自然科学版）、《内蒙古农业大学学报》（社会科学版）更换新封面，并改由具有政府采购资质的全区最先进印刷厂——内蒙古爱信达教育印务有限责任公司印刷，学报印刷质量明显提高。

6 月 14—16 日，在桂林市召开中国高校科技期刊研究会民族类专业委员会 2014 年学术年会暨评优会议上，学报编辑部主任苏德毕力格主编撰写的《关于提高大学学报学术性问题》论文荣获首届中国高校科技期刊研究会民族类期刊编辑学研究论文二等奖，他主持申报的《高校蒙古文版学报在中国高校科技期刊中的地位和作用》编辑学研究项目获准立项，同时他还当选为中国高校科技期刊研究会民族文字期刊工作组组长。

国家新闻出版广电总局组织开展了学术期刊认定工作。经过各省、区、市新闻出版广电局，中央期刊主管单位初审上报，总局组织有关专家严格审定，确定了第一批认定学术期刊。名单于 2014 年 11 月 18 日—24 日在国家新闻出版广电总局官网公示。《内蒙古农业大学学报》(自然科学版)、《内蒙古农业大学学报》(社会科学版)分别通过学术期刊认定。

【所获奖励】2014 年，《内蒙古农业大学学报》(自然科学版)荣获第二届内蒙古高校精品学报奖，《内蒙古农业大学学报》(社会科学版)荣获第二届内蒙古高校优秀学报奖，《内蒙古农业大学学报》(蒙古文综合版)荣获第二届内蒙古高校特色学报奖。学报编辑部赵怀青、赵殿武荣获第二届内蒙古高校优秀编辑奖。

学报编辑部主任苏德毕力格被聘为全国高等农业院校学报研究会常务理事兼民族期刊专业委员会主任、自治区高校学报研究会常务理事兼副秘书长。

基础教育

【概况】2014 年 1 月在新一轮校内机构改革中，学校设立了基础教育中心和基础教育中心党总支，任命李立峰为党总支书记，林宝为中心主任，于涛为中心副主任。

基础教育中心党总支下设附属中学、幼儿园和中心行政 3 个党支部，共有党员 58 名，办公室在附属中学励志楼 6 楼东侧。基础教育中心所辖附中和幼儿园两个单位，附属中学校长林宝(兼)，副校长：王凤玲、刘俊、胡燕、于涛(兼)，幼儿园园长张晓岚，副园长：李琼、刘丽敏。现有教职工 430 人，其中，正式职工 62 人(附中 28 人、幼儿园 31 人、中心行政 3 人)，外聘工 368 人；附中 5374 名学生(小学共 68 个班，3708 人，农大子弟 252 人；中学共 32 个班，1660 人，农大子弟 170 人)，幼儿园 18 个班 717 人(农大子弟 141 人)。

【党建和思想政治教育工作】党总支于 2014 年 3 月 20 日召开换届选举党员大会，完成党总支委员选举工作，委员分工如下：党总支书记李立峰，党总支统战委员林宝，党总支组织委员于涛，党总支宣传、纪检委员张晓岚，党总支青年、保密委员：刘俊。党总支和党支部严格按照发展党员标准，注重青年教职工组织发展工作，2014 年 12 月发展了附属中学党支部卢敏、李燕，幼儿园党支部库嘉、伊莉娜四位同志成为中共预备党员；编印《基础教育中心教职工学习资料》，并组织全体党员结合岗位工作实际认真学习研讨；刘俊、胡燕、王丽枝等 3 名党员同志受到内蒙古农业大学表彰；刘秋艳老师荣获优秀女教职工荣誉称号。在大学组织的"万米接力赛"、运动会、工会知识竞赛、柔力球比赛和工会品牌活动评比等活动中取得优异成绩。高度重视安全稳定和综合治理工作，始终把该项工作作为中心工作头等大事，成立综治工作领导小组，逐级签订综合治理工作目标责任状，坚持落实谁主管、谁负责、工作到位、责任到人。针对校门安全、交通安全、楼道安全、小饭桌、防火防盗防恐、食品安全、预防保健、人身安全、计划生育等问题，通过开展广泛深入的调研和宣传教育，进一步完善了值周制度、教师和学生志愿者制度、定期巡查制度和预警机制，确保安全稳定无事故，实现了安全学年的工作目标。

【行政工作】坚持从附中和幼儿园的具体实际出发，深入研究《民办教育促进法》等政策法规，不断规范办学行为并在保证学校基础教育健康和可持续发展的前提下，为探索创新体制机制专程赴中国人民大学附属中学做了诸如调查研究、走访考察等前期准备工作。针对社会关注度日益提高的小学、幼儿园招生问题，中心党政坚持公平、公正、公开和就近入学的原则，深入研究探索稳妥的招生工作方案，并进行了认真细致的政策宣传和解释工作，比较平稳地完成了电脑摇号、职工子女、共建单位子女等三块招生工作，社会舆论反映良好。完成附属中学王凤玲、刘俊、胡燕，幼儿园张晓岚等四位同志的正科级干部聘任工作。胡燕获得学校"三育人管理育人"表彰。完成农业大学正式编制职工年度考核工作。

【附属中学】一年来，附属中学积极适应经济社会发展新常态，认真贯彻落实"精品办学、内涵发展"改革思路，重点开展了以下工作：

一是控制办学规模，努力实现精品办学。2014年小学一年级招生班级缩减为9个班，坚持逐年缩减逐步实现精品办学的目标。

二是强化教育教学过程管理和质量监控，切实提高教育教学质量。首届五四制初中毕业生中考成绩斐然、一鸣惊人。总均分全市第二名，语文、生物第一名，英语、物理、化学、历史第二名，地理第三名，数学第四名，政治第五名。重点率46.9%，出库率98.3%，臧戎博同学以574.5分考入二中火箭班。单元教学模式的高效课堂常态化，为期近两个月的"让我们探索真正的学习"的高效课堂创建工作取得丰硕成果。校本教材建设硕果累累，小学语文、数学、英语《学科训练指南》已修订完善，综合学科技能目标教学的校本教材已具雏形。中学各年级各学科《学科训练指南》已经编印完成。

三是学校研究出台加强师资队伍建设新举措。为进一步提高师资队伍建设工作水平，学校研究制定聘任教职工招聘、培养和教育管理办法，积极探索骨干教师、学科带头人、传帮带和引进培养实习生等措施办法，为保证教育教学质量提供人才保证。

四是高度重视安全校园建设，全年无安全责任事故。

五是严格规范办学行为。不断加强师德师风建设，与全体教师签订师德师风责任状，坚决杜绝有偿补课、收受家长礼金等违规办学行为。

六是保持良好的社会声誉。学校被确定为呼和浩特市第二中学、内蒙古师范大学附属中学和呼和浩特市第一中学优秀生源基地。

七是创新大赛和PISA综合实践活动精彩纷呈。小学从2014年起开设了国际数棋课、创意魔方课，设立了"鸡蛋撞地球、水火箭和乐高机器人"为内容的创新大赛，1～9年级开展了丰富多彩的学科综合实践活动，是学校学以致用PISA理念的具体落实、是学校创新教育课程化建设的具体成果。

八是校园信息文化建设和校际交流工作再上新台阶。成立信息中心，开通官方微信，今年5月与广州番禺星河湾执信中学结成友好学校，互派教师进行了学习交流。实现了信息宣传工作的组织化、体系化和即时化。

九是积极改善办学条件并提升教职工待遇。经过多方努力向自治区财政厅、发改委，呼和浩特市教育局等单位争取专项经费，全年申请获批500余万元基础设施建设经费，新增了篮球场、LED电子显示屏、电子白板等设施设备。通过提高教师课时费、班主任费等形式努力改善教职工待遇。

十是全年受到多项表彰奖励。在自治区司法厅、教育厅主办的"关爱明天，普法先行"第二届全区青少年普法教育活动中，被评为先进单位；荣获"民办十佳学校"荣誉称号；荣获全国初中化学竞赛自治区一等奖；获得呼和浩特市教育局、体育局举办的中小学模型教育竞赛活动先进集体一等奖；获得呼和浩特市中学生篮球赛男子第四名、女子第三名。王凤玲副校长被评为"十佳校长"；刘俊副校长获得内蒙古农业大学优秀党务工作者荣誉称号；胡燕副校长获得内蒙古农业大学三育人教书育人奖；夏丹丹老师被评为"十佳教师"；王剑老师被评为赛罕区优秀教育工作者；李丹、任秀玲、姚林、杨锦芳老师被评为赛罕区优秀教师；杜雪、高燕老师被评为赛罕区优秀班主任；王丽枝老师获得内蒙古农业大学优秀共产党员荣誉称号；杜雪老师代表我校荣获呼和浩特市首届班主任课教学大赛一等奖；刘春梅老师获得自治区学科竞赛园丁奖；张文彦、茹捷老师获得自治区初中生物知识竞赛优秀辅导员奖。

【幼儿园】一年来，幼儿园开展了丰富多彩的教研活动和园本化培训，提高教学质量，提升教师业务水平,探索素质教育的新方法、新途径。一是不断加强幼儿园教研制度建设,继续推进日常教育工作对幼儿园一日常规教学活动进行6S管理。二是通过开展优质课观摩、青年教师风采展示、青年教师基本功大赛和解读绘本教材等活动,引导教师钻研教材、领会教材内涵。三是加强课题研究,凸显办园特色。我园申报课题《幼儿园实施6S管理》实践两年来,教师们发表了论文及教育随笔,互相探讨班级6S管理取得的效果,分析幼儿园推行6S管理的价值等,研究工作初显实效。四是幼儿园快乐的种植活动。结合让孩子在"做中学"的理念,幼儿园开辟了开心农场。五是提高家园互动,增强社会效应。开展了"小手拉大手·共创文明城"活动,开设亲子过渡班,开展了新学期家长会、亲子运动会、家长开放日活动、感统课成果展,苗班毕业典礼及迎新年亲子活动等。六是接待了72名学前教育专业的实习生来园为期两个月的实习见习工作,圆满完成市级、区级领导及国培生来园参观学习的任务。

科技园区工作

【概况】科技园区管理办公室(简称"科技园区"下同)成立于1998年1月1日,主要服务于内蒙古农业大学本科实践教学。科技园区现有教职工23人,其中干部19人,工人4人。机构设置为主任1名,副主任2名,下设四个科室:综合办公室,实践教学管理科,农牧业综合开发园区和农牧业科技示范园区,其中,农牧业综合开发园区(简称"海流园区"下同)占地7800亩,位于土左旗北什轴乡海流村境内;农牧业科技示范园区(简称"土右园区"下同)占地1294亩,位于土右旗萨拉齐北只图村境内。科技园区的建设旨在为学生实践技能及教师实践教学能力的提高构建一个广阔的、开放的、有效的教学实践平台。

【主要工作】2014年,科技园区在土地纠纷的解决、制度建设、新校区教学实习基地的管理、海流园区和土右园区实践基地的日常管理、校外科研基地及校外科技服务体系建设方面做了很多工作。主要工作中的海流园区和土右园区建设如下:

海流园区实践基地接待科研教学实习人数1800人次。在工程项目方面:完成了内环和南北纵向的田间沙石路项目;完成了公路两侧护坡排水沟项目;完成南北区节水灌溉项目;11月份,智能温室、连栋大棚厚墙体温室、设施园艺项目工程开始施工;完成了冷库、羊舍、农机具、停车场维修工程项目;完成7号、8号鱼池硬化工程。在水利建设方面:铺设铁艺围栏里侧道路上灌管6.4公里;铺设鱼池注水管道150米,铺设北渠引水管道60米;维修管网和改水30处。在土地整理方面:平整改良土地1670亩;对新整理的土地2000亩进行施肥(牛粪)39200方,秋后对种植地进行施肥(牛粪)11900方。在种植方面:道路两侧防护林种植杨树、柳树、花冠木(紫穗槐)共计20000株(丛);苗圃地种植丁香(2年生)15000株。为中加项目的实施种植各种小杂粮240亩;种苜蓿170亩,青贮玉米1200亩,小麦26亩,各种蔬菜15亩。在养殖方面:8个鱼池共计67亩,养殖鲤鱼、鲫鱼、鲢鱼和草鱼,为内蒙古农业大学职工分鱼两次,共计35000斤;新放鱼苗3万尾;养鸡3500只,牛15头、驴34头。

土右园区实践基地承担农学、生态、林学等学院教师的10项科研任务及1500人次的学生实训实习任务。平整耕地90亩,清理渠系及地里的秸秆杂草700亩,春浇地720亩,旋耕整地700亩,起梗700亩。春播时,土右园区的建设受到当地被征地村民的阻挠,各项工作无法进行,截至12月底该土地纠纷仍在协调解决中。

科技园区配合新校区建设,拆迁了原大观园、和信园两处建筑物;协助相关部门对新校区进行绿化,从苗圃移植油松、桧柏等大树共计300株;迁移了遗留的4座坟墓(民国时就存在);解决了市政展东路工程农大段涉及的三住户住房拆迁补偿款问题。

后勤管理工作

【概况】内蒙古农业大学后勤管理处是学校后勤管理服务的职能部门,下设基本建设科、房产管理

科、节能管理科、综合核算科、质量监督科、劳动用工科六个科室和饮食中心、学生公寓中心、物业中心、交通运输中心、交流接待中心、修建中心、校医院七个服务实体。现有在编教职工184人，担负着全校近34000名学生和2700余名教工教学、科研和生活服务的重任。

【党建与思想政治工作】2014年，后勤处先后召开深入学习十八大会议精神专题、学习贯彻《党政机关厉行节约反对浪费条例》、反腐倡廉专题等会议，并定期收看十八届四中全会依法治国系列讲座、反腐倡廉等方面的视频，努力在掌握理论体系和精神实质上下功夫，自觉坚持理论联系实际的马克思主义学风，注重以科学理论为指导审视工作，谋划思路，解决实践中遇到的困难和问题，使自己真正树立科学的发展观、正确的政绩观和牢固的群众观，努力做到讲党性、讲纪律、讲原则、讲风格，投身学校改革发展与管理服务工作中。

【日常工作】物业加强水电暖的日常维修保障，定期对电梯、配电房、空调、水泵房等设备进行安全检查，维修更换办公大楼用水、用电、电话、电器等设备，做好东、西校区住宅和道路、广场、景观等公共场所的保洁工作；后勤对食堂等服务窗口，严格把关常抓不懈，对不符合国家卫生标准要求的将及时给予通报批评和限期整改，并认真作好检查记录，发现问题立即采取措施，杜绝不安全因素的发生；学生公寓中心开展违禁电器、管制刀具大检查，消除公寓安全隐患，加大宿舍和公共服务设施检修、更新改造力度；校医院开展职工日常体检，进行预防病疫苗接种，实现了参保大学生门诊费的实时结算；交通运输中心按照各学院实习计划、培训用车计划制订用车管理方案，确保公务用车；接待中心配合学校相关部门，完成军训教官住宿等接待任务。

【安全工作】对发现有安全隐患的校舍、建筑物、健身器材、水、电设施等做及时彻底的维修，对违禁电器、管制刀具大检查；对我校四个自备井投入15万元安装了自动加药消毒机，切实保证了广大师生的饮水安全；对炊管人员严格遵守"先体检、后上岗"的原则，持证率达到100%，"五病"调离率100%，更换了所有超期天然气计量器和存在隐患的老旧灶具；交通运输中心建立健全了《安全管理奖惩办法》《安全合同责任状》《安全工作流程》等一系列安全制度，切实按照"安全第一，预防为主"的方针，把安全教育放在各项工作重中之重的位置，通过同交管部门、驾驶员之间签定安全责任书，将安全责任层层落实，细化到具体责任人。

【基建维修】利用暑期对我校东、西校区水暖管网、电力设备进行了14项改造工程，完成学校校区绿化工作，新增绿化面积10600平方米，学校整个绿化面积已达到了60%以上；施行了校舍加固安全工程和太阳能热水系统工程，改善了学生生活区条件；完成工科实验楼、学生食堂、综合教学楼、生命科学楼等建筑面积总计172783.75平方米工程，于7月份陆续验收竣工并交付相关使用单位；维修中心完成维修任务100余项，完成产值500余万元。

【节约型校园建设】2014年节约型建设把重点放到了制度制定、节能改造工程、节能平台巡检维修、分户计量工程的前期准备工作以及全校节能宣传等工作上来，明确了节能工作的重点和方向；结合校园总体发展规划和校园建筑能耗监管平台2013年的水、电使用数据，制定了《内蒙古农业大学2014年水、电使用计划》；荣获内蒙古自治区节水单位奖励；节能平台"一期"项目顺利竣工验收，各建筑用能数据准确、上报及时，"二期"项目也完成了前期准备、施工方案、工程总造价预算、节能产品采购计划等，目前正在施工中。

【各服务中心】

物业中心

【概况】物业中心主要由供水、供电、绿化、保洁等四个部门组成。现有正式工75人，集体工18人，外聘工189人。具体负责内蒙古农业大学本院东区、西区、新校区的物业服务管理。即水电暖运行和维修,环境保洁,教学、科研、办公、住宅楼公共部分的保洁,校园绿化养护和管理,固话安装、维修,邮件、信函收发,报刊订阅等工作。

【党建和思想政治工作】2014年,物业中心党支部深入学习贯彻党的十八大、十八届三中、四中全会精神,紧紧围绕学校发展规划和总体工作部署,以开展教育实践活动为主线,3月3日,物业中心党支部专门召开了专题民主生活会,9月底,支部召开全体党员大会要求全体党员紧密结合个人思想和工作实际,撰写心得体会。在"七一"表彰中,有2名同志被评为优秀共产党员。

加强党员队伍建设。物业中心党支部共有正式党员24人,1名预备党员按期转正,发展预备党员1名,参加党课培训的入党积极分子1名。

开展主题特色活动成效显著。物业中心党支部紧紧围绕中心工作,结合党的群众路线教育实践活动,精心谋划,组织开展丰富多样的主题教育实践活动。如支部组织党员干部、入党积极分子赴大青山进行义务植树及走访武川抗日革命老区,重温人民群众与我党之间的深厚情感。

【日常工作】2014年,物业中心始终把握"服务于教学、服务于师生"这一宗旨,坚持"安全第一、服务第一"的原则,不断改进工作方式,力求将工作做细坐实。

水电暖维修保障方面。新区的水,电暖工程陆续交付使用,为保证水电暖的正常供应,中心实行24小时值班制度,加大对水电设施设备的巡视检查力度,杜绝水长流、灯常明现象。每遇停水、停电,认真按突发应急预案进行处理,及时告知学校各单位和师生住户。据统计,2014年中心共抢修各类水暖上下水任务525次;抢修各类供电故障209次;完成重大项目的保电任务19次;利用现有队伍和技术人员自己设计、施工,先后完成水电类新建改扩建工程46项,合计使用经费487万元;全校年内水、电、暖供应基本正常。

浴室服务方面。内蒙古农业大学拥有三所学生浴室,面向全校师生开放,分别为:东校区浴室,西校区浴室和新校区浴室。西校区浴室实行单独核算、独立经营,新校区浴室和东校区由物业中心服务管理。新区太阳能接水系统工程竣工验收交付使用,解决了新区学生的洗浴问题。2014年完成了新校区浴室的装修改造工程,在试运行阶段对学生反映的意见及时上报后勤管理处,并研究制订方案落实解决。7月30日新校区浴室启用,完成了全国农业院校大学生运动会2000人次的洗澡保障任务。

绿化养护与管理工作。年内中心共完成了东、西校区26万平米绿地、2.1万株树木的养护与管理工作;在花卉培育基地培育各类花卉9万余株,保障入夏后校园花卉的摆放和栽植;为方便学生就近实习,丰富校园树种,年内中心引进水曲柳、稠李、樱花等新品种树木,使校园现有树木品种达110种以上;完善节水灌溉设施,实现了校园绿化用水节能灌溉全部用浅层水。完成义务植树年度任务500余亩;为迎接全国农业院校大学生运动会在我校胜利召开,中心将工科楼周边1万平米布满建筑垃圾的场地进行了改造和平整,在规定时间内完成了草坪种植。

加强环卫保洁工作。中心全年认真做好了两校区24万平米道路、广场、景观等公共场所的环卫保洁工作;做好办公楼5.8万平米室内公共部分清洁、保洁工作;做好住宅和20.8万平米教学实验楼的公共标准化保洁服务;不间断完成1330亩校园日常保洁工作,清理完成校园内产生的各种生活和施工垃圾、修剪枝、枯枝、落叶、杂草等。

【安全工作】加强组织领导,建章立制。3月10日,物业中心组织主管以上干部召开综合治理工作专项会议,研究布置年度工作任务,确定综合治理工作的总体目标。中心在运行过程中与整体工作同计划、同部署、同落实、同检查、同总结。使综合治理工作贯穿始终。同时成立了综合治理、防火安全等各类组织机构,健全完善安全保障各项规章制度和突发事件防范处置预案。与所属四个部门签订了综合治理目标责任状。

强化理论学习,提高全员安全意识。物业中心特别注重对全体职工综治意识和治安防范能力的教育和提高工作。中心规定负责各区域的专业工作组每季度至少要组织一次安全教育学习,重点学习《物业管理条例》《治安管理处罚法》《消防安全法》等法令法规。

消除隐患、确保安全，重点做好要害部位的防范工作。物业中心将物资仓库、自备井、锅炉房、配电室列为综治重点要害部位，严格落实"人防、物防、技防"等有力措施，真正做到设备正常运行，确保消防安全万无一失。

【服务工作】2014年物业中心服务工作的总体思路是始终坚持"三服务、两育人"的根本宗旨，秉承"师生至上、规范高效、以人为本"的服务管理理念，努力建设一支具备"三种意识"（即育人意识、服务意识、效率意识）和"三种精神"（即求实精神、奉献精神、创新精神）的高素质服务管理队伍。3月10日中心召开了全体干部职工大会。会议要求全体干部职工要树立主动服务意识，在提供服务的同时，虚心听取师生员工的意见和建议，不断改进工作。在全体员工的共同努力下，中心整体的服务水平得到显著提高。年内，一名同志获得呼和浩特赛罕区"最美劳动者"荣誉称号，两名同志被学校评选为"三育人"先进个人。

【重要事件】7月在学校"七一"表彰中，有两名同志被评为优秀共产党员；7月19日支部组织党员干部、入党积极分子走访武川抗日革命老区，重温人民群众与我党之间的深厚情感；新区太阳能热水系已完成，解决了新区学生的洗浴问题；7月30日新校区浴室启用，物业中心有两名同志被推荐为"全国高等农业院校后勤系统先进工作者"，一名同志获得呼和浩特赛罕区"最美劳动者"荣誉称号；两名同志被学校评选为"三育人"先进个人。年内被辖区政府评为义务植树、庭院绿化工作先进单位。

饮食服务中心

【概况】饮食服务中心下设采供部、维修部、综合办公室以及11个学生食堂（包括2个清真食堂），学生食堂分布在东区、西区、新校区三个校区。食堂面积约2.85万平方米，餐位9500个，员工182名，为2.8万余名师生提供餐饮服务。

【党建与思想政治工作】中心现有党员14人，入党积极分子7人。党支部非常重视发展党员工作，主动帮助要求入党的职工靠近组织，积极发挥入党积极分子的作用，发展党员2名。按照学校党委和后勤党总支的安排部署，中心党支部积极参与完成后勤管理处和饮食服务中心党的群众路线教育实践活动整改方案中的有关整改任务。召开由学生代表和新一届伙管会同学参加的座谈会二次；同时利用各餐厅的伙委会服务台及时收集同学们对伙食工作的意见和建议，并进行及时改进，因条件和其他原因未能改进的也及时与同学们进行解释和沟通。

【中心建设】经营总体思路是继续实行公益性投入和市场化运营相结合运行模式，即在保证基本大伙的前提下，实行差异化经营。进一步盘活现有资源，激发员工积极性；改善伙食结构，引进特色品种，增加饭菜花色，努力提高服务质量、经营效益和学生的就餐率及满意度。加强了基本大伙餐厅（保障型伙食）的管理，将西区二餐厅增加为特色餐厅（改善型伙食）。进一步强化成本核算，完善了核算办法，开源节流、减员增效，加强监管，努力降低运行成本。为满足师生员工的多层次、个性化的餐饮需求，考虑不同地区学生的饮食习惯，增加花色品种和地方风味。每天饭菜花色品种有150余种。主食、凉菜各十几种，热菜50余种，各种特色饮食50余种。认真贯彻落实国家五部委《关于进一步加强高等学校学生食堂工作的意见》（教发〔2011〕7号）文件精神，2014年在市场食品原材料持续上涨、用工成本不断增加的严峻形势下，保持了饭菜价格基本稳定。通过改变经营模式的办法，使外聘工人数减少到120人，经营效益进一步好转，经营状况进一步改善。

【安全工作】严格执行《食品安全法》《学校食堂与学生集体用餐卫生管理规定》和食品原材料索证、索票制度；加强卫生管理，设立专人负责饮食卫生安全管理工作，确保饮食安全。2014年顺利通过了自治区有关部门组织的食品卫生安全检查和呼市食药局、卫生局多次安全卫生大检查。作为组长单位4次组织有关学校进行了饮食安全卫生的自查与互查工作。与各餐厅经理、超市负责人签订了饮食服务中心综治责任书；与采购员、验收员签订了岗位责任状；与特色餐厅、特色组负责人签订了目标经营管理责任状,真正做到责任到人。

【服务工作】坚持将伙食管理、食品卫生、物流采购、成本核算、检查监督等方面工作公开,自觉接受有关部门的监督审核,广泛听取意见、建议。发挥伙委会学生组织的作用,公开中心主任、餐厅经理电话,设立学生勤工助学岗位监督巡查、收集意见建议,主动加强与学生的沟通与交流,随时处理学生餐饮问题,不断完善以学生为主体的伙食工作评价监督体系。

【日常工作】根据《内蒙古农业大学饮食服务中心规章制度汇编》及食品卫生有关法律法规,结合我校实际情况进一步建立健全了"食品采购制度""学生食堂验收制度"、"职工宿舍规章制度""学生餐厅库房保管职责"等内容并规范了《内蒙古农业大学食品卫生安全事故应急预案》《食物中毒应急预案》,对餐厅的日常食品加工制定了严格卫生要求。为了增强炊管人员的食品卫生安全意识。延续了每年四月进行一次食品卫生法律法规知识培训与考试。组织有关专家为全体炊管人员进行食品卫生安全方面知识的讲座与培训,提高了炊管人员的卫生安全知识。

为了能更好地降低采购成本,及时掌握食品原材料市场价格波动,并对常用的大宗物资在涨价前,直接和厂家联系,进行货比三家,公开、公平、公正的原则进行招标,引入竞争机制,实行"阳光采购"制度,不断完善集中招标、统一采购和统一配送的伙食物资供应配送体系。严格按照竞争规则,所有供货商要全部进入竞争平台,以保证货物"质量较高、价格适中"。在日常进货中,具体措施有:一是派采购加强市场调查,掌握市场行情,同时要求供货商随时按实报价,发现价格明显与市场批发价不符的,暂停该产品的供货;二是采取每种货物至少两家供货,同等质量按低价结算的办法,尽可能降低价格。三是积极开展"农校对接"工作,建立大宗货物厂家直供基地,尽可能减少流通环节。四是在内蒙古高校伙食网上公开原材料采购价格,接受广大师生和社会的监督。完善原材料采购日登记制度,及时掌握价格的变化情况。

【重要事件】饮食中心下设的11个餐厅因服务年限较长,厨具、设备均出现老化、损坏现象。中心利用假期对西区一餐厅、二餐厅,东区五餐厅,进行了装修翻新,分批次更换陈旧老化设备。

2014年3月,学校被内蒙古教育厅评为"2012—2013年度内蒙古自治区高校学生食堂工作先进学校";第一餐厅和新苑餐厅被内蒙古教育厅评为"2012—2013年度内蒙古自治区高校学生食堂工作先进餐厅";闫爱峰、张军、李曙光被内蒙古教育厅评为"2012—2013年度内蒙古自治区高校学生食堂工作先进个人"。李全福被评为"全国高等农业院校后勤管理研究会2014年度先进工作者"。

2014年7月,呼市中燃公司因东、西区各餐厅大部分天燃气计量表和灶具已超出安全使用最大期限,对我校下达了换表通知和灶具隐患整改通知,中心及时更换了所有超期天燃气流量计以及部分存在隐患的老旧灶具,解决了部分安全隐患。

中心被评为"内蒙古农业大学2014年度维护稳定工作综合治理先进单位"。张军被评为"内蒙古农业大学服务育人先进个人"。

学生公寓管理服务中心

【概况】学生公寓管理服务中心,设有办公室、宿舍管理部、物业部和学生教育管理部,现有职工共计263名,其中正式工34人(含,大集体11人,2+2辅导员1人),外聘工230人。管理32栋宿舍楼(其中含国际教育宿舍楼1栋,教工宿舍楼2栋)。

【党建与思想政治教育工作】2014年,学生公寓中心党支部现有中共党员15人,2名入党积极分子,学生公寓中心党支部定期开展政治理论课学习,完成了党的群众路线教育实践活动期间发现的问题后续整改工作。

【管理工作】学生公寓中心坚持"以学生为本"的服务宗旨,坚持"以德树人"的教育理念,坚持"以加强规章制度建设"为基础的管理理念。2014年,学生公寓管理服务中心加强制度管理,严格制度建设，通过内部良好的运作机制来调动工作人员的积极性。

学生公寓中心经常召开安全稳定会，研究部署中心的安全事宜，并经常对各区进行安全隐患检查。11月份，学生公寓中心联合学生处、保卫处组织全校学生干部对四个校区的学生宿舍进行违禁用品、防火防盗大检查，共查处管制刀具、酒精炉、电夹板、电水壶、电吹风共110多件。

为广大同学们创建安全、稳定、和谐的学习生活环境，学生公寓中心严格执行重大节日、夜间轮流值班制度，特别是五一、国庆、元旦、春节等重大节日进行24小时值班，确保公寓区学生安全；

年内，学生公寓中心利用公寓网站、宣传窗、《生活之窗》报纸、微信平台等宣传媒介制作并宣传《消防安全常识》《安全用电和火场逃生宣传》《防火防盗防骗》等知识，以图文并茂的形式进行消防安全宣传。

完善学生公寓住宿管理系统，推进公寓数字化管理模式。对我校5100多个宿舍逐一摸底，将学生公寓住宿系统的在校在住的24439名本科学生信息统计、填充工作圆满完成，推进学生公寓数字化的管理模式再上新台阶。

【教育工作】为了加强学生思想教育和行为管理工作，把学生公寓建设成安全、文明、整洁、舒适的大学生之家，积极开展"星级文明宿舍"创建活动，开展第二届"百佳宿舍"创建活动。经常组织学管会进行夜不归宿、饮酒、违禁电器的查处，使学生养成良好生活习惯。学生公寓开展爱心捐赠和有偿回收生活用品活动，把回收物品收入赠送给下学年的家庭经济困难学生。

【服务工作】2014年，公寓中心始终坚持"以学生为本"的思想，树立"爱在细微关怀处、爱在真诚服务里、爱在耐心教育时、爱在严格管理中"的服务理念，从学生的需求出发，不断满足学生在学习、生活中的需要。为学生开设了日用品销售勤工助学超市、修配眼镜、自行车存放修理、公用电话、火车票订购、24小时开水供应、贵重物品存放等服务项目，做到规范服务、收费合理。还设立了专门免费清洗被褥的洗衣房，安排勤工助学岗的学生上门取送。与企业合作，分别在四个区各楼层都摆放了一台投币自动洗衣机。安排勤工助学岗的同学每日完成一次各楼前自行车的摆放，为广大同学建立一个整洁的校园环境。

年内，为保证公寓各项工作顺利运转，对公寓区内基础设施进行了美化、亮化，对大小型公寓设施了进行了维修，对老旧线路进行了改造。利用假期完成对毕业生1138间宿舍的整体维护（刮腻子、门窗及桌椅板凳的维修），完成对公寓5100多间宿舍的日常维护（4～12个月维修情况：窗户轮子390个，玻璃胶条420个，窗户把手102个，单层玻璃308平方米，中空玻璃298平方米，其他还有灯管，水龙头，脚踏阀、宿舍门等）。

完成2014届毕业生6813人离校工作（本科生6064人，研究生749人）；完成2014级新生6871人（本科生5986人，研究生885人）迎新工作。

圆满完成4月份全区高校大学生足球赛186名参赛运动员住宿接待任务；7月份"生泰尔"杯全国动物医学专业技能大赛206人接待住宿任务；7—8月份全国农林高校运动会参赛608名运动员的住宿接待任务。

【重要事件】获得2013年度综合治理工作先进单位。张海被授予"全国高等农业院校后勤管理研究会2014年度先进工作者"称号。张建平、倪树民在学校三育人表彰中被授予"服务育人先进"称号。

校医院

【概况】校医院现有职工48人，其中正式职工22人，正高职称2人、副高4人，中级职称11人。

校医院秉持"立足校园 面向社区 服务大众 共享健康"的服务宗旨，坚持以防止校园公共卫生事件的发生为工作目标，将医疗与健康促进相结合，医院与社区的工作相结合，以做好学校的预防保健、传染病防控、健康教育为重点开展工作，是自治区本级职工基本医疗保险的A级定点医院，呼和浩特市城镇职工、城镇居民基本医疗保险、呼和浩特市城镇职工门诊统筹结算的定点医疗机构、呼和浩特市赛罕区大学东路社区卫生服务中心。

【党建与思想政治工作】医院现有中共党员 8 人，预备党员 1 名，重点培养对象 1 名。结合党支部建设慰问校区困难居民送去免费体检卡 20 份；到老一辈无产阶级革命家乌兰夫的故乡土默特左旗塔布赛乡乃莫板村义诊 120 人、赠送控油壶及控盐匙 100 套、为村民赠送 1100 元常用药品，发放健康处方 280 张；前往内蒙古农业大学扶贫点四子王旗吉生太镇公合成行政村，为 220 位村民进行健康体检，发放价值 1200 元的药品及 350 份健康知识宣传资料。

【医院建设】更新 1 台口腔科综合治疗台，完成数字 X 线诊断系统及数字胃肠机的招标工作。

【医疗服务工作】接诊 5.7 万人次，实现医疗收入 594 万元；完成新生及学校体育运动队赛前体检 6778 人；接种乙肝疫苗 5969 针次；为新生 6051 人进行结核抗体筛查；完成在职、退休、新聘教师、获得教师资格认证者及 70 岁以上享受保健待遇教职工体检 2083 人；完成大学生体质调研体检 2720 余人。培训新生战地救护队，在新生阅兵式上表演；网报传染病 17 例；发放艾滋病知识宣传资料 8500 份。开设《大学生健康教育》选修课（32 学时 2 学分）8 个班次，开展健康教育讲座 23 次、活动 10 次。

【医疗保险工作】完成 33360 名大学生的参保基数的核定，办理全部新参保大学生的医保证历本。

【重要事件】作为内蒙古医科大学社区护理实习基地正式挂牌；连续第 12 年被自治区医疗保险资金管理局评为优秀定点医院；拍摄的"院前急诊急救演练"微电影，代表内蒙古自治区高校医疗机构参加中国高教学会保健医学分会的评比，获优秀奖。与呼和浩特市医疗保险服务中心签订呼和浩特市城镇职工基本医疗保险门诊统筹协议；组织承办全区高校医疗机构卫生技术人员急诊急救知识培训班，共有 41 所高校参加；党支部的党日活动获学校精品党日活动二等奖；"世界艾滋病日"期间，校医院与内蒙古自治区及呼和浩特市防控艾滋病办公室、呼和浩特市疾控中心举办艾滋病宣传进校园活动的启动仪式。

修建中心

【概况】修建中心现有职工 9 人，正式职工 2 人，集体职工 7 人。

【党建与思想政治工作】2014 年，修建中心、接待中心和后勤总支办公室三个单位为一个党支部，总共有党员 7 人，其中新增党员 1 人。一年来，修建中心深入学习宣传贯彻党的十八届三中全会精神，在职工当中深入开展党风廉政建设专题学习教育。中心及时将有关活动内容和文件精神传达到职工，并组织职工进行讨论和评议，将职工的意见反馈到后勤总支和后勤处。组织职工学习学校有关文件精神，使职工的思想与学校工作方向相统一，能够更好地为学校的发展服务。经常组织职工学习、讨论有关中心的工作和业务知识，不断提高职工业务水平和服务意识。

【中心建设】一年来，在工作中不断总结和改进中心的管理，加强了物资采购、验收环节管理，做到责任到人。加强施工过程中质量、安全、文明管理，要求施工队加强务工人员的管理，遵守学校的有关管理制度，按期安全的完成了各项工程。

【安全工作】中心高度重视中心的综合治理工作，将安全生产、防火、防盗等工作贯穿到日常管理工作当中。经常深入到施工现场检查和落实安全生产工作，对在工作一线管理人员和施工人员进行文明施工、安全生产、防火、防盗等安全教育，不断提高他们的安全生产意识，并对现场管理人员在生产安全方面进行了分工负责，责任到人。一年来，没有发生任何安全生产事故。

【服务工作】2014 年为了确保维修项目达到预期的结果，修建中心建立了回访制度，及时了解和解决存在的问题。

【日常工作】2014 年，接受后勤处转来的维修单及电话通知维修任务约 110 项。主要包括：行政楼四楼办公室改造工程；教学楼、家属楼屋顶铺 SBS 防水卷材约 22000 平方米、屋顶水泥垫层 4200 平方

米;游泳池池底改造1500平方米;林科院东墙拆旧建新190米;西区体育场看台粉刷工程;2014年暑期东、西校区家属区院面工字砖拆修工程;东、西校区学生餐厅售饭间改造工程;新校区热力公司二次供水铺设管道工程及各种零星维修。11个月中心完成产值约519万元。

交通运输中心

【概况】2014年,交通运输中心坚持以高效安全、优质服务为核心工作理念,坚持以教学为本,全体职工的团结协作,克服种种困难、开源挖潜、开拓创新、团结奋进,全年零事故完成了学校的日常公务、科研、教学实习等用车任务。

【党建和政治思想工作】中心深入学习党的各项方针、政策,以党的群众路线教育实践活动为指导,认真开展各项教育工作和支部活动,在圆满、安全地完成了全年教学、科研、实习任务的同时,支部还召开了6次支委会,2次生活会,通过大家的不断努力,全体人员精神焕然一新,内部凝聚力进一步增强,思想和日常工作明显好转。

继续抓好党风廉政建设,强化服务意识,责任到人,同时树立良好服务形象,严抓干部、职工自身思想作风,建立回访机制,制定责任状,实现用户有效监督。制定措施,厉行低碳、节约,严查油耗,预防在先,从源头堵塞漏洞。

坚持政治学习不放松,不断提高职工的思想政治素质,以学习党的群众路线教育实践活动为契机,主要安排学习了十八届四中全会的精神、自治区第9次党代会精神及《自治区党的机关厉行节约反对浪费实施细则》的通知,每次学习安排都做到有动员、有部署、有要求,同时要求学习有阶段性书面总结。定期组织党员学习党的政策,贯彻落实科学发展观,并落实到实际工作中。党员带动群众积极促进了中心建设。

【中心发展】为了更好地适应学校逐年加大的教学实习任务,在学校支持关怀下,2014年继2013年后,中心新购置了两台47座金龙大客车,更加有效地缓解了实习用车的紧张状况,行车安全得到了更加有效的保障,减少了外租车的数量,减少学院实习经费。

【日常工作】完善管理制度,加强制度落实,加大管理力度,奖惩分明,有效提高服务意识和质量。加强安全教育管理,与交警队建立密切合作机制,安全高效完成任务。成立安全检查小组,监督、督促驾驶员安全运行。

汽车维修保养除驾驶员自己按时进行日常维护保养外,中心安全委员会从几家修理厂中,从修理技术、维修价格、售后服务等几方面优中选优,有效降低运行成本,起到了很好的节约效果。加大节油奖惩力度,节约运行成本,提高车辆的运行能力。

全年教学、实习、其他公务用车共运行465432公里,共运输教学实习师生51000人次,用车840车次(含外租车辆510台次),全年无一起重大责任事故、安全、高效地完成了教学实习、科研用车任务。

接待服务中心

【概况】中心现有职工18名,其中正式职工1名,临时工17名。两区共有客房50间,其中东区38套,西区12套,合计床位96个。

【中心建设】2014年,根据部门要求,结合市场形势,采取了一些措施,对来中心办培训班的单位给予了一定的优惠,散客价位根据情况进行了下调,年度经济效益尚可。

【安全工作】在学校综治办的正确领导下,中心广大职工树立安全第一、安全无小事的意识。同时中心领导把防火、防盗工作放在首位,采取领导和职工齐抓共管,每一个安全环节必须按要求做到位。

基本建设处

【基本概况】基本建设处前身为2013年8月学校成立的基建办(筹),基本建设处于2014年1月18日正式成立,处长韩瑞平,副处长郭炜。2014年4月15日学校批准内设规划报建科和工程管理科两个科室,现有工作人员3人。基本建设处的主要工作职责是负责落实校园建设总体规划,组织、实施学校基本建设项目。

【党建工作】基本建设处3名成员全部为共产党员,认真学习了党的十八届三中、四中全会精神和习近平总书记系列重要讲话精神以及党的路线、方针、政策。认真学习了《廉政准则》等相关文件,将反腐倡廉建设与基建管理紧密结合在一起,教育全体工作人员筑牢拒腐防变的思想道德防线,提高廉洁自律意识,接受各方面的监督。严格按照"集体领导、民主集中、个别酝酿、会议决定"的程序进行民主决策,坚持集体领导和个人分工负责相结合,凡遇到重大问题班子成员相互协商,互相支持,发挥了班子的整体合力。

【工作措施】规范基建管理制度,严格履行建设程序。完成了处内机构设置,制定了机构工作职责和人员岗位职责。制定了处内管理制度,起草了学校的基本建设管理办法等相关规章制度,规范学校基建管理业务流程,明确工作程序。完成了基建处网站建设,及时通报工程项目进展情况,增强工作透明度,确保了基建项目达到公开、公平、公正。认真执行学校"三重一大"决策程序,建立基建监控制度,自觉接受监察审计部门、相关职能部门、全校教职工和社会各方面的监督,使基建工程成为"阳光工程"。严格执行国家、自治区、呼市政府和建设主管部门以及学校制定的有关各项法律、法规和政策制度。

加强干部队伍建设,注重提升业务水平。加强项目过程控制,确保工程施工质量。严格遵守招标程序,公正、公开、公平、择优遴选施工承包商,并自觉接受社会各界监督。加强项目建设过程管理,督促设计、施工和监理各方认真履行职责,确保施工质量和进度。重视安全文明施工,实现安全管理目标。严格控制材料质量,对相关材料进行送检,对于不达标的材料必须更换,确保施工质量。严格履行合同和控制各类工程变更,对建设项目进行精细管理,在保证质量和进度的前提下,节约投资成本。经常组织学校相关专业教师去施工现场指导工作,充分发挥他们的专业优势,对施工质量进行技术指导。积极与政府及相关厅局单位联系,争取对学校基建工作的支持。

【工作业绩】2013年8月开始承担内蒙古农业大学校区建设项目道路及管网工程建设项目,10月20日和12月6日分别完成管网工程一标段、二标段以及道路工程标段的公开招标,管网工程一标段由内蒙古兴泰建筑有限责任公司中标,中标价为1420.7639万元;管网工程二标段由国基建设集团有限公司中标,中标价为1035.5656万元;道路工程由内蒙古第二建设股份有限公司中标,中标价为2835.6391万元。管网工程一标段于2013年10月20日开工建设,截至到2013年12月20日给教学A、B楼供暖后停工。

2014年完成基本建设情况如下:

1.3月25日开始,新校区道路和管网工程建设项目陆续施工,于11月10日前除经一路外,完成了建设项目三个标段的施工。新建校园道路4.51公里左右,路面面积约3.86万平方米。完成了新校区校园内管网施工项目的供暖、给水(包含高、低区给水)、消防、污水、雨水、中水、绿化、强电、弱电管道铺设。完成了校园污水和雨水管网与鄂尔多斯东街市政污水和雨水管网对接,校园给水管网完成了与鄂尔多斯东街和学苑东街两处市政给水管网的对接。

2.4月28日完成了内蒙古农业大学西区操场维修项目招标,北京泛华新兴体育发展有限公司中标,中标价为352.2904万元。维修工程于2014年5月3日开工,维修塑胶场地约10200平方米,在新校区新建投掷场地约6800平方米,2014年7月16日项目通过学校验收并交付使用。2015年8月10日通过中国田径协会场地验收,2015 年 9 月 12 日维修场地获得中国田径协会合格田径场地(Ⅱ)级标准。项目决算于 2014 年 12 月 9 日完成决算,决算金额为 304.0606 万元。同时完成了我校幼儿园塑胶场地更新维修约 353 平方米,铺设人工草坪约 208 平方米。

3. 4 月 28 日完成了内蒙古农业大学绿化工程(树木种植一期)施工项目招标,由北京绿京华园林工程有限公司中标,中标价为 566.264664 万元。工程于 2014 年 5 月 13 日开工。由于在新校区存在与其他施工项目交叉施工问题,截至 2014 年年底,完成了整个项目施工的 70% 左右。分别从职业技术学院和科技园区苗圃向新校区移植树木 1900 棵和 340 棵左右,完成了赛罕区绿化办为新校区提供乔木约 200 棵、灌木约 8000 株、草坪约 4000 平方米和景天地被 500 平方米的栽植。

4. 9 月 30 日完成了内蒙古农业大学新校区学生公寓大门建设项目校内招标,内蒙古蒙建建筑工程有限责任第八分公司中标,中标价为 285334.00 元。工程于 10 月 2 日开工,于 11 月 20 日完工并交付使用。

5. 完成新校区场地平整约 11 万平方米,清运建筑垃圾 22237 立方米。完成了新校区北墙的维修和粉刷长度约 1277 米,新修建了车队通往新校区的铁艺大门和东墙铁艺围栏约 108 米,封堵了新校区围墙 9 处开口。结合管网与道路工程建设,完成了学生宿舍楼周边硬化 4580 平方米左右,新食堂周边土地平整 7580 多平方米。

6. 完成了学校土左旗海流园区新建教学科研及生活用房建设项目可行性研究报告和环境评价报告的编制,以及风沙物理实验室立项报告和兽医实验楼重新选址。

7. 2015 年 7 月 14 日被校党委评为 2014 年度实绩突出领导班子。

表彰与奖励

2014 年教学、科研获奖情况

内蒙古农业大学获第七届(2014 年)高等教育自治区级教学成果奖名单

排序	推荐成果名称	成果主要完成人	成果科类	获奖等级
1	以引进国外优质教育资源为动力,促进本科教育质量的提高	李畅游、王春光、修长百、张　生 赵萌莉、刘翠兰	管理学	一等奖
2	创新实习基地建设途径,稳步提高实践教学水平	杜健民、王春光、张　旭、金宝明 高聚林、郝锁柱	农学	一等奖
3	动物遗传育种教学内容与课程体系的改革与实践	李金泉、赵艳红、张文广、张燕军 苏　蕊	农学	一等奖
4	高职院校教学质量提升关键要素集成的研究与实践	冯贵宗、王　耀、刘金泉、郭海清 冯雪彬	综合研究	一等奖
5	农业推广硕士专业学位研究生教育质量保障体系的构建	丁雪华、郭文瑞、王翠兰、孙美霞 张传强	农学	二等奖
6	大学生幸福感整合教育干预模式创新与实践	侯振虎、侯晨曦、张　文、王永江 庄　霞	思想政治教育	二等奖
7	基于农林类高等学校的计算机基础教学基本要求的研究和实践	薛河儒、付学良、石瑞峰、刘　霞 白云莉、王　健、李燕华、王德刚	工学	二等奖
8	突出创新能力培养的水利类专业实验教学仪器研发运行机制及其模式研究	刘廷玺、霍　星、朱仲元、郝中保 田春元、牟献友、杜丹丹	工学	二等奖
9	高职教育"实践导向、阶梯培养"双师型教师队伍建设模式的创新与实践	王　耀、张玉香、王寿东、鲁富宽 程显生	综合研究	二等奖
10	创新植物学实验教学体系,构建多元化实验教学模式	燕　玲、贺　晓、李　红、赵淑文 段淳清	农学	三等奖
11	发挥质量工程作用,助推教育教学水平的提高	王治国、孔令强、李东红、刘汉成 李　艳、田　军	教学管理	三等奖
12	高等农林院校数理化教学质量工程之建设与实践	敖特根、闫祖威、吕　雄、许　辉 李凤敏、苏金梅、布和额日敦 米智勇、吕世杰	理学	三等奖

2014 年获奖科研成果情况

序号	成果名称	获奖类别及等级	获奖人员	备注
1	内蒙古自治区科学技术特别贡献奖	个人奖	张和平	
2	内蒙古自治区中青年科技创新奖	个人奖	韩国栋	
3	湖泊湿地富营养化模拟及生态环境演变规律研究	自治区自然科学二等奖	李畅游、史小红、孙 标	第一完成单位
4	农牧交错风沙区农田覆被固土保水耕作技术体系	自治区科技进步二等奖	刘景辉、张立峰、许 强、李立军、刘玉华、吴宏亮、赵沛义	第一完成单位
5	生态与经济双赢的家庭牧场新型管理模式研究与示范	自治区科技进步二等奖	韩国栋、赵萌莉、李治国、王忠武、李俊龙、索培芬、张国刚	第一完成单位
6	天然草地牧草青贮增效技术应用与推广	自治区科技进步三等奖	贾玉山、格根图、玉 柱、冯骁骋、任 斌	第一完成单位
7	农牧交错风沙农田覆被固土保水耕作技术体系	教育部高等学校科学研究优秀成果奖、科技进步类二等奖	刘景辉、张立峰、许 强,李立军、刘玉华、吴宏亮、妥德宝、张星杰、路战远、康建宏、文宏达、赵沛义、范希铨、窦铁岭、孙兆军,赵宝平、边秀举、冯丽肖,王 莹、杜 雄	第一完成单位
8	内蒙古测土配方施肥技术研究与应用	自治区科技进步二等	郑海春、郜翻身、索全义、李文彪、晋永芬、张建玲、弓 钦	内蒙古自治区土壤肥料和节水农业工作站、内蒙古农业大学、鄂尔多斯市土壤肥料工作站、包头市土壤肥料工作站、乌兰察布市土壤肥料工作站主要完成单位
9	北方渠灌区节水改造技术集成与示范	自治区科技进步二等	程满金、史海滨、步丰湖、魏占民、徐宏伟、李锡环、冯 婷	内蒙古自治区水利科学研究院、河套灌区管理总局、内蒙古农业大学、临河区水务局

获自治区级以上表彰奖励的单位

序号	获奖单位	授予称号	授奖部门	授予时间
1	工会	2013年度目标考核实绩突出单位	自治区教科文卫工会	2014.4

获自治区级以上表彰奖励的个人

高　永：全国优秀教师
李国婧：自治区优秀教师
许　辉：自治区优秀教师
赵卫东：自治区优秀教师
苏金梅：自治区优秀教师
张　文：全区普通高校学生工作先进个人
任燕刚：全区普通高校学生工作先进个人
郭政文：全区普通高等学校大学生征兵工作先进个人
陶格森：全区普通高校大学生心理健康教育工作先进个人
王智广：全区普通高校大学生心理健康教育工作先进个人
杨　毅：全区普通高校大学生心理健康教育工作先进个人
刘漫中：第六届全国高校辅导员年度人物入围奖
孙玉伟：华北赛区高校辅导员职业技能大赛三等奖
孙玉伟：第二届全区高校辅导员职业技能大赛第一名
孙玉伟：全区普通高等学校军事理论课教学技能竞赛三等奖
许　驭：全区普通高等学校军事理论课教学技能竞赛优秀奖

内蒙古农业大学先进基层党组织、优秀共产党员、优秀党务工作者名单

先进基层党组织（31个）

职业技术学院党委
兽医学院党委
林学院党委
职业技术学院党委畜牧兽医技术系党总支
职业技术学院党委学生工作党支部
职业技术学院党委艺术设计系学生党支部
动物科学学院党委动物营养与饲料科学系党支部
农学院党委蔬菜教研室党支部
农学院党委本科学生第一党支部
生态环境学院党委沙漠治理与水土保持系党支部
机电工程学院党委车辆工程教研室党支部
水利与土木建筑工程学院党委测绘工程系党支部
水利与土木建筑工程学院党委中低年级建筑学本科生党支部
材料科学与艺术设计学院党委服装、广告学生党支部
经济管理学院党委工商管理系党支部

经济管理学院党委 2011 级金融学第一党支部

食品科学与工程学院党委蒙古语授课班低年级学生党支部

计算机与信息工程学院党委学生第一党支部

生命科学学院党委本科生第六党支部

人文社会科学学院党委社会学系党支部

外国语言学院党委双语教研室党支部

理学院党委化学化工系党支部

能源与交通工程学院党委本科生第三党支部

马克思主义学院党总支当代马克思主义教研室党支部

图书馆党总支文献借阅一部党支部

机关党总支团委、学生处、招就处联合党支部

机关党总支党政办公室、校友会联合党支部

后勤党总支保卫处党支部

基础教育中心党总支幼儿园党支部

离退休人员工作处党总支西区机关退休党支部

离退休人员工作处党总支西区机电工程学院退休党支部

优秀共产党员（252 名）

职业技术学院党委（34 名）

胡晓龙、乌伦吉如嘎、秦烨、杨俊峰、孔繁懿、闫永利、吴珊丹、鲁晓波、杨丹丹、牛文学、史燕飞、孙萃、梁显丽、李红霞、王雪玉、宝音、吴鹏、程显生、付强、石志福、韩云亭、曹晓娟、王勇、李国良、高星、库小宇、李艳南、马舒瑶、韩红燕、冯立娜、张婷婷、崔海茹、任瑞先、金恺

动物科学学院党委（8 名）

苏蕊、李大彪、娜仁花、乌兰、斯日古楞、白东义、田丽新、布鲁根

兽医学院党委（9 名）

韩润林、王瑞、苏布登格日勒、齐旺梅、王秀珍、包福祥、刘芳、王金玲、王怡靖

农学院党委（13 名）

王树彦、李小燕、周洪友、刘景辉、常静、张之为、高慧、李楠、兰景宇、高靖淳、韩文元、刘雪、彬彬

林学院党委（11 名）

白恒勤、李亚峰、斯钦毕力格、聂春、王玉霞、赵红霞、王硕韬、朱丽丽、姜珊、张丽、唐琳

生态环境学院党委（23 名）

敖特根、汪季、贺晓、王勇、成格尔、乌恩、包斯琴、孙智、孙旭、杨瑞杰、额尔敦嘎日迪、马爱芝、斯琴、杨霞、张永亮、娜乐、罗冬、杜清清、宋佳奇、乌云嘎、宋纪雷、刘进成、郑云暖

机电工程学院党委（10 名）

斯日古楞、王洪波、李旭英、薛晶、郝敏、张雷、高雄、韩宝生、闫建国、李斌

水利与土木建筑工程学院党委（23 名）

郑晓波、梁文、杨逸隆、屈忠义、梅小乐、贾永芹、段科德、李彪、许浩、张艳、赵振亚、马晓凯、翟虎、吴冬雪、王旭阳、梁行、胡建新、吕杰、樊江波、洪英、于文华、任飞、郭垚

材料科学与艺术设计学院党委（8 名）

郭继业、薛文峰、李奇、红岭、贺春光、李军、孙宁、荣佳旭

经济管理学院党委(18 名)

贾润林、贾凤菊、海日罕、闫文彬、张立、马志艳、许黎莉、郑喜喜、刘秀梅、王璐、孔颖、段鑫乐、苗波林、孙帆、杨威、哈斯、陈磊、梁宇荣

食品科学与工程学院党委(14 名)

斯日古冷、莎丽娜、仁庆考日乐、段艳、李莉、乌素、斯琴毕力格、珠娜、许忠莲、苏日他拉图、张静、程海星、杨晶晶、王思兰

计算机与信息工程学院党委(5 名)

罗小玲、张立倩、纪冲、刘江平、谢凌云

生命科学学院党委(8 名)

王玉珍、李万春、邵玉芳、刘杨、郑超、田志鹏、张英英、李源

人文社会科学学院党委(4 名)

巴图、郭宝亮、刘晓雅、邱图雅日拉

外国语言学院党委(4 名)

孙玉伟、张婷、郭媛、白云

理学院党委(6 名)

布和额尔敦、苏金梅、代红光、白海平、唐凯、刘云川

能源与交通工程学院党委(6 名)

厚福祥、刘树民、付海东、白建光、张捷、张景舜

体育教学部党总支(1 名)

李海雁

马克思主义学院党总支(3 名)

娜日斯、杨申扎布、李红霞

图书馆党总支(2 名)

高琳、李荣英

机关党总支(13 名)

赵秋霞、杨丽君、张海燕、田军、孙美霞、那仁满都呼、赵学工、潘雪梅、白刚、乌仁嘎、何东昱、刘玉春、李得宙

后勤党总支(7 名)

王建忠、杨畅生、李军、李曙光、潘君、马利平、任维新

基础教育中心党总支(3 名)

薛进莲、王丽枝、叶珊娟

离退休人员工作处党总支(19 名)

达赖、白音巴图、李淑玲、赵守勤、赵伯琳、刘淑贤、侯宁、郭媛华、赵玉兰、和宗汉、闫秉衡、张海峰、赵富宝、王丽雪、申占魁、齐占斌、包翠英、关加怀、赵文厚

优秀党务工作者(61 名)

职业技术学院党委(11 名)

赵福顺、蔡永敏、于庆峰、白艳茹、刘玉敏、穆仁、赵海州、代海燕、韩婷、张智杰、吕耀龙

动物科学学院党委(2 名)

王锐、满达

兽医学院党委(2 名)

杜雅楠、张剑柄

农学院党委（3 名）

申鸣、李立军、刘志华

林学院党委（3 名）

王志强、韦东山、海明

生态环境学院党委（3 名）

李崇、斯日古楞、国润才

机电工程学院党委（3 名）

宗哲英、郭文斌、裴登嵩

水利与土木建筑工程学院党委（5 名）

王力、王丽萍、王慧明、张志、乌云

材料科学与艺术设计学院党委（2 名）

李振威、王雪鹏

经济管理学院常委（2 名）

张卫中、杨艳玲

食品科学与工程学院党委（2 名）

陈永福、成培芳

计算机与信息工程学院党委（2 名）

庄霞、刘霞

生命科学学院党委（3 名）

任燕刚、陈玉萍、张占雄

人文社会科学学院党委（1 名）

刘漫中

外国语言学院党委（2 名）

李伟、任云岚

理学院党委（1 名）

王静泉

能源与交通工程学院党委（1 名）

常亮

体育教学部党总支（1 名）

马瑞东

马克思主义学院党总支（2 名）

乌兰巴特尔、王莉

图书馆党总支（1 名）

马天玉

机关党总支（3 名）

王继成、李茂杰、郭政文

后勤党总支（2 名）

高朝霞、麻卫英

基础教育中心党总支（1 名）

刘俊

离退休人员工作处党总支（3 名）

马福龄、周忠祥、齐海光

内蒙古农业大学"三育人"先进个人名单

教书育人（30 人）：

动物科学学院：王海荣、王乃凤

兽医学院：巴音吉日嘎拉、关红

农学院：李海平、张力君

林学院：张韬

生态环境学院：陈士超

机电工程学院：孙宏、张永

水利与土木建筑工程学院：李为萍

材料科学与艺术设计学院：白杨、刘娜

经济管理学院：冯静蕾、石芳

食品科学与工程学院：李少英

计算机与信息工程学院：白云莉

生命科学学院：赵鸿彬

人文社会科学学院：张建新

外国语言学院：刘向辉

理学院：包锦、贺文英

能源与交通工程学院：高明星

马克思主义学院：霍如涛

体育教学部：青春

职业技术学院：任宏、高桂华、王昭庆、宝秋利、梁显丽

管理育人（15 人）：

林学院：萨如拉

生态环境学院：斯日古楞

水利与土木建筑工程学院：姚占全

食品科学与工程学院：斯日古冷

生命科学学院：孙丽鹏

外国语言学院：孙玉伟

理学院：赵新平

机关党总支：高永杰、李靖、徐付

后勤党总支：杨利平、周春生

基础教育中心党总支：胡燕

职业技术学院：董智勇、康耀武

服务育人（15 人）：

图书馆：克非、孙利芳

机关党总支：敖特根其木格、金永昌、任有志、许琼、赵秋霞

后勤党总支：巴丹吉林、巩灵霞、刘丰、倪树民、张军、张建平

职业技术学院：董尚军、田青

2014年自治区"三好学生"、"优秀学生干部"、"优秀大学毕业生"名单

2014年自治区"三好学生"名单

材料科学与艺术设计学院(12人)：

胡秀靖	王 芳	刘娟娟	刘 虹	杨 阳	蔡 璐
王利军	张伊然	周海云	李 硕	陈 楠	姜 萌

动物科学学院(9人)：

白丹丹	刘彬彬	陈圣阳	乌云格日乐	宋海燕	高 敏
张清月	康德措	莫日根毕力格图			

机电工程学院(20人)：

宋艳艳	高喜杰	斯日古楞	达热玛	乌罕图	冯 凯
周 琳	李瑞平	赵 刚	孙 利	张建伟	肖 璟
赵 罡	章嘉庆	李亚红	白双印	邢小琛	周景隆
鲁晓军	曹译方				

计算机与信息工程学院(8人)：

张 辉	胡 悦	董如意	佘冬桂	申婧琳	白明月
辛延莉	王 晴				

经济管理学院(42人)：

于 敏	李爱青	黄 帅	李浩君	孙晓艳	何 猛
毛凌峰	李海璐	斯琴塔娜	闫奕融	王 乐	张 艳
靳 伟	郭 斓	杜静怡	赵学敏	刘 艳	张 慧
吴 迪	杨亦欣	宝田丽	赵志强	张晓慧	王林慧
崔 慧	石 震	孙 丹	赵如凤	张 洋	董慧慧
柴国盛	杜义日格其	鲁山丹	孙忠伟	王爱伦	王 丹
张 嵘	范 敏	史雨萌	李 鑫	程晓丹	乌日金德力格尔

理学院(8人)：

何 静	薛予菲	李星伟	吉鑫鑫	陈凌峰	刘梅英
郭淑玥	侯 娜				

林学院(20人)：

乌仁套格草	马园园	文德尔玛	梁晓琳	仲梦娇	高晓慧
高丽娜	海 涵	娜苏勒玛	陶 丽	赵家明	张艳雨
马晓璐	毛虹禹	达古拉	华玉松	杜永彪	国 庆
王 旭	任艳杉				

能源与交通工程学院(13人)：

吴文华	刘晴晴	杨濡萌	张斌斌	李向惟	邱海涛
何 宇	李 瑞	苏慧慧	王志强	李 旭	阚浩钟
马亚傲					

农学院(15人)：

赵春龙	包丽娜	汝 楠	高美萍	牟英男	王嘉维

朱柏江　　　胡春喜　　　　刘　杰　　　　许　敏　　　　张　健　　　黄　凯
靳学静　　　底步丰　　　　郭宇哲

人文社会科学学院(10人)：

王伟兰　　　张宏杰　　　　师晶晶　　　　青格乐　　　　李艳娟　　　魏　茹
于小丽　　　戴圆圆　　　　邵瑞霞　　　　鲁晓旭

生命科学学院(13人)：

万安琪　　　董志成　　　　李秀锋　　　　郝近羽　　　　闫　红　　　白　茹
赵丽娇　　　霍苏馨　　　　李茂胜　　　　张梦靖　　　　李　格　　　张圣男
宋伟艳

生态环境学院(25人)：

张凯旋　　　何红霞　　　　牡　丹　　　　李星月　　　　王　恬　　　阿如汗
孙程鹏　　　杨　帆　　　　梁　羽　　　　王　香　　　　张笑媛　　　王小红
郝良杰　　　田梦妮　　　　赵旭朦　　　　王　莹　　　　王迪雅　　　张馨月
周　兵　　　苏日亚　　　　梁田雨　　　　温亚霖　　　　高　峰　　　单　心
高好毕斯嘎图

食品科学与工程学院(17人)：

薇　娜　　　甄慧婷　　　　白晓霞　　　　孟　盖　　　　吴　爽　　　齐　笑
苏日娜　　　李丽娜　　　　赵　洁　　　　王　宇　　　　乌云胡　　　李亚卉
满文静　　　王曙光　　　　祁惠芳　　　　顾志华　　　　银　荣

兽医学院(10人)：

管小兵　　　代　兄　　　　姜雪薇　　　　王怡靖　　　　乌东巴拉　　辛　鹏
黄　敏　　　潘　登　　　　刘春羽　　　　邢梦春

水利与土木建筑工程学院(28人)：

王太福　　　李志辉　　　　伊日贵　　　　胡建新　　　　刘燕子　　　陈　旎
于志刚　　　石　慧　　　　石中玉　　　　李雅君　　　　赵东旭　　　张少华
贾咏霖　　　李林超　　　　武淑娜　　　　桂子涵　　　　李　璐　　　赵　航
王宽洋　　　李玉娜　　　　郝静波　　　　赵越龙　　　　樊浩伦　　　翟　虎
张汉朝　　　柴慧祥　　　　王小川　　　　曹晓强

外国语言学院(3人)：

张　玥　　　王　凯　　　　桃克思

国际教育学院(1人)：

诸葛红怡

职业技术学院(59人)：

王凤祥　　　宋英丽　　　　王　欢　　　　张　妮　　　　塔　拉　　　良　花
范奎奎　　　乌力吉　　　　张领弟　　　　毛宏伟　　　　陈芳雪　　　李欣洋
曲金红　　　李永鑫　　　　张雪梅　　　　张新伟　　　　刘冬梅　　　贾小霞
谢丽娟　　　任冬雪　　　　关　兵　　　　胡　琪　　　　张瑞芳　　　赵利敏
赵妍颖　　　谢　浩　　　　郭莉荣　　　　魏春苗　　　　马佩凤　　　司晓慧
冀彩霞　　　郭二佳　　　　贺情楠　　　　赵东芳　　　　张金龙　　　杜兴梅
刘　燕　　　白艳霞　　　　罗志波　　　　孙文广　　　　姚少帅　　　陈　琳
刘逢博　　　马春桃　　　　池红霞　　　　刘　洋　　　　孙　佳　　　贾明耀
王　慧　　　鄢晓娟　　　　赵　婧　　　　闫宇琦　　　　邵　帅　　　梁　丽
刘安琪　　　胡丹丹　　　　马丽云　　　　季　鑫　　　　张芳芳

研究生学院(24 人)：

金 鹿	白健慧	孙 潜	谷 洁	李 龙	伊风艳
张瀚文	蒙建国	秦淑芳	韩 珍	周志新	徐 玮
妍 妍	白 娜	顾 悦	段卫军	赵瑞媛	韩利东
杨晓蕴	尹景峰	吕天星	韩欣芸	史晓玲	李传龙

2014 年自治区"优秀学生干部"名单

材料科学与艺术设计学院(11 人)：

张 晶	张宽宽	扈佳琪	荣佳旭	高京京	樊立辉
康晓伟	李云霞	骈 强	翟文新如	于浩然	

动物科学学院(9 人)：

苏力德	高 梦	胡晋升	张 花	旭仁其木格	纳日嘎
范泽军	包志碧	特日格勒			

机电工程学院(22 人)：

王玉明	英 明	温 强	魏鹏达	张音清	许宝东
张树亮	刘亚坤	刘明哲	闫 昕	苏亚南	王 超
王乾宇	徐 越	赵新宇	杜丰灿	段利明	汪桂明
李 政	张 喆	李书杰	王景铎		

计算机与信息工程学院(11 人)：

任伟梦	郭 娇	王文静	郑艳艳	曹 蕊	储少靖
李海霞	章潇俪	王雪敏	宋定艳	丁 玮	

经济管理学院(44 人)：

孔 颖	刘佳鑫	吴那音台	吕冬梅	刘 茹	刘长智
王 瑞	杜佳璐	牛志伟	刘建永	乌雅汉	萨仁图雅
石梦琪	段鑫乐	闫海云	钟礼阳	罗青青	田 峥
裴 杰	李 洁	敖登格日乐	张泽宇	李玉贞	雷 明
李佳妮	孟 丹	王海莉	丁嫚琪	吕越洋	李姝源
高 杨	马翰博	乔 丹	李佳娜	张一凡	王晓芳
马园园	陈琳娜	姜 泽	莫其尔	青格乐	王 凯
王星月	恩和德力格尔				

理学院(6 人)：

王意飞	曹玉莹	姚瑞林	杨承飞	杜梅娟	黄瑞强

林学院(20 人)：

庆 军	李 健	刘瑛琦	王玉霞	斯 庆	徐丹阳
张文娟	赵 郑	张智杰	王 琰	吴 凌	娜仁格日乐
刘佳星	巩胤辰	白俊峰	其格乐很	刘 璐	王昊琛
赵雅婕	乌日嘎其其格				

能源与交通工程学院(13 人)：

闫争艳	李 端	韩宗豫	乌日古木勒	那拉苏	高 楠
熊 越	梁 鹏	王晓敏	赵 琦	郝煜洲	吴 超
程建业					

农学院(13 人)：

白 鹏	祁 超	陈 帅	朱 星	陈建伟	樊 星
李 茹	邬 燕	张 婷	俞旦吉	于海蛟	袁鹏达
王 龙					

人文社会科学学院(9 人)：

| 张 挺 | 赵晓娜 | 朝不日力格 | 孟根那布其 | 额日敦高娃 | 樊艳良 |
| 王 静 | 张 娜 | 魏嘉玮 | | | |

生命科学学院(11 人)：

| 苗皓博 | 王 蕊 | 米秋雅 | 闫红霞 | 吴和欣 | 吴 楠 |
| 杨文华 | 韩之皓 | 宁媛媛 | 杜 亮 | 李启豪 | |

生态环境学院(25 人)：

云 颖	胡 琴	赵水莲	宋纪雷	马文龙	娜黑娅
刁帅帅	陈晓娜	黄圆圆	孙晓瑞	贺新春	刘 铭
周凌峰	刘丹丹	梅志秋	常 成	张 超	冯嘉男
高 烨	刘慧芳	刘宁波	芦奕晓	张 晶	郭婧宇
田 野					

食品科学与工程学院(17 人)：

王乌云	王 欣	李红英	秦 洋	苏 萌	刘 帅
贾 瑞	安 然	马 玉	王金玉	萨拉其其	刘孝伟
陈美瑄	温 梅	鄂晶晶	陆浩然	苏日钦	

兽医学院(10 人)：

| 张 雪 | 青格乐 | 郭羽丽 | 于 洁 | 李振雪 | 李美卓 |
| 吴丹丹 | 李薛强 | 吕金宝 | 陈德浩 | | |

水利与土木建筑工程学院(27 人)：

马晓凯	姬 旭	张 良	于文华	李 敏	袁博文
陈元秀	刘 萌	顾明伟	李升虎	梁 慧	任 飞
尚子尧	田旭乐	李春江	王彦丹	郭 娟	高语轩
李欣雨	王 博	魏 彤	潘劢博	王苏雅	张 强
郭东艳	邢 浩	苏海龙			

外国语言学院(4 人)：

| 白昊琳 | 刘 璐 | 高 敏 | 王 敏 |

国际教育学院(1 人)：

杨凯华

职业技术学院(59 人)：

康建娥	赵欣欣	姚 玲	李祉娟	李 囡	库小宇
周 明	白苏日娜	李进义	信红芳	薛燕青	塔 拉
白来小	田 通	李世杰	果阳阳	张巧燕	康志强
叶桂敏	范增良	郝广利	马秀娟	师 露	高 星
孟改玲	何丹丹	武瑞雪	陈立奇	王 燕	赵宇娜
张 艳	刘 瑞	吕明艳	杨 虹	康 禄	和叶强
贾浩楠	王 静	徐金钟	代伟迪	赵玉荣	郝晓辉
邢冬冬	张 超	杨利夫	王 雪	王丽红	马巧霞
赵晶晶	王丽新	王燕妮	王 勇	郭亭亭	王亚楠

| 赵 宏 | 张 洋 | 丁艳霞 | 高艳静 | 杨 瑞 |

研究生学院（25 人）：

张梅梅	马 黛	陈广庭	呼斯乐	王硕韬	陈 曦
高 迪	王 璐	张健飞	张彩霞	郑 磊	刘士嘉
祁晓慧	刘子路	扎木苏	郝苗苗	桂 涛	王一超
杨 波	王毛毛	钱 卓	刘晓雅	贾丽丽	刘宇晨
阿木热吉日嘎拉

2014 年自治区"优秀大学毕业生"名单

材料科学与艺术设计学院（13 人）：

| 梁志伟 | 王 宇 | 刘 姣 | 李 敏 | 师毅聪 | 叶满辉 |
| 尚琪冬 | 吴 鹏 | 王亚婷 | 韩 双 | 葛凯圆 | 鲁雅馨 |
| 吴向文 |

动物科学学院（10 人）：

| 乔 贤 | 邓 焕 | 史晓娜 | 彭小磊 | 赵 爽 | 赵 飞 |
| 李 康 | 特木其乐 | 宝力尔 | 史俊祥 |

机电工程学院（25 人）：

段文杰	季 邦	文 全	呼和那日苏	米 岩	刘 权
王 刚	其力格尔	蔡宇波	雷思远	任希悦	席闹闹
侯建华	张明冉	赵海荣	刘晓龙	林田勇	刘贵权
刘 薇	仇 义	张从圆	丛日超	栗 宇	宋嘉伟
邢洪超

计算机与信息工程学院（9 人）：

| 王 钦 | 张玉琪 | 孙小蕾 | 杨慧芳 | 张欢欢 | 赵 静 |
| 石 敏 | 洪 芳 | 张佩强 |

经济管理学院（54 人）：

刘宝玲	王利飞	闫晶晶	其乐根	三 叶	阿如罕
李 尧	韩燕茹	乌日勒格	苏宁巴乐	乌尔汗	王富丽
吕燕飞	赵翠霞	郑佳男	杨翔宇	董晓利	金 成
樊培清	窦晓宇	范嘉倩	黄亚星	刘博文	王媛媛
王菊畅	苏日娜	张景慧	呼格吉乐图	丽 丽	袁 野
郭媚佳	张 宝	包玲玲	陈 易	王 芬	李小叶
田海芳	李文静	陈旭为	李 莉	郭龙威	王 丹
李海媛	杨金龙	苏 越	包慧楠	郭子凡	李 宇
奇布仁	锁 婷	李 浩	马俊杰	张宇欣	张 蓉

理学院（8 人）：

| 朱 颖 | 刘肖丽 | 王若雪 | 董 美 | 刘晓元 | 张 琪 |
| 刘亚瑞 | 董志军 |

林学院（21 人）：

崔立波	张 倩	齐 菲	巩 睿	孙 涛	唐 琼
李慧敏	梅 英	朱东贺	阿 荣	刘 璐	贺媛媛
王莎莎	孟根高娃	陈 眉	王 旭	赵雅婕	段慧媛

陈 娜	查干苏布道	阿勒滕齐木克·苏克巴特			

能源与交通工程学院(11 人):

谢林林	马丽斌	滕一民	胡文斌	潘 莉	田莉莉
李柱峰	刘永强	张团结	李伟峥	李晓慧	

农学院(16 人):

于海蛟	裴睿丽	李雅琴	菅彩媛	李顺欣	王迎男
张 婷	狄洁增	梁欣欣	卢 涛	肖舒娴	彭 鹏
梁红伟	何冰怡	张华姝	任美君		

人文社会科学学院(13 人):

刘丹丹	王 娜	萨如拉	兴 安	聂凯敏	乌吉木吉
包塔娜	伙玲玉	郭沙沙	刘泽宇	王泽龙	李君博
石松源					

生命科学学院(13 人):

武宏豆	张 娜	阿力玛	王洪双	沈笑瑞	武艳丽
刘 晶	闫建业	赵燕妮	高恩恩	田志鹏	左 俊
杨 茹					

生态环境学院(32 人):

潘占磊	张晓宇	李小康	刘 馨	李 佳	战 甜
车 敏	齐英达	景建元	金 净	娜 娜	候伟峰
宝乐尔塔娜	孟和扎雅	周佳宁	李向琴	杨婧娜	奇 林
张轩澄	郭 特	刘 慧	侯 宇	王翌嘉	李哲宇
陈万杰	张婷婷	冀晓婷	周 莹	赵静漪	韩蕴哲
吕羿昆	王 棋				

食品科学与工程学院(22 人):

闫佳佳	黄贤勇	海 勒	木其乐	青 兰	昂格丽玛
张飞燕	彩 霞	孙孟霞	胡丽梅	郝玉玲	王 佳
王秀玉	纪 翔	曹晨霞	张 静	肖彦蓉	王 凤
雷柯娜	熊 敏	丁 佳	郭 琴		

兽医学院(9 人):

姜雪薇	王怡靖	高新笛	孙 哲	宋 丹	包飞飞
王 瑜	刘 玲	高瑞娟			

水利与土木建筑工程学院(40 人):

林雨昕	马鹏飞	席小康	何 萌	刘文君	郭 宇
何晶晶	宋 爽	张明成	刘书好	陈潇洋	杨巧妮
王智东	任 波	李 超	张 宾	白 勇	张 颖
宋 杰	张鹏飞	赵水霞	孙 驰	郝世祺	丁艳宏
乔春林	李振广	李金刚	塔 娜	李 洋	邢 鑫
蒋 伟	王晓燕	徐 东	李慧芳	吕德蒙	钟 铃
刘建华	王海瑞	王太福	李艳茹		

外国语言学院(5 人):

连亚妮	杨希桐	高 阳	田春芳	李春春

职业技术学院(78 人):

张倩倩	闫瑞仙	亢淑廷	库小宇	杨 威	袁春柳

崔丽娜	张英梅	亮　亮	包雪梅	尚艳伟	邬介方
邵冬雪	代艳芬	穆晓楠	王酩云	连福霞	曹月星
王　娟	姜　昆	赵宝华	袁海霞	闫沛丞	吕　南
王　超	宋　峰	梁亚丽	陈丽芳	刘亚芬	刘　星
赵　艳	和叶强	孟　丹	张　丹	薛冬冬	郭　静
成　朵	胡海波	林旭鑫	王丽丽	王　欢	张飞艳
刘　璐	班　扬	柴文静	高雅楠	赵瑞芳	李红君
胡志文	魏国华	黄　星	杨欣欣	张靖敏	姚少帅
张　杰	李馨巍	米海涛	吕　洋	刘雅旭	朱亚静
石　琨	付长虹	黄恩子	马亚平	王　栋	郭亭亭
张华梦	周二小	韩　笑	胡艳茹	马晓宇	朱文涛
郭瑞娇	史晓雨	景文慧	翟高娃	武晓婷	高改清

研究生学院（34人）：

付绍印	任科润	于　静	张自强	任　杰	张　莹
王晓宏	冯骁骋	刘　燕	高　迪	王晓龙	张　宁
黄　炎	吴　尧	陆元鹏	赵胜利	柴智慧	杨　威
韩畅阳	哈　斯	扎木苏	于振菲	郝苗苗	孙雪莹
张　伟	杨春波	王晓茜	武士钥	温世勇	石顺利
朱福余	胡晓杰	崔雅斌	李传龙		

内蒙古农业大学 2013 – 2014 学年度"三好学生""优秀学生干部"名单

2013 – 2014 学年度"三好学生"名单

动物科学学院（48人）：

李　平	徐志遥	宋慧子	贺美玲	范泽军	阿布日格
春　秋	塔　娜	李玲玲	王文卉	薛丽芳	秦　敏
王斯日古楞	苏　芮	吴迎朝	张震宇	吴东霖	徐梦祺
梁　玉	陈春路	张美娜	努恩吉亚	张丽平	才文道力玛
韩乌兰图雅	王志然	景立峰	陈晓东	代　小	郭山丹
阿苏日呼	苏日娜	杨　欢	郭宝珠	高　梦	齐敖雪
张　花	青　柏	萨日娜	彩丽干	苏红霞	石瑞楠
张倩茹	脑民塔拉	包斯琴高娃	铁木齐尔·阿尔腾齐米克		南迪娜
额日登图力格尔					

兽医学院（66人）：

于　洁	郭逸贤	张　琪	刘晶晶	翁娅政	呼　和
韩萨如拉	乌仁其木格	哈爱日	辛　鹏	杨　欢	包雨鑫
王柳苏	白欣伟	胡晓鲁	李继红	王　永	徐　旭
郝逸冰	刘世雄	李薛强	王炜晗	喜吉尔	田　甜
月　英	宝勒尔	刘春羽	祝明月	赵洪哲	王胜杰
方泽铭	冯　倩	毛思怡	周莎莎	周雅坪	张　晶

付煜烨	孔德来	唐雪平	舒 翔	李金芝	苗 雨
李晓燕	娜日苏	海 英	娜美尔格	马雪妮	蒲 静
迟明洁	高 宇	赵剑清	杨 阳	苏彦斌	李 洁
鲍朝霞	阿如娜	李慧春	赵慧明	车广胜	陈 婷
白丽艳	乌达巴拉	乌英嘎	陈爱迪	铁木巴特·俄仁格吉特	

农学院(94 人)：

周慧超	白 鹏	杨传旭	卢培娜	杜 鹃	刘 田
高智宁	包丽娜	赵 越	贾瑞芳	周 鹏	古春容
王燕清	索琳格	青 梅	其乐木格	佟斯琴高娃	敖 翔
辛晓宁	史 瑕	杨 迪	王彦阳	马继昌	张皓月
倪国静	田 敏	吴晓榕	魏焕焕	宋平平	刘亚楠
高 颖	陈 鹏	王智慧	崔伟国	康 静	苏 娇
王 洋	张冬月	秦西丹	杨雅菲	邬燕	许 敏
邓 晨	成 莎	隋小康	张 婷	李晓婷	杨程惠
吴艳新	李 蕊	车艳丽	宗 伟	郭忠丽	曲婷钰
马秀燕	李 境	张秀敏	祁文涛	陈斯斯	石胜华
王 桢	倪同心	奥 妮	白玉婷	黄鑫慧	吴 娟
刘恒志	郭 倩	程世博	王 乐	米丽芳	杨剑锋
刘庆岩	张 东	王国民	刘小雨	王宇鹭	何堂熹
王忠雪	白 璐	王小霞	苗 苗	罗珍珍	韩立杰
陈力嘉	薛金鑫	董晓静	张 鑫	张兰英	轩孟华
王志林	刘婷婷	朱营辉	杨 扬		

林学院(93 人)：

苏日古嘎	庆 军	秦旦旦	百 岁	张 丽	李 V 健
孙林岗	冯朝阳	乌斯哈拉	李 荣	马园园	赵 曌
戴文昊	温都娜	张倩妮	郑靖宇	杨 阳	梁晓琳
王芳露	仲梦娇	白晓伟	边丽娟	李玲玲	秦换梅
田晓荣	马丽静	沈丽娟	高丽娜	张亚楠	吴岳怡
孟飞轮	郝 帅	杨 禄	吴小红	王 娜	钢图雅
澈力木格	于亦彤	朱 粲	王亚楠	桑萨尔珠拉	吴 凌
梁艳滢	于永康	温 晶	刘 慧	王 佩	高悦茜
张晓平	娜仁格日乐	王 佳	郭锁洁	马晓璐	王宇涛
刘 洋	王 娜	刘浩苪	卢洋洋	刘 琪	靳 微
张晓艳	王 璐	陈玉莹	李昌路	张晓民	鄂豆豆
仲思放	闫 敏	刘小津	潘阳阳	苏尼尔	胡静杉
邢军超	覃 超	罗 静	李娅翔	许小刚	解 辛
王佳楠	王黔伟	石晓芳	孙荣辉	冯晓庆	杨金梅
王界贤	赵培霞	赵存燕	冯相栋	周忠福	王志鹏
刘晓庆	朱常花	萨出拉			

生态环境学院(99 人)：

郑云暖	张立坤	马芯蕊	杨 丽	钱洁鑫	色毕莫德格
高萨茹拉	刁帅帅	春 铃	青 青	黄海洋	陈晓娜
李晓燕	秦瑾瑾	王晓艳	李可心	徐阿梅	叶婵娟

贺新春	陈丽	高毓璞	谭小敏	王香	蔡磊
敖雪	李惠文	吕彩荣	马潇潇	康慧宇	李艳红
王亚婷	李涛	赵艳妮	郝颖	纪羽	晋丽桐
薛亚利	李菲	牛晓乐	白成芳	张晓伟	姚懿曼
朱振栩	徐文艺	萨仁	萨如拉	康静	索慧慧
李婉娇	王丽	张丽娜	张超	李晓俊	武艺儒
高元	闫墨禹	裴梦钰	杨倩	王莹	卢淑贤
刘龙	童春元	徐晓燕	王迪雅	郭学慧	李梦茹
刘咏梅	许本超	范筱雪	李艳	王雅丽	周兵
达布拉干	黄瑞霞	于浩然	李镯	梁钰镁	刘启嵘
高楠	李亚南	侯美丽	李胜光	张龙英	王佳坤
杨海波	黄绍福	王嘉敏	阿力玛	邱小伟	萨日娜
冯海彬	乌音嘎	蔡婷婷	石娇	王晓林	南丁
特日格勒	苏日娜	高好毕斯嘎图			

机电工程学院（111 人）：

薛冬梅	宋艳艳	曹利	魏鑫	张琪	金秋
巴特尔	包青阳	胡日查	卓玛	丽梅	蔚美清
靳敏	吴玲	邓宝成	冯凯	张曦宇	周琳
张雄飞	贺吉庆	李鹏飞	赵鹏	李彬	季友维
云海星	张建伟	范璟文	张婧	方芳	耿丽
刘亚坤	赵文帅	赵罡	王波	路明阳	杜晓雪
王迪	李星贤	王海庆	韩健	郝永强	刘璇
郭伞伞	松布尔	赵国庆	苏日嘎拉图	韩丽娜	柳青英
朱丽璇	王伟玲	徐翔宇	黄勇	常鹏杰	肖婷
刘雪飞	李平	范景阳	毛新颖	马平	蓬开拓
杨磊	李志敏	温新宇	白如雪	赵涛	李洋
马兆嵘	金玮	王科	于超	王赫	李慧
王奇杰	周彬赫	刘弼臣	张佳明	韩国强	王嘉鹏
高盛博	王旭东	张翼强	李刚	刘玮	李大鹏
杜向	边文婷	夏婧	窦飞飞	安利东	阿古达木
乌云苏都	石泉	陈巴图	靳志强	蔡宏飞	石利利
郭芳	刘士丹	杨明宇	林东阳	雷禾雨	王伟
刘泽琼	谢鑫	乔渝涵	王娜	贾琛	徐星琛
黄利彪	王希宽	朱翌恒			

水利与土木建筑工程学院（130 人）：

张汉朝	周杰	张建新	张惠琳	乌亚汉	孙冉
卢萌	杨亚婷	张登云	赵亚英	张靖承	刘莹
刘锦华	吕建平	董欣欣	张艳	张良	李晓宇
于文华	王江波	赵云	杨岸霄	张磊	袁博文
贾琼	苏婷婷	陈辰	刘美含	郝祥云	包强强
宋瑞丽	顾明伟	倪丽华	侯聚峰	侯凯雁	田雅婷
韩秀艳	王媛	石中玉	郭娜	高世琪	田彤
刘晶晶	李雅君	陈思静	袁宏颖	裴哲	田旭乐

童 航	张兵兵	谢晓红	吕剑鹏	尹松青	殷文慧
王彦丹	靳雨萌	郭珈玮	哈斯格日乐	兰明星	王维刚
梁 艳	吴 迪	刘 贺	李烁阳	郭 娟	武鹏文
李天助	撒 温	赵 航	赵 宇	那日苏	李 洋
马伯乐	李欣雨	王宽洋	李玉娜	李春梅	姜 涛
魏 彤	郝静波	杜银龙	杨秋颖	王苏雅	薛志敏
王 博	刘东印	陈浩宇	杨 娜	高 敏	王子轩
王永强	代丽萍	李 敏	杜佳丽	牛靖冉	王晓慧
王琪雯	稼湘圆	冷 旭	冯雪岩	孙慧慧	侯凯旋
任乾隆	张 楠	周志杰	刘 强	常永强	宋美杰
梁韶卿	田 璐	庞天宇	陈新丹	玄成功	白艳阳
余 佩	李 强	苟青松	范亚男	李 乐	黄璐璐
胡日查	刘晓洪	樊红梅	刘 余	韦鹏举	靳宏旭
韩宇伦	霍静博	梁 丹	贾天宇		

材料科学与艺术设计学院(71人):

史东升	武莉珠	贾晓磊	黄奇梅	颜 燕	王之夏
刘晓蓉	白 璐	张 超	杨 洁	王凯霞	刘 磊
王 伟	艾娇娇	张沙沙	苏敏慧	杨连红	崔风飞
宗海燕	梁燕燕	高京京	张振新	杨泽勋	青格乐吐
阿云嘎	陶德亨	包文华	薛 艳	王艺鸿	乔咪雪
王伟东	蒋新星	赵旖旎	任 佳	程书乐	蔡紫洋
曹建磊	张 桐	籍俊男	张 蕊	沈玉林	赵叔军
苏日嘎拉	塔 拉	梁文明	智 慧	郭颖恺	李 浩
王春芳	付 鑫	张帅维	张轩静	李 超	刘 洋
叶思思	庄淑者	候 莹	张德伟	钟晓芳	王亚焦
刘小燕	张 涛	王紫君	耿敏迪	李水禾	弯旭雅
乔宁娜	张 茜	徐媛红	赵红阳	高 娜	

经济管理学院(198人):

包俊杰	孔 颖	李 璐	王丹丹	王 瑾	李爱青
丽 娜	张红鹰	刘巧凤	寇元一	刘 茹	赵日霞
肖东梅	董 悦	郭 娜	郭思先	黄珍梅	韩 敏
石碧琴	毛凌峰	张 彤	乌 兰	孟 静	张丽敏
刘雅楠	伟 光	乌云嘎朝格	萨仁图雅	车乐木格	路 璐
樊婧超	王金阳	李 芬	张天羽	蔡 丽	李小航
郭 斓	钟礼阳	刘子芳	霍 媛	段晓佳	边怡霖
杜静怡	胡利娜	张小璐	刘 慧	祁 颖	孙如侠
赵学敏	张 妍	乔延东	云姝婧	张春艳	张小锋
任 敬	马 敏	吴 迪	王姝琦	鲁 娜	张 婷
如 意	王孙布尔	韩蹁蹁	宝田丽	唐凯丽	闫 静
杨玲玲	郑晓慧	张 琴	王丽娟	李 璐	黄甜甜
曹永鹏	王 欢	王海娜	杜雪华	韩宇丹	呼 静
董少华	许俊林	石 震	袁 华	王晓琴	张赛龙
刘时佑	杜 蓉	侯 宇	雷 蕾	刘倩羽	徐茂林

田园	吕越洋	张珍珍	陈美领	李红	塔娜
魏昊琨	孙忠伟	冯雪敏	刘慧娟	郭浩婷	赵悦
胡艳芳	沈利利	刘美	孙娜	马玲玉	董妍岑
王琼	贾淑敏	任晓彤	张一凡	刘崇宇	王丹
张立杰	施琦	王晓芳	张嵘	高静蕾	薛新燕
闫舒婷	李娜	杨敏	史雨萌	段雅凡	李洁
李晓娟	潘博	杨成荣	胡占蝶	杨亦欣	刘泽琦
郭新雅	夏永妹	卢静	薛芳	韩晓梅	吴珊丹
秦书梅	康青云	王佳楠	王婷	王怡玄	韩娜
刘佳蓉	段佳昉	邬丹	周佳丽	刘媛	张靖然
徐璐	焦美晨	李云霄	边奇	刘奕婷	潘晨
王丹	蒋彤	冯艳琴	李梅	郭婧	杜玉
赵晓彤	刘圆	郝云霞	杨悦	李梦阳	李晓龙
张倩	白超玛	王雅茹	邰欢	李萌	李洪梅
刘晓琴	徐春丽	白志民	迎春	苗文杰	乌云
乔璐璐	李冉	晏年军	陈田	刘雪佳	岳帅
白晶晶	王玉婕	韩丹丹	刘旭	刘爱珍	柴鑫
张鑫智	汤皓宇	高敏	田丽敏	邹航	朱嘉澍

食品科学与工程学院（89人）：

白晓霞	张艳丽	李亚楠	木其乐	萨如汗	孙那仁吐吖
包航	周娇	孙秀静	张娟娟	刘晓惠	胡海娟
苏日娜	刘阳	刘自强	张博	马宇洁	杨蕾
张俊桃	吴文茹	蔺方瑞	史朝英	寇美燕	胡晓
景智波	杨明阳	白阿茹那	苏雅拉	领兄	佟敖门
包志鹏	董哲	王淑娟	刘孝伟	赵明鸽	吕芳芳
潘佳慧	汪兴	孟掉琴	贺羽佳	孙悦	莫蓝馨
刘瑞娜	鄂晶晶	李敏	王甜甜	王婷	常桂娟
顾志华	刘兰	刘颖	娜荷芽	阿斯哈	美灵
冯娟	温雪华	白慧霞	李立敏	王雅楠	陈小青
王鹏宇	许倩文	王百灵	白路平	如意	莫希叶丽
白婧	王雅彤	芮海红	雒帅	田仪	胡冠华
刘梦静	刘晓娟	吕燕茹	郭文婕	马芳	杨莉
李婷	王昆	赵焱	张薇	付超	高文静
张宇	郑慧娟	李伯海	李敏	吴曼曼	

计算机与信息工程学院（58人）：

张鹏	梁静	陈桐	张梦婷	刘婷	李娜
郑艳艳	丁玮	张志亮	吴萌	吴洪磊	姚虎
谢凌云	白明月	辛延莉	张亚莹	成瑞娥	徐晓甜
徐杨	郭慧敏	闫婷	王晴	徐艳	高芬莉
曹茹	刘文慧	杨珊珊	刘明明	商思思	翟清云
赵芳	金文辉	马付敏	张荣敏	甄兆博	刘霞
付雅鑫	王璐	徐婧	武恒颖	杨欣蓉	张楠
马栋梁	李玉	高虎	郑玉茹	魏欣	胡雨萌

| 贺　静 | 王　佳 | 孙德鹏 | 王孟凡 | 杜　娜 | 刘志颖 |
| 孙　扬 | 杨鑫鑫 | 张耀丹 | 皇荣婷 | | |

生命科学学院(64人)：

何　炜	张　萌	武恺妍	李春丽	王丽荣	郭志慧
吴宏丽	万子萌	贾桂玲	徐苑婷	王　乐	杨杉杉
边燕飞	李　娜	高　虹	张慧慧	吴　楠	邵新悦
张英英	黄晓杰	李　萌	李　鑫	刘鑫阳	王晓敏
高向红	张鹏飞	谢荣辉	黎必非	邸晓丽	董　亮
常有抱	庞　梅	孟庆丽	来　兄	罗彻勒木格	吴映彤
李　格	张嘉宁	张志清	李俊杰	侯宏霞	胡春玲
张锦涛	王　丹	李欣超	张曦媛	刘颖佳	辛　欣
孙　钊	吕月清	王　超	许添顺	米丽媛	张晓杰
段　申	张明阳	柳　沛	郑红英	宋静云	白云鹏
郭学学	彭　澍	刘　薇	高林浩		

人文社会科学学院(53人)：

隋丽丽	赵晓娜	王　丹	李　慧	婀妮尔	朝穆尔力格
孟根那布其	苏日嘎	赵国辉	侯丹迪	杨阿丽	师晶晶
李　倩	赵娅楠	青格乐	乌雅汉	李艳娟	贾月花
康小雅	康文博	樊婷婷	风　姣	阿如娜	鲍文娟
娜荷芽	海　霞	武静雅	刘　青	张建敏	卢　靖
张　娜	鲁如玥	张馨月	艾丽娜	萨　日	樊梦露
张嘉敏	尚虹霞	渠芳芳	张　静	郭有森	王嘉滨
芦晓萌	祁　馨	白彩霞	苏亚拉	苏日姑嘎	杨嬿锟
塔　拉	钱新宇	王振宇	秦树泽	哈布日其其格	

外国语言学院(14人)：

包艳艳	李　蓉	李　雪	史姗姗	周　鑫	马彩云
刘　璐	刘　静	孟祥雨	李晔东	杨银梅	武雅梦
石悦欣	路雅楠				

理学院(34人)：

薛　雨	何　静	刘爱玲	刘婷月	张　华	徐昕桐
张霞飞	周瑞鑫	高壮壮	杨美君	时婧瑶	訾　贺
唐冬艳	刘高飞	宋青青	高宏英	肖艳茹	刘梅英
董丙磊	杜梅娟	段海霞	郭淑玥	杨　振	李文科
康舒铭	任晓静	黄　洁	王　志	程亮亮	兰晓晶
李洪娟	孙　蓉	王　莉	任星燕		

能源与交通工程学院(63人)：

李　芳	郝　虎	吉健波	宝敦德日格	何灵灵	倪　萍
红　蕊	高鹏飞	徐嘉伟	王　玮	杨濡萌	张斌斌
郭鲁鹏	樊兆董	李　娜	李　坤	李春明	邱海涛
董　婉	袁世琳	吴　健	王晓敏	赵　琦	王荣荣
刘艳东	李　瑞	路　宏	任　丽	罗曼司	万恣华
雷海娟	李英雪	任宏伟	陈　颖	徐志勋	李俊博
祝文君	冯国平	刘　彬	阚浩钟	黄　升	王金龙

尹秉旭	赵 叶	薛殊飞	李 磊	陈德刚	王 鹏
张国星	叶盛林	许 建	肖信霈	吴智成	唐文召
王 宇	赵 谦	郭文娟	方新海	云 峰	贺冬梅
胡志强	邱耀仪	李佳慧			

国际教育学院（2 人）：

芙 蓉　　　高晨坤

研究生学院（159 人）：

邵朱伟	陈 刚	高 杨	李斌辉	李丽丽	阿 娜
王彩霞	王 静	常晨城	李 敏	谢天宇	郭咏梅
张铁佳	侯玉臻	王 雪	苏俊玲	黎 慧	韩 恒
五十六	赵圆圆	刘海洋	刘 召	政东红	王晓蓉
邬 娟	杜嘉楠	徐悦婷	白 洁	董建敏	张宏伟
冯丽萍	刘 月	李 舒	冯 彦	董 扬	邹子健
赵永洁	王玮婕	白 雪	王 维	陈晓燕	安刚刚
翟志芳	高海秀	张旭光	刘彤彤	傲 棋	郑舒文
敖 敦	谷 洁	王硕韬	穆喜云	张泽阳	薛海峰
郭博男	国 灏	菊 花	王 宇	田 喜	包萨日娜
高伊蒙	范井丽	李 智	张婷婷	胡小利	王婷婷
康立茹	张丽红	陈 慧	张 丛	高 鑫	崔阔澍
石 博	李志伟	马 慧	苏 芮	王 宇	张 薇
董 伟	史晓玲	李澈力格尔	林海颖	刘晓雅	李艳丽
郭祎天	隋洪旭	王一超	刘 玲	李晨曦	郑欣欣
刘 欢	赵 娜	王海娟	刘 萌	刘思蒙	温小俊
凌 宇	潘 静	任 乐	安海波	范 浩	曹丽霞
刘福全	王 丹	张 璐	田婷婷	武 倩	闫宝龙
刘鹏飞	王 猛	张跃华	于 静	赵巧兰	李 丹
王建杰	刘旭艳	张宏伟	党晓宏	王志军	高鹤尘
王德宝	黄卫强	刘 璇	宋继宏	张晓燕	张冬蕾
王文婧	罗玉龙	李 贞	于海静	梁晓红	席晓霞
顾 悦	王 佩	胡 月	刘艳成	刘丹丹	丁月霞
李 岩	张 曼	金 鑫	郭 鹏	朱 浩	钱琳娜
李 琛	邵国玉	智达夫	高 矗	薛慧君	姚姣转
常春龙	程光远	杜 斌	王萧萧	田晓宇	田晓敏
马 红	李昌见	苏亚拉其其格			

职业技术学院（205 人）：

刘芳芳	李智霞	闫瑞芳	张丽芳	郑丽琴	杜韦韦
张 琪	王若楠	李 劲	叶婷吉	蔡路平	张晓敏
呼虎艳	武翠青	王 慧	李 欣	王 东	牛彦峰
祁君霞	崔佳奇	涂丽娜	于海娟	石宇阳	韩慧敏
刘 洋	李瑞霞	席欣裕	任 玲	吴建锁	张景莲
高 丽	蔺义菊	布仁其其格	白来小	王乌云娜	田 通
潘美荣	鲁 涛	谢艳鹏	李二板	王 帅	王 乐
姚二霞	淑 兰	奈日斯格	李文慧	张颖姣	马晓芳

腾格尔	韩红燕	高璐	越浩强	王佳瑶	郝广利
严力俊	刘建林	侯永祥	熊春静	刘艳霞	刘艳艳
刘丽霞	任鹏霞	狄晓进	毛莹	周小惠	隋洪杰
王雅娟	睢艳芳	屈雅婷	孙秀颖	罗嫒	王利娜
张洁	武瑞雪	李慧	徐蓉	张玥	赵利敏
邬晨霞	李颖	丁丽	杨丹	洪凯敏	曹佳萍
辛俊青	阎究桂	赵倩倩	赵倩	刘玥彤	赵丽丽
王云	王静	马佩凤	贾丽	贾浩楠	张超宇
杨瑞	张晚红	潘妮娜	韩建娥	张晶晶	史乐乐
李英娣	关兵	贺情楠	冯聪利	刘小兰	康艳玲
潘亭	马红	李美容	王荣花	李娜	吴虹乐
薛桃	郭艳	彭丽红	张立杰	马丽萍	苏雅萍
许瑞清	潘晓燕	王桂丽	董玉荣	王文娟	王佳慧
郑思慧	郝彩霞	许蒙蒙	高洁	贾嫒	郭小芹
张亚茹	席延芳	李晓杰	肖丽霞	杨建鑫	张璐
张震	孙瑜霞	陈河年	侯田田	段鑫焱	刘磊
安雷	李鑫	姜波	肖蕊	杨培云	王旭
曹成友	郭月	赵洪飞	张彩虹	张淑娟	吉磊
周甫	刘海涛	姜鲜桃	全欣	池红霞	张金影
王宁	王琪	曹月婷	邱文颖	潘宇嘉	王丽娜
梁宏霏	万世珍	孙美清	曹丽丽	王勇	贾明耀
王慧	王静	陶鹏	杨志强	张雪娇	李帅
郝宏伟	苏畅	张丹妮	郝乐乐	蔚少朋	张冠男
张薇	张玉斌	陈惠民	王鑫磊	吴冬梅	王俊
曹康新	吕国强	石震	陈雨	李敏	包若琳
刘倩	王雪莲	韩燕平	苏佳	王思琦	董建英
祁立婷					

2013－2014学年度"优秀学生干部"名单

动物科学学院(25人)：

韩洁琼	张清月	娜美日嘎	乌日力嘎	孟庆爽	陈旭东
陶格斯	张利敏	张江	梁水源	乌日罕	南丁
白嘎力	萨日娜	阿如恒	阿古达木	王月娇	王兆琛
周丹	刘瑞宾	狄乌云	娜日那	纳日嘎	宝乐根
布鲁根					

兽医学院(35人)：

张建华	刘铭	迟鹏超	李桂宇	庞宇	青克尔
秦领兄	程波	吴丹丹	党斐	黄敏	潘登
刘云秋	杨效林	塔拉	呼木吉乐	吕金宝	牛广胜
胡晓凤	陈德浩	王越	马应恒	孙海涛	陈猛
赵那日苏	萨日娜	何榕蓉	赵一	宋译	张静
郝大成	查黑拉干	莫尔格乐	巴达仁贵	包圆志	

农学院(55 人)：

高佳雨	梁 昊	阮 慧	孙 蕊	张 婷	龚 静
苏 娇	胡春喜	郭嘉华	朱宝英	范 伟	鲁 泽
海 霞	刘一凡	白 杰	阿 磊	陈立波	吴 强
查拉根	白国庆	张 健	俞旦吉	张洪瑞	吴 娟
刘恒志	邸 星	李晓立	孙 贺	张方博	刘庆岩
常鸿图	侯俊斌	艾丽南	王 颖	麻晓卉	韩立杰
刘嘉方	刘 佩	李梦媛	付 丹	薛越胜	李反霞
赵春龙	路 标	孙伟杰	王桂敏	高霞霞	吴丽萍
吴金林	马宾杰	李 业	陈小波	马继昌	王媛媛
倪国静					

林学院(51 人)：

阿日根	满都夫	凤 兰	张丹丹	李富东	乌仁套格草
姚 进	姜 珊	徐丹阳	刘 刚	高晓慧	袁 野
李小平	张文娟	张亚楠	宋 坤	贾 佳	高 艳
吴小红	王 娜	曹红芳	文秋萍	赵家明	陈美合
吕耀斌	霍明阳	娜仁格日乐	郭镁洁	高云菲	王一正
王惠玲	卢洋洋	赵佳琪	毛虹禹	巩胤辰	王文博
张琳琳	潘光琪	马拉青呼	潘阳阳	苏尼尔	白哈那嘎尔
郑豪亮	张晓英	石 波	李相东	张笑颖	花 卉
麻 欣	李 阳	刘晓庆			

生态环境学院(42 人)：

陈艳茹	康 瑶	乌吉斯古楞	史李萍	张 威	梁 超
王梓璇	王 璇	刘 铭	王 丽	田金鑫	郝文星
桑·沙尔娜	董鹏宇	张云龙	张 欣	顾庆申	郭 月
王雨晴	宋 喆	刘一宁	张素琴	刘宁波	芦奕晓
黄 静	问 月	王鸿飞	武鹏程	张雅楠	闫伟岳
王 莹	乌斯哈勒	鲍思羽	王铭涛	芳 菲	王洪志
荣 荣	赵志江	刘宏利	丁明浩	韩韩盖	代香荣

机电工程学院(54 人)：

徐培培	王建平	高喜杰	海 青	赛音朝格图	海 梅
张 凯	陈 儒	王瑞强	丁洪亮	孙 利	李 进
乔吉群	宋 江	许宝东	肖 璟	王 娟	丁嘉伟
栗霞飞	张学松	刘志远	杜银全	丽 丽	燕 生
鲍灵灵	王俐文	刘小雪	雷佳音	刘晨旭	赵天祺
王旭飞	田吉富	高 杰	董帅帅	张 磊	陈凤羽
雷凤瑞	李 鑫	冯晓宇	张 帆	韩星星	王 路
维勒斯	梁 有	刘 骁	牛蓉蓉	李东升	张弼博
张泽阳	毕 莹	李淑雅	康元杰	刘 宁	李明月

水利与土木建筑工程学院(98 人)：

李志辉	张 倩	苏日娜	冯书敏	马晓凯	柴建新
高凤仙	王 佳	李 博	李智慧	刘 洋	高亚龙
刘北琛	于 磊	张 克	郑 欢	钟晓强	贺怀杰

刘 萌	刘 敏	王旭阳	姜文汐	王冠乔	任 飞
陈小平	郭 垚	唐 月	马立群	尹文艳	付 强
艾晨亮	尚子尧	黄敬云	张少华	李春江	罗亚娜
吕剑鹏	曹晓强	贾腾月	孙宇乐	郑凌宇	桂子涵
孟 岳	李 璐	王 喆	毋海梅	张 旭	陈亭艳
王皓月	王 扬	景四乐	马中宇	程传阁	周亚军
刘昕蕊	赵宏烨	李 跃	王 飞	赵越龙	杨庆宇
任飞跃	孟广丰	张志强	窦 旭	任晓东	高栓伟
薛祥宇	刘欣宇	陈佳乐	张阿龙	王宇祥	李凤果
郭木鑫	李 丹	宇文静	郭弋瑄	张 硕	张 楠
唐 娜	胡耀华	田 晨	王 琦	王 琨	王 璐
顾思博	李艳杰	于 波	杜 蕾	崔 健	刘文超
布和额尔敦	白铁锁	周巴图	国 庆	田云弟	陈学彪
冯 浩	崔动听				

材料科学与艺术设计学院(40 人):

郭艳年	李 严	张海晶	王晓明	刘 琪	扈佳琪
荣佳旭	王 斌	任玉坤	樊立辉	桂 荣	苏雅乐
白丽丽	胡莞瑶	张瑞雪	赵凯燕	姜 萌	丰 丽
史小剑	田 昕	侯艳杰	晁 硕	杨凯杰	郭世雄
包秀春	梁志华	李怀伟	刘 媛	张 啸	马利伟
刘 晨	于亚龙	路 周	李 瑞	郝登云	徐克敏
贾忠慧	刘小青	白 婷	张雅晶		

经济管理学院(111 人):

董彩霞	云雪瑞	王海啸	吕冬梅	杨雪冰	王 娜
孟丽娜	张镇宇	杨丽渊	牛志伟	马晓男	李思璇
陈阿如娜	罗治华	周 悦	何佳玲	闫海云	祁 虹
楚 琦	杨锦妮	王一喧	罗青青	安 颖	樊智雯
王志刚	贾连东	马 敏	魏金云	高 欣	李 洁
王孙布尔	色音吉亚	陈洋洋	武 庭	王林慧	白雅婧
魏 媛	李楚瑛	王丹阳	贺晓娟	王 璐	杨 进
李玉贞	房 瑢	李雪建	吴杉杉	王 莹	石春霞
丁嫚琪	陈晓晨	朱雪蓉	朝鲁蒙	乌雅汗	鲁山丹
王爱伦	高 杨	李博洋	王普召	韩 鹏	梁 玮
马园园	蔡 磊	王 淼	刘 东	孙妮娜	李嘉楠
姜 泽	左 红	宁佳佳	史建超	陈琦琦	陈小俊
青格乐	王 凯	王 震	刘佳蓉	王婷婷	张靖然
李婧瑶	乔 婧	李颜新	高 乐	杜睿元	陈 东
魏俊霞	国 伟	路 阳	苗 苗	安 妮	马姗姗
李梦阳	梁 裕	王强志	边 静	董倬睿	刘红雨
张 焱	胡斯勒杜楞	航 盖	杨丽荣	麻红冉	兰欣彤
冯英浩	孙芮兰	王安琪	刘 娜	陈亚琦	张鑫智
张 荣	姜昊雯	乌力吉白彦			

食品科学与工程学院(56人)：

丁亚楠	许忠莲	宝　德	何圆圆	苏　萌	兰冬丽
熊　海	李静茹	宋艳娜	侯苗苗	齐　笑	姜海艳
贾　瑞	冯建慧	卢忠华	威力斯	齐　冉	王金玉
萨如拉	卓　娜	陈建鹏	李亚卉	刘海珍	陈美瑄
郑王建	孙学颖	杨婷婷	赵圆圆	隋东悦	杜　宝
高金花	王文宇	刘晓燕	陆浩然	张　帅	春　燕
包红艳	杨晓羽	司瑞婷	韩利伟	王艳超	戈美玲
陈　璐	那日苏	徐　炎	陈凯菲	龚娅军	米　多
韩　佳	曹安妮	王亚利	乔惠田	武海燕	黄佳慧
王荟媛	陈丽娟				

计算机与信息工程学院(35人)：

张　鹏	梁　静	郭　娇	张梦婷	邬丽君	许绯琛
曹　蕊	张志亮	梁　艺	谢凌云	王　红	李冬雪
辛延莉	李海霞	张　波	车　雷	杨利英	朱亚楠
葛　兰	张秀秀	赵　芳	王琛琛	宋佩香	杜雨婷
王　媛	陶东华	郭梦琳	郭建男	秦慧敏	徐文玉
朱慧慧	赵娜娜	王永军	孙　扬	俞　敏	

生命科学学院(38人)：

祁俊杰	霍立娜	潘　亮	刘　妍	张美玲	陈博强
吴元元	李春萌	吴和欣	吴　楠	张　欣	宋伟艳
张英英	黄季璇	李　鑫	张圣男	李茂胜	程　通
李启豪	张梦靖	孙媛琪	白　杨	王燕飞	侯宏霞
耿振龙	相雯研	刘颖佳	孙知瑶	黄　忠	吴玲玲
温保鹏	侯金浩	南秋霜	张伟晴	郭路琳	石俊庭
王慧颖	张科文				

人文社会科学学院(32人)：

郝凌峰	王伟兰	莘跃敏	杨日旺	孟敖民	其乐木格
赵禹东	于　超	田　哲	杜　娟	顺布尔	娜　仁
王卓悦	张　霞	郑　冕	戴圆圆	邵瑞霞	雪　梅
阿斯亚	王文煌	李丹阳	魏嘉玮	萨初拉娜	李爱迪
杨　坤	宗　昊	李　晨	吴　琦	其力木格	孙一鸣
王治国	刘晓娟				

外国语言学院(10人)：

谭笑笑	白昊琳	张　玥	尹　昕	塔　娜	王　凯
桃克思	李青霞	石悦欣	苏　乐		

理学院(20人)：

张志浩	崔　涛	李星伟	吴海英	杨承飞	张　宁
赵彬彬	陈　明	马文瑞	王　煜	付瑞兵	李　璐
康舒铭	任晓静	周俊峰	刘冠男	闫德博	聂雨芊
郑祥海	徐茂发				

能源与交通工程学院(33人)：

任嘉英	乌日古木勒	吴　明	刘伟宏	代一澜	刘金山

南　易	史宏伟	马丽媛	王荣荣	路　宏	李　恒
程继发	王志强	陈　颖	陈文钧	米凯琦	马宝朝
李　叁	冯国平	王继碧	高　蒙	薛殊飞	李　磊
刘渊海	李　想	郝晓东	王　旭	周力强	贺超乙
王洪图	王丽娇	刘晓波			

国际教育学院(1 人)：

李思奇

研究生学院(97 人)：

邬飞宇	周　宇	高玉磊	王新朋	娜仁高娃	邢振存
乌丽雅苏	张　莹	王桂超	赵称赫	段罗佳	高　扬
杨建宁	王正龙	张　凯	崔　楠	金　鑫	李　娜
白　洁	格日勒泰	朱新宇	王　倩	包尔曼	陈小方
郝冬冬	李娜娜	彭兆东	贾　鹏	安刚刚	高　博
李淑慧	于官正	阿拉腾萨日	王　莹	朱丽丽	苏　柳
王丽丽	王　辉	高　峰	党　彦	张贵满	马　黛
李　杨	郝治满	呼斯乐	马志伟	于小彬	张鹏飞
刘永胜	罗玉松	东宝柱	徐鸿侠	洪　赫	黄　超
白　云	韩利东	董仕超	韩　涛	赵若阳	白志军
刘　坤	张胜男	包丽颖	罗　冬	贺一鸣	李梓豪
王永宁	姜　莹	马骏骥	贾　旭	朱国栋	苏子坤
侯建伟	刘哲荣	韩　磊	马春艳	辛　雪	程海星
周　霞	李常坤	尹南锟	杨　钠	王毛毛	特尼格尔
李　琦	芦　婷	张胜男	张帅洋	薛　洋	庞方圆
王成刚	张　健	赵振亚	鲁耀泽	毛晓明	许　浩
刘志娇					

职业技术学院(121 人)：

刘芳芳	孙　鑫	周　琴	杨燕燕	胡　曷	于亚靖
张　艳	杨改玲	赵春喜	杨金灵	姜　贺	王成龙
张　宇	高星宇	付佩颂	赵　娟	马舒瑶	任锦荣
斯　琴	娜和雅	范奎奎	何家瑛	其木德玛	周宁宁
宫兴斌	萨日那	吴景海	李胡格吉勒	张亚鑫	李美松
高秀欣	腾格尔	韩红燕	刘文波	景丽青	高珮瑶
严力俊	刘建林	景　丽	王　蓉	宋玉莎	何　平
张　萌	李小霞	刘娟娟	李宇阳	吴学敏	刘庆伟
辛岩超	刘美娜	任瑞先	孟晓科	贾建英	王少泽
王　珍	杨晓雨	赵妍颖	李　治	全　佳	司晓慧
庄　娜	潘　越	王瑞霞	白云燕	李　爽	王莉丽
杨美佳	张秀平	牛荣荣	卓　拉	尚十洁	宋迎旭
薛　桃	王艳芳	张　磊	李春燕	朱立明	王佳慧
郝百华	于佳乐	夏　甜	孙　岩	邢亚静	荆文琪
魏晓红	王　颖	刘　丹	于光旭	薛　浩	李恩龙
李　根	周晓玉	乌仁苏都	马乐乐	马巧霞	马慧芳
郑　双	许鸿鹏	贾　婷	孙　佳	吕　静	李敏敏

倪宇晗	贺煜君	刘　键	付　乐	李志荣	赵　婧
曲志鹏	赵　宏	杜　飞	唐　伟	谭立文	张燕青
张　霞	杨　阳	郭建东	孙佳慧	韩　靓	康栓丽
阿拉坦其木格					

内蒙古农业大学 2014 届"优秀大学毕业生"名单

动物科学学院(16 人)：

吕艳慧	乔　贤	邓　焕	史晓娜	彭小磊	赵　爽
赵　飞	李　康	特木其乐	宝力尔	宝都吉雅	班布日
苏日嘎	赵明镜	史俊祥	乌云格日乐		

兽医学院(8 人)：

姜雪薇	王怡靖	高新笛	孙　哲	宋　丹	包飞飞
王　瑜	刘　玲				

农学院(22 人)：

周渊涛	王迎男	潘长明	张　婷	童小婉	狄洁增
李　颖	梁欣欣	卢　涛	肖舒娴	彭　鹏	梁红伟
何冰怡	屈乐强	张华姝	于海蛟	裴睿丽	李雅琴
菅彩媛	黄　凯	韩　康	李顺欣		

林学院(24 人)：

陈　娜	崔立波	孟根高娃	段慧媛	其格乐很	巩　睿
孙　涛	杜永彪	唐　琼	赵雅健	梅　英	朱东贺
阿　荣	刘　璐	单毅鹏	贺媛媛	王莎莎	王科杰
李慧敏	陈　眉	赵东雪	王　旭	阿勒滕齐木克·苏克巴特	
查干苏布道					

生态环境学院(27 人)：

潘占磊	张晓宇	李　佳	战　甜	车　敏	齐英达
景建元	金　净	娜　娜	候伟峰	周　莹	孟和扎雅
周佳宁	李向琴	杨婧娜	奇　林	张轩澄	郭　特
刘　慧	侯　宇	王翌嘉	李哲宇	李星月	陈万杰
张婷婷	冀晓婷	宝乐尔塔娜			

机电工程学院(39 人)：

段文杰	张　翔	赵新宇	季　邦	杜丰灿	文　全
宋嘉伟	段利明	汪桂明	李佳佳	王春生	米　岩
刘　权	王　刚	其力格尔	蔡宇波	雷思远	任希悦
席闹闹	马　鑫	侯建华	米晶晶	张明冉	赵海荣
刘晓龙	林田勇	李文平	刘贵权	马　群	王少军
刘　薇	仇　义	张从圆	薛俊磊	丛日超	栗　宇
张　喆	张　娜	呼和那日苏			

水利与土木建筑工程学院(49 人)：

林雨昕	马鹏飞	席小康	何　萌	刘文君	郭　宇
何晶晶	宋　爽	徐　琼	张明成	额日德木	刘书妤
樊浩伦	陈潇洋	杨巧妮	王智东	任　波	李　超

张宾	乔金磊	白勇	张颖	宋杰	张鹏飞
赵水霞	张利强	孙驰	郝世祺	丁艳宏	乔春林
李振广	李金刚	塔娜	李洋	邢鑫	蒋伟
王晓燕	徐东	李慧芳	柴慧祥	郭少峰	吕德蒙
钟铃	刘建华	王海瑞	高奇	王太福	卢星航
李艳茹					

材料科学与艺术设计学院（18人）：

梁志伟	王宇	康晓伟	王芳	刘姣	李敏
师毅聪	叶满辉	尚琪冬	吴鹏	王亚婷	韩双
葛凯圆	于浩然	张伊然	鲁雅馨	张晶	吴向文

经济管理学院（74人）：

刘宝玲	王利飞	张艳芳	闫晶晶	其乐根	三叶
阿如罕	米文慧	杨妍	李尧	丁斌	韩燕茹
乌日勒格	苏宁巴乐	乌尔汗	王富丽	王丹	吕燕飞
吕舒敏	赵彦杰	赵翠霞	郑佳男	杨翔宇	黄红梅
董晓利	金成	樊培清	窦晓宇	赵世娜	范嘉倩
燕越	王鸿雁	杨婧	黄亚星	刘博文	王媛媛
王菊畅	苏日娜	张景慧	苏龙高娃	丽丽	刘芳
袁野	郭媚佳	张宝	岳珲	徐莹	包玲玲
陈易	王芬	李小叶	田海芳	杨燕婷	王健楠
李文静	陈旭为	李莉	郭龙威	王丹	李海媛
杨金龙	苏越	包慧楠	郭子凡	李宇	奇布仁
刘馨	锁婷	李浩	马俊杰	王金梅	张宇欣
张蓉	呼格吉乐图				

食品科学与工程学院（31人）：

闫佳佳	黄贤勇	韩昕男	王丹	海勒	木其乐
青兰	昂格丽玛	张飞燕	塔娜	彩霞	阿如罕
孙孟霞	胡丽梅	谢自艳	郝玉玲	王佳	王秀玉
纪翔	霍青梅	曹晨霞	张静	岳国婷	肖彦蓉
李慧	王凤	赵雅娟	雷柯娜	王惠娟	熊敏
丁佳					

计算机与信息工程学院（12人）：

王钦	张玉琪	季平	孙小蕾	张冉冉	杨慧芳
张欢欢	赵静	石敏	洪芳	赵宇	张佩强

生命科学学院（25人）：

武宏豆	殷玉梅	万安琪	张娜	黄洁若	王瑜
阿力玛	樊艺楠	王洪双	沈笑瑞	武艳丽	沈媛
刘晶	张喜艳	闫建业	苗皓博	赵燕妮	杨司琪
高恩恩	王鹏	赵奇	田志鹏	李秀锋	左俊
杨茹					

人文社会科学学院（16人）：

侯介方	郭志远	周牡丹	刘丹丹	王娜	萨如拉
兴安	聂凯敏	温都娜	乌吉木吉	包塔娜	佟双

| 伙玲玉 | 郭沙沙 | 刘泽宇 | 巴图吉日嘎拉 | | |

外国语言学院(5 人)：

| 连亚妮 | 田春芳 | 杨希桐 | 李春春 | 高 阳 | |

理学院(11 人)：

| 朱 颖 | 刘肖丽 | 赵一斌 | 王若雪 | 董 美 | 董志军 |
| 刘晓元 | 张 琪 | 杨丽娟 | 杨官令 | 刘亚瑞 | |

能源与交通工程学院(10 人)：

| 谢林林 | 马丽斌 | 滕一民 | 胡文斌 | 潘 莉 | 田莉莉 |
| 李柱峰 | 刘永强 | 张团结 | 李伟峥 | | |

职业技术学院(114 人)：

崔丽娜	张倩倩	王 璐	闫瑞仙	亢淑廷	袁春柳
张英梅	亮 亮	佟道日娜	包雪梅	邬介方	陈 丹
邵冬雪	代艳芬	穆晓楠	王酩云	连福霞	王 娟
王若文	赵宝华	梁亚丽	吕 南	高爱霞	宋 峰
刘亚芬	刘 星	赵 艳	孟 丹	薛东东	赵瑞芳
林旭鑫	王丽丽	张飞艳	刘 璐	王 欢	柴文静
魏国华	高雅楠	胡志文	杨欣欣	陶 伟	张 杰
张靖敏	米海涛	王 明	吕 洋	刘雅旭	蔡晓庆
高尔泽	吕英杰	石 琨	付长虹	王 栋	马亚平
黄恩子	吴 佟	冯瑞华	王春华	高丽杰	陈 龙
李瑞瑞	王 迪	郑 敏	杜利文	周二小	张华梦
韩 笑	乌兰塔娜	马晓宇	郭瑞娇	朱文涛	冯玉华
刘 玥	赵 媛	高改清	孟甜甜	王爱磊	武晓婷
岳丽莎	康建娥	杨 威	库小宇	尚艳伟	曹月星
赵 浩	姜 昆	闫沛丞	吴春艳	袁海霞	王 超
陈丽芳	张 丹	和叶强	成 朵	李瑞萍	易慧茹
姚少帅	李馨巍	许盼盼	朱亚静	刘 燕	郭亭亭
胡艳茹	史晓雨	邹存辉	景文慧	翟高娃	郭 静
胡海波	班 扬	李红君	黄 星	白建国	张小雨

研究生院(65 人)：

付绍印	李俊良	任科润	任 杰	李 娜	陈俊辉
孙 鹏	王 姣	苗慧琴	张志成	菊 花	刘 伟
胡廷会	萨如拉	任少勇	温玉龙	崔 超	于 静
张自强	张 莹	王晓宏	罗凤敏	王晓龙	刘 燕
韩 轩	刘星岑	高 迪	伊风艳	冯驰骋	孙世贤
张 宁	黄 炎	温丽萍	刘瑞浩	陈亚莉	吴 尧
陆元鹏	李 波	赵胜利	魏李良	柴智慧	韩畅阳
杨 威	哈 斯	扎木苏	赵亚荣	于振菲	萨茹拉
郝苗苗	赵小燕	董玉玲	孙雪莹	张 伟	孙 琳
赵瑞媛	杨春波	李春玲	武士钥	孟庆刚	朱福余
石顺利	尹景峰	温世勇	胡晓杰	崔雅斌	

2014 年毕业生、学位获得者名单

年度授予博士学位人员名单

动物科学学院(13 人)

杜 琛	付绍印	高丽霞	王凤武	张春强	弓 剑
郭祎玮	金 鹿	李俊良	马 露	玛丽娜	萨茹丽
双 金					

机电工程学院(1 人)

王志国

经济管理学院(12 人)

IVANOVURGAMAL	贾润林	柴智慧	高翠玲	胡海川	张永军
OCHIROVA EVGENYA	李媛媛	刘玉春	申秀清	田艳丽	闫 晔

能源与交通工程学院(1 人)

杨 锋

农学院(16 人)

关 峰	李 杰	李 明	杨忠仁	邵 科	王 琪
于 静	房永雨	张永虎	张自强	崔 超	崔文芳
韩海斌	李 强	杨彦明	SHAGDARSURENDORJPAGMA		

生命科学学院(3 人)

刘宗正　　王丙萍　　吴慧光

生态环境学院(18 人)

查木哈	丁海君	冯骁骋	李夏子	李元恒	孙世贤
乌 兰	杨 婧	伊风艳	郭月峰	盛 艳	景宇鹏
马 鑫	袁立敏	扈 顺	李 攀	郭郁频	闫利军

食品科学与工程学院(8 人)

BAT - OCHIR MUNKHDELGER		SER - ODBATTSETSEG	
CHIMEDSURENJAVZANDULAM	李 慧	刘文俊	孙志宏
王丽凤	张家超		

兽医学院(12 人)

PAVLOVSTANISLAV	李 磊	刘 畅	温世勇	尹景峰
张福全	张月梅	杨 斌	赵俊利	李军燕	李 鹏
王 羽				

水利与土木建筑工程学院(7 人)

白燕英	李建茹	刘德平	马金慧	吴 尧	闫建文
朱冬楠				

年度授予硕士学位人员名单

材料科学与艺术设计学院(18 人)

范慧青	梁宇飞	刘添娥	马淑玲	张 彬	张文睿
赵胜利	黄彦快	蒋世一	苗雅文	周 熊	周志新
陈明会	韩 韬	侯 静	梁张祥	张聪超	赵 静

动物科学学院(32 人)

王伟伟	韦福鑫	张名亮	BATSAIKHAN BATNOMIN		
BATTOGTOKH GERELMAA		包艳青	蔡 婷	海 棠	韩海格
骆 巍	孟瑞强	王 琳	魏永龙	张宇宏	周娟娟
俎红丽	樊艳华	韩 帅	解 进	那仁图雅	孙 娟
塔 娜	汤明惠	王馨瑶	杨淑青	张冬梅	张 霞
周非帆	付晓政	刘 娜	任科润	田丽新	

机电工程学院(28 人)

BAYARSAIKHANMANALSUREN			冯雅丽	高少宏	郭 林
刘 闯	全亚静	王艳丽	吴菲菲	邢 凯	张宝超
周好婕	扈艳艳	楠 迪	王丽媛	温丽萍	张彩霞
张正昊	撖淙武	华英雪	黄 炎	李晓阳	刘 超
冉 雪	张德虎	张 宁	张 涛	李 卓	张小志

计算机与信息工程学院(10 人)

桂 涛	李传龙	刘 恒	苏 萌	孙海鑫	孙雪莹
徐 玲	寻言言	翟 林	赵美玲		

经济管理学院(46 人)

TSETSENKHUUANARZUL		KHURELBAATARSOLONGO		高剑飞	刘 硕
童国辉	徐 慧	郭哲彪	韩 璇	贾广绅	康晓敏
李格勒	李 慧	刘少琪	王 丹	王利华	王淑艳
魏李良	乌 尤	杨 鹏	喻蓉蓉	朱 硕	冀杨洋
罗婧威	毛西通	彭 颖	乔 慧	王慧敏	曹 钰
冀 冰	包金英	杜培珍	方 静	哈 斯	兰 婧
李春梅	李亭洁	杨雪芬	张 健	阿茹罕	卢 双
吕 月	DUGERRAGCHAA ODBAYAR		MYAGMARDORJ TUMEN－ULZII		
杨 威	BATJARGALARIUNAA		DORJSURENKHORLOO BOLORTUYA		

理学院(2 人)

王晓茜	闫翠玲

林学院(22 人)

吕 涛	王洪体	魏 媛	徐 爽	张 莹	钟 帅
阿丽香	阿木热吉日嘎拉	宋祥硕	余利敏	段景攀	高孝威
王希平	王晓宏	乌 云	张 璐	胡 杨	郭 烨
李 然	刘 鑫	苏伦嘎	郁 蓉		

马克思主义学院(15 人)

白雪莲	白永萍	额日古那	胡吉雅	萨日娜	莎日娜
白 珏	阿拉腾哈斯	包白英	包玉芳	樊素敏	郝 婷
胡晓杰	李沂恩	张海杰			

能源与交通工程学院(7 人)

李东彪	秦 川	商海燕	特日格乐	王志平	武士钥
赵晋芳					

农学院(67 人)

刘 莹	宋志强	温玉龙	张文鑫	吴 翔	李 浩
李 娜	郑雨维	王 丹	褚义红	高兴颖	孔德娟
刘 微	刘晓蕊	苗慧琴	田沐荣	田荣伟	王 姣
王 勇	张启莉	张引晓	周 俊	周翼虎	朱山川
卜浩宇	陈雯廷	李 强	林晓红	曲延军	任 杰
王 祺	张晓萝	敖孟奇	白沙如拉	陈俊辉	郭 涛
李光耀	牛泽如	孙 鹏	于 超	范 瑞	金晓蕾
孙宇燕	王春勇	王 良	王玹瑛	胡廷会	谢 锐
于亚强	于志贤	张志成	陈春梅	范香全	温 贺
李维敏	李晓娟	刘 伟	王丽丽	任少勇	萨如拉
宋树慧	苏雪萍	刘 霞	王淑敏	魏翠果	肖 强
张艳丽					

人文社会科学学院(6 人)

崔 剑	崔雅斌	贾鸿雁	刘羽哲	马小勇	张秀娟

生命科学学院(37 人)

崔洪飞	戴铭成	李春玲	李泽乐	刘振华	张 伟
房 君	高晋芳	刘彩云	钱 呈	王 峰	王海涛
王 宏	王 伟	冯宗琪	韩 瑞	胡 佳	黄文华
焦志军	李慧鹏	刘 进	刘沛生	宋 倩	杨 倩
云小乐	张 威	陈 晨	巩瑞红	李娅妮	张颜婷
张玉花	钟睿博	董 博	樊凯军	姜晓旭	王 潇
王晓丽					

生态环境学院(63 人)

乌云嘎	刘 燕	陆婷婷	潘永刚	王坤龙	王 璐
王 敏	朝毛日勒格	杨 洁	云 娜	张元科	陈 翔
道如娜	董 雷	高 迪	额尔敦花	何晓蕾	贺 威
黄 琛	李园园	刘 通	吕亚亚	任尚佳	宋文娟
王晨晨	于海春	张 宇	赵晨光	陈晶晶	郭良士
胡 宁	刘雁南	罗凤敏	吕新丰	马韶昱	乔 荣
王 博	王雪飞	肖 芳	徐荣会	张瀚文	张媛媛
常 颖	康文慧	刘军利	田恩来	王清梅	张秋颖
呼吉亚	李寅龙	刘星岑	邱 睿	宋 瑶	王英男
吴丽丽	颜学佳	张 宇	田海晨	谢 菲	郭跃武
韩 轩	王晓龙	MYAGMAR PAGMA			

食品科学与工程学院（43 人）

PUREVDASH SOYOL – ERDENE　　　　SELENGETEMUULEN　　　白　娜

郭　霄　　李　嘉　　ORGODOLKHONGORZUL　PUREVCHULUUNUURIINTUYA

盖　梦	王　倩	韦　婉	廉雪花	梁图雅	刘彩虹
刘汇芳	任　艳	石晓红	苏雅拉	孙培珍	王爽爽
王月宏	乌　云	薛宝玲	于振菲	张　曼	张　腾
赵春萍	陈宇娇	包科尔沁	曹博文	林在琼	马元婧
秦艳婷	萨如拉	宋晓彬	王梦姣	郭建林	王雪妮
胡夜明	乌仁图雅	杨　晶	扎木苏	赵亚荣	陈　洋

兽医学院（30 人）

苏　迅	郭　婧	李文佼	刘　倩	孟庆刚	裴　乐
史琳凯	包特日格乐	王秀明	张冠华	张伶俐	智　宇
朱福余	曹晓东	胡彦卿	苏　雪	张惠娟	陈光明
程　晨	郭东清	郭纪珂	何　焱	卢春芳	孙　岩
谭　伟	王　娜	王艳杰	杨晓宇	于晨龙	张　璠

水利与土木建筑工程学院（32 人）

张佳阳	范雅君	郭晓静	李　波	李佳宝	李泽鸣
孙玲玉	张栋良	郑　磊	杜慧慧	郭　琦	韩　珍
赵琳琳	林艳杰	陆元鹏	马晓宇	秦淑芳	陈艳梅
白　龙	暴路敏	卞雪军	崔建伟	段超宇	段瑞鲁
樊才睿	贾　恪	宋本辉	孙　丽	王　健	王丽艳
尹琳琳	张雯颖				

年度授予专业硕士学位人员名单

材料科学与艺术设计学院（6 人）

杜　敏	李金萍	任慧敏	王雅萍	温　敏	朱洪志

动物科学学院（14 人）

安　娜	宝音娜	布和巴雅尔	丁　波	尔墩扎玛	贾晓晴
刘广红	鲁秋英	孙德欣	孙永泉	佟五宝	王蕊香
张权	张月英				

机电工程学院（26 人）

白达尔苏	包　哲	许　瑞	陈亚莉	程晓明	高吉良
古新钢	郭铁山	胡格吉勒图	孟　傧	田　月	蔺建波
刘瑞浩	刘文斐	刘长峰	姜宏丹	吴德格吉乐胡	王　强
王　帅	李金声	肖子学	陈熙洁	杨茂林	张健飞
赵庆慧	周丽玲				

计算机与信息工程学院（8 人）

段卫军	韩　璠	李继锋	李景圆	宁丽娜	王　静
王　蒙	赵文涛				

经济管理学院（120 人）

白秀霞	曹　娜	澈乐木格	陈阿娜	崔晓燕	董　潇

杜培刚	鄂丽江	樊莉婷	樊正媛	冯四方	付彩静
付红霞	付俊涛	高琼	高亚楠	高忠	关峰
郭娟	郭长春	哈斯牧仁	海勃	韩畅阳	韩培锋
韩莎	韩晓婷	郝跃斐	贺粉艳	侯淑娟	黄海生
霍雨佳	姬敏嘉	及玉静	吉海波	贾俊霞	姜文
金那申	金鑫	金子琦	景晓涛	康宁	孔凡超
孔维亮	李春梅	李海燕	李红	李昕儒	李永平
李永强	廉依旗	梁莹	林洋	蔺宇	刘慧敏
刘丽雅	刘敏	刘圣雨	刘思博	刘伟	刘泱
刘玉洁	刘振林	刘中	刘子路	路丽娟	吕佳星
马俊	马文晶	麦拉苏	苗俊侠	庞俊	祁应
其格其	乔美燕	秦艳	屈津	商静辉	沈勃君
石洋	史宏科	史连福	史松瑞	苏高升	斯琴高娃
苏日	隋丽娜	覃晶	田梦雨	王闯	王靖宇
王维中	王鑫	乌仁高娃	乌兰	王艳萍	夏桂琴
谢蓉蓉	徐建国	许瑞峰	闫敏	妍妍	杨建雄
杨阳	姚树琴	尤智超	于洪宇	于再国	苑野
云丹	张纯刚	张慧君	张琴	张为民	张学萍
张优	赵少婷	郑盈	郑直	周红霞	朱利平

林学院(62 人)

白云祥	鲍疆宇	鲍瑞	贝尔	边俊荣	曹廷
车晓雨	陈永胜	代新菊	董文翔	段汀龙	冯琼霞
高冬	郭刚刚	郭晓宇	贾娜	睢敏	亢建平
李莎	李月君	李智禹	香荣	李紫静	刘添盈
刘媛	鲁吉豹	马良	孟帝	孟占华	倪朝络蒙
王雕	任大伟	孙海明	孙红朵	孙怀鹏	孙文艳
塔林乎	谭俊萍	齐丽华	王靓	王婷	王晓
王一然	王永梅	王智慧	乌云娜	吴慧	李转荣
闫磊	杨凡	杨延虹	杨燕	于天娇	张建龙
张俊生	张雅茹	张懿	赵家	赵杰	赵丽鹏
钟源	周奇				

能源与交通工程学院(7 人)

董健	樊日辉	刘义	王超	王立军	邢渊浩
杨晓蕴					

农学院(53 人)

曹玉兰	常国有	葛星	耿稞	耿蕾	关奎
郭静	韩家	荆伟	李刚	李建荣	李娜
李文连	李晓龙	李欣玉	李云霞	刘宝贺	刘力江
卢鹏飞	骆永刚	马丽	苗晓敏	牛晶晶	乔雪钊
秦丰	任鹏	宋文喆	苏兆瑞	孙薇薇	孙亚宁
谭志广	王芳	王立秋	王鑫	王轶群	王占雄
夏峰	邢渊格	秀荣	杨波	杨冬	杨杰

| 杨　宁 | 于彩霞 | 云　雷 | 张佳丽 | 张灵超 | 张文兰 |
| 张雪莲 | 张　岩 | 赵　洁 | 赵利霞 | 赵　颖 | |

人文社会科学学院(18 人)

白　云	卜爱丽	曹　珍	韩晓强	胡　欣	李晓炜
刘韶华	吕　游	王明朗	王　喜	王学丽	王亚平
王　勇	王　毓	王志学	杨锁成	姚美竹	张璟睿

生命科学学院(20 人)

段海婷	高　靖	李帅民	宁长春	秦艳艳	任立世
尚世辉	申锋锋	孙　琳	王晓伟	魏　旭	吴忠钰
武雅琪	武　燕	武志华	杨春波	于　园	占瑞琪
张昭华	赵秀铭				

生态环境学院(43 人)

崔文奇	董芸雷	杜美娥	杜清清	冯　斌	高建微
李　忠	图力古尔	何宏治	贺钰茹	胡其图	蒋金山
金芳玉	兰小慧	李佰重	沈　劲	高喜萍	梁庆伟
刘杰波	刘　凯	米　超	赵红亮	任远哲	李淑丹
石　颖	斯日格格	陶子斌	韩晓亮	王贵平	王立斌
王梦一	王誓强	王志军	吴　凡	尉迟楚涵	维力思
徐飘飘	闫　楠	袁　娜	岳　璐	岳　颖	翟夏杰
任　龙					

食品科学与工程学院(62 人)

曾静瑜	常胜男	陈槟颖	张　鹤	邸　静	董玉玲
杜　丽	高增丽	耿　兄	郝　博	郝苗苗	霍文莉
刘　佳	靳宝红	李　倩	李万明	李　响	李　艳
李怡然	姜思远	刘晓静	鲁　丹	陆永萍	孟赛楠
孟祥利	苗　洁	宁国东	任　蓉	石红丽	苏尔图
田　茂	王东玉	王国策	王　乐	王立立	王　娜
王瑞利	赵小燕	王雪娇	杨　杰	乌尼尔	吴佳鑫
习　娟	徐翠芳	徐瑞年	杨慧娟	杨慧英	乌兰托娅
张　宇	杨占雄	伊茹盖	云　晶	陈海旭	张　岚
张　茹	张英春	杨晶晶	王　霞	赵子龙	甄莎莎
智丽慧	朱效兵				

兽医学院(32 人)

白云龙	陈立鹤	于自民	范琳琳	王　慧	郭冬梅
郭政文	红格尔	李晓菲	李云飞	李智勇	刘桂林
刘省段	刘　威	吕天星	任晓光	石顺利	时殿伟
孙　博	孙　阳	管凯年	王仁超	王　威	王　伟
王　未	王新奇	王专家	杨　波	姚宇泽	姚媛媛
伊布勒图	陈　明				

水利与土木建筑工程学院(40 人)

| 曹思阳 | 陈　希 | 丁　峰 | 胡　珉 | 李　博 | 李　强 |
| 廉喜旺 | 梁天雨 | 刘亚魁 | 刘艳红 | 刘永伟 | 刘玉金 |

屈 荣	任晓东	盛迎春	孙 文	田剑浩	王 慧
王 靖	王兴宝	王 宇	魏 婧	咸雨生	徐海鑫
徐永利	闫东兴	于际伟	于 漪	张汉蒙	张 凯
张青梅	张 微	张文捷	张彦杰	赵红洁	赵相军
钟 懿	周 瑞	周 圆	左舒扬		

内蒙古农业大学 2014 届普通高等教育本科毕业生名单（校本部）

动物科学学院

动物科学（184 人）

沈雪姣	史晓娜	范 帅	范一星	狄国成	冯永辉
吕艳慧	彭小磊	白戈力	周广悦	高二强	李鹏飞
张 鹏	赵俊良	徐银平	彭菲菲	赵霏霏	郝恩亮
徐东贺	陈仁伟	郭伟勇	王晓鹏	何 川	兰 鹏
翟静林	郑婧妍	刘 犇	赵 爽	闫雪峰	杨 茂
温 俊	胡晓聪	赵 飞	李 康	刘永强	张勤念
佟满满	赵志伟	乔 贤	崔 健	郑金凤	吴 静
孟怀德	高连宇	王少敏	海日汗	李秋实	张苡宁
张 浩	姬宇瞳	苏洪磊	佳 轶	李家健	李智良
罗腾杰	胡景钊	郭文庆	姚俭江	李鹏飞	邓 焕
安智伟	山巴图·赛尔布德	扎木嘎		呼德尔纳琴	李乌兰图雅
松布尔巴图	乌云斯钦	韩苏雅拉图		白丹丹	乌云格日乐
张乌云必力格	苏力德	乌日汉	图 强	乾日格	特木其乐
哈斯米塔拉	特日格乐	张晨涛	伊波勒图	包斯琴高娃	铁梅尔
白文祥	钢苏和	班布日	舍楞道尔吉	呼格吉勒	宝音朝克图
代全平	宝宏彬	吴清明	那日苏	特日格乐赛汗	苏日嘎
李文喜	王青格乐图	好日瓦	赤勒格尔	包晶晶	包秋红
乌日力格	高 峰	牧 人	何玉芳	宝力尔	青 春
刘彬彬	满 达	宝音图	胡斯楞	陈双江	阿妮尔
乌 拉	李宗楠	巴音查汉	张 伟	曹力孟	白音塔拉
泉 山	额日木吉乐	阿拉斯	包乌云毕力格	娜 亚	乌林花
宋英英	白雪梅	斯琴通拉嘎	阿古达木	瑙明陶格斯	苏 和
牧 仁	包 剑	查克日玛	清 明	包永志	陶格陶
田永俊	胡格吉胡	秀 峰	包阿古达木	阿如根	宝都吉雅
贺希格太	其日格日	乌日古木拉	乌日恒	呼斯乐	常艳丽
乌尼日乐图	付红丽	李晓宏	徐 良	娜日格乐	那松巴图
梁 颖	巴义斯力	吕 和	任 帅	邢志伟	王 欣
朱金霞	张红影	王卫云	宋江雪	许鹏飞	李 昆
孙登生	李 渊	李晶晶	邢媛媛	郝 鑫	万井璐
胡国丽	宋一线	牛占宇	白书源	额登木图	徐小龙

包额尔敦毕力格		黄爽爽	白明昊	永 泉	张 强	毛晨羽

水产养殖学（25人）

毕学博	郭松磊	王 泽	李 正	张凤权	崔云龙
任昀恺	陈丰雅	孙立孝	张军勃	刘人恺	刘 东
何慧斌	赵 吉	董建华	赵明镜	晋家飞	侯正刚
陈聪杰	史俊祥	付国斌	袁 威	李小龙	吴小凤
曾子聪					

兽医学院

动物医学（46人）

杜 鹏	格日勒图	和 龙	李志广	于 琦	高楠楠
丁 菲	智昊天	李 娜	张文超	刘 宁	韩鹏飞
张 杰	李 帅	杨雪蕊	高新笛	王飞飞	肖 琦
孙 哲	高 猛	杨 杰	赵昕彤	宋 丹	唐晓庆
闫 慧	李智全	姜雪薇	李 琦	吉蕾媛	张 伟
王怡靖	冀利娜	李德鑫	吴 彤	刘慧娟	毕凯璇
姚邸琨	胡吉图	魏 鹏	胡少军	朴佳彤	吴雅茹
韩立乾	高瑞娟	石 昊	康 杰		

动植物检疫（59人）

祝晓蕊	张 鹏	李宏宇	董 兰	张 政	郭羽丽
程熠罡	吴 鹏	武俊兰	马月红	高智宇	孙小岑
张欣欣	郁 凯	李菁雯	白 岚	张棋炜	黄天鹏
刘 伟	周 蕾	康 丽	刘 骄	王天河	陈林军
刘 玲	季运通	周 雪	方海霞	王一凡	王红艳
王洪玉	魏呈程	高丽娜	毛永明	雒文娟	杨智卫
许佳娟	谭 艳	赵 弥	包飞飞	何忆然	王 瑜
刘 杰	赵 旭	李 欣	麻昌姣	李莹莹	朱 磊
吴海琪	阿米娜	赵红梅	李 白	云泽龙	柴静婷
桑永斌	严 沁	董慧娟	邹 伟	于 兵	

农学院

农学（64人）

连俊茹	白 洋	王玲蕊	于海蛟	马 斌	王文静
李雅剑	秦东玲	赵宏伟	王艳山	李 健	黄 凯
谭欣宇	王亚超	孔繁星	杨 乐	马小雪	张 韦
燕云龙	马苗苗	韩 康	张 伟	王贺青	张 红
孟 端	吴 玄	孙 玥	罗玉龙	沈亚林	崔旭昕
生庆禹	靳颖玲	张志芳	裴睿丽	李晓婷	薛 燕
李冷艳	侯昆仑	赵志强	史纪田	苏文楠	李雅琴

田雪飞	王允祥	孙振威	石蕊	何梦麟	李晓竹
刘媛	曹玉欣	菅彩媛	张宏	杜海龙	田露文
袁景瑞	靳宇	高闻骏	李东昕	胡佳伟	马宏
李海录	王昌江	高勇坚	曹语哲		

设施农业科学与工程（45 人）

赵振宇	朱晓光	赵鹏	王海俊	刘少华	邢志杰
王帅	孟庆旭	屈乐强	王海龙	孙红霞	张展斌
焦瑾	周艳辉	张磊	苗晓	韩一潮	张华姝
徐强	王东	杨宁	焦杨飞	杨伟东	何冰怡
张宇	贾建冬	罗佳鸿	那顺布和	邢斌	张晓东
张建	武志浩	孙赫鸿	刘海燕	贾坤	周赓
朝格吉勒泰	乔鑫	侍国庆	赵培	唐望端	任明
李明鸿	徐文君	马强			

园艺（77 人）

王赛	李阳	杭莉	孙佳琪	孙洪欢	王小华
蔚潇	董丽	贾璐	王嘉君	刘娇	刘奕江
张婷	薛芙蓉	车宝文	刘思宏	王迎男	汪辉建
毛亚烈	陈思奇	郭淼	郭春雨	唐加进	童小婉
吴梦琦	郭育颖	邓海峰	郝黛玉	刘永霞	王艳姝
尹雷雷	乔晗	袁静雨	苏娟	薛惠心	王塔娜
狄洁增	杨振军	潘长明	李苗	牛喆	白雅麒
朱芳艳	闫佳乐	赵帅	李文政	刘畅	万秀敏
马东	华娜	赵承娴	南舒	白雪莲	郑健
白洋	曾小宇	黄秀杰	白涛	阎蒙	杨娜
靳学静	雷晓光	海明玉	曹允馨	王妮	王志慧
李国鹏	米雪	赵建宝	张晓娜	刘佳莉	张国栋
张琪	党凤霞	胡伟	戴冬梅	郑传春	

植物保护（35 人）

李岚	李玲	陈新华	陈延庆	王敏	陈智慧
王峭	王鹏鹏	安建峰	申建芳	冯君强	侯林林
金春燕	张明	李顺欣	田瑞粮	李祎然	王玥
王玲玲	吴凯	白珺	温玉洁	刘鑫	张晓婷
刘臻晔	鄂秋硕	德超群	郝艳凤	周渊涛	李惠芳
包伟方	赵强	解钧	王一程	张本庭	

植物科学与技术（26 人）

董艳慧	曹宁	王磊	王超	王德民	葛振国
王贺然	吕学武	李俊明	潘飞	李轩	刘畅
李颖	张浩	张鹏飞	梁欣欣	孟勐	于孟孟
高锋	胡戎朔	齐鹏	刘娟娟	徐东升	方梅梅
俞雷勇	赵海东				

种子科学与工程（66 人）

乔建英	李 丹	荆晓颖	丛鹏飞	焦妍妍	田 振
石 煜	东明明	温 蕊	马志明	智 敏	马冬博
杜 嵘	王梦茹	褚长城	李俊伟	刘海燕	黄 超
倡同琪	薛天龙	何婷婷	刘 璇	彭 鹏	朱姣姣
袁焕然	孙 昊	王 欢	李启克	崔明珠	李菁存
马立莹	王 琴	卢 涛	王天朋	张艳斌	任美君
张 森	梁红伟	余少波	程蔚兰	王 飞	卢兴国
肖舒娴	王 宏	沈 朝	严 奇	魏梦苒	史佳阳
王 龙	沈艳续	潘欣兴	吴显威	刘朗朗	李西强
柴锦辉	赵建行	李德聪政	韩文元	王 倩	王馨洁
杨立荣	袁鹏达	刘彦霞	张 鹤	陈海文	王晓霞

林学院

城市规划（63 人）

张 倩	段慧媛	黄惠甜	张建新	杨沙沙	刘 婷
何志中	张春茂	何俊峰	潘 帅	赵 凯	田 蓓
徐梓维	李 遂	怡 茹	刘 宇	王涛伟	李 飞
刘清华	曹志博	王 帅	孟晓旭	王 伟	纪 鸣
王 蒙	朱莉莉	姜学敏	王 莹	李蒙皓	贾郝凡
王 旭	陈 彩	刘航宇	王赛男	杨晋芳	佟迪戈
葛 晨	吴海星	赵雅婕	吕彦卓	张文敏	卜旭田
雒亚男	王馨阅	冯新航	沙日娜	苗旭东	刘芮辛
李朝辉	赵高渊	王 博	邢钰坤	刘 威	高 新
张晓媛	孙 素	项 青	刘润泽	张 威	闫 鑫
杜 威	贾焕芝	张俐娜			

林学（102 人）

阿拉腾土拉古日	杨富荣	佟美玲	哈拉屯	何雁军	腰斯吐
阿鲁斯	孟根高娃	宝拉尔	乌音嘎	赵国峰	达古拉
伊伯乐	金春亮	吉格德	呼和满都呼	斯琴毕力格	秦 赢
宝音德乐格日	高明兰	朝巴特尔	海 军	白富春	斯日古楞
塔 娜	那米日	木其尔	其格乐很	查干苏布道	好日娃
其格勒	乌雅汗	淑 琴	刘春林	阿拉腾浩日娃	娜 庆
芒 来	胡和目其日	白音满都拉	王志刚	黄冬梅	乌日罕
包颖亮	青克尔	苏日古嘎	玛瑙花	斯钦毕力格	朝鲁门
孟根陶利	阿拉穆斯	查日苏	萨如拉	查木哈嘎	宝力尔
斯 琴	乌·乌英花	高小雅	赵成程	乌晓龙	刘 鑫
王 政	珠 娜	马 甜	崔 琳	孟军贵	刘海浪
侯成文	杜 湜	沈思依	赵立华	齐 菲	郭晓华

张晓宇	于泳芳	郭鑫炜	蒋 骏	巩 睿	王 哲
李雅琼	曹 阳	杨智涌	赵 晶	华玉松	孙 涛
潘 珺	赛尔加甫	王昊琛	唐 琼	郝宏伟	江瑞君
郭岩菘	白 杨	栾俊宇	高 玉	王 蕊	杜 婕
乔澍慧	沈巧燕	鱼 磊	张先易	巴斯尔	殷 浩

消防工程（37 人）

杜永彪	田宝明	张 露	王世杰	窦志伟	李晓燕
李守刚	蒋永华	马宏伟	石 广	武亚飞	郭雅亮
李 吉	刘 奇	赵 喜	刘洪佳	唐 跃	田清起
高国林	刘 璐	黄山山	刘少锋	刘朋宗	王 冲
魏勇波	陈诗明	张 凯	陈 琛	段程博	翟雄飞
刘一凡	朱 程	魏旭然	卫龙辉	冯 垚	贾 琳
张 波					

园林（204 人）

赵倩倩	谷青玲	常晶晶	薛利娜	陈 娜	任 伟
刘 丹	于景瑞	杨 鹏	张丹阳	睢君瑶	齐文明
周冠男	张 鑫	康晓慧	付凯丽	刘睿昕	岳 爽
崔立波	周宝龙	郭晓婷	王忠琴	胡素蓉	殷薄冰
陈小霞	杨 琳	乌 荣	张 尧	阿勒滕齐木克·苏克巴特	
阿图娅	斯日布扎木苏	特日贡巴亚尔	俄勒钦	赞 丹	苏 道
阿 荣	巴音朝格拉	乌云塔娜	包海林	梅 英	明安图
乌云其木格	姜萨日娜	王字远	满 荣	李志强	李春青
银 红	王晶晶	苏龙嘎	呼日瓦	巴达仁贵	谢兴安
呼日瓦	额尔敦敖其尔	何晓丽	浩斯白拉	乌楞其木格	石雅萍
吴彩红	白其达拉吐	文 平	青格勒图	温都苏	娜日苏
萨其拉	边苏都毕力格	哈斯巴日	阿泽亚	特日格乐	苏日娜
满 喜	阿拉腾沙嘎	巴雅尔图	乌日汉	阿木古楞	丁文明
朱东贺	林 康	哈斯罗	才 旦	维力斯	敖云格日勒
张 羽	穆宇婷	吕 敏	王云峰	刘 璐	刘 娜
王欣迪	王莎莎	金 悦	孟佳佳	单毅鹏	王若莹
李雪飞	魏 旭	赵东蓉	王 娜	王 蓉	卢燕茹
杨 琪	李冠唯	王 雪	布晓双	陈梦秋	贺 杰
李 娜	杜 强	王天奇	杨 虎	李 星	杨梓怡
樊佳惠	史 令	王冬雪	郭鑫蕊	刘 杰	许 超
王星岩	莎日娜	邵 乐	王科杰	王 璐	刘 娜
刘 波	任振兴	栗永香	刘亚运	李 鑫	王琛熙
王天枢	云露洋	贺媛媛	刘瑞芳	李慧敏	郭承儒
高 博	张开宇	陈 超	孙丽杰	王 洋	李 帅
闫海婷	张 博	贾 瑞	张 泽	李 凯	张 蕾
薛 琦	高 欣	温天越	郝东梅	边守刚	马 超

高 玲	张家梁	席秀伟	邬红纪	李金鑫	国 庆
呼丽瑶	龚倩晖	路东晔	张 奥	刘志辉	赵 敏
程 燕	李丽霞	刘 伟	彭双宝	张鹏超	白 洁
侯 利	鲁小龙	李 赛	张舜祺	陈 眉	朱光哲
程 洁	李 睿	刘俊艺	朱福涛	童小军	孙 佩
韩雅楠	张滕蛟	张 晶	李敏琦	赵东雪	高 洁
徐嘉敏	张 冉	杨 瑞	赵 静	杨 洋	康婷婷
刘 雪	刘玉晨	付延鹏	赛音依如格乐	施沛春	代金富
郭晓娜					

生态环境学院

草业科学（112 人）

闫嘉伟	李佳阳	张 宇	李 静	吴亚杰	程大伟
张彩丽	林绍强	钱 鹏	孙宇航	葛 鹏	王 亮
贾 洋	王继超	单国宇	赵洪凯	孙 磊	赵丽梅
魏 萧	李 娜	王文欢	潘占磊	王 辉	陈 锵
巴伊娜	邰春生	齐丽木格	候伟峰	萨日娜	兴 安
包荣荣	苏日嘎拉	乌兰图雅	希吉日	斯琴吉雅	金 净
阿木古楞	赛 很	伊日贵	呼斯乐	娜日苏	萨日楞
澈力木格	阿拉腾陶格斯	布和巴亚尔	旭日甘	朝鲁蒙	灵 利
格根塔娜	陈那日苏	苏雅拉	胡格吉勒图	田文婷	其达拉图
文 锋	丹 丹	乌仁沙娜	吉雅图	朝鲁门	王曙光
娜 娜	包志成	胡努斯吐	嘎迪拉	包艳秋	王盼盼
乌力吉牧仁	阿拉坦松布尔	王乌云毕力格	乌 云	南 丁	敖登照拉
乌亚汉	阿日贵	抗 盖	李清明	诺明达丽	满都尔娃
黄玉岩	布克巴依尔	李星月	刘 超	王茂荣	乔 雨
尚瑞琼	石 佳	李梦婷	杨海明	于美玲	杨素文
孟 凯	杜宇凡	贺 龙	吕凤山	都 帅	柳海鹰
胡 勃	万修福	陈万杰	费智锐	尤思涵	张富铭
张婷婷	王 嘉	高 润	洪华烽	伊良新	廖忠兴
彭明鹤	周 莹	吴剑波	那木卡		

农业资源与环境（56 人）

冯 旭	尹洪燕	陶梦慧	马少薇	张曙光	王耀辉
郝 娜	田永平	袁江东	李虹谕	张伶波	孙 彬
闫东	陈美成	钟建平	齐英达	苏 丹	王福龙
张玲玲	景建元	何 彬	王瑞丰	董大硕	吴 炜
李 俊	蒋光猛	蒋珂林	陈贵海	贾 涛	王 洁
贺嘉宁	刘 璐	王 琦	吕宝禄	朱瑞君	白旭东
梁月琪	白敏敏	叶 佳	王 伟	张 高	卢嘉轩
贾雪婷	付 超	马钰征	徐利霞	包璐璐	周越峰

靳 超	刘少伟	马新新	熊 孜	刘 帅	李玉斌
王 妮	杨文浩				

水土保持与荒漠化防治（122 人）

赵晶晶	梁田雨	李 磊	张晓宇	陶家雪	尚 宇
边 凯	李 琪	苏 禹	樊力勤	乔善雨	任占江
赵 波	王迎迎	龚雨田	张新蕊	王 蕊	陈 光
齐思明	李红颖	杨国敏	陈永真	李少华	周 艳
徐志超	张 梦	曹文梅	王子奇	李亚杰	李有芳
赵 青	张 剑	杜其霖	白俊瑞	董文茜	侯凯元
王 迪	韩 雪	牛晓燕	赵晓霞	郭 建	万伟帆
甄静平	秦 笛	郭亚辉	陈鑫宇	沈世超	王彦鑫
刘 剑	张 鹏	李向琴	赵文昊	成日晟	陈勇峰
田昊仑	张兴宇	张 岑	乌仁花	韩 骁	冯 宇
常 俊	吕羿昆	郭 磊	刘 阳	杨婧娜	尚应妮
刘佩琪	李小康	龙晓婷	李 鹏	满 达	曹 瑞
闫 敏	季宏伟	赵宏渊	于加林	马世伟	王晨沣
李东波	郑青山	谢思迪	魏 琨	毕 希	刘宗奇
刘 斌	王永吉	冯 斐	赵鹏飞	安正锋	丁延龙
刘 馨	杨媛媛	云霁虹	李 蓉	杨 川	郭 凯
侯萌萌	于晓雯	赵 婧	冀晓婷	张文彪	齐海涛
赵清格	程志民	石 鑫	邱 洋	梁 铸	王瑞珍
杨丹蕾	郭智广	王宗香	赵广亮	窦雅竹	郭 蕊
祁秉宇	张 婷	王 棋	李晓泉	张家赫	杨 扬
张 东	刘铁山				

土地资源管理（43 人）

朱福明	车 敏	王政宇	邵 贺	温亚霖	温 源
杨晨光	张 晶	沈欣欣	王晨嘉	宋 雯	张福娥
聂思旭	李 阳	李 佳	战 甜	张 彪	邓深薪
张元波	刘 丹	刘炳麟	黄红光	高晓冬	马 瑞
田 莹	赵静漪	徐 鑫	邱浩杰	李俊颉	温志鸿
高 峰	牛 君	高文广	高 雅	王嫣娇	王天骄
王 琼	赵 波	万 洋	闫耀东	李春蕾	王武林
邹成文					

资源环境与城乡规划管理（235 人）

李 欣	张 静	王 刚	满都拉	张 菁	马丽丽
刘 宣	蒋 薇	曹海燕	马利如	陈司雨	薛劲宇
周 谨	苏瑞霞	韩鑫宇	郭 旭	高 琪	曹竟贤
赵 婷	艾福军	马飞琳	谭正波	杨 旭	罗 林
张合超	张晓月	石秀凯	尤碗碗	周佳宁	郭 宇
刘 佳	汪海燕	格日勒图拉	乌日泽	宝乐尔塔娜	
敖特根其木格	陈美丽	萨仁高娃	陈敖民	梅 花	吴斯琴高娃

何鹏艳	乌雅罕	吴毕力格	乌日图那斯图	恩克其其格	德格希宝音
永志	孟和扎雅	宝音达来	艾格	朝木日力格	阿日贡高娃
木仁	乌音嘎	白福彦	秀荣	热希格瓦	刚呼雅嘎
唐克苏	青虎	特日格乐	吉仁浩雅尔	呼斯力图	宝银
乌仁图雅	兴安	马哈达拉图	温都苏	斯琴德力根	通那
金那日苏	巴德日图	那日苏	苏勒登嘎	韩格日乐图	哈那嘎日
德力克	色音吉雅	乌云苏立德	甘迪格	那日苏	稽璇
张冬冬	单心	王凯	闫慧玲	李承烨	郭雅馨
吴艳迪	吕文波	刘畅	宁磊	李超	贺星
徐娟	王雅琼	王璐	王硕	云呼和	马欣
秦富	闫东宽	冯荣	刘冰	田野	奇林
郭特	包黎明	刘倡宜	刘宇龙	曹卓	宝迪斯
邢媛	白瑞	赵娜	王建平	高海瑞	姚弘
王敬	刘畅	李斌	张静宇	林立杰	金萧宇
窦俊卿	丁洋	杜星	贾可	刘昊	张平
陈敏茹	金源	侯健	孟祥禄	芦雪	刘艺
杨红燕	邓博	王星光	刘文静	边凯同	邱荣
杨源	张鹏	秦雅娜	杨润泽	刘梦阳	李瑞峰
李阳	高源	刘洋	王小燕	胡日娜	王新宇
张娜	乔艳	吕泓毅	杨诗文	滕岳伦	侯宇
杨敏	马锐	王翌嘉	杜妍	金荣昌	李艳
袁文强	胡杰	李楠	苏智慧	石欣媛	杨丽
王纬航	边路	程鹏飞	韩蕴哲	郭融	邵丹丹
李哲宇	张治宇	牛浩	王雪冰	刘乐	李洋洋
王兆军	高永璐	智玥	白宇	韩磊	张轩澄
郝培明	张清	郭志超	刘智浩	孙彬彬	马静宇
张晶	索立世	孙文婧	冯志兵	马晓宁	渠亚萍
刘慧	孙梦娟	冯岩	王鹏	崔洪涛	王婧
刘慧	王雄	胡杰荣	李嘉琪	马红霞	冀鹏臣
曹敏	丁珂	郝翠英	周凯龙	汤哲	李舸漫
郭婧宇	张正昊	高娃	汪洋	贺治宇	郝旭
贺雪峰	郭常怡	李永晟	杨森惠	张轩玮	高烈
牛晗	王洋				

机电工程学院

车辆工程（27人）

孙丹	丁亚强	王晓敏	夏景峰	王新星	仇义
刘小红	李河河	佟金德	李云鹏	刘斌乐	于名威

韩悦敏	曹一波	尹志明	王 刚	刘文涛	张 绅
朱艳玲	刘朋飞	牛月月	周景隆	肖 猛	孟星成
张 杰	季凤超	徐 涛			

电气工程及其自动化（123 人）

杨志铎	夏永华	任宝鹏	赵志平	贺 进	高正伟
白双印	赵海荣	王 芳	郑 鑫	赵广升	张广旭
侯 越	燕生龙	蒋玉林	武 斌	吕艳桃	邢小琛
夏文泽	付楚珺	高 杰	牛宏运	刘晓龙	董 莹
高健	丁贵军	续 杰	杨欣瑞	汪 雪	王玉敬
林田勇	代鹏飞	张泽华	程 玥	李文平	张靖康
史 欣	田 孟	刘培龙	吴 强	吕 越	季 贺
李军朋	王鲁奇	董燕普	戚 茹	韩 杰	马 群
刘佳会	刘 阳	孙佳亿	陈源宝	梁 明	刘 楠
刘贵权	李 斌	尉俊峰	石 璟	翟志鹏	陈雅琦
明 川	巴 音	鲁晓军	刘 军	孙 炜	石 颖
贾 楼	董明泽	梁富程	邬海平	马 涛	葛奕帆
张从圆	张 璇	张 喆	马超骥	薛俊磊	刘 超
孙 岳	张 娜	董铎亮	王少博	张 洋	南嘉星
丛日超	李 源	赵鹏翔	张 帅	李 政	王 洋
许庆元	刘 超	王 刚	李庆云	曹译方	李 欣
赵 帅	邢洪超	褚欣倚	赵伟康	高雪松	梅 旭
马翌轩	毛鲜东	刘 宇	王天琦	张 伟	栗 宇
石 旭	付 翁	张永骞	刘海瑞	姜柄全	王初阳
兰倍祥	梁 昊	陈 晨	赵翊博	刘 超	周建国
陈景鑫	史炫迪	牛 伟			

机械设计制造及其自动化（114 人）

张丽华	苏力德	白 虎	达兰太	王忠伟	阿古拉
白文德	七斤	王沙仁朝克图	陈永光	文 全	松布尔
包哈斯俄尔德尼	吴额布日乐吐	呼格吉乐图	包国军	斯钦毕乐格	阿如汗
敖日其楞	王胡日查	永 利	王东宏	其勒格尔	包志强
额尔敦和希格	李白音通力嘎	呼和那日苏	布仁门德	吉日木图	毛万明
萨仁朝格图	盛 福	马 帅	蔡宇波	张凯军	杜学峰
丁 鼎	张欣飞	张 宇	段海峰	任 尚	邢振群
杨墩甫	雷思远	曹志强	夏淑敏	张小兵	邓智彬
王 鹏	吕 刚	高 玮	赵雪峰	高金强	张海峰
付吉日木图	王小龙	刘小宝	段智鹏	康学渊	高 波
张明冉	任希悦	宋新然	席闹闹	王亚楠	马 鑫
王亚飞	周 朋	张文强	梁志勇	吕 宁	张红宇
王 华	赵宏凯	杜 江	郝 强	刘建业	张永坤
白 飞	辛 未	陈 发	侯建华	康国柱	许广欣

苏瑞胜	米晶晶	李国良	赵英伟	马冰宇	王晓宇
李　普	黄允楠	赵　磊	武云飞	杨志超	李　超
田　斌	咸　磊	陈　哲	王少军	侯　伟	李　呈
张　帅	胡　磊	刘应锦	曹　炜	胡海滨	刘　杰
王　磊	李雪峰	刘　薇	邓亚东	白航宇	覃　敬

农业电气化与自动化（73人）

范旭东	徐　阳	王　洋	贺鹏飞	池文龙	李亚红
韩泽坤	于　跃	刘　伟	李秀英	刘　权	康雨泽
李宝华	许　育	李志强	陈建峰	崔梦元	刘雄武
梁建磊	孙雪剑	王　刚	汪　涛	段利明	王　旭
王智科	李磊云	杨　超	苏　晶	孔令河	衣厚茂
魏旭章	禹佳林	肖若涵	胡桂智	柴成旭	刘　杨
黄海旺	汪桂明	张天龙	李佳佳	董　靖	李少英
程天合	王春生	杜栋梁	毛文强	吴雪菁	杨伟豪
米　岩	陈　萌	刘学猛	余路君	贺小东	付　易
陈思远	李晓伟	赵　丹	陈宏雄	张　渊	张　军
刘　鑫	师茗绮	张华莹	汤此筠	王　蒙	张少华
王新润	刘佳伟	范伟钢	宋嘉伟	卢佳林	蔺　燚
武晓鹏					

农业机械化及其自动化（104人）

张利宏	孟慧虾	王　松	李　元	王　杰	李继光
徐　鹏	韩传强	刘亚杰	赵新宇	焦振江	毛伟君
武浩峰	吴　桐	双　全	张鸿伟	代东东	王　波
段文杰	付　强	谭　伟	李湘亮	季　邦	苏雪峰
蒋纪超	王　祥	颜海舵	王　磊	何志莹	赵芝健
张　祥	杨延辉	栗占新	麻刚斗	原黎鹏	马晋宇
魏　鹏	赵　伟	张　翔	吴　戈	陈　瑶	邹才军
李红清	蒋家琛	张晓东	李绍聪	何志强	宋攀龙
任绍兴	杜丰灿	姜　园	万小龙	郑田清	王立飞
包青格勒	何　岩	马布日古德	宝音图古苏	佟特日格乐	赵曙光
云　明	梁格日乐图	白　青	苏日力格	白孝忠	黄图布信
赛音毕力格	关光明	塔　拉	塔　拉	鹏　飞	萨其如拉
乌云达来	崔寿平	康铁龙	永　顺	白小芳	白金砖
色音毕力格	苏力德	陈红明	哈斯木仁	韩额日德木图	吉日木图
赵红红	青格乐	伟　光	苏日力格	张阿木古楞	意　如
马乌云塔娜	张小龙	其力格尔	张明明	图布新	永　斌
韩国强	财吉日呼	陈　涛	剧国新	阿力塔	傲登其梅格
欧日鲁格	那日苏				

水利与土木工程建筑学院

测绘工程（55 人）

赵俊灵	郝 宇	刘凤泽	程江东	王 鹏	章 宁
闫春江	白 瑞	张鹏飞	周 勇	马海峰	刘奕辰
张 晶	范立虎	刘 昕	聂和平	吕 龙	宋 健
张 震	曹文斌	李茂剑	陈 威	谷林娜	蔡尚书
刘晓康	乔振兴	黄 勇	何凤磊	刘 业	郑加平
刘 岩	丁 莹	孙 强	杜红平	李 伟	刘宏波
张文国	贾培浩	田 莎	周 禹	刘艳冬	孟祥熙
李博闻	王 胜	尹鹏飞	景 鹏	李笑杰	杜 昊
庞煜婕	曹文斌	周军武	魏正青	严剑波	钱海伟
闫新宇					

给水排水工程（46 人）

王元辉	刘文君	张伟建	李建华	焦 宏	李晓蕾
熊 伟	郭 宇	薛 业	靳 瑞	赵伟翔	韩 伟
何晶晶	李何青	汤力峰	刘传成	宋 爽	姚雨青
章玖文	王德义	杨保凯	王振环	罗桂柳	黄俊龙
白吉利	董 磊	李善文	乔 琳	常 乐	堪 湛
魏 健	王 溪	徐 杨	王 赫	邬 哲	程 飞
撒 宇	尹雅文	吴晓嫒	张 帆	周一凡	张 鑫
常子帅	张雪岩	花 雨	李小明		

环境工程（69 人）

申 芮	张 璐	丁瑞玲	赵 佳	徐国凯	贾宇辰
郭雨晗	陈 晨	郝瑞利	王 楠	刘文君	陈翠霞
刘 琦	黄一帆	刘彬彬	高 鑫	冯广庆	赵歆玥
赵嫒嫒	徐 琼	罗正强	钱 科	李泽鹏	王星淋
陈秋云	陈志杰	王宏晨	王晓凡	初香怡	丁 嵘
聂伟东	刚德尔	王炳元	闫雨辰	张玮麟	魏小敏
刘 洋	李 星	梁俊斌	冯 蒚	陶园园	韩 敏
杨少英	贾伟丽	杨 娜	苏 璐	韩 静	郝 强
李 鑫	李小雷	张海涛	杨 阳	张素雅	杨宏博
悦明珠	宋海涛	陈冠楠	陈 可	胡 冰	祖英航
王 敏	金 晶	张 璐	刘 健	边 宇	孙静婷
王少勇	杨 安	张 兵			

农业水利工程（124 人）

高晓鹏	李元宝	李雪辉	王 雄	周 鑫	李 强
郑 直	刘彬宁	张 欣	兰 添	贾拴柱	邬冉琨

赵水霞	周浩	武燕平	范文杰	舒建国	孟昭安
袁帅	付泓锐	孙驰	曹锦云	郝世祺	郭建忠
侯怡辰	郭汉清	张向买	阳绪年	武艳辉	杨明珠
林杰	郑凤杰	吴东	于海舸	胡涛涛	陈哲
张鑫磊	李朝阳	丁艳宏	柴慧祥	王海瑞	高利华
陈俊亮	高奇	张超	王志中	白春辉	候娟
邢浩	全栋	陈晓慧	于鑫	李世明	郭少峰
董智远	于征浩	袁宇桥	白晓兵	张辉	苏艳超
郭耀亭	张培	季静达	尹志奇	王辉	于海轩
张金浩	杨富强	王婷婷	关宏伟	刘少杰	吕德蒙
王太福	孙博文	张磊	马超	卢星航	余逸仙
李波	韩秋丰	范韶涵	李艳茹	卢利升	巴特
陈宏亮	徐方方	隋明军	钟铃	郭普	刘剑宇
刘建华	王鹏	李向	池炳玮	刘佳	郭冬林
崔泰悦	杜桂忠	武伟	李鑫	程龙	孙宁
田浩然	张泽洋	王艳	贾彪	文博	崔佳骏
高慧宇	杨朔	高阳	孟庆琛	王竞葆	薛迦慧开
张业宗	胡洋	金程	张雪	林雨昕	陈满达
贾轶炜	雷亮	寇天坤	王宇鹏		

水利水电工程（118人）

王芳芳	赵春强	李河	王大海	苑景斌	乔春林
杨占宝	赵烨龙	苏伟	白雪峰	陈卓	曹晓辉
籍学峰	李阳	张立辉	杨晓伟	宋希杰	李振广
胡汉猛	张立猛	周倩	魏征	周书琛	郑桥
李兴	杨茜雅	李金刚	李江龙	钱龙娇	刘子东
全晓天	石林溪	张倩	王祎楠	许媛	杨波
塔娜	张晓波	白广志	阿勇嘎	宝格日勒图	套力古儿
王金龙	安海明	赛音朝克图	敖民	要子吐	吴迪
乌日勒格	张那仁满达	李昊	周大正	李哲强	李屹立
渠耀元	王麒丞	王喆	李洋	张文彬	张云程
邢鑫	杜甜	蒋伟	赵立会	王超	原北川
贺天祺	杜静梅	赵春雨	王俊峰	马学东	武利明
高鹏	纳尔泰	孙文博	兰宝峰	张凯越	丁心
张小杰	张津铭	李昊龙	李翔	李喆	原永鹏
王晓燕	张志峰	许欧扬	魏强	周宇霆	贾伟
熊刚	徐东	张宇韬	田新泽	兰旭东	苏新智
赵智博	李慧芳	翁茹	刘立刚	宋长崎	席镭
张瑞	王旭	张曙光	曹雪峰	张静波	吕瑞锋
王洪达	刘璐	莫日根	白呼和	董晓龙	周客辰
马泰	李希男	刘巍	李亚旭		

水文与水资源工程（43 人）

吴 琼	王晨琛	郑建波	赵静茹	王雅文	高二佳
史 珂	罗国慧	任文栋	张 艳	陈宇佳	李蕊臻
白世玉	邵景景	李睿芳	侯 宇	刘博轩	李 伟
董卫爽	马鹏飞	李 爽	王 梓	韩梦瑶	付 荣
刘 娜	阿斯茹	张 磊	杜 亚	成 波	席小康
何 萌	贺 月	韩 旭	张利强	赵 洁	李 琮
王崇羽	赵艳杰	杨艳丹	薛 添	韩永智	魏 雪
章 鹏					

土木工程（293 人）

申 畅	齐向民	杜 强	杜慧远	张博良	张冀哲
王 钢	李 峰	杜文斌	张晓磊	李 瑞	王新程
王雪纯	刘学英	孙艳苓	丁 宇	孙 磊	胡玲玲
周 敏	熊 磊	马 微	曹望成	冯尚坤	李根峰
张明成	冯均成	张 强	吴英杰	王 浩	杜恩宇
杨孟倬	王浩添	姚 飞	包苏日雅	白珊丹	白玉林
包高娃	钱玛瑙	韩花拉	伟 香	额日德木	萨如拉
苏达斯琴	陈 磊	那木白嘎拉	永 泉	哈斯塔娜	赖文宇
李满达	包哈斯塔娜	包德力格尔	通拉嘎	胡斯楞	小 荣
朝鲁门	乌云嘎	赵德勒黑	包阿木古楞	满 达	哈斯额尔登
特日格乐	白斯拉	巴音呼	包音胡	苏达拉图	白嘎力
陈文志	吴明福	科尔沁	阿古拉	常 那	关志强
冬 冬	八十六	其那日	杭 盖	杭 盖	樊宇昕
博尔得	刘 涛	李可嘉	毛可征	薄政楠	刘世拓
张紫键	聂兆宏	郝 刚	王新宇	王顺顺	曹 蒙
唐学龙	徐文涛	孟一德	陈 成	王 田	苏 和
闫嘉伟	刘 卓	王海龙	刘 伟	王 珂	刘 辉
宋 飞	樊晨辉	田 磊	牛雨辰	邢 锦	李 杨
李佳楠	贺静逸	张 娜	王竟帮	王开宇	栗 兵
赵肖栋	张 磊	白惠予	苗广龙	刘宏飞	李 晨
顿博文	唐松迪	乔 勇	刘 江	董 斌	武 群
张 慧	田 博	白雪峰	周永峰	蒙 德	赵俊恒
宿辰光	吕明达	杨 盛	周东辉	胡亚运	程 磊
陈昊颐	王亚克	薛相龙	王 政	郝彦雄	要 晋
常代奇	刘书好	李志强	李祖赫	王 渊	呼小龙
杜 欢	李东升	乔日晨	郜晓敏	樊浩伦	陈潇洋
赵伟光	石峥嵘	高 博	伊龙龙	周新力	崔 旋
王 鑫	郭精琛	马靖添	吕胜利	刘 昱	李斯本
吴晓冬	马宇峰	邢志刚	闫 红	王智东	任佳乐
吴 刚	孙鹏飞	刘 凯	韩 宇	张 岩	任 波

明成杰	赵建融	郝海兵	付　嘉	李　超	苏利斌
曹恩泽	覃文强	张　军	高　翔	王　瑞	王靖博
王旭东	刘　威	昝国伟	刘芮煜	赵　琛	崔　亮
唐　震	阿思瀚	刘江兴	郝渊博	刘　帅	史　伟
田　龙	杨　博	王维韬	苗　毅	高　腾	刘子禄
杨巧妮	张　宾	石鑫珂	徐　敏	张　驰	李　鹏
乔金磊	黄继顺	马　冬	兰志飞	韩　磊	郭　祥
胡志明	郝金艳	王　茹	邢　炜	张　伟	马　鑫
何　龙	徐东炜	云碧时	张　鹏	张荣娜	张义博
孙海皓	周昕瑀	王　磊	李嘉琪	白　勇	张　哲
刘　超	王　勇	吴卫东	陈晓飞	白　旭	刘林春
蔚　虹	王　涛	郜鹏程	刘春光	陈　龙	陶　冶
崔漠杨	杨家牧	宋　杰	徐　宏	刘　豪	袁　远
张　颖	李光耀	王嘉慧	张　伟	韩博浩	赵　武
杨士博	郭川陵	刘　璇	张　翔	王志强	王文颖
李志恒	常平周	李　博	柳亚冬	许　琳	赵　卓
孙志强	德格吉	王　鹅	殷泽丁	青　青	王亚男
郭圆翔	庞振海	赵小波	郝永刚	王晨锦	张　磊
张伟光	张晓磊	赵　科	吕　晨	孙　祺	

建筑学(36 人)

胡格吉乐	贺　薇	田文晶	董宏翔	董　慧	李　敏
落鹏飞	岳　杰	樊　泽	王文达	邢建宇	郭效宏
杨　娇	张　迪	王修宝	张　宇	李　超	葛笑夫
肖莹莹	冯　晨	张　宇	陈成鑫	王惠铎	刘思妤
张正阳	许环宇	刘相廷	梁　成	张雅璐	王　珏
张子木	常天翼	郝家玉	王鹏飞	菅之鸿	刘耀东

经济管理学院

电子商务(26 人)

郭　娇	包　荔	王慧荣	吕利明	郭玉杰	杨翔宇
任志强	吴　迪	冯昌秀	黄红梅	刘雨薇	李宝生
孙　斌	许志远	王　伟	董晓利	马　荣	刘伟杰
鲁焕玲	韩宇峰	李洪利	张飞龙	赵　瑞	何俊杰
汪　赟	吕荣荣				

工商管理(11 人)

刘宝玲	王利飞	包尚民	李中伟	张连泽	魏　鹏
张　超	王琳然	廖　雷	张晓彤	赵　峰	

会计学(578 人)

石索	刘凤军	淡亚男	李伟华	李慧超	王欣
冀晶	郭艳芳	王富丽	徐赫	杨巧玲	王雪捷
苗芳	王静	晓敏	蔡瑶	陈婧	乔国军
郭平平	张亚奇	张丽	张海江	郑亚丽	刘佳林
李丹妮	郭丽珍	赵倩	王丹	吕燕飞	许之君
卫双双	邹彩风	于释超	闫春丽	吕丹	李梦然
刘宝玥	杜丽君	樊超	高景昕	赵玉梅	高玉珍
王嘉玉	郑珊珊	托娅	刘欢	韩燕茹	孙影
董文科	李淑敏	刘颖	赵玮杰	任敏荃	李宇彬
吕舒敏	单达琦	郭雨东	孙海波	乔帅	白学茹
王凯	田瑞	侯康达	范林	朱宇航	曹颖
温亚楠	陈磊	杨志辉	郑娜娜	陈思雨	王向东
梁霄	张思丹	肖贵明	闫楠	萨如乐汉	包欣欣
萨仁高娃	乌尔汗	乌日勒格	哈申塔娜	李青梅	知财
乌林托娅	莲花	韩丽丽	刘春玲	乌日汗	阿丽玛
宝春燕	萨其如拉	牡其日	格根她娜	乌日罕	包水明
王玲玲	其力木格	丽美	金斯琴	阿拉腾吉木斯	益茹赛汉
王海珍	图雅	席散伦图亚	莫德格	格根塔娜	苏敦格日乐
娜萨如拉	高优罕	青格乐吐	恩和	王平安	巴音都楞
珠娜	张玲玲	都日那	萨如拉	吉如嘎	昊日旺
萨其日拉	沙日拉	乌日罕	乌日罕	鲍丽艳	马色花
成全	敖慧洁	敖特更花	张桂玲	乌德勒呼	苏宁巴乐
关晶晶	娜仁图	刘雅莉	陈燕燕	白明月	孙艳平
崔佳欣	李静	成炜婧	李美霞	丁晨宸	张圆
张雪芹	周旎	郝芸	马哲	齐博禳	范妍
呼雪敏	曹文纲	杨宇	王荟雯	宋洋	郭艺蒙
孟凡军	赵轩	段斌军	赵楠	邢丽	张晓敏
刘濮源	刘丹	宋佳	杨宇	张傲然	乔之亨
折亦隆	贾倩	云琚	宋晓宇	王翔	张志娜
贾婷婷	徐觅	贾丽	韩梅	宋亚男	杨金梁
刘雨	庞丽	王碧莹	马俊杰	于淑均	崔晓云
王升	郭婷	刘晓燕	曹文娟	苏之宣	刘逸群
杜瑞娟	樊荣	王慧龙	郝京兴	王秀丽	高丹
王云龙	潘洋	刘畅	张乾煜	郝娟	齐儒罕
俞睿	杨肇强	郭智通	何丹	蒙正阳	王钰莹
廖璐	王勃	王子鹏	韩杰	白蒙	王诗哲
高雅	马杰	韩雪融	郭阳	王健楠	王希萌
丁锦涛	姜柽	张晓宇	刘慧芳	董海燕	李君卿
籍羽	赵宇娇	包慧楠	乌兰托娅	李梦娇	李阳阳
王健	薛尧	郭子凡	陈芊宇	胡慧琦	陈建歌

张叮	赵海栋	张萌	张昱	李浩	刘燕慧
张杰	刘艳	于适洋	陈旭为	白槟荣	李琛
彭琳	张家奇	李丹	王荣荣	姚昕	祁欣
王佳琪	丁洁瑶	王杰	王金梅	姜珊	王歆
赵璇	张馨月	李祥	奇布仁	王化舒	张欣
王晶	邵丹	尚宇琴	张婧琦	韩冰洁	常连琪
姚文轩	刘茹	王磊	王雅轩	杨洋	刘玉婷
杨顺	马俊	谷劲松	郝保蓄	孟令楠	张丽
闫磊	杨慕	张志敏	奇哈斯	刘毅	白淑娟
李杉丹	马水仙	雷静	牛真珍	康小宛	刘保柱
蔺通	庄佰川	赵哲	张姚	孙健	杨金龙
李梓睿	温艾敏	冯瑾	田宇	龚璐	闫圣楠
云巴图	杨茉	辛乐	马晓敏	武少慧	李小叶
谭雪丽	张晓帆	李然	于文君	高敏	渠昊源
云缙	王泽坤	张晓蕊	兰天雨	任正蕊	贾嫒
云默予	刘丽芳	胡丹	李洁	王妍	牛小青
张丽英	胡悦	张馨恬	王晓菲	姬茜	张婉茹
张佳慧	张皓	段会茹	王轲铎	史宝成	辛悦
许冉	祁欢	马燕茹	李海媛	郝晓婷	于海莹
刘娜	赵维娜	孙楠	任艳霞	郎光耀	苏杨洋
隋嫒	张楚翊	张维娜	刘旭阳	潘雅倩	闫聪慧
赵慧	李彦玲	刘馨	穆娟娟	寇少婷	高波
吴丽娟	孟晴	王晓峰	李利丹	郭胜楠	孙超
刘书航	赵敏	金婷卓	赵静	邢少君	郭雅婕
弓托娅	王晓亮	李美艳	李欣	孔凡葳	杜倩薇
李佳	李怡潼	张婷	周璟	田耘硕	周颖
杨佳宁	董晓萌	乌兰图雅	刘斯宇	丁少茹	李芳
刘俊清	何珺洁	冯宇	王臻元	冯晓帆	孙艳茹
钟宇捷	刘波婷	刘振舒	乔丹	王晓燕	苗丽娜
李方方	赵乐	李天卿	李艳芳	杨慧	刘岩
张越	张蕾	李佩昕	杨洋	袁欣	史海鑫
乔宇萍	张莉	闫毛毛	周慧	乌日泽	王绪荣
张昕丽	郭龙威	刘洋洋	高嘉宜	吴琼	屈智博
吕妍	韩娇	赵静	吕晶	李阳	刘璐
杨孟杰	王小强	王力军	姜绍洁	李昆	蒋洁
张志文	韩飞	齐锐明	王天	郝静	郝磊
高赛鸿	杨燕飞	李小涛	薛璐	康丹	张利荣
贾程	聂阿毛	陈婧	黄睿坤	姜慧	苏天琦
吴锴轩	冀国庆	辛启	纪艳敏	杨乐	柴亚冬
王笑甜	杜强	郭海顺	李飞	邱浩	李彩瑞

王 丹	王星苹	周碧蓉	任 禹	赵建宇	赵茜倩
柴瑞霞	包 岚	李文静	刘 芳	王鑫伟	刘 珊
刘 敏	高 帅	范 琳	冯 鑫	张 瑾	刘冬冬
郑 娜	李紫星	李超斌	陈思宇	吉末苤	吕文珍
李挨林	苏 敏	鞠之凡	张娟娟	赵 彬	王 祺
李 彦	李 宇	朱 琳	孙 洋	高美燕	马 玲
郝 宇	陈 易	皇文艳	徐硕峥	王利兵	李鹏飞
苏 越	李亚新	王 芬	李 妍	王裕如	李 鹤
张宇欣	杨东升	李 欣	李 莉	贾宇婷	芦 妍
崔 如	王 卓	李 泽	魏靖轩	高 斐	许 艾
杨继彭	沈 月	锁 婷	郭亚男	田海芳	朱赛男
冀 丹	赵小艳	王 磊	冯丽婷	何艳丽	贺 峰
张 岩	刘思琪	刘鹏程	刘 枝	汪 涵	王美佳
王 茹	肖 静	张 露	李 颖	杨燕婷	陈晓燕
王楚怡	王千碧	孟庆祺	额古乐	白雪莹	孙 畅
吴 峰	李 彤	郑 樑	应 列	杨晓璐	张晓东
贺之文	宋 瑶				

金融学（287 人）

郭振江	杨天嘉	张 磊	崔童贺	李鹏飞	贾诺瑄
张立君	陈 娜	李彩娇	张雪梅	贾慧娟	巴嘎那
张艺严	邢雪彦	辛 宝	张 强	任劲赫	王超越
闫慧慧	李向飞	赵 丹	赵祝英	王晓慧	陆文娜
刘燕茹	周 涛	王忠波	范志刚	王 慧	闫颖莉
苏雨楠	赵 丹	那郁松	王 京	尹 娜	高 轩
范荣荣	张竹青	米文慧	白智慧	刘彩凤	周 娜
李 艳	孙雨悦	张 扬	李鹏飞	党 娜	张 超
李晓娟	张 婷	牛会芳	杨 妍	刘天成	王 瑞
赵 鑫	李 尧	付 娟	刘 林	宋丽文	楚娇娇
董苏磊	谷 丰	丁 斌	张碧莹	毋咪咪	马 强
张竹贺	石培佳	鲁奕梵	成光玉	斯琴图亚	闫晶晶
阿如罕	乌日古木拉	其乐根	三 叶	萨日盖	乌云高娃
文 化	乌日古玛拉	高雪原	斯钦塔那	苏妮日	白哈申
王丽红	其乐木格	陈乌云嘎	包秀雯	特日格乐	白斯古楞
苏日娜	包乌云格日乐	白小英	乌仁图雅	珠兰其其格	乌云高娃
张乌日吐那斯塔	莫日格吉乎	乌力吉布音	其力格尔	斯日古楞	
阿拉腾格日勒	乌日罕其其格	毛乌很	包其勒格乐	乌仁涛格斯	青 山
李明全	包迎春	赛恒其木格	呼 和	萨木嘎	宝太平
曹德毕力格	梁天亮	王丽君	斯庆图娅	青格乐	宝日格乐
刘 帅	于虹博	牛雪新	李 芳	郭亚鑫	丁 威
谭文悦	弓智慧	岳 珲	魏 敏	张东艳	徐 莹

尹燕蒙	张美娟	王宇博	崔广媛	王禄	赵志艳
王昕昕	樊海林	冀嘉宁	聂小雪	郝婷	靳杨
王猛	刘洋萍	魏康	傅佳丽	刘芮	包玲玲
张琪	金成	李少雄	杜晔妮	常美迪	白一唯
王雅婕	李楠	王颖	乌伊丹	王昕	曹晓旭
王萱	张嘉凌	段环宇	吴敏	钟鹏德	樊培清
史尧	沙蒙蒙	闻欣	刘玮婷	任皓	李丹丹
李伟	丁梓芸	丁震	程小原	郝莎	牛淑婷
刘夏利	周洁	付宇	包槿怡	王虹捷	苏宇
李雅静	付珍艳	曹宽	李国君	陈曦	安娜
毛录	张佳琦	李柏汶	窦晓宇	王学峰	淡泓玮
李娜	范嘉情	王培伊	王彦镔	李晓旭	李慧
乌亚恒	魏娜	李晨晖	王鸿雁	赵世娜	靳少飞
王文军	郭洁	毕力格	恩尼	王婧	薛婷
苏磊	高燕宏	郭丹	张珏	曹钰	海水滴
杨婧	刘伟明	秦臻	燕越	庄富佳	黄亚星
李超	李玮	范书伟	王志强	刘晏良	李茉
霍艺彭	张玥	李倩	白思远	卢绪欣	杨燕
梁亚君	方萍	高敏	周娅	袁朝	马媛
赵丹	于思越	甄理	姚丁煜	张雅娟	王博
摆永芳	杨家祥	陈子娇	侯迎亚	王蕾	张佳
郝婷	刘博文	白娟	王志超	乔铮	韩冰雪
王皓	董潇	夏慧芳	王媛媛	王丽娜	贺旭东
任塞辰	张译丹	马莉	唐迪	马千里	胡格吉力吐
赛西雅拉图	牛若筠	刘洪伯	郝晶	海富泉	温都拉
胡晓清	王刚	门佳颖	刘久一	王鑫	武磊

经济学（17 人）

张艳芳	宋嘉琦	王嘉宇	呼延杨子	闫蕾	李婧瑶
阿吉乐	张婷婷	张越	李彬彬	肖嘉圊	张媛
李宁	苏日娜	姜多多	何斌华	纪睿	

农林经济管理（165 人）

张磊	杨青宇	唐亚楠	李志国	刘丽丽	王奇
张海龙	张天月	伏凌波	张梦青	张佳慧	张亮
卢迪	赵亚楠	孙锋	敖赫	杨帆	孙健
赵磊	杨祚昕	王菊畅	王好婕	王寒松	苏日娜
燕奕璇	赵梅杰	奇红格尔	包星宇	沈维婷	仝孟
李强	折志强	赵志强	万茜	高伟东	秦钺淇
王竟敏	包蕊	刁岑岑	杜鹏飞	高丹	索建龙
张慧	鲍秀梅	包青海	张景慧	包赛吉日胡	苏日古嘎
罗丹丹	阿如那	国强	呼格吉乐图	乌云塔娜	武大韦

杰籽尔	苏日古嘎	娜荷芽	杭 希	萨茹拉	那 顺
乌日罕	萨其拉	玮丽斯	陈海凤	佟斯琴	黄吉日木吐
那楚格道尔吉	常学斌	特日格乐	其勒格尔	乌日娜	苏日嘎拉图
王兴安	王 泉	田香明	英 雄	旭日干	勿兰花
包额尔敦巴雅尔	苏日那	巴达拉呼	鲍其乐木格	来 兄	阿日棍
杜小娟	丽 丽	咸晶晶	包乌日罕	勿兰他那	呼斯楞
赵冬冬	特日格勒	张雪梅	叶 如	李瑞春	王春明
新吉乐格其	乌亚罕	伊 丽	乌云格日乐	格根塔那	杭 盖
乌日娜	阿如娜	刘 芳	蔡雪敏	任姝昕	孔祥慧
陈永亮	张 倩	袁 野	郭媚佳	杨文强	赵 婧
刘秉周	高 婷	陈一嘉	李佳音	史平平	张向南
李 静	郝慧媛	霍东清	尚 丽	张亚娟	王丽娜
张 龙	刘慧琳	太玉鑫	韩若萱	李禹墨	王淑波
宫恩剑	董 佳	王 奎	徐 丹	智 乐	李维娜
陈 滔	王璐璐	张宏慧	刘思敏	林亚飞	李 波
白 雪	王彦茹	李柏杨	秦姝娇	张嘉艳	张 宝
韩 兴	雪 莲	郝梦园	邢 丽	高 健	高卓毓
李昌宇	刘鑫娅	李金玲	董文娟	沈 龙	姹蓉娜
毛新宇	布仁吉日嘎拉	孙晓龙			

物流管理（37 人）

郭 乐	路新燕	王燕娜	赵小琳	温成奇	张兆旭
赵彦杰	杨增英	林 颖	邓宏飞	李秋谷	石科睿
董 松	赵翠霞	刘 峰	刘 洋	刘星怡	李骏超
刘 洋	郑佳男	张招炜	乌仁其其格	李萨茹拉	张洪丽
张车力格尔	吴彬彬	都 林	夫 海	韩国臣	呼斯勒
胡日查毕力格	哈斯朝鲁	呼和唐克斯	桑 佈	那日苏	张加朋
王东奇					

材料科学与艺术设计学院

材料科学与工程（30 人）

王泽豪	赵春燕	刘 静	赵海新	李云霞	卢金金
张志威	周 伟	陈喜龙	翟秀宇	叶满辉	刘晓艳
刘雪伫	黄禹嘉	张智勋	史子正	杨 阳	张亚北
赵丹丹	陈 帅	熊桂元	司云飞	于伟洋	赵 飞
左银银	尚琪冬	张 辉	杨文斌	惠朝阳	陈 杰

服装设计与工程（23 人）

乔丽慧	贾素荣	刘 霞	杨林林	袁晓璐	赵晓燕
段艳霞	王 美	王小军	郭云鹏	元 媛	宋婷婷

| 张琪 | 张龙 | 郝远芳 | 贾倩肪 | 刘慧芳 | 韩双 |
| 葛凯圆 | 高乐 | 李海英 | 刘伟 | 张通 | |

木材科学与工程（71人）

王传巍	杜金鑫	刘洋	徐剑	韩磊磊	梁志伟
于凯	胡秀靖	杨阳	郑高军	张金荣	刘瑞
夏华春	张小东	安大昆	陈伟	黄同慧	李保武
杜兵	雷雪	张振宇	李剑波	韩敏	兰文平
王立松	柴慧	高鹏	陈强	王洁	张伟伟
刘建霞	郭智慧	张晶	吴向文	李厚招	林光远
韦子山	周海云	贺瑞云	李正兰	惠海云	郑欢欢
唐杰	秦子龙	李士东	魏征	杨丽东	房晓伟
李天宇	刘磊	王宇	杨保铈	康晓伟	王星
赵日强	韩刘杨	堵阿青	王杰	王芳	霍子微
郭修明	唐尚武	裴彦斌	胡佳宇	霍磊	王申伟
王晓飞	裴恒	王有铭	郭城瑜	吕朝洋	

艺术设计（154人）

许晓娜	陈燕	段艳美	方娜娜	李荣	薛玉东
刘洁	史静文	王玉超	张秀娟	韩慧中	田佳卉
周永强	杜雨蒙	刘虹	郭少杰	刘巍	张志钢
刘泽萱	樊晨晨	樊哲	候庭璇	王敏	王艳青
项颉	赵璐滢	刘姣	宗晓艳	沐阳	赫彦玮
柴杜靖	田宇辰	刘敏	罗美旭	崔宇波	刘娟娟
张艳茹	王星波	丁雪	谢靖安	钱军	杜欣
郝悦琴	皇甫玉霞	张鹏	罗廷	王慧珍	白云
温馨	齐娜布其	赵倩楠	李敏	郝赫	于靖昉
高富华	张宏茜	谢国卉	张哲昊	都仁	宋兆平
王晨阳	韩亚柯	程盈鸽	史素彩	汪云飞	师毅聪
谢金磊	陈旭	赵雅文	孙涛	张娇	图雅
辛晓彤	包珈铭	王荣	张晓珑	秦硕遥	李思媛
马荣	高盼	樊颖	魏强	王雨	张星
骈强	乔金龙	王艺涵	吴宏宇	贺雅君	张振宇
蔡璐	闫铃	李成龙	白茹	王辉	王皓
郭蓉	田金卉	王博	苏美华	李嘉阳	吴鹏
李艳	王文	任皓蕾	王亚婷	白若冰	苏勇
塔娜	杨春洋	翟雪娇	王文韬	慈晓英	贾凯婷
陈雅茹	黄瑞	王利军	袁禄	翟文新如	马婷婷
梁伟	赵恩泽	葛晓	贾艳君	奥亚茹	李丰泰
王姣	李婧瑞	史美娜	张璐	张婷婷	马思武
白璐	钱常乐	于浩然	张伊然	高敏	文攀岳
王蕊	刘慧丰	刘季宇	王珏	鲁雅馨	冯丽婷

王 辉	皇甫睿喆	张海涵	张文静	张丽亚	姜雅茹
马瑞英	李鸣真	卜丽娜	王新善		

食品科学与工程学院

包装工程 (55 人)

李穆荣	刘婷婷	苏 丹	张智勇	孙利国	王丹丹
周正晗	武瑞霞	唐学宗	赵文静	韩 彪	董广朝
吴永娟	钟 新	胡占海	李建华	王 欣	陈红华
吴学书	孙 阳	李桂平	潘洪亮	刘建志	王旭铮
刘 峻	张 一	赵建方	刘文倩	王 轩	姜立群
张 师	安永胜	张金平	常 凯	屈小峰	张 丽
刘林林	杨 月	肖 克	宋树鑫	董华利	徐文亮
孙 闯	闵 帅	罗 灿	何牡丹	张飞燕	王军霞
张晓雪	魏晓婷	曲媛媛	张楠梓	折长伟	张燕翔
祝洪阳					

食品质量与安全 (162 人)

白哈布日	杨一洲	田加美	孙孟霞	胥井龙	顾翔宇
郭 琴	苏利英	李安娜	张 越	王慧艳	李文强
田久东	李国艳	王 欣	胡丽梅	李 洋	任晓红
谢自艳	孙 悦	王晓文	王 静	刘俊英	张继媛
郝玉玲	徐婷婷	郭静静	李 亮	祖 治	彩 霞
阿如罕	艳 艳	韩彻力木格	甜 甜	马秀芬	木其尔
包玉莲	达丽玛	朝 宝	曹勒孟	何福涛	娟 娟
特日格勒	塔 娜	乌兰图雅	白长喜	王红小	吴春平
乌云塔娜	阿 梅	包文芝	白松青	宝力日	海 琳
阿拉坦齐其格	李红英	红 英	吴 云	宝力尔同嘎拉嘎	梁泽华
周永梅	陶日更	包乌云	陈 林	乌日汗	南斯拉玛
巴音巴图	韩小林	呼斯冷	胡日查	呢格木图	殷艳红
黄 意	朱思捷	侯 瑞	李梦瑶	李佳宇	梁红玉
张 琳	洪 竹	刘 莉	陈伟东	郑佳慧	习 羽
刘嘉炜	王小娟	贺 红	梁 虎	孙 茹	刘庭庭
赵 丹	张 顿	宿梦圆	张瑾瑜	李宇飞	王 凤
贾祥颖	刘慧媛	雷柯娜	张 昕	祁鸿博	黄靖然
石 佳	郭彦博	薇 娜	王沙沙	高 艳	齐 琪
王惠娟	姜丽丽	张子夜	赵雅娟	刘 楠	段鑫宇
张潇月	孟慧娟	李柏欣	石 静	郑 磊	卢 静
张丽莉	郭江燕	陈 晔	田 雨	刘 阳	梁 敏
甄慧婷	熊 敏	曹元祯	张利英	温 馨	崔晓宇

王立楠	谢曼	胡晓敏	张丽	宁贺贺	卢楠
张小燕	王慧艳	任培龙	石明杨	张晓兰	廖晏
卢鑫	陈娟娟	李瑞华	王弘怡	段海霞	李强
张磊	高尚嵘	庞晓红	汪佳慧	刘甜	马晓雯
高白英	霍蒙	邢颖	梁志昊	姜瑶	梁瑞

食品科学与工程（225 人）

张蓉	张楠	姚丽	岳林芳	申海英	刘艳玲
张洁	高荣花	杨金华	杜雅楠	张可娜	乔向宇
李晓婷	乔雪	闫佳佳	黄贤勇	卢宇	董楠
杨帆	杨振宇	马庆飞	杨燕凤	郭丽	韩昕男
李海艳	岳云府	王丹	李阳	张子丽	闹尔再
包尔江·巴德玛拉	海勒	青兰	陈丽君	苏日古嘎	哈斯花
木其乐	韩园园	萨其日拉	包晓光	乌仁苏道	伊日桂
陈青梅	苏雅拉	红梅	乌鑫君	雪梅	梁塔娜
包乌云毕力格	乌仁高娃	昂格丽玛	阿如娜	王乌云	陈兴彪
李斯琴	呼吉图	杨松林	宝常锁	杨瑞瑞	朝格苏力德
丽丽	王丽君	宝泉	李金叶	苏日他拉图	薛代子
永光	乌日拉嘎	乌日汉	宝满喜	包萨如拉	特日根
付凤英	鲍银花	李伟明	鲍新昊	王丽霞	伊德日贡
通拉嘎	萨仁	金兄	敖门毕力格	赵新宇	韩婷婷
才仁它木	张国军	张丽艳	解一鸣	王佳	廉路平
萨出日嘎	霍凤至	赵菁芳	谢佳	王伟华	许云飞
刘慧敏	哈振欣	张磊	徐君强	王秀玉	石艳萍
段璟瑶	赵志恒	于婷	孟翔营	郭慧芬	李宝佳
鲁思涵	张利霞	张静	刘亚东	温燕霞	陈飞
胡美娟	吴文慧	孙国香	王媛媛	赵雪梅	樊璐
王舒	周晓燕	刘静	张玮	郭春光	姬周复
张乐乐	刘琦芬	刘思扬	贺丽娜	杨洋	胡昕林
庞景泽	田盛	贺思远	纪翔	曹晨霞	王宝媛
杜亚楠	薛慧慧	王欢	郑佳卉	秦俊梅	张永婷
杨春艳	贺瑛	鲁雨霞	孟凡泽	司集国	张裕蓓
徐蕾	叶洁	阮萍	苏赟	张海霞	倪铭
董倩	倪玥	张磊	金向虹	王玮璐	张静
张神铭	王燕	韩婷婷	朱晓东	董晓燕	李强
李瑞雪	刘国庆	周国华	张福	于泽君	岳国婷
肖彦蓉	高文婷	霍青梅	焦峰	李慧	任帅
王媛	薛锋	焦海波	周苗	韦磊	杜慧
张艳萍	白璐	张佳楠	郑娟	姜颖	吴睿
武岑晔	马莹莹	刘彦飞	魏燕珍	吕娟	马玉珠
何静	邓娟	贾彩英	岳娜	齐智杰	何学琴

张 越	丁 佳	马慧敏	叶霞霞	刘家鑫	薄礼娟
陈 忱	邢媛媛	李柄增	樊晓娟	武文超	崔 亮
辛宏冉	冷家琪	闫雪丹	吴海艳	焦天慧	乌云其木格
缪娅丹	纪宇新	方 圆			

计算机与信息工程学院

计算机科学与技术（58 人）

贾耀亭	尹玉仓	刘泽伟	张冉冉	王小亮	霍金红
丁毅帆	刘 丹	李 鑫	郭 斌	关春媛	白 泉
杨慧芳	姚俊玲	刘 婷	于洪江	唐程伟	赵嘉慧
刘崇博	唐学良	董 伟	王春兰	司学科	任经伟
周学君	孙光阳	李 洋	郭 祺	杨艳影	张晓玲
李海娇	奥渊博	尚泽凯	邓 同	马 宁	杜卫廷
孟迪迪	郭体亮	王国钟	贺文涛	张瑞珍	张 沿
代海龙	赵晓明	曹忆鹏	杨剑峰	张 振	金 彪
赵婉璐	李 慧	贺 欢	曾肇烷	王远方	刘建国
袁 野	郭增辉	马黎菁	张 蒙		

软件工程（52 人）

郭旭东	程 鹏	丁欣国	夏 强	岑 瑶	林佳锋
陈月鑫	范重阳	张 超	刘 强	房 骞	曹 阳
姬广鹏	王 佩	杨 晶	王鹏飞	包欣雪	张雁飞
高丽英	姜 敏	段培峰	梁强战	尚绿洲	李 岩
张 萍	宋慧文	李 科	蒋 轩	张虹杰	董纪凯
张欢欢	闫晓斐	吕 鑫	赵 静	程 功	张 辉
刘 松	徐扬帆	张同砚洋	高关岭	高福建	卢 尧
谈 元	廖登科	代长春	王 晓	吴长松	王伟晨
王世霞	李志伟	王艳辉	刚昕明		

网络工程（52 人）

魏利飞	刘 洋	贺 源	张新敏	李淑荣	王俊彪
王亚楠	冯 冉	何长旭	王亚峰	何 洋	王相明
马国强	张向东	云永旺	王 鹿	杨玉志	付剑峰
孙 浩	张华磊	尹丽佳	石 敏	刘 勇	刘亚丽
赵 宇	李其明	赵 倩	苗庆春	洪 芳	于艳平
刘泽青	马 雪	李 睿	侯 旭	曲海洋	李 策
李慧娟	李 博	张佩强	王彦仓	时水静	方 杰
余姝	陈泳杉	姚世伟	戴 然	谢 鹏	徐 航
韩明胜	沈啸宇	王婷婷	袁 敏		

信息管理与信息系统(36 人)

云晓珉	田甜	刘飞	李双娜	白俊涛	訾勇强
代革命	白杨	高乐	张洪利	张良	李晓红
张鹏	崔富源	胡宏涛	贾晓东	郭珂晖	张卫东
王钦	齐潇行	张玉琪	王茂臻	季平	王晓飞
孙小蕾	白婧	何云鹏	杨彬	郭彪	王璞
王少龙	张振南	贺阳阳	张生梅	包浩	田慧

生命科学学院

生物工程(54 人)

高丽	裴超	胡馨婷	孙树成	李莉莎	王瑜
陆颖	陈文晶	刘丽	李向春	阿力玛	彭浩伟
陈飞雨	张正超	田建	陈晨	边秋杰	刘洋
李德光	张宇	杨瑀瑶	张天慧	梁菠	全秉德
张明杰	樊艺楠	李帅	王睿琦	侯兆乾	张磊
董志成	付豪	张纬	孙爽	王永峰	房晓志
候海龙	贾斌	索雅飞	孙亚波	郭昊鹏	王洪双
皮向成	张强	孙帅	王利新	郭美玲	马小圆
李秀玲	王雪	于晓磊	李兴华	陈超	朱雨硕

生物技术(72 人)

燕升	樊俊峰	石峰	席永亮	聂楚辰	舒秋婷
李晓婷	代雅森	刘俊俊	刘欢欢	冯玉梅	范春艳
刘晶	苑超	景羽	许慧娟	刘锦涛	徐超
侯珏	张宇	王彦妮	贾琳珊	李雪	高恩恩
赵月	马乐	李娜	乌亚杰	赵蕊	赵彩权
刘素珍	宋璐璐	李雪榕	马静	郝薇	郭雅琴
陈慧颖	许一龙	王鹏	孙炜	黄新振	赵奇
于营	王松	王倩	代江	张羽康	王万程
马龙飞	田志鹏	杨爱蓉	张腾	袁树栋	史耀平
李秀锋	丁玲玲	刘富兵	王震	裴怡韬	孙慧
祝心路	陈青峰	杨俊	左俊	汪亚男	牛明远
余萍萍	王根	马换芳	李欢	王培生	赵文灏

生物科学(91 人)

张兰	肖钢意	高凤龙	刘全庄	宋鹏飞	邬欣乐
赵佳琦	刘晓芳	滕婷	王婷	谢玉强	樊海龙
张凯帅	张时耀	张强	连仁超	甘霖	孙占坤
尚帅	郝永军	樊丽媛	李静	赵忠朋	邓雪萍
崔石新	周陈	李静	赵劲博	武宏豆	柴志月

刘庭芳	殷玉梅	郭亚真	丁祖光	王兴悦	齐 畅
赵丽娜	张 琦	万安琪	蔡 翔	张 娜	韩 国
王昌林	徐向武	王秉昆	施良军	吴育方	胡宁宁
黄洁若	马朋利	杨 莹	李 超	冯 丽	吴 芳
马志远	胡仲鹏	范 强	赵 晶	贾丽娟	张喜艳
郝荣荣	杨尚东	苏力特	戴德超	白舒萱	赵燕妮
闫建业	刘 宇	曹 猛	周 乐	杨司琪	张 宁
王大清	谭晓婷	史利国	王 振	王 蕊	席 娇
李贡建	李欣然	王 瑶	苗皓博	周 杰	赵 鑫
徐 星	李 晶	李思静	宋源鑫	史少华	超 博
张 阳					

制药工程(62 人)

张 敏	田 颖	武艳丽	王 雪	沈 媛	张 慧
赵丽琴	王梦尧	李艳秋	刘 丹	阎丽芳	郝贾凤
李艳雪	曹美环	张 鹏	姜晓龙	吴 丹	王小雪
刘 芳	王瑞奇	吕 璐	李 旭	梁 路	李长成
刘 丽	沈笑瑞	顾晨刚	丁 浩	孙金涛	李春君
姚利军	高新宇	毛铭铢	张艳辉	付艳杰	曹 学
王 强	刘 鹏	柳海鹏	康丹丹	徐习伟	徐锡超
秦振远	简 刚	吴永良	李 豪	李春玲	郭 欣
李来兄	王小梅	杨 茹	董毓洁	杨志强	郭雪松
李清霞	陈 洋	赵海红	胡小双	苏瑞梅	马 越
张 涛	张斯媛				

人文社会科学学院

法学(69 人)

韩 雪	马 敏	秦昉新	杨佳欣	李君博	王丽娟
郝向龙	岳晶晶	杨 佳	褚文磊	呼秦琴	赵文静
苏 欢	高睿红	胡玉杰	隋佳彤	郭沙沙	韩 君
王瑞强	左广薇	王梦秋	刘泽宇	高晓宇	王泽龙
曹 菲	陈梦洁	李新力	金 岩	王 娜	吕孟鸿
白泽儒	范晶平	马 禄	张少卿	张苏雅	苏 雨
张 静	王雪莹	郭 冉	魏 丹	杨苏龙嘎	郭 峰
田雅坤	田施雨	郑艳荣	袁 奇	王启赛	伙玲玉
潘 颖	邵东杰	王 璐	佟 双	何小可	侯文华
韩 明	彭靖贻	金春玲	田 甜	顾佳美	白银梅
阿璐司	金 阳	唐 企	王槟杨	姜海萍	苏 月
石松源	德烨宇	文凯翊菲			

社会工作（53 人）

杨 蓉	陈园园	苏艳蓉	刘 越	武云燕	郜 鑫
白改清	云 瑞	侯介方	姬 智	张丽娜	张慧茹
郭志远	周牡丹	贾文莉	井 薇	刘丹丹	苏 红
李慧慧	刘 庆	刁云鹏	孙敬畅	郑 迪	王 娜
阿拉腾道尔吉	塔 娜	吉呼楞	巴依玛	赵朝洛蒙	黄海花
乃 日	莫日根	阿茹罕	海 日	白福林	苏乐德
陈桂荣	胡日禄	陶伟玲	吴色音娜	萨如拉	乃米拉
乌日吉玛	那仁其木格	朝鲁门	嘎丽巴	巴登苏荣	巴图青格乐
哈斯图亚	吉布哈图	兴 安	乌尼巴亚尔	萨如拉塔娜	

行政管理（83 人）

刘 波	郝佳男	张 竞	李雯琦	曾 贞	刘 琦
王 茜	常沛瑶	安秀文	王秀敏	王雅蕊	程丽芬
丛 伟	马翠青	王 莹	聂凯敏	魏国庆	刘海霞
李雪薇	武 放	于正华	安 然	高 靖	巴力吉
马阿拉坦其其格	萨拉楞	戴苏达	温都娜	韩苏德	包塔娜
娜日苏	图娜木拉	苏日娜	巴亚力格	格日乐其木格	陈山丹
静 静	其勒木格	乌吉木吉	乌其日乐	玲 玲	阿荣高娃
都日斯嘎拉图	白明星	海 涯	巴图吉日嘎拉	李 鑫	哈敦朝鲁
金秀丽	白娜仁格日乐	哈斯毕力格	齐乐格尔	威力斯	韩晓君
永 梅	雅 梅	新吉乐	毕力格图	格根塔娜	桑杰扎布
特日格乐	牡 兰	塔 娜	萨础拉	牧其尔	宝力日
特尼茹	乌日柴胡	图门那斯图	朝鲁孟	洪和尔珠拉	娜日娜
斯琴达来	胡斯楞	乌日古木拉	黎 明	塔 娜	图日根
哈斯鲁	呼斯勒	佟文彬	李丽媛	乌日乐格	

外国语言学院

英语（65 人）

郭晓敏	邬姗蓉	张俪伟	任向滢	杨婷婷	赵 静
赵香田	侯文静	邓 蕾	韩 茹	王嘉敏	彭雨薇
毕艳哲	张 娇	高丽丽	石春雪	黄月珍	刘 佳
张宏宇	邵 磊	张 影	薛 玉	苏恩赐	张赛楠
张喜连	武晓霞	任 婷	连亚妮	刘金梅	田春芳
王 敏	郭文萱	杨希桐	李 娜	王 洁	马丹丹
蔺婷婷	王文娟	张瑞清	李 静	肖璐超	董明慧
张丽敏	刘振洋	张凤玲	尹丹丹	李春春	吴娴文
夏淑华	尹洁敏	闫 旭	张大耀	赵 贞	余 雷
乐 瑶	刘博雅	张雨晨	薄 涛	高 鑫	龚 裕

安 阳	陈 思	娜 仁	高 阳	隋思佳

理学院

电子科学与技术 (58 人)

李伟男	段志强	王粉瑞	刘 璐	安海兵	贾丽丽
张 雷	刘亚楠	高 峰	王科学	董志军	赵文涛
杨丽娟	孙晓萱	霍银阁	孙小军	罗志宏	杨晓峰
赵 赛	杨官令	王金秋	陈那顺	张美霞	刘亚瑞
杜成军	刘晓元	瑞 祥	张 琪	许 达	邱 杰
陈一波	王元元	田茂茂	赵庆华	高志峰	黎清霞
刘小瑜	李京宴	夏雨飞	李佑名	曾庆怡	胡雄风
李文杰	石 森	刘亚洲	胡 肖	许晓红	郑亚坤
贾亚军	王唐宇	孙国榜	杜振军	王 栋	郭 伟
李明涛	哈建海	赵 蒙	杨 扬		

化学工程与工艺 (71 人)

狄丽源	张星敏	朝格吉乐	吉勒格图	王丹丹	刘 娜
邵永巨	赵 帅	郭文彬	付 强	杨 森	张永飞
田晓宇	吴婷婷	王永吉	赵利岩	张卫东	王兴勇
朱宏跃	韩普超	王 霞	刘世杰	孙博万	张志强
朱 颖	梁光芸	徐长进	孙精琪	王 妍	王菁菁
杜丹丹	崔 亮	傅云飞	赵一斌	王若雪	彭 燕
苏明阳	李 瑜	闫清成	刘肖丽	何 宁	丁正东
李肖夏	宋河儒	马加顺	杜佳兴	车友新	崔 凯
别荣竣	余建都	刘 明	王 元	王泽新	沙 蕊
李钦鑫	陈 卫	李 胜	李廷廷	薛 剑	段媛玥
刘建平	陈国卿	李雨恒	郭潇敏	张 艳	朱 斌
董 美	杨玉婷	许琼楠	李灵越	邰旭光	

能源与交通工程学院

交通运输 (85 人)

庄宏泉	李 瑞	郭厚祥	李宏业	田建华	吕书昌
张艳玲	王 杰	石建宝	张志强	刘 多	宋国强
张丽伟	张翼磊	张树元	由 伟	许奉楠	杨 海
丁 磊	崔顺美	李明辉	张 曜	田喜君	陈晓宇
郭雪梅	徐春辉	李 阳	何换朝	董 飞	苏亚男
刘 洋	霍宣宇	赵 阳	任俊强	唐 鑫	苏 涛
高智慧	张美琳	马兆坤	何育猛	张世站	田莉莉

马 悦	王 蓓	晋 松	陈宏飞	高 伟	朱之强
韦 伟	周 尧	李柱峰	刘 波	王志宇	郝思朝
陈荣智	马爱英	张 娜	庞 楠	何 堆	王海语
马丽斌	闫 瑞	王利霞	亢 凡	寇致玮	李相东
刘新禹	任建忠	张宇光	柴家发	李树林	王晶晶
王文龙	徐晓东	李 元	赵 晨	白二增	滕一民
陈立桐	于俊涛	姚 旺	徐文龙	孙 浩	胡文斌
潘 莉					

森林工程（道路桥梁方向）（121 人）

贾力纲	周云涛	韩海根	李 卓	蓝天旭	李晓龙
李文强	穆文军	王通磊	马东梅	陈风朝	袁 刚
常 艳	马 军	李晓慧	王 磊	王 伟	张晓桐
牛立达	段利军	霍晓阳	梁 帅	陈哲路	高振国
马腾腾	张吉升	孟祥正	刘 辉	高文娜	唐广洋
毕 钰	周婉顿	唐巨国	姚 璐	闫瑜琨	黄晓星
杨 宁	文晓媛	朱志琪	郭光耀	张才银	易 红
谢林林	卢 杨	王美佳	郑月昊	张程程	刘 东
徐 斌	邹书豪	王耀新	闫争艳	殷 弢	王 硕
贾健全	罗 煦	王宇航	罗盛强	王 岩	韩海波
王佳敏	石晓坤	乔仲欢	李 云	杜晓东	付志刚
牧 仁	孙豪阁	王 健	孙建伟	张扬阳	李 鹏
陈海珠	曹江涛	刘 钰	樊昌胜	莫 尼	赵丽华
吉雅泰	道日娜	白国春	白志强	白音敖日格乐	斯日古楞
达楞陶高斯	高雅罕	阿日棍	刘铁鑫	塔 拉	希力格尔
宫国彪	褚青亮	阿固达木	意德日根	小 玉	巴亚斯呼冷
包青林	那日苏	敖日格勒	包春嘎	哈斯宝力尔	草道毕力格
王 军	特力根	乌云毕力格	齐勒格尔	其根塔米尔	阿古德木
呼尼苏图	张双宝	呼合木仁	孟克特木勒	苏力德	其那日图
阿拉坦巴根	张兴瑞	臧浩宇	额尔敦木其日	阿拉斯	那日苏
马世达					

森林工程（公路工程机械方向）（29 人）

赵雯倩	岳国俊	李 帅	王 凯	迟建华	肖皓文
董 鹏	胡瑞栋	吴 朋	郭浩忠	曹雪龙	王振文
迟占鑫	王 洋	徐历敏	刘成洋	任锦凯	高重阳
杨蕊宁	娄志岐	刘永强	张团结	牛博文	杨 阳
聂国兵	赵 虎	李伟峥	包宝音朝古拉	包那日萨	

重要报道选辑

让"低头族"抬起头来"绿色课堂"活动倡导学生上课不带手机

《呼和浩特晚报》2014 年 1 月 1 日

梁婧姝

各大媒体对于"低头族"的报道屡见不鲜。手机为我们提供方便、快捷服务的同时,也给我们增添了安全、健康的隐患。如今"低头族"的大军已经挺进校园。内蒙古农业大学林学院就课堂频现"低头族"的问题,开展了"绿色课堂"的活动。2013 年 12 月 26 日,记者就此进行了调查。

学习氛围浓　听课效果好

"我们的'绿色课堂'活动从上学期就开始了。"当询问活动从什么时候开始时,林学院园林专业大四的胡素蓉告诉记者。胡素蓉说:"活动没开始时,课堂上玩手机的现象比较普遍;活动开展后,同学们的听课状态明显比以前好了。"同是大四的城市规划专业的何志中告诉记者,活动刚开始时,学生们也是有一些抵触情绪的。学院的辅导老师给做了许多思想工作,而且还专门举行了讲座分析了经常玩手机的危害。现在对于这个"绿色课堂"的活动,同学们都特别欢迎。

城市规划专业大二的卢洋洋对记者说:"现在觉得学习氛围特别浓。这个活动开课后,不仅是课堂上没有了玩手机的现象,就是上自习的时候大多数人也不带手机,带手机的同学也会自觉调成静音,避免打扰他人。"城市规划专业大三的孟飞轮说:"我觉得这个活动我最大的收获就是比以前更注重思考了。原来上课带着手机会分散注意力,所以听课就简单记个笔记。现在听课不受干扰,在课堂上发现问题会询问老师,有时还会和老师在课下探讨些学术上的问题,觉得自己的学习更深入了。"

记者在调查中发现,许多学生都觉得"绿色课堂"活动带给了他们积极的影响,不仅使他们更加愿意学习了,也使得同学之间、师生之间的关系更加融洽了。

上课认真听　期末挂科少

林学院学生工作办公室主任王志强老师告诉记者,"我们每天都有老师对学生的听课状况进行抽查,这学期学生的听课状况确实进步了很多。"王老师给记者拿出了去年下半学期与 2013 年上半学期的听课记录表,记录表中显示,九月份学生公共课中玩手机、上课不注意听讲与同学交头接耳的现象比较普遍,到了十月下旬就有明显改善,而且记者在记录表中发现学生们迟到、逃课的现象也少了。

"问问题无人答,放眼看去尽低头"的课堂现象曾经让很多老师感到无奈,但如今,林学院开展"绿色课堂"活动的举措得到了很多任课老师的认同和称赞,林学院从事森林生态与气象研究的岳永杰老师告诉记者,活动开展前,课堂里低头"划屏幕"的多,埋头做笔记的少,有的学生一学期下来,期末考试试卷交上来就是一张白纸。现在,上交手机后课

堂上的变化让岳老师十分欣喜，"一堂课下来，整个上课的感觉都非常好。以前上课看到同学们都是以'埋头苦干'居多，现在积极回答问题的人变多了，讲课的效果也很好。期末挂科的少了，交白卷的现象没有了。"

宣传沟通勤　监督管理紧

当记者询问是什么方法使课堂的"低头族"变成"抬头族"时，林学院党委副书记陆海平告诉记者，"'绿色课堂'活动在开始的时候，学生确实有些负面情绪，但我们通过发宣传单、辅导员开班会，学生干部积极引导等方式来让学生接受不带手机进课堂的做法。同时我们也制定了规范确保'绿色课堂'活动能够长久，比如说，发现学生课堂上玩手机，任课老师可以临时保管学生的手机，记到收缴记录本上，等学生表现好或学期末再归还；为违规的学生设置过失登记，与期末成绩、奖助学金、入党、保研等挂钩；如果任课教师对学生上课玩手机行为放任不管，或教师出现违规行为，会扣除教师的年终考核分数；等等。"

陆书记说，学院通过"制度管理"与"人本管理"并举的方法，促进学生理解和支持学校的规章制度，教育和引导学生自觉加强自律和他律，使学生课堂学习状态从被动、机械地服从转变为主动、自觉地遵守；通过积极营造和谐的课堂教学环境，达到提高课堂教学质量的目的。陆书记强调，"管理只是手段，不是目的。'绿色课堂'活动需要师生共同努力，一方面学生要加强自制力；另一方面，老师也要不断改进教学方式，增强课程的吸引力。这样才能不仅把学生的身体和眼睛带回课堂，更能把学生的心拉回到课堂。"

首席兽医贾幼陵

《中国科学报》2014 年 2 月 28 日

王 庆

2004 年 1 月 27 日，国家禽流感参考实验室最终确诊，发生在广西隆安县丁当镇的禽只死亡为 H5N1 亚型高致病性禽流感。当天，中国农业部即通过官方通讯社向全社会通报了这一疫情。中国首次正式对外公布重大动物疫情，这在世界动物卫生组织引起轰动。贾幼陵，便是我国重大动物疫情公布制度的推进者之一。1967 年，北京天安门广场，一个戴着眼镜、脸上焕发着青春意气的年轻人，正向亲友挥手告别。他即将奔赴内蒙古。

那是 20 岁时的贾幼陵。从北航附中毕业的他，原本将出国学习做一名外交官。然而"文革"开始，担任中央党校常务副校长的父亲被打倒，贾幼陵的外交官梦也随之破灭。他作为知青到内蒙古插队，伴随着恶劣的环境和未知的前途。

在内蒙古，从不坐等命运选择自己，贾幼陵习惯主动出击，在有限的选择中重新定位自己的坐标——抄起简陋的器械，这个从城里来、爱动脑子的学生，成了草原上边干边学的赤脚兽医。

多年后，他将给牲畜看病的活儿做到了国内最顶尖——曾任国家首席兽医师、农业部兽医局局长、农业部突发重大动物疫情应急指挥中心顾问。"五一劳动奖章""全国抗震救灾英雄模范"等荣誉也从侧面印证了他职业生涯的高度。

如今虽已退休并迈向古稀之年，但思路清晰的贾幼陵还是能快速说出关于畜牧业的各种数据，3 个小时的访谈并未让他显露疲态。

近年来，他把余热主要发挥在了提高国内兽医教育水平上。这位身上带着知识分子深深烙印的前政府官员,有着强烈的职业尊严感。他坚信"搞技术的人要说实话""科学家只讲对错"。

他干了大半辈子兽医,喜欢有一说一。

极端逆境"野蛮生长"

面对问题,贾幼陵喜欢坦诚相对:"我治死的牲口比治活的要多。"

刚开始学作兽医时,一次他给一匹病马扎针,结果一百多针扎下去,还没找到马的静脉,而马脖子已被扎烂了。

在寒冬的野外若赶上要生产的牛,这位年轻的兽医师需要把皮袍子脱掉,把手伸进牛的产道里为它接生。受牛子宫强大的压迫力,往往是整个手臂伸进去后,马上就麻木了,然后再换另一只手。周遭天寒地冻的环境,令贾幼陵胳膊上的血迅速凝固。

一次次实践,他积累着经验。"死在手术中的牲畜我都要解剖。"贾幼陵说。他所在的东乌珠穆沁旗生产队,每户牧民家他都住过,有时忙完一天,晚饭时拿筷子的手抖个不停。

同时,他通过各种渠道补充专业知识。渐渐地,这个从北京来的书生大夫水平越来越高。他能老练地把手伸进母马的直肠去摸卵巢,准确判断出卵巢是否发育,是否在 12 小时内排卵。

此外,贾幼陵还不得不和严酷的环境战斗。到内蒙古的第一年,他便见识到了暴风雪的威力。在躲避风雪的迁徙途中,他放牧的 1000 多只羊有一多半死在了路上。羊死去的场景令他一生难忘:他看见哪只羊走不动了,就把雪铲开,让它吃几口干枯的草。一次,一只羊实在走不动,他就用两张羊皮为它搭了个小棚子。第二天早上,贾幼陵发现,那只羊还是没挺过来。羊越死越多,僵硬的尸体垛成了羊圈,为活羊遮挡风寒。

"搬家是家常便饭。一年得搬 40 多次,一冬天往往就得搬 20 多次。"贾幼陵回忆道。

极端的逆境反而激发了他的"野蛮生长"。不过面对困难,他并不蛮干,而是牧民眼中的有心人。

贾幼陵喜欢观察牲畜爱吃什么草,然后拔几根尝尝。有时尝得多了嘴都会肿起来。品种越尝越多,他也逐渐从"尝百草"变成了"识百草"——能辨认出四五百种不同的牧草,并能说出它们的蒙语和汉语名。

突发事件　临危受命

自插队后,贾幼陵第一次回北京探亲是在 5 年以后。而他在内蒙古的 12 年,有 10 个春节是和牧民一起度过的。1976 年"四人帮"倒台后,他被调到内蒙古东乌珠穆沁旗畜牧局任副局长。3 年后,由于业务能力突出,他被调回北京,进入农业部畜牧兽医总局。

2003 年,贾幼陵原本萌生退意,却没成想紧接着经历了 SARS、禽流感、口蹄疫等一系列重大动物疫情暴发。于是,这些突发事件把贾幼陵推到农业部防治高致病性禽流感工作新闻发言人这个位置。对这个在很多人看来是烫手山芋的角色,贾幼陵并不发怵:"我一直没有脱离基层工作,心里对实际情况非常清楚。"曾有人建议他照本宣科,但他觉得那样就失去了作为新闻发言人的意义。面对国内外记者的提问,他能随时调取大脑中存储的各种资料和数据,言之有物,有一说一。

他的底气来自于扎实的基层经验。这种经验,往往来自于突发状况甚至危险境地;另外,他的经验又保证了危机时刻的恰当应对。

2008 年 5 月 12 日,汶川大地震撼动了整个中国。贾幼陵马上意识到:"四川是个养殖大省,震后不知会死多少牲畜,大灾之后往往伴有大疫,必须立即启动消毒和无害化处理。"

14 日凌晨 1 点,贾幼陵作为农业部抗震救灾指挥部副指挥长到达成都,随即奔赴灾区。

尸体腐烂的味道,透过两层口罩钻进贾幼陵的鼻子,刺激着他的神经。多达 3500 万头畜禽死亡,它们像一个个随时可能引发生物安全灾难的定时炸弹,在贾幼陵耳边嘀嗒作响⋯⋯他紧急调来 1000 多吨消毒药品,组织起 19700 多人投入到震区动物防疫消毒任务中。

在贾幼陵的指挥下，每块区域救援人员一旦搜索完毕，消毒人员立马跟上，向着震中步步推进。其间，他先后深入4个重灾区，而他领导的整个防疫队伍则对累计16亿平方米土地反复进行了消毒处理。

时任农业部部长孙政才担心年过六十的他身体吃不消，劝他早些回京休息。而年龄却成了他拒绝的理由："这么大的灾难罕见，我年纪大了经验多。"

老骥伏枥　志在教育

采访中，相对于自己的故事，他说得更多的是对国内兽医临床经验不足、教育水平远落后于发达国家的担忧："我国兽医教育与发达国家的差距越来越大，对我国兽医学科的发展和兽医教育的国际化十分不利。"

在世界各国，兽医都是一门强调临床和实践能力的学科。"一个兽医不会看病，那就什么都别说了。"而在我国重科研、轻临床的兽医教育体制下，贾幼陵却遗憾地发现"一些兽医教授都不会给马插胃管"。

据了解，目前我国大学兽医本科教育大部分为4年制，少数农业大学恢复到5年制。与国外教育相比，我国不重视临床兽医学教学，也缺少完备的教学兽医院设施。"绝大多数毕业生无临床经验，上不得手术台。"

而国外兽医教育学制为6~7年，其中2~3年预科、4~5年专业学习（包括1年专业实习），90%以上的学生毕业后即能取得执业兽医资格，只有3%~5%的毕业生继续读研究生，毕业后从事科研和教育工作。

贾幼陵这样分析兽医工作的重要性：在现代社会，兽医在保障动物源性食品供应及安全，预防人畜共患传染病，开展生物医学和比较医学研究及保护国家农业和生物安全方面肩负着重要责任。兽医教育水平直接影响到兽医执业水平，进而影响到国家对动物疾病及人畜共患病的防控能力。

为此，在2011年，他联合中国兽医协会等单位以及美国6所知名兽医学院，共同发起"选派优秀学生赴美留学DVM项目"。

DVM（Doctor of Veterinary Medicine），即兽医学全科医生。在贾幼陵看来，美国的兽医教育拥有举世公认的全球最先进的教育体系和严格的准入和认证体系，是训练最严格、最规范、水平最高的兽医教育体系。

贾幼陵希望通过精英留洋的方式带回先进经验。在他的推动下，上述项目得到了国家基金委的支持，成为现实。

此外，对于国内教育，他借助全国政协委员身份，通过提案呼吁加大兽医教育投入，尽早引入职业兽医教育机制。

对此，教育部2012年答复称，在1.8万元的基础上，"2013年将进一步提高中央部门所属高校动物医学本科专业生均拨款到2.7万元"，并承诺"引导和支持有条件的农林高校开展动物医学专业人才培养模式改革试点，加强临床兽医教育，强化兽医临床实习"。

退休前，贾幼陵通常是每天早晨6点半到单位，晚上7点半下班。而且由于动物疫情在节假日更易暴发，赶上过节他往往也没得歇。

如今退休了，心里放不下兽医教育问题的他没能拒绝内蒙古农业大学的邀请，出任其兽医学院院长。上任前，他提了几个"条件"："将兽医学院从畜牧学院中独立出来；把学制从4年延至5年；壮大学院的实验兽医院。"

如今，已奔向人生第70个年头的贾幼陵，骑上了推动兽医教育的这匹马。对于能骑多远，他不想浮夸。

贾幼陵希望这匹马儿蹄疾而步稳。策马扬鞭，他期待着中国兽医教育的明天。

贯彻习总书记讲话精神
落实"8337"发展思路为美丽中国谱写草原生态华章
《内蒙古日报》2014 年 3 月 6 日

编者按

"习总书记的关怀温暖大草原。"马年春节前夕,习近平总书记来内蒙古考察,当他考察了内蒙古和信园蒙草抗旱绿化股份有限公司的研发中心、生产车间后,对企业发展草产业、参与干旱地区生态恢复和生态环境建设的做法,对企业驯化培育了多种耐寒耐旱的草种得到初步推广、改善了一些地方的生态环境的成果,表示赞赏。蒙草抗旱公司结合企业发展理念和科研实际,认真学习贯彻党的十八大提出的"加大生态文明建设"部署和自治区党委、政府提出的"8337"发展思路,在草原生态修复及相关生态建设方面作出相应贡献。

习总书记在蒙草抗旱公司考察时指出:要积极探索推进生态文明制度建设,为建设美丽草原、建设美丽中国作出新贡献。实现绿色发展关键要有平台、技术、手段,绿化只搞"奇花异草"不可持续,盲目引进也不一定适应,要探索一条符合自然规律、符合国情地情的绿化之路。

习总书记的重要讲话,为我国的生态文明建设、生态产业建设指明了方向。

蒙草抗旱公司多次组织干部职工学习习总书记的重要讲话精神,结合内蒙古党委、政府提出的"8337"发展思路,进一步总结了蒙草抗旱生态企业发展模式,进一步明确了下一步的产业发展战略,同时,邀请专家、学者与企业家一起为生态产业发展出谋划策,贯彻习总书记的重要讲话精神,落实自治区"8337"发展思路。积极投身我国北方重要的生态安全屏障建设,为内蒙古打造生态文明的风景线贡献力量。

本报刊登精彩观点、建言,以飨读者。

实现生态环境与人类发展和谐可持续
内蒙古和信园蒙草抗旱绿化股份有限公司董事长　王召明

生态产业联盟是在国家大力推进生态文明建设战略,全民强烈期盼美好生态环境的大背景下,由蒙草抗旱、本富牧业、蒙羊牧业、大唐药业、山路能源、内蒙古农大、包商银行等科研机构、企业、金融机构、社团组织、农民合作社等共同自愿发起成立的联盟组织。旨在推进生态系统建设与生态产业相互结合、促进,实现可持续发展的目标。

我们提出生态建设是一项系统工程,不仅为单一的植树、种草,应是包括生态系统内的大气、水、地形地貌、动物、植物、微生物等系统建设项目。通过科研机构、企业、金融机构、社团组织、农民合作社等共同合作,在植被退化的土地上恢复植被后,有了动物、新鲜空气等,进而推进生态产业发展,实现企业增效、牧民增收、助力县域经济发展、推动生态产业经济转型升级,反向继续推进生态建设,最终实现生态环境与人类发展和谐可持续。

加大北方乡土植物种质资源保护利用
全国草品种审定委员会副主任　云锦凤

种质资源又称遗传资源,是生命延续和种族繁衍的保证。对于植物种质资源的收集、整理、鉴定、保护、保存和合理利用,已经成为世界各国的国家战略资源,因此要加大对乡土植物种质资源的保护开发与科学利用。

广阔的北方干旱半干旱地区乡土植物,受周围的气候与环境影响适应性很强,蕴藏着各种潜在丰富的可利用基因,地理优势极为明显,是维系生物多样性和生态系统平衡的重要物质基础。对这部分

植物种质资源进行科学有效的保护与开发,对一个地区推进生态环境建设、草原生态修复、构建生态安全屏障、草地畜牧业以及相关产业可持续发展,将起到至关重要的作用。

近年来,借助市场的力量,以该地区领军企业蒙草抗旱公司为主导,政府支持,高校、科研机构等多方创新实践,已共同建设起北方干旱半干旱地区植物种质资源库。各方致力于该地区种质资源的保护收集、驯化利用、鉴定评价等。通过市场搭建平台,开展国际交流与合作,加强乡土植物选育工作,培育优良的乡土树种,提高植物保护、引种及育种技术水平,创新植物应用模式,并不断选育出优秀牧草、饲草以及具有节水抗旱、耐盐碱、耐寒等特征的植物。

培育和发展乡土植物,保护和开发种质资源,是一个繁杂渐进的生态工程,也是一个系统工程,更是利国利民、造福子孙的重大责任,需要政府、企业和社会的共同参与。

内蒙古 3 名学生荣获"中国大学生自强之星"称号

《内蒙古日报》2014 年 3 月 21 日

丁 燕

内蒙古 3 名学生荣获 2013 年度"中国大学生自强之星"称号,他们是内蒙古农业大学的马跃腾、内蒙古财经大学的廖文珺、呼伦贝尔学院的昂格尔。

患有先天性小脑偏瘫和先天性近视的马跃腾,以坚忍不拔、积极向上的人生态度勇敢面对人生的困难和挫折。2012 年,马跃腾以超出分数线近 30 分的成绩考上了内蒙古农业大学。在大学校园里,他刻苦学习、关心他人,他的事迹感染了很多同学。今年 1 月份,马跃腾与廖文珺、昂格尔同获 2013 年度"中国大学生自强之星"称号。同时,董泽等 18 名我区大学生获得"中国大学生自强之星"提名奖。

寻访"中国大学生自强之星"活动由团中央和全国学联主办,目前已成功举办 7 届。2013 年度寻访"中国大学生自强之星"活动于去年 9 月启动,活动产生了 10 名"中国大学生自强之星"标兵、100 名"中国大学生自强之星"和 800 名"中国大学生自强之星"提名奖获得者。

内蒙古:校地企联手发展沙葱产业 助力畜牧业发展

《内蒙古日报》2014 年 3 月 25 日

丁 燕

3 月 24 日下午,内蒙古农业大学、阿拉善盟行政公署、内蒙古庆华集团有限公司沙葱产业开发与合作协议签约仪式在呼和浩特市举行。

自治区副主席白向群出席。

根据协议内容,阿拉善盟行政公署拟授权国有资产管理公司与内蒙古庆华集团有限公司和内蒙古农业大学共同投资成立公司,就沙葱开展生物制剂等新产品研发、加工及综合利用等项目。阿拉善盟行政公署将在项目审批等方面提供积极协助和优惠政策,内蒙古庆华集团有限公司负责沙葱生物。目前,全国共有北京大学、中国农业大学等 39 所高校获批建设新农村发展研究院。制剂中期实验阶段的工作,内蒙古农业大学为项目试验提供生产技术、设施设计等资料以及技术服务和人员培训指导。

此次合作旨在贯彻落实自治区"8337"发展思路,通过发展沙葱产业助力自治区畜牧业发展,为把内蒙古建成绿色农畜产品生产加工输出基地贡献力量。据内蒙古农业大学有关负责人介绍,该项目将通过校地合作、校企合作,进一步加强产、学、研结合,力争在沙葱产品研发、精深加工等方面取得新突破,通过延伸产业链条提高产品科技含量和附加值。

内蒙古首家高等学校新农村发展研究院落户内农大

《内蒙古日报》2014 年 3 月 26 日

丁 燕

高等学校新农村发展研究院建设计划由科技部、教育部于 2012 年联合启动实施,旨在大力推进高等学校农业科技创新与推广服务,探索建立以高校为依托、农科教相结合的综合服务模式,切实提高高等学校服务区域新农村建设的能力和水平。目前,全国共有北京大学、中国农业大学等 39 所高校获批建设新农村发展研究院。

记者从内蒙古农业大学了解到,科技部、教育部日前公布了第二批 29 所高等学校新农村发展研究院名单,内蒙古农业大学成为我区首家获准建设新农村发展研究院的高校。

目前,内蒙古农业大学正在抓紧制订具体方案,将建设新农村发展研究院作为落实国家中长期科技、教育、人才规划纲要的有力抓手,作为提升内蒙古农业大学社会科技服务品牌的重要举措和学校参与社会主义新农村新牧区建设的重要服务平台。

据内蒙古农业大学科技处有关负责人介绍,研究院将面向广大农村牧区和涉农、涉牧的企事业单位,重点突出农、科、教相结合的综合服务模式,推进农业科技与教育联盟的建立,促进农牧业科技推广、新型农牧民技术培训示范和农村牧区信息化建设有机统一。力争在 3 年到 5 年的时间内,在高校推动服务社会主义新农村新牧区的机制体制改革方面、在科技资源共享平台建设方面、在农牧业科技服务推广方面做出重要贡献。

速读农大孙玉伟获得高校辅导员职业技能大赛一等奖

《北方新报》2014 年 3 月 31 日

高 佳

自治区教育厅 30 日发出通知,对在第二届全区高校辅导员职业技能大赛中表现突出的个人和单位进行表彰;其中,内蒙古农业大学教师孙玉伟在决赛中从 47 名参赛者中脱颖而出,获得一等奖。

平民英雄,温暖这座城!

《北方新报》2014 年 4 月 5 日

王树天 郭丽娜

假如这座城市没有英雄,是不是也就不会有那么多催人泪下的故事,那么多感人肺腑的场景?每到清明时节,离我们而去的亲人、朋友以及那些告别人世却永远值得尊敬的人,总会牵引思绪,勾起浓浓的思念。而那些平凡却又可亲可敬的平民英雄,勾起的,则是整个城市对他们的思念。在这个被物欲淹没的年代里,他们奉献生命之中重,用无畏的勇气和默默的付出,为我们树起道德之镜。在这个缅怀的节日里,让我们带着浓浓的思念,去感恩英雄、追忆英雄,记住他们的故事,向感动城市、感动时代的英雄致敬!

一对眼角膜感动两座城

2007 年,当人们对人体器官捐献还比较陌生的时候,内蒙古农业大学学生李莹,在临终前决定捐献自己的眼角膜,让远在深圳的广东小伙子张锦威和安徽姑娘王俊重获光明,李莹也因此成为全区第一个捐献遗体器官的大学生,这一善举,把呼和浩特市和深圳市这两座天南地北的城市紧紧联系在一起,感动了城市里的每一位市民。

4月2日，记者在内蒙古农业大学的校园里见到了读完研究生准备留校的王瑞霞，当年，她和李莹是同学，又同在学生会工作。王瑞霞坦言，李莹留给她的记忆太多了。学生会里的工作，李莹白天做不完，晚上拿回寝室也要做完。当病情发作时，她偷偷躲在被子里忍受着疼痛，就怕影响到其他舍友休息……一幕幕场景，像电影一样重现在王瑞霞的脑海里。

"李莹的善举，让我和我的同学们都深刻感受到感恩的重要。之前，我们的意识里真的没有考虑过可以通过捐献器官这种方式来回馈社会，我们会把她的这种爱传递下去。"王瑞霞告诉记者，李莹捐献眼角膜，对她的触动很大。

在内蒙古农业大学经济管理学院党委书记赵国年看来，李莹的事迹，影响了很多人。在此之后，不少深圳市民也做出了死后捐献眼角膜的决定。为了缅怀李莹，每年清明节和9月9日（李莹的祭日），内蒙古农业大学都会组织学生干部、党员以及学院老师去扫墓。每年新生入学，都会以宣传李莹精神作为新生的入学教育。

深圳市的一些企业家还在内蒙古农业大学设立了"李莹奖学金"，在深圳一个爱心团体还在自治区多次开展"光明行"活动，为我区贫困白内障患者提供免费手术，仅2010年就为内蒙古50名白内障患者提供了免费手术。

李莹离世已经有7年了，但她的奉献精神，依然牢记在每个人心中，这个柔弱的女子，她临终前的大爱，感动了两座城市的人们，成为连起两座城市的爱心桥梁。

三角湖底难以忘记的托举

提起出现在首府的城市英雄，画面被定格在12年前，2002年12月14日，当一名儿童在青城公园三角湖不慎落入冰窟后，先后有100多位群众参与救援接力。20多人因救人跳入冰冷的湖水中，上演了一幕感人肺腑的救援接力。在这场前赴后继的大营救中，落水儿童获救，而年仅12岁的小学生王超、刚满18岁的中专生刘业和20岁的大学生郝龙彪，奉献出了宝贵的生命。直至第二天，搜救人员才从湖底打捞出郝龙彪的尸体，当时，他仍然保持着双臂向上托举的姿势。为了纪念12·14英雄群体，青城公园三角湖被命名为"英雄湖"，平民英雄的事迹至今传颂，为呼和浩特市的城市精神，添上了浓墨重彩的一笔。

转眼间12年过去了。4月2日上午，记者在内蒙古农业大学院见到了张润生教授，12年前，第一次当班主任的张润生，深深被这个英雄群体震撼了。当时，他正是郝龙彪的班主任，与郝龙彪一起参加救援的，还有郝龙彪的同学，农学院二班另外23名大学生。"这件事即使再过10年、20年，乃至一辈子都不会从我的记忆中抹去。我的学生郝龙彪，用年轻的生命，诠释了无私，温暖了呼和浩特凛冽的寒冬，虽然难过，但我为他的英雄壮举感到骄傲和自豪。"张润生说。

在张润生与郝龙相处的短短3个月时间里，他清晰地感受到，郝龙彪很喜欢自己的专业。"农学是一个需要学生能沉得下来，慢慢研究的一个学科。很多同学是不喜欢这个专业的，而郝龙彪却有很强的学习愿望，经常和老师进行学业上的交流。此外，当年班级里的集体活动很丰富，这也培养了农学院农学二班学生们的集体观念。"张润生说。在张润生看来，当年的农学二班24名大学生，能够集体抢救落水儿童，让他深深感受到一个班级凝聚力的重要性。张润生在之后8年担任班主任的过程中，努力让学生们多参加集体活动，培养他们的集体观念，同时也比较重视传统文化教育，这也是12·14英雄群体给张润生带来的影响。

为了纪念郝龙彪，也为了奖励今后见义勇为和为公益事业做出突出贡献的大学生，从2003年开始，内蒙古农业大学农学院设立了"郝龙彪奖学金"。提起这个奖学金，内蒙古农业大学农学院党委书记马强告诉记者，当年自治区教育厅给这个英雄班级体的23名学生每人奖励了1000元，可是这些质朴的学生怎么也不肯收这些钱，都想作为他们一点心意捐给郝龙彪的父母。然而郝龙彪的父母也不愿收取这些钱,他们当时说道:"孩子们都下水救人了,我们做父母的怎么能收孩子们的钱。"事情就这样僵持了下来,于是学校设立了"郝龙彪奖学金",郝龙彪的父母又拿出了7000元,一共3万元,学校又出资3万元,共同注资设立了郝龙彪奖学金,每年一次,用于奖励见义勇为和为公益事业做出突出贡献的大学生。

虽然英雄已离我们而去,但他的精神,一直照耀着这座城市,为这座城市留下了难以忘怀的精神食粮。

城市不会忘记你们

2004年11月8日6时40分,呼和浩特市第一职业中专的同学张国庆为救被劫女生,在与歹徒搏斗中,被歹徒刺中背部,后经抢救无效死亡。2005年8月6日13时许,内蒙古工业大学学生池明明跳进河中救溺水的孟晓宇,水流湍急,精疲力竭的池明明再也没有上来。2012年6月25日下午,18岁的消防战士程鹜,为抢救被洪水围困的群众,在武川县至哈乐镇14公里漫水桥处不幸牺牲……

在呼和浩特市这个英雄辈出的城市里,我们或许很难在一张纸上记录下每一位英雄的感人事迹,他们共同书写的,是一部宏大的英雄史诗。每当有重大事件发生时,我们身边总会有平民英雄挺身而出,担当正义。而我们每一个人能做到的,哪怕至少要做的,就是记住他们,让他们的精神长存于城市的每个角落。奉献并不总是轰轰烈烈,当你把道德化为自觉、把良知融于言行,你也是一个可敬的平民英雄。

在这个怀念的季节里,因为有英雄,万家灯火的城市不孤独,英雄的存在,温暖着每一个人,也温暖着这座城市。

英雄在这座城市,城市永远记得这些英雄!

追逐梦想,他们朝气蓬勃!

《北方新报》2014年5月5日

汤军　李国萍　高佳　宋爽

五四青年节是每一个青年人的节日,每年的这一天,我区各地都要举办丰富多彩的活动。连日来,本报记者兵分多路,进农村、进社区、进学校……了解青年们的梦想与困惑。

马跃腾:自强不息演绎精彩人生

2013年5月3日,在内蒙古农业大学"金马杯"文艺会演的舞台上,一部根据真人真事改编的舞台剧《跃腾》感人肺腑。

那晚,那个剧中,有个瘦弱的身影笑对困难,用孱弱肩膀撑起一片天。

马跃腾,内蒙古农业大学经济管理学院2012级会计1班学生,成绩优秀、坚强乐观,阳光般的笑脸总让大家感受到他对生命、对生活的无限热爱。

5月4日,记者见到了马跃腾,伴着爽朗的笑声,记者了解了他那令人心生怜惜的成长经历。

因难产出生的马跃腾患有先天性小脑偏瘫和先天性近视,从记事起,他就趴在父亲的背上辗转求医,童年没有嬉闹,也没有欢乐。

当其他孩子蹒跚学步,他只能趔趄地站立;当其他孩子开心地扑进妈妈的怀抱,他只能独自扶墙艰难地练习走路。"不同寻常的孩提时代"让他早早懂事,无数次摔倒、无数次爬起,墙壁摸黑了、身体颤抖了,他都没有放弃,不懈地努力着。

泪水流过无数次,却没有哭闹叫喊,因为他知道没有人可以替自己迈出那一步。

功夫不负有心人,2012年,马跃腾以高出分数线30分的成绩考上了内蒙古农业大学会计专业。

军训对于马跃腾来说是一场硬仗。他原本可以不用坚守在训练场上,但他不想脱离集体。所以,每天顶着烈日,在班级训练场地旁边看书。同学们休息时,他会递上一杯水,坐在大家中间聊天,积极地融人这个大家庭。

随后，他积极参与班级干部竞选，希望为同学和老师做点事，回报他们的关心和照顾。凭着认真负责的心态，马跃腾成功当上班长。虽然这个职务的工作烦琐且辛苦，但他从未抱怨过，怀着感恩的心默默付出。

同时，乐观坚强的马跃腾在学习上也不甘落后，尽管体育成绩严重影响到总成绩，但他依然保持了班级前10名的好成绩，这和他克服困难、刻苦努力分不开。

每天，同学们还在睡梦中，马跃腾就早早起床，开始一天忙碌的生活。

上楼对于他来说是一个挑战，扶着墙壁吃力地攀登着每一个台阶，到教室总是汗流浃背。最难是在阴天和雨雪天，那样的天气，马跃腾的腿就钻心地疼，上楼梯疼、走路疼，甚至连坐着也疼。但他却没有因为疼痛落下一节课。有时疼得厉害，怕影响到其他同学，他就吃点止疼药。

当老师了解到他的情况后，先后帮助他申请了西部助学金、国家助学金、新东方助学金等，将他纳入内蒙古农业大学的学生家庭经济贫困库。同时，经民主选举，他被确定为A级贫困生，这意味着可以享受到政策的最大扶持。

意外的是马跃腾主动选择了放弃，将名额让给了其他同学。"我觉得自己已经得到太多帮助，其他人比我更需要这个名额。"马跃腾平静地说。

今年，2013年度"中国大学生自强之星"活动获奖名单揭晓，全国高校中100人获得"中国大学生自强之星"称号，马跃腾是其中之一。

他勇敢克服困难和挫折，以感恩和回报深深感染了每一个人，为当代大学生树立了自强不息的榜样。说起这些荣誉，马跃腾表示："一路走来，得到太多人的关爱，感谢学校、学院和老师、同学们给予的帮助，他们把爱寄托在我身上，让我感受到家的温暖，我有责任把这份爱传递下去。"

今年五一小长假，马跃腾回了包头，陪伴在爷爷奶奶身边，享受家人团聚的美好。就业压力困惑着很多大学生，而对于马跃腾却是无限的动力，还有两年毕业，他便开始准备。他认为做会计，最主要的竞争力是专业过硬，所以他尽最大的努力学好专业课，同时不忘记考取一些相关的资格证，为自己增加筹码。

"等到以后有了经济能力，慈善将是我一生的事业！"铿锵有力的话语展示着马跃腾回报社会的决心，他的精神将感染更多人在遇到困难时勇敢自信地走下去。

尽一份力发一份光让爱心永远传递　志愿者用红十字的力量感动内蒙古

《内蒙古日报》2014年5月8日

张文强

庄宏泉、庄汇泉兄弟俩的故事曾经感动了整个内蒙古。在为弟弟筹集手术费用的过程中，来自社会各界的关爱和支持深深地感动着庄宏泉。怎么能更好地回报社会，成了庄宏泉经常思考的问题。2013年8月，庄宏泉得知包头的一名小姑娘罹患先天性脊柱侧弯急需救助，他就和弟弟商量着将自治区红十字会为他们募捐的7万元转捐给了这名小姑娘。

同时，庄宏泉还向自治区红十字会申请加入了红十字志愿者服务队，成为一名光荣的红十字志愿者。庄宏泉说："我想借助红十字会这个平台帮助别人，尽一份力，发一份光，让爱心永远传递下去，把人道、博爱、奉献的红十字精神发扬光大。"

"志愿服务是国际红十字运动的七项基本原则之一，是红十字精神的集中体现。志愿工作者是红十字事业中不可缺少的力量，红十字会事业的发展与壮大，需要志愿者的积极参与。红十字志愿者既是人道行为的实施者，也是社会主义核心价值观的倡导者，发挥他们在红十字事业中的作用，是红十字会重点工作之一。"自治区红十字会工作人员孟昭卉告诉记者,近年来,自治区红十字会不断推进志愿服务制度建设,推动红十字志愿者队伍发展壮大。

2002 年,自治区红十字会正式成立志愿工作委员会,在积极组织开展自治区本级志愿服务工作的同时,指导全区各级红十字会成立志愿工作委员会,并建立了红十字会志愿者管理制度,积极招募志愿者,建立各类志愿服务队。目前,全区 12 个盟市红十字会已全部建立志愿工作委员会,共组织成立 663 支志愿者服务队,招募注册志愿者 2.8 万多人,遍布全区各地。

在发展壮大志愿者队伍的同时,我区各级红十字会把开展各种活动作为载体,以活动带动志愿服务工作。组织志愿者积极参与全区"博爱一日捐"募捐活动;组织志愿者依托不同的宣传阵地,面向社会各界开展卫生救护知识讲座以及急救知识宣传;组织志愿者开展预防艾滋病知识宣传;组织志愿者开展无偿献血及造血干细胞捐献采集……全区各级红十字会通过活动激发志愿工作者的活力,为我区红十字事业的发展注入人力和智力资源。

大学生村官其乐木格:基层淬火中成长

《北方新报》2014 年 5 月 14 日

王景和

其乐木格,这个阳光、爱笑的蒙古族女孩,2011 年毕业于内蒙古农业大学农林经济学专业,同年通过考核,成为锡林浩特市宝力根苏木希日塔拉嘎查的一名村官。熟悉她的人说,她像草原上一种叫作"满天星"的花,洁白细碎,清香四溢。

与其乐木格见面,她刚刚从锡林浩特市组织部取一份文件,赶着送回苏木。和往常一样,总有很多事情等着她去办理。

两年的基层工作经验积累下来,现在的其乐木格,在业务处理方面已经很熟练了,她说:"我们的工作很琐碎,很多时候要和文字打交道,比如整理会议材料,策划文体活动。另一项工作内容是下到嘎查,了解牧民的生活状况,帮助他们解决困难。"在其乐木格的办公桌上,放着一沓厚厚的材料,封面写着"锡林浩特市宝力根苏木希日塔拉嘎查'一事一议'种公羊集中管理基地建设项目档案汇报",这是今年年初嘎查向上级申请的项目,能够从很大程度上改善牧民的生产条件。这份足足有好几百页的材料,每一份报告,每一组数据,都是其乐木格和同事一起,一页一页仔细整理出来的。

其乐木格有一个粉色的卡片机,里面记录了她在嘎查的工作点滴。日期定格在 2013 年,有活动现场瞬间:计生宣传活动、关爱妇女宣传活动、帮扶单位下基层活动、小型那达慕……有牧民生活瞬间:兄妹草场划定现场、牧民互相帮着洗羊、套马……还有新建的文化站、翻新的储草棚,相机里的场景,更多的是在牧民家。其乐木格说,从当村官的第一天起,就觉得和牧民们很亲近,"纯朴"是她定义牧民的关键词,性格直爽的她,也喜欢这份围绕牧民的工作。

"在学校的时候学到最多的是书本上的知识,基层工作让我在实践中得到锻炼,这是一个慢慢摸索的过程,更是一个快速成长的过程。我现在已经能熟练运用办公软件,分析材料、处理问题的能力也逐渐增强,最重要的,在同嘎查牧民的接触过程中,我的沟通能力也进步好多,我这人直来直去,还是个急性子,工作的磨炼,让我能'慢'下来,遇事懂得先理性思考。"其乐木格这样总结两年"村官"带给她的改变。

在其乐木格的电脑里,有一个名为"自己"的文件夹,这里面是日常生活中她用手机拍的照片,大致可分为三类:草原、亲友、快乐。带一点文艺小清新,欣赏生活中美好小细节,这是"村官"角色之外的其乐木格。

这个 80 后蒙古族女孩,喜欢蓝天,喜欢音乐,喜欢在阳光下微笑,喜欢在草原上奔跑。在基层工作,能走到草原深处，有时会不经意地发现一些美丽的景色，她笑着说，自己总是先"踩点"，寻找一些好玩的地方，等到周末休息的时候就和朋友一起去享受休闲时刻。今年的那达慕大会其乐木格也参加了，那天她穿了一件蓝色的蒙古袍，化了淡妆，显得更加青春靓丽。她的周围，还有很多同她年龄相仿的大学生村官，照片里他们的合影亲如一家人，其乐木格起初和他们在一起交流工作，后来就成了好朋友。

有人说国家出台大学生下基层的政策很大程度上是为了缓解当前严峻的就业形势，但对其乐木格来说，这是一次主动的选择，她抓住了一个在基层沉淀自己的机会，很难得，很宝贵。两年"村官"当下来，已经让其乐木格深深融入和喜欢上这片草原，"如果我们没有服务期限，能一直做下去就好了，真的挺舍不得。"她说这些的时候，看了看窗外。

其乐木格前几天参加了人事考试，已经顺利考上了锡林浩特市财政局，工作单位是苏木的财政所，具体地点尚未分配。"我还和我们嘎查长说，如果我还能继续留在咱们苏木就好了，真想再帮大家做点什么。"这是其乐木格关于分配的愿望。采访要结束时，其乐木格说："不管以后去哪儿，做'村官'这两年对我来说都是一段珍贵的人生经历。我在嘎查得到的远远大于我所付出的。以后还是要做好本职工作，不断完善自己。"

"一切可以到农村中去工作的这样的知识分子，应当高兴地到那里去。农村是一个广阔的天地，在那里是可以大有作为的。"这是20世纪60年代毛主席向全国知识青年发出的号召。尽管50多年过去了，可是这句话依然鼓励着年轻一代。大学生村官其乐木格就用实际行动响应了号召。可爱的其乐木格，草原上美丽的姑娘，你是好样的！

内农大建成全区首座云计算和大数据研究中心

《内蒙古日报》2014年5月21日

红　艳

近日，内蒙古农业大学计算机与信息工程学院率先在自治区建成了云计算和大数据研究中心。

据介绍，目前，该研究中心经费已到位，正在进行硬件的安装。在自治区云计算战略的引领下，该校还建立云计算人才培训基地，为云计算企业定向培养专业人才。为获得云计算最前沿的发展方向与动态，该校邀请欧美和澳洲高端学者、教授开展系列讲座与学术报告。美国加利福尼亚州立大学洛杉矶分校的终身教授郭江博士就于近日开设了云计算系列讲座，与广大师生分享了云计算领域最先进、最具有代表性的工业界产品和工具，以及可能的应用领域。同时该校还积极鼓励青年教师申请国家留学基金与西部留学基金外出深造，现已有20余位青年教师受到各种基金的资助，赴欧美完成进修。

王召明："侍花弄草"的人生

《东方早报》2014年5月29日

焦东雨

用野草搞城市绿化？不会是跑到草原挖草根吧？破坏草原不说，况且哪有城市会用野草搞绿化？十多年前，当内蒙古和信园蒙草抗旱绿化股份有限公司董事长王召明设想用蒙古草原的野草搞城市绿化，不免引发人们的诸多疑问。

如今再普通、再常见的绿植，也都源自野外。王召明要做的，不是跑到草原挖草根卖到城里去，而是收集当地草种，拿回培育、驯化，让抗旱易活的本土野生草种，替代娇生惯养的进口草坪，降低城市绿化的成本。

从卖花到种草，王召明最终把这看似不起眼的事情，做成了市值几十亿元的上市公司。

近日长江商学院举行新生开学典礼，作为该校EMBA校友的王召明受邀出席。在此期间，王召明向早报记者讲述了他与花草的缘分。

每年上百次去草原

出生在内蒙古草原上的王召明从小与草结缘。

在中国地图上黄河几字形的左上角附近,北接外蒙、南靠阴山、西连阿拉善、东临包头的地方,就是王召明的故乡——内蒙古乌拉特草原。

乌拉特草原得名于乌拉特部,后者是由成吉思汗之弟哈布图哈萨尔的嫡系及属下后裔组成的最古老的部落之一。乌特拉草原是内蒙古九大集中分布的天然草场之一,草场总面积达509万公顷,可利用面积413.9万公顷,其中86.6%属于荒漠半荒漠草场。

1969年出生于牧民家庭的王召明,在七八岁上小学的时候,就已经开始在草原上帮家里放羊。

"放羊时,就跟着羊走,四周全是草原,一年四季看到的都是各种草。"但王召明也坦言,肯定不能说当时是喜欢放牧这件事情的,但如今回想起来,那些时光感觉很美好。

如今的王召明是上市公司内蒙古和信园蒙草抗旱绿化股份有限公司的创始人、董事长,十二届全国政协委员,2011年中国经济年度人物,抗旱植物研究专家……虽然挂了一大串的头衔,但王召明仍保持着草原出来的作风。

"我每年上百次地去草原,走一走,坐一坐。行走在草原上,一是锻炼身体,二是可以考虑科研、管理、人生好多问题。"

无论是求学,还是经商,草原上磨砺出来的吃苦耐劳的特性,一直跟随着王召明,帮助他走向成功。

考大学也是草原子弟跳出农门的唯一途径。王召明坚持边打工边读书,在连续复读三年后,于1993年考上了位于呼和浩特的内蒙古林学院(现内蒙古农业大学)读书,学习农林产业规模化、现代化机械控制设计。

为花店放弃公务员岗位

到内蒙古林学院读书后,王召明发现学校的苗圃有一些学生实验用的花卉,实验后就没用处了。

于是他找到负责苗圃的教授,说明了家庭情况,虽然没有本钱买下这些花,但他保证早上把花拉出去,卖掉了就把成本价送回来,卖不掉的仍拉回学校。教授同意了。

从大二那年开始,25岁的王召明开始蹬着三轮车,到呼和浩特市里卖花,为了避嫌他总是跑到远离学校的地方。

当时呼和浩特居民的平均月薪也就两三百元,王召明卖花就能赚到每个月七八百元的利润。

"买花还是很奢侈的,但当时卖花的人也很少,盆花基本没有,呼市也就刚有一两家鲜花店。那个时候市场很小,消费的人很少,但从事这行的人更少。竞争小,所以利润还是比较高。"

赚了钱,王召明就租下店面开起了花店。学校苗圃的几种花已经不能满足需求,王召明就开始跑到北京丰台花乡甚至广东的花卉市场去批货。

"星期五晚上坐火车到北京,星期日晚上再坐火车回去。头天晚8点上车,第二天早8点到,不耽误周一上课。硬座底下就是卧铺,就能睡觉。"说起当年的经历,王召明朗声笑了起来。

1997年本科毕业,王召明为经营鲜花生意放弃自治区的公务员岗位。当时,呼和浩特共有6间鲜花店,其中三间都是王召明的。同时,王召明还拥有两处基地,也开始自产一些小型花卉。

王召明已经有了近二十人的团队。"哪怕雇佣一个人你也需要管理,形成机制,让他很好地把东西卖出去。"

有次一位大娘在店里买了盆仙客来,几个月后端着已死掉的花来换。

"如果气温超过25摄氏度,仙客来就会休眠,休眠之后就不能再浇水了。"王召明解释。那盆花的花土很湿,显然浇水太多了。店员就跟大娘理论,王召明见状,赶紧把店员叫到一边,让大娘随便挑。

"她选了盆最大最好的,我还帮她在自行车后座上绑好,告诉她'大娘你放心养,养不好再拿过来换'。仙客来特别难养,她再没没回来换。但那以后只要她街坊邻居买花,她都会领到我店里来。"

"奇花异草"不可持续

由于经常往北京跑,王召明注意到,当时北京城里包括立交桥、居民小区等很多地方已经开始做绿化了,但呼和浩特市"刚有模糊的绿化概念,私营企业干这行的非常少"。

这让王召明看到了商机。1998 年,王召明放弃花店生意,转投市政绿化行业,后来逐渐涉足城市绿化业务。2001 年,王召明注册成立了呼和浩特市和信园绿化有限公司,后来把公司改名为和信园蒙草抗旱绿化股份有限公司。

"花店只能满足一家一户的需求,市政绿化乃至现在的草原生态修复,则是更大更广阔的天地。"经营草坪业务之初,王召明使用的是进口草坪,但他很快发现了问题。"很少有国产草种,很多客户也觉得进口草坪才够美,包括现在北京、上海街头很多依然是进口草坪。但进口草坪的缺点是浪费水、容易起病虫害、生命周期短、养活成本高、维护起来比较难。"

这在干旱半干旱的内蒙古显然是不可持续的。王召明就想:"从小放羊的草原上,那些野草几千年来从没人打过药、浇过水,更没人修剪过,只要有一两场雨,就生长得很好。为什么不能用草原上的草做绿化呢?"

于是王召明开始联合专家到草原上选育草种。这样的尝试并非一帆风顺。首先客户就觉得土生土长的草不上档次,不爱用。

在干旱半干旱的内蒙古,野草能自己长那么好,自然具有抗旱的品质。经过反复试种、比对后,不少客户开始认识到这些野草的好处。

如今经过王召明选育、推向市场的野生绿植有 160 多种,王召明把这些具有"节水、节能、节地""耐旱、耐寒、耐盐碱""低碳、低成本""高存活率"特性的野生植物统称为"蒙草"。公司的业务也拓展到生态修复、节水园林、生态牧场、牧草种业、现代草业等领域。

2014 年 1 月 28 日在内蒙古考察的习近平总书记到访王召明的公司。总书记表示,"生态建设,不论草原建设、牧场建设,还是整个三北地区的治沙、抗沙和绿化,都需要这样的思路。要用能节水、抗旱、耐盐碱的植物,要有成本核算,找一些当地适合的品种。绿化只搞'奇花异草'是不可持续的,要走一条符合国情地情的绿化之路。"

荒漠化防治与沙产业专家讲座举行　郭启俊主持

《内蒙古日报》2014 年 6 月 18 日

张慧玲

6 月 17 日,由内蒙古沙产业草产业协会、内蒙古防沙治沙协会主办,4G 沙龙承办的荒漠化防治与沙产业专家讲座在内蒙古农业大学报告厅举行。我国著名荒漠化防治及沙产业专家刘恕、田裕钊教授分别作了题为《防治荒漠化 呼唤新视角和新理念》《内蒙古微藻产业化利用的重大进展》的报告。

自治区政协副主席郭启俊主持。交通运输部纪检组原组长、内蒙古沙产业草产业协会代会长杨利民,自治区政协原副主席、内蒙古沙产业草产业协会名誉会长夏日,以及自治区党委农牧办、发改委、财政厅、科协、林业厅、环保厅、内蒙古农业大学等各有关单位近 300 人聆听了报告。

刘恕教授的报告系统回顾了全球荒漠化的原因,又建设性地提出了针对性的政策措施,特别是对中国近 40 年来防治荒漠化的国家战略,进行了深刻反思和剖析,为我国的荒漠化防治工作及发展沙产业提出了科学合理的建议。

安劲银行顾问为农大学子搭建学习平台

《北方新报》2014 年 6 月 20 日

张文静

6 月 16 日,内蒙古农业大学经管学院与"安劲银行顾问"举行了校企合作签约仪式,并开展了首期"安劲班"学员招募工作。

据了解,近年来,由于高等院校中的经济、金融以及管理类专业学生基数大、就业形势严峻,所以学生很难从学校获得专业对口的实习机会或实际操作经验。而我区农村金融机构在招聘过程中,同样也发现了人才储备不足、招募困难、培养成本高等诸多问题。为此,上海安劲企业管理咨询有限公司与内蒙古农业大学经管学院合作,特设"安劲班",为学员提供长期免费的业务知识、服务技能、实战经验等方面的培训以及实习机会,助力内蒙古农牧区金融产业持续稳定发展。

十位大学生荣获"2013 内蒙古年度大学生桃李之星"称号

新华网内蒙古频道 2014 年 6 月 22 日

6 月 20 日晚,2013 内蒙古年度大学生"桃李之星"颁奖典礼在内蒙古大学艺术学院举行,从内蒙古自治区各高校评选出的 2013 内蒙古年度十位"桃李之星"和二十位提名奖获得者正式揭晓。内蒙古自治区党委宣传部副部长张太平等领导出席颁奖典礼。

2013 内蒙古年度大学生"桃李之星"评选是"敦品励学 成才圆梦"主题实践活动的重要组成部分,通过讲述青年学子的励志故事,聆听他们追寻梦想的心路历程,展现了当代大学生乐观自信、坚强勇敢、拼搏奋进的闪光品格和青春风采,传播属于年轻人的正能量和中国梦。内蒙古自治区党委宣传部大学生思想政治工作处处长孙国铭指出:"榜样在于培育、挖掘和宣传,特别是在大学生群体中发挥示范引领的带动作用,同时传递立德树人方面的正能量。"

内蒙古大学辛润、内蒙古师范大学王绍龙、内蒙古民族大学尹科伟、赤峰学院白宝林、内蒙古工业大学李一鸣、内蒙古医科大学李月艳、内蒙古科技大学闫佳、内蒙古农业大学柴慧祥、内蒙古大学萨出拉、包头师范学院梁磊荣获"2013 内蒙古年度大学生桃李之星"称号。

据了解,2013 内蒙古年度大学生"桃李之星"评选活动旨在深入推进社会主义核心价值体系建设,积极培育、深入挖掘、大力宣传、隆重表彰大学生先进典型,集中展示当代内蒙古大学生的良好精神风貌,积极宣传优秀大学生的先进事迹,充分发挥先进典型的示范引领作用,为全区广大青年学生树立可敬、可亲、可信、可学的身边榜样,争做实现中国梦的践行者。

内蒙古办马术赛　香港退役赛马当坐骑

中国新闻网 2014 年 6 月 25 日

乌　瑶

25 日,在内蒙古农业大学职业技术学院的马场上正在进行着马术比赛,选手和马儿配合默契,在赛场上飒爽英姿。记者观察到,比赛坐骑中有 10 匹香港退役的英纯血马,颇吸引眼球。

当日举行的是 2014 年首届内蒙古马术节"农大杯"全区青少年马术(场地障碍)锦标赛暨"蒙马杯"全区大学生马术(盛装舞步)挑战赛。按照安排,比赛共 2 轮,分别于 25 日、26 日进行。记者在现场了解到,这其中盛装舞步比赛有 8 匹香港退役马参加,场地障碍赛有 2 匹参加。

根据马匹"主人"——内蒙古农业大学职业技术学院介绍,2012年3月,作为香港与内蒙古之间文化交流的"使者",20余匹香港赛马会的退役英纯血马乘专机来到内蒙古,用于日常学生教学。课程涵盖运动马行为与训练、美容与护理、普通病与疫病防治、饲养技术和遗传繁育等多个专业层面。这次有10匹马参加比赛。

内蒙古农业大学职业技术学院畜牧兽医技术系老师郭永清告诉记者,这些马之前都是赛马,来到内蒙古之后调整进行盛装舞步、障碍等的训练。"当时可以说是从最基本的训练开始,如教他们听懂口令、领悟辅助性肢体语言等。这些马来内蒙古已经两年了,平时用于教学。这次让它们参加比赛,一是希望增加学生的专业兴趣,二是宣传学校的专业教学水平,三是让人们对于马术比赛有一个全面、正确地认识。"郭永清如是说。

内蒙古高校配发警用装备 加强校园治安巡逻

中国新闻网2014年6月27日

刘文华

6月27日,内蒙古农业大学的警务人员穿戴配发的警用装备校园内巡逻。近日,内蒙古公安厅为内蒙古地区57所高校警务室配发警用装备,总投资达到1000多万元,包括警用巡逻车、防暴头盔、防暴盾牌、金属探测仪、长警棍等警用装备。

内蒙古又有125名研究生将下17旗县支教

内蒙古新闻网2014年6月30日

赵 曦

6月26日,记者从内蒙古团委了解到,125名中国青年志愿者研究生支教团成员将接替于7月份结束的第十五届中国志愿者研究生支教团的工作,到我区17个旗县区开展为期1年的教育教学工作。

此次支教团成员来自北京大学、东北财经大学、郑州大学、内蒙古大学和内蒙古农业大学等区内外21所大学,服务地为巴林右旗、科左中旗、多伦县、额济纳旗、集宁区、伊金霍洛旗、托克托县、科右前旗等17个旗县区,服务单位均设置在县级以下中小学。支教团成员将于8月1日正式上岗。

农大林学院青年马克思主义者教育培训基地成立

《内蒙古日报》2014年7月8日

赵 曦

为加强青年思想政治教育培训工作,创新青年马克思主义者培养模式,6月27日,"铭记历史,再受教育,牢记使命"主题教育活动暨内蒙古农业大学林学院青年马克思主义者教育培训基地成立仪式在乌兰夫纪念馆举行。

活动中,林学院100名大学生参观了乌兰夫纪念馆,接受爱国主义教育。据了解,该基地成立后,内蒙古农业大学林学院将结合专业特点,对乌兰夫纪念馆园内植物进行栽培和养护,丰富学生的第二课堂。乌兰夫纪念馆将发挥全国爱国主义教育示范基地的社会教育职能,通过红色记忆讲坛等形式培养和引导青年学生做社会主义核心价值观的自觉践行者和积极倡导者。

呼市科协及内农大科普志愿者基层行活动启动

呼和浩特市公众科普网2014年7月10日报道

7月6日下午,由呼和浩特市科学技术协会、内蒙古农业大学理学院主办,清水河县科协、团委、妇联、教育局协办的"呼和浩特市科协及内蒙古农业大学科普志愿者基层行活动启动仪式"和"内蒙古农业大学科普志愿者走进清水河县中学科普知识讲座",在清水河县普通高级中学隆重举行。

内蒙古农业大学、呼和浩特市和清水河县科协、团委、妇联、教育局、普通高级中学以及其他有关部门的领导和内蒙古农业大学理学院大学生科普志愿者服务队队员代表、清水河县普通高级中学200多人参加了启动仪式。

启动仪式上,举行了"科普志愿者服务队"授旗仪式,清水河县科协领导在启动仪式上致辞,内蒙古农业大学理学院科普志愿者服务队领队和大学生科普志愿者服务队队员分别作了动员讲话和表态发言。

启动仪式结束后,内蒙古农业大学理学院数学统计学系教师、内蒙古农业大学科普志愿者服务队指导教师解云教授,做了题为"云操作系统——开启智慧的盒子"的科普知识讲座,清水河县普通高级中学的180多名师生聆听了讲座。

在启动仪式的同时,内蒙古农业大学理学院科普志愿者服务队的20多名队员分批开赴呼和浩特市清水河县北堡乡北堡村等地,将开展为期20天的以社会调查、农村科普、社会实践、支教助学等为主的科普志愿者服务活动。

大学生动物医学技能大赛开赛　超半数专业院校参加

中国新闻网呼和浩特7月15日

乌　瑶　王怡靖

"本次参赛学生来自44所大学,其中2所大学派出观摩代表队。今年参赛的代表队已经超过具有动物医学本科培养的高等院校数量的50%。据我统计现在有78所高校具有动物医学本科专业。"15日的"生泰尔杯"全国第三届大学生动物医学专业技能大赛开幕式上,教育部动物医学类教学指导委员会主任委员汪明兴奋地说。

15日,"生泰尔杯"全国第三届大学生动物医学专业技能大赛在内蒙古农业大学开幕。这次由教育部高等学校动物医学类教学指导委员会、中国兽医协会教育科技委员会主办的活动吸引到来自全国各地44所专业类院校参与,其中有两所作为观摩代表队参与。

按照安排,比赛15日上午开始,16日下午举行闭幕式。要求每校代表队由1名带队教师、1名专业指导教师和4名动物医学专业本科学生组成。选手参赛时要求穿着白大褂。比赛分为病源检查(病原菌检查)、病理解剖(禽类)和外科手术(羊腹腔术)三组,共进行3轮比赛。比赛用到的道具都是活物,病原菌的检查用到小白鼠,病理解剖用到的是检巴氏杆菌病死鸡1只,外科手术中用到的则是45～50kg/只的绵羊。

新华网、凤凰网、中国政府网、中国日报网、内蒙古电视台、北方新报等多家媒体进行了报道。

芒来:中国马产业发展不应忽视"蒙古马"

中国新闻网2014年7月29日

乌　瑶

时值盛夏,内蒙古各个草原也迎来了此起彼伏的那达慕盛会,蒙古族男儿三艺之一的赛马是传承千年不变的项目。不仅如此,如今不少那达慕中还专门安排了蒙古马赛马、蒙古马马术表演等项目,蒙古马作为座驾闪亮出现在开幕式的现场。此时的草原上,蒙古马和牧马人是当仁不让的主角。

公开资料显示,蒙古马是中国乃至全世界十大古老的优良名马马种之一,主产于蒙古草原,是典型的草原马种。蒙古马体格不大,体躯粗壮,四肢坚实有力,耐劳耐寒,生命力和耐力极强。因分布条件不同分为乌珠穆沁马、乌审马、百岔铁蹄马、巴尔虎马以及阿巴嘎黑马等。在当前内蒙古草原，仍有不少牧民家庭养有蒙古马，数量大约10万匹。

然而，蒙古马离开草原后身价和关注度明显下降。缺少了那一份民族情感，蒙古马在草原以外的地方"略显尴尬"。即使是在内蒙古首府呼和浩特，虽然也在组织大型的马术节、马术比赛，但蒙古马并不是绝对的主角。而且每年夏天举办大型文化活动时，也总是"难觅马踪"。以目前正在举办的昭君文化节为例，各种各样的文化演出、体育活动层出不穷，从各个方面来展现内蒙古的文化底蕴和发展变化历程。但是，涉及蒙古马的却并不多见。

在中国，蒙古马的"市场前景"也并不被看好。记者在采访过程中发现，不适合比赛、腿短、不好看、头大、速度差、出售价格便宜等是不少在中国从事竞技马运动的人对于蒙古马的印象。很少有现代化赛马活动会选用纯种蒙古马；在各类马博会上，蒙古马也很难抢过外国高头大马的风头。即便是在内蒙古草原上，引进国外纯血马对蒙古马进行杂交改良也是一些专业马场一直致力的工作之一。

然而，中国马业协会秘书长芒来教授告诉记者，马产业涵盖的内容很多，除了纯血马等现代赛马、马术及其延伸的产业外，保护传统蒙古马也是重要的组成部分。

芒来教授表示：不管怎样，对于拥有"中国马都"的内蒙古而言，未来马产业的发展还是应以蒙古马为主流。"从文化产业方面而言，蒙古马是蒙古族文化重要的核心载体，蒙古马文化也是内蒙古建设民族文化大区、强区的核心文化之一。"

说起目前国际马术赛事，芒来教授告诉记者，蒙古马完全具备能力和素质参加其中的部分项目。"我们今年曾在内蒙古举办国际马博会，现场有美国夸特马的竞技赛，当时牧民们都在讨论，像绕桶、穿杆等比赛，与传统草原竞技项目套马、穿桩等大同小异，蒙古马做起来不比外国马逊色。"

美国夸特马协会中国分会副会长史大卫之前在接受中新社记者采访时也为蒙古马支招："如果蒙古马想走向国际化，那应该想办法跟国际的组织进行交流，参与一些大型赛事。而且我相信牧民骑手的能力肯定也没有问题。"

"也还行，我也看过很快的蒙古马。"当谈及饱受外界诟病的速度短板时，史大卫如是表示。

虽然听着很可行，但实际参加专业比赛的牧民和符合专业比赛要求的蒙古马少之又少。"他们没见过，也不知道有这样的比赛呀。而且参加比赛都是要费用的，路费、吃住等都是开销。"芒来教授说起这些现实问题很是郁闷。"昭君文化节、草原文化节等都是内蒙古每年要举办的大型系列文化活动，作为马文化的重要主产省区，我们可不可以每年都在这样的活动中办一场以马为主角的活动呢？"芒来教授这样向记者反问道。"政府牵头，牧民和蒙古马参加，百姓参与，这样多好。"

"我也想在国内推广蒙古马绕桶和穿桩比赛，比赛规则完全采用美国的规则，只是马匹采用蒙古马，骑手为牧民。这样既能达到传统草原竞技项目与现代马术表演相结合，使蒙古民族的传统马术得以保留，又能达到与国际接轨的目的。"

在芒来教授看来，通过多种多样活动带动起来的不仅仅有马产业的发展和养马的热情，还有群众的积极性以及对马的热爱。"内蒙古拥有锡林郭勒、呼伦贝尔等多个天然大草原，不仅不少在草原上从事畜牧业生产的牧民们都会养马、骑马，很多生活在城市中的人也爱马。我们今年在这里办过马博会，好多生活在城市里的人们都带着家属来看马，我能感受到人们对草原、对蒙古马有很深的感情。"

不仅如此，芒来教授表示，除了赛马，还可以通过旅游产业带动蒙古马娱乐产业。"依托旅游产业，实行骑乘娱乐、休闲的模式，让游客们来到草原旅游、骑骑马、看看马术表演。"芒来教授继续表示，"再把酸马奶、马奶酒等蒙古马周边产品开发做好，这些东西不仅牧民喜欢，好多城市里的人都很欢迎呢，我天天也在喝这些。"

中国高等农业类院校大学生田径运动会在内蒙古开赛

中国新闻网内蒙古频道 2014 年 7 月 30 日

乌 瑶 彭 静

30 日,中国高等农业院校第八届大学生田径运动会在内蒙古农业大学开赛,来自全国高等农、林、水院校的 39 支代表队 628 名选手参加比赛。

据了解,本届运动会 7 月 30 日开幕,8 月 2 日闭幕。在此期间,男子、女子组将分别展开 100 米短跑、100 米栏、5000 米竞走、10000 米长跑、4×400 米接力、跳远、铅球、七项全能等 20 个竞赛项目的角逐。男子组和女子组各以甲组(体育专业和高水平运动队)、乙组(本科)、丙组(高职、高专)三个小组的形式进行。要求每个学校的参赛队伍最多可报名运动员 25 人,男女比例不限。

作为本届运动会组委会主任,内蒙古农业大学校长李畅游表示,中国高等农业院校第八届大学生田径运动会,是集中展示我国高等农业院校大学生精神风貌、激情梦想和体育运动竞技水平的一次盛会。本次大运会的成功举行,必将进一步增强高校学子之间的了解和友谊,更好地促进各高校体育运动的健康发展,更好地推动内蒙古农业大学各项事业的进步。

新华社、人民网、光明日报、内蒙古日报、内蒙古电视台、中国教育报、中国青年报、呼和浩特电视台等 10 余家新闻媒体进行了现场采访报道。

社会各界和内蒙古农业大学师生痛别国家级教学名师朝伦巴根教授

人民网 2014 年 9 月 4 日

张桂梅

国家级教学名师朝伦巴根教授遗体告别仪式在呼和浩特市殡仪馆举行。国内外各界发来唁电,内蒙古各界人士和内蒙古农业大学师生代表前往吊唁。

朝伦巴根,男,蒙古族,中共党员,1940 年 12 月出生于内蒙古兴安盟科右前旗。自治区第九届、第十届人大常委,自治区科协原党组书记、第四届委员会主席,原内蒙古农牧学院院长,国家级教学名师,著名水文水资源科学家,内蒙古农业大学教授、博士生导师。

朝伦巴根教授曾担任教育部水利学科水文与水资源工程专业教学指导委员会委员,中国水利学会理事,自治区水利学会副理事长,自治区高级技术职务职称评定委员会工程组组长,国家重点培育学科——农业水土工程学科主任,自治区首批"科学技术特别贡献奖"获得者。曾兼任《水利学报》《水资源与水工程学报》编委,日本农业科学院中国籍研究员。

朝伦巴根教授是内蒙古水文与水资源工程专业的创始人,投身于 20 世纪 70 年代的地下水开发利用、80 年代的水资源评价与合理配置到 90 年代的水资源可持续利用,他几十年如一日,在干旱半干旱的阿拉善荒漠草原、沙化退化严重的科尔沁沙地、锡林郭勒浑善达克沙地、巴彦淖尔河套灌区等大片土地上都留下了他的身影和足迹。他所主持的多项国家和自治区科研项目都取得创新成果,共获得"国家科技进步奖"三等奖 1 项,"内蒙古自治区科技进步奖"一等奖 2 项、二等奖 1 项。在美国《地理学报》《水文杂志》,国家《地质学报》《水利学报》《水科学进展》《农业工程学报》等杂志上发表学术论文 100 余篇,主编统编教材 5 部。他主持编制的"水文水资源水环境管理系统"等软件在国内多家教学科研单位广泛应用,为国家和自治区经济建设和社会发展做出了积极的贡献。

朝伦巴根教授曾获国家级教学名师奖、国家级有突出贡献的留学回国人员、国务院特殊津贴专家、中国科协西部大开发特别贡献奖,自治区科学技术特别贡献奖、自治区科技创新杰出人才奖、改革开放 30 周年内蒙古最具影响力经济人物、自治区劳动模范、自治区优秀共产党员、自治区优秀校长、自治区

有突出贡献的中青年专家、呼和浩特市十佳市民等国家和自治区颁发的各类奖励20余项。

8月17日晚8时15分，朝伦巴根教授因病医治无效，在呼和浩特市逝世，享年74岁。

在当天追悼会开始前几个小时，就有大批的人陆续前来吊唁。一位学生在接受采访时，回忆起巴老师的教导"学真本事，做踏实人"时，感慨万千，他说巴老师常说"决心走创新之路的人，始终要奋斗，要向前！无论旅途怎样荆棘载途，都要一步一个脚印地往前走，这样总会有心灵的慰藉，身后留下通过自己努力踏出的脚印。"他说这是巴老师的治学名言，也是他教书育人、潜心研究的真实写照。巴老师摒弃一切浮躁作风，提倡创新、求真、务实，是明礼诚信科技创新人才的杰出代表，他创新的意识、高尚的情操、踏实的作风、是我们永远学习的榜样。

《北方新报》2014年8月25日记者高佳报道《国家级教学名师朝伦巴根逝世》

水利名师朝伦巴根

《内蒙古日报》2014年9月9日

杨红梅

他是"全国高等学校教学名师"，40多年先后讲授10多门课程，学术业绩、人格魅力影响学生一生；他是我区水文水资源学科科研团队的领军人，在区域水资源勘查、评价、规划与合理配置等方面的科研成果，为自治区经济和社会发展发挥了积极作用。

水利名师朝伦巴根

"要奋斗，要向前！无论旅途怎样艰险，都要一步一个脚印地往前走，这样总会有心灵的慰藉，身后留下通过自己的努力踏出的脚印。"朝伦巴根经常这样激励自己。

他是一位治学严谨的师者，40多年坚持为学生讲授了《水资源评价与管理》《工程项目管理》《创新学》等10多门课程，培养了大批专业人才，先后指导了16位硕士生和18位博士生，获得全国第三届高等学校教学名师奖。

他是我区水文与水资源学科科研团队的领军人，带领团队取得了大量创新成果，获得自治区科学技术突出贡献奖。

朝伦巴根，他一生坚持奋斗向前，踏出我区水利教学与科研一串串坚实的足迹……

"物探"找水，精确度达90%

朝伦巴根1940年12月出生于内蒙古兴安盟科右前旗一个蒙古族家庭。1965年在内蒙古农牧学院（现内蒙古农业大学）农水系毕业并留校任教，从事地下水开发利用研究。他的大学毕业设计是在阿拉善的大漠戈壁上完成的，察哈尔滩古河道斑驳的裂痕深深地震撼着他的心灵。从此，阿拉善便像一块磁石吸引着这个勤奋的年轻人。而"在阿拉善大漠戈壁中找水"也成了他那时最大的梦想。

当时内蒙古开发利用地下水的科技水平比较低，眼看着因技术的薄弱导致耗费大量人力物力打出的一眼眼"黑窟窿"废井，更让他坚定了一定要科学找水的信念。

20世纪70年代中期，朝伦巴根被派到武汉大学学习"电法勘探"找水技术，该技术在自治区是个全新的项目，崭新的领域以及肩负的责任激发了他的求知欲望，他便一头扎进了"物探"找水的研究当中。

"物探"找水是用物理探矿的原理探测地下水深度的一种技术。在干旱半干旱草原牧区，朝伦巴根注重钻探与"物探"（电法勘探）结合，以"物探"为主找地下水。他在国内率先用地质统计学描述地电场特性的核函数理论，在计算机上正演孔旁测深曲线，总结出不同岩层、不同含水层组在电测深曲线上的显示规律，用以判别地电参数的变化范围与稳定度，使"物探"找水精确度达90%以上。这项技术很快用于地下水开发利用的实践中，20世纪七八十年代在阿拉善、乌兰察布、锡林郭勒等地区得到广泛应用，在内蒙古干旱半干旱农村、牧区多处找到地下水富集带。

创建水文与水资源工程专业

1977 年国家恢复高考制度,在朝伦巴根的建议下,以他为首在内蒙古农牧学院积极筹划创建"地下水开发利用工程"专业,从培养计划、教学大纲的制定到课程设置,朝伦巴根倾注了大量心血,跑遍全国十几个大专院校、科研单位招聘师资。1978 年秋季,第一届"地下水开发利用工程"专业正式招生。

1983 年,内蒙古农牧学院决定派朝伦巴根到美国亚利桑那大学进修。已 43 岁的朝伦巴根对英语一点都不懂,去美国谈何容易,出国前几个月,他像疯子似地在校园里、家里背单词学英语,终于以超人的毅力过了语言关,踏上了异国的土地。他在美国对水文与水资源专业进行了深入的学习与研究,还系统地学习了运筹学及计算机语言。1985 年,满载收获喜悦的他回到了内蒙古草原。回国后他一刻也没有停息,在新的起点上继续从事水资源勘探、评价、规划的研究。当时学校没有打印机,电脑也没有被广泛应用,他就把所学的东西手刻在蜡纸上,一页一页油印成册,把世界上最先进的知识及时传授给师生。根据形势发展的需要,"地下水开发利用工程"专业几经更名为现在的"水文与水资源工程"专业。几十年来,他为该专业的学科建设、人才培养呕心沥血,成绩斐然。目前,该专业已成为自治区品牌专业。他和他的团队为自治区地下水的开发利用、水资源合理配置以及可持续利用培养了大量优秀人才,他主持开展的"水资源评价、配置"成果发挥了良好的经济效益、生态效益和社会效益。

"在阿拉善大漠戈壁中找水"

20 世纪 80 年代初,朝伦巴根和他的科研团队深入阿拉善戈壁,经过 8 年奋战,利用"物探"找水成果,实现了"在阿拉善大漠戈壁中找水"的愿望,并建成了 5 万亩的腰坝滩饲草料基地和 2.1 万亩的察哈尔滩饲草料基地。

1980 年 7 月 15 日,朝伦巴根带领朱仲元等 3 名新分配来的教师踏上了去往阿拉善考察的征程。当时交通还不太便利,买不到火车坐票,他们就每人拿一个马扎坐在车厢的过道里,先到银川再转乘汽车到阿拉善。在宁夏水文地质局调查时,为了多收集一些资料,他们彻夜不眠查找、誊抄资料,20 多个小时下来,4 个人手上都磨起了血泡。他利用半个月时间每天带领团队徒步进 20 公里,把腰坝滩所有的井位、孔口高程和地下水位测量了一遍,并徒步 40 多公里前往贺兰山西麓的几条河流查找泉水的源头,测量泉水流量。为获取土壤水分剖面资料,他和学生们一起挖土坑,测水分,那时没有计算机,白天测量,晚上计算,每天只睡几个小时,没住的地方他们就住在马棚里,晚上睡觉地上铺点麦秸,眼睛望着星空,一日三餐白水煮面条加把盐……他们为察哈尔滩和腰坝滩开发建设提供了重要的第一手资料。

经过多次实地勘查后,朝伦巴根发现阿拉善荒漠的察哈尔滩曾是古河道,认定这里蕴藏着地下水但是储量有限,如果大规模开发无疑于竭泽而渔,只有科学合理地利用水资源才能持续发展。经过反复论证,他将开发面积确定在 2.5 万亩以内,在开发区内规划了深井 89 眼。经过 8 年建设,"井、田、草、路、林、电"六配套的察哈尔滩 2.1 万亩饲草基地已成为阿拉善大漠戈壁上的一块绿洲,年均生产饲料 420 万公斤、饲草 1500 万公斤,且十几年长盛不衰。基地的建设模式在当时生态环境建设过程中起到了示范作用,不仅提高了牧民生产生活水平,也提高了荒漠草原抵御较大沙尘暴的能力。朝伦巴根在察哈尔滩取得的科研成果——《荒漠草原井灌饲草料基地地下水资源评价管理与保护对策研究》在 1992 年荣获内蒙古自治区科技进步二等奖,1995 年此项科研成果又荣获国家科技进步三等奖。

研发水文管理软件系统

朝伦巴根带领科研团队于 20 世纪 90 年代研制开发了"水文水资源水环境管理软件系统",此项目是把涉及水文与水资源计算管理软件进行汇总、整编、开发并实施推广的软件工程,包括水文软件系统、地质统计学软件系统、地下水资源的评价软件系统、水环境水污染控制软件系统和地下水的数据库管理软件系统 5 个部分,被专家评定为"具有很强的系统性、先进性、科学性及适用性,整体水平达国内领先水平"。该软件系统大大提高了专业人员计算问题、分析问题、解决问题的工作效率,被编入"全国计算机应用名录"并在全国广泛推广应用,项目获得 1997 年内蒙古自治区科技进步一等奖。

足迹踏遍井灌区项目

朝伦巴根说："我的研究最终目标都是为农牧民服务，为国家的经济建设服务。"他主持完成了几十项区域水资源勘查、评价、规划与合理配置等方面的国家及自治区科学研究项目，从西部的阿拉善荒漠草原、巴彦淖尔河套灌区，中部的锡林郭勒浑善达克沙地，到东部沙化退化严重的科尔沁沙地都留下了他的身影和足迹。

他主持和参与的锡林郭勒盟桑宝力格公社饲草料基地、太仆寺旗崩崩山节水高效万亩草库伦示范区、乌兰察布市中旗巴音井灌区、广益隆井灌区等建设模式在当时的生态环境建设过程中起到了良好的示范作用。特别是他主持的在浑善达克沙地南缘建立的"崩崩山节水高效万亩草库伦示范区"，通过打井修塘坝，种树种草，微喷灌溉，创造了在浑善达克沙地种植青贮玉米秸秆亩产 1 万斤，严重退化草场人工牧草亩产 360 公斤两项新纪录。他的这一科研项目也使牧民年均收入由 1995 年的 1224 元增加到 2000 年的 3200 元，该示范区目前已成为正在启动的浑善达克沙地南缘生态屏障建设项目的先导工程。

2002 年，朝伦巴根已是一位年过花甲的老人，本该享受天伦之乐的他，又毅然承担了国家自然科学基金重点项目"京蒙沙源区植被建设中水资源优化配置研究"。这个项目是自治区获得的第一个国家基金重点项目（总经费 120 万元），朝伦巴根也是自治区第一个主持国家自然科学基金重点项目的专家。他通过较精细周密的科学试验，首次获得了披肩草、老芒麦、蒙古冰草、苜蓿、青贮玉米等 5 种人工牧草及稠密牧草群落、稀疏牧草群落、乔草覆叠群落、灌草覆叠群落等 4 种天然植被在不同水文年度的生态需水量，分析了不同植被条件下的生育期需水量变化规律及其与影响因子的关系，揭示了沙地植被需水机理，确定了沙地植物需水阈值和高效用水的经济需水量，填补了国内空白。

为师"情在左，爱在右"

朝伦巴根一直辛勤耕耘在教学第一线，先后主讲《电法勘探》《水资源评价与管理》《水资源系统工程》《随机水文学》《FORTRAN77 语言》《计算机数值方法》《工程项目管理》《地质统计学》《创新学》等十几门课程。

"能用自己活跃的学术思想、丰硕的学术业绩和闪光的思想内涵影响学生一生的老师才是名师。"这是朝伦巴根教授的名师名言。朝伦巴根白天工作特别忙，他讲授的课程经常被安排在晚上。在讲台上，他永远衣着整洁、精神矍铄，不待开口学者之风已熠熠而生。上过朝伦巴根老师课的学生都知道，他讲课从不看讲稿，而是目视学生，从学生的面部表情观察学生对课堂内容的理解。遇到概念原理中的难点他还会用幽默诙谐的比喻从不同角度反复讲解。他的课堂经常充满欢笑声，他总是能以特有的方式将知识点融入到大家感兴趣的话题中。

教学过程中，他知识渊博，因材施教，善于运用灵活的教学方式向学生展示知识与科学的魅力，还根据培养计划、社会需要和科学发展的要求，注重对学生实践能力和创新能力的培养。在传授给学生们知识的同时，努力给学生指引一个方向，传授一种思维方法，构建一种科学理论体系，点燃他们创新的火花，激发他们的探索精神。

在实验基地，朝伦巴根一身田间地头的装束，俨然一个乡间老农。在野外实验基地，他与学生同吃、同住、同劳动，一干就是好几个月。烈日当头，他与学生们一起种试验田，进行做抽水试验、野外调查和取土采样。夜深人静，同学们早已酣然入睡，他依然挑灯夜战，研读科研理论，修改试验方案。

有一次为了改善试验基地伙食，朝伦巴根提议吃饺子，他跟学生们一起一边包饺子，一边聊家常，他娴熟的动作俨然一个会做家务的好男人，与大家谈笑风生，气氛其乐融融……

朝伦巴根治学严谨，学生写完科研报告和学术论文，他都要反复研读，一次次地提出改进意见，甚至亲自修改，从来都是一丝不苟。

生活中，朝伦巴根为人善良热情，很多学生考上研究生后，因家庭贫困无法攻读学位，他就把这些学生吸收到科研团队里，让他们参与和专业有关的各类实验，适当用科研劳务费资助他们。他帮助学生从来不要任何回报,当学生在科研或生活中遇到挫折和困难时,他总是鼓励学生:"搞研究时必须充满信心,秉持超人毅力,漠视一切困难、挫折与失败。要沿着自己认准的道路百折不挠、锲而不舍地做下去,直到取得成功。"

冰心说,"情在左,爱在右,走在生命的两旁,随时撒种,随时开花"。用爱心教书育人,朝伦巴根从中获得了无尽的快乐。

小传

朝伦巴根(1940.12—2014.8),蒙古族,中共党员,内蒙古兴安盟人,1965年毕业于内蒙古农牧学院(现内蒙古农业大学)农田水利工程系,1983—1985年在美国亚利桑那大学水文水资源系学习与研究。内蒙古农业大学教授、博士生导师、水文水资源领域著名水利科学家。曾任原内蒙古农牧学院院长、自治区科协党组书记、主席等职。是内蒙古自治区中国工程院院士候选人,享受国务院特殊津贴专家,获得全国第三届高等学校教学名师奖(内蒙古共两人)、国家级有突出贡献的留学回国人员、中国科协西部大开发特别贡献奖、自治区科学技术特别贡献奖(首批两人,全区现在共4人)、自治区科技创新杰出人才奖、改革开放30周年内蒙古最具影响力经济人物、自治区劳动模范、自治区有突出贡献的中青年专家等。1980年到2000年他曾获得国务院、教育部、劳动人事部、自治区人民政府颁发的近20种不同类型大奖。

朝伦巴根几十年来一直在内蒙古阿拉善荒漠草原、科尔沁沙地和锡林郭勒盟浑善达克沙地从事农牧业水资源勘探、评价、利用、管理和保护方面教学科研工作。发表100篇学术论文,主编统编教材3部。获得"国家科技进步奖"三等奖一项,"内蒙古自治区科技进步奖"一等奖两项、二等奖一项。

看点

柔情丈夫贤惠妻

朝伦巴根能够全身心地投入到教学科研当中与他的妻子温柔善良、贤惠能干是密不可分的。他的妻子鲍捷是呼和浩特市蒙中一名非常优秀的教师,1977年、1978年曾经是内蒙古电视台蒙语会话节目的主讲人。但为了丈夫的事业,她几乎包揽了所有家务,承担了教育孩子的重任。

鲍捷将家里设计得舒适温馨,收拾得干净整洁。她对人特别热情,朝伦巴根的同事评价她"素质特别高,特别关心别人","性格坚强,什么困难都尽量自己克服,就怕麻烦别人"。朝伦巴根工作很忙很累,常常"出门就精神,回家就睡觉"。在朝伦巴根生病期间,鲍老师更是事无巨细,精心照料。

朝伦巴根也是一位柔情的丈夫。妻子怀孕时,他帮着妻子做饭,洗衣,对妻子倍加呵护。在他出国学习前夕,为了帮妻子做些家务,他把英语单词本放在洗衣机上,边背单词边洗衣服。一次在实验基地进行实验,正值他的结婚纪念日,朝伦巴根便在千里之外"电话诉衷情"。

演讲天才

朝伦巴根嗜爱读书、勤学善思、学识渊博,讲课作报告从不看教案讲稿,他有着天生的好口才,讲话不论长短,段段精彩。听过他演讲的人们都说:"听朝伦巴根老师的讲话真是一种享受。演讲一两个小时,从不讲大道理,说的都是实实在在的事,讲话前后联系紧密,条理清晰,逻辑性非常强。"他精通蒙、汉、英3种语言,有时开会接待外宾不需要翻译。了解他的人都知道,在好口才背后,是他做任何事情从不马虎,是提前下了大功夫的结果。

拿出身上所有的钱给困难老人

朝伦巴根心地善良,待人真诚热心,周围的同事、学生有了困难他都会主动伸出援助之手。1983年春天在阿拉善盟调查时,他在一个牧民点遇到一位蒙古族老奶奶衣衫褴褛,在寒风中瑟瑟发抖,上前询问得知她的丈夫已去世多年,儿子两年前也因车祸死亡,她和一个残疾的女儿无依无靠,相依为命,自己又有风湿性关节病,朝伦巴根当即拿出身上的100多元钱全部给了这位老人,那时他的月工资也只有60多元。20世纪90年代,他获得呼和浩特市"十佳市民"荣誉时,将组织上奖励的一台大彩电捐给了

学校。他曾多次把单位分发的粮油送给他老师的遗孀,经常自己掏腰包资助困难大学生。

勤俭节约,从不乱花一分钱

朝伦巴根倡导"过紧日子",无论是在领导岗位上还是在平时生活中,他都带头发扬艰苦朴素、勤俭节约的优良传统。他平时虽穿着整洁,风度翩翩,但衣服都不贵,且生活非常简朴。有一次朝伦巴根与他的学生刘廷玺一同出差,为了省钱,酒店里他与学生同住一室,以厅级干部的标准完全可以单独住宿。

他对自己和团队的科研经费总是精打细算,从不乱花一分钱。他最不齿的就是将科研经费挪作他用,甚至揣入个人腰包。

校训,大学精神之魂

《内蒙古日报》2014 年 9 月 12 日

正值九月开学季,对于很多大学新生来说,了解一所学校就是从校训开始的。校训的历史悠久。南宋时期,著名理学家朱熹在岳麓书院讲堂大书"忠孝廉节"4 个字,被认为是中国历史上最早的实体校训。近代以来,"校训"一词传入中国,两江师范学堂监督(校长)提出了"嚼得菜根,做得大事"的校训,这一般被学界当作中国人自己的第一条名副其实的校训。

校训是校园文化的灵魂和精髓,是一所大学长期坚持的教育理念、办学思想、精神气质和精神追求,是对学校精神内核的高度概括,也是一所大学综合办学实力的重要标志,具有警示、熏陶和教育的作用,深深植根于传统文化之中。

我区目前有高等学校 53 所,内蒙古农业大学的前身内蒙古农牧学院是我区高校中第一所制定大学校训的高校。1987 年,正值学校建校 35 年之际,学校确定了"团结、求实、勤学、献身"的校训。时任院长乌尼对校训的诠释是:团结,理解为了共同的理想或完成共同的任务而结合或联合。求实,就是讲究实际,一切从实际出发,按客观事物的发展规律办事。勤学,就是勤奋学习。献身,即把自己的全部精力以及生命献给祖国、人民和所热爱的事业。1999 年,内蒙古农牧学院与内蒙古林学院合并组建内蒙古农业大学,结合林学院"团结、求实、博学、奋进"的校训,内蒙古农业大学形成新的校训"团结、求实、博学、创新"。

教育部出国留学人员行前培训会首次在内蒙古举办

人民网 2014 年 9 月 17 日

张桂梅

16 日上午,由教育部国际合作与交流司主办、教育部留学服务中心承办、内蒙古自治区教育厅与内蒙古农业大学协办的内蒙古自治区"2014 年出国留学人员行前培训会"在内蒙古农业大学举行。此项服务是教育部首次面对内蒙古自治区,为各类出国留学人员举办的专题培训活动。全区 20 所高校的近 500 名公派和自费出国留学人员参加了培训会。

培训期间,来自外交部领事保护中心、教育部留服中心、中国科学研究院、北京中医药大学、北京德威控股集团及内蒙古农业大学的专家学者为与会人员分别作了通识类和国别类的培训。培训会以留学安全为主题,具体内容包括海外留学人员安全防范常识讲座及现场安保实操演练;留学目的地国国情及教育体制和学术准备介绍;中西医日常保健知识讲座;领事保护工作介绍;海外学习、生活心理适应专题培训讲座;中西文化对比和跨文化交流讲座;留学政策及相关管理规定介绍以及办理出国手续流程及注意事项讲解等。另外,行前培训讲课专家和国内部分高校具有公派留学经历的代表还与大家分享了国外学习生活的宝贵经验。培训现场气氛活跃,参培学员积极参与到各个环节当中,使培训凸显出互动性、趣味性、实操性。

内蒙古教育厅对外合作与交流处处长朱广元说,从 1996 年至今,内蒙古公派留学人员达到 900 多人次。"我国留学人员呈现'四多'现象!"教育部国际合作与交流司出国处处长徐培祥在会上如此总结,他说,我国每年出去留学的人多,去年达到 41 万人;在外留学的总人数多;留学人员类别多;留学回来的人数多,去年达到 35 万人。

教育部留学服务中心副主任车伟民表示,我国的留学热潮方兴未艾,莘莘学子纷纷加入到留学行列中,但是留学服务行业的发展相对滞后。他强调,不管是公派留学还是自费留学,行前培训十分重要。希望即将出国的师生要积极利用国外大学的优势资源,在学习知识之余,开阔自己的眼界,体验不同的文化,充分发掘出国留学的价值。

"以前真还不清楚出国有这么多注意事项,培训后才觉得自己不仅扩大了知识面,更重要的是可以利用学习到的知识技能,当一名'民间大使',来促进中外文化友好交流呢。"参加培训的内蒙古农业大学学生李红激动地说。

据了解,教育部留学服务中心从 2009 年开始承担国家公派留学人员的行前培训工作,是国家出国留学工作的重要组成部分。2014 年是实施出国留学行前培训工作的第 6 年,作为派出工作的重要组成部分,教育部留学服务中心始终本着"平安留学、理性留学、快乐留学、成功留学"理念,积极筹备出国留学行前培训工作。

据统计,今年截至目前,共计有超过 23000 名各类公派及自费留学人员参加了出国留学行前培训现场培训会活动;国家公派留学人员现场培训人数达到 16000 人,比去年增长了 67%。另外,《出国留学人员行前培训网》的网络培训今年正式面向自费留学人员,培训需求旺盛,共有超过 40000 余人次参与网络视频培训。

每当想起您,一阵阵暖流心中激荡——"难忘师恩"征文选登

《中国教育报》2014 年 9 月 22 日
朱仲元

一生幸遇此师足矣

每当听到大家祝福教师节快乐时,我心头都不禁一酸,想起我的恩师朝伦巴根教授,想起他在内蒙古广袤的荒漠草原上为牧民们找水源时的身影,想起他坐在加起来有几米高的参考文献中为学生编写教材的身影,想起他一字一句纠正我普通话发音的身影……这一生遇到老师,是我最大的荣幸。

我的老师朝伦巴根是内蒙古农业大学教授、国家级教学名师,内蒙古著名水文资源科学家。对于逐水草而生的牧民们来说,水源是他们生存的最基本保障。朝伦巴根老师在 20 世纪 70 年代初掌握了一门物探找水的技术,很快就把它用于当时的地下水开发利用实践中,在内蒙古干旱半干旱牧区和沙地多处找到地下水富集带。

1982 年 7 月,我从内蒙古农牧学院毕业后留校任教。暑期,朝伦巴根老师带着我们 3 名新分配来的年轻教师到阿拉善草原调查、收集资料。当时买不到火车坐票,我们每人拿一个马扎就坐在车厢过道里,先到银川,再转乘汽车到阿拉善。在考察、收集资料的 10 多天里,朝伦巴根严谨、求实的工作态度深深感染了我们。

记得在宁夏水文地质局调查时,为了多收集一些资料,我们彻夜未眠,查找、誊抄,20 多个小时下来,4 个人的手上都起了血泡。为了查清腰坝滩几个水塘的水源,他带领我们徒步 40 多公里前往贺兰山西麓的几条河流查找泉水源头,测量泉水流量。工作之余,他给我们讲他求学的经历,讲他的理想抱负,讲他遇到的有趣的故事。那段时间虽然艰苦、工作很累,但是很快乐。他严谨求实的工作作风和乐

观向上的生活态度一直影响着我。

后来，巴老师带着我们在阿拉善荒漠草原中部的察哈尔滩，通过物探找水的方法划定了地下水的富集带和分布范围，并对地下水资源进行了评价，按水资源承载能力建设了 2.1 万亩饲料基地，年均生产饲料 420 万公斤、饲草 1500 万公斤。基地的建成使周边 7 个苏木的牧民人均收入大增，由上世纪 80 年代初不足 50 元，不到 10 年时间增加到了 3000 多元。

在锡林郭勒浑善达克沙地南缘的崩崩山地区，水资源十分缺乏，人畜饮水都很困难。1999 年，当地的领导找到朝伦巴根，请他帮忙找水。当时已经是内蒙古农牧学院院长的他，二话没说就答应下来。大约一周之后，他带着我和另外一位老师利用五一假期，背着仪器连夜赶往崩崩山，当天就开始工作，仅用两天就确定了 3 个可能有水的井位，并详细绘出了井的结构图，编写了详细的成井工艺流程。

临行前，他说当地的牧民很贫困，我们不能给他们增加负担，那次勘探没用牧民和当地政府花一分钱。过了两个月传来喜讯，三眼井全都出水，最大出水量达每小时 40 立方米。一年后，当我们回访来到那里时，牧民们都骑马赶来迎接我们，一位老牧民拉住朝伦巴根老师的手久久不放，虽然他们之间说的蒙语我听不懂，但是从那紧握的双手、老牧民满含泪水的眼里，我看到了深深的感激之情。

朝伦巴根老师心地善良，对人真诚热心，周围的同事、学生有了困难他都会主动伸出援助之手。记得 1983 年春天，我们在阿拉善调研时遇到一位蒙古族老奶奶，她衣衫褴褛，在寒风中瑟瑟发抖，我们询问得知她的丈夫多年前就去世了，儿子两年前也因车祸死了，她和一个残疾的女儿生活没了依靠，自己又有风湿关节病，朝伦巴根老师当即拿出身上所有的钱给了这位可怜的老人，那时他的月工资只有 64 元。他不知有多少次自己掏腰包资助困难大学生，他还提议学院领导并做表率，每年从工资中拿出 1000 元作为基金资助在校贫困大学生。

朝伦巴根老师兢兢业业为教育事业奉献奋斗了一生，他是用灵魂教化别人的授业良师，用品德感染别人的做人楷模，用真情温暖别人的生活益友。人生中能遇到这样一位德高望重、学识渊博、和蔼可亲的师长与同事是我最大的荣幸！

唯师者，让我终生难忘！

（作者是内蒙古农业大学水利与土木建筑工程学院教授）

纳米生物医学的科研之星——记内蒙古农业大学生命科学学院副院长张峰

《科学中国人》2014 年 10 月

王 涵

随着时代的发展和科技的进步，现代医学也出现了突飞猛进的发展。而纳米技术的引进将给生物医学领域带来一场深刻的革命，在研究和治疗人类重大疾病方面具有重要意义。我们今天的主人公就是一位纳米生物医学领域的科研之星——张峰教授。

作为内蒙古农业大学生命科学学院的副院长，张峰教授向记者介绍说，纳米生物医学是利用纳米技术解决生物医学问题的交叉研究学科。近年来，他的主要研究方向为纳米生物医学，张峰在开发新型细胞内离子探针、超灵敏侧向层析试纸、药物及肥料的纳米包裹控释，以及利用农业副产品制备功能纳米材料等方面都正在做着不懈的努力。

是金子总会发光

2006 年，张峰以优秀毕业生的成绩从中科院上海应用物理研究所博士毕业，并在当年获得了他科研生涯中第一笔经费：国家自然科学青年基金的三年资助。也就是从那时起，他开始正式踏入科研领域。

在上海应用物理研究所期间，张峰一直从事纳米生物交叉学科的研究。他利用纳米领域的利器——"原子力显微镜"研究了疾病相关多肽在无机衬底表面的自组装行为,相关结果不仅揭示了当前神经退行性疾病中蛋白质淀粉样纤维化的机制,而且对生物分子人工纳米结构的制造有重要启示作用,所发表的 ACIE(影响因子 13.734)文章引发了纳米水膜对生命分子的作用研究,相关结果发表于著名 JPCB 杂志,成为当月十大热门文章。由于其突出的科研表现,张峰在上海应物所留任助理研究员,2007 年中科院将刘永龄奖学金的特别奖授予了张峰。

为了进一步拓展和提高自己,张峰在德国和美国做了近 5 年的博士后训练,用他本人的话讲相当于攻读了第二个博士学位,进入了一个全新的领域——无机纳米颗粒的合成及其生物医学方面的应用研究。俗话说的好,"是金子总会发光",中科院的刻苦磨炼所打下的深厚科研基础使张峰很快熟悉了这个领域并取得了一系列新的成就。如张峰在国际权威纳米杂志 Small 上发表了多篇关于离子探针结合常数在带电纳米颗粒表面的可控调节机理的研究结果,并参与发表了顶级杂志文章 Nature Nanotechnology(影响因子 31.170),还成为了众多国际知名杂志如 CC、Biomaterials、ACS Nano 等的审稿人。

为祖国做贡献

历经国际上两大科技强国的磨炼后,张峰不仅在科研技能上得到了提高,而且在教学和如何做科研带头人方面也收获颇丰,但这些并没有让张峰淡忘他一直想为祖国的科技进步尽一份自己力量的想法。

在 2011 年过年回家探亲期间,张峰受到了家乡母校内蒙古大学和内蒙古农业大学的校长的热情接待,最终作为高层次引进人才先后受聘于内蒙古大学化学化工学院和内蒙古农业大学的生命科学学院,并在这一年同时获得了两个国家自然科学基金的资助,这在内蒙尚属首例。由于他在科研上的贡献,张峰荣获了"内蒙古自治区草原英才"、内蒙古自治区新世纪"321 人才"等殊荣,并于今年当选内蒙古农业大学生命科学院副院长,目前还受邀担任《基因组学与应用生物学》杂志的编委。

让思想传播得更远

当记者问及张峰担任副院长的感想时,他答曰:"希望这个教学院长能有效地让自己的科研思想和教学理念传播得更远。"张峰认为:大学的教学方法对于一个地区的科技进步具有深远的影响和意义。为了提高教学质量,张峰在上任不久就提出了"教、题、分"三责三立的教学理念,即把传统上的授课、命题、判分的一个教师分成三个独立的群组,从而从根本上改善目前高校教学风气日益下滑的局面。从相关领导了解到,张峰经常为学校的教学和科研提出先进的思想和方法,受到了领导和同事们的认可。

目前,张峰教授已经获得国家和地区多项科研经费支助,组建了纳米生物医学工程实验室和一支交叉学科创新团队。我们期待着,在以后的科研道路上,这颗科研之星能带给我们更多的惊喜,为祖国的纳米生物医学事业做出更多的贡献。

农大入选我国首批卓越农林人才教育培养计划
《内蒙古日报》2014 年 10 月 22 日
丁 燕

教育部、农业部、国家林业局今年共同组织实施了卓越农林人才教育培养计划。内蒙古农业大学草业科学、动物科学、动物医学、食品科学与工程 4 个专业被批准为拔尖创新型农林人才培养模式改革试点项目,农学、林学、农业机械化及其自动化、农业水利工程 4 个专业被批准为复合应用型农林人才培养模式改革试点项目,是我区唯一进入此计划的高校。

内蒙古农业大学入选我国首批卓越农林人才教育培养计划
《北方新报》2014 年 10 月 22 日
高 佳

教育部第一批"卓越农林人才教育培养计划"改革试点项目名单近日公布,内蒙古农业大学组织申

报的两个项目成功获批,入选国家第一批"卓越农林人才教育培养计划"项目试点高校,也是我区唯一入选高校。

据了解,为了全面推进高等农林教育综合改革,教育部、农业部、国家林业局于今年共同组织实施"卓越农林人才教育培养计划",包括拔尖创新型、复合应用型、实用技能型三类人才培养模式改革。通过创新体制机制,推进人才培养模式改革,办好一批涉农专业,提升高等农林教育为农林业输送人才和服务的能力,形成多层次、多类型、多样化的具有中国特色的高等农林教育人才培养体系。第一批"卓越农林人才教育培养计划"改革试点项目共140项,其中拔尖创新型农林人才培养模式改革试点项目43项,复合应用型农林人才培养模式改革试点项目70项,实用技能型农林人才培养模式改革试点项目27项。

内蒙古农业大学涉及草业科学、动物科学、动物医学、食品科学与工程4个专业被批准为拔尖创新型农林人才培养模式改革试点项目;涉及农学、林学、农业机械化及其自动化、农业水利工程4个专业被批准为复合应用型农林人才培养模式改革试点项目。这是该校在卓越人才教育改革方面取得的又一成绩,为学校专业的改革发展提供典范,也为学校进一步深化农林教育教学改革,提高农林人才培养质量奠定了良好基础。

我区9所高校21个项目在"创青春"大赛中获奖

《内蒙古日报》2014年11月14日

赵 曦

11月4日,由共青团中央、教育部、人力资源和社会保障部、中国科协、全国学联共同主办的2014年"创青春"全国大学生创业大赛终审决赛在华中科技大学落下帷幕。我区9所高校21个项目分获银奖和铜奖。

内蒙古农业大学的《便捷式抽拉活动育苗盘专利创业合作计划书》等4个团体项目荣获创业实践挑战赛铜奖。

内蒙古表彰10名"内蒙古自治区杰出人才奖"获奖人员

内蒙古新闻网2014年12月3日报道

人才是转型发展之要、竞争制胜之本、富民强区之基,是我区全面深化改革、全面建成小康社会的重要力量。近年来,各地区各部门坚持党管人才原则,深入推进"人才强区工程",健全服务体系,营造良好环境,各行各业、各条战线涌现出一大批优秀人才。为深入实施自治区"8337"发展思路,大力营造尊重劳动、尊重知识、尊重人才、尊重创造的良好社会氛围,充分激发各类人才创造活力,自治区党委、政府决定,授予郭晓川等10名同志2013年度"内蒙古自治区杰出人才奖"。

内蒙古农业大学李金泉、刘廷玺等10名同志多年来一直在人文社科、工程技术、农业畜牧、医疗卫生等领域潜心向学、聚力攻关,取得了丰硕的理论和实践成果,一些科研技术成果填补了自治区空白,达到了国内乃至国际领先水平,有力推动了我区相关行业和产业的发展,取得了显著的经济社会效益,为我区实施创新驱动发展战略作出了重要贡献。在他们身上,集中体现了信念坚定、不计名利的优秀品质,求真务实、开拓进取的创新精神,潜心研究、刻苦攻关的科学态度,是我区各类人才的优秀代表。

内蒙古草原乳业的拓荒者——刘震乙

《北方新报》2014年12月23日

易三羊

2005年8月28日,内蒙古呼和浩特被中国轻工业联合会、中国乳制品工业协会正式授予"中国乳都"的称号。作为伊利、蒙牛两大全国乳业龙头企业根据地的呼和浩特,在 2000 年时便开始实施"奶业兴市"战略,借着优越的地理位置、自然环境及优惠政策的推动,2004 年呼和浩特市的奶牛存栏量、鲜奶产量、人均鲜奶占有量和乳品加工企业销售收入 4 项指标均已遥遥领先全国大中型城市,故"中国乳都"的称号非呼和浩特莫属。

呼和浩特在乳品业所取得的成绩并非一蹴而就。追溯其乳业历史,从 1953 年内蒙古畜牧兽医学院(现归入内蒙古农业大学)成立发展至今,是 50 多年来我区畜牧专家、乳业界人士和草原牧民共同努力的结果,其中我区畜牧兽医学界著名学者、家畜育种专家、第八届全国人大代表刘震乙先生致力研究草原畜牧业长达 51 年,是呼和浩特市奶牛业创建者和内蒙古草原乳业先驱,他的名字和"中国乳都"称号紧紧连在一起。

支边教师南京来

1921 年 10 月,刘震乙出生于河南省新郑县,其父刘明轩是教师兼儒医,其母张民全知书达理,成长在书香世家的刘震乙从小聪慧且好学,成绩优异。1939 年中学毕业后,他考入国立中央大学(现南京大学),攻读农学院畜牧兽医系兽医专业,是畜牧学家汤逸人教授的弟子。

刘震乙大学时正值抗日战争最艰苦的时期,为减轻家庭负担,他曾在汤逸人教授负责的教学牧场中帮一位外籍教师饲养奶山羊。1944 年毕业后,23 岁的刘震乙受聘于母校国立中央大学,做汤逸人教授的助教,因此在做人、做事、做学问方面进一步得到恩师熏陶。后来,他还在南京大学、南京农学院等高校任教。

新中国成立之初的内蒙古,由于历史、地理和社会经济等因素,竟没有一所大学,人才极为缺乏,经济也滞后。1952 年全国院系调整,中央决定选派教师前往呼和浩特,组建内蒙古第一所本科大学——内蒙古畜牧兽医学院。当时 32 岁的刘震乙决定告别南京,奔赴遥远的内蒙古支边,他这样做有两层含义:一是响应号召,到国家最需要的地方去;二是内蒙古畜牧业发达,他又是学畜牧科学的,完全是专业对口、学以致用。

怀着类似昭君出塞的决心和梦想,1953 年春,刘震乙偕妻儿和年近六旬的老母来到呼和浩特,成为内蒙古畜牧兽医学院第一批支边教师。

致力良种牛羊选育

内蒙古畜牧兽医学院创立之初,根据自治区草原畜牧业经济发展的亟须,只设置了畜牧、兽医两个专业,教师只有 12 人,学生也不足百人。刘震乙后来回忆说:"我刚来呼市时,这里百废待兴,城边上东瓦窑村的土墙上到处可见用石灰水涂刷的吓唬狼的白圈圈。刚刚挂牌成立的内蒙古畜牧兽医学院,既没有实验室,也没有教学设备,更别提职工宿舍了。"

在近于白手起家的状况下,刘震乙扎下根来,以那个年代的青年人特有的激情与渴求,全身心投入到日常教学中,并潜心探索内蒙古草原乳业的发展门径。

刘震乙有丰富的实战经验,他读大学时就在重庆奶牛场(抗战时期最大的奶牛场)研究黑白花牛。1947 年,他接管联合国救济总署援助国民政府的 335 头荷兰牛,在原中央大学牧场繁育出了我国重要的高产牛群。来到内蒙古后,他继续带领学生和青年教师,引进荷斯坦公牛,采用人工授精等方式,与本地母牛杂交,培育出了中国版荷斯坦奶牛(荷斯坦奶牛以产奶量高、适应性广而著称,分奶用、肉奶兼用两种,奶用牛的产奶量最高)。

刘震乙在海拉尔、南屯、莫拐屯等地深入调查时,发现三河牛是一个过渡性乳肉兼用的地方良种(该牛体格高大、乳房发达、产乳性强,且肌肉丰满、体质结实、适应性强,可与英国爱尔夏牛、欧洲西门塔尔牛相媲美),但因配种不佳,导致品种良莠不齐。刘震乙提出对三河牛加强选育的观点,率先进行了繁育实验,并撰写了多篇科研论文对三河牛选育给予指导。经 30 多年不懈努力,三河牛终成本土一代名牛。

倾心育桃李

刘震乙很早就意识到,想要培养出真正的畜牧业技术人才,光靠传授书本知识、照搬已有经验是远远不够的,必须结合生产实践来进行活体教学。1954年,在他的主持下,内蒙古畜牧兽医学院正式创办了一个教学牧场,作为辅助教学的实践基地。

在长期的教学实践中,刘震乙总结出了一些行之有效的教育理念,譬如:他主张培养精通国文、掌握外文、擅写学术论文的"三文人才";提倡培养专业、基础、实践三结合的人才;高等教育应坚持将教学、科研、生产三者有机结合起来;他还认为高等教育要公办、民办并举,政策上一视同仁,对民办教育应给予必要的扶植并加强指导。

从1944年在国立中央大学任教,到2005年从内蒙古农业大学退休,刘震乙为科教兴国培养了许多优质人才,包括大量本科生与部分研究生(中间由于"文革"影响,直到1982年春,年过花甲的刘震乙才开始招收首届研究生,至1996年最后一个研究生毕业,迈入古稀之年的刘震乙教授共培养弟子28名)。

师徒情深

刘震乙85岁生日时,他的3名研究生李金泉、高爱琴、王全喜编辑了主题纪念文集《一位长期支边教师的足迹》(中国农业出版社2006年版),全面回顾了恩师从事高等教育60余年的杏坛生涯。这本封面鲜红的书是刘震乙奉献一生、创造一生的缩影。

现已是内蒙古农业大学副校长的李金泉曾在《忆恩师刘震乙先生》一文中记述:"记得刚入大学不久,就有人向我介绍说,先生在办公室读书、写文章,一坐就是半天,经常工作学习到深夜,整座楼只有先生办公室的灯还亮着。"

在该文中,李金泉还记下了刘震乙2011年11月临终前念念不忘、对自己反复叮嘱的两件事:"呼和浩特市'乳都'的称号来之不易,内蒙古白绒山羊是国宝,这两项是我区乃至全国畜牧业的特色和优势,我们的学科要为此做出更大的贡献。"

内蒙古新增10个研究生联合培养基地提高创新创业水平

每日科技网2014年12月24日

日前,记者从内蒙古自治区教育厅了解到,我区再次确定10个基地联合培养研究生,提高研究生创新、创造、创业的能力和水平。

这10个联合培养基地为:内蒙古大学与联通系统集成有限公司内蒙古分公司联合培养计算机科学与技术领域研究生;内蒙古科技大学与中冶东方工程技术有限公司联合培养机械工程领域研究生;内蒙古科技大学包头医学院与包头市中心医院联合培养理学、医学领域研究生;内蒙古科技大学包头师范学院与中国科学院昆明植物研究所联合培养理学领域研究生;内蒙古工业大学与内蒙古自治区计量测试研究院联合培养机械工程、测控技术与仪器、计算机科学与技术、电子与通信工程领域研究生;内蒙古农业大学与大兴安岭林业科学技术研究所联合培养农学领域研究生;内蒙古医科大学与大唐药业有限公司联合培养药学领域研究生;内蒙古师范大学与包头稀土研究院联合培养工学领域研究生;内蒙古民族大学与通辽市医院联合培养医学领域研究生;内蒙古财经大学与内蒙古发展研究中心联合培养金融学领域研究生。

加上2013年首批确定的10个基地,我区已经确定20个研究生联合培养基地。

大　事　记

内蒙古农业大学 2014 年大事记

一月

1 月 2 日　教育部国际合作与交流司通报 2013 年中外合作办学评估结果,内蒙古农业大学与加拿大阿尔伯塔大学合作举办农业资源与环境专业(批准书编号:MOE15CA2A20101008N)和食品科学与工程专业(批准书编号:MOE15CA2A20101009N)本科教育项目,评估结果均为合格。

1 月 7 日　在"灵动·雪之梦"为主题的第六届国际大学生雪雕大赛中,内蒙古农业大学林学院学生薛海峰、李济阳、杨旭东、张泽阳的参赛作品《树之魂》获得三等奖。

1 月 7 日　在 2013 年度国家科学技术奖励大会上,由内蒙古自治区农牧业科学院、巴彦淖尔家畜改良工作站、内蒙古农业大学、内蒙古自治区家畜改良站、乌拉特中旗农牧业局等单位合作完成的研究成果——"巴美肉羊新品种培育及关键技术研究与示范"(编号 J –203 –2 –04)荣获国家科技进步二等奖,内蒙古农业大学副校长李金泉教授作为第三完成人获得奖励证书。

1 月 9 日　内蒙古农业大学与加拿大阿尔伯塔大学签署合作办学谅解备忘录。

1 月 13 日　内蒙古农业大学经济管理学院 2012 级会计 1 班学生马跃腾荣获 2013 年度"中国大学生自强之星"称号。

1 月 14 日　美国史带战略伙伴集团区域总监王涛及中国区地区代表王小龙一行访问内蒙古农业大学,双方共同探讨合作的领域和可行性。

1 月 19 日　中共内蒙古自治区委员会组织部经研究决定:吕清禄同志任内蒙古农业大学党委委员、组织部部长(试用期一年);李秀良同志不再担任内蒙古农业大学党委委员、组织部部长职务。(内组干字〔2014〕15 号)

1 月 24 日　内蒙古人民政府根据工作需要,决定免去特木尔同志内蒙古农业大学巡视员职务。(内政任字〔2014〕22 号)

1 月 27 日　中共中央总书记、国家主席、中央军委主席习近平来到内蒙古锡林郭勒盟毛登牧场草都公司进行考察,该公司是内蒙古农业大学研究生培养基地,内蒙古农业大学李青丰教授作为草都公司技术总监,受到习近平的接见。

1 月 27 日　内蒙古自治区人力资源和社会保障厅批准内蒙古农业大学李金泉等 41 名同志聘用专业技术二级岗位。

1月28日 习近平来到内蒙古农业大学校友王召明创办的内蒙古和信园蒙草抗旱绿化股份有限公司考察,指出保护好内蒙古大草原的生态环境,是各族干部群众的重大责任。内蒙古农业大学王林和教授作为公司的研发总监兼研发中心主任、云锦凤教授作为技术总监一同受到习近平的接见。

二月

2月14日 在内蒙古自治区高教学会高校思想政治教育工作专业委员会2013年年会上,内蒙古农业大学报送的论文《大学生诚信考试与诚信教育实效性研究》(张银花、萨如拉、马建荣)和《学分制模式下如何增强思想政治理论课的实效性》(高丽萍)获得一等奖;《探析目标管理学习机制下的高校学风建设》(李金华、孙玉伟)、《关于学风建设联动机制的建议》(王智广)分别获得二、三等奖。(内党高工函〔2014〕2号)

2月24日 内蒙古农业大学被内蒙古自治区教育厅评选为"2012—2013年度内蒙古自治区普通高校食堂工作先进学校",内蒙古农业大学第一餐厅、新苑餐厅被评为"2012—2013年度内蒙古自治区普通高校食堂工作先进餐厅",闫爱峰、张军、李曙光被评为"2012—2013年度内蒙古自治区普通高校食堂工作先进个人"。

2月25—26日 由内蒙古农业大学农学院主办、内蒙古中天机电设备科技有限公司、内蒙古自治区设施园艺产业科技服务体系协办的新型温室及温室装备技术研讨会在内蒙古农业大学召开。

2月26日 在中国民主促进会内蒙古自治区第六届委员会第三次全体会议中,中国民主促进会区直内蒙古农业大学支部被授予"民进内蒙古自治区社会服务先进组织",区直内蒙古农业大学支部主委、农学院张润生教授被评为"民进内蒙古自治区2012—2013年度参政议政先进个人"。

2月27日 内蒙古农业大学李二桃入选内蒙古自治区高等学校与法律实务部门人员互聘"双千计划"选聘名单(高校),挂职于呼和浩特市中级人民法院;呼和浩特市检察院公诉处检察员崔梦玲入选内蒙古自治区高等学校与法律实务部门人员互聘"双千计划"选聘名单(法律实务部门),任教于内蒙古农业大学,互聘期一年。

三月

3月3日 内蒙古农业大学张和平、红梅、李青丰、盛晋华4名教授获得"首届内蒙古自治区科技标兵"称号。(内科协协字〔2014〕13号)

3月7日 内蒙古农业大学授予动物科学学院乔贤等1636名学生三好学生荣誉称号,授予兽医学院张雪等913名学生优秀学生干部荣誉称号。(内农大学字〔2014〕2号)

3月10日 内蒙古自治区人民政府办公厅公布2013年高等教育自治区级教学成果奖评审结果(内政办字〔2014〕46号),内蒙古农业大学共获得内蒙古自治区级教学成果奖12项,其中一等奖4项、二等奖5项、三等奖3项。

由李畅游等6人完成的《以引进国外优质教育资源为动力,促进本科教育质量的提高》、杜健民等6人完成的《创新实习基地建设途径,稳步提高实践教学水平》、李金泉等5人完成的《动物遗传育种课程体系的建设与实践》3项成果获得2013年高等教育内蒙古自治区级本科教学成果一等奖,由冯贵宗等5人完成的《高职院校教学质量提升关键要素集成的研究与实践》1项成果获得2013年高等教育内蒙古自治区级高职教学成果一等奖。

由丁雪华等5人完成的《农业推广硕士专业学位研究生教育质量保障体系的构建》、侯振虎等5人完成的《大学生幸福感整合教育干预模式创新与实践》、薛河儒等5人完成的《基于农林类高等学校的计算机基础教学基本要求的研究和实践》、刘廷玺等7人完成的《突出创新能力培养的水利类专业实验教学仪器研发运行机制及其模式研究》4项成果获得2013年高等教育内蒙古自治区级本科教学成果二等奖;由王耀等5人完成的《高职教育"实践导向、阶梯培养"双师型教师队伍建设模式的创新与实践》1项成果获得2013年高等教育内蒙古自治区级高职教学成果二等奖。

由燕玲等5人完成的《创新植物学实验教学体系,构建多元化实验教学模式》、王治国等6人完成的《发挥质量工程作用,助推教育教学水平的提高》、敖特根等7人完成的《高等农林院校数理化教学质量工程之建设与实践》3项成果获得2013年高等教育内蒙古自治区级教学成果三等奖。

3月14—16日 在中国数学会举办的第五届全国大学生数学竞赛决赛中,内蒙古农业大学理学院2010级电子科学与技术专业2班刘亚瑞和曾庆怡获得非数学类组全国三等奖。

3月17—20日 蒙古国国立农业大学农学院一行13人来内蒙古农业大学进行友好访问。双方在人才交流与培养、科研项目联合申报、实践教学合作等领域达成意向,确定2014年7月中旬在蒙古国召开由蒙古国、中国、韩国及布里亚特参加的"蒙古高原所面临的生态及农业环境所面临的问题"主题国际学术研讨会。

3月20日 九三学社内蒙古自治区委员会对2013年度优秀调研提案、信息及信息工作先进集体进行表彰。内蒙古农业大学九三基层组织(直属高教二支社)获信息工作先进集体一等奖;内蒙古农业大学刘静老师提交的信息"近期出台的研究生国家奖学金发放办法需调整""建议国家注册环评工程师考试由统一模式改为分生态和工业两类进行"和白薇老师提交的信息"高校、科研单位实验室的有害废弃物处理亟待立法",分别被全国政协和九三社中央采纳,获优秀信息一等奖;刘静老师提交的信息"国家注册环评工程师等执业资格考试的报考条件亟待修改"被内蒙政协采纳,获优秀信息二等奖。

3月20日 内蒙古农业大学以张和平教授为首席专家的"乳酸菌与发酵乳制品创新团队"入选科技部2013年创新人才推进计划重点领域创新团队。

3月24日 内蒙古农业大学与阿拉善盟行政公署、内蒙古庆华集团有限公司举行沙葱产业开发与合作协议签约仪式。

3月24日 教育部发布"关于进一步做好2013年度教育部创新团队建设论证工作的通知",内蒙古农业大学以刘廷玺教授为首席专家的"寒旱区水文过程与环境生态效应"创新团队入选2013年度教育部创新团队发展计划。

3月25日 在第二届内蒙古自治区高校辅导员职业技能大赛中,内蒙古农业大学外国语言学院孙玉伟老师荣获一等奖及个人单项奖"基础知识测试最佳选手",计算机与信息工程学院庄霞老师在"主题班会、自我介绍和工作展示"环节中获得单项第三名,内蒙古农业大学荣获"优秀组织奖"。(内教学工函〔2014〕4号)

3月25日 内蒙古农业大学林学院2013级林学项目一班杨嘉妮同学荣获第三届"最美青城人"暨2013年度呼和浩特市道德模范称号。

3月28日 内蒙古自治区水利厅与内蒙古农业大学联合举办内蒙古农业大学首届"水是生命之源"主题演讲比赛。水利与土木建筑工程学院的王子同学以94.93分的成绩获得冠军。

3月29日 蒙古赛诺草原羊业有限公司与内蒙古农业大学动物科学学院校企合作启动仪式在四子王旗举行。

四月

4月1日 内蒙古自治区教育厅公布2013年度普通高等学校本科专业备案结果,内蒙古农业大学本科专业"酿酒工程"(专业代码082705,学位授予门类为工学)经教育部备案,可自2014年开始招生。(内教高函〔2014〕12号)

4月1日 欧中农业交流基金会(简称EUC)主席Hendrikus Jozef. Van der Radd先生,理事Jan Hendrik de Wilde先生,中国区负责人杨巍华女士,中国区项目主管樊蓉女士,中国区项目专员苑帅女士一行5人莅临内蒙古农业大学职业技术学院,洽谈双方在学生海外带薪实习和教师海外培训具体事宜。

4月2日 内蒙古农业大学职业技术学院院长葛茂悦与EUC主席Hendrikus Jozef. Van der Radd签署学生海外实习合作框架协议。

4月8日 内蒙古农业大学授予动物科学学院吕艳慧等56名学生2014届优秀毕业生荣誉称号。(内农大学字〔2014〕3号)

4月8—16日 由内蒙古自治区体育局、内蒙古自治区教育厅主办,内蒙古农业大学承办的内蒙古内蒙古自治区第十三届运动会足球赛(高校组)在内蒙古农业大学举行,内蒙古农业大学女子足球队获得女子组第一名。

4月10—16日 由中国大学生体育协会、中国足球协会主办,内蒙古农业大学承办的"特步"2013—2014年中国大学生足球联赛(内蒙古赛区)暨内蒙古自治区大学生足球锦标赛在内蒙古农业大学举行,内蒙古农业大学获得校园组第五名、超级组第六名,并获得超级组体育道德风尚奖。

4月11日 内蒙古农业大学食品科学与工程学院张和平教授荣获内蒙古自治区五一劳动奖章。

4月12日 内蒙古农业大学举办首届"文都杯"大学生创业就业精英选拔赛,能源与交通工程学院2011级牟天祎同学作品《创新型风力发电机组防雷保护设计》荣获一等奖。

4月17日 内蒙古农业大学举办首届女子篮球赛。

4月18日 内蒙古农业大学食品科技创新团队入选由中国青少年科技创新奖励基金支持,共青团中央、全国青联等共同评选的首届大学生"小平科技创新团队"百强名单。

4月18日 内蒙古农业大学闫素梅、李培峰、刘景辉、赵萌莉、史海滨、张和平、李国清被内蒙古自治区教育厅评选为"2013年内蒙古自治区优秀研究生指导教师",并受到表彰和奖励。(内教研函〔2014〕6号)

4月20日 由内蒙古自治区国土资源厅主办,内蒙古自治区地质协会、内蒙古农业大学水利与土木建筑工程学院共同承办的内蒙古自治区第45个世界地球日宣传活动暨内蒙古农业大学首届地理科普知识宣传活动周开幕式在内蒙古农业大学召开。

4月21日 台湾以立公益组织一行16人受内蒙古农业大学NPO绿色生命新生代社团组织邀请来内蒙古农业大学参观,NPO组织向以立公益组织赠送了书籍——《纯植物,绿生活》。

4月21日 共青团内蒙古农业大学委员会授予水利与土木建筑工程学院等7个学院"内蒙古农业大学2013年度共青团工作实绩突出单位"荣誉称号。(内农大团委〔2014〕7号)

4月23日 在第19个"世界读书日",内蒙古农业大学"阅读成就梦想"——第一届校园读书月活动启动。

4月24日 内蒙古自治区教育厅批准内蒙古农业大学的"水土保持与荒漠化防治"专业为内蒙古自治区级本科专业综合改革试点项目。(内教高函〔2014〕26号)

4月24日 内蒙古农业大学林学院2010级林学汉班学生孙涛获得中国林学会组织评选的第四届梁希优秀学子奖。

4月26—27日 内蒙古农业大学水利与土木建筑工程学院2010级双语1班丁艳宏和2011级农水利2班孙伟分别荣获第七届张光斗优秀学生奖学金。

4月28日 共青团内蒙古农业大学委员会授予农学院等7个学院"五·四红旗团委"荣誉称号;授予理学院等2个学院"共青团工作创新奖"荣誉称号;授予2011级动物科学双语班等34个班集体"五·四红旗团小组"荣誉称号授予浏阳等200名同学"五·四优秀团干部"荣誉称号;授予郭宝珠等343名同学"五·四优秀共青团员"荣誉称号;授予爱心社等10个学生社团"五·四优秀学生社团"荣誉称号;授予2012级园艺2班等34个班集体"学雷锋先进班集体"荣誉称号。(内农大团委〔2014〕5号)

4月28—30日 内蒙古农业大学召开第十四届田径运动会,共有2761名运动员参加了47项比赛。3人打破2项学校最高纪录,其中,经济管理学院王琦以13.56米的成绩打破校男子铅球纪录,职业技术学院孙叶、农学院余佳蓉分别以2.34米、2.32米的成绩打破校女子原2.31米的跳远纪录。

4月29日—5月15日 内蒙古农业大学兽医学院马兽医专业和职业技术学院运动马驯养与管理专业学生的师生组成105人的志愿者团队,赴北京参与由中国和土库曼斯坦联合主办的世界汗血马协会特别大会暨中国马文化节的兽医技术与马匹饲养管理服务工作。

五月

5月4日 内蒙古农业大学授予计算机与信息工程学院、人文社会科学学院、外国语言学院、生命科学学院、能源与交通工程学院、林学院等6个学院"内蒙古农业大学2013年学生工作先进单位"荣誉称号。(内农大学字〔2014〕10号)

5月5日 内蒙古农业大学继续教育学院张玉教授入选教育部教师工作司"职业院校教师素质提高计划"专家库,成为农林牧渔类动物科学专业专家。

5月9日 中加创新科研项目特聘专家、加拿大曼尼托巴大学教授张强参观考察内蒙古农业大学海流现代农牧业科技园区。

5月11日 内蒙古农业大学举办首届妙笔剪影大赛之独"家"记忆。

5月11日 在内蒙古自治区"三带三创"工作会议中,内蒙古农业大学人文社会科学学院院长盖志毅教授的宣讲稿《以十八届三中全会精神为统领 全面贯彻8337发展思路》荣获优秀宣讲稿一等奖。

5月14日 由内蒙古农业大学副校长芒来教授主持的创新团队完成的蒙古马和野马基因组科学研究论文《Analysis of horse genomes provides insight into the diversification and adaptive evolution of karyotype》发表于Nature子刊《Scientific Reports》。第一作者为动物科学学院在读博士生黄金龙,通讯作者为芒来。

5月17日 内蒙古农业大学举行首届"思辨青春·感悟人生"辩论赛决赛。

5月17日 在"第一届全国高等学校物理基础课程青年教师讲课比赛(内蒙古赛区)"中,内蒙古农业大学理学院物理与电子科学系石磊、白海平两位教师分别获得比赛一、二等奖。

5月18日 在盐城国际旅游商品创意设计大赛中,内蒙古农业大学机电工程学院2011级工业设计班张敏同学设计的大丰城市吉祥物《麋鹿》荣获三等奖。

5月18日、5月22日 在"2014年全国职业院校高职组测绘类和工程造价专业技能大赛"内蒙古自治区选拔赛(高职组)中,内蒙古农业大学职业技术学院建筑工程技术系代表队获得测绘类专业技能选拔赛二等水准项目二等奖、道路放样项目一等奖、地形图测绘项目一等奖和团体一等奖,并取得了全国测绘类专业技能竞赛资格。另外两支参加工程造价专业技能竞赛的代表队分获二等奖和三等奖。

5月19日 闫素梅、哈斯苏荣、杨银凤、白淑兰、吕雄、布和额尔敦、霍如涛、付和平8名教师被评为内蒙古农业大学第三届"教学名师";娜仁花、刘艳、萨如拉、刘瑞香、侯占峰、曲辉、葛丽娟、辛海升、张建成、张立倩、白戈力、刘惠荣、李剑、常云、刘菊红、马文斌、张美英、陈秋枫、杨忠仁19位教师被评为内蒙古农业大学第三届"教坛新秀"。

5月20日 内蒙古农业大学校维护稳定领导小组、综合治理委员会对计算机与信息工程学院等6个维护稳定、综合治理先进单位、档案馆等6个防火工作先进单位进行表彰奖励。

5月21日 内蒙古农业大学计算机与信息工程学院建成内蒙古自治区首座云计算和大数据研究中心。

5月22日 内蒙古农业大学举行"阅读成就梦想·校园读书月"系列活动之"书香农大,情满中华"首届读书交流会。

5月23日 内蒙古农业大学召开四届三次教职工代表大会暨工会会员代表大会。

5月24—25日 在ACM/ICPC内蒙古自治区第九届大学生程序设计大赛中,内蒙古农业大学计算机与信息工程学院"Sky神话"代表队获得本科组一等奖,"Victory"代表队和"Demon Hunter"代表队分别获得本科组三等奖。内蒙古农业大学职业技术学院计算机技术与信息管理系代表队获得高职高专组团体冠军,同时,职业技术学院各参赛代表队获得一等奖1项、二等奖2项、三等奖1项,并获得团体二等奖。

5月25日 在2014年内蒙古自治区高等职业院校技能大赛中,内蒙古农业大学职业技术学院2013级汽检乙班陈立东同学获得空调检测与维修项目一等奖(指导教师丁亚庆);2012级汽检乙班杜飞同学获得汽车故障诊断与维修项目三等奖(指导教师辛建辉);2012级汽检乙班白鑫波同学获得自动变速器拆装与维修项目三等奖(指导教师牛文学老师)。参加汽车营销项目组和汽车检测维修项目组的代表队分别获得团体二等奖、三等奖,牛文学老师获得优秀指导教师奖。

5月25日 在2013—2014全国大学生网球联赛北京公开赛中,内蒙古农业大学女子网球队荣获团体第四名、男子网球队荣获团体第五名。

5月28日 科技部国际合作司副司长续超前、亚非处调研员文钧来内蒙古农业大学调研国际科技合作及"共建中蒙生物高分子应用研究联合实验室"项目的前期准备工作。

5月28日 内蒙古农业大学水利与土木建筑工程学院2010级农业水利工程1班柴慧祥荣获2013内蒙古年度大学生"桃李之星"称号。

5月28—30日 内蒙古科学技术协会第七次代表大会在呼和浩特召开。内蒙古农业大学闫伟当选第七届委员会副主席,闫伟、张和平、李国婧当选第七届委员会常务委员,塔娜、张少英、于卓、庞保平、闫伟、张和平、吉日木图、李国婧、双全、孟和毕力格等当选第七届委员会委员。内蒙古农业大学3名青年教师王玉珍、王丽和高峰荣获"第九届内蒙古自治区青年科技奖",3位教授张和平、红梅和盛晋华荣获"首届内蒙古自治区科技标兵"称号,李国婧教授被授予"第六届内蒙古自治区科学技术协会先进工作者"称号。

5月 内蒙古农业大学水利与土木建筑工程学院王耀强教授入选中国测绘地理信息学会第十一届理事会教育工作委员会委员。

六月

6月4日 内蒙古农业大学党委副书记侯晨曦作客人民网内蒙古频道,对内蒙古农业大学2014年的招生政策及招生亮点做详细介绍,并对考生关注的如何填报高考志愿及录取中考生应该注意的问题等与网友互动交流。

6月5—6日 内蒙古农业大学主办的运动马疾病防控、驯养管理及人才培养国际研讨会(Workshop of Equine disease control, raise, management and education)在内蒙古农业大学召开。

6月6日 由中科院昆明动物研究所、深圳华大基因研究院、西北农林科技大学、内蒙古农业大学、澳大利亚联邦科工组织、英国罗斯林研究所、法国农业科学研究院、美国犹他州立大学、美国贝勒医学院等26家单位,合作完成的绵羊基因组学和转录组学研究成果"*The Sheep Genome Illuminates Biology of the Rumen and Lipid Metabolism*"在《科学》杂志上在线发表。内蒙古农业大学动物科学学院张文广教授、博士研究生付绍为主要参与者。

6月7日 内蒙古农业大学举办"内蒙古农业大学第二届辅导员职业技能竞赛",对王雪鹏等16位优秀辅导员进行表彰。(内农大学字〔2014〕17号)

6月7—8日 "青春网球校园行"全国大学生网球团体挑战赛在内蒙古农业大学网球场举办,内蒙古农业大学网球队获得冠军。

6月8日 内蒙古农业大学计算机与信息工程学院学生组成的"Sky 神话"代表队获得2014年ACM国际大学生程序设计大赛东北赛区比赛三等奖。

6月9日 内蒙古农业大学举办首届"阿雅伦"蒙汉知识竞赛。

6月9日 内蒙古农业大学刘明越负责的一般项目"基于道义论和功利论维度的大学生的道德教育的审视"(项目编号NJSY1407)、安达负责的一般项目"大学生马克思主义民族观教育创新研究——以内蒙古为例"(项目编号NJSY1414)、杨毅负责的自筹项目"特殊群体大学生就业援助——以内蒙古XXXX大学为例"获得2014年度内蒙古自治区高等学校大学生思想政治教育专题研究项目批准立项。(内教技字〔2014〕23号)

6月9—15日 内蒙古农业大学档案馆与内蒙古档案局(馆)、呼市档案局、呼市艺术档案馆等单位在内蒙古农业大学联合举办"走进档案""关注民生、服务社会"等一系列"社科普及进大学校园"宣传展览活动。

6月9—13日 在内蒙古农业大学举办了由中国图书进出口(集团)总公司联合多家优秀国际高等教育教材出版机构主办的进口原版高等教育教材展示交流会。

6月9-28日 由国家商务部主办、内蒙古农业大学承办的2015年发展中国家出口农产品质量安全管理研修班在内蒙古农业大学举行,共有来自阿塞拜疆、缅甸、多米尼加、蒙古、桑给巴尔等17个国家的42位学员参加。

6月10日 内蒙古自治区副主席白向群一行赴内蒙古农业大学海流现代农牧业科技园区和职业技术学院调研。

6月12日 内蒙古自治区教育厅公布高校创新平台建设计划验收结果(内教技函〔2014〕26号),内蒙古农业大学修长百负责的创新平台建设项目"内蒙古农村牧区发展研究所",批准时间为2007年,验收等次为合格;周欢敏负责的"动物生物技术实验室",批准时间为2009年,验收等次为优秀;郑宏奎负责的"蒙古族工艺美术研究所",批准时间为2009年,验收等次为合格。

6月13—15日 内蒙古农业大学材料科学与艺术设计学院2014届艺术设计类专业毕业设计展在呼和浩特民族美术馆展览。

6月14日 内蒙古自治区高等学校学报研究会举行换届选举会议，内蒙古农业大学编审续维国再次当选常务副理事长。

6月15日 内蒙古自治区第五届"东鸽电器杯"法学大学生辩论赛决赛在内蒙古农业大学举行。内蒙古农业大学代表队获得亚军，张正浩荣获"优秀辩手"称号。

6月16日 2014年度国家社科基金项目评审立项结果公布。内蒙古农业大学张银花教授主持的课题《边疆民族地区城市社区公共安全治理机制创新研究》，获得一般项目类20万元资助；那仁敖其尔教授主持的课题《成吉思汗苏力德信仰研究》，获得西部项目类20万元资助。

6月16日 在内蒙古自治区禁毒公益广告作品征集评选活动中，内蒙古农业大学林学院海明老师的作品《1－H7禁毒视频》和邓鑫同学的作品《珍惜生命、远离毒品（骷髅）》分别获得视频类和平面类三等奖，水利与土木建筑工程学院刘菁琪同学的剪纸作品获得优秀奖。（内禁毒办字〔2014〕63号）

6月16日 在内蒙古自治区优秀禁毒题材艺术作品征集评选活动中，内蒙古农业大学刘筹琪的剪纸作品《拒绝毒品》获得优秀奖。（内禁毒办字〔2014〕62号）

6月17日 由内蒙古自治区人力资源和社会保障厅、自治区党委宣传部、自治区团委、自治区教育厅主办的2014年全区高校毕业生就业创业典型及政策宣讲校园行活动在内蒙古农业大学举行。

6月17日 由共青团中央、中国电信集团公司主办的"与信仰对话 飞young中国梦"精品报告进校园活动在内蒙古农业大学举行。团中央学校部副部长李骥作了社会主义核心价值观专题辅导报告。

6月20日 内蒙古农业大学水土保持与荒漠化防治专业获批内蒙古自治区级"专业综合改革试点"项目，获资助经费150万元。

6月20日 内蒙古农业大学批准《电子商务》1个专业为校级品牌专业、《园艺专业英汉双语课程教学团队》等9个团队为校级教学团队、《水生生物学》等16门课程为校级精品课程建设项目。（内农大教字〔2014〕17号）

6月27日 内蒙古农业大学林学院与乌兰夫纪念馆签订青年马克思主义者教育培训基地协议。

6月30日 内蒙古农业大学2014年度完成学业的毕业生有13777名，授予学位的学生7509名，其中，博士研究生毕业85名，授予学位73名；硕士研究生毕业685名，授予学位670名；在职研究生授予学位266名；普通本科毕业生6819名，授予学士学位6416名；专科生毕业953名；成人高等教育本科生毕业2430名，授予学士学位42名，专科生毕业2763名；外国留学生毕业42名，授予学士学位42名。

6月30日 中共内蒙古农业大学委员会授予职业技术学院党委等31个基层党组织"先进基层党组织"称号；授予胡晓龙等252名同志"优秀共产党员"称号；授予赵福顺等61名同志"优秀党委工作者"称号。（内农大党发〔2014〕7号）

七月

7月3日 内蒙古农业大学校医院正式成为内蒙古医科大学护理学院实习基地。从2013年7月至今，校医院作为呼和浩特市赛罕区大学东路社区卫生服务中心，接受内蒙古医科大学护理学院的大学生社区护理实习。

7月3日 内蒙古农业大学批准2014年40个学生科技创新基金项目立项，资助金额各2000元。（内农大教字〔2014〕19号）

7月4日　内蒙古农业大学与蒙古国国立农业大学签署农业技术培训协议。

7月4—13日　内蒙古农业大学机电工程学院教育实践队赴团中央井冈山教育基地参加2014年"井冈情·中国梦"全国大学生暑期实践。在晨训上课、军容、光盘行动、内务、宣传报道五方面综合评比中，以总分第三名荣获"优秀团队"称号；机电工程学院党委副书记许驭荣获"优秀带队教师"称号；徐越同学荣获"优秀学员负责人"称号；杜嘉楠、刘薇、徐越、温强同学荣获"优秀学员"称号。

7月5日　第四届全国水利类专业（水工组）青年教师讲课竞赛在内蒙古农业大学举办，水利与土木建筑工程学院周海龙获得一等奖。

7月6日　由呼和浩特市科学技术协会、内蒙古农业大学理学院主办，清水河县科协、团委、妇联、教育局协办的"呼和浩特市科协及内蒙古农业大学科普志愿者基层行活动启动仪式"和"内蒙古农业大学科普志愿者走进清水河县中学科普知识讲座"，在清水河县普通高级中学举行。

7月10日　内蒙古农业大学人文社会科学学院申报内蒙古第二期红十字青年暑期志愿服务项目并获批。

7月15—16日　由教育部动物医学类专业教学指导委员会和中国兽医协会教育科技工作委员会主办、内蒙古农业大学兽医学院和北京生泰尔生物科技有限公司承办的"生泰尔杯"全国大学生第三届动物医学专业技能大赛，在内蒙古农业大学举行。内蒙古农业大学荣获大赛特等奖。

7月18—21日　中国农业期刊学术年会在北京召开。在会议期间举行的全国农业高校学报研究会第七届换届选举会议上，内蒙古农业大学续维国编审、国家一级作家再次当选为研究会副理事长。

7月18—21日　在第三届全国高等学校大学生测绘技能竞赛中，内蒙古农业大学代表队获得"导线测量"二等奖、"四等水准测量"三等奖和"团体总成绩"三等奖。

7月18—21日　中国农业科学技术出版社内蒙古自治区工作站在北京成立。内蒙古农业大学编审、国家一级作家续维国被聘为工作站常务副站长。经中国农业科学技术出版社发函，学校批准同意，作为挂靠单位，工作站办公地点设在学校的西区图书馆。

7月21日　内蒙古自治区党委组织部宣布内蒙古自治区党委对内蒙古农业大学领导干部的任免决定：任命哈斯巴根同志为内蒙古农业大学党委委员、纪委书记，刘淑芬同志不再担任内蒙古农业大学党委委员、纪委书记职务。（内党干字〔2014〕160号）

7月21日　内蒙古农业大学申请增列的0852工程硕士（建筑与土木工程）和1253会计2个硕士专业学位授权点被国务院学位委员会批准为"内蒙古自治区2014年增列硕士专业学位授权点"。（内学位〔2014〕17号）

7月21—28日　在"万里扬杯"第十九届全国高校大学生网球锦标赛中，内蒙古农业大学运动员纪鑫、李晓钰获得女子丁组（专业组）团体铜牌，纪鑫、李晓钰获得女子丁组双打第三名，白梓园、巨鑫宇获得男子甲组双打第四名，营梦园、康丽娜、闫月迪获得女子甲组团体第五名和双打第五名。

7月22—25日　内蒙古农业大学机电工程学院2011级车辆工程专业2支车队参加由教育部主办的第九届全国大学生"飞思卡尔"杯智能汽车竞赛东北赛区比赛，"明日之星"车队荣获电磁组东北赛区三等奖、"草原轻骑"车队获得光电组东北赛区优胜奖。

7月30日—8月2日　中国高等农业院校第八届大学生田径运动会在内蒙古农业大学召开。

7月30日—8月2日　由中国高等农业院校体育理事会主办、内蒙古农业大学承办的中国高等农业院校第八届大学生田径运动会在内蒙古农业大学举行。内蒙古农业大学以294分的总成绩获甲组团体总分第一名、男子甲组团体总分前三名、女子甲组团体总分前三名；内蒙古农业大学职业技术学院获丙组团体总分前三名、男子丙组团体总分前三名、女子丙组团体总分前三名。内蒙古农业大学荣获"体育道德风尚奖""突出贡献奖"。

八月

8月1日 内蒙古农业大学与日本鸟取大学签署学术交流协定书。

8月6—10日 在"中国·内蒙古第二届绿色农畜产品博览会"中,内蒙古农业大学110项科技成果参展。

8月12日 内蒙古自治区人民政府任命乔彪为内蒙古农业大学副校长,任职时间从2013年6月算起。(内政任字〔2014〕80号)

8月17日20时15分 内蒙古自治区第九届、第十届人大常委,内蒙古自治区科协原党组书记、第四届委员会主席,原内蒙古农牧学院院长,国家级教学名师,著名水文水资源科学家,内蒙古农业大学教授、博士生导师朝伦巴根教授因病医治无效,在呼和浩特市逝世,享年74岁。

8月19日 教育部公布2014年全国职业院校技能大赛获奖名单,内蒙古农业大学职业技术学院卜静、李囡获得园林景观设计三等奖,张帆、袁梓涵获得植物组织培养三等奖,王森林、王树利、贾广超、董莹获得测绘1∶500数字测图三等奖。

8月20日 内蒙古农业大学"食品科技创新团队"获得第九届中国青少年科技创新奖全国大学生"小平科技创新团队"荣誉称号。

8月25日 在内蒙古自治区第十三届运动会高校组比赛中,内蒙古农业大学代表队取得高校组总分榜排名第一名,同时获得"内蒙古自治区第十三届运动会体育道德风尚奖"称号。选派了138名学生参加7个竞赛项目,分别获得:男足第五名、女足第一名,男搏克第三名、女搏克第四名,男排第四名、女排第三名,男篮第二名、女篮第三名,男乒第六名、女乒第四名,男网第三名、女网第一名,田径团体总成绩第一名。

8月27日 国家卫生和计划生育委员会综合监督局副局长何翔、公共卫生监督处处长谢杨等一行8人组成的调研组,来内蒙古农业大学调研指导卫生监督工作。

8月29日 内蒙古农业大学获得2014年国家自然科学基金项目61项,总经费3315万元。

由食品科学与工程学院张和平教授主持申报的"德氏乳杆菌保加利亚亚种重要生产特性及其相关基因的研究"获得重点项目资助,总经费332万元。

水利与土木建筑工程学院李文宝博士分别在工程材料学部和地球科学学部获得地区基金和青年科学基金项目的资助。

获得2014年度国家自然科学基金项目的教师名单如下:敖长金、包小兰、曹俊伟、丹彤、丁雪华、多化琼、高峰、高静、高瑞忠、高霞(青年)、高永、格根图、郭丽如、郝永清、胡树平、贾立国、李文宝(青年)、李文宝、李仙岳、李旭英、刘瑞香、刘廷玺(面上)、逯微萍、芒来(面上)、毛伟(青年)、孟建宇、裴国霞、裴志永(青年)、齐冰洁、青龙、屈忠义、石凤翎、史彬林、双全、孙天松(面上)、万方、王成杰、王凤龙、王建光、王瑞、王志刚、卫智军、魏占民、乌云花、武佩、薛河儒、闫伟、杨英、于卓(面上)、云岚、张成福、张国盛、张和平(重点)、张家新、张立、张晓涛、张笑宇、张心灵、赵萌莉、赵艳红、钟志梅。

8月29日 内蒙古农业大学高永被教育部授予"全国高校优秀思想政治教育工作者""全国优秀教师"荣誉称号。

8月30日 内蒙古农业大学完成2014年度招生工作。共录取14905名学生,其中,招收博士研究生110名,硕士研究生790名,在职研究生445名;招收普通本科生7004名,专科生1214名;招收成人高等教育本科生 3215 名,专科生 2085 名;招收外国留学生 42 名。

九月

9 月 1 日 内蒙古农业大学图书馆正式启动了 RFID 自助借还系统建设项目,可以利用定位系统准确锁定书目的具体位置。

9 月 2—30 日 由中华人民共和国商务部主办、内蒙古农业大学承办的拉美、加勒比及南太地区乳品与食品加工技术培训班在内蒙古农业大学召开。

9 月 4 日 人力资源社会保障部、全国博士后管理委员会批准内蒙古农业大学新设作物学、生态学、林业工程、农林经济管理一级学科博士后科研流动站。

9 月 9 日 内蒙古自治区召开庆祝第 30 个教师节暨表彰大会,内蒙古农业大学全国优秀教师获得者高永、内蒙古自治区优秀教育工作者获得者李国婧、内蒙古自治区优秀教师获得者赵卫东、苏金梅、许辉及内蒙古自治区高校优秀辅导员获得者孙玉伟等教师代表参加大会并获得表彰。

9 月 10 日 内蒙古农业大学闫素梅等 8 名教师和刘艳等 19 名教师分别被评选为内蒙古农业大学第三届"教师名师"和"教坛新秀",并受到表彰。(内农大教字〔2014〕23 号)

9 月 13 日 内蒙古农业大学刘小雨等同学的《爱的告白》在第九届"挑战杯"全国大学生创业计划竞赛上荣获全国铜奖;贺亮生等同学的《便捷式抽拉活动育苗盘专利创业合作计划书》在第九届"挑战杯"全国大学生创业实践挑战赛上荣获全国铜奖。

9 月 13 日 中等职业学校专业骨干教师国家级培训班"计算机应用""农业机械使用与维护""设施农业生产技术""畜牧兽医"四个专业的开班典礼在内蒙古农业大学举行。

9 月 16 日 韩国女性家族部青少年活动振兴课课长金捧浩先生为团长的韩国青年代表团一行 100 人到访内蒙古农业大学,开展友好交流活动。

9 月 16 日 内蒙古自治区教育厅公布 2014 年高等教育质量工程系列项目评审结果(内教高函〔2014〕58 号),内蒙古农业大学薛河儒、郝拉柱 2 名教授被评为 2014 年度内蒙古自治区级教学名师,宗哲英副教授被评为 2014 年度内蒙古自治区级教坛新秀,由高润宏负责的"森林生态学"、陈松利负责的"汽车保险与理赔"、吕雄负责的"概率论与数理统计"、李海军负责的"电气控制技术"、刘树民负责的"交通工程学"、吴光宇负责的"市场营销学"6 门课程被评为 2014 年度内蒙古自治区级精品课程,由李海军负责的"电工电子系列课程教学团队"、铁牛负责的"森林资源经营管理教学团队"被评为 2014 年度内蒙古自治区级教学团队,由高永负责的"水土保持与荒漠化防治"、史海滨负责的"农业水利工程"、葛茂悦负责的"园艺技术"3 个专业被评为 2014 年度内蒙古自治区级重点建设专业。

9 月 19 日 内蒙古农业大学与内蒙古民丰薯业有限公司举行战略合作签约暨科研合作项目启动仪式。

9 月 20—21 日 由中国农业工程学会农业水土工程专业委员会主办,内蒙古农业大学承办,国家自然科学基金委员会(NSFC)、国际农业和生物系统工程学会(CIGR)、国际灌溉排水委员会(ICID)、中国农业工程学会(CSAE)、中国国家灌排委员会(CCID)共同协办的"第 18 届 CIGR 国际农业工程大会水土工程分会暨第 2 届水土资源挑战区域性国际学术研讨会"在内蒙古农业大学召开。国际农业与生物系统工程学会前主席、国际灌排委员会前副主席、葡萄牙里斯本科技大学 Luis Santos Pereira 教授,西澳大学环境系统工程学院生态水文中心 Keith Smettem 教授,美国欧道明大学环境水利系王喜喜副教授,意大利巴里地中海农业研究所 Mladen Todorovic 教授出席会议。

9月21日 内蒙古农业大学学生军训工作领导小组对生态环境学院等8个学生军训工作先进单位，理学院等8个内务单项评比优胜单位，经济管理学院等8个宣传报道单项评比优胜单位，胡晓燕等28名优秀指导员，郝欣蔚等123名军训标兵进行表彰。（内农大学字〔2014〕21号）

9月22日 教育部、农业部、国家林业局批准第一批卓越农林人才教育培养计划改革试点项目，由内蒙古农业大学教务处组织申报的2个项目获批，入选国家第一批卓越农林人才教育培养计划项目试点高校。涉及草业科学、动物科学、动物医学、食品科学与工程四个专业被批准为拔尖创新型农林人才培养模式改革试点项目；涉及农学、林学、农业机械化及其自动化、农业水利工程四个专业被批准为复合应用型农林人才培养模式改革试点项目。

9月22日 在第五届全国杰出专业技术人才评选表彰中，内蒙古农业大学以张和平教授为学术带头人的"乳酸菌与发酵制品创新团队"荣获第五届"全国专业技术先进集体"荣誉称号。

9月25日 中共内蒙古农业大学委员会、内蒙古农业大学对在"三育人"工作中涌现出的60名"三育人"工作先进个人予以表彰。授予王海荣等30名同志"教书育人先进个人"荣誉称号，授予萨如拉等15名同志"管理育人先进个人"荣誉称号，授予孙利芳等15名同志"服务育人先进个人"荣誉称号。（内农大党发〔2014〕8号）

9月25日 日本国神户大学研究生院农学研究科北川浩教授一行两人来内蒙古农业大学访问。

9月26日 内蒙古自治区教育厅公布2014年内蒙古自治区学校体育论文评奖结果，内蒙古农业大学李淑娟、张韬、陈子文的论文《中学高水平运动队教练员激励机制现状调查》获得（高校部分）一等奖。（内教体函〔2014〕35号）

9月27日 在内蒙古农业大学举行"2014年共青团内蒙古希望工程圆梦大学行动暨'国酒茅台·国之栋梁'大型公益助学活动助学金发放仪式"。内蒙古自治区政府副主席白向群，内蒙古自治区团委书记常青，内蒙古自治区教育厅巡视员董方成，中国贵州茅台酒厂有限责任公司党委委员、总会计师杨建军出席仪式。内蒙古农业大学112名家庭经济贫困的大学新生获得每人5000元的一次性资助。

9月27日 由中国林牧渔业经济学会畜牧业经济专业委员会主办、内蒙古农业大学经济管理学院承办的第十三次全国畜牧业经济高峰论坛在呼和浩特市召开。中国农业科学院农业经济与发展研究所研究员、畜牧业经济委员会常务副秘书长王明利、中国林牧渔业经济学副会长王济民、内蒙古自治区政府前副主席郝益东、内蒙古农业大学副校长芒来、中国社科院科研局学会与期刊处处长王春生出席。

9月28日 内蒙古老教授协会2014年重阳节联谊会在内蒙古农业大学举行。

9月30日 美国得克萨斯农工大学（Texas A&M University）动物科学学院知名教授、美国南部乳业联合会重要成员Michael A. Tomaszewski等一行三人访问内蒙古农业大学。

9月30日 在由中华全国归国华侨联合会组织召开的"第五届新侨创新成果交流表彰活动"中，内蒙古农业大学蒙古马独特基因、新品系培养及马奶产业化示范与推广应用研究项目荣获"第五届中国侨界（创新成果）贡献奖"。

十月

10月4日 内蒙古农业大学经济管理学院2011级学生施小霖，作为国家队主力队员兼教练，参加韩国仁川亚运会男子软式网球男团比赛获得铜牌。

10月10日—11月6日 由中华人民共和国商务部主办、内蒙古农业大学承办的2014年蒙古国动物疾病防疫技术培训班在内蒙古农业大学举办。

10 月 11 日 内蒙古农业大学体育教学部主任彭恩当选为中国高等农业院校华北区体育理事会理事长、第九届体育理事会副理事长。

10 月 11—12 日 内蒙古农业大学代表队在 2013/2014 全国大学生网球联赛总决赛中分别获得男子甲组团体第三名、女子甲组团体第三名、女子丙组团体第二名。

10 月 12 日 在 2014 年中国机器人大赛暨 RoboCup 公开赛决赛中，内蒙古农业大学机电工程学院 14 名同学组成的代表队参加了四个组别的比赛，草原 3 队、草原 4 队分别荣获"武术擂台赛标准平台无差别项目（2V2）比赛"季军和"武术擂台赛规定动作技术挑战项目比赛"一等奖。

10 月 13 日 在 2014 年"创青春"全国大学生创业大赛第九届"挑战杯"大学生创业计划竞赛和第七届内蒙古自治区大学生创业大赛中，内蒙古农业大学本科组 1 件作品获国家级三等奖，4 件作品获内蒙古自治区级金奖，3 件作品获内蒙古自治区级银奖，9 件作品获内蒙古自治区级铜奖。内蒙古农业大学职业技术学院 1 件作品获国家级三等奖，2 件作品获内蒙古自治区级金奖，2 件作品获内蒙古自治区级银奖，3 件作品获内蒙古自治区级铜奖。

10 月 15 日 中共内蒙古自治区委员会决定：高晓英同志不再担任内蒙古农业大学副巡视员职务，退休。（内党干字〔2014〕265 号）

10 月 17 日 在"2014 青春网球校园行"全国总决赛中，由内蒙古农业大学 2013 级市场营销 2 班巨鑫宇和 2012 级市场营销 2 班康丽娜组成的网球队获得混合双打亚军、团体季军，巨鑫宇获得男子单打亚军。同时，获得大学生体育协会颁发的唯一奖项"特别贡献奖"。

10 月 18 日 内蒙古农业大学举办第八届校园那达慕大会。

10 月 21 日 按照《内蒙古农业大学学院教授委员会章程》（试行）规定，内蒙古农业大学选举产生"内蒙古农业大学各学院第一届教授委员会组成及委员"。

10 月 21 日 由新疆党委农办、畜牧厅主办，内蒙古农业大学继续教育学院承办的 2014 年度新疆畜牧技术推广人才培训班开班仪式在内蒙古农业大学举行。

10 月 22 日 日元贷款项目后评估专家村山奈绪美一行在内蒙古自治区教育厅财务处处长李莉等同志陪同下莅临内蒙古农业大学，对日元贷款项目进行后评估。

10 月 25—26 日 内蒙古农业大学根据第四次全国国民体质监测和内蒙古自治区有关通知精神，开展 2014 年全国学生体质与健康调研检测工作。

10 月 27—28 日 蒙古国生命科学大学校长特木尔巴特尔·和如嘎携学院院长、教务处和研究生处处长一行 10 人访问内蒙古农业大学。28 日，和如嘎与内蒙古农业大学校长李畅游签署两校校际交流与合作框架协议。

10 月 28 日 由内蒙古农业大学教授尚衍重编著、中国林业出版社出版发行的《种子植物名称》荣获由国际新闻出版社广电总局举办的第四届"三个一百"原创图书奖。

10 月 28 日 内蒙古农业大学对 2013—2014 学年度那仁巴图等 246 名优秀班主任进行表彰。（内农大学字〔2014〕23 号）

10 月 29 日 内蒙古农业大学对 2013—2014 学年度胡晓燕等 81 名优秀辅导员进行表彰。（内农大学字〔2014〕24 号）

10 月 30 日 内蒙古农业大学人文社会科学学院 4 名学生组成的代表队，在内蒙古自治区大学生法律知识大赛中获得冠军。

10 月 30 日 共青团内蒙古农业大学委员会（内蒙古农业大学学生社会实践活动领导小组）对生命科学学院等 6 个优秀组织单位，机电工程学院"井岗情·中国梦"教育实践队等 8 支优秀社会实践分

队,王雪鹏等 17 名优秀指导员教师,王怡靖等 33 名优秀组织者,李欣雨等 225 名优秀志愿服务队员,王丹等 223 名优秀挂职副村长,王浩鹏等 221 名优秀论文作者,郝思文等 34 名优秀报道员进行表彰。(内农大团委〔2014〕11 号)

十一月

11 月 1 日 在 2014 年"'外研社杯'全国英语演讲大赛"与"'外研社杯'全国英语写作大赛"内蒙古自治区复赛中,内蒙古农业大学外国语言学院 2011 级 3 班马彩云以总分第一的成绩获得本次英语演讲大赛特等奖,外国语言学院 2012 级 2 班姗娜、人文社会科学学院 2013 级法学 2 班万博获得英语写作大赛一等奖,外国语言学院 2011 级 2 班王珂获得英语写作大赛二等奖,能源与交通工程学院 2013 级交工 2 班林君获得英语演讲大赛三等奖。

11 月 5 日 内蒙古农业大学生命科学学院完成的通讯论文"Discrete Nanoparticle – BSA Conjugates Manipulated by Hydrophobic Interaction"("利用疏水作用操纵离散型纳米颗粒－牛血清蛋白偶联物")在《ACS Applied Materials & Interfaces》(《美国化学学会应用材料与界面》)杂志上发表。博士研究生钟睿博为第一作者,张峰教授为通讯作者,同时署名的还有生物医药工程创新团队成员赵国芬教授、刘竞然讲师。

11 月 7 日 内蒙古农业大学批准 2014 年校级教育教学改革研究课题 59 项,其中重点课题 8 项,研究经费为每项 1000 元,一般课题引项,研究经费每项 5000 元。(内农大教字〔2014〕37 号)

11 月 7—10 日 在内蒙古自治区大学生 CUBA 篮球预选赛中,内蒙古农业大学代表队获得男子组冠军、女子组季军。

11 月 8 日 由内蒙古福利彩票发行管理中心和内蒙古汉语卫视频道《福彩草原情》栏目联合举办的"第五届福彩草原情"助学金资助名单公布,内蒙古农业大学 80 名学生获得每人 3000 元的资助。

11 月 10 日—12 月 7 日 由中华人民共和国商务部主办、内蒙古农业大学承办的 2014 年蒙古国农业节水灌溉技术培训班在内蒙古农业大学举办。

11 月 11 日 在内蒙古自治区普通高等学校军事理论课教学技能竞赛中,内蒙古农业大学军事理论课教研室孙玉伟、许驭分别获得个人三等奖和个人优秀奖。(内教体函〔2014〕42 号)

11 月 16 日 在 2014 年华北五省(市、自治区)机器人大赛中,内蒙古农业大学计算机与信息工程学院派出的青柏 1 队荣获 2014 年舞蹈机器人组团体赛 二等奖,青柏 2 队荣获 2014 年舞蹈机器人组个人赛 二等奖,青柏 3 队 荣获 2014 年舞蹈机器人创意设计赛二等奖。

11 月 19 日 2014 年内蒙古农业大学 12 名教师获得国家留学基金西部地区人才培养特别项目资助出国留学。获批教师中前往美国留学 9 人、澳大利亚 1 人、加拿大 1 人、新加坡 1 人。获资助人员名单如下:

农学院:张之为、常静;生态环境学院:赵彦;机电工程学院:郁志宏、张永、葛丽娟、郝敏;水利与土木建筑工程学院:刘全明;计算机与信息工程学院:高静;理学院:李根小、额尔德木图;人文社会科学学院:侯振虎。

11 月 20 日 由内蒙古农业大学材料科学与艺术设计学院、广东省万恒通家具公司共同主办的"时代·变"首届万恒通家具创意设计大赛暨优秀作品展在内蒙古农业大学举行。

11 月 22—29 日 在 2014 年全国女子大学生室内五人制足球锦标赛中,内蒙古农业大学女子足球队获得三等奖。

11 月 25 日 在 2014"高教社杯"全国大学生数学建模竞赛中,内蒙古农业大学机电工程学院 2011 级电气工程与自动化专业张富强、宋志强、杨彦飞组成的参赛队获得二等奖。另有五支参赛队获得内蒙古赛区一等奖,三支参赛队获得内蒙古赛区二等奖。

11 月 28 日 内蒙古农业大学与加拿大阿尔伯塔大学签署合作办学协议书。

十二月

12 月 2 日 内蒙古农业大学教授李金泉、刘廷玺获得内蒙古自治区党委、内蒙古自治区人民政府颁发的 2013 年度"内蒙古自治区杰出人才奖"。

12 月 4 日 12·4 新《环境保护法》宣讲进高校暨"环保绿青城,使者在行动"启动仪式在内蒙古农业大学举行。

12 月 5 日 在由人民网强国社区联合共青团中央学校部、人民日报政文部举办的"知行天下 激扬青春——第三届全国大学生社会实践评选"决赛中,内蒙古农业大学机电工程学院"井冈情·中国梦"全国大学生暑期实践季专项行动教育实践队荣获三等奖。

12 月 5—7 日 在内蒙古自治区大学生第二届工程训练综合能力竞赛中,内蒙古农业大学机电工程学院教师金敏、刘涛指导的北纬 31°队(黄通尧、梁运达、孔祥朋)、舰队(蓝光健、杨懿、漆潇云)均获 S 路线组二等奖,第四队(崔鑫晟、温新宇、张晋)获得 S 路线组三等奖,寒冬队(杜新、董晓飞、刘雪飞)获得 8 字路线组三等奖。

12 月 6 日 内蒙古农业大学工会举办首届教职工柔力球大赛。

12 月 6 日 由内蒙古农业大学生态环境学院贾玉山教授主持完成的"天然牧草青贮技术应用与推广"项目,荣获 2013 年度中国草学会"中国草业科技奖"一等奖。

12 月 6 日 内蒙古农业大学校史馆被内蒙古呼和浩特市赛罕区区委、政府命名为赛罕区级爱国主义教育示范基地。

12 月 7 日 由清华大学教育研究院主办,内蒙古农业大学教务处承办的内蒙古自治区高校职校 MOOC 建设与混合教学主题研讨会在内蒙古农业大学召开。

12 月 7 日 在内蒙古自治区第八届"英语周报杯"英语作文大赛中,内蒙古农业大学共征稿 271 篇,获奖 234 篇。其中,13 名学生获得一等奖,27 名学生获得二等奖,54 名学生获得三等奖,140 名学生获得优秀奖,同时内蒙古农业大学荣获"最佳集体组织奖"。

12 月 10 日 内蒙古农业大学奖学金管理委员会给予包斯琴高娃等 50 名学生颁发 2014 年"蒙草抗旱"励志奖学金。(内农大学字〔2014〕29 号)

12 月 10 日 内蒙古农业大学人文社会科学学院院长盖志毅教授当选内蒙古自治区社会科学联合会第六次代表大会第六届委员会委员。

12 月 10 日 内蒙古农业大学公布 2013/2014 学年优秀试卷评选结果,共评选出 15 套优秀试卷,其中蒙古文试卷 3 套。(内农大教字〔2014〕43 号)

12 月 11—17 日 在 2014 年中国大学生毽球锦标赛中,内蒙古农业大学代表队获得女子乙组二人赛冠军、三人赛冠军,男子乙组二人赛亚军、三人赛季军,男子甲组三人赛第六名、女子甲组三人赛第四名。

12 月 12 日 内蒙古农业大学奖学金管理委员会给予赵夫森等 86 名学生颁发 2014 年 BIAD 奖学金。(内农大学字〔2014〕30 号)

12 月 13—14 日 内蒙古农业大学举办"首届内蒙古自治区生命科学类研究生论坛"。

12 月 14 日　由内蒙古自治区团委和内蒙古农业大学联合主办、能源与交通工程学院承办的内蒙古自治区第五届交通科技大赛在内蒙古农业大学举行。内蒙古农业大学作品《路肩培土机的设计与应用》和《自行车调用 APP 手机软件》获得二等奖，同时内蒙古农业大学获得大赛优秀组织奖。

12 月 15 日　中国科协会员日暨表彰大会在人民大会堂举行，内蒙古农业大学教师李国婧、刘景辉获得第六届"全国优秀科技工作者"称号。

12 月 16 日　内蒙古农业大学学生工作处授予经济管理学院赵立峰等 180 名学生"优秀宿管干部"荣誉称号。（内农大学字〔2014〕26 号）

12 月 17 日　在内蒙古自治区高校第三届大学生心理剧大赛中，内蒙古农业大学特古斯孟杜等 5 人的参赛作品《蜕变》、内蒙古农业大学职业技术学院恩和巴图等 8 人的参赛作品《致青春》获得蒙语剧优秀奖。（内教学工函〔2014〕35 号）

12 月 17—24 日　在 2014 年全国大学生女子足球锦标赛中，内蒙古农业大学女子足球队获第五名。

12 月 18 日　香港轩辕教育基金会种子基金助学金发放仪式暨受助学生分享会在内蒙古农业大学召开。内蒙古自治区政府外事侨务办公室侨务处处长革根、香港轩辕教育基金会永远荣誉会长曾京先生携夫人曾繁丽女士为内蒙古农业大学 60 名贫困学生颁发奖学金。

12 月 19 日　内蒙古农业大学奖学金管理委员会给予张倩茹、陈玲等 100 名学生颁发 2014 年校友奖学金。（内农大学字〔2014〕31 号）

12 月 30 日　十一届全国人大常委、内蒙古自治区政府原副主席、内蒙古自治区人大常委会原副主任郝益东在内蒙古农业大学，为师生作"草原变迁与畜牧业现代化"主题报告。

12 月 30 日　内蒙古农业大学大学生心理健康教育咨询工作示范中心被内蒙古自治区教育厅评为良好。（内教学工函〔2014〕39 号）

12 月 31 日　内蒙古自治区人民政府授予内蒙古农业大学张和平教授自治区科学技术特别贡献奖；授予韩国栋教授自治区中青年科学技术创新奖；授予李畅游、史小红、孙标完成的项目"湖泊湿地富营养化模拟及生态环境演变规律研究"自治区自然科学二等奖；授予索全义参与完成的项目"内蒙古测土配施肥技术研究与应用"、史海滨参与完成的项目"北方渠灌区节水改造技术集成与示范"、刘景辉、张星杰参与完成的项目"农牧交错风沙区农田覆被固土保水耕作技术体系"、韩国林、赵萌莉、索培芬参与完成的项目"生态与经济双赢的家庭牧场新型管理模式研究与示范"自治区科学技术进步二等奖；授予贾玉山、格根图参与完成的项目"天然草地牧草青贮增效技术应用与推广"自治区科学技术进步三等奖。

附　　录

内蒙古农业大学 2014 年党政工作总结

一年来,学校以中国特色社会主义理论体系为指导,巩固拓展群众路线教育实践活动成果,不断加强和改进党的建设和思想政治工作,继续推进"1134"行动计划,各项工作扎实有序,办学实力不断增强,实现了又好又快发展。

一、巩固拓展群众路线教育实践活动成果,全面加强和改进党的建设和思想政治工作

（一）整改落实工作持续推进

校党委突出问题导向,对照"两方案一计划一措施",建立了整改工作台账,逐条逐项抓好落实,一些多年积累的问题得到解决,作风建设成效明显。截至目前,已完成整改项目 68 项,项目完成率达81%;文风会风明显转变,与 2013 年同期相比,压缩会议38%、文件15%、评比表彰活动23%;压缩"三公经费"35.9%;清理超标超配公务用车 2 辆,改造校领导办公用房,调整多占办公用房 175 平方米。坚持用制度固化活动成果,建立长效机制,制定和完善规章制度 27 项。通过狠抓整改落实,"四风"积弊得到有效整治,党员干部的宗旨意识不断加强,工作作风明显改进,师生的满意度进一步提高。

（二）理论武装和思政工作取得实效

高度重视意识形态工作,坚持用理论武装头脑,制定了《教职工理论学习制度》。以"三带三创"为抓手,积极推进学习型党组织建设。坚持校院两级中心组学习制度,不断创新理论学习的途径和方法。以党的十八大和十八届三中、四中全会精神以及习近平总书记系列讲话精神为重点,采取宣讲会、报告会、座谈会和研讨会等形式,精心组织党员干部和师生员工认真学习、深刻领会其精神实质,不断用马克思主义中国化的最新成果武装头脑。全年校级中心组(扩大)开展专题学习 12 次。注重发挥主渠道作用,专题研究思想品德课程和兼职教师队伍建设,组织开展了思政理论课教师赴延安培训等活动。注重把理论学习与推动学校科学发展结合起来,重点在抓落实、起作用上下功夫,始终坚持校领导班子带头学,带动干部、师生共同学,广大党员干部运用科学理论指导工作的能力不断增强。

将培育和践行社会主义核心价值观融入到教师教书育人和学生立志成才全过程,结合"中国梦·尽责圆梦"系列宣传教育活动,在师生中组织开展了"立德树人·立教圆梦"和"敦品励学·成才圆梦"等主题实践和教育活动。坚持政治培养和业务提高相结合,严格管理和关心服务相结合,引导教职工把自觉提高教学、管理和服务能力作为师德风范的首要任务,制定了《加强和改进青年教师思想政治工作的具体措施》。组织开展了"三育人"评选表彰活动,隆重表彰优秀教职工 60 名。

（三）领导班子和干部队伍建设进一步加强

按照"围绕中心抓党建,抓好党建促发展"的工作思路,不断创新党建工作方法和工作机制,充分发挥校党委在谋全局、抓大事、管方向上的领导核心作用,认真贯彻落中央《关于坚持和完善普通高等学校党委领导下的校长负责制的实施意见》的精神,制定了学校《关于实行党委领导下的校长负责制的实施办法》《党委会和校长办公会议事规则》。全年召开党委会议 20 次,校长办公会议 27 次。修订完善

了学院党政联席会议制度,学院决策程序进一步规范。

强化干部的教育培训,选派校级领导干部26人(次)、处级干部75人(次)参加国内外高层次培训,组织校内处、科级干部集中培训500余人(次)。强化干部日常教育管理,建立了处级以上干部个人重大事项数据库,对全校因私出国(境)证件持有情况、处级上干部持有私人会所会员卡等情况进行了摸底清理,严格按照请销假制度对违反处级干部进行了处理,并制定了处级以上干部去向告知制度。

(四)基层党组织建设取得新进展

不断完善党建工作科学化的长效机制,制定了学校《发展党员工作实施细则》和《关于加强新形势下党员教育管理服务工作的意见》。完善基层组织建制形式,完成了新一轮分党委(党总支)和党支部换届工作。不断发挥党支部战斗堡垒作用,开展了精品党日活动评选和观摩交流活动。坚持"控制总量、优化结构、提高质量、发挥作用"的总要求,继续做好发展党员和党员教育管理工作,全年共发展党员883名,其中教工党员16名,学生党员867名;按期转正党员1274名,其中教工党员14名,学生党员1260名;延期转正党员34名,延长预备期党员21名,取消预备党员资格5名。坚持在全校基层党组织和党员中选树典型,"七一"表彰奖励先进基层党组织30个,优秀共产党员252人,优秀党务工作者61人。

(五)党风廉政建设进一步深入

坚持全面从严治党,认真落实党风廉政建设责任制,加强学校惩治和预防腐败体系建设,严防"四风"反弹,制定了《关于落实党风廉政建设党委主体责任纪委监督责任的实施意见(试行)》《建立健全惩治和预防腐败体系2013—2017年工作规划实施办法》《领导干部问责实施办法》《关于严禁共产党员、领导干部收受礼金严格婚丧喜庆活动的规定》等制度。深入开展内部审计,组织开展了干部离任审计、科研结题项目审计和基本建设及维修工程决算审计。其中,实施基本建设、维修工程决算审计109项,节约资金2280万元。深入开展党性党风党纪教育和反腐倡廉教育,党员干部遵纪守法、拒腐防变的意识不断增强。

(六)宣传教育工作进一步加强

紧紧围绕党的群众路线教育实践活动"回头看"和学校中心工作,制定了学校《改进新闻报道的有关规定》。通过新闻网络、报纸、橱窗、电子屏等多种宣传途径加强对外宣传,在学校主页发布综合新闻报道等信息1000余条,在LED大屏幕等媒介发布宣传信息5000余条、图片500余张,推出主题橱窗专栏172块,编辑出版发行蒙、汉文版校报22期。主动设置议题,加强与电视台、报社等主流媒体的交流与合作,人民网、新华网、内蒙古电视台、内蒙古日报等主流媒体对我校党建和思想政治教育、教学科研、人才队伍建设等工作进行宣传报道50余次,全面真实地反映了学校强化内涵建设、推动科学发展的成功实践。加强校园网和新媒体建设,学校站群系统和官方微博微信正式启动使用。积极开展民族团结进步教育和法制宣传教育,精神文明创建工作深入推进。

(七)统战、离退休和关工委工作不断加强

完善党外代表人士信息库建设,进一步加强党外代表人士工作。民进区直农大支部被授予"民进内蒙古自治区社会服务先进组织"。认真做好离退休人员和关工委工作,全年走访慰问离休老干部、困难老党员和教职工等800余人次,为全体离退休人员进行了健康体检。丰富精神文化生活,改善老年大学分校条件,增设了电子琴班。协助内蒙古老教授协会成功举办了2014年重阳节联谊会。

(八)维护稳定和综合治理工作稳步推进

不断健全各项规章制度,制定了《突发公共事件应急预案》《校园秩序管理若干规定》和《消防安全管理规定》。坚持"谁主管,谁负责"的原则,与各单位签订了目标责任书,全面落实安全责任制。加强校园技防系统建设,更新和增设了部分安防监控设备。加强校园管理,实现了全年无政治事件、群体性事件和重大安全责任事故发生的维稳工作目标。

二、强化内涵建设,全面提高办学质量和水平

（一）学习讨论活动深入开展

认真贯彻落实国家和自治区有关会议精神,开展了以"强化内涵建设、深化教学改革、全面提高人才培养质量"为核心,以建立"招生—培养—就业（创业）"联动机制为主要内容的学习讨论活动,举办了学校中心组（扩大）学习交流会,17个学院负责人做了交流发言。通过学习讨论活动,进一步总结了学校在教育教学改革工作中取得的成绩和存在的问题,明确了今后的努力方向,形成了学校进一步优化学科专业结构,改革人才培养模式、教学大纲、课程体系、教学内容和实践教学等教育教学方面的重点思路和具体举措。

（二）教育教学改革不断深化

人才培养模式改革不断深化。完成了学分制下的本科专业"人才培养方案"及其配套教学大纲的修订工作,进一步优化了课程体系和教学内容,加强了实践教学环节。按照因材施教的教学理念,实施了《大学英语教学改革方案》。有8个专业分别获批教育部"拔尖创新型人才培养计划"和"复合应用型人才培养计划"项目。加强教学研究改革,获自治区教学成果一等奖4项、二等奖5项、三等奖3项。

研究生教育进一步加强。深化研究生教育教学改革,推进培养过程激励机制建设,规范理论教学基本要求,严格毕业环节审核,严抓学术不端行为,制定了《研究生培养方案的指导意见》《全日制研究生奖助体系实施办法（试行）》和《学位论文作假行为处理实施细则（试行）》。开展研究生优秀学位论文、科研创新项目资助评选,共评选校级优秀硕士学位论文36篇,科研创新项目资助39人（其中博士23人）,资助金额25.75万元。

职业技术教育水平不断提高。进一步深化教学改革,拟定了学分制下导师制、教学管理、学籍管理、成绩管理、学分奖励、选课等制度,修订了学分制教学计划。不断拓展国际合作空间,与欧洲农业交流基金会、香港赛马会和法国马协UNIC进一步深化合作办学关系。受中国马业协会委托,负责国家主席习近平接受土库曼斯坦总统代表土方赠予中方的汗血马的管理和训练工作。

继续教育稳步发展。根据社会需求,调整专业结构,成人高等教育专业由58个调整为34个。教育培训能力不断提高,全年举办国家和省级职教师资培训、内蒙古党委组织部干部自主选学、内蒙古农牧业厅基层农技推广人员培训班等各类培训17期30个班次,培训学员1000余人,得到国培省培项目资助600余万元。

（三）学科和人才队伍建设不断加强

学科建设思路进一步明确。在认真总结学科建设成绩与经验的基础上,明确了未来学科建设的方向、定位和具体措施。新增生态学、作物学、林业工程、农林经济管理等4个博士后科研流动站。完成了4402万元学科建设费的设备论证和招标采购。

人才培养与引进力度不断加大。全年获自治区"草原英才"工程高层次人才13人,创新团队8个;李金泉、刘廷玺获内蒙古自治区杰出人才奖。在2013年度自治区科技奖评审中,张和平获科学技术特别贡献奖,韩国栋获中青年科技创新奖。加大人才引进力度,完成2014年公开招聘工作,引进硕士以上研究生25人;开展专业技术职务评审工作,核准正高21人、副高30人、中级39人、初级7人。

科技创新团队建设取得佳绩。"乳酸菌与发酵乳制品创新团队"入选科技部2013年度创新人才推进计划重点领域创新团队并荣获第五届"全国专业技术先进集体"荣誉称号。"寒旱区水文过程与环境生态效应"创新团队入选教育部创新团队发展计划。新上自治区科技创新团队3个、自治区高校科技

创新团队 1 个。启动新一轮校级科技创新团队支持计划,新资助创新(培育)团队 13 个,资助经费 375 万元。组织完成了首批校优秀青年科学基金项目遴选、评审及立项工作,共资助青年教师 21 名,资助经费 300 万元。

(四)科学研究和社会服务能力不断提高

项目层次稳步提升。全年组织申报国家和自治区科技项目 749 项,新上科技项目 255 项(包括国家科技支撑、国际科技合作专项、国家基金、公益性行业专项以及自治区重大科技专项等),项目总经费 1.1 亿元。其中新上国家自然科学基金项目 62 项,总经费 3325 万元,列自治区高校首位。2014 年度科研进账总经费达 1.3 亿元。

创新研究取得重要进展。学校主持承担的国家"973"、"863"、科技支撑以及公益性行业科研专项等计划项目均取得了重要进展,特色学科领域的创新水平明显提高,"双峰驼、单峰驼和羊驼的高质量基因组序列"研究成果发表在《Nature Communications》,草地生态、蒙古马、乳酸菌以及肠道菌群等方面的研究成果发表在《Nature》子刊《Scientific Reports》,《乳酸菌:从基础研究到产业化应用》在国际知名出版社 springer(德国斯普林格出版社)正式出版发行。组织完成了计划内到期的 163 项课题的结题、验收和鉴定工作。

创新成果获奖丰硕。2014 年度评出的 2013 年度自治区科学技术奖中,我校是唯一获得全部 4 个奖项的单位。张和平教授获得科学技术特别贡献奖;韩国栋教授获得中青年科技创新奖;3 项成果获得自然科学及科技进步二等奖,1 项成果获得科技进步三等奖。组织推荐 2014 年度自治区科技奖 7 项,推荐国家科技进步奖 1 项。

科技推广和社会服务能力不断提高。启动建设"内蒙古农业大学新农村发展研究院"。实施了《关于进一步加强我校社会服务工作的实施意见》等 4 个文件,启动了第二批科技成果转化基金项目。与阿拉善盟行政公署、呼和浩特市新城区人民政府、民丰薯业公司等签署了框架合作协议。承担的自治区水利厅"农业用水效率测试与评估"项目,成功地解决了长期以来自治区农业用水效率不清的问题;完成了鄂尔多斯羊绒集团中国绒山羊研究院建设规划等各类项目规划、可行性研究报告 13 项,学校被农业部聘为"农机化科技创新(饲料与营养工程)专业组"专家单位,被内蒙古自治区聘为"自治区新农村新牧区建设指导专家单位"。

(五)引进国外优质教育资源战略持续推进

引进国外优质教育资源力度不断加大。积极引进国外高水平大学先进的管理经验、课程设置、教材和优秀师资,创新人才培养模式,提升人才培养水平。制定了学校《聘请外国教师管理办法》,全年聘请外籍教师 46 人次,引进原版教材及参考书 4318 册,接待国外专家学者 200 余人次。加强"英汉"双语授课专业建设,修订"英汉"双语授课教师资格认定办法,完成了第三批 46 名教师的资格认定工作。

国际交流与合作领域不断拓展。组织申报了教育部出国培训研究中心和国际本科学术互认课程(HND 项目),与日本鸟取大学、蒙古国生命科学大学和爱尔兰国立科克大学等高校签订了校际合作交流协议。承办了国际农业工程大会分会暨第 2 届水土资源挑战区域性国际学术研讨会和教育部 2014 年出国留学行前培训总结及工作推进会。加强国际援外培训,承担了教育部出国留学人员行前培训会、商务部对外援助 3 期培训任务。国际科技合作项目取得阶段性成果,中加可持续农业科技创新示范基地牧草示范基地和肉羊示范基地的建设初具规模。积极组织参加世界汗血马协会特别大会暨中国马文化节,学校 90 余名学生志愿者参与了本次大会的兽医技术与马匹饲养管理服务工作,其专业技能水平和外语交流能力得到了与会领导和专家的一致好评。

(六)校园文化育人功能不断加强

校园文化建设成效明显。积极探索第一课堂与第二课堂的有效衔接,更加注重第二课堂在专业学习和强化实践教育等方面的作用,开展了第五届建筑艺术节、第六届农艺文化节、第十届校园饮食文化节等活动。活跃校园文化氛围,"金马杯"文艺会演、校园文化艺术节、十佳毕业生评选表彰等校园文化品牌活动深受学生喜爱;启动实施了东西校区部分道路、楼宇和广场命名,校园规范标识系统逐步完善。积极开展学生课外科技创新和社会实践活动,获全国大学生"挑战杯"大赛三等奖作品2件、自治区级金奖作品6件,获中国机器人大赛暨Robcup公开赛一等奖和第九届全国大学生智能汽车竞赛东北赛区三等奖;成为团中央确定的我区唯一一家社会实践创新试点单位,获"井冈情·中国梦"全国大学生暑期实践综合评比第三名的好成绩。

竞技体育水平不断提高。切实把增强学生体质、促进学生健康作为学校教育的基本目标,改善基础设施条件,完成了学生体质监测与评价工作。积极开展课外体育活动与竞赛,成功承办了中国高等农业院校第八届大学生田径运动会,并夺得团体总分第一名;获全区第十三届运动会(高校组)团体总分第一名。校篮球队在全区大学生CUBA篮球预选赛中获得男子组第一、女子组第三名的好成绩。在"青春网球校园行"全国总决赛中,获得团体第三名。在第十九届全国大学生网球锦标赛中,获得女子团体第三名、女子双打第三名的好成绩。荣全国大学生毽球锦标赛女子乙组二人赛冠军、三人赛冠军等多项荣誉。

(七)生源质量和就业能力不断提升

招生工作圆满完成。本专科(含蒙古语授课、中外合作办学、高职高专、中职、少数民族预科)计划招生8310人,录取人数8423人,实际报到学生8284人,报到率98.3%,计划完成率达99.68%。全年录取全日制硕士研究生790人,博士研究生110人,招收外国留学生39人,其中博士研究生14人。

就业工作稳步推进。加强职业生涯规划和就业指导课程建设,开展了"基层就业拓展计划""少数民族学生就业能力提升工程"等项目,毕业生的就业能力和就业质量不断提升。截至9月1日,全校7418名本专科毕业生中,就业人数达6608人,一次就业率为89.08%,同比增长2.9%。完成62名博士、403名学术型硕士、232名全日制专业硕士的学位授予工作,为40名国外留学生颁发了毕业证和学位证书。

三、深化管理体制改革,进一步增强办学活力

(一)内部管理体制改革深入推进

完善"党委领导、校长负责、教授治学、民主管理"的内部管理体系,强化教授在教学、学术研究和学校管理中的作用,推进管理重心下移,制定了《内蒙古农业大学章程》《学院教授委员会章程(试行)》,有17个学院组建了第一届教授委员会。依据教育部《高等学校学术委员会规程》,调整了学校学术委员会的人员组成,明确了权利义务、职责及议事规则。积极推进基层民主管理,制定了《关于进一步推行学校二级教代会的实施办法》。年初召开了四届二次教代会和职代会,征集提案43件,立案办理22件。完善学校政务、校务公开以及院务公开制度,及时公开学校改革建设发展的重大事项和涉及师生员工切身利益的重要事项,全年公开党务校务事项12期。

(二)教学与学生管理不断加强

教学管理全面推进。全面落实"教学质量管理年"实施方案,基本形成了"学校为指导、学院为主体、教研室(系)为核心"的三级教学管理体系,教学质量管理和中青年教师教学能力提升正在全校范围内全面铺开。强化各级领导听课制度校院两级教学督导制度,建立了"听评说课"制度。探索并建立了教学管理系统与学生工作系统联动机制。完善教学运行管理,取消了"二次清考",首次实施"结业离校"制,实施了学分制下的弹性学制,进一步完善了学生学习成绩评定办法。

学生管理不断加强。以建立"招生、培养、就业（创业）"联动机制为抓手，以就业（创业）和社会需求为导向，不断强化服务意识和管理水平提升，持续深入地推进抓学风促学业工作和诚信考试，实施了《抓学风促学业工作方案》，修订了学校《班主任管理办法》《本科生导师制实施办法》等制度。加强辅导员和班主任队伍建设，完成了703名班主任和205名学生辅导员的考核；加强心理教育工作，顺利通过了教育厅对我校心理教育示范中心的评估与验收；加强资助管理与服务，全年共评选出各类国家奖助学金7747人，发放国家资助经费近2500万元；设固定勤工助学岗位1793个，临时岗位约4534人次；发放勤工助学补助、特殊困难补助、减免学费共334万元，发放物价上涨伙食补贴141万元。

（三）人事、财务和国有资产管理进一步加强

人事管理进一步规范。加强人事档案管理，完成了全校2193名在职教职工的档案核查工作。对编制外用工人员进行彻底清理、核查，重新核定各单位用工计划1053人。根据自治区人才招聘政策，开展编制外工作人员招聘工作。扎实开展"吃空饷"专项清理，一次性清理在编不在岗人员79人，按照国家和自治区有关政策正在进行处理42人。规范薪酬管理，按时完成了工资与津贴的变动调整。突出业绩导向，建立以岗位分类为基础的考核评价机制，基本完成了新一轮教职工全员岗位聘任工作。

财务管理运行良好。加强财务制度建设，制定了《差旅费管理办法》《科研项目经费管理办法》《"三公经费"管理办法》和《暂付款管理办法》等管理制度，不断提升内部控制水平。积极开源节流，多渠道筹集资金，努力争取国家财政拨款，全面做好各项费用的收缴与管理，全年各项收入合计10.45亿元，为学校发展和建设提供了有力的资金支持。加强财务预算管理和财务监控等环节，严格财务开支审批程序，认真做好各项资金支出的核算与管理，积极清理暂付款，不断提高资金支付水平，全年各项支出合计10.36亿元。

固定资产管理不断加强。按照《党政机关办公用房建设标准》，全面清查了行政办公用房，严格按标准配置使用。严格资产管理，制定了学校《公用房管理办法》《资产验收管理办法》和《大型精密仪器设备使用效益评价考核暂行办法》等规章制度。加强固定资产验收处置，全年验收登记固定资产5303台件，合计金额1.79亿元。积极推进项目采购，经财政批准采购项目38个，采购总预算1.7亿余元，已开标项目34个，采购金额（预算）1.4亿余元，共节约资金168万余元。

（四）其他各项配套管理稳步推进

推进后勤各中心科学规范运行，制定了水、电、暖和房屋有偿使用办法，后勤服务保障能力不断增强。加强外事管理，规范出国（境）审批程序，制定了学校《因公出国（境）管理办法》等制度。积极探索建立基础教育办学新体制新机制，不断提高附属中学和幼儿园的教育质量和办学水平，四年制中学建设卓有成效，首届五四学制初中毕业生综合成绩获全市中考第二名。

四、改善办学条件，不断提高服务学校发展能力

（一）校区建设项目全面推进

综合教学楼（AB座）、学生食堂和工科实验楼交付使用，生命科学实验楼项目基本完工；总投资约2216万元的工科实验楼10KV用电工程和新校区10KV用电工程投入使用；完成了投资约1100万元的节约型校园建筑节能监管体系项目（一期），新校区太阳能热水系统工程投入使用。完成了新校区道路管网建设工程、学生公寓区大门以及绿化工程（树木种植一期）、西校区操场场地维修工程和新校区投掷场地建设工程、学校土左旗海流园区新建教学科研及生活用房建设项目可行性研究报告和环境评价报告编制等项目。

（二）教学和科研基地建设步伐加快

加强实验室建设，完成了基础课实验教学中心、能源与交通工程技术实验教学中心和水利类国家特色专业实验教学平台等 3 项中央财政支持地方高校发展专项资金建设项目,项目经费 1490 万元;"动物医学实验教学中心"获批国家级实验教学示范中心。加大校外重点实习基地建设,遴选校外实践教学示范基地 10 个。加强科技平台建设,新上"内蒙古自治区马业科学工程技术研究中心"1 个,学校列入第一批涉农高校"大学实验站"建设计划。建立研究生培养实践教学基地 68 个,获批自治区研究生联合培养基地 1 个。着力改善土右旗现代农业科技示范园区基本条件,完成了 1360 余万元的田间沙石路、节水灌溉、护坡排水沟等项目,推进了智能温室、设施园艺、鱼池硬化、水利建设等项目建设,园区承载能力不断提高。

(三)图书、档案和学报工作不断加强

改造图书馆馆内空间环境,引进 RFID 智能图书管理系统,实现了图书管理的智能化。建设特色馆藏与特色数据库,新增了 IEL、TDA、INCITES、万方学位论文数据库等 6 个高质量的中外文数据库,启动了"内蒙古农大文库"的文献征集工作。推进档案信息化建设,加强档案利用管理,不断提高归档质量,全年收集各门类档案 4305 卷(件)。不断提高学报办刊质量和学术影响力,在全区高校第二届学报评比中,自然科学版荣获精品学报奖,社会科学版荣获优秀学报奖,蒙古文综合版荣获特色学报奖。

(四)数字化校园建设深入推进

制定了学校《2014—2016 数字校园建设规划》;完成了新校区核心机房、新校区光缆、校园网络核心、数据中心等网络基础设施建设工程;完成了学校数据交换平台和统一身份认证平台建设;完成了已有业务系统数据集成和企业级邮件系统、站群系统、迎新系统建设;完成了财务查询系统、校园卡支付平台、校园网计费系统升级改造,校园管理水平和运行效率得到大幅提升。

(五)后勤服务保障能力不断增强

加强基建维修,完成了校园环境建设、校舍维修、水电暖改造及各类修建任务 100 余项,总投资 860 余万元。加强饮食管理,改善伙食结构,经营效益持续好转,学生满意度不断提高。严格交通管理,全年运输教学实习师生 4 万余人,较好地完成教学、实习及其他公务用车任务。加强学生公寓管理,完成了 1138 间毕业生宿舍的维修装饰,学生住宿服务质量不断提高。加强师生疾病预防、健康教育和医疗服务,较好地完成了师生员工体检和大学生《国家学生体质健康标准》测试工作;强化物业管理,全年抢修水电暖故障 50 余起,养护树木 2.1 万株,新增绿化面积 1.06 万平方米,校园环境明显改善。

一年来,学校在教学、科研、管理以及党建和思想政治工作等各个方面都取得了可喜成绩。这些成绩的取得,既是学校巩固深化教育实践活动成果、强化内涵建设的结果,也是全校师生员工扎实苦干、开拓进取的结果。

在总结成绩的同时,我们也清醒地认识到学校在发展中还存在着一些问题和不足:一是人才培养质量还须进一步提高,二是高层次学科带头人仍显不足,师资队伍的整体水平还需要进一步提高;三是高水平科研成果相对较少,科技成果推广转化和社会服务能力还有待于进一步提高;四是校内管理体制改革还须进一步深化,民主管理水平有待进一步提高;五是巩固深化党的群众路线教育实践活动成果还须持续推进。

在编制内蒙古农业大学章程工作会议上的讲话

内蒙古农业大学党委书记　邬建刚

（2014 年 5 月 30 日）

为完善中国特色现代大学制度建设，深化高等教育领域改革，教育部要求各高校制定大学章程。加强大学章程建设，是《国家中长期教育改革和发展规划纲要（2010—2020）》提出的重大任务，对完善学校治理结构、建立现代大学制度、推进内涵式发展具有重大意义。

2013 年 7 月，学校启动大学章程的编制工作，成立了编制工作领导小组和起草小组，我和畅游校长分别担任组长。今年，学校把章程建设工作作为重大任务，为章程建设提供一系列的保障条件。到目前为止，章程起草小组已经做了大量的前期调研和资料收集工作，在广泛征求意见的基础上，目前已经形成了《内蒙古农业大学章程》的初稿。为做好学校章程的制定工作，在这里，我讲几点意见，供大家参考。

一、进一步提高对大学章程重要性的认识

制定大学章程是我校坚持依法治校、推进高水平大学建设发展的迫切需要。大学章程有大学"宪法"之义。从学校建设发展的角度看，大学章程是推动和规范学校面向社会依法自主办学的基本依据。我们可以通过章程进一步理顺内部治理结构的关系，明晰党委、行政、学术的权力边界，确定校院两级管理体制的权责关系，构建共享、制衡、监督的内部治理模式，形成自我发展、自我约束的机制。从师生员工角度而言，我们希望，通过章程进一步保障师生员工参与民主管理和监督的权利，完善师生员工维护合法权益的机制。可以说，大学章程事关学校建设发展大局和每一位师生员工的权益，在学校党委行政高度重视的同时，也希望每一位师生员工能够高度重视，充分认识其重要意义。

二、全员参与，共同制定好《内蒙古农业大学章程》

《内蒙古农业大学章程》初稿已经出来，下一步就是广泛征求意见阶段，时间紧，任务重，征集广大师生员工的建议是章程编制中一个十分重要的程序，希望学校上下能够积极参与、集中智慧，积极建言献策，多提宝贵意见，有效防止挂一漏万；也希望大家在制定章程的过程中进一步增强依法治校和民主协商意识，特别是全校各级管理人员要通过参与章程制定，进一步把法制意识内化为个人素质和修养，在当前管理和改革的实际工作中严格按照法律和规定办事。

三、以大学章程为根本，制定学校基本制度和配套制度

大学章程是大学的根本制度，其他制度必须服从和服务于这个根本制度。大学章程是大学内部管理总的制度，主要对大学性质、任务及其组织构成、治理结构和主要行为等最基本的内容作出原则规定或设置基本框架。在大学章程框架下，还需要制定一系列基本制度和具体制度配套。基本制度指履行大学基本职能，保障大学正常运行，而且适用范围广、稳定性强的制度，包括机构设置制度、人才培养制度、科学研究制度、人事管理制度、决策运行制度等方面。大家要有思想准备，学校要在今年 9 月份对学校已有的各类、各级具体管理办法、实施细则等进行清理与修订。这个工作浩繁复杂，是一项复杂的系统工程，大概需要一年的时间，希望各个职能部门做好思想准备，提前行动起来。

大学章程事关学校建设和发展大局，希望广大师生员工积极参与、共同努力，使《内蒙古农业大学章程》内容科学、合理、合规，既适应我国高等教育改革发展的方向，又符合学校办学实际，成为一部彰显我校特色的大学章程。同时在《内蒙古农业大学章程》的框架下，制定好学校的基本制度，实现党委领导、校长负责、教授治学、民主管理，使大学章程成为学校推行依法治校、建设现代大学制度的重要载体；成为推进学校内涵式发展、提高办学质量的重要载体。只要全校各级组织、全体师生员工都自觉地用《章程》指导我们的工作，规范我们的行为，现代大学制度就一定可以在我校真正建立起来，学校就一定能够早日建成特色鲜明的高水平农业大学！

巩固活动成果 提高办学质量 努力推动学校教育事业发展再上新台阶

—— 在内蒙古农业大学第四届第三次教职工代表大会暨工会会员代表大会上的工作报告

李畅游

（2014 年 5 月 23 日）

各位代表、同志们：

现在，我代表学校向大会作工作报告，请予审议，并请各位特邀代表和列席代表提出意见和建议。

一、2013 年工作回顾

一年来，学校以邓小平理论、"三个代表"重要思想、科学发展观为指导，继续推进"1134"行动计划，实施"教学质量管理年"，深入开展党的群众路线教育实践活动，各项工作稳步推进，成效明显。

一年来，我们主要做了以下几方面的工作：

（一）深入开展党的群众路线教育实践活动

根据中央和自治区党委的安排部署，去年下半年，学校深入开展了党的群众路线教育实践活动，广泛征求意见，认真查摆"四风"方面存在的突出问题，召开专题民主生活会，切实推进整改落实和建章立制，各项工作取得实效。

（二）加强教学质量管理，全面提高人才培养质量

招生就业工作不断加强。全年录取本专科生 8310 人、全日制研究生 884 人，招收外国留学生 32 人。组织开展了"'招生—培养—就业'联动机制研究"和"少数民族学生就业能力提升工程"等项目。全年累计提供就业岗位 6000 余个。截至 2013 年 9 月，学校本专科毕业生一次就业率达 86.11%。

"教学质量管理年"活动取得实效。制定了学校《教学质量管理年实施方案》和《教师教学能力提升计划》。启动实施"抓学风促学业计划"，开展了"严肃上课纪律""杜绝上课使用手机"和"规范多媒体使用"等专项治理工作，继续开展诚信考试，推行机关处级干部在学生公寓夜间值班制度。不断完善各项资助政策，发放勤工助学等各类补助 644 万元。

引进国外优质教育资源力度不断加大。全年聘请外籍教师 60 余人次，接待国外专家 200 余人次，聘请外籍"教学管理顾问"2 名，选派 80 名教师赴国外学习进修。不断拓展国际合作空间，与澳大利亚莫道克大学、加拿大曼尼托巴大学、爱尔兰考科学等高校签订了校际合作协议，承办了第九届国际有毒植物大会。启动建设"中国—加拿大可持续农业科技创新示范基地"，获批自治区政府专项经费 1500 万元。设立内蒙古农业大学马利克管理中心，聘请马利克管理团队开展了管理培训。顺利通过教育部中外合作办学项目评估。

一年来，学校入选国家级精品资源共享课立项项目 2 项，获批国家本科教学建设项目 2 项、地方高校第一批本科专业综合改革试点项目 1 项，入选国家级大学生校外实践教学基地 1 个；获得自治区级教学成果奖一等奖 4 项，获批自治区级精品课程 8 门、自治区级教学团队 3 个、自治区品牌专业 4 个。3 篇博士学位论文、16 篇硕士学位论文入选自治区优秀学位论文。职业技术学院被评为"自治区级示范性高等职业院校立项建设单位"。

（三）加强学科和人才队伍建设，不断提高科技创新和社会服务能力

学科和人才队伍建设不断加强。全年投入学科建设经费 2000 万元，获得中央财政支持地方高校发展专项资金（2013—2015）项目 13 项，建设经费 6450 万元。遴选硕士生导师 14 名。获批 2 个专业硕士学位授权点。入选国家级"百千万人才"工程 1 人，入选自治区"草原英才"工程产业创新人才团队 11 个、高层次人才创新创业基地 1 个、高层次人才 14 人。

科技项目再创新高。全年新上各级各类项目298项,总经费1.31亿元;其中,国家自然科学基金72项,总经费3627万元(含重点项目1项,300万元)。"寒旱区水文过程与环境生态效应"团队入选2013年度教育部科技创新团队支持计划;组织开展了新一轮校级科技创新团队的遴选,有6个创新团队、7个培育团队列入支持计划。新上自治区级工程实验室2个,自治区重点实验室(工程中心)2个,自治区高等学校人文与社会科学重点研究基地提升计划1项。

科技成果水平不断提高。获得自治区科技进步一等奖2项、三等奖1项,自然科学二等奖1项;获得教育部高等学校科学研究优秀成果奖科技进步类二等奖1项;获得自治区农牧渔业丰收奖一等奖1项;获得第三届吴常信动物遗传育种生产与推广成果奖1项;"双驼峰基因组研究团队"荣获俄罗斯农业部自然科学奖。世界首例蜘蛛牵丝细毛羊和绒山羊在我校诞生。作为参加单位,学校获国家科技进步二等奖1项。2013年英国著名杂志《Nature》(《自然》)评选出2012年度自然出版指数中国前100强单位,我校名列全国高校第52位、农业高校第5位。

科技推广和社会服务工作全面铺开。2013年年底,召开了学校科技推广和社会服务工作会议,研究制定了学校《进一步加强社会服务工作的实施意见》等3个文件,设立首批科技成果转化基金100万元。获批建设新农村发展研究院。

(四)强化内部管理,进一步改善办学条件

内部管理不断加强。完成了学校2014—2016年内设机构与处级干部职数设置方案和处级干部聘任工作,完成了2013年度全校普通管理岗位聘任工作。积极稳妥推进绩效工资改革。加强教育事业经费、专项资金和固定资产管理。强化后勤管理和安全保卫工作,学校荣获"全国绿化模范单位",被自治区评为"2012年度维护稳定工作实绩突出单位"。

新老校区建设力度不断加大。综合教学楼、工科实验楼和生命科学实验楼的内外装修基本完成,在建项目配套外网等附属工程的施工任务基本完成。组织实施了土右旗现代农业科技示范园区和土左旗海流科技园区的土地证变更、总体建设规划方案编制以及建设项目的立项工作。

除上述工作外,学校在基础教育、继续教育和职业技术教育,工会、关工委和离退休人员工作,图书、档案、学报工作等方面都取得了可喜的成绩。

各位代表,这些成绩的取得,凝聚着全校师生员工的心血和汗水。在此,我代表学校,向无私奉献的全校师生员工表示衷心的感谢!

看到成绩的同时,我们也清醒地认识到存在的主要问题:

一是教育教学改革还不够深入,教风和学风建设还有待进一步加强。二是学科的顶层设计还不够合理,学科的整体实力还不够强。三是协同创新能力不强,服务区域经济社会发展的能力还有待进一步提升。四是办学经费短缺,教学资源和办学条件不足仍然是制约学校发展的瓶颈问题。

对于这些问题,我们将切实采取有效措施,认真加以解决。

二、2014年主要工作

2014年学校工作的总体要求是:紧紧围绕第二次党代会确定的目标任务和党的群众路线教育实践活动整改方案,以"1134"行动计划为主线,继续深化"教学质量管理年"活动,着力提高人才培养质量,切实增强社会服务能力,不断提升学校的综合实力和办学水平。

(一)继续深化"教学质量管理年"活动,全面提高教育教学质量

提高教学质量。切实抓好《教学质量管理年实施方案》和《教师教学能力提升计划》的落实。进一步完善学分制,实施多样化的人才培养模式。完善专业设置的动态调整机制,建立"适应需求、结构合理、特色鲜明"的本科专业体系。制订学校《卓越农林人才培养实施方案》。创新实践教学模式,规范实践教学考核办法,年内召开学校实践教学工作会议。

强化教学质量监控。结合学分制的实施,改革任课教师教学效果的评价方式。进一步健全"学校为指导、学院为主体、教研室(系)为核心"的三级教学管理体系。迎接新一轮普通高校本科教学工作审核评估。

加强研究生教育。实施研究生"优质生源培育工程"。开展研究生培养方案及其配套课程教学大纲的修(制)订工作。进一步明确研究生导师的聘任条件、遴选机制和管理办法,制定学校《研究生收费和奖助学金管理办法》等制度。

推进民族教育、职业教育和继续教育。制定学校贯彻落实国家《关于加快推进民族教育发展的决定》和《关于加快发展现代职业教育的决定和现代职业教育体系建设规划》的具体措施,继续加强各类行业人员教育培训工作。

(二)加强学科和人才队伍建设,着力提升核心竞争力

加强学科建设。认真分析全国第三轮学科评估结果,按照国家学科评估指标体系,制定一级学科中长期发展规划。结合国家和自治区实施的"特色重点学科项目",提升重点建设学科层次。

加强人才队伍建设。进一步完善《高层次人才引进管理办法》,严格引进程序和引进前后的考核评价。充分利用国家中西部高等教育振兴计划对人才项目的政策支持,做好学科带头人、学术带头人、青年骨干教师等三个层次的人才梯队建设。启动学校优秀青年科学基金支持计划。继续选派教学和管理人员出国学习进修。

(三)加强协同创新,不断提高科学研究和社会服务能力

积极争取科技项目。组织动员全校科技力量,继续加大国家自然科学基金、国家973、863以及公益性行业科研专项等课题的组织申报,力争新上项目数达230项以上,经费总额保持在1亿元左右。

加强科技推广和社会服务工作。积极探索形式多样的校企合作模式,鼓励和支持一批在相关行业领域有重要影响的专家学者,积极参与校地、校企合作。制定学校新农村发展研究院建设方案。制定学校提升哲学社会科学社会服务能力的措施。

(四)坚持立德树人,扎实做好学生工作和招生就业工作

全面加强学生教育、管理和服务工作。深入实施《抓学风、促学业工作方案》,以导师制为突破口,创新班主任和辅导员工作体制,制定辅导员培训规划,研究并推进学生事务工作"一站式"服务模式。改革学生评价体系,完善贫困生资助体系及各类奖学金的评定工作。加强学生心理健康教育。

努力做好招生就业工作。制定"招生—培养—就业"联动机制,实施"家庭经济困难学生就业援助""少数民族学生就业能力提升"等项目。落实就业工作"一把手"工程,充分调动班主任、辅导员、专业教师的积极性,努力形成"全员抓就业"的新格局。

(五)坚持开放办学,进一步提高国际交流与合作水平

继续引进国外优质教育资源。做好外籍教师的聘任和管理工作,进一步提高"英汉"双语教学质量。不断拓展合作领域,力争与国外大学、科研院所等办学机构签订合作办学备忘录3~5个。努力建设好"中国—加拿大可持续农业科技创新示范基地",落实好与瑞士圣加伦马克管理中心合作协议,推进"内蒙古农业大学马利克管理中心"建设。

创新中外合作办学模式。在"2+2"模式的基础上,探索开展"3+1""4+0"等模式。积极申请增加中外合作办学项目和现有中外合作办学项目招生指标。推进托福教学改革,不断提高学生托福考试通过率。

(六)深化管理体制改革,不断增强办学活力

加强制度建设。依据教育部《高等学校学术委员会规程》,调整学校学术委员会的人员组成。制订《内蒙古农业大学章程》和学院教授委员会章程及组建办法。出台学校严格控制"三公"经费支出的相关规定,规范出国(境)审批程序。

推进管理重心下移。制定校院两级管理体制实施办法,实行以学生、学科等为依据综合核定学院运行经费的管理办法。制定水、电、暖和房屋有偿使用办法。完善学校内部各类岗位聘用管理制度,完成新一轮教职工全员聘任工作。

(七)加强基础建设,着力改善办学条件

进一步改善办学条件。完成综合教学楼、工科实验楼、生命科学楼、学生食堂、新校区道路管网及绿化工程(树木种植一期)等在建工程项目,确保暑假搬迁,9月份正常运行。抓好水利力学实验楼、兽医实验楼、风洞实验室、风雨操场、新区图书馆、学生活动中心等项目的前期准备和建设工作。做好食品楼、留学生公寓的前期立项准备工作。完成西校区体育场地维修及新校区投掷场地建设工作。推进海流科技园区教学科研及生活用房等基本建设工程的前期准备和建设工作。加大资金筹集力度,继续争取中央和自治区财政专项经费支持。

加强公共服务体系建设。制定学校《数字化校园建设规划方案》,推进网络基础设施和数字校园建设。着手建设农大文库,推进档案信息化建设。办好特色栏目,提高学报办刊质量。加强校园绿化、美化、亮化工作,推进节约型校园建设。积极与开发商合作,努力推进教职工住宅楼建设。

(八)巩固扩大教育实践活动成果,深入推进和谐校园建设

抓好教育实践活动"回头看"。深入推进教育实践活动整改落实工作,切实为教职工办实事。严格贯彻落实中央"八项规定",制定学校《建立健全惩治和预防腐败体系2013—2017年工作规划》。落实党风廉政建设责任制,做好干部离任经济责任审计。

推进和谐校园建设。修订校园文化建设总体规划,组织开展对校区、楼宇、道路命名工作。畅通群众诉求表达渠道,制定教代会执行委员会委员联系代表的工作规定。充分发挥党外代表人士在学校建设中出谋划策的积极作用,发挥好工会、共青团、学生会和学生社团等组织的桥梁纽带作用。做好离退休老同志和关工委工作。制定学校《校园秩序管理规定》等制度,开展平安校园创建活动。加强校园综合治理,维护校园安全稳定。

各位代表、同志们:

做好今年的工作,需要我们有万马奔腾的气势、快马加鞭的劲头和一马当先的勇气。让我们在校党委的领导下,进一步解放思想,深化改革,为推动学校教育事业发展再上新台阶而努力工作!

内蒙古农业大学新一轮全员岗位聘任工作实施方案

(2014 年 11 月 27 日)

为进一步调动广大教职工的积极性,全面提高教育教学质量和办学效益,根据《事业单位人事管理条例》(国务院令第 652 号)、自治区人力资源和社会保障厅《关于进一步做好区直事业单位岗位聘用实施工作的通知》(内人社发〔2010〕190 号)、《内蒙古农业大学岗位设置管理实施暂行办法》(内农大校发〔2011〕38 号)等文件精神,结合我校实际情况,制定本方案(以下简称"实施方案")。

一、聘任原则

(一)科学设岗。总量控制,兼顾现状,优化结构,合理设岗。

(二)择优竞聘。引入竞争机制,严格程序,择优聘任。

(三)以岗定薪。明晰岗位责任,完善薪酬分配制度。

(四)合同管理。聘约权责,规范管理。

二、岗位设置

(一)岗位分类设置

学校工作岗位划分为专业技术岗位、党政管理岗位和工勤技能岗位三大类别。

1. 专业技术岗位设置

在教学、科研专业技术岗位设置教学科研型、教学为主型和科研为主型三类,其中:正高级分设四级 A Ⅰ 岗~A Ⅳ 岗;副高级分设三级 B Ⅰ 岗~B Ⅲ 岗;中级分设二级 C Ⅰ 岗、C Ⅱ 岗;初级设一级 D Ⅰ 岗。学校为特聘院士、长江学者等人员设置特聘教授岗位 AT。(详见表 1)

表 1　内蒙古农业大学教学、科研专业技术岗位设置体系

岗位聘任主体	级别	层级	岗位类别及名称		
			教学科研型	教学为主型	科研为主型
学校	AT		—		
教学单位	A 正高级	Ⅰ	A Ⅰ	A Ⅰ	A Ⅰ
		Ⅱ	A Ⅱ	A Ⅱ	A Ⅱ
		Ⅲ	A Ⅲ	A Ⅲ	A Ⅲ
		Ⅳ	A Ⅳ	A Ⅳ	A Ⅳ
	B 副高级	Ⅰ	B Ⅰ	B Ⅰ	B Ⅰ
		Ⅱ	B Ⅱ	B Ⅱ	B Ⅱ
		Ⅲ	B Ⅲ	B Ⅲ	B Ⅲ
	C 中级	Ⅰ	C Ⅰ	C Ⅰ	C Ⅰ
		Ⅱ	C Ⅱ	C Ⅱ	C Ⅱ
	D 初级	Ⅰ	D Ⅰ	D Ⅰ	D Ⅰ

非教学、科研专业技术岗位分级设置:正高级 A Ⅳ 岗;副高级 B Ⅰ 岗~B Ⅲ 岗;中级 C Ⅰ 岗、C Ⅱ 岗;初级 D Ⅰ 岗。(详见表 2)

表2　内蒙古农业大学非教学、科研专业技术岗位设置体系

岗位聘任主体	级别	层级	岗位名称
所在教学单位 或归口管理部门	A 正高级	Ⅳ	AⅣ
	B 副高级	Ⅰ	BⅠ
		Ⅱ	BⅡ
		Ⅲ	BⅢ
	C 中级	Ⅰ	CⅠ
		Ⅱ	CⅡ
	D 初级	Ⅰ	DⅠ

　　学校对各类非教学、科研专业技术系列实行分类管理,由各归口管理部门提出具体设置方案,报学校聘任工作领导小组办公室,根据实际情况综合平衡核定。

　　2. 党政管理岗位设置

　　在党政管理岗位中,校聘岗位为 GⅢ～GⅣ,各部门或单位聘任岗位为 GⅤ～GⅦ(1－5)。(详见表3)

表3　内蒙古农业大学党政管理岗位设置体系

岗位聘任主体	级别代码	层级			岗位名称
校聘	G	Ⅲ			处级正职
		Ⅳ			处级副职
部门或单位聘任		Ⅴ			科级正职
		Ⅵ			科级副职
		Ⅶ	1	科员 教学秘书 辅导员	＊一级
			2		＊二级
			3		三级
			4		四级
			5		五级

(注:表中带＊号为学校审定资格岗位)

　　3. 工勤技能岗位设置

　　在工勤技能岗位中设置五级 JⅠ～JⅤ,由后勤管理处组织聘任。(详见表4)

表4　内蒙古农业大学工勤技能岗位设置体系

岗位聘任主体	级别代码	层级	岗位名称
后勤管理处	J	Ⅰ	工勤一级
		Ⅱ	工勤二级
		Ⅲ	工勤三级
		Ⅳ	工勤四级
		Ⅴ	工勤五级

（二）岗位总控编数和结构控制数

以自治区编委、人社厅核准的机构、岗位数为学校岗位控编数。

本次聘任工作将结合学科建设、教学科研任务和管理工作的实际需要，按照《内蒙古农业大学岗位设置管理实施暂行办法》(内农大校发〔2011〕38 号)的要求，确定各专业技术岗位编制数额。因职业技术学院编制独立，以下各岗位编制数额和结构控制数均不包括职业技术学院。

在自治区核定的总控编制内，我校(本部，下同)教学、科研岗位按 1440 个测算和分配，正高：副高：中级：初级为 22 ：33 ：40 ：5。

非教学、科研专业技术岗位人员按现有人员确定，即 448 个。其中，高级：中级：初级为 36：51：13，正高级占高级专业技术职务的总量的比例小于 10%。

党政管理岗位共 410 个(含教学单位党政管理人员)。其中，普通管理岗位 305 个，各级岗位职数按现有人数核定。

工勤技能岗位共 160 个。其中，一级、二级、三级岗位分别控制在 15%、20% 和 25%，四级、五级岗位比例按工作类别和年限划分。

三、岗位聘任

（一）专业技术岗位聘任

各教学单位按照本实施方案和《内蒙古农业大学教学单位人员编制核定办法》《内蒙古农业大学教学、科研专业技术岗位设置办法》《内蒙古农业大学非教学、科研专业技术岗位设置办法》《内蒙古农业大学教授岗位上岗条件和岗位职责》等规定，结合本单位实际，提出专任教师、实验人员各相应岗位聘任实施细则、上岗条件和岗位职责，经学校岗位聘任工作领导小组审核后，在本单位公布，按程序开展岗位聘任。AT 岗位由所在单位向学校报送拟聘意见，学校聘任。

图书馆、学生工作处、基础教育中心分别按照本实施方案和《内蒙古农业大学非教学、科研专业技术岗位设置办法》，提出图书系列、思政研系列、中小学(幼)教师系列相应岗位聘任实施细则、上岗条件和岗位职责，经学校岗位聘任工作领导小组审核、同意后，组织岗位聘任。其他系列由人事处按要求统一组织聘任。

（二）党政管理岗位在现有处级、科级干部聘任的基础上，所在单位依据学校现行相关规定，按已审定资格人员履行各级科员的聘任手续。

（三）后勤管理处按照学校制定的各级工勤技能人员岗位控制数额，组织各类工勤人员的聘任工作。

四、聘任程序

（一）公布岗位、个人申报(填写附表 1、附表 2、附表 3)；

（二）所在单位资格审查；

（三）所在单位研究提出各岗位拟聘任意见；

（四）对拟聘正高级专业技术职务人选报学校岗位聘任工作领导小组审核；

（五）公示聘任结果、报人事处备案；

（六）获聘人员与所在单位签订岗位聘用合同。

五、调解及仲裁

根据国家关于人事争议仲裁处理的有关政策，积极妥善地处理岗位聘任过程中的有关争议，依法保障教职工的合法权益。学校岗位聘任工作调解委员会负责岗位聘任中的纠纷调解、申诉、调查工作。调解未果的，当事人可向本地人事(劳动)争议仲裁机构申请仲裁。

六、组织领导

为实施岗位聘任工作，学校分别成立以下组织：

（一）学校岗位聘任工作领导小组

学校成立岗位聘任工作领导小组（以下简称"领导小组"），负责学校岗位聘任的领导工作。领导小组下设办公室，办公室设在人事处，负责制订学校岗位聘任工作实施方案及相关配套办法，审核各单位岗位聘任工作正高级上岗条件、岗位职责及岗位聘任结果，协调各类岗位聘任工作的相关事宜。

（二）学校岗位聘任工作调解委员会

学校成立岗位聘任工作调解委员会，办公室设在校工会。负责岗位聘任中的纠纷调解、申诉、调查和监督工作，并将调解结果向领导小组报告。

（三）各单位成立相应的岗位聘任工作组

各教学单位成立由单位主要领导、学科带头人、资深专家和教授委员会委员组成的岗位聘任工作组，其他各单位也须成立适合本单位实际的岗位聘任工作组。依据学校核定的岗位总量、职数、比例及上岗条件等，负责拟订本单位的岗位聘任工作实施细则和各类人员岗位职责，组织实施本单位的聘任工作。

七、相关具体事项说明

（一）聘任范围

全校所有在编在岗的专业技术人员、党政管理人员和工勤技能人员。

（二）聘任期限

聘期为3年（含规定的试用期）。聘任期不得超过退休年龄及合同期限。聘期内达到退休条件的，聘期自然终止。受聘人员的学历、资历、业绩成果等的计算截至日期为2014年8月31日。

（三）"双肩挑"人员的聘任

学校已认定的"双肩挑"人员，在本次聘任中应按照上岗条件参加专业技术岗位的聘任。

（四）新录用人员的聘任

对于聘任期间新录用人员，所在单位按其已认定的资格和上岗条件聘任相应岗位。

（五）岗位考核

岗位考核分为年度考核和聘期考核。年度考核主要考核聘用人员的思想政治表现、职业道德、工作业绩和工作进展等情况；聘期考核主要考核聘用人员履行岗位职责和聘用合同规定的工作任务完成情况。

学校按岗位职责分别制定相应岗位考核指标体系，岗位考核要严格按指标体系进行。年度考核结果与基础津贴（岗位津贴）的发放挂钩，聘期考核结果与后续岗位聘任挂钩。年度考核结果和聘期考核结果均记入个人档案。

距国家规定退休年龄不足一个聘期的受聘人员，聘期内应认真履行岗位职责，接受年度考核。

八、其他事项

（一）职业技术学院可参照本方案执行。

（二）本方案所依据的法律、法规和规范性文件发生变化时，按新的规定执行。本方案未尽事宜按上级文件和学校有关规定执行。

（三）本方案自下发之日起实施，解释权在人事处。

附表1：教学科研型（正高级）专业技术岗位聘用申请表

附表2：教学为主型（正高级）专业技术岗位聘用申请表

附表3：科研为主型（正高级）专业技术岗位聘用申请表

附表1：

教学科研型（正高级）专业技术岗位聘用申请表

所在单位			姓名		出生年月	年　月	政治面貌	
学历	最后学历			学位	最高学位			
	取得时间	年　月			取得时间		年　月	
取得专业技术资格	名称			申请竞聘岗位		AⅠ岗□　　AⅡ岗□		
	时间	年　月				AⅢ岗□　　AⅣ岗□		

请对照所竞聘岗位的上岗位条件，在符号栏内画"√"或"×"。

岗位名称		代码	上岗条件	符号
AⅠ	三级及以上教授且作为	A101	具有博士学位授权点的省部级及以上重点学科学术带头人	
		A102	具有博士学位授权点的国家部委确定的重点实验室（工程研究中心、野外台站、人文社科基地）学术带头人	
		A103	国家级教学质量工程项目带头人	
		A104	国家级创新团队带头人	
	近3年	A105	每年完成额定教学工作量，且每年至少完整讲授一门计划内本科生课程	
		A106	评教结果每年均需排名本单位前1/2	
		A107	年度考核结果至少2年在本单位排名前1/2	
		A108	至少主持单项30万元以上纵向课题1项（人文社科类经费减半）	
		A109	至少主持单项60万元以上且到校经费至少30万元的横向课题1项（人文社科类经费减半）	
AⅡ	三级及以上教授且作为	A201	已招生博士学位授权点学术带头人	
		A202	省部级及以上重点学科学术带头人	
		A203	省部级及以上重点实验室（工程研究中心、野外台站、人文社科基地）学术带头人	
		A204	国家级教学质量工程项目前三名	
		A205	自治区级教学质量工程项目带头人	
		A206	省部级及以上创新团队带头人	
	近3年	A207	每年完成额定教学工作量，且每年至少完整讲授一门计划内本科生课程	
		A208	评教结果每年均需排名本单位前1/2	
		A209	年度考核结果至少2年在本单位排名前1/2	
		A210	至少主持单项20万元以上纵向课题1项（人文社科类经费减半）	
		A211	至少主持单项40万元以上且到校经费至少20万元的横向课题1项（人文社科类经费减半）	

续表

所在单位			姓名		出生年月	年　月	政治面貌	
AⅢ	具有教授职务的教师而且作为	A301	已招生的博士生导师					
		A302	一级学科硕士学位授权点学科带头人					
		A303	有本科专业的教研室（系）主任					
		A304	国家级教学质量工程项目额定人员					
		A305	自治区级教学质量工程项目前三名					
		A306	校级及以上创新团队带头人					
	近3年	A307	每年完成额定教学工作量，且每年至少完整讲授一门计划内本科生课程					
		A308	评教结果每年均需排名本单位前2/3					
		A309	年度考核结果均需排名本单位前2/3					
		A310	至少主持单项10万元以上纵向课题1项（人文社科类经费减半）					
		A311	至少主持单项20万元以上且到校经费至少10万元的横向课题1项（人文社科类经费减半）					
AⅣ	具有教授职务的教师							
	近3年	A401	每年完成额定教学工作量，且每年至少完整讲授一门计划内本科生课程					
		A402	评教结果每年均需排名本单位前2/3					
		A403	年度考核结果均为合格及以上等次					
		A404	至少主持纵向课题1项					
		A405	至少主持单项10万元以上且到校经费至少5万元的横向课题1项（人文社科类经费减半）					

申报人意见	符合竞聘岗位上岗条件，本人承诺，所述内容全部属实。 签　名： 年　月　日
所在单位岗位聘任工作组聘任意见	 签　字： 单位盖章： 年　月　日
学校岗位聘任工作领导小组意见	经审核，同意单位聘任意见。 签　字： 年　月　日

附表2：

教学为主型（正高级）专业技术岗位聘用申请表

所在单位			姓名		出生年月	年 月	政治面貌	
学历	最后学历			学位	最高学位			
	取得时间	年 月			取得时间		年 月	
取得专业技术资格	名称			申请竞聘岗位		A Ⅰ 岗□		A Ⅱ 岗□
	时间	年 月				A Ⅲ 岗□		A Ⅳ 岗□

请对照所竞聘岗位的上岗位条件，在符号栏内画"√"或"×"。

岗位名称		代码	上岗条件	符号
A Ⅰ	三级及以上教授，从事公共基础课或全校性专业基础课教学工作，而且作为	A11	国家级教学质量工程项目带头人	
		A12	国家部委确定的重点实验室、人文社科基地学术带头人	
	近3年	A13	每年完成额定教学工作量，且每年讲授计划内本科公共基础课或全校性专业基础课不低于16.0学分（双肩挑干部不低于8.0学分）	
		A14	评教结果每年均需排名本单位前1/3	
		A15	年度考核结果至少2年在本单位排名前1/2	
A Ⅱ	三级及以上教授，从事基础课教学或全校性专业基础课教学工作，而且作为	A21	国家级教学质量工程项目前三名	
		A22	自治区级教学质量工程项目带头人	
		A23	省部级及以上重点实验室、人文社科基地学术带头人	
	近3年	A24	每年完成额定教学工作量，且每年讲授计划内本科公共基础课或全校性专业基础课不低于16.0学分（双肩挑干部不低于8.0学分）	
		A25	评教结果每年均需排名本单位前1/3	
		A26	年度考核结果至少2年在本单位排名前1/2	

续表

所在单位			姓名		出生年月		年 月	政治面貌	

A Ⅲ	具有教授职务的教师，从事公共基础课或全校性专业基础课教学工作，而且作为	A31	有本科专业的教研室（系）主任	
		A32	国家级教学质量工程项目额定人员	
		A33	自治区级教学质量工程项目前三名	
		A34	校级教学质量工程项目带头人	
		A35	自治区级教坛新秀	
	近3年	A36	每年完成额定教学工作量，且每年讲授计划内本科公共基础课或全校性专业基础课不低于18.0学分（双肩挑干部不低于9.0学分）	
		A37	评教结果每年均需排名本单位前1/2	
		A38	年度考核结果均需排名本单位前2/3	

A Ⅳ	具有教授职务且从事公共基础课或全校性专业基础课教学工作的教师		
	近3年	A41	每年完成额定教学工作量，且每年讲授计划内本科公共基础课或全校性专业基础课不低于18.0学分（双肩挑干部不低于9.0学分）	
		A42	评教结果每年均需排名本单位前2/3	
		A43	年度考核结果均为合格及以上等次申报人意见	

申报人意见	符合竞聘岗位上岗条件，本人承诺，所述内容全部属实。 签　名： 年　月　日
所在单位岗位聘任工作组聘任意见	 签　字： 单位盖章： 年　月　日
学校岗位聘任工作领导小组意见	经审核，同意单位聘任意见。 签　字： 年　月　日

附表3:

科研为主型(正高级)专业技术岗位聘用申请表

所在单位			姓名		出生年月		年　月	政治面貌	
学历	最后学历			学位	最高学位				
	取得时间		年　月		取得时间			年　月	
取得专业技术资格	名称			申请竞聘岗位		A Ⅰ 岗□　　A Ⅱ 岗□			
	时间		年　月			A Ⅲ 岗□　　A Ⅳ 岗□			

请对照所竞聘岗位的上岗位条件,在符号栏内画"√"或"×"。

岗位名称		代码	上岗条件	符号
A Ⅰ	三级及以上教授,而且作为	A101	具有博士学位授权点的省部级及以上重点学科学术带头人	
		A102	具有博士学位授权点的国家部委确定的重点实验室(工程研究中心、野外台站、人文社科基地)学术带头人	
		A103	现代农业产业技术体系国家产业技术研究中心首席科学家	
		A104	国家级创新团队带头人	
	近3年	A105	至少主持单项100万元以上纵向课题1项	
		A106	至少主持国家社会科学基金重点项目1项	
		A107	至少主持单项200万元以上且到校经费至少100万元的横向课题1项	
		A108	每年完成额定教学工作量,且每年至少完整讲授一门计划内本科生课程	
		A109	评教结果每年均为合格及以上	
		A110	年度考核结果至少2年在本单位排名前1/2	
A Ⅱ	三级及以上教授,而且作为	A201	已招生博士学位授权点学术带头人	
		A202	省部级及以上重点学科学术带头人	
		A203	省部级及以上重点实验室(工程研究中心、野外台站、人文社科基地)学术带头人	
		A204	现代农业产业技术体系功能研究室主任、研究岗位、综合试验站站长	
		A205	省部级及以上创新团队带头人	
	近3年	A206	至少主持单项50万元以上纵向课题1项	
		A207	至少主持国家社会科学基金项目1项	
		A208	至少主持省部级人文社会科学研究重点项目1项	
		A209	至少主持单项100万元以上且到校经费至少50万元的横向课题1项	
		A210	每年完成额定教学工作量,且每年至少完整讲授一门计划内本科生课程	
		A211	评教结果每年均为合格及以上	
		A212	年度考核结果至少2年在本单位排名前1/2	

所在单位			姓名		出生年月	年 月	政治面貌	

	具有教授职务的教师，而且作为	A301	已招生的博士生导师	
AⅢ		A302	一级学科硕士学位授权点学科带头人	
		A303	省部级及以上重点实验室（工程研究中心、工程实验室、野外台站、人文社科基地）学术骨干	
		A304	校级及以上创新团队带头人	
	近3年	A305	至少主持单项50万元以上纵向课题1项	
		A306	至少主持国家社会科学基金项目1项	
		A307	至少主持省部级人文社会科学研究项目1项	
		A308	至少主持单项100万元以上且到校经费至少50万元的横向课题1项	
		A309	每年完成额定教学工作量，且每年完整讲授一门计划内本科生课程	
		A310	评教结果每年均为合格及以上	
		A311	年度考核结果均需排名本单位前2/3	
AⅣ	具有教授职务的教师，而且作为	A401	省部级重点实验室（工程研究中心、野外台站、人文社科基地）学术骨干	
		A402	校级及以上创新团队骨干	
	近3年	A403	至少主持单项30万元以上纵向课题1项	
		A404	至少主持自治区教育厅社会科学一般项目1项	
		A405	至少主持单项60万元以上且到校经费至少30万元的横向课题1项	
		A406	每年完成额定教学工作量，且每年至少完整讲授一门计划内本科生课程	
		A407	评教结果每年均为合格及以上	
		A408	年度考核结果均为合格及以上等次	
申报人意见	符合竞聘岗位上岗条件，本人承诺，所述内容全部属实。 签 名： 年 月 日			
所在单位岗位聘任工作组聘任意见	签 字： 单位盖章： 年 月 日			
学校岗位聘任工作领导小组意见	经审核，同意单位聘任意见。 签 字： 年 月 日			

内蒙古农业大学校本部教学单位人员编制核定办法

为了实现宏观管理、重心下移以及专业技术人员的校内聘任,继续推进学院制建设,根据国家、自治区编制和教育部门的有关文件精神,结合学校实际,制定本办法。

一、基本原则

1. 根据高等学校的职能,遵循其办学规律和管理特点,坚持总量控制,微观放权,科学合理,精简效能,便于操作的原则。

2. 坚持满负荷工作量的原则,严格控制编制增长,实行统一领导,分类管理,分级负责,不断提高编制效益。

3. 编制核定和管理要有利于建立自我发展和自我约束的竞争激励机制;有利于合理配置人力资源,提高办学效益;有利于人才队伍建设和学科、专业建设,保证教学科研工作的顺利进行。

二、编制构成及标准

（一）构成

1. 专任教师编制:指学院（部）为完成学校教育教学任务而配备的专职从事教学及教学研究工作的人员编制。

2. 科研编制:指专职从事科学研究、技术推广、科研实验或试验的专业技术人员以及专门机构必需的人员编制。

3. 教学辅助编制:指直接为教育教学服务的从事实验技术、实习指导和情报图书资料等工作的人员编制。

4. 党政管理编制:指学院（部）专职从事党务、群团工作及行政管理的人员编制。

（二）标准

1. 全校按生师比18 ∶ 1核定专任教师的控制编制为1587人。

2. 教学班级标准人数（上下限不超过10%）:

外语专业班	30人
艺术专业班	30人
经管人文专业班	90人（考虑招生情况,人文专业实际按60人掌握）
理工专业班	50人
其他专业班	60人
蒙古语授课班	40人
外语公共课	60人
体育公共课	30人
人文公共课	120人
其他公共基础课	90人

3. 各类学生折合为标准生的权重分别为:本专科生1,硕士研究生1.5,博士研究生2。

4. 编制内各类人员要形成合理的结构比例,教学、科研人员不低于专业技术人员总数的70%。

5. 在一个聘期内,可以超编或缺编运行,但超编和缺编比例必须分别控制在8%和10%以内。

三、分编核定办法

（一）专任教师编制

专任教师编制以学院(部)承担的本专科生、研究生教育教学任务为主,专业学科建设为辅来确定。

2013~2014学年本部在校本专科生24747人、硕士研究生1968人、博士研究生430人,折合标准学生数为28559人。

1. 本专科教学

根据学院(部)的本专科生人数、授课工作量,同时考虑专业、课程、班容量的差异,生师比T按26:1、专业课与公共基础课工作量按6:4核定编制。

(1)专业类编制 = 60% × M × K/T

M—本单位本专科学生数

K—专业系数(即标准班人数(60)/教学班标准人数:

动物科学学院、兽医学院、农学院、林学院、生态环境学院$K = 1.0$,

机电工程学院、水利与土木建筑工程学院、材料科学与艺术设计学院、食品科学与工程学院、计算机与信息工程学院、生命科学学院、理学院$K = 1.2$,

艺术类、外国语言学院$K = 2.0$,

经济管理管院、人文社会科学学院、马克思主义学院$K = 0.7$。

(2)专业基础课类编制:各学院按240标准学时核定专业基础类编制后,根据学院之间互相代课情况划拨、使用。

(3)公共基础类编制 = 40% × S × P/T

S—全校本专科学生数

P—本学院公共基础课在全校公共基础课中的比重(计算机与信息工程学院6%,人文社会科学学院1%,马克思主义学院10%,理学院30%,外国语言学院30%,体育部23%。)

2. 研究生教育

专业课编制 = (本学院一年级硕士研究生当量数/T) × 2/3 + (本学院二、三年级硕士研究生当量数/T) + (本学院博士研究生当量数/T) × 9/10;

公共课编制 = (全校一年级硕士研究生当量数/T) × 1/3 + (全校博士研究生当量数/T) × 1/10;

公共课编制按外国语言学院:理学院:马克思主义学院:计算机与信息工程学院 = 16:8:6:1分配。

3. 专业和学科建设

本科专业:每个专业分配0.3个编制,其中蒙古语授课专业和两年内新上专业各分配0.7个编制;

博士、硕士点:每个博士点分配1.5个编制,每个硕士点分配0.7个编制;

重点学科:每个国家级重点学科分配1.5个编制,每个省部级重点学科分配0.7个编制

(二)科研编制

科研编制纳入教师编制中统筹使用。

1. 科研项目(按2013年度到校科研经费)

自然科学类年科研总经费超过50万元列1个编制,超过300万元列1.5个编制,超过1000万元列2个编制;

人文类、经管类及公共基础类年科研总经费超过10万元列1个编制,超过50万元列1.5个编制,超过100万元列2个编制。

2. 科研机构、重点实验室、科研团队等(含培育)

教育部重点实验室、国家生态站各列1.5个编制,部委及自治区重点实验室、工程技术中心各列0.7个编制。

国家级、自治区级、校级科研团队分别各列 1.5、0.7、0.3 个编制。

乳品生物技术与工程和生物实验研究中心等根据实际情况另行核定。

（三）教辅编制

1. 根据学科特点、实验条件按教学科研编制的一定比例确定：动科院、兽医院、食品院、农学院、生科院、林学院、计算机院、生态院、机电院、水建院、理学院及材艺院按 15% 核定。

体育部、经管院、人文院、马克思主义学院及外语院按 5% 核定。

2. 机电院、材艺院、动科院及兽医学院的实习工厂、动物园编制根据实际情况另行核定。

（四）职员编制

根据各教学单位实际情况，按以下标准执行：

3. 职员以外教职工编制数/100）+（本专科学生数/500）+（研究生数/200）。

四、编制管理

（一）校人事处是编制管理的职能部门，负责编制的宏观管理、指导和监督；在学校核定的编制限额内，各单位具有编制使用、管理自主权。

（二）根据规模的扩大和事业的发展，人员编制实行动态管理，每年的 10 月份为编制的调整时期。

（三）学校在总编制数额内留有 3% 的机动编制，用于引进人才或完成临时性任务。

（四）改革单一的编制模式，逐步建立固定编制与流动编制、专职教师与兼职教师相结合的编制管理模式和用人机制。

（五）编制确定程序

1. 人事处根据国家有关编制标准和学校确定的相关指标，提出指导性意见，初步核定全校总量及各类人员的编制比例。

2. 各学院（部）制订本单位的编制方案，报人事处。

3. 人事处会同有关职能部门进行初审。

4. 人事处就初审结果与各学院（部）交换意见，达成共识。

5. 将定编的初步结果上报学校党委会审定。

6. 人事处以学校名义将定编最终结果行文公布。

五、其他

1. 职业技术学院根据自身的办学特点，单独核编，其中校本部承担的教学任务，一般按额定教学工作量 210 标准学时计算编制后，划拨相关学院使用。

2. 研究生院、国际教育学院、继续教育学院由于办学的特殊性，暂不核定专任教师、专职科研编制。

3. 本办法由人事处负责解释。

内蒙古农业大学校本部教学、科研岗位设置办法

根据《内蒙古农业大学岗位设置管理实施暂行办法》（内农大校发〔2011〕38 号），本着总量控制、优化结构、精干高效、协调发展的原则，从学校实际出发，特制定本办法。

一、岗位设置

（一）岗位总量

自治区主管部门核定我校（本部，下同）专业技术岗位 1978 个。按教学、科研岗位占专业技术岗位总量的比例不低于 70% 的要求，结合学校人才发展规划和教学、科研需求，我校校本部共设置教学、科研岗位 1440 个。

（二）结构比例与岗位控制数

根据学校教学、科研岗位数量和不同等级的总体结构比例，校本部教学、科研正高级专业技术 AⅠ 岗、AⅡ 岗、AⅢ 岗、AⅣ 岗的比例控制目标为 1 ：2 ：3 ：4；副高级专业技术 BⅠ 岗、BⅡ 岗、BⅢ 岗的比例控制目标为 2 ：4 ：4。

岗位等级	结构比例	岗位数	岗位名称	控制比例	岗位数
AT	按实有人员确定岗位职数				
正高级	22%	317	AⅠ	10%	32
			AⅡ	20%	63
			AⅢ	30%	95
			AⅣ	40%	127
副高级	33%	475	BⅠ	20%	95
			BⅡ	40%	190
			BⅢ	40%	190
中级	40%	576	CⅠ	560	
			CⅡ		
初级	5%	72	DⅠ		72

（三）正高级岗位设岗原则

学校按实有人员为特聘院士、长江学者等人员设置特聘教授岗位 AT。

1. 教学科研型正高级岗位

在教学、科研型 AⅠ 岗位不重叠的情况下，在每个具有博士学位授权点的省部级及以上重点学科、国家部委确定的重点实验室（工程研究中心、野外台站、人文社科基地）各设置 1 个 AⅠ 岗；在每个已招生的博士学位授权点和省部级及以上重点学科、重点实验室（工程研究中心、野外台站、人文社科基地）各设置 1 个 AⅡ 岗；AⅢ 岗分别设在一级学科硕士学位授权点和有本科专业的教研室；学校为具有教授职务的教师设置教学科研型 AⅣ 岗。

为体现教学、科研并重，学校还根据教学质量工程项目、创新团队的等级，分别在教学质量工程项目和创新团队中设置教学科研型 AⅠ 至 AⅣ 岗。

2. 教学为主型正高级岗位

　　学校设置教学为主型岗位,目的在于突出教学的主体地位,促进学校教学质量的提高,鼓励长期从事公共基础课和全校性专业基础课教学的教师全身心投入到教学及教学研究工作中,保证那些学术水平高、教学质量好、工作能力强以及对学校贡献大的教师成为学校的教学骨干。

　　根据教学工作和专业设置的需要,为从事基础课教学和全校性专业基础课教学的教师设置教学为主型岗位。根据教师承担教学质量工程项目等级,是否为项目带头人,以及是否为国家部委确定的重点实验室、人文社科基地学术带头人等情况,分别设置教学为主型的 AⅠ岗至 AⅣ岗。为进一步加强教研室建设,充分发挥教研室的职能,学校在有本科专业的教研室设置教学为主型 AⅢ岗。

　　3. 科研为主型正高级岗位

　　学校根据科研工作需要设置科研为主型岗位。

　　学校在教学、科研型 AⅠ岗位不重叠的情况下,在每个具有博士学位授权点的省部级及以上重点学科、国家部委确定的重点实验室(工程研究中心、野外台站、人文社科基地)各设置 1 个 AⅠ岗;在已招生的博士学位授权点和省部级及以上重点学科、重点实验室(工程研究中心、野外台站、人文社科基地)各设置 1 个 AⅡ岗;AⅢ岗分别在一级学科硕士学位授权点和省部级重点实验室设置;为具有教授职务的学术骨干和校级及以上创新团队骨干设置 AⅣ岗。

　　(四)岗位职数分配

　　学校根据岗位设置原则,在保持教学、科研正高级专业技术岗位各级岗的总体结构比例的前提下,结合各单位重点学科、重点实验室设置及学术带头人聘任情况,以及担任教学质量工程、创新团队带头人等情况分配岗位职数。

　　对同一人同时满足上岗条件中多个岗位的要求,只分配较高岗位 1 个职数,避免重复设岗。各单位应按照正高级岗位上岗条件,在各岗位总体结构比例控制范围内,本着按需、因事、事人结合的原则对应聘人员进行聘岗。岗位职数分配详见附件。

二、其他事项

　　教学、科研岗位的聘任程序等,执行《内蒙古农业大学全员岗位聘任工作实施方案》。

　　附件:《内蒙古农业大学校本部教学单位教学、科研岗位职数分配表》。

内蒙古农业大学校本部非教学、科研岗位设置办法

根据《内蒙古农业大学岗位设置管理实施暂行办法》(内农大校发〔2011〕38号),本着总量控制、优化结构、精干高效、协调发展的原则,从学校实际出发,特制定本办法。

一、岗位设置

(一)设岗范围

本办法中的非教学、科研专业技术岗位是指从事辅助教育教学和科学研究工作或为教学科研提供服务的专业技术岗位。主要包括实验技术、图书档案、学生思想政治教育研究、出版编辑、农业技术、工程技术、卫生技术和中学教师等专业技术岗位。

(二)岗位总量及结构比例

1. 岗位总量

自治区主管部门核定我校(本部,下同)专业技术岗位1978个,要求非教学、科研专业技术岗位小于30%。目前,学校有非教学、科研专业技术岗位人员448人,在分配岗位时以现有人员计算。

2. 岗位设置及等级

在非教师、科研专业技术岗位设置共设7个等级,即:具有正高级职务的非教师、科研专业技术岗位最高只设置AⅣ岗;副高级分设BⅠ～BⅢ岗三级;中级分设CⅠ岗、CⅡ岗二级;初级设DⅠ岗一级。

3. 结构比例

考虑到非教学、科研专业技术人员队伍多年未能有效补充的实际,其总体结构比例按现有人员的结构比例设置。正高级岗位根据实际需要从严掌握,正高级AⅣ岗职数总量不超过高级专业技术岗位总量的10%。副高级BⅠ岗：BⅡ岗：BⅢ岗为2：4：4;中级CⅠ岗：CⅡ岗为3：7。

岗位等级	目标结构比例	现有结构比例	岗位数	岗位名称	控制比例	岗位数
高级	30%	36%	162	AⅣ(正高级)	10%	16
				BⅠ(副高级)	18%	30
				BⅡ(副高级)	36%	58
				BⅢ(副高级)	36%	58
中级	55%	51%	228	CⅠ	30%	68
				CⅡ	70%	160
初级	15%	13%	58	DⅠ		58

4、学校根据各专业技术系列的性质、学历层次、学术水平及其作用等确定相应的结构比例

专业技术系列	高级（%）	中级（%）	初级（%）
实验技术	≤40	≤50	≥10
图书资料	≤40	≤50	≥10
思 政 研	≤40	≤45	≥15
农业技术	≤67	≤33	≥0
档案专业	≤40	≤40	≥20
出版专业	≤50	≤0	≥50
工程技术	≤20	≤80	≥0
卫生技术	≤35	≤55	≥10
中学教师	≤28	≤72	≥0
幼儿教师		≤100	≥0

二、上岗条件要求

学校以实验系列专业技术岗位为基础,拟定了《实验系列岗位上岗条件和岗位职责》以及各级非教学、科研专业技术岗位聘任上岗条件的基本要求。各专业技术系列主管部门要按照学校拟定的基本要求,坚持受聘人员的专业技术资格与岗位相一致的原则,根据本系列不同等级岗位的实际情况,分别制定各类非教学、科研专业技术岗位的上岗条件和岗位职责,经学校岗位聘任工作领导小组审定后执行。

三、其他事项

非教学、科研岗位的聘任程序,执行《内蒙古农业大学全员岗位聘任工作实施方案》。

内蒙古农业大学校本部教授岗位上岗条件及岗位职责

教学科研型 A I 岗

一、上岗基本条件

1. 三级及以上教授,且为具有博士学位授权点的省部级及以上重点学科、国家部委确定的重点实验室(工程研究中心、野外台站、人文社科基地)学术带头人;或国家级教学质量工程项目带头人;或国家级创新团队带头人。

2. 近3年每年完成额定教学工作量,且每年至少完整讲授一门计划内本科生课程;近3年评教结果每年均需排名本单位前1/2;近3年年度考核结果至少2年在本单位排名前1/2。

3. 近3年至少主持单项30万元以上纵向课题1项;或至少主持单项60万元以上且到校经费至少30万元的横向课题1项(人文社科类经费减半)。

二、学科、实验室、创新团队建设工作职责

1. 学科带头人

负责本学科建设工作的规划、组织、实施与协调;负责本学科的评估与建设;负责本学科的学术梯队及队伍建设;组织申请、承担国家(含国际合作)或省部级重大、重点科研项目,取得学科建设的标志性成果;主持本学科教学科研条件建设;主持本学科研究生招生、培养等学术管理工作;开展国内、国际科技合作与学术交流,提高该学科在国内外的学术地位和知名度。任期内要完成研究生院等要求的学科建设任务。

2. 重点实验室学术带头人

负责实验室发展建设规划并组织实施,进一步提高实验室科研实力和水平;吸引和培养优秀人才,建设在国内外有影响力的研究团队;组织申请、承担国家(含国际合作)或省部级重大、重点科技项目,取得具有国内外先进水平的科研成果;建立先进的实验室管理模式,促进实验室研究工作与多学科交叉融合,加强实验室与国内外学术交流。

3. 创新团队带头人

负责本团队重大项目、中长期科研发展规划的研究、制定和实施;组织带领本创新团队开展科研攻关、新产品研发,形成具有自主知识产权的高水平科研成果;负责创新团队建设和人才培养;任期内,带领创新团队至少承担国家级和省部级科研项目4项。

三、个人工作职责

1. 教学工作

完成本岗位上岗条件规定的教学任务;培养合格的博士、硕士研究生;作为骨干成员(前3名)承担国家级教学质量工程项目;或主持自治区级教学质量工程项目、教改项目。

2. 科研工作

主持国家科技重大专项课题1项;或主持国家"863"计划课题、"973"计划课题、科技支撑计划课题、国际科技合作项目1项;或主持公益性行业科研专项课题1项;或主持国家自然科学基金项目、国家社会科学基金项目、国家软科学计划项目、教育部科学技术研究重点或重大项目、人文社科研究项目、全国教育科学规划课题1项;或至少主持国家级科研项目和省部级重大项目各1项;或至少主持省部级科研项目2项(项目均有经费资助)。

3. 个人业绩成果

必备成果:任期内以第一作者(或通讯作者)在学校认定的重要期刊(中文核心期刊)上至少发表学

术论文 6 篇。

任期内还须完成以下 2 项成果：

（1）至少主编出版教材、专著 1 部或副主编出版教材、专著 2 部；

（2）以学校为第一产权单位发表论文被 SCI、SSCI 收录至少 1 篇或被 EI 收录至少 2 篇；

（3）获国家级科技、社科、教学成果一、二等奖额定人员；或省部级科技、社科、教学成果一等奖前 3 名、二等奖第 1 名；

（4）作为第一完成人至少获得：与本专业相关的国家发明专利 1 项；或国家、自治区审定（认定）的动植物新品系或新品种 1 个；或获国家三类新兽药证书 1 个；或主持起草制定国家或行业标准 1 项。

教学科研型 AⅡ岗

一、上岗基本条件

1. 三级及以上教授，且为已招生博士学位授权点学术带头人；或省部级及以上重点学科、重点实验室（工程研究中心、野外台站、人文社科基地）学术带头人；或国家级教学质量工程项目前三名；或自治区级教学质量工程项目带头人；或省部级及以上创新团队带头人。

2. 近 3 年每年完成额定教学工作量，且每年至少完整讲授一门计划内本科生课程；近 3 年评教结果每年均需排名本单位前 1/2；近 3 年年度考核结果至少 2 年在本单位排名前 1/2。

3. 近 3 年至少主持单项 20 万元以上纵向课题 1 项；或至少主持单项 40 万元以上且到校经费至少 20 万元的横向课题 1 项（人文社科类经费减半）。

二、学科、实验室、创新团队建设工作职责

1. 学科带头人

负责本学科建设工作的规划、组织、实施与协调；负责本学科的评估与建设；负责本学科的学术梯队及队伍建设；组织申请、承担国家（含国际合作）或省部级重大、重点科研项目，取得学科建设的标志性成果；主持本学科教学科研条件建设；主持本学科研究生招生、培养的学术管理工作；开展国内、国际科技合作与学术交流，提高该学科在国内外的学术地位和知名度。聘期内要完成研究生院等要求的学科建设任务。

2. 重点实验室学术带头人

负责实验室发展建设规划并组织实施，进一步提高实验室科研实力和水平；吸引和培养优秀人才，建设在国内外有影响力的研究团队；组织申请、承担国家（含国际合作）或省部级重大、重点科技项目，取得具有国际、国内先进水平的科研成果；建立先进的实验室管理模式，促进实验室研究工作与多学科交叉融合，加强实验室与国内外学术交流。

3. 创新团队带头人

负责本团队重大项目、中长期科研发展规划的研究、制定和实施；组织带领本创新团队开展科研攻关、新产品研发，形成具有自主知识产权的高水平科研成果；负责创新团队建设和人才培养；任期内，带领创新团队至少承担国家级和省部级科研项目 3 项。

三、个人工作职责

1. 教学工作

完成本岗位上岗条件规定的教学任务；培养合格的博士、硕士研究生；作为额定人员参加国家级教学质量工程项目；或主持自治区级教学质量工程项目、教改项目。

2. 科研工作

主持国家科技重大专项课题 1 项;或主持国家"863"计划课题、"973"计划课题、科技支撑计划课题、国际科技合作项目 1 项;或主持公益性行业科研专项课题 1 项;或主持国家自然科学基金项目、国家社会科学基金项目、国家软科学计划项目、教育部科学技术研究重点或重大项目、人文社科研究项目、全国教育科学规划课题 1 项;或至少主持国家级科研项目和省部级重大项目各 1 项;或至少主持省部级科研项目 2 项（项目均有经费资助）。

3. 业绩成果

必备成果:任期内以第一作者（或通讯作者）在学校认定的重要期刊（中文核心期刊）上至少发表学术论文 5 篇。

任期内还须完成以下 2 项成果:

(1)至少主编出版教材、专著 1 部或副主编出版教材、专著 2 部;

(2)以学校为第一产权单位发表论文被 SCI、SSCI 或 EI 收录至少 1 篇;

(3)获国家级科技、社科、教学成果奖额定人员;或省部级科技、社科、教学成果一等奖前 5 名、二等奖前 3 名、三等奖主持人;

(4)作为第一完成人至少获得:与本专业相关的国家发明专利 1 项;或国家、自治区审定（认定）的动植物新品系或新品种 1 个;或获国家四类新兽药证书 1 个;或主持起草制定国家或行业标准 1 项。

教学科研型 A Ⅲ 岗

一、上岗基本条件

1. 具有教授职务的教师,且为已招生的博士生导师;或一级学科硕士学位授权点学科带头人;或有本科专业的教研室（系）主任;或国家级教学质量工程项目额定人员;或自治区级教学质量工程项目前三名;或校级及以上创新团队带头人。

2. 近 3 年每年完成额定教学工作量,且每年至少完整讲授一门计划内本科生课程;近 3 年评教结果每年均需排名本单位前 2/3;近 3 年年度考核结果均需排名本单位前 2/3。

3. 近 3 年至少主持单项 10 万元以上纵向课题 1 项;或至少主持单项 20 万元以上且到校经费至少 10 万元的横向课题 1 项（人文社科类经费减半）。

二、学科、教研室（系）及培育团队建设工作职责

1. 博士生导师

协助学科带头人制定本学科（专业）的发展规划和整体建设;参加所在博士点的教学、科研活动及研究生学术活动,承担并完成所在博士点交办的学科建设任务;制订审核博士生培养方案;指导博士生系统学习学科专业知识,引导博士生了解和掌握本学科专业的最新研究成果,考核并评定博士生的学习成绩和科研水平;负责博士生中期考核和学位论文预答辩工作;负责指导青年教师。

2. 学科带头人

负责本学科建设规划的拟定与具体实施,负责本学科的评估与建设,组织本学科专家做好研究方向培育和管理;负责本学科的学术梯队建设,建立稳定的以本人为核心的学术群体,培养高层次后备人才;组织申请、承担国内外重大、重点科技项目,取得本学科建设的标志性科技成果;参与本学科教学科研条件建设、研究生招生、培养等学术管理工作。

3. 教研室（系）主任

负责本教研室（系）全部教学、科研和师资培训工作;制订本教研室（系）的工作计划及各项工作的检查、总结;审核本教研室（系）的授课计划,组织本教研室（系）所承担课程的教材选定,审定教学大纲、授课计划和教案,审阅实验实习指导书及考试试题等;组织本教研室(系)开展听、评、说课工作,督促教研室(系)教师总结和改进教学方法,提高教学质量。

4. 创新团队带头人

负责本团队重大项目、中长期科研发展规划的研究、制定和实施;组织带领本创新团队开展科研攻关、新产品研发,形成具有自主知识产权的高水平科研成果;负责创新团队建设和人才培养;任期内,带领创新团队至少承担省部级及以上科研项目 2 项。

三、个人工作职责

1. 教学工作

完成本岗位上岗条件规定的教学任务;培养合格的博士、硕士研究生;作为前 3 名参加自治区级及以上教学质量工程项目;或主持校级及以上教学质量工程项目、教改项目。

2. 科研工作

任期内至少主持国家级科研项目 1 项;或至少主持省部级以上科研项目 2 项(项目均有经费资助)。

3. 业绩成果

必备成果:任期内以第一作者(或通讯作者)在学校认定的重要期刊(中文核心期刊)上至少发表学术论文 4 篇。

任期内还须完成以下 2 项成果:

(1)至少主编或副主编出版教材、专著 1 部或参编出版学术专著 2 部;

(2)以学校为第一产权单位发表论文被 SCI、SSCI 或 EI 收录至少 1 篇;

(3)获省部级科技、社科、教学成果奖额定人员;

(4)作为第一完成人至少获得:与本专业相关的国家发明专利 1 项;或国家、自治区审定(认定)的动植物新品系或新品种 1 个;或获国家五类新兽药证书 1 个,或主持起草制定国家或行业标准 1 项。

教学科研型 AⅣ岗

一、上岗基本条件

1. 具有教授职务的教师。

2. 近 3 年每年完成额定教学工作量,且每年至少完整讲授一门计划内本科生课程;近 3 年评教结果每年均需排名本单位前 2/3;近 3 年年度考核结果均为合格及以上等次。

3. 近 3 年至少主持纵向课题 1 项,或至少主持单项 10 万元以上且到校经费至少 5 万元的横向课题 1 项(人文社科类经费减半)。

二、个人工作职责

1. 教学工作

完成本岗位上岗条件规定的教学任务;培养合格的本科、硕士研究生;主持校级及以上教学质量工程项目、教改项目。

2. 科研工作

任期内至少主持省部级科研项目 1 项,且有经费资助。

3. 业绩成果

必备成果:任期内以第一作者(或通讯作者)在学校认定的重要期刊(中文核心期刊)上至少发表学术论文 3 篇。

任期内还须完成以下 2 项成果：

（1）至少主编或副主编出版教材、专著 1 部或参编出版学术专著 2 部；

（2）以学校为第一产权单位发表论文被 SCI、SSCI 或 EI 收录至少 1 篇；

（3）获省部级科技、社科、教学成果奖额定人员；或盟市级科技、社科、教学成果一等奖主持人；

（4）作为前三名至少获得：与本专业相关的国家发明专利 1 项；或国家、自治区审定（认定）的动植物新品系或新品种 1 个；或获国家五类新兽药证书 1 个；或参与起草制定国家或行业标准 1 项。

教学为主型 A I 岗

一、上岗基本条件

1. 三级及以上教授，从事公共基础课或全校性专业基础课教学工作，而且作为：国家级教学质量工程项目带头人；或国家部委确定的重点实验室、人文社科基地学术带头人。

2. 近 3 年每年完成额定教学工作量，且每年讲授计划内本科公共基础课或全校性专业基础课不低于 16.0 学分（双肩挑干部不低于 8.0 学分）；近 3 年评教结果每年均需排名本单位前 1/3；近 3 年年度考核结果至少 2 年在本单位排名前 1/2。

二、实验室建设工作职责

重点实验室学术带头人

负责实验室发展建设规划并组织实施，进一步提高实验室科研实力和水平；吸引和培养优秀人才，建设在国内外有影响力的研究团队；组织申请、承担国家（含国际合作）或省部级重大、重点科技项目，取得具有国际、国内先进水平的科研成果；建立先进的实验室管理模式，促进实验室研究工作与多学科交叉融合，加强实验室与国内外学术交流。

三、个人工作职责

1. 教学工作

主讲 2 门以上课程，每学年至少讲授 1 门本科生公共基础课或全校性专业基础课，平均每学年完成教学工作量达到本学院平均教学工作量。每年评教结果均需排名本单位前 1/3。任期内至少主持国家级教学质量工程项目 1 项；或主持国家级教改项目 1 项。

2. 科研工作

（1）任期内至少主持国家级科研项目 1 项；

（2）任期内指导大学生参加各类竞赛活动 3 次以上。

3. 业绩成果

必备成果：任期内以第一作者（或通讯作者）在学校认定的重要期刊（中文核心期刊）上至少发表学术论文 4 篇，其中，至少有 1 篇教改论文。

任期内还须完成以下 2 项成果：

（1）至少主编出版教材、专著 1 部或副主编出版教材、专著 2 部；

（2）以学校为第一产权单位发表论文被 SCI、SSCI 或 EI 收录至少 1 篇；或被人大复印资料等期刊转载至少 1 篇；

（3）作为主持人获教学成果国家级奖 1 项；

（4）作为首席指导教师指导大学生参加各类竞赛活动且至少获国家级一等奖 1 项；或作为教练指导大学生参加国家级体育比赛，获得集体项目冠军，或获得个人项目冠军 1 项以上。

教学为主型 AⅡ岗

一、上岗基本条件

1. 三级及以上教授，从事基础课教学或全校性专业基础课教学工作，而且作为：国家级教学质量工程项目前三名；或自治区级教学质量工程项目带头人；或省部级及以上重点实验室、人文社科基地学术带头人。

2. 近3年每年完成额定教学工作量，且每年讲授计划内本科公共基础课或全校性专业基础课不低于16.0学分（双肩挑干部不低于8.0学分）；近3年评教结果每年均需排名本单位前1/3；近3年年度考核结果至少2年在本单位排名前1/2。

二、实验室建设工作职责

重点实验室学术带头人

负责实验室发展建设规划并组织实施，进一步提高实验室科研实力和水平；吸引和培养优秀人才，建设在国内外有影响力的研究团队；组织申请、承担国家（含国际合作）或省部级重大、重点科技项目，取得具有国内外先进水平的科研成果；建立先进的实验室管理模式，促进实验室研究工作与多学科交叉融合，加强实验室与国内外学术交流。

三、个人工作职责

1. 教学工作

主讲2门以上课程，每学年至少讲授1门本科生公共基础课或全校性专业基础课，平均每学年完成教学工作量达到本学院平均教学工作量。每年教评结果均需排名本单位前1/3。任期内作为前3名至少参加国家级教学质量工程项目1项；或主持自治区级以上教学质量工程项目、教改项目1项。

2. 科研工作

（1）任期内至少主持省部级以上科研项目2项；

（2）任期内指导大学生参加各类竞赛活动3次以上。

3. 业绩成果

必备成果：任期内以第一作者（或通讯作者）在学校认定的重要期刊（中文核心期刊）上至少发表学术论文3篇，其中，至少有1篇教改论文。

任期内还须完成以下2项成果：

（1）至少主编出版教材、专著1部或副主编出版教材、专著2部；

（2）以学校为第一产权单位发表论文被 SCI、SSCI 或 EI 收录至少1篇；或被人大复印资料等期刊转载至少1篇；

（3）获国家教学成果一、二等奖额定人员；或省部级教学成果一等奖前3名；

（4）作为首席指导教师指导大学生参加各类竞赛活动且至少获国家级一等奖1项或二等奖2项；或作为教练指导大学生参加自治区级体育比赛，至少获得集体项目冠军1项以上，或获得个人项目冠军2项。

教学为主型 AⅢ岗

一、上岗基本条件

1. 具有教授职务的教师，从事公共基础课或全校性专业基础课教学工作，而且作为：有本科专业的教研室(系)主任;或国家级教学质量工程项目额定人员;或自治区级教学质量工程项目前三名;或校级教学质量工程项目带头人;或自治区级教坛新秀。

2. 近3年每年完成额定教学工作量,且每年讲授计划内本科公共基础课或全校性专业基础课不低于18.0学分(双肩挑干部不低于9.0学分);近3年评教结果每年均需排名本单位前1/2;近3年年度考核结果均需排名本单位前2/3。

二、教研室建设工作职责

教研室(系)主任

负责本教研室(系)全部教学、科研和师资培训工作;制订本教研室(系)的工作计划及各项工作的检查、总结;审核本教研室(系)的授课计划,组织本教研室(系)所承担课程的教材选定,审定教学大纲、授课计划和教案,审阅实验实习指导书及考试试题等;组织本教研室(系)的听、评、说课工作,督促教研室(系)教师总结和改进教学方法,提高教学质量。

三、个人工作职责

1. 教学工作

主讲2门以上课程,每学年至少讲授1门本科生公共基础课或全校性专业基础课,平均每学年完成教学工作量达到本学院平均教学工作量。每年教评结果均需排名本单位前1/2。任期内作为额定人员至少参加国家级教学质量工程项目1项;或前3名参加自治区级以上教学质量工程项目1项;或主持校级以上教学质量工程项目、教改项目1项。

2. 科研工作

(1)任期内至少主持省部级科研项目1项;

(2)任期内指导大学生参加各类竞赛活动3次以上。

3. 业绩成果

必备成果:任期内以第一作者(或通讯作者)在学校认定的重要期刊(中文核心期刊)上至少发表学术论文3篇,其中,至少有1篇教改论文。

任期内还须完成以下2项成果:

(1)至少主编或副主编出版教材、专著1部或参编出版教材、专著2部;

(2)以学校为第一产权单位发表论文被 SCI、SSCI 或 EI 收录至少1篇;

(3)获省部级教学成果一等奖额定人员或前5名,或省部级教学成果二等奖主持人;

(4)作为首席指导教师指导大学生参加各类竞赛活动且至少获国家级二等奖1项;或作为教练指导大学生参加自治区级体育比赛,获得集体项目前2名,或获得个人项目冠军。

教学为主型 AⅣ岗

一、上岗基本条件

1. 具有教授职务且从事公共基础课或全校性专业基础课教学工作的教师。

2. 近3年每年完成额定教学工作量,且每年讲授计划内本科公共基础课或全校性专业基础课不低于18.0学分(双肩挑干部不低于9.0学分);近3年评教结果每年均需排名本单位前2/3;近3年年度考核结果均为合格及以上等次。

二、个人工作职责

1. 教学工作

主讲2门以上课程,每学年至少讲授1门本科生公共基础课或全校性专业基础课,平均每学年完成教学工作量达到本学院平均教学工作量。每年教评结果均需排名本单位前 2/3。任期内主持校级以上教学质量工程项目、教改项目 1 项。

2. 科研工作

（1）任期内至少主持校级科研项目 1 项；

（2）任期内指导大学生参加各类竞赛活动 3 次以上。

3. 业绩成果

必备成果：任期内以第一作者（或通讯作者）在学校认定的重要期刊（中文核心期刊）上至少发表学术论文 2 篇，其中至少有 1 篇教改论文。

任期内还须完成以下 2 项成果：

（1）至少主编或副主编出版教材、专著 1 部或参编出版教材、专著 2 部；

（2）以学校为第一产权单位发表论文被 SCI、SSCI 或 EI 收录至少 1 篇；

（3）获省部级教学成果奖额定人员；或校级教学成果一等奖主持人；

（4）作为首席指导教师指导大学生参加各类竞赛活动且至少获省部级一等奖 1 项；或作为教练指导大学生参加自治区级体育比赛，获得集体项目前 3 名，或获得个人项目前 2 名。

科研为主型 A Ⅰ 岗

一、上岗基本条件

1. 三级及以上教授，且为具有博士学位授权点的省部级及以上重点学科、国家部委确定的重点实验室（工程研究中心、工程实验室、野外台站、人文社科基地）学术带头人；或现代农业产业技术体系国家产业技术研究中心首席科学家；或国家级创新团队带头人。

2. 近 3 年至少主持单项 100 万元以上纵向课题 1 项；或至少主持国家社会科学基金重点项目 1 项；或至少主持单项 200 万元以上且到校经费至少 100 万元的横向课题 1 项。

3. 近 3 年每年完成额定教学工作量，且每年至少完整讲授一门计划内本科生课程；近 3 年评教结果每年均为合格及以上；近 3 年年度考核结果至少 2 年在本单位排名前 1/2。

二、学科、实验室及创新团队建设工作职责

1. 学科带头人

负责本学科建设工作的规划、组织、实施与协调；负责本学科的评估与建设；负责本学科的学术梯队及队伍建设；组织申请、承担国家（含国际合作）或省部级重大、重点科研项目，取得学科建设的标志性成果；主持本学科教学科研条件建设；主持本学科研究生招生、培养的学术管理工作；开展国内、国际科技合作与学术交流，提高该学科在国内外的学术地位和知名度。任期内要完成研究生院等要求的学科建设任务。

2. 重点实验室学术带头人

负责实验室发展建设规划并组织实施，进一步提高实验室科研实力和水平；吸引和培养优秀人才，建设在国内外有影响力的研究团队；组织申请、承担国家（含国际合作）或省部级重大、重点科技项目，取得具有国内外先进水平的科研成果；建立先进的实验室管理模式，促进实验室研究工作与多学科交叉融合，加强实验室与国内外学术交流。

3. 现代农业产业技术体系国家产业技术研究中心首席科学家

现代农业产业技术体系国家产业技术研究中心首席科学家岗位职责按照农业部、财政部规定执行。

4. 创新团队带头人

负责本团队重大项目、中长期科研发展规划的研究、制定和实施；组织带领本创新团队开展科研攻关、新产品研发，形成具有自主知识产权的高水平科研成果；负责创新团队建设和人才培养；任期内，带领创新团队至少承担国家级和省部级科研项目4项。

三、个人工作职责

1. 教学工作

完成本岗位上岗条件规定的教学任务；培养合格的博士、硕士研究生。

2. 科研工作

至少主持国家科技重大专项课题1项；或至少主持国家"863"计划课题、"973"计划课题、科技支撑计划课题、国际科技合作项目1项；或至少主持公益性行业科研专项课题1项；或至少主持国家自然科学基金项目、国家社会科学基金项目、国家软科学计划项目、教育部科学技术研究重点或重大项目、人文社科研究项目、全国教育科学规划课题1项，且在研的纵向单项至少为100万元以上，或横向单项课题至少为200万元以上且到校经费至少100万元（人文社科类项目经费各学院可根据学院实际制定）。

3. 业绩成果

必备成果：任期内以第一作者（或通讯作者）在学校认定的重要期刊（中文核心期刊）上至少发表学术论文8篇，其中，以学校为第一产权单位被SCI、SSCI收录至少2篇或被EI收录至少3篇。

任期内还须完成以下2项成果：

（1）至少主编出版专著1部或副主编出版专著2部；

（2）获国家级科技、社科成果一等奖前5名，二等奖前3名；或省部级科技、社科成果一等奖主持人；

（3）作为第一完成人至少获得：与本专业相关的国家发明专利1项；或国家审定（认定）的动植物新品系或新品种1个；或获国家一、二类新兽药证书1个；或取得达到国际先进水平的成果1个；或主持起草制定国家或行业标准1项；或通过成果推广转化为学校创收60万元以上。

科研为主型 A Ⅱ 岗

一、上岗基本条件

1. 三级及以上教授，且为已招生博士学位授权点学术带头人；或省部级及以上重点学科、重点实验室（工程研究中心、野外台站、人文社科基地）学术带头人；或现代农业产业技术体系功能研究室主任、研究岗位、综合试验站站长；或省部级及以上创新团队带头人。

2. 近3年至少主持单项50万元以上纵向课题1项；或至少主持国家社会科学基金项目1项；或至少主持省部级人文社会科学研究重点项目1项；或至少主持单项100万元以上且到校经费至少50万元的横向课题1项。

3. 近3年每年完成额定教学工作量，且每年至少完整讲授一门计划内本科生课程；近3年评教结果每年均为合格及以上；近3年年度考核结果至少2年在本单位排名前1/2。

二、学科、实验室、创新团队建设工作职责

1. 学科带头人

负责本学科建设工作的规划、组织、实施与协调；负责本学科的评估与建设；负责本学科的学术梯队及队伍建设；组织申请、承担国家（含国际合作）或省部级重大、重点科研项目，取得学科建设的标志性成果；主持本学科教学科研条件建设；主持本学科研究生招生、培养的学术管理工作；开展国内、国际合作与学术交流,提高该学科在国内外的学术地位和知名度。任期内要完成研究生院等要求的学科建设任务。

2. 重点实验室学术带头人

负责实验室发展建设规划并组织实施,进一步提高实验室科研实力和水平;吸引和培养优秀人才,建设在国内外有影响力的研究团队;组织申请、承担国家(含国际合作)或省部级重大、重点科技项目,取得具有国际、国内先进水平的科研成果;建立先进的实验室管理模式,促进实验室研究工作与多学科交叉融合,加强实验室与国内外学术交流。

3. 现代农业产业技术体系功能研究室主任、研究岗位、综合试验站站长

现代农业产业技术体系功能研究室主任、研究岗位、综合试验站站长岗位职责按照农业部、财政部规定执行。

4. 创新团队带头人

负责本团队重大项目、中长期科研发展规划的研究、制定和实施;组织带领本创新团队开展科研攻关、新产品研发,形成具有自主知识产权的高水平科研成果;负责创新团队建设和人才培养;任期内,带领创新团队至少承担国家级和省部级科研项目 3 项。

三、个人工作职责

1. 教学工作

完成本岗位上岗条件规定的教学任务要求;培养合格的博士、硕士研究生。

2. 科研工作

至少主持国家科技重大专项课题 1 项;或至少主持国家"863"计划课题、"973"计划课题、科技支撑计划课题、国际科技合作项目 1 项;或至少主持公益性行业科研专项课题 1 项;或至少主持国家自然科学基金项目、国家社会科学基金项目、国家软科学计划项目、教育部科学技术研究重点或重大项目、人文社科研究项目、全国教育科学规划课题 1 项,且在研的纵向单项至少为 50 万元以,或横向单项课题至少为 100 万元以上且到校经费至少 50 万元(人文社科类项目经费各学院可根据学院实际制定)。

3. 业绩成果

必备成果:任期内以第一作者(或通讯作者)在学校认定的重要期刊(中文核心期刊)上至少发表学术论文 6 篇,其中,以学校为第一产权单位被 SCI、SSCI 收录至少 1 篇或被 EI 收录至少 2 篇。

任期内还须完成以下 2 项成果:

(1)至少主编出版专著 1 部或副主编出版专著 2 部;

(2)获国家级科技、社科成果一、二等奖额定人员;或省部级科技、社科成果一等奖前 5 名、二等奖前 3 名、三等奖主持人;或农业部农牧渔业丰收奖一等奖前 5 名、二等奖前 3 名(只限推广教授);

(3)作为第一完成人至少获得:与本专业相关的国家发明专利 1 项;或国家、自治区审定(认定)的动植物新品种 1 个;或获得国家三类新兽药证书 1 个;或取得处于国内先进水平的成果 1 个;或主持起草制定国家或行业标准 1 项;或通过成果推广转化为学校创收 30 万元。

科研为主型 A Ⅲ 岗

一、上岗基本条件

1. 具有教授职务的教师,且为已招生的博士生导师;或一级学科硕士学位授权点学科带头人;或省部级及以上重点实验室(工程研究中心、工程实验室、野外台站、人文社科基地)学术骨干;或校级及以上创新团队带头人。

2. 近 3 年至少主持单项 50 万元以上纵向课题 1 项;或至少主持国家社会科学基金项目 1 项;或至少主持省部级人文社会科学研究项目 1 项;或至少主持单项 100 万元以上且到校经费至少 50 万元的横向课题 1 项。

3. 近 3 年每年完成额定教学工作量,且每年至少完整讲授一门计划内本科生课程;近 3 年评教结果每年均为合格及以上;近 3 年年度考核结果均需排名本单位前 2/3。

二、学科、实验室及创新团队建设工作职责

1. 学科带头人

负责本学科建设工作的规划、组织、实施与协调;负责本学科的评估与建设;负责本学科的学术梯队及队伍建设;组织申请、承担国家(含国际合作)或省部级重大、重点科研项目,取得学科建设的标志性成果;主持本学科教学科研条件建设;主持本学科研究生招生、培养的学术管理工作;开展国内、国际合作与学术交流,提高该学科在国内外的学术地位和知名度。任期内要完成研究生院等要求的学科建设任务。

2. 重点实验室学术骨干

参与制定实验室发展战略、规划和组织实施,参与建设国内外有影响力的研究团队建设;参与实验室申报省部级及以上重大科研项目工作,完成实验室主任交办的其他工作和实验室日常性事务工作。

3. 创新团队带头人

负责本团队重大项目、中长期科研发展规划的研究、制定和实施;组织带领本创新团队开展科研攻关、新产品研发,形成具有自主知识产权的高水平科研成果;负责创新团队建设和人才培养;任期内,带领创新团队至少承担国家级和省部级科研项目 2 项。

三、个人工作职责

1. 教学工作

完成本岗位上岗条件规定的教学任务;培养合格的博士、硕士研究生。

2. 科研工作

至少主持国家科技重大专项课题 1 项;或至少主持国家"863"计划课题、"973"计划课题、科技支撑计划课题、国际科技合作项目 1 项;或至少主持公益性行业科研专项课题 1 项;或至少主持国家自然科学基金项目、国家社会科学基金项目、国家软科学计划项目、教育部科学技术研究重点或重大项目、人文社科研究项目、全国教育科学规划课题 1 项,且在研的纵向单项课题至少为 30 万元以上,或横向单项课题至少为 60 万元以上且到校经费至少 30 万元(人文社科类项目经费各学院可根据学院实际制定)。

3. 业绩成果

必备成果:任期内以第一作者(或通讯作者)在学校认定的重要期刊(中文核心期刊)上至少发表学术论文 5 篇,其中,被 SCI、SSCI 收录至少 1 篇或被 EI 收录至少 2 篇。

任期内还须完成以下 2 项成果:

(1)至少主编或副主编出版专著 1 部或参编出版专著 2 部以上;

(2)获国家级科技、社科成果一、二等奖额定人员;或省部级科技、社科成果一等奖前 5 名、二等奖前 3 名、三等奖主持人;或农业部农牧渔业丰收奖一等奖前 5 名、二等奖前 3 名(只限推广教授);

(3)作为第一完成人至少获得:与本专业相关的国家发明专利 1 项;或国家、自治区审定(认定)的动植物新品种 1 个;或获得国家四类新兽药证书 1 个;或取得处于国内先进水平的成果 1 个;或主持起草制定国家或行业标准 1 项;或通过成果推广转化为学校创收 20 万元。

科研为主型 AⅣ岗

一、上岗基本条件

1. 具有教授职务的教师,且为省部级重点实验室(工程研究中心、野外台站、人文社科基地)学术骨干;或校级及以上创新团队骨干。

2. 近3年至少主持单项30万元以上纵向课题1项;或至少主持自治区教育厅社会科学一般项目1项;或至少主持单项60万元以上且到校经费至少30万元的横向课题1项。

3. 近3年每年完成额定教学工作量,且每年至少完整讲授一门计划内本科生课程,近3年评教结果每年均为合格及以上;近3年年度考核结果均为合格及以上等次。

二、实验室及创新团队建设工作职责

1. 重点实验室学术骨干

参与制定实验室发展战略、规划和组织实施,参与建设国内外有影响力的研究团队建设;参与实验室申报省部级及以上重大科研项目工作,完成实验室主任交办的其他工作和实验室日常性事务工作。

2. 创新团队骨干

协助团队带头人做好重大项目、中长期科研发展规划的研究、制定和实施;协助团队带头人组织本创新团队开展科研攻关、新产品研发,形成具有自主知识产权的高水平科研成果;参与创新团队建设和人才培养;协助团队带头人积极申报省部级及以上科研项目或校级科研项目。

三、个人工作职责

1. 教学工作

完成本岗位上岗条件规定的教学任务;培养合格的硕士研究生。

2. 科研工作

至少主持省部级及以上科研项目2项;或至少主持校级科研项目3项;或主持横向课题单项至少20万元以上且到校经费至少10万元。

3. 业绩成果

必备成果:任期内以第一作者(或通讯作者)在学校认定的重要期刊(中文核心期刊)上至少发表学术论文4篇,其中,被SCI、SSCI或EI收录至少1篇。

任期内还须完成以下2项成果:

(1)至少主编或副主编出版教材、专著1部或参编出版学术专著2部;

(2)作为额定人员获省部级以上科技(社科)成果奖;或作为主持人获盟市级科技(社科)成果奖一等奖;

(3)作为前3名完成人至少获得:国家专利授权1项;或国家、自治区审定(认定)的动植物新品系或新品种1个;或获得国家五类新兽药证书1个;或参与起草制定国家或行业标准1项;或取得科技成果1项。

学校制发的管理文件索引

2014 年党发文件

序号	发文日期	文号	文件标题
1	2014 年 1 月 20 日	内农大党发〔2014〕1 号	内蒙古农业大学 2013 年党政工作总结
2	2014 年 3 月 5 日	内农大党发〔2014〕2 号	内蒙古农业大学 2014 年党政工作要点
3	2014 年 3 月 12 日	内农大党发〔2014〕3 号	关于调整校领导、校长助理分工和联系单位的通知
4	2014 年 4 月 16 日	内农大党发〔2014〕4 号	关于调整中共内蒙古农业大学委员会党的群众路线教育实践活动领导小组办公室成员的通知
5	2014 年 4 月 23 日	内农大党发〔2014〕5 号	关于印发《中共内蒙古农业大学委员会关于加强和改进青年教师思想政治工作的具体措施》的通知
6	2014 年 5 月 21 日	内农大党发〔2014〕6 号	内蒙古农业大学校领导深入基层工作制度
7	2014 年 6 月 30 日	内农大党发〔2014〕7 号	关于表彰先进基层党组织、优秀共产党员和优秀党务工作者的决定
8	2014 年 9 月 25 日	内农大党发〔2014〕8 号	关于表彰"三育人"先进个人的决定
9	2014 年 10 月 16 日	内农大党发〔2014〕9 号	关于哈斯巴根同志工作分工和联系单位的通知
10	2014 年 11 月 4 日	内农大党发〔2014〕10 号	关于印发《内蒙古农业大学关于严禁共产党员、领导干部收受礼金、严格婚丧喜庆活动的规定》的通知
11	2014 年 11 月 13 日	内农大党发〔2014〕11 号	中共内蒙古农业大学委员会关于印发《内蒙古农业大学领导干部问责实施办法》的通知
12	2014 年 12 月 2 日	内农大党发〔2014〕12 号	关于印发《内蒙古农业大学关于贯彻落实〈建立健全惩治和预防腐败体系 2013－2017 年工作规划〉的实施方案》的通知
13	2014 年 12 月 10 日	内农大党发〔2014〕13 号	关于印发《内蒙古农业大学招聘编制外工作人员管理暂行办法》等若干规章制度的通知
14	2014 年 12 月 15 日	内农大党发〔2014〕14 号	关于召开学校 2014 年度处级以上党员领导干部民主生活会的通知
15	2014 年 12 月 16 日	内农大党发〔2014〕15 号	关于对董民等 73 名不在岗人员的处理决定

2014 年校发文件

序号	发文日期	文号	文件标题
1	2014 年 4 月 23 日	内农大校发〔2014〕1 号	关于印发《关于进一步加强我校社会服务工作的实施意见》等三项规章制度的通知
2	2014 年 5 月 26 日	内农大校发〔2014〕2 号	关于印发《内蒙古农业大学校园秩序管理若干规定》等两项规章制度的通知
3	2014 年 6 月 16 日	内农大校发〔2014〕3 号	关于印发《内蒙古农业大学学院教授委员会章程（试行）》的通知
4	2014 年 7 月 1 日	内农大校发〔2014〕4 号	关于印发《内蒙古农业大学"三公经费"管理办法》等规章制度的通知
5	2014 年 7 月 10 日	内农大校发〔2014〕5 号	关于印发《内蒙古农业大学学分制收费管理暂行办法》的通知
6	2014 年 9 月 26 日	内农大校发〔2014〕6 号	关于印发《内蒙古农业大学工勤身份人员聘任普通管理岗位暂行办法》的通知
7	2014 年 10 月 8 日	内农大校发〔2014〕7 号	关于印发《内蒙古农业大学全日制研究生奖助体系实施办法（试行）》等规章制度的通知
8	2014 年 10 月 17 日	内农大校发〔2014〕8 号	关于印发《内蒙古农业大学暂付款管理办法》的通知
9	2014 年 11 月 16 日	内农大校发〔2014〕9 号	关于聘请校级教学督导员的决定
10	2014 年 11 月 21 日	内农大校发〔2014〕10 号	关于对海日罕等 57 名学生学籍处理的决定
11	2014 年 11 月 25 日	内农大校发〔2014〕11 号	关于印发《内蒙古农业大学学位论文作假行为处理实施细则（试行）》的通知
12	2014 年 11 月 27 日	内农大校发〔2014〕12 号	关于印发《内蒙古农业大学新一轮全员岗位聘任工作实施方案》等若干规定的通知
13	2014 年 12 月 26 日	内农大校发〔2014〕13 号	关于对格日勒图格其等 3 名学生学籍处理的决定

2014 年党办发文件

序号	发文日期	文号	文件标题
1	2014 年 1 月 20 日	内农大党办发〔2014〕1 号	关于成立清理办公用房领导小组的通知
2	2014 年 1 月 20 日	内农大党办发〔2014〕2 号	关于清理学校办公用房的通知
3	2014 年 3 月 3 日	内农大党办发〔2014〕3 号	关于实行机关处级干部深入学生公寓值班的通知
4	2014 年 3 月 31 日	内农大党办发〔2014〕4 号	关于调整学校非常设机构组成人员的通知
5	2014 年 4 月 8 日	内农大党办发〔2014〕5 号	关于印发《内蒙古农业大学全员岗位聘任定编定岗工作方案》的通知
6	2014 年 4 月 11 日	内农大党办发〔2014〕6 号	关于成立内蒙古农业大学章程起草小组的通知
7	2014 年 4 月 23 日	内农大党办发〔2014〕7 号	关于转发《内蒙古农业大学关心下一代工作委员会关于调整学院关工委人员组成的通知》的通知
8	2014 年 4 月 23 日	内农大党办发〔2014〕8 号	关于召开内蒙古农业大学四届三次教职工代表大会暨工会会员代表大会的通知
9	2014 年 5 月 30 日	内农大党办发〔2014〕9 号	关于转发《内蒙古农业大学教代会执行委员会委员联系教代会代表工作规定》的通知
10	2014 年 6 月 16 日	内农大党办发〔2014〕10 号	关于开展"三育人"先进个人评选活动的通知
11	2014 年 6 月 16 日	内农大党办发〔2014〕11 号	关于印发《内蒙古农业大学教职工政治理论学习制度》的通知
12	2014 年 6 月 12 日	内农大党办发〔2014〕12 号	关于印发《内蒙古农业大学部分道路、楼宇、广场命名方案》的通知
13	2014 年 7 月 2 日	内农大党办发〔2014〕13 号	关于开展深化教育教学改革、建立"招生、培养、就业（创业）"联动机制学习讨论活动的通知
14	2014 年 9 月 29 日	内农大党办发〔2014〕14 号	关于印发《关于进一步推行学校二级教代会的实施办法》的通知

2014 年校办发文件

序号	发文日期	文号	文件标题
1	2014 年 1 月 9 日	内农大校办发〔2014〕1 号	关于 2013/2014 学年度寒假放假有关事宜的通知
2	2014 年 1 月 20 日	内农大校办发〔2014〕2 号	关于启用部分印章的通知
3	2014 年 3 月 12 日	内农大校办发〔2014〕3 号	关于成立内蒙古农业大学招收高水平运动员专业测试领导小组的通知
4	2014 年 3 月 17 日	内农大校办发〔2014〕4 号	关于做好 2014 年各类档案资料立卷归档工作的通知
5	2014 年 3 月 18 日	内农大校办发〔2014〕5 号	关于成立中国高等农业院校第八届大学生田径运动会筹备委员会的通知
6	2014 年 3 月 20 日	内农大校办发〔2014〕6 号	关于对学校固定资产进行全面清查的通知
7	2014 年 3 月 31 日	内农大校办发〔2014〕7 号	关于调整学报编委会组成人员的通知
8	2014 年 6 月 3 日	内农大校办发〔2014〕8 号	关于转发招生就业处学生工作处教务处关于做好 2014 届毕业生教育及离校工作等有关事宜的通知
9	2014 年 6 月 13 日	内农大校办发〔2014〕9 号	关于调整学校学位评定委员会委员的通知
10	2014 年 6 月 16 日	内农大校办发〔2014〕10 号	关于做好第一届内蒙古农业大学学院教授委员会选举工作的通知
11	2014 年 6 月 24 日	内农大校办发〔2014〕11 号	关于"内蒙古农大文库"文献征集工作的通知
12	2014 年 6 月 24 日	内农大校办发〔2014〕12 号	关于成立学校办公用房分配领导小组的通知

续表

序号	发文日期	文号	文件标题
13	2014 年 7 月 8 日	内农大校办发〔2014〕13 号	关于成立内蒙古农业大学传染病防控工作领导小组的通知
14	2014 年 7 月 9 日	内农大校办发〔2014〕14 号	关于 2014 年暑期放假有关事宜的通知
15	2014 年 9 月 25 日	内农大校办发〔2014〕15 号	关于转发《内蒙古农业大学〈国家学生体质健康标准〉的实施方案》的通知
16	2014 年 10 月 13 日	内农大校办发〔2014〕16 号	关于印发内蒙古农业大学 2014 年学生体质与健康调研实施方案的通知
17	2014 年 10 月 15 日	内农大校办发〔2014〕17 号	关于报账及清理借款的通知
18	2014 年 10 月 15 日	内农大校办发〔2014〕18 号	关于加强西校区入校车辆管理及办理通行证的通知
19	2014 年 10 月 21 日	内农大校办发〔2014〕19 号	关于对各学院第一届教授委员会组成人员进行备案及聘任主任委员的通知